interstellarum
Deep Sky Atlas

Ronald Stoyan, Stephan Schurig

OCULUM
CAMBRIDGE
UNIVERSITY PRESS

About the authors:

Ronald Stoyan is editor-in-chief of Germany's leading magazine for practical astronomy, *interstellarum*, which he co-founded in 1994. He has been an avid visual deep sky observer for more than 25 years and is currently observing with a range of instruments from small binoculars to a 20-inch Dobsonian. He has recorded observations on more than 3000 objects and has drawn many of them. During several trips to Namibia and Australia, he has also observed the southern sky in detail. Ronald has written twelve books on observational astronomy. In Germany, he is best known for his guidebook *Deep Sky Reiseführer*, while his most popular English language work is the *Atlas of the Messier Objects*.

Stephan Schurig is a web and graphics design expert. Being an observer himself, he understands the specific needs of celestial cartography and its presentation. Stephan was a member of the editorial board of *interstellarum* between 2001 and 2008. He is co-author of Germany's most popular planisphere, and is the designing author of a unique annual poster showing events in the night sky.

OCULUM

Oculum-Verlag GmbH, Spardorfer Straße 67, D-91054 Erlangen, Germany
www.oculum.de, astronomie@oculum.de

In collaboration with

CAMBRIDGE UNIVERSITY PRESS

University Printing House, Shaftesbury Road, Cambridge CB2 8BS, UK

Cambridge University Press is part of the University of Cambridge.
It furthers the University's mission by disseminating knowledge in the pursuit of education, learning and research at the highest international levels of excellence.

www.cambridge.org
Information on this title: www.cambridge.org/9781107503380

First published in German by Oculum-Verlag GmbH, Erlangen, 2013.
English edition published 2014.

A catalog record for this publication is available from the British Library.

Desk edition ISBN	978-1-107-50338-0 (Cambridge)	978-3-938469-79-8 (Oculum)
Field edition ISBN	978-1-107-50339-7 (Cambridge)	978-3-938469-80-4 (Oculum)

Additional resources for this publication at www.deepskyatlas.com

Preface

A dark night. A perfect sky. An observer sitting by the telescope. The red beam of a flashlight highlights the page of a star atlas. Between all these stars, numerous star clusters, nebulae, and galaxies are labeled. But which of these can actually be seen with this telescope?

Until recently, star charts gave no answer to this question. Undertaking cumbersome research using observing guide books or reports published on the internet was the only way to get this information. Out in the dark at the telescope, this is too impractical.

In the past couple of years, two notable amateur projects changed this situation. In the *Deep-Sky-Liste*, German-speaking amateurs collected 18 000 observations on 5000 objects over the course of two decades. The results were standardized and easily comparable. With the revolutionary software *Eye & Telescope*, Thomas Pfleger established a powerful tool which, for the first time ever, allowed calculations of the visual perceptibility of deep-sky objects. The algorithm that governs this program is surprisingly accurate.

This atlas is a combination of these two projects and brings deep-sky observing to a new level. Using the calculations from *Eye & Telescope*, all deep-sky objects can be classed according to their actual visibilities. By matching the results with the observations contained in *Deep-Sky-Liste*, the classification is calibrated by the experience of a large group of seasoned observers. The outcome is a unique atlas that gives visibility information on 15 000 deep-sky targets.

This atlas revolutionizes visual deep-sky observing. The objects between the stars aren't bland labels any more. The observer sees instantly whether an object is visibly with his telescope or not.

I hope that this atlas will change the way you observe, and enlighten your path to the wonders of the night sky.

Clear skies,
Ronald Stoyan

Acknowledgements

This atlas is the result of more than 12 years of labor. It has become a reality only through the help of many people.

A special thank you is due to Thomas Pfleger and Matthias Kronberger. Thomas has modified his fantastic software *Eye & Telescope* in order to create an “atlas tool” for this work. Matthias helped tremendously with the object catalog, notably on star clusters, asterisms, and globular clusters. Without their work, this atlas would never have been published.

Many observers have helped with special information, suggestions, comments, and support. They are in alphabetical order: Andreas Alzner, Glenn Chaple, David Eicher, Sue French, Uwe Glahn, Peter Haberberger, Joachim Hübscher and the BAV, Thomas Jäger, Matthias Juchert, Timo Karhula, David Kriege, Jürgen Lamprecht, Arndt Latußeck, Constantin Lazzari, Mati Morel, Alex and James Pierce, Ante Perkovic, Yann Pothier, Stefan Schick, Brian Skiff, Auke Slotegraaf, Mikkel Steine, Magda Streicher, Reiner Vogel, Wolfgang Vollmann, Christopher Watson and the AAVSO, and Klaus Wenzel.

The team of Oculum-Verlag, notably Hans-Georg Purucker, Christian Fürst, and Stefan Sasse, helped substantially during the final stages. Finally, I would like to thank Vince Higgs from our co-publisher Cambridge University Press for his support.

Introduction

I Philosophy

Categories of deep sky objects: *interstellarum Deep Sky Atlas* puts all deep sky targets in three categories: objects visible in 4-inch telescopes, in 8-inch telescopes, and 12-inch telescopes under a reasonably dark rural sky (fst 6.5 mag, SQM 21.3 mag/sq.arcsec). The three categories can be discerned by font size, outline strength, and color intensity. At a glance, you can see if the desired object is visible in your telescope or not. Additional objects of interest which are not visible in 12-inch scopes are displayed in a fourth category.

Number of deep sky objects: Consequently, the atlas will show all deep sky objects in the sky that are visible in 4-inch, 8-inch, and 12-inch telescopes. Unlike other atlases, you will not miss any object in reach. At the same time, the atlas does not show objects that cannot be seen with a 12-inch telescope. While other star atlases boast of exceptional numbers of deep sky objects, most of them are out of reach of most users. About 1000 objects of special interest to the visual observer, that are beyond a 12-inch scope, are covered nevertheless: These include all galaxies of the Local Group, M 81 group, Abell planetaries, Arp galaxies, and many more that are of interest to users of large telescopes.

Features for visual deep sky observers: *interstellarum Deep Sky Atlas* has been designed with the visual observer in mind: Object outlines, especially of bright and dark nebulae, are given according to actual visual observations. For all emission nebulae, there is a label naming the preferred nebula filter. Small objects that cannot be found with the atlas alone are depicted as a cross, so deeper finding charts can be prepared in advance. There is a set of 29 detailed charts of densely populated regions of the sky. In contrast to other atlases, *interstellarum Deep Sky Atlas* contains more than 500 galaxy groups and 530 asterisms. For several hundred objects, popular names are given. And finally, many catalogs with special appeal to visual observers are covered completely: Abell planetaries, Arp galaxies, Barnard dark nebulae, Hickson galaxy groups, Holmberg galaxies, Palomar globulars, Stock open clusters, Terzan globulars, and many more.

II Layout of maps

Scale and limiting magnitude: 114 double spreads cover the entire sky at a scale of 1.5 cm per degree. The maps run right to the edge of the sheets to allow maximum overlap. The limiting magnitude is 9.5 mag, with about 200 000 stars covered. The page size is a generous 26 cm × 28 cm (10.2" by 11.0").

Projection: The maps are plotted with a stereographic projection. This projection type is often used for star charts, as it comes with two important features: it preserves angles and circles.

> ***www.deepskyatlas.com***
> *On our website, there is a lot of additional information, including a video featuring the author and a comprehensive FAQ section.*

Navigation: The maps are arranged in a very simple and straightforward manner: Each double spread shows 2h in R.A. and 15° in Decl. This is indicated by the labels on the edge of each page.
Due to the large page size, many constellations are covered by just one double spread. Browsing through the atlas is as simple as using a road atlas: If you want to go to the right (west on the sky), simply scroll right. If you want to go to the left (east on the sky), scroll left. There is always exactly one chart in each direction, except in the polar regions.

Key maps: Much emphasis has been laid on the 6 key maps. As in the main charts, they show constellation lines, so it's easy to find your way and you'll rarely get lost.

Detail maps: There are 29 special maps, arranged after the main section, indicated by a grey side bar. They cover densely populated areas of the Milky Way, groups of galaxies, clusters of galaxies, and both of the Magellanic Clouds.
The scale and limiting magnitude of these maps vary and are indicated on each chart. On the main maps, their positions are shown by gray outlines.

III Selection of objects

While other star atlases boast of exceptional numbers of deep sky objects, most of them are out of reach of most users. This atlas will show all deep sky objects in the sky that are visible in 4-inch, 8-inch, and 12-inch telescopes. With this atlas, you will not miss any objects in reach.
At the same time, the atlas does not show objects that cannot be seen with a 12-inch telescope. However, about 1000 objects of special interest to the visual observer, that are beyond a 12-inch scope, are covered.

Stars: The atlas contains 201 719 stars to magnitude 9.5, taken from the Tycho-2 catalog.

Double stars: The atlas contains 2950 double and multiple stars. The selection covers all pairs with separation between 0.5" and 60", if the main component is brighter than magnitude 8.5 and the secondary brighter than 10.0. The direction of the symbol shows the position angle, its length indicates the separation, and the strength hints at the magnitude difference. In multiple systems, all stars that fit into the selection criteria are plotted.

Variable stars: 1168 variable stars are shown with their catalog designations. The selection covers all variables with amplitudes larger than 0.5 magnitudes, with a maximum magnitude brighter than 9.0. The symbol indicates maximum and minimum magnitude. Only stars with reliable data on visual magnitude were selected; novae and supernovae are not shown.

Stars with exoplanets: The atlas covers 371 stars with known exoplanets as of April 2013, if the magnitude of the parent star is within the limit of the atlas.

Open clusters: Altogether, 1903 open clusters in the Milky Way and both of the Magellanic Clouds are shown. The atlas covers the catalogs of Basel, Bochum, King, Stock, Tombaugh, and Trümpler completely.

Globular clusters: The atlas shows 181 globular clusters of the Milky Way, as well as the brightest objects of the Magellanic Clouds and the Fornax Dwarf Galaxy. The Palomar and Terzan catalogs are contained completely.

Galactic nebulae: The atlas shows 530 bright galactic nebulae of the Milky Way and the Magellanic Clouds. There are different symbols for reflection and emission nebulae. For the latter, there is a recommendation on which nebula filter to use (UHC, OIII or Hβ). The nebula outlines are given according to visual observations. Photographic sizes and shapes can differ greatly.

Planetary nebulae: 755 planetary nebulae of the Milky Way and both Magellanic Clouds are shown. Very small objects (<10" diameter) that look like stars are indicated by different cross-like symbols. The catalogs of Abell, Fleming, and Menzel are covered completely.

Dark nebulae: 526 dark galactic nebulae of the Milky Way are shown. The Barnard catalog is contained completely. The nebula outlines are shown according to visual observations. Photographic sizes and shapes can differ greatly.

Asterisms: 536 asterisms are plotted in total. These aren't physical objects, but only chance alignments of stars as viewed from Earth. A minimum diameter of 5' was chosen for the selection. There is no visibility classification on asterisms.

Star clouds: The atlas contains 58 star clouds. Most of them aren't physical objects; they only look like clouds as viewed from Earth. There is no visibility classification on star clouds.

Galaxies: 9599 galaxies are plotted in the atlas. Very small objects (<30" diameter) that look like stars are indicated by different cross-like symbols. The galaxies of the Local Group, as well as the Arp and Holmberg galaxies are all included.

Groups of galaxies: There are 508 groups of galaxies indicated in the atlas. All groups contain at least two (Arp groups) or four (Hickson groups) members. If no galaxies are plotted, they may be beyond the galaxies' selection criteria. All Arp and Hickson groups are shown, as well as a selection of Shakhbazian and Klemola groups.

Clusters of galaxies: The atlas shows 117 galaxy clusters. All clusters contain at least ten members. If no galaxies are plotted, they may be beyond the galaxies' selection criteria. The atlas contains all Abell clusters with members brighter than magnitude 13, as well as some more difficult targets.

Nicknames: If there is a widely used common name or nickname, it is plotted next to the official designation. For the stars, these are the classical names mainly of Arabic origin. For deep-sky objects, nicknames have mainly originated from American amateur astronomers. Some readers may not be familiar with some of the nicknames plotted here, while others are widely used.

Selection of deep-sky objects

Object type	Visible in 4-inch	Visible in 8-inch	Visible in 12-inch	Additional objects	Total
Open clusters (OC)	985	1474	1664	239	1903
Globular clusters (GC)	111	125	145	36	181
Galactic nebulae (GN)	72	229	311	219	530
Dark nebulae (DN)	101	248	313	213	526
Planetary nebulae (PN)	102	261	496	259	755
Galaxies (Gx)	660	3398	9378	221	9599
Quasars (Qs)	4	23	78	44	122
Asterisms (Ast)					536
Star clouds (StC)					58
Galaxy groups (GxG)					508
Galaxy clusters (GxC)					117

IV How to use the atlas

Choosing targets: Start with a key map according to your observing site, season of year, and time of night. Bear in mind that on most places on Earth, only part of the sky is visible.

Look at the map:

- all objects printed in bold labels are visible in a 4-inch (100 mm) telescope if you observe under a reasonably dark sky
- all objects printed in medium labels are visible in a 8-inch (200 mm) telescope if you observe under a reasonably dark sky
- all objects printed in fine labels are visible in a 12-inch (300 mm) telescope if you observe under a reasonably dark sky
- additional objects may require very large telescopes.

If observing with a telescope of different aperture, choose objects of the next aperture class. E.g. when observing with a 6-inch telescope, attempt 8-inch class targets, if observing with a 10-inch telescope, go for 12-inch class objects.

If you are not an experienced observer, or are observing under less-than-perfect conditions, you may not be able to see many objects listed for your aperture class. We strongly recommend you use *Eye & Telescope*, which will calculate the actual visibility for all sizes of telescopes and all kinds of viewing conditions!

Very small objects, indicated by a cross symbol on the maps (quasars, small galaxies, small planetary nebulae) will look like stars at low or medium power. Use high power to identify the object from surrounding stars. A more detailed finder chart, generated with *Eye & Telescope* software, will be very handy!

Locating targets: If you are looking for a particular object, choose from one of these methods for locating it:

- look at the index list. Objects are grouped according to their object type.
- if you know the object's coordinates, first browse the atlas for the right declination zone. The labels on the edge of each map will help. Then choose the correct R.A.
- if you know the constellation, refer to the key maps and choose the corresponding maps.

Feedback – we appreciate your comments!

Have you seen an object with a smaller telescope than indicated in the atlas? Or has it been impossible to detect an object of a lower aperture class despite favorable observing conditions?

Tell us about your experiences! We'd also like to learn about errors you have discovered. Please use the feedback form at www.deepskyatlas.com.

Thank you!

V Sources

Stars

- Høg, E.; Fabricius, C.; et al.: The Tycho-2 Catalogue of the 2.5 Million Brightest Stars, Astron. Astrophys. 355, L27 (2000)
- Fabricius, C.; Høg, E.; Makarov; et al.: The Tycho Double Star Catalogue, Astron. Astrophys. 384, 180 (2002)
- Kostjuk, N.D.: HD-DM-GC-HR-HIP-Bayer-Flamsteed Cross Index, Institute of Astronomy of Russian Academy of Sciences (2002)
- Fabricius, C.; Makarov, V.V.; Knude, J.; Wycoff, G.L.: Henry Draper Catalogue identifications for Tycho-2 stars, Astron. Astrophys. 386, 709 (2002)
- Samus, N.N.; Durlevich, O.V.; et al.: General Catalog of Variable Stars, The cross-identification tables, 2012

Double stars

- Mason, B. D.; Wycoff, G. L.; et al.: The Washington Double Star Catalog (WDS), 2012

Variable stars

- Samus, N. N.; Durlevich, O. V.; et al.: General Catalog of Variable Stars (GCVS), 2012
- Watson, C.; Henden, A. A.; Price, A.: AAVSO International Variable Star Index VSX (2012)

Stars with exoplanets

- Schneider, J.: Catalog of Exoplanets, www.exoplanet.eu (2013)

Deep-sky objects

The basis for positions, sizes, and the visibility calculation was obtained with *Eye & Telescope* software. The classification was revised by comparison with the observations of *Deep-Sky-Liste* project and own visual observations.

In addition, a wide range of sources was used:

Open clusters

- Dias, W. S.; Alessi, B. S.; Moitinho, A.; Lepine, J. R. D.: New Catalog of Optically Visible Open Clusters and Candidates (2012)
- Kronberger, M.; Teutsch, P.; et al.: Galactic Open Cluster Candidates, 2006

Globular clusters

- Archinal, B.A.; Hynes, S.H.: Star Clusters, Willmann-Bell, 2003
- Glahn, U.; Stoyan, R.: Extreme Kugelsternhaufen, Teil 1: Palomar-Katalog, interstellarum 46 (2006)
- Stoyan, R.: Extreme Kugelsternhaufen, Teil 2: Terzan-Katalog, interstellarum 47 (2006)
- Stoyan, R.: Extreme Kugelsternhaufen, Teil 3: Exotische Objekte, interstellarum 48 (2006)

Asterisms

- Deep Sky Hunters Asterism List, 2010

Planetary nebulae

- Kronberger, M.; Jacoby, et al.: New faint planetary nebulae from the DSS and SDSS, 2012

Galactic nebulae

- Parker, R. A. R.; Gull, T. R.; Kirshner, R. P.: An Emission Line Survey of the Milky Way, 1979

Dark nebulae

- Barnard, E. E.: A Photographic Atlas of Selected Regions of the Milky Way, 1927
- Lynds, B. T.: Catalogue of Dark Nebulae, 1962
- Sandqvist, A.: New Southern Dark Dust Clouds Discovered on the ESO (B) Atlas, 1977
- Sandqvist, A.; Lindroos, R. T.: Interstellar formaldehyde in southern dark dust clouds, 1977

Galaxies

- Müller, J.; Richardsen, F.; Stoyan, R.; Veit, K.: Die Holmberg-Galaxien, Zwerggalaxien auf der Spur, interstellarum 22, 50 (2002)
- Kanipe, J.; Webb, D.: The Arp Atlas of Peculiar Galaxies,

Galaxy groups

- Hickson, P.: Atlas of Compact Groups of Galaxies, 1994
- Müller, J.; Stoyan, R.; Wenzel, K.: Digital-visueller Atlas der Hickson-Gruppen, interstellarum 17–20 (2001)

Galaxy clusters

- Abell, G. O.; Corwin, H. G., Jr.; Olowin, R. P.: Rich Clusters of Galaxies, 1994
- Abell, G. O.; Corwin, H. G., Jr.: The Southern Cluster Survey, 1984
- Stoyan, R.; Veit, K.: Galaxienhaufen visuell, interstellarum 5, 7, 9 (1995/6)
- Stoyan, Ronald: Galaxienhaufen im Amateurteleskop, interstellarum 39–44 (2005/6)

Quasars

- Veron-Cetty, M. P.; Veron, P.: Quasars and Active Galactic Nuclei, 2010
- Flesch, E.: The Million Quasars (MILLIQUAS) Catalog, 2012

Nicknames

- Maddocks, H.C.: Deep-Sky Name Index 2000.0, 1991

Key map North Pole

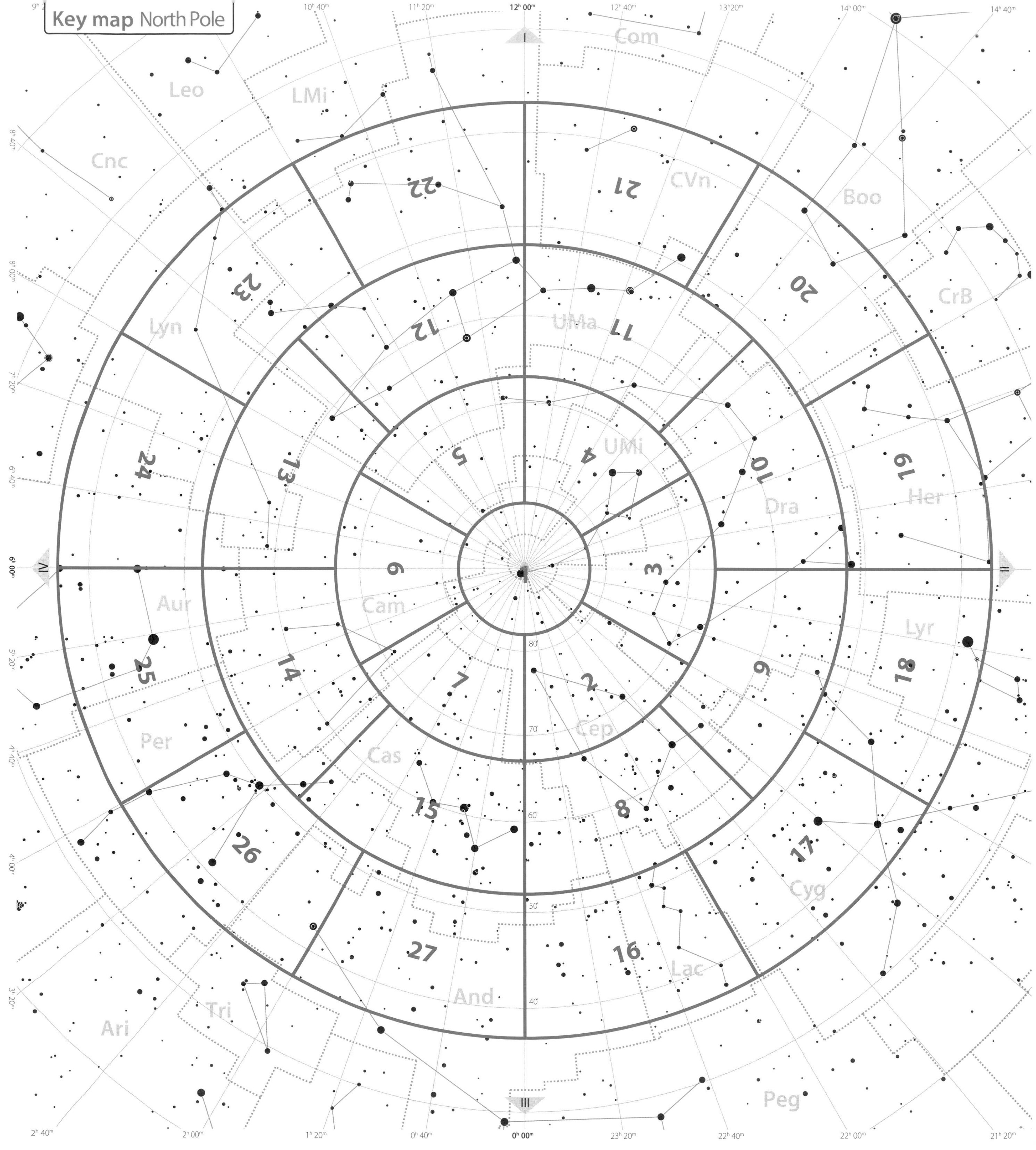

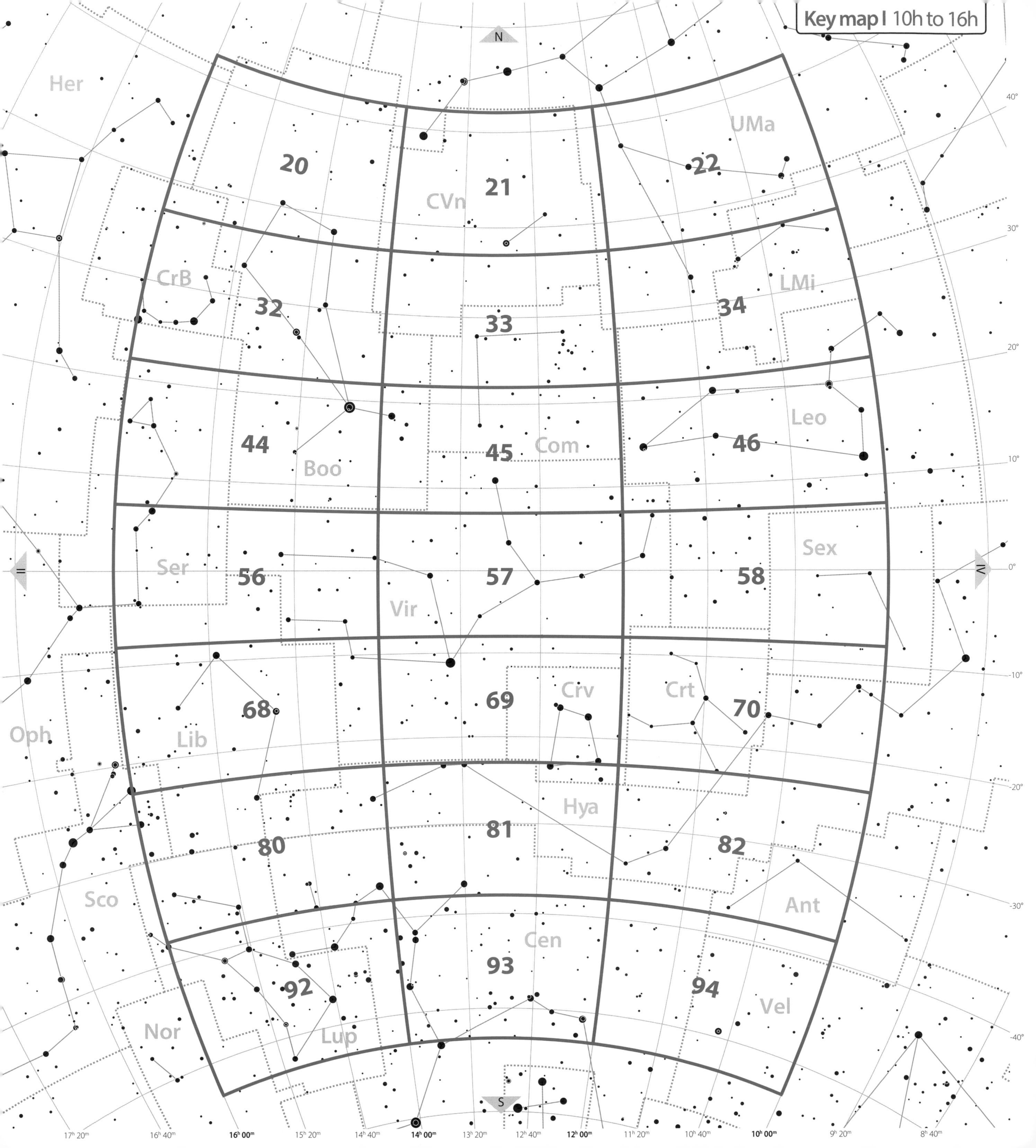
Key map I 10h to 16h
N
S
Her
UMa
CVn
CrB
LMi
Leo
Com
Boo
Ser
Sex
Vir
Crv
Crt
Oph
Lib
Hya
Sco
Ant
Cen
Vel
Nor
Lup
20
21
22
32
33
34
44
45
46
56
57
58
68
69
70
80
81
82
92
93
94
II
IV
40°
30°
20°
10°
0°
-10°
-20°
-30°
-40°
17h 20m
16h 40m
16h 00m
15h 20m
14h 40m
14h 00m
13h 20m
12h 40m
12h 00m
11h 20m
10h 40m
10h 00m
9h 20m
8h 40m

Key map II 16h to 22h

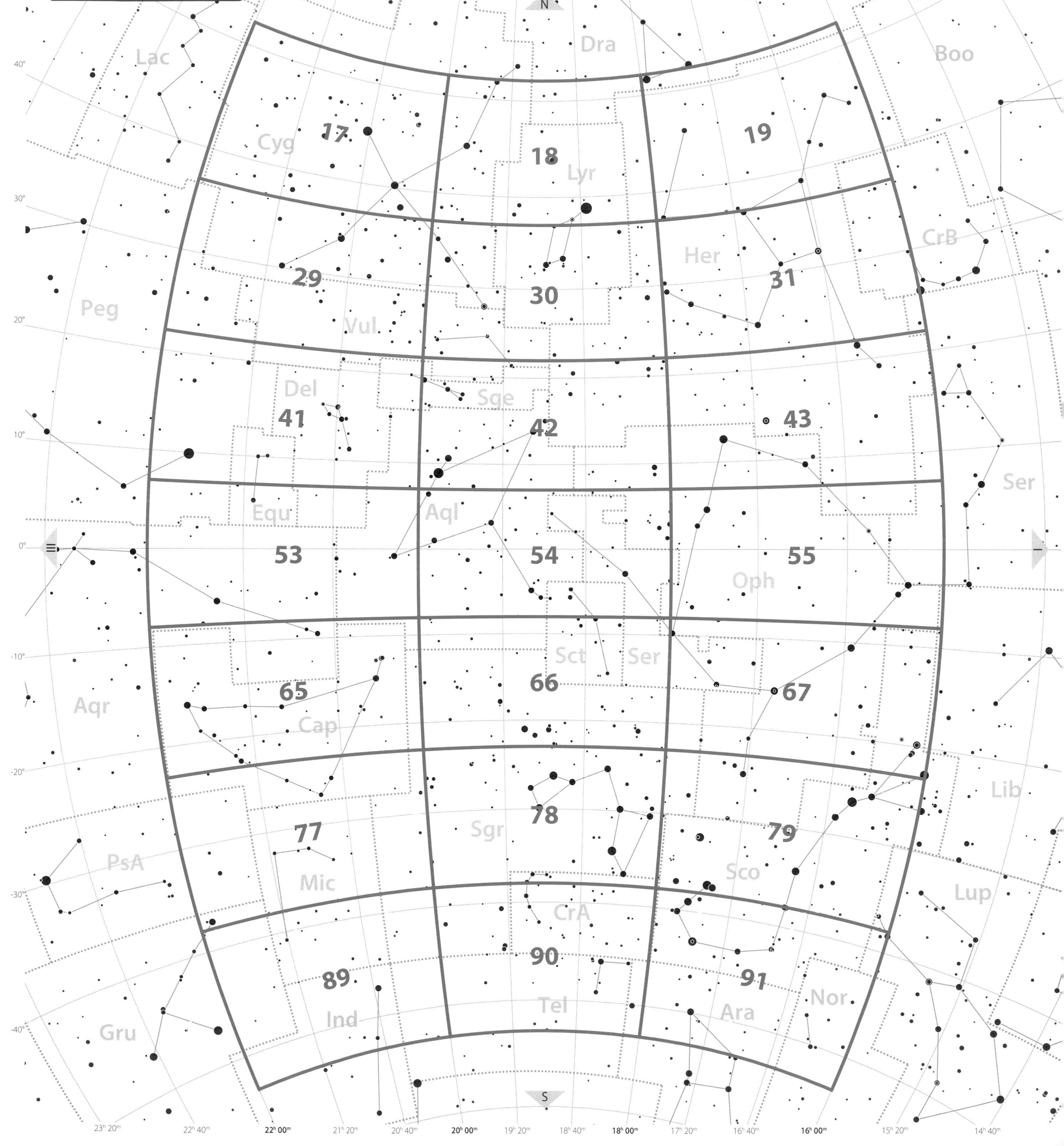

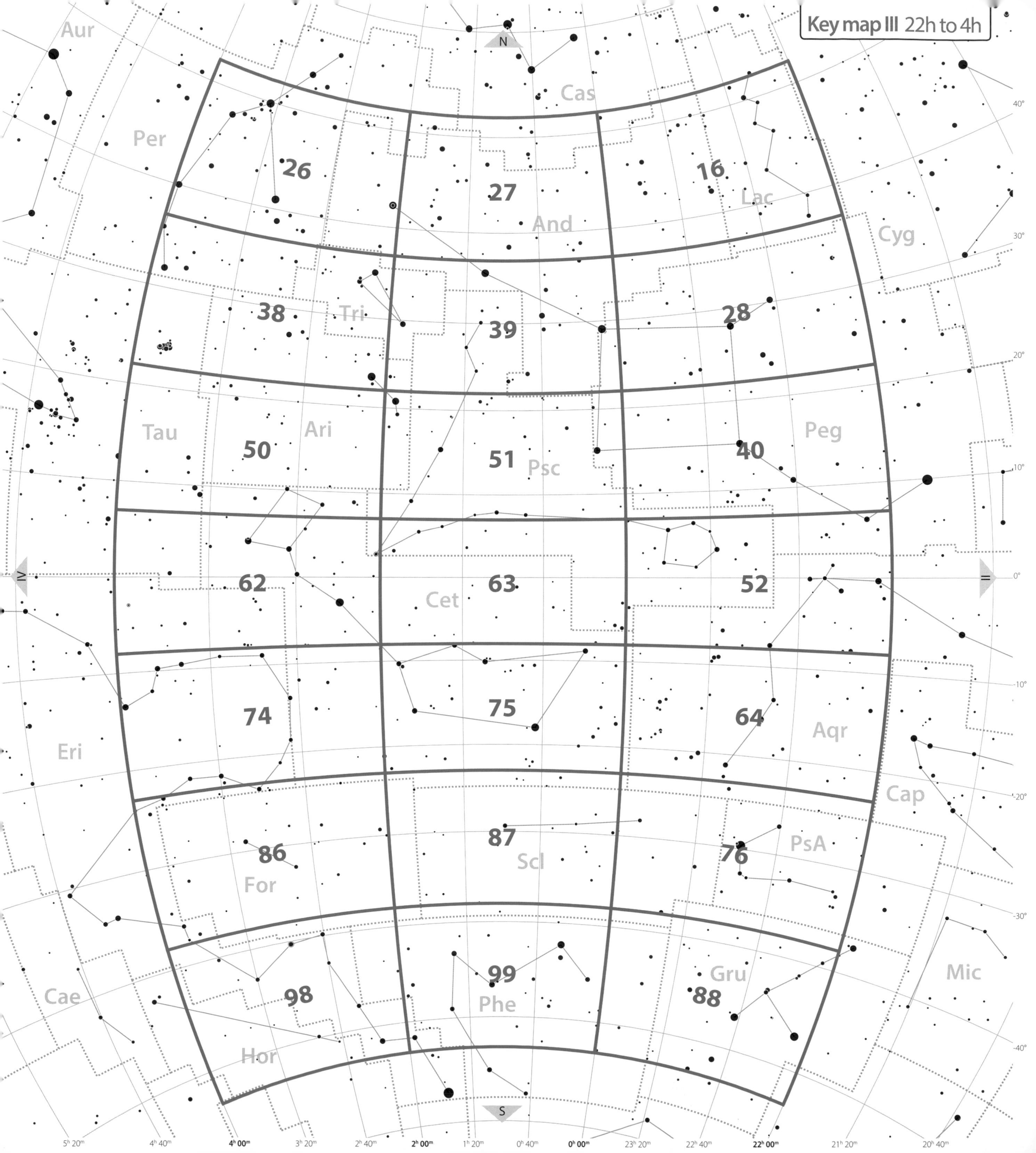
Key map III 22h to 4h
N
S
Aur
Per
Cas
And
Lac
Cyg
Tri
Tau
Ari
Psc
Peg
Cet
Eri
Aqr
Cap
Scl
PsA
For
Cae
Phe
Gru
Mic
Hor
26
27
16
38
39
28
50
51
40
62
63
52
74
75
64
86
87
76
98
99
88
IV
II
40°
30°
20°
10°
0°
-10°
-20°
-30°
-40°
5h 20m
4h 40m
4h 00m
3h 20m
2h 40m
2h 00m
1h 20m
0h 40m
0h 00m
23h 20m
22h 40m
22h 00m
21h 20m
20h 40m

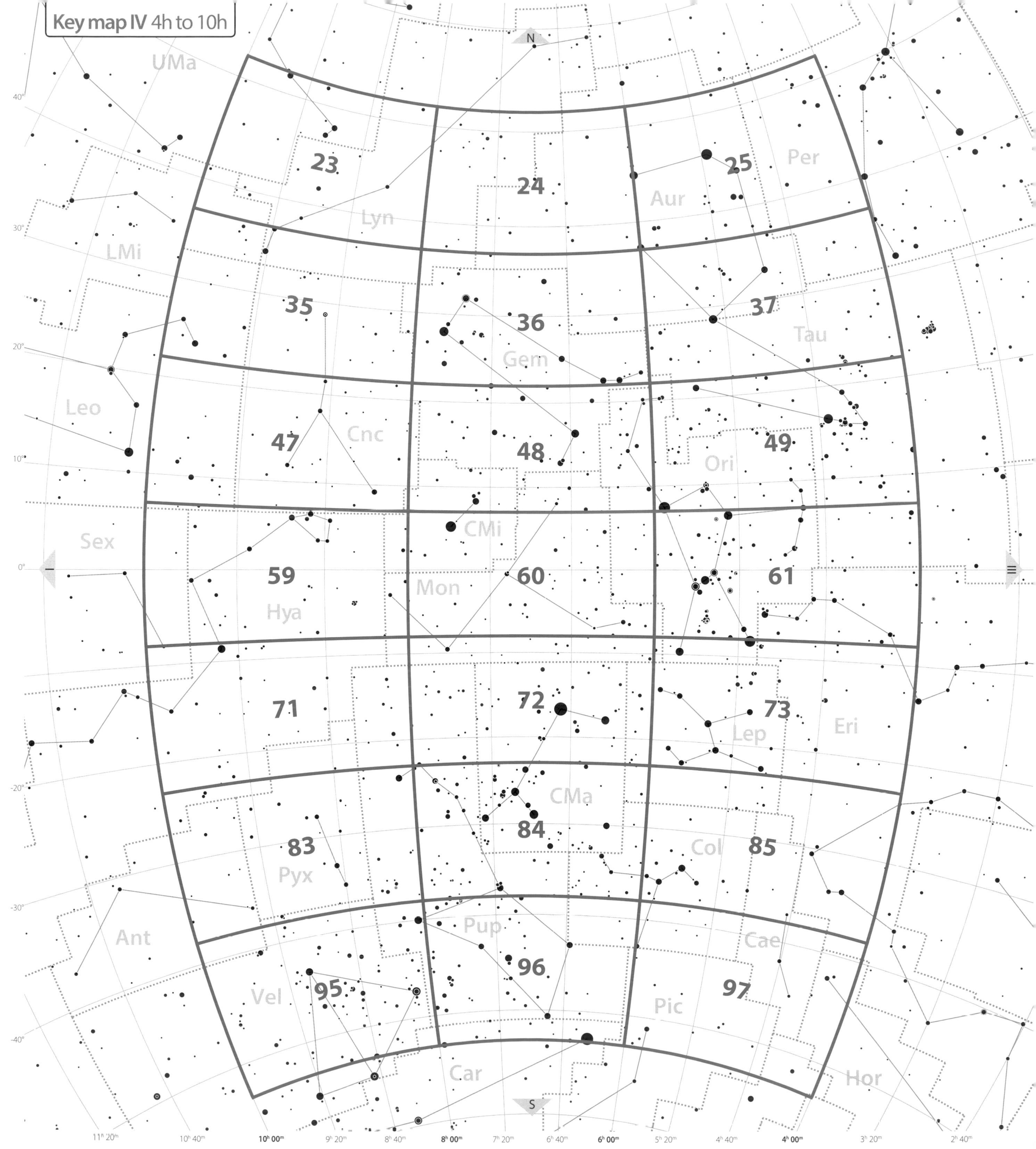
Key map IV 4h to 10h
N
S
23
24
25
35
36
37
47
48
49
59
60
61
71
72
73
83
84
85
95
96
97
UMa
Lyn
Aur
Per
LMi
Gem
Tau
Leo
Cnc
Ori
CMi
Sex
Mon
Hya
Lep
Eri
CMa
Pyx
Col
Ant
Pup
Cae
Vel
Pic
Car
Hor
40°
30°
20°
10°
0°
-20°
-30°
-40°
11h 20m
10h 40m
10h 00m
9h 20m
8h 40m
8h 00m
7h 20m
6h 40m
6h 00m
5h 20m
4h 40m
4h 00m
3h 20m
2h 40m

Key map South Pole

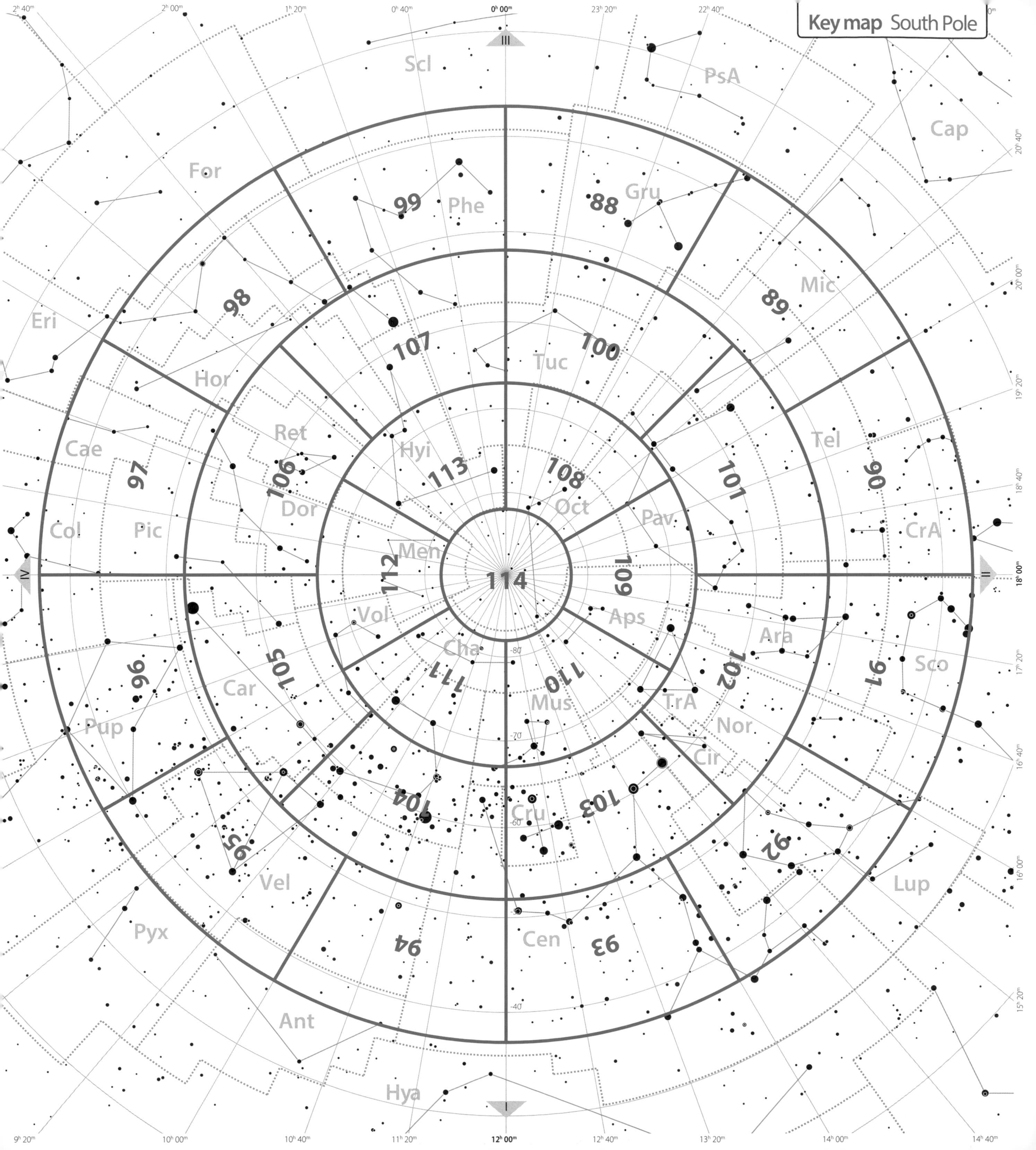

List of catalog abbreviations

This list contains the most important abbreviations for object designations.

Miscellaneous object types

ESO European Southern Observatory Survey
IC Index Catalogue
IRAS Infrared Astronomical Satellite
M Messier
NGC New General Catalogue

Open clusters, asterisms, and star clouds

Al Alessi
Al-Teu Alessi-Teutsch
ASCC All-Sky Compiled Catalogue
Bar Barkhatova
Bas Basel
BCDSP Bica-Claria-Dottori-Santos-Piatti
Be Berkeley
Bi Biurakan
Bo Bochum
BRHT Bhatia-Read-Hatzidimitriou-Tritton
BSDL Bica-Schmitt-Dutra-Oliveira
C Cluster
Cz Czernik
DC Drake Cluster
Dias Dias
DoDz Dolidze-Dzimselejsvili
Elo Elosser
FSR Froebrich-Scholz-Raftery
H Harvard
Ho Hogg
Hrr Harrington
HS Hodge-Sexton
HW Hodge-Wright
Kar Karhula
KMHK Kontizas-Morgan-Hatzidimitiou-Kontizas
KMK Kontizas-Metaxa-Kontizas
KMK88 Kontizas-Metaxa-Kontizas, 1988
Kp Koposov
Kron Kron
Le-Wa Levy-Wallach
Lin Lindsay
Lor Lorenzin
LW Lynga-Westerlund
Ly Lynga
Mel Melotte
Mrk Markarian
Pfl Pfleiderer
Pi Pismis
Pot Pothier
Ray Raymond
Ren Renou
Ro Roslund
SAI Sternberg Astronomical Institute
Sal Saloranta
Sher Sher
Sk Skiff
SL Shapley-Lindsay
Slo Slotegraaf
Sn Steine
Spano Spano
Sr Saurer
St Stock
Steph Stephenson
Stn Steine
Str Streicher
Teu Teutsch
Tom Tombaugh
TPK Teutsch-Patchick-Kronberger
Tu Turner
Wa Waterloo
We Westerlund

Planetary nebulae

Ap Apriamasvili
BlDz Blaauw-Danziger
BoBn Boeshaar-Bond
BV Böhm-Vitense
CGMW Candidate Galaxy behind the Milky Way
Cn Cannon
CRL Cambridge Research Lab
CTSS Capellaro-Turatto-Salvadori-Sabbadin
DD Dolidze
DdDm Dolidze-Dzimselejsvili
DeHt Dengl-Hartl
EGB Ellis-Gray-Bond
Fg Fleming
GLMP Garcia-Lario-Manchado-Pych
H Haro
HaTr Hartl-Tritton
HaWe Hartl-Weinberger
Hb Hubble
HBC Herbig-Bell Catalogue
He Henize
HFG Heckathorn-Fesen-Gull
HoCr Howell-Crisp
Hu Humason
HuBi Hu-Bibo
HuDo Hu-Dong
IPHASX INT/WFC Photometric Hα Survey eXtended object
IsWe Ishida-Weinberger
J Jonckheere
Jn Jones
JnEr Jones-Emberson
K Kohoutek
KFR Kerber-Furlan-Roth
KjPn Kazarjan-Parsamjan
Kron Kronberger
LMC-SMP Large Magellanic Cloud, Sanduleak-McConnell-Philip
Lo Longmore
LoTr Longmore-Tritton
LSA Lundstrom-Stenholm-Acker
M Minkowski
MA Maehara
MaC MacConnell
Me Merrill
MGP Manchado-Garcia-Lario-Pottasch
MRMG Manchado-Riera-Mampaso-Garcia-Lario
MWP Motch-Werner-Pakull
MyCn Mayall-Cannon
Mz Menzel
NeVe Neckel-Vehrenberg
P Perek
PB Peimbert-Batiz
PBOZ Pottasch-Bignell-Olling-Zijlstra
PC Peimbert-Costero
Pe Perek
PHR Parker-Hartley-Russell
PM Preite-Martinez
PPA Peynaud-Parker-Acker
PuWe Purgathofer-Weinberger
RCW Rodgers-Campbell-Whiteoak
Sa Sanduleak
SaSt Sanduleak-Stephenson
SaWe Sanduleak-Weinberger
SB Sylvie Beaulieu
ShWi Shaw-Wirth
SMC-MG Small Magellanic Cloud, Morgan-Good
SMC-SMP Small Magellanic Cloud, Sanduleak-McConnell-Philip
Sp Shapley
Steph Stephenson
StWr Stock-Wroblewski
SwSt Swings-Struve
TDC Thompson-Djorgopvski-Carvalho
TeJu Terzan-Ju
Th The
VBRC van den Bergh-Racine
Vd Vandervoort
V-V Vorontsov-Veljaminov
Vy Vyssotski
W Weinberger
WeBo Webbink-Bond
WeDe Weinberger-Dengl
WeSb Weinberger-Sabbadin
Y-C Yale Columbia Observatory

Galactic nebulae

BFS Blitz-Fich-Stark
Ced Cederblad
CG Cometary Globule
CTB Caltech Observatory, list B
DG Dorschner-Gürtler
DWB Dickel-Wendker-Bieritz
GM Gyulbudaghian-Magakian
GN Atlas Galaktischer Nebel
Hen Henize
HH Herbig-Haro
LBN Lynds Bright Nebula
MWC Mount Wilson Observatory, Catalogue
PKS Parkes Observatory
RCW Rodgers-Campbell-Whiteoak
Sh Sharpless
vdB van den Bergh
vdBH van den Bergh-Herbst

Dark nebulae

B Barnard
LDN Lynds Dark Nebula
Sa Sandqvist
SDC Southern Dark Cloud
SL Sandqvist-Lindroos

Globular clusters

AL Andrews-Lindsay
AM Arp-Madore
Bol Bologna Observatory
G (M 31) Globular
HP Haute Provence
Pal Palomar
PWM Pfleiderer-Weinberger-Ross
Ter Terzan
Ton Tonantzintla
UKS United Kingdom Schmidt

Galaxies, groups, and clusters of galaxies

CGCG Catalogue of Galaxies and Clusters of Galaxies
HCG Hickson Compact Group
MCG Morphological Galaxies Catalogue
Mrk Markarian
PGC Principal Galaxies Catalogue
Shk Shakhbazian
UGC Uppsala General Catalogue of Galaxies

Quasars

3C 3rd Cambridge Catalogue
PG Palomar-Green

Double stars

A Aitken
AC Alvan Clark
B van den Bos
BrsO Brisbane Observatory
β Burnham
CorO Cordoba Observatory
Δ Dunlop
Es T. Espin
Gli J. M. Giliss
H William Herschel
h John Herschel
Lac G. B. Lacchini
OΣ Otto Struve
Rmk C. Rümker
S James South
Σ Friedrich Wilhelm Struve
Sh South-Herschel

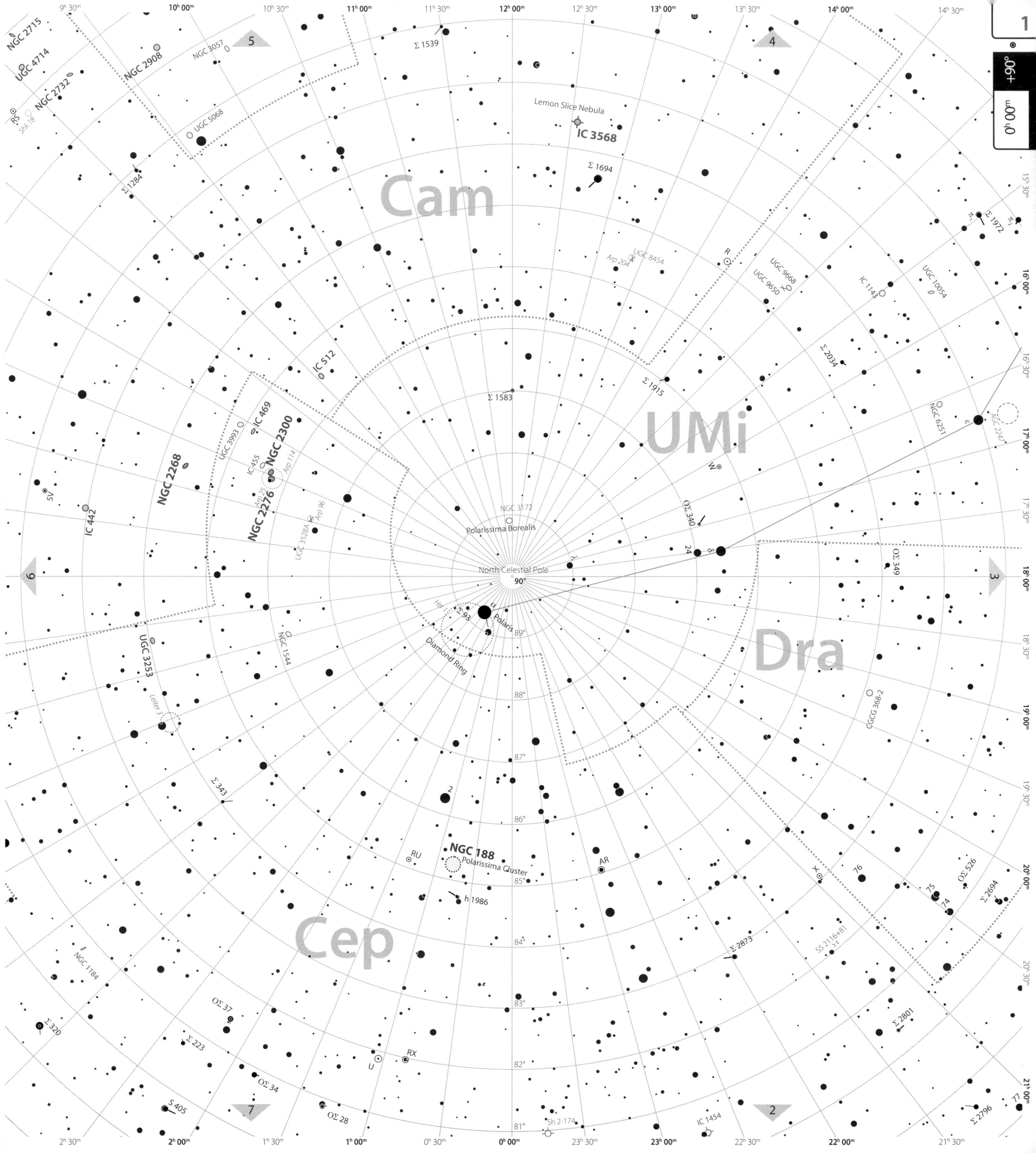
9h 30m
10h 00m
10h 30m
11h 00m
11h 30m
12h 00m
12h 30m
13h 00m
13h 30m
14h 00m
14h 30m
15h 30m
16h 00m
16h 30m
17h 00m
17h 30m
18h 00m
18h 30m
19h 00m
19h 30m
20h 00m
20h 30m
21h 00m
21h 30m
22h 00m
22h 30m
23h 00m
23h 30m
0h 00m
0h 30m
1h 00m
1h 30m
2h 00m
2h 30m
5
4
6
3
7
2
Cam
UMi
Dra
Cep
NGC 2715
UGC 4714
NGC 2732
NGC 2908
NGC 3057
UGC 5068
RS
Shk 18
Σ 1284
Σ 1539
Lemon Slice Nebula
IC 3568
Σ 1694
UGC 8454
Arp 204
R
UGC 9668
UGC 9650
IC 1143
UGC 10054
Σ 1972
Σ 2034
Σ 1915
IC 512
Σ 1583
NGC 6251
NGC 2247
UGC 3993
IC 469
NGC 2300
IC 455
Arp 114
NGC 2268
Arp 25
NGC 2276
UGC 3528A
Arp 96
IC 442
SV
W
OΣ 340
NGC 3172
Polarissima Borealis
24
δ
OΣ 349
North Celestial Pole
90°
α
Polaris
Hrr 1
Σ 93
Diamond Ring
89°
88°
87°
86°
85°
84°
83°
82°
81°
NGC 1544
UGC 3253
Leiter 3
CGCG 368-2
Σ 343
2
NGC 188
Polarissima Cluster
RU
AR
X
76
75
74
OΣ 526
Σ 2694
h 1986
Σ 2873
SS 2116+81
NGC 1184
Σ 320
OΣ 37
Σ 223
OΣ 34
S 405
OΣ 28
U
RX
Σ 2801
Sh 2-174
IC 1454
Σ 2796
77

+75°
22h 00m
1
8
7
Cas
Cep
Errai
γ
π
ι
ο
ρ
NGC 110
NGC 40
Bowtie Nebula
NGC 7708
NGC 7822
NGC 7762
Ced 214
Be 59
Be 61
Be 104
Be 101
Be 99
Be 8
Sk 1
Cr 463
Cr 471
St 18
St 20
Sh 2-170
Sh 2-174
Sh 2-175
Sh 2-173
SAI 4
K 1
K 11
Abell 86
Abell 1
EGB 1
M 2-55
W 1-1
GM 1-3
Pat 78
FSR 494
BV 5-1
Cz 45
vdB 2
vdB 149
vdB 150
vdB 152
vdB 157
B 175
DeHt 5
IC 1454
GN 22.33.6
IsWe 2
KjPn 6
NGC 629
8C 0149+710
Σ 185
Σ 170
Σ 191
Σ 114
Σ 48
Σ 65
Σ 26
Σ 10
Σ 13
Σ 2
Σ 3051
Σ 3017
Σ 2963
Σ 2965
Σ 2971
Σ 2873
Σ 2893
Σ 2883
Σ 2923
Σ 2924
Σ 2984
Σ 3001
Σ 3053
Σ 2947
Σ 2948
Σ 2903
β 781
A 816
ΟΣ 28
ΟΣ 481
ΟΣ 489
ΟΣΣ 236
ΟΣ 6
ΟΣ 1
ΟΣ 507
ΟΣ 470
RX
U
Y
RY
S
GT
ZZ
XZ
47
49
51
50
40
42
38
31
23
21
16
13
10
9
24
28
73°
71°
70°
69°
68°
67°
66°
65°
64°
63°
62°
0h 00m
23h 40m
23h 20m
23h 00m
22h 40m
22h 20m
22h 00m

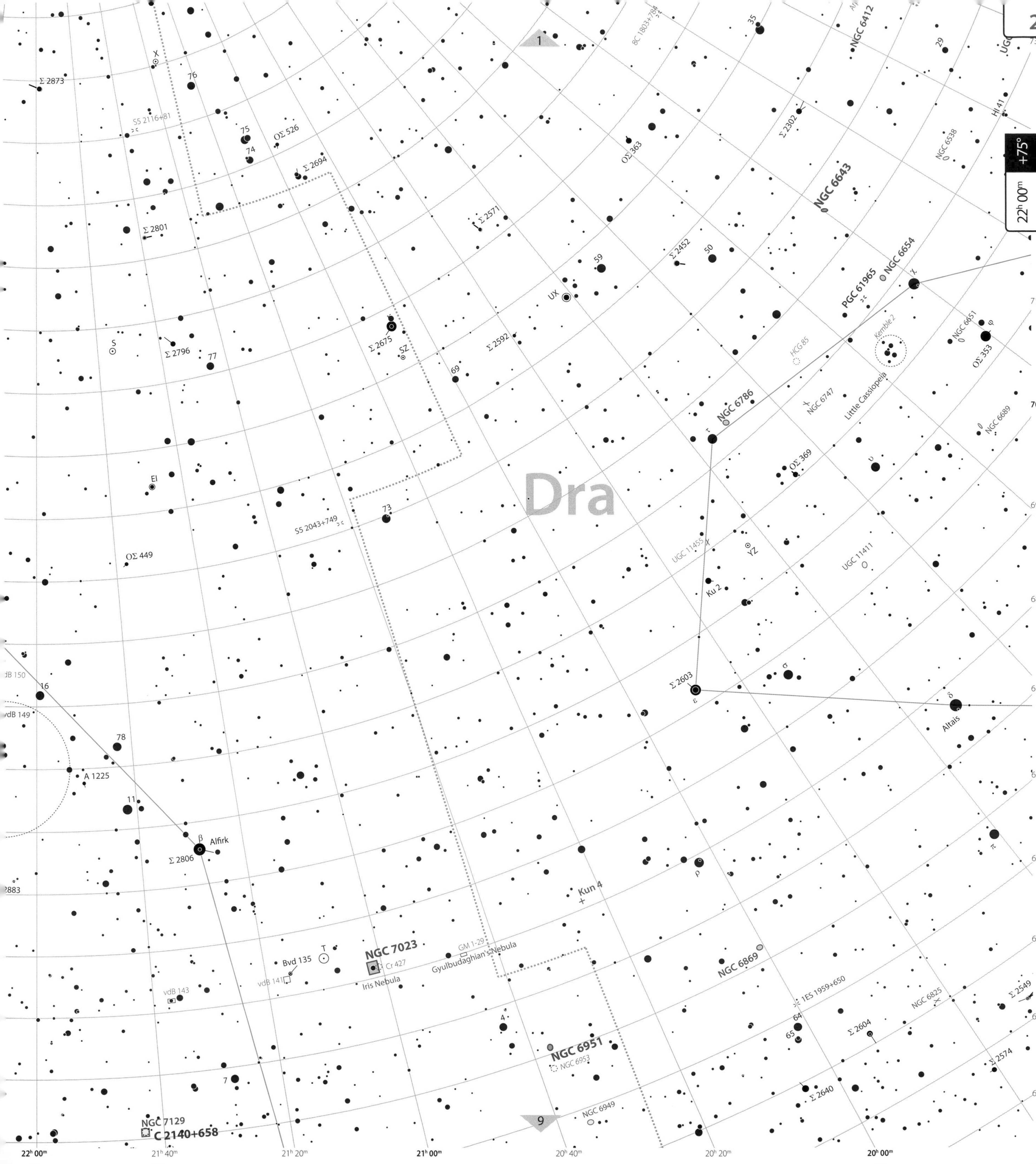
Dra
1
9
Σ 2873
X
76
S5 2116+81
75
74
OΣ 526
Σ 2694
Σ 2801
Σ 2571
OΣ 363
Σ 2302
NGC 6412
35
29
HI 41
NGC 6538
NGC 6643
Σ 2452
50
59
UX
PGC 61965
NGC 6654
χ
Σ 2675
SZ
Σ 2592
S
Σ 2796
77
69
HCG 85
Kemble 2
NGC 6651
φ
OΣ 353
NGC 6786
τ
NGC 6747
Little Cassiopeia
NGC 6689
OΣ 369
υ
EI
73
S5 2043+749
UGC 11455
YZ
UGC 11411
Ku 2
OΣ 449
Σ 2603
ε
σ
δ
Altais
vdB 150
16
vdB 149
78
A 1225
11
β
Alfirk
Σ 2806
ρ
π
Kun 4
NGC 7023
Cr 427
Iris Nebula
T
Bvd 135
vdB 141
GM 1-29
Gyulbudaghian's Nebula
NGC 6869
vdB 143
1ES 1959+650
NGC 6825
Σ 2549
4
64
65
Σ 2604
NGC 6951
NGC 6953
Σ 2574
7
Σ 2640
NGC 6949
NGC 7129
C 2140+658
73°
71°
70°
69°
68°
67°
66°
65°
64°
63°
62°
22h 00m
21h 40m
21h 20m
21h 00m
20h 40m
20h 20m
20h 00m

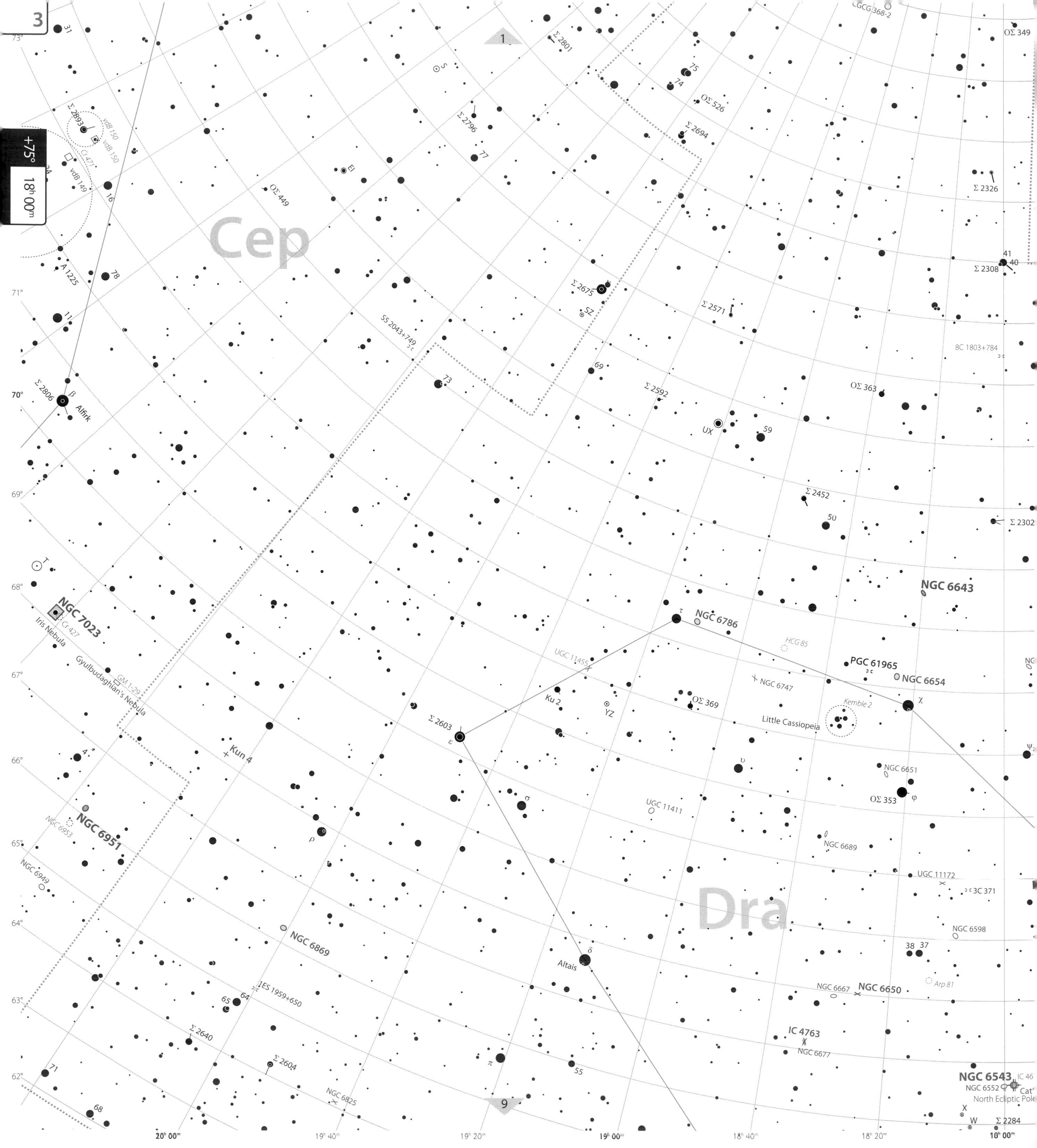
+75°
18h 00m
Cep
Dra
1
9
73°
71°
70°
69°
68°
67°
66°
65°
64°
63°
62°
20h 00m
19h 40m
19h 20m
19h 00m
18h 40m
18h 20m
18h 00m
31
Σ 2893
vdB 150
vdB 149
Cr 471
16
Σ 2801
S
Σ 2796
77
EI
OΣ 449
75
74
OΣ 526
Σ 2694
CGCG 368-2
OΣ 349
Σ 2326
41
40
Σ 2308
A 1225
78
11
Σ 2675
SZ
Σ 2571
SS 2043+749
69
73
Σ 2592
8C 1803+784
OΣ 363
Σ 2806
β
Alfirk
UX
59
Σ 2452
50
Σ 2302
T
NGC 6643
NGC 7023
Cr 427
Iris Nebula
τ
NGC 6786
HCG 85
UGC 11455
GM 1-29
Gyulbudaghian's Nebula
PGC 61965
NGC 6654
NGC 6747
Ku 2
YZ
OΣ 369
Kemble 2
χ
Σ 2603
ε
Little Cassiopeia
Kun 4
4
υ
NGC 6651
σ
OΣ 353
φ
ψ
UGC 11411
NGC 6951
NGC 6953
ρ
NGC 6689
NGC 6949
UGC 11172
3C 371
NGC 6869
δ
Altais
NGC 6598
38
37
Arp 81
1ES 1959+650
65
64
NGC 6667
NGC 6650
IC 4763
NGC 6677
Σ 2640
Σ 2604
π
55
71
NGC 6825
68
NGC 6543
NGC 6552
IC 46
North Ecliptic Pole
W
Σ 2284

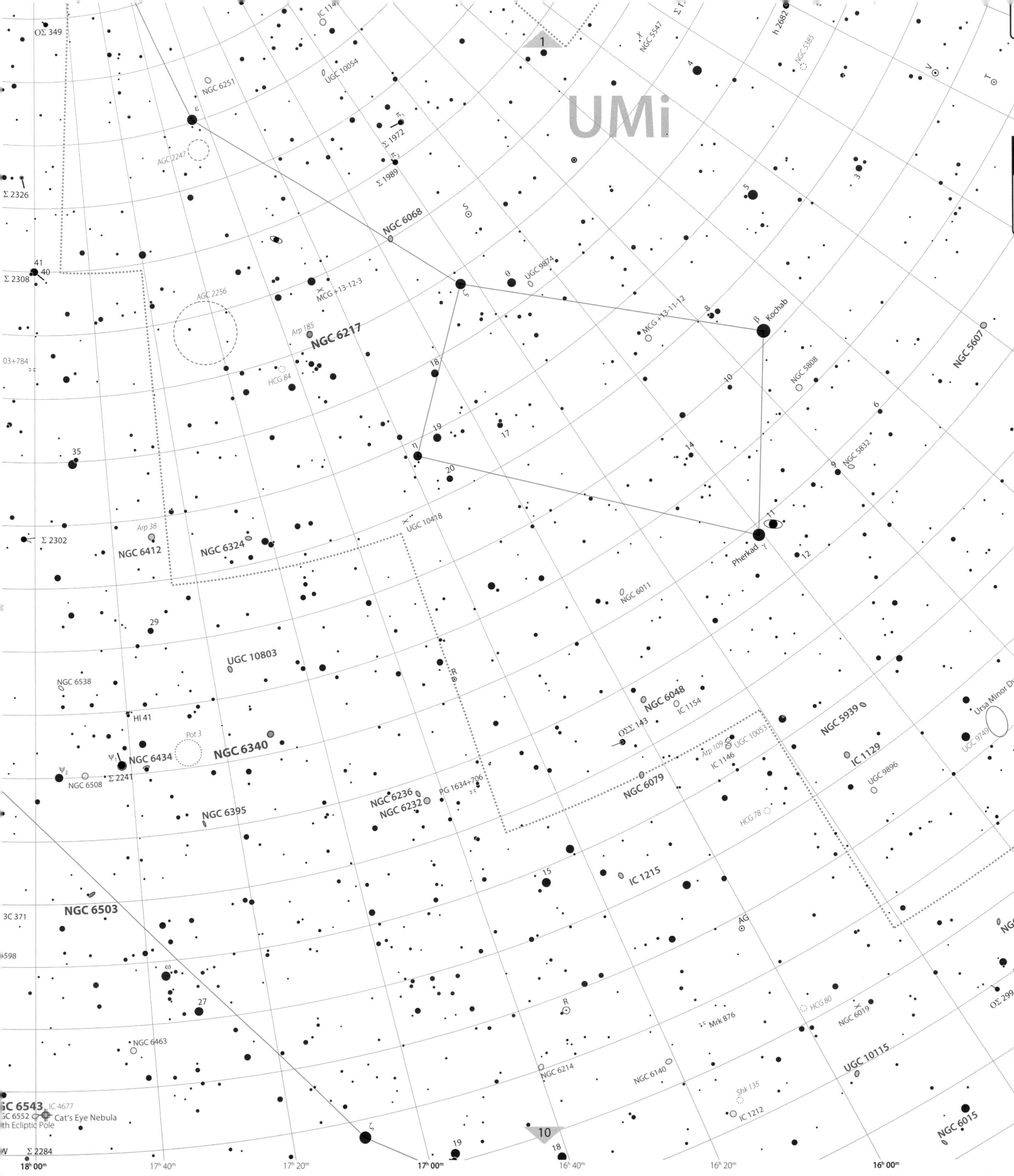
UMi
Kochab
Pherkad
NGC 6217
NGC 6068
NGC 6412
NGC 6324
NGC 6340
NGC 6434
NGC 6395
NGC 6236
NGC 6232
NGC 6079
NGC 6048
NGC 5939
IC 1129
NGC 5607
NGC 6503
IC 1215
NGC 5949
UGC 10115
NGC 6015
UGC 10803
NGC 6251
UGC 10054
UGC 9874
MCG +13-12-3
MCG +13-11-12
NGC 5808
NGC 5832
NGC 5547
NGC 5585
NGC 6011
UGC 10418
NGC 6538
NGC 6508
NGC 6463
NGC 6214
NGC 6140
NGC 6019
Mrk 876
IC 1212
IC 1154
IC 1146
UGC 10053
UGC 9896
UGC 9749
Ursa Minor Dwarf
Arp 185
Arp 38
Arp 109
HCG 84
HCG 78
HCG 80
Shk 135
AGC 2247
AGC 2256
Pot 3
PG 1634+706
Cat's Eye Nebula
NGC 6543
IC 4677
NGC 6552
North Ecliptic Pole
OΣ 349
OΣΣ 143
OΣ 299
Σ 2326
Σ 2308
Σ 2302
Σ 2241
Σ 2284
Σ 1972
Σ 1989
h 2682
HI 41
3C 371
03+784
18h 00m
17h 40m
17h 20m
17h 00m
16h 40m
16h 20m
16h 00m
73°
71°
70°
69°
68°
67°
66°
65°
64°
63°
62°
1
10

+75°
14h 00m

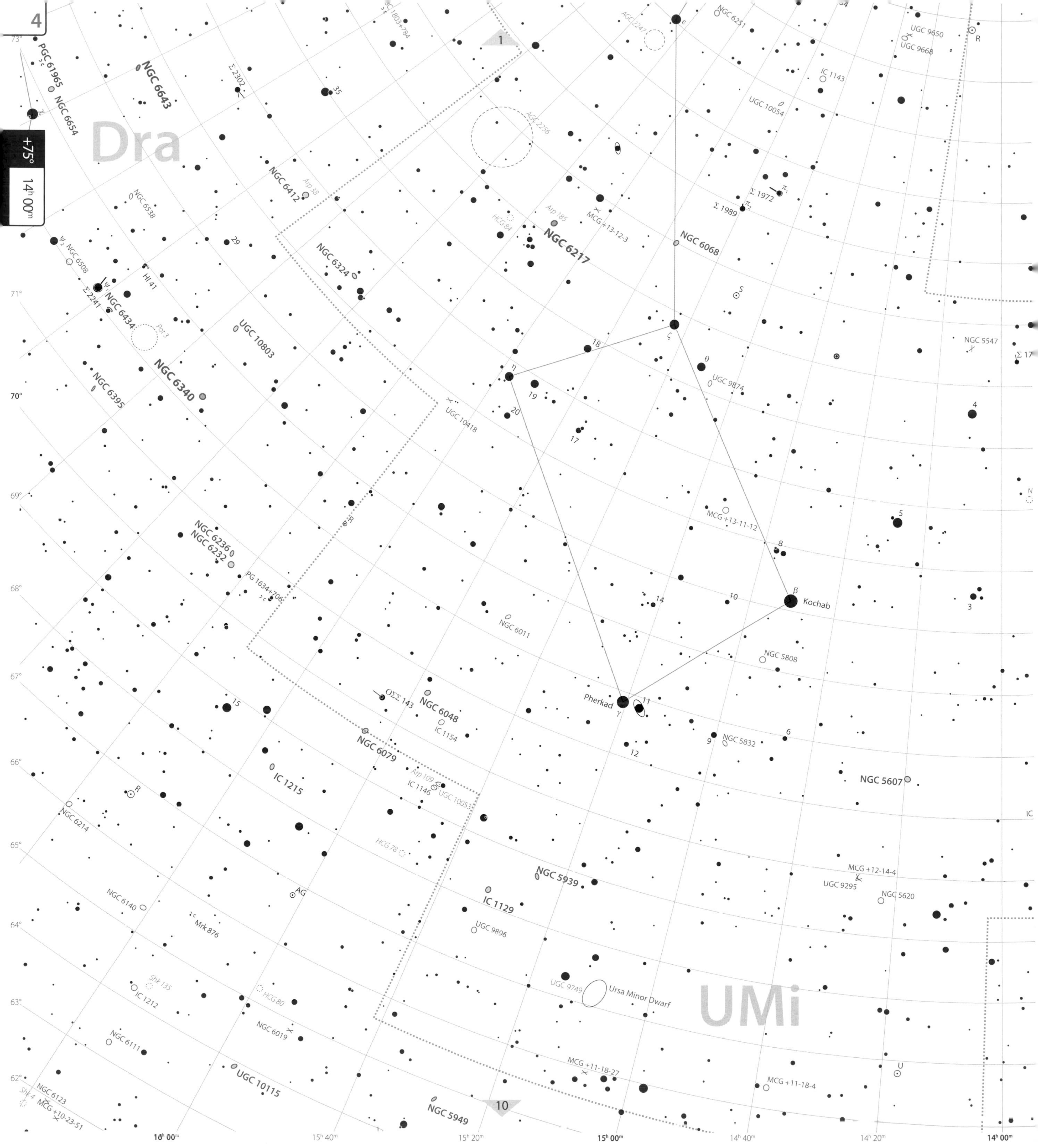
Dra
UMi
1
10
PGC 61965
NGC 6654
NGC 6643
Σ 2302
35
GC 1803+784
AGC 2247
NGC 6251
UGC 9650
UGC 9668
R
IC 1143
UGC 10054
AGC 2236
NGC 6412
Arp 38
NGC 6538
Arp 185
HCG 84
MCG +13-12-3
NGC 6217
Σ 1972
Σ 1989
NGC 6068
NGC 6508
29
HI 41
NGC 6324
NGC 6434
Σ 2241
S
UGC 10803
Pal 3
18
ζ
η
θ
UGC 9874
NGC 5547
Σ 17
NGC 6340
NGC 6395
19
20
UGC 10418
17
4
70°
71°
73°
69°
68°
67°
66°
65°
64°
63°
62°
MCG +13-11-12
R
5
NGC 6236
NGC 6232
PG 1634+706
8
N
14
10
β
Kochab
3
NGC 6011
NGC 5808
OΣΣ 143
NGC 6048
IC 1154
Pherkad
γ
11
12
9
NGC 5832
6
NGC 6079
15
IC 1215
Arp 109
IC 1146
UGC 10053
NGC 5607
IC
NGC 6214
HCG 78
MCG +12-14-4
UGC 9295
NGC 5620
NGC 5939
IC 1129
NGC 6140
AG
Mrk 876
UGC 9896
Shk 135
IC 1212
HCG 80
UGC 9749
Ursa Minor Dwarf
NGC 6019
NGC 6111
MCG +11-18-27
U
MCG +11-18-4
UGC 10115
NGC 6123
MCG +10-23-51
Shk 4
NGC 5949
16h 00m
15h 40m
15h 20m
15h 00m
14h 40m
14h 20m
14h 00m

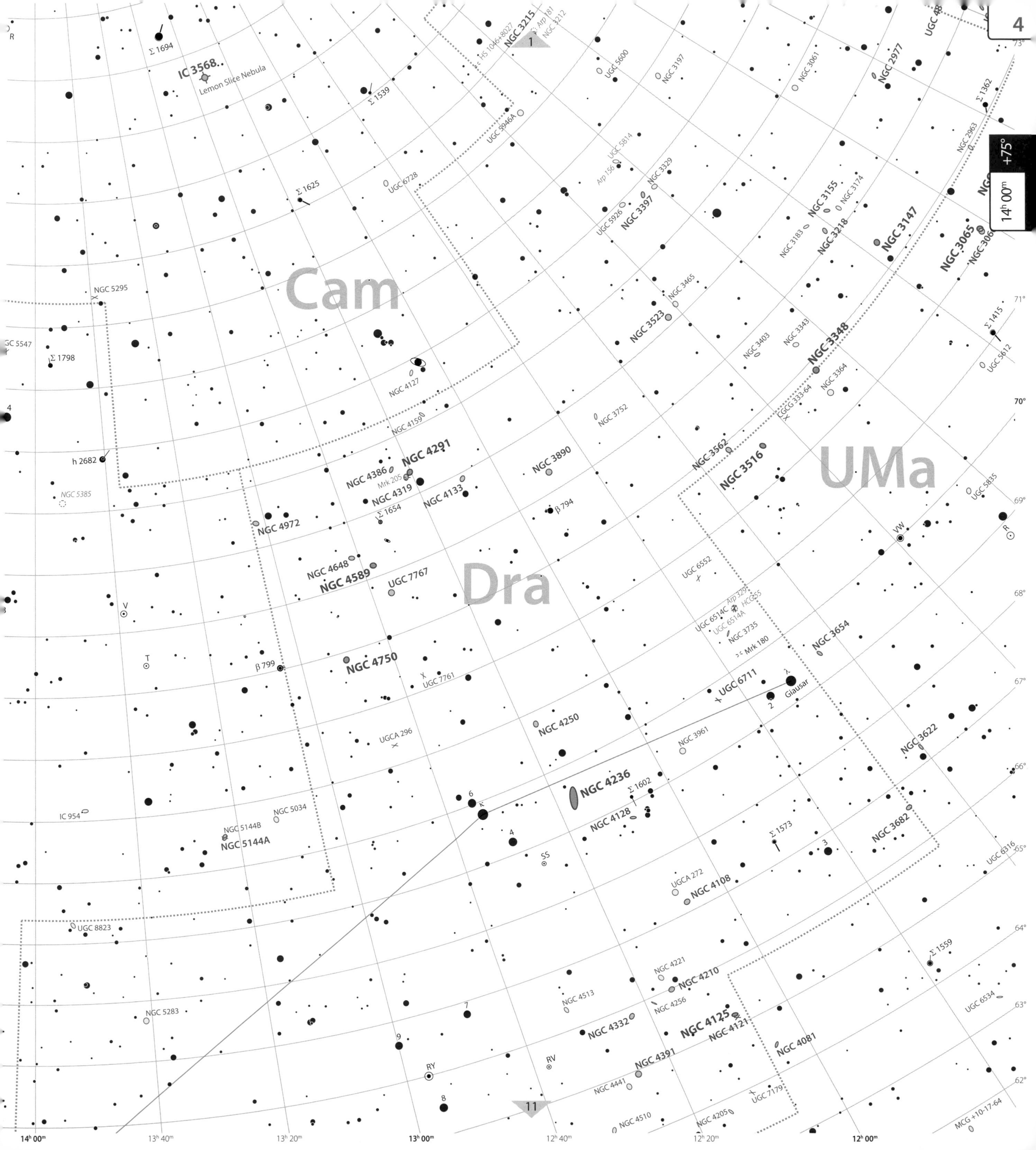
+75°
14h 00m
Cam
Dra
UMa
Σ 1694
IC 3568
Lemon Slice Nebula
Σ 1539
NGC 3215
1
UGC 5946A
UGC 5600
NGC 3197
NGC 3061
NGC 2977
Σ 1362
NGC 2963
UGC 6728
Σ 1625
UGC 5814
Arp 156
NGC 3329
UGC 5926
NGC 3397
NGC 3155
NGC 3174
NGC 3183
NGC 3218
NGC 3147
NGC 3065
NGC 5295
NGC 3465
NGC 3523
Σ 1798
NGC 3403
NGC 3343
NGC 3348
Σ 1415
UGC 5612
NGC 4127
NGC 3364
NGC 4159
NGC 3752
70°
h 2682
NGC 4291
NGC 4386
Mrk 205
NGC 4319
NGC 4133
NGC 3890
NGC 3562
NGC 3516
NGC 5385
UGC 5835
69°
Σ 1654
β 794
NGC 4972
VW
R
NGC 4648
NGC 4589
UGC 7767
UGC 6552
68°
V
Arp 329
HCG 55
UGC 6514C
UGC 6514A
NGC 3735
Mrk 180
NGC 3654
T
β 799
NGC 4750
UGC 7761
UGC 6711
λ
Giausar
2
67°
NGC 4250
UGCA 296
NGC 3961
NGC 3622
66°
6
κ
NGC 4236
Σ 1602
NGC 4128
IC 954
NGC 5034
NGC 5144B
NGC 5144A
4
SS
Σ 1573
3
NGC 3682
UGC 6316
65°
UGCA 272
NGC 4108
UGC 8823
64°
Σ 1559
NGC 4221
NGC 4210
NGC 4513
NGC 4256
UGC 6534
63°
NGC 5283
7
NGC 4332
NGC 4125
NGC 4121
NGC 4081
9
RY
RV
NGC 4391
NGC 4441
UGC 7179
62°
8
11
NGC 4510
NGC 4205
MCG +10-17-64
14h 00m
13h 40m
13h 20m
13h 00m
12h 40m
12h 20m
12h 00m

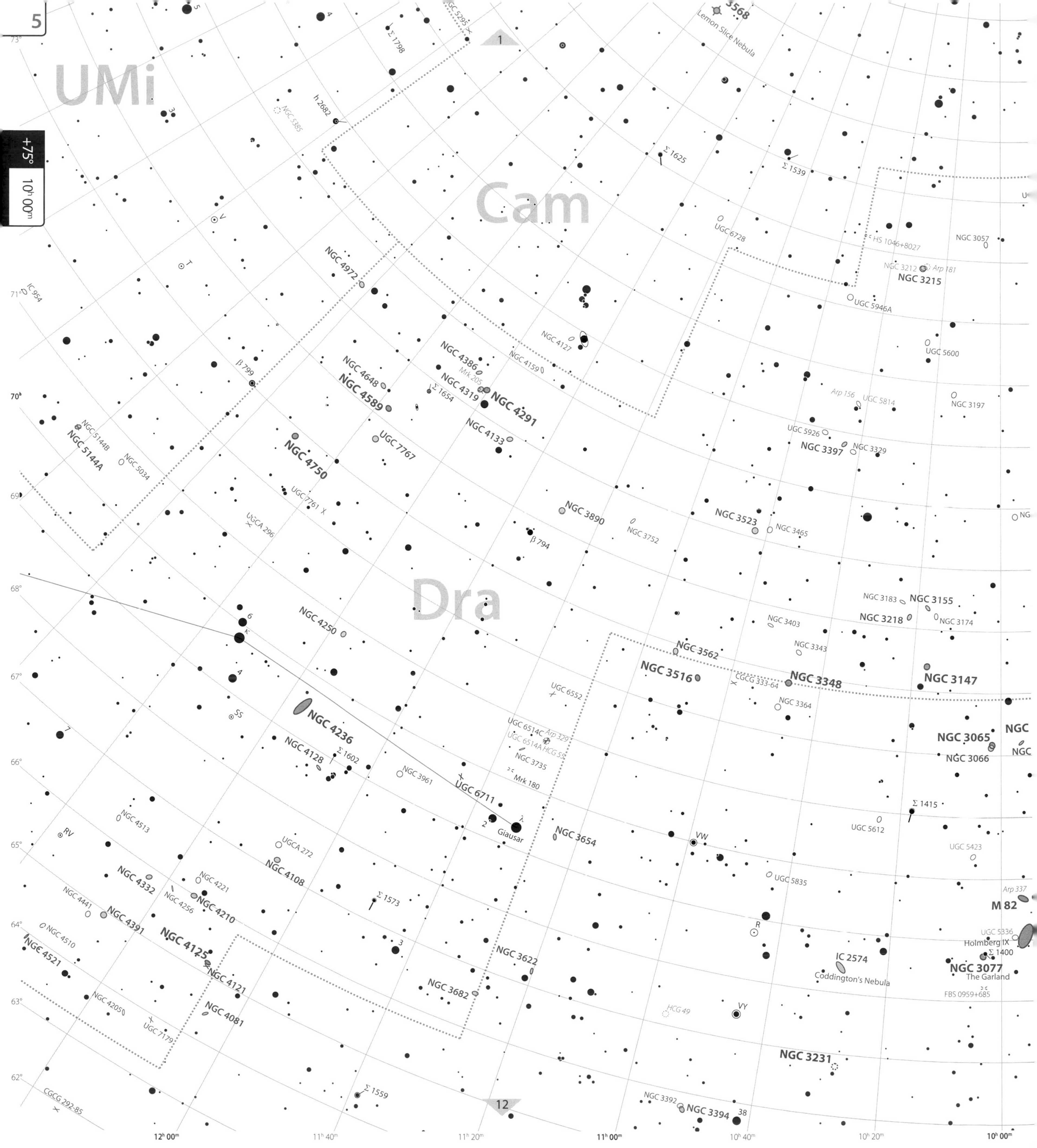
UMi
Cam
Dra
1
12
73°
71°
70°
69°
68°
67°
66°
65°
64°
63°
62°
12h 00m
11h 40m
11h 20m
11h 00m
10h 40m
10h 20m
10h 00m
3568
Lemon Slice Nebula
Σ 1798
h 2682
NGC 5385
IC 954
β 799
NGC 5144B
NGC 5144A
NGC 5034
NGC 4972
NGC 4648
NGC 4589
NGC 4750
UGC 7767
UGC 7761
UGCA 296
NGC 4386
Mrk 205
NGC 4319
NGC 4291
Σ 1654
NGC 4133
NGC 4127
NGC 4159
Σ 1625
Σ 1539
UGC 6728
HS 1046+8027
NGC 3057
NGC 3212
Arp 181
NGC 3215
UGC 5946A
UGC 5600
Arp 156
UGC 5814
NGC 3197
UGC 5926
NGC 3397
NGC 3329
NGC 3890
NGC 3752
β 794
NGC 3523
NGC 3465
NGC 4250
NGC 3183
NGC 3155
NGC 3218
NGC 3174
NGC 3403
NGC 3343
NGC 3562
NGC 3516
CGCG 333-64
NGC 3348
NGC 3147
NGC 3364
UGC 6552
UGC 6514C
Arp 329
UGC 6514A
HCG 55
NGC 3735
Mrk 180
NGC 4236
SS
NGC 4128
Σ 1602
NGC 3961
UGC 6711
NGC 3065
NGC 3066
NGC 4513
RV
Giausar
NGC 3654
VW
Σ 1415
UGC 5612
UGC 5423
UGCA 272
NGC 4108
NGC 4221
NGC 4332
NGC 4256
NGC 4210
NGC 4441
NGC 4391
Σ 1573
UGC 5835
Arp 337
M 82
NGC 4510
NGC 4521
NGC 4125
NGC 4121
NGC 3622
R
IC 2574
Coddington's Nebula
UGC 5336
Holmberg IX
Σ 1400
NGC 3077
The Garland
FBS 0959+685
NGC 3682
NGC 4081
NGC 4205
UGC 7179
HCG 49
VY
NGC 3231
CGCG 292-85
Σ 1559
NGC 3392
NGC 3394

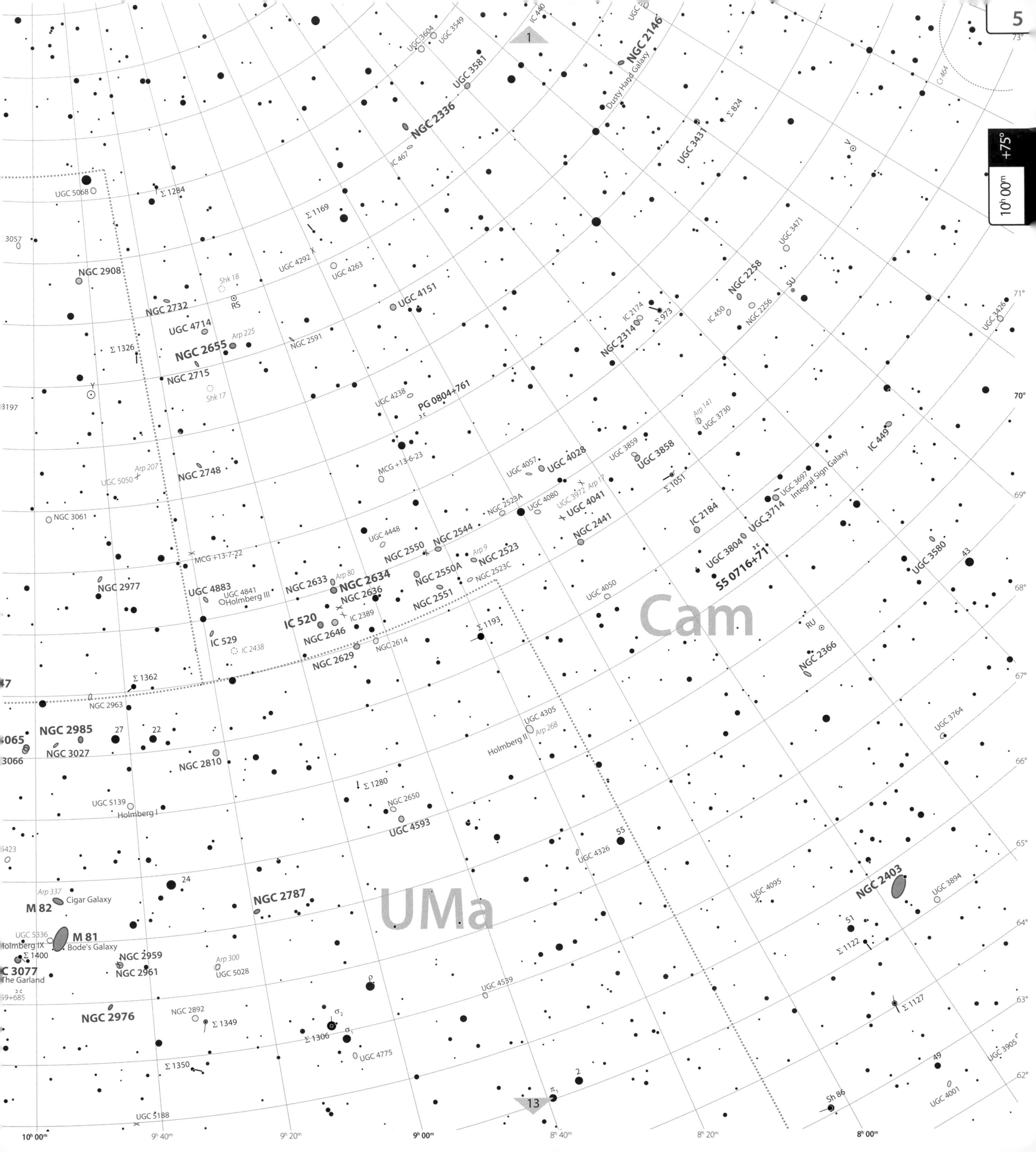

+75°
10h 00m
1
13
Cam
UMa
NGC 2146
Dusty Hand Galaxy
UGC 3581
UGC 3604
UGC 3549
IC 440
NGC 2336
IC 467
Σ 824
UGC 3431
UGC 5068
Σ 1284
Σ 1169
3057
UGC 4292
UGC 4263
UGC 3471
NGC 2908
Shk 18
RS
NGC 2732
UGC 4151
NGC 2258
IC 450
NGC 2256
SU
UGC 3426
IC 2174
Σ 973
NGC 2314
UGC 4714
Arp 225
NGC 2655
NGC 2591
Σ 1326
NGC 2715
Shk 17
Y
3197
UGC 4238
PG 0804+761
Arp 141
UGC 3730
70°
IC 449
UGC 5050
Arp 207
NGC 2748
MCG +13-6-23
UGC 4057
UGC 4028
UGC 3859
UGC 3858
Σ 1051
UGC 3697
Integral Sign Galaxy
69°
NGC 3061
NGC 2523A
UGC 4080
UGC 3972
Arp 17
UGC 4041
IC 2184
UGC 3714
UGC 4448
NGC 2544
NGC 2441
UGC 3804
S5 0716+71
UGC 3580
43
MCG +13-7-22
NGC 2550
Arp 9
NGC 2523
NGC 2977
UGC 4883
UGC 4841
Holmberg III
NGC 2633
Arp 80
NGC 2634
NGC 2636
NGC 2550A
NGC 2523C
NGC 2551
UGC 4050
68°
IC 520
IC 2389
NGC 2646
IC 529
IC 2438
NGC 2614
NGC 2629
Σ 1193
RU
NGC 2366
Σ 1362
67°
NGC 2963
NGC 2985
27
22
NGC 3027
3065
3066
NGC 2810
UGC 4305
Arp 268
Holmberg II
UGC 3764
66°
Σ 1280
NGC 2650
UGC 4593
UGC 5139
Holmberg I
55
5423
65°
UGC 4326
UGC 4095
NGC 2403
UGC 3894
24
Arp 337
Cigar Galaxy
M 82
NGC 2787
UGC 5336
M 81
Bode's Galaxy
Holmberg IX
Σ 1400
NGC 2959
NGC 2961
Arp 300
UGC 5028
51
Σ 1122
64°
NGC 3077
The Garland
ρ
UGC 4539
Σ 1127
63°
NGC 2976
NGC 2892
Σ 1349
σ2
σ1
Σ 1306
UGC 4775
Σ 1350
49
UGC 3905
62°
2
π1
Sh 86
UGC 4001
UGC 5188
10h 00m
9h 40m
9h 20m
9h 00m
8h 40m
8h 20m
8h 00m
73°
71°

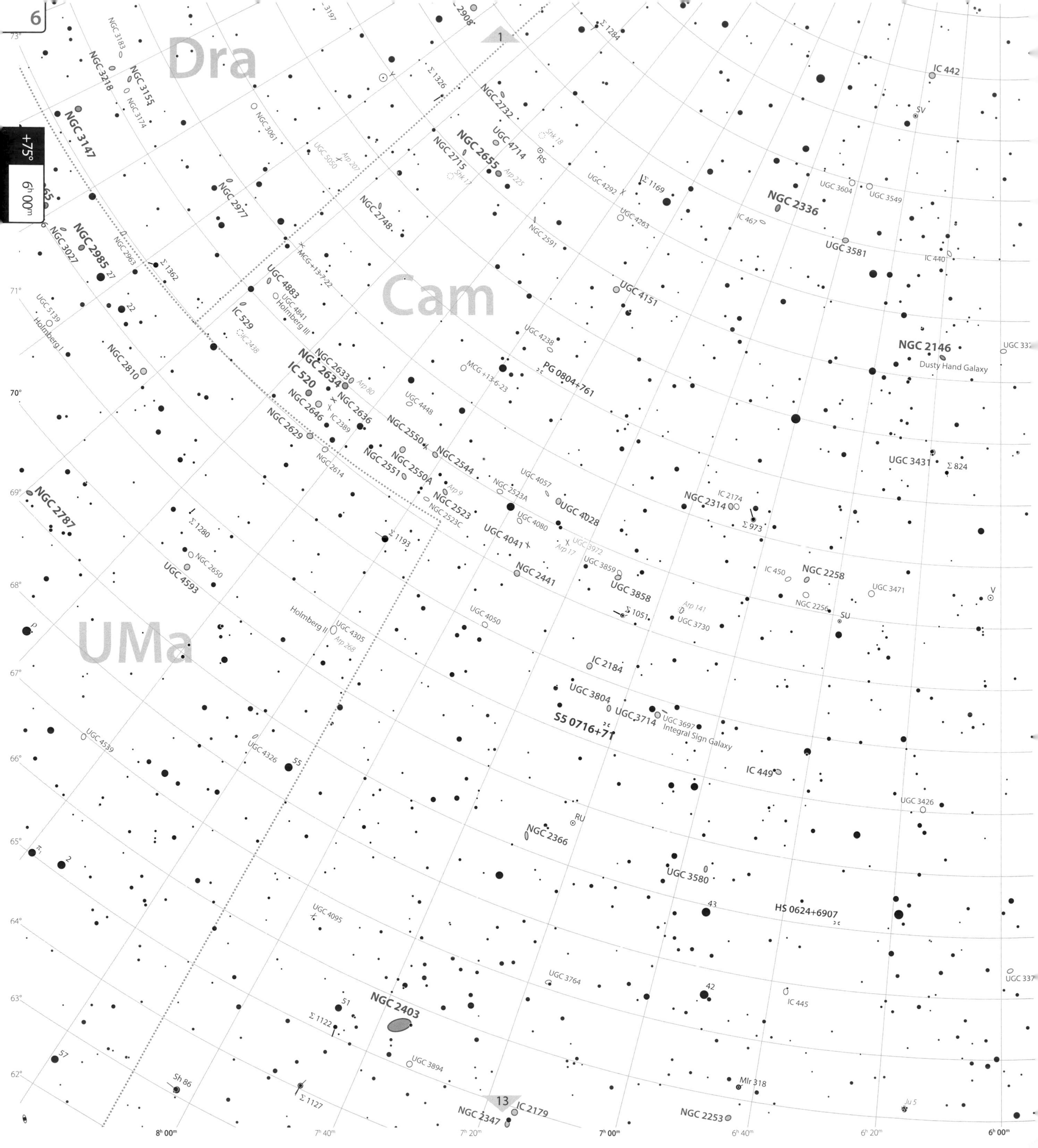
+75°
6h 00m
Dra
Cam
UMa
1
13
73°
71°
70°
69°
68°
67°
66°
65°
64°
63°
62°
8h 00m
7h 40m
7h 20m
7h 00m
6h 40m
6h 20m
6h 00m
NGC 3183
NGC 3218
NGC 3155
NGC 3174
NGC 3147
NGC 3061
UGC 5050
Arp 207
NGC 2977
NGC 2985
NGC 3027
NGC 2963
Σ 1362
27
22
UGC 5139
Holmberg I
NGC 2810
NGC 2787
Σ 1280
NGC 2650
UGC 4593
ρ
π1
2
57
Sh 86
Σ 1127
Σ 1122
51
NGC 2403
UGC 3894
NGC 2347
IC 2179
UGC 4539
UGC 4326
55
UGC 4095
Holmberg II
UGC 4305
Arp 268
Σ 1193
NGC 2629
NGC 2646
IC 520
NGC 2634
NGC 2633
Arp 80
NGC 2636
IC 2389
NGC 2614
IC 529
IC 2438
UGC 4883
UGC 4841
Holmberg III
MCG +13-7-22
NGC 2748
NGC 2715
Shk 17
NGC 2655
Arp 225
UGC 4714
NGC 2732
Shk 18
RS
Σ 1326
Σ 1284
NGC 2550
NGC 2544
NGC 2551
NGC 2550A
Arp 9
NGC 2523
NGC 2523C
NGC 2523A
UGC 4057
UGC 4028
UGC 4080
UGC 4041
UGC 4448
MCG +13-6-23
PG 0804+761
UGC 4238
NGC 2591
UGC 4263
UGC 4292
Σ 1169
UGC 4151
UGC 3972
Arp 17
UGC 3859
UGC 3858
NGC 2441
UGC 4050
Σ 1051
Arp 141
UGC 3730
IC 2184
UGC 3804
UGC 3714
UGC 3697
Integral Sign Galaxy
S5 0716+71
RU
NGC 2366
UGC 3580
43
42
UGC 3764
IC 445
Mlr 318
NGC 2253
Ju 5
HS 0624+6907
UGC 3426
IC 449
NGC 2258
NGC 2256
IC 450
SU
UGC 3471
V
NGC 2314
IC 2174
Σ 973
UGC 3431
Σ 824
NGC 2146
Dusty Hand Galaxy
IC 440
UGC 3581
NGC 2336
IC 467
UGC 3604
UGC 3549
IC 442
SV

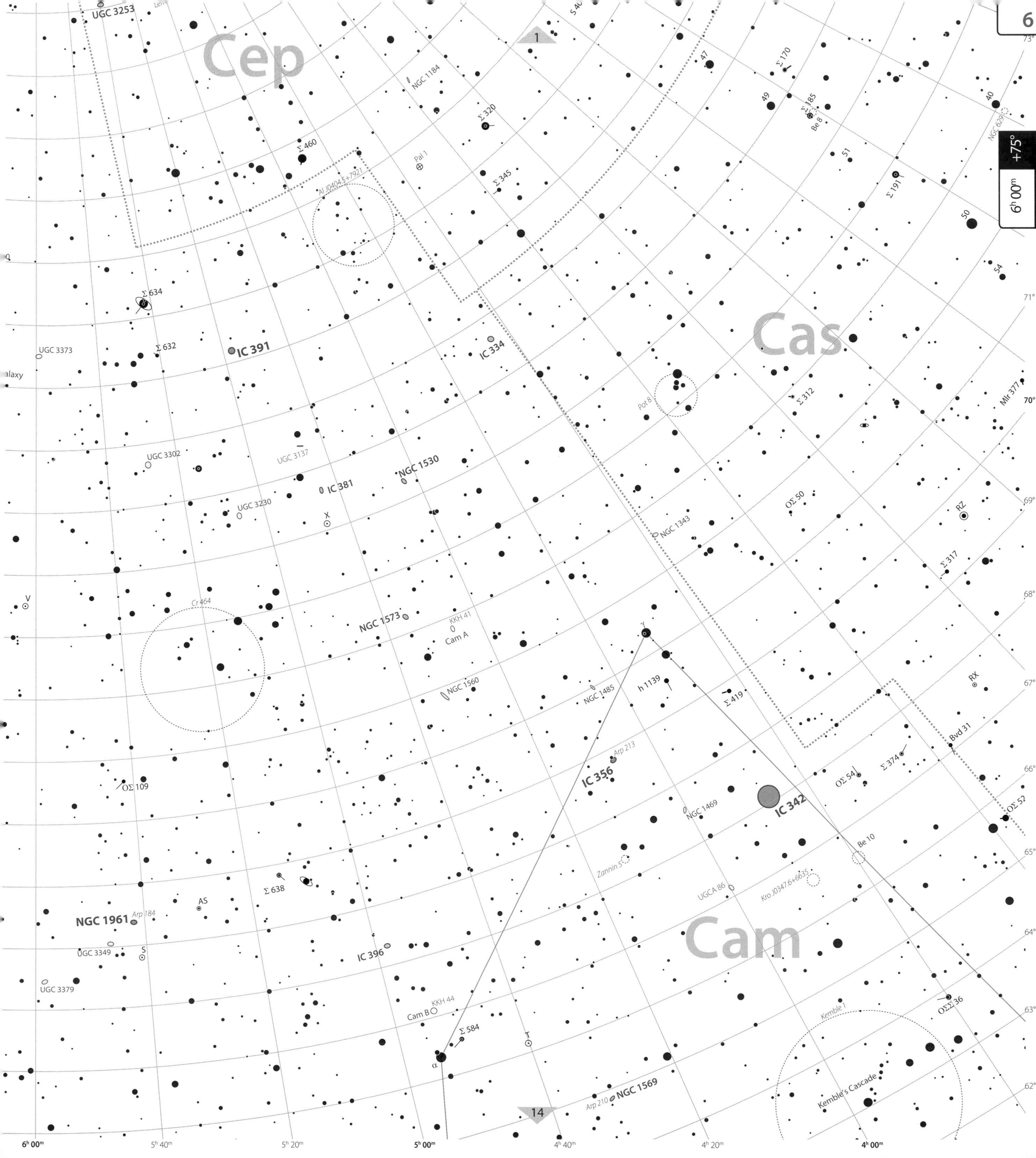
Cep
Cas
Cam
1
14
UGC 3253
NGC 1184
Σ 320
Σ 460
Pal 1
Σ 345
Al J0404.5+7921
47
49
Σ 170
Σ 185
Be 8
51
40
NGC 629
Σ 191
50
54
Σ 634
UGC 3373
Σ 632
IC 391
IC 334
Pot 8
Σ 312
Mlr 377
UGC 3302
UGC 3137
NGC 1530
IC 381
UGC 3230
X
NGC 1343
OΣ 50
RZ
Σ 317
V
Cr 464
NGC 1573
KKH 41
Cam A
γ
NGC 1560
NGC 1485
h 1139
Σ 419
RX
Bvd 31
Arp 213
IC 356
OΣ 109
NGC 1469
IC 342
OΣ 54
Σ 374
OΣ 52
Be 10
Zannin 5
Kro J0347.6+6635
UGCA 86
Σ 638
AS
NGC 1961
Arp 184
UGC 3349
S
IC 396
UGC 3379
KKH 44
Cam B
Σ 584
T
α
Kemble 1
OΣΣ 36
Kemble's Cascade
Arp 210
NGC 1569
73°
71°
70°
69°
68°
67°
66°
65°
64°
63°
62°
6h 00m
5h 40m
5h 20m
5h 00m
4h 40m
4h 20m
4h 00m

6h 00m
+75°

1
14
Cam
Cas
UGC 3431
Σ 824
UGC 3471
UGC 3373
SU
Σ 634
Σ 632
Σ 460
V
UGC 3302
IC 391
AI J0404.5+7921
NGC 1184
OΣ 37
Σ 223
Pal 1
UGC 3230
UGC 3137
Σ 320
S 405
Cr 464
OΣ 109
Σ 345
IC 381
X
NGC 1530
IC 334
47
NGC 1573
KKH 41
Cam A
Σ 638
49
Σ 185
Be 8
NGC 1560
Pot 8
51
IC 396
NGC 1343
Σ 191
NGC 1485
Cam B
KKH 44
Σ 312
h 1139
IC 356
Arp 213
Σ 584
OΣ 50
50
Zannin 5
Σ 419
54
V393
T
NGC 1469
48
β 513
Mlr 377
IC 342
RZ
UGCA 86
Σ 317
Arp 210
NGC 1569
OΣ 54
Kro J0347.6+6635
Cas I
Σ 374
UGCA 92
Be 10
RX
Bvd 31
vdB 8
Kemble 1
Eng 10
Σ 262
CHR 6
OΣ 52
55
Kemble's Cascade
Σ 485
NGC 1502
Σ 509
OΣΣ 36
TW
Be 64
73°
71°
70°
69°
68°
67°
66°
65°
64°
63°
62°
4h 00m
3h 40m
3h 20m
3h 00m
2h 40m
2h 20m
2h 00m

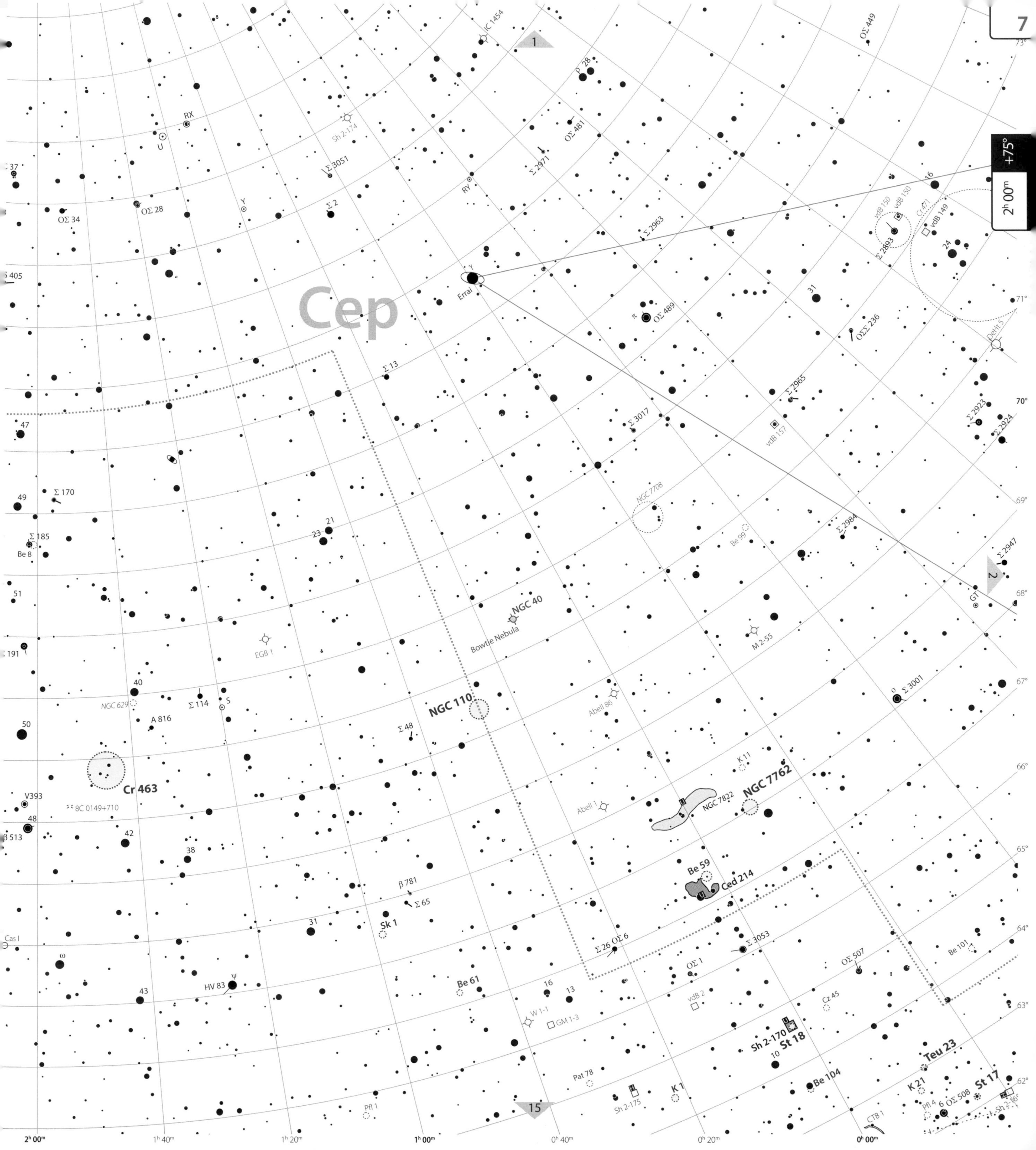
Cep
+75°
2h 00m
1
2
15
Errai
γ
NGC 40
Bowtie Nebula
NGC 110
NGC 7762
NGC 7822
Be 59
Ced 214
Cr 463
Sh 2-170
St 18
Teu 23
St 17
Be 104
Be 61
Sk 1
K 1
K 11
K 21
Abell 86
Abell 1
EGB 1
M 2-55
NGC 7708
NGC 629
Be 99
Be 101
Be 8
Cz 45
vdB 2
vdB 157
vdB 149
vdB 150
Sh 2-174
Sh 2-175
IC 1454
W 1-1
GM 1-3
Pat 78
Pfl 1
Pfl 4
CTB 1
Cas I
8C 0149+710
Deht 5
Cr 471
Σ 3051
Σ 2
Σ 13
Σ 2971
Σ 2963
Σ 3017
Σ 2965
Σ 2984
Σ 2947
Σ 2923
Σ 2924
Σ 2893
Σ 3001
Σ 170
Σ 185
Σ 114
Σ 48
Σ 65
Σ 26
Σ 3053
OΣ 28
OΣ 34
OΣ 481
OΣ 489
OΣΣ 236
OΣ 449
OΣ 6
OΣ 1
OΣ 507
OΣ 508
β 781
β 513
A 816
HV 83
V393
RX
U
Y
RY
S
GT
ρ
π
ο
ψ
ω
73°
71°
70°
69°
68°
67°
66°
65°
64°
63°
62°
2h 00m
1h 40m
1h 20m
1h 00m
0h 40m
0h 20m
0h 00m

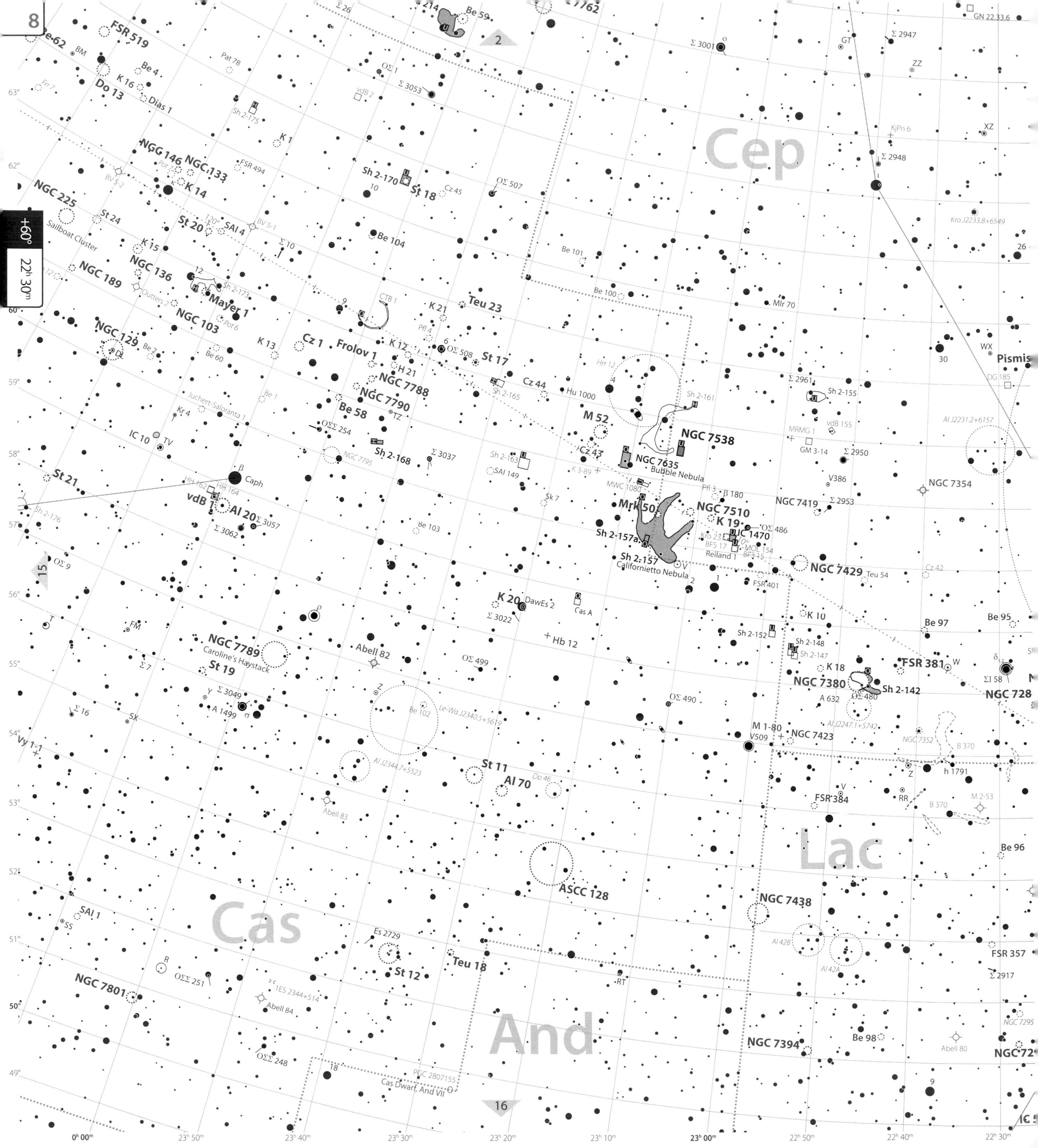
+60°
22h 30m
Cep
Cas
Lac
And
2
15
16
FSR 519
Be 62
Be 4
K 16
Do 13
Dias 1
K 1
NGC 146
NGC 133
K 14
NGC 225
Sailboat Cluster
St 24
St 20
SAI 4
K 15
NGC 136
NGC 189
Mayer 1
NGC 103
NGC 129
Be 2
Be 60
K 13
Cz 1
Frolov 1
K 12
H 21
NGC 7788
NGC 7790
Be 58
Sh 2-168
Sh 2-170
St 18
Be 104
Teu 23
K 21
St 17
OΣ 508
Cz 44
Hu 1000
M 52
Cz 43
NGC 7538
NGC 7635
Bubble Nebula
NGC 7510
K 19
IC 1470
Mrk 50
Sh 2-157a
Sh 2-157
Californietto Nebula
NGC 7429
Teu 54
NGC 7419
NGC 7354
Sh 2-155
Sh 2-161
Be 101
Be 100
Mlr 70
Pismis
IC 10
Caph
St 21
vdB 1
Al 20
Σ 3057
Σ 3062
Σ 3037
SAI 149
Be 103
K 20
DawEs 2
Cas A
Σ 3022
Hb 12
NGC 7789
Caroline's Haystack
St 19
Abell 82
OΣ 499
Σ 3049
A 1499
Be 102
OΣ 490
M 1-80
NGC 7423
K 10
Sh 2-152
Sh 2-148
Sh 2-147
K 18
NGC 7380
Sh 2-142
FSR 381
Be 97
Be 95
NGC 728
St 11
Al 70
Abell 83
FSR 384
h 1791
M 2-53
ASCC 128
Be 96
NGC 7438
SAI 1
Es 2729
St 12
Teu 18
FSR 357
Σ 2917
NGC 7801
OΣΣ 251
Abell 84
OΣΣ 248
NGC 7394
Be 98
Abell 80
Cas Dwarf, And VII
0h 00m
23h 50m
23h 40m
23h 30m
23h 20m
23h 10m
23h 00m
22h 50m
22h 40m
22h 30m

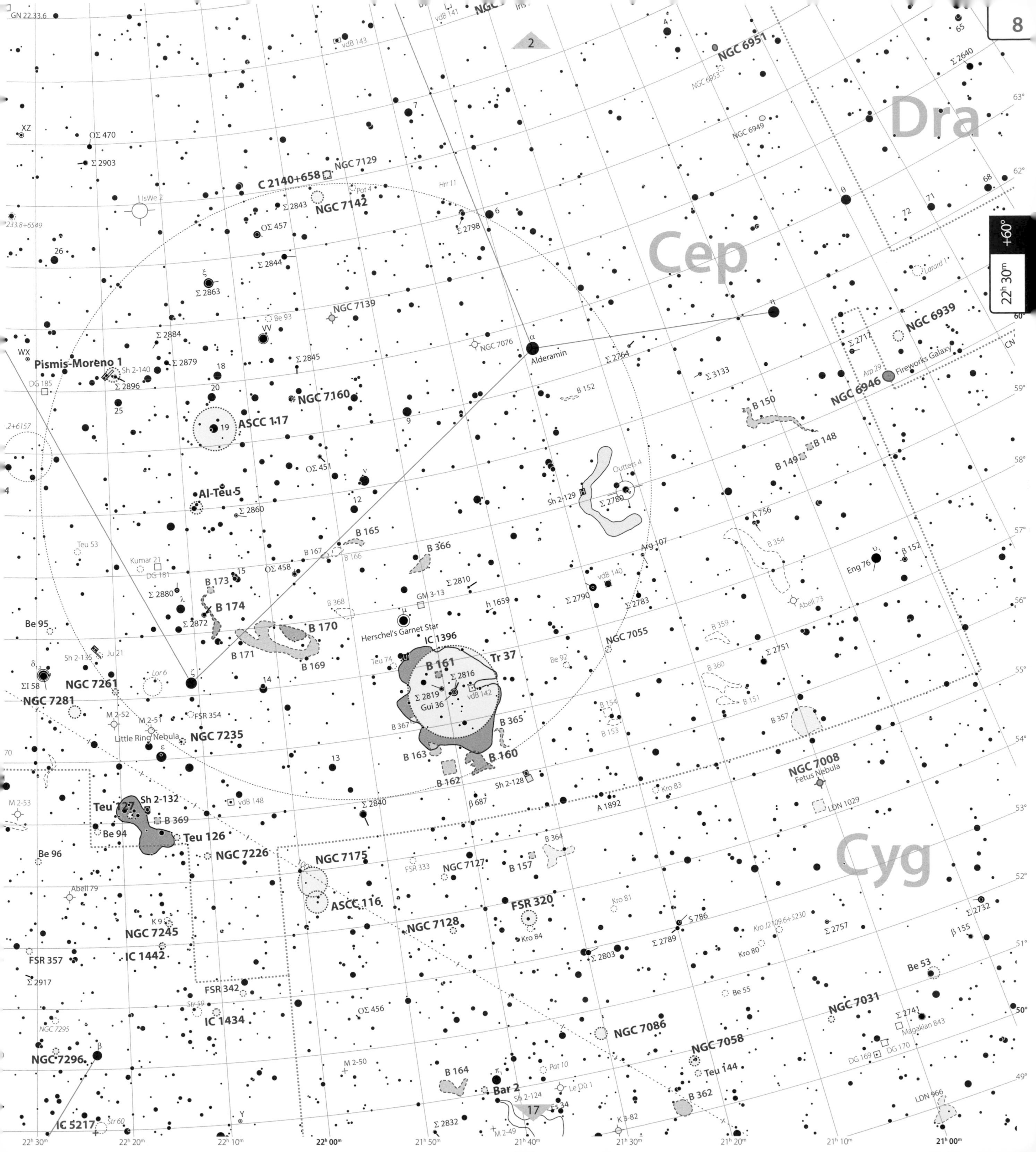
Dra
Cep
Cyg
NGC 6951
NGC 6953
NGC 6949
NGC 6939
NGC 6946
Fireworks Galaxy
Arp 29
C 2140+658
NGC 7129
NGC 7142
NGC 7139
NGC 7076
NGC 7160
Alderamin
Pismis-Moreno 1
ASCC 117
Al-Teu 5
IC 1396
Herschel's Garnet Star
Tr 37
Gui 36
B 161
B 160
B 162
B 163
B 365
B 367
B 170
B 169
B 171
B 174
B 173
B 165
B 167
B 166
B 366
B 368
B 150
B 148
B 149
B 152
B 354
B 359
B 360
B 357
B 151
B 153
B 154
Sh 2-129
Outters 4
Sh 2-128
Sh 2-140
Sh 2-135
Sh 2-132
Sh 2-124
NGC 7261
NGC 7281
NGC 7235
Little Ring Nebula
NGC 7055
Be 92
NGC 7008
Fetus Nebula
LDN 1029
Teu 127
Teu 126
B 369
Be 94
Be 95
Be 96
NGC 7226
NGC 7175
ASCC 116
NGC 7127
NGC 7128
FSR 320
Kro 84
B 157
B 364
NGC 7245
IC 1442
FSR 357
FSR 342
IC 1434
NGC 7086
NGC 7058
Teu 144
NGC 7031
Be 53
Be 55
B 362
B 164
Bar 2
NGC 7296
IC 5217
LDN 966
Magakian 843
DG 169
DG 170
Eng 76
Abell 73
Abell 79
22h 30m
22h 20m
22h 10m
22h 00m
21h 50m
21h 40m
21h 30m
21h 20m
21h 10m
21h 00m
2
17

2
17
Cep
Cyg
NGC 7142
NGC 7139
NGC 7160
Σ 2844
Σ 2845
Σ 2798
VV
Be 93
Hrr 11
Kun 4
Gyulbudaghian's Nebula
GM 1-29
NGC 6951
NGC 6953
NGC 6869
NGC 6949
1ES 1959+650
NGC 7076
Alderamin
B 152
Σ 2764
Σ 2640
Σ 2604
NGC 6825
Σ 2549
B 366
Sh 2-129
Outters 4
Σ 2780
Σ 2810
h 1659
Σ 3133
Σ 2574
B 150
Lorand 1
Σ 2790
vdB 140
Arg 107
Σ 2717
NGC 6946
NGC 6939
Arp 29
Fireworks Galaxy
B 149
B 148
Be 92
Σ 2783
NGC 7055
A 756
B 354
Σ 2573
CN
Kro J2013.1+5934
NGC 6831
B 154
B 153
B 359
Abell 73
NGC 6832
B 360
B 151
Eng 76
β 152
Σ 2751
Kro 83
B 357
Σ 2687
Kar 9
NGC 7008
Fetus Nebula
Kui 97
LDN 1029
XZ
NGC 6856
NGC 6824
Σ 2671
Kro J2109.6+5230
Kro 80
Σ 2693
V548
V1143
Σ 2757
Frk 9
Pat 103
Σ 2681
UGC 11453
Σ 2732
Σ 2658
NGC 7031
Be 53
β 155
OΣ 404
Σ 2741
DG 169
DG 170
Magakian 843
Al-Teu 11
Σ 2605
Kro J2039.5+5034
Kro 45
LDN 966
LDN 962
FSR 276
NGC 6895
63°
62°
60°
59°
58°
57°
56°
55°
54°
53°
52°
51°
50°
49°
21h 00m
20h 50m
20h 40m
20h 30m
20h 20m
20h 10m
20h 00m
19h 50m
19h 40m
19h 30m

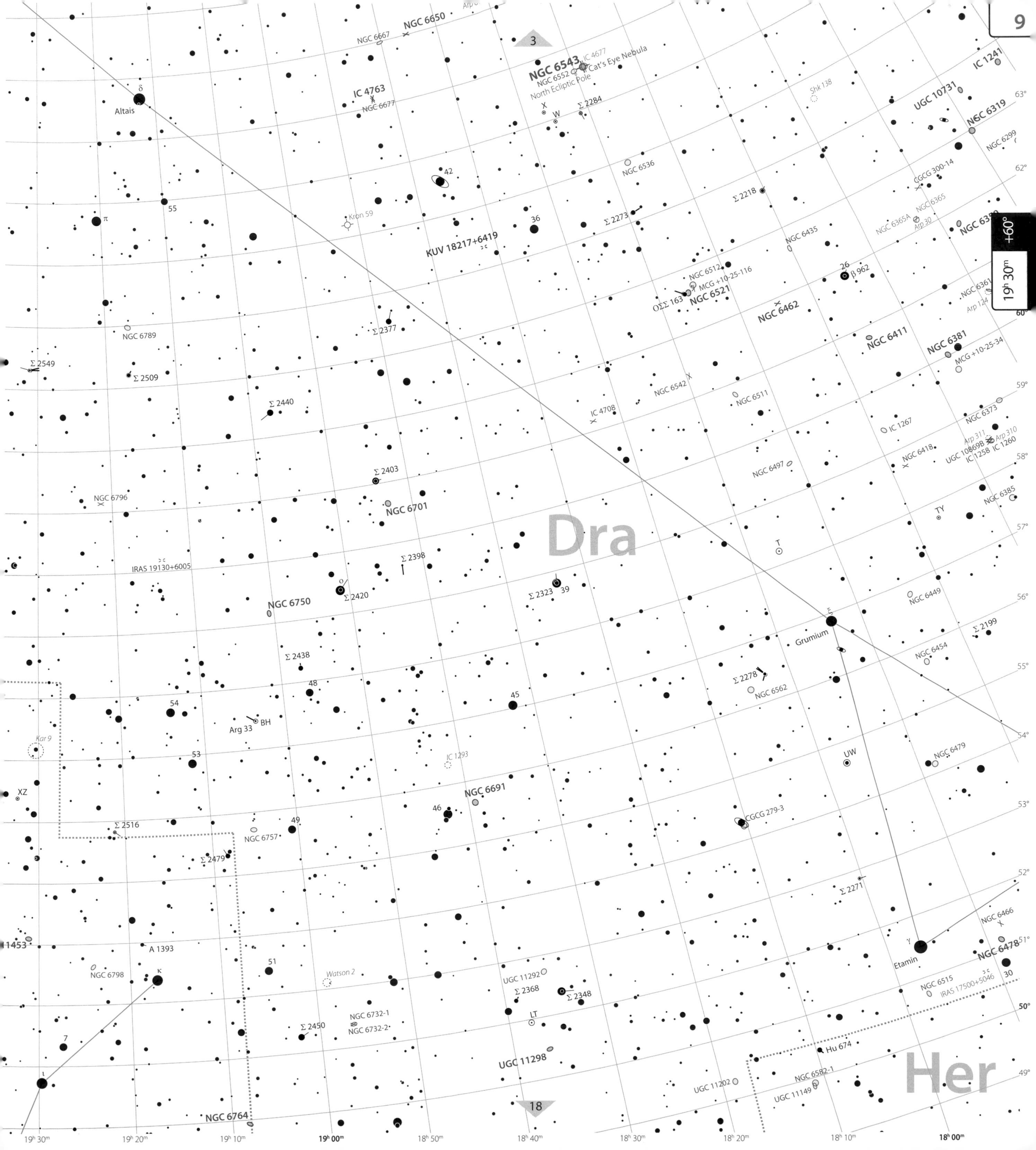
Dra
Her
NGC 6543
Cat's Eye Nebula
North Ecliptic Pole
Altais
Grumium
Etamin
NGC 6650
NGC 6667
IC 4763
NGC 6677
NGC 6536
NGC 6521
NGC 6462
NGC 6411
NGC 6381
NGC 6701
NGC 6750
NGC 6691
NGC 6789
NGC 6796
NGC 6757
NGC 6798
NGC 6764
UGC 11298
UGC 10731
NGC 6319
IC 1241
KUV 18217+6419
IRAS 19130+6005
NGC 6478
NGC 6466
NGC 6515
IRAS 17500+5046
NGC 6479
NGC 6454
NGC 6449
NGC 6562
NGC 6542
NGC 6511
NGC 6497
IC 4708
IC 1267
IC 1293
NGC 6418
NGC 6385
NGC 6373
CGCG 279-3
UGC 11292
UGC 11202
UGC 11149
NGC 6582-1
NGC 6732-1
NGC 6732-2
Hu 674
Watson 2
Kron 59
Kar 9
Shk 138
19h 30m
+60°
19h 30m
19h 20m
19h 10m
19h 00m
18h 50m
18h 40m
18h 30m
18h 20m
18h 10m
18h 00m
3
18

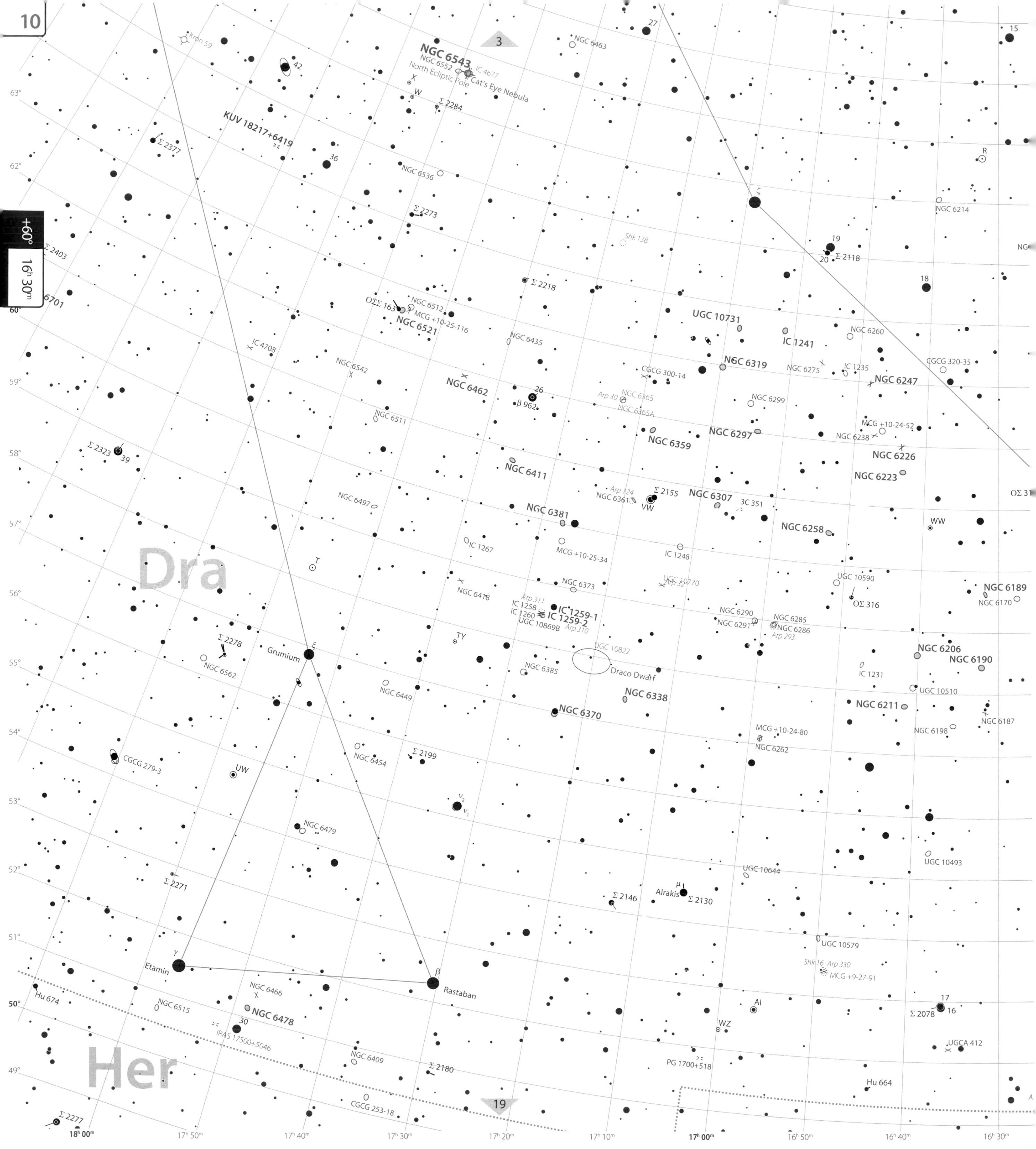
+60°
16h 30m
3
19
Dra
Her
Kron 59
42
NGC 6543
NGC 6552
IC 4677
North Ecliptic Pole
Cat's Eye Nebula
X
W
Σ 2284
NGC 6463
27
15
KUV 18217+6419
Σ 2377
36
NGC 6536
Σ 2273
ζ
R
NGC 6214
Shk 138
19
20
Σ 2118
18
Σ 2403
6701
Σ 2218
OΣΣ 163
NGC 6512
MCG +10-25-116
NGC 6521
UGC 10731
IC 1241
NGC 6260
IC 4708
NGC 6435
NGC 6542
NGC 6319
NGC 6275
IC 1235
NGC 6247
CGCG 320-35
CGCG 300-14
NGC 6462
26
β 962
Arp 30
NGC 6365
NGC 6365A
NGC 6299
NGC 6511
MCG +10-24-52
NGC 6238
NGC 6297
NGC 6359
NGC 6226
Σ 2323
39
NGC 6411
NGC 6223
Arp 124
NGC 6361
Σ 2155
VW
NGC 6307
3C 351
OΣ 31
NGC 6497
NGC 6381
NGC 6258
WW
IC 1267
MCG +10-25-34
IC 1248
T
UGC 10590
NGC 6373
UGC 10770
Arp 32
NGC 6189
NGC 6418
Arp 311
IC 1258
IC 1260
IC 1259-1
IC 1259-2
UGC 10869B
Arp 310
NGC 6290
NGC 6291
NGC 6285
NGC 6286
Arp 293
OΣ 316
NGC 6170
Σ 2278
NGC 6562
Grumium
ξ
TY
UGC 10822
NGC 6385
Draco Dwarf
NGC 6206
NGC 6190
IC 1231
UGC 10510
NGC 6449
NGC 6338
NGC 6370
NGC 6211
MCG +10-24-80
NGC 6262
NGC 6198
NGC 6187
CGCG 279-3
UW
NGC 6454
Σ 2199
ν2
ν1
NGC 6479
UGC 10644
UGC 10493
Σ 2271
Σ 2146
μ
Alrakis
Σ 2130
UGC 10579
Shk 16
Arp 330
MCG +9-27-91
γ
Etamin
β
Rastaban
NGC 6466
Hu 674
NGC 6515
NGC 6478
30
IRAS 17500+5046
AI
WZ
17
16
Σ 2078
UGCA 412
NGC 6409
Σ 2180
PG 1700+518
Hu 664
CGCG 253-18
Σ 2277
63°
62°
60°
59°
58°
57°
56°
55°
54°
53°
52°
51°
50°
49°
18h 00m
17h 50m
17h 40m
17h 30m
17h 20m
17h 10m
17h 00m
16h 50m
16h 40m
16h 30m

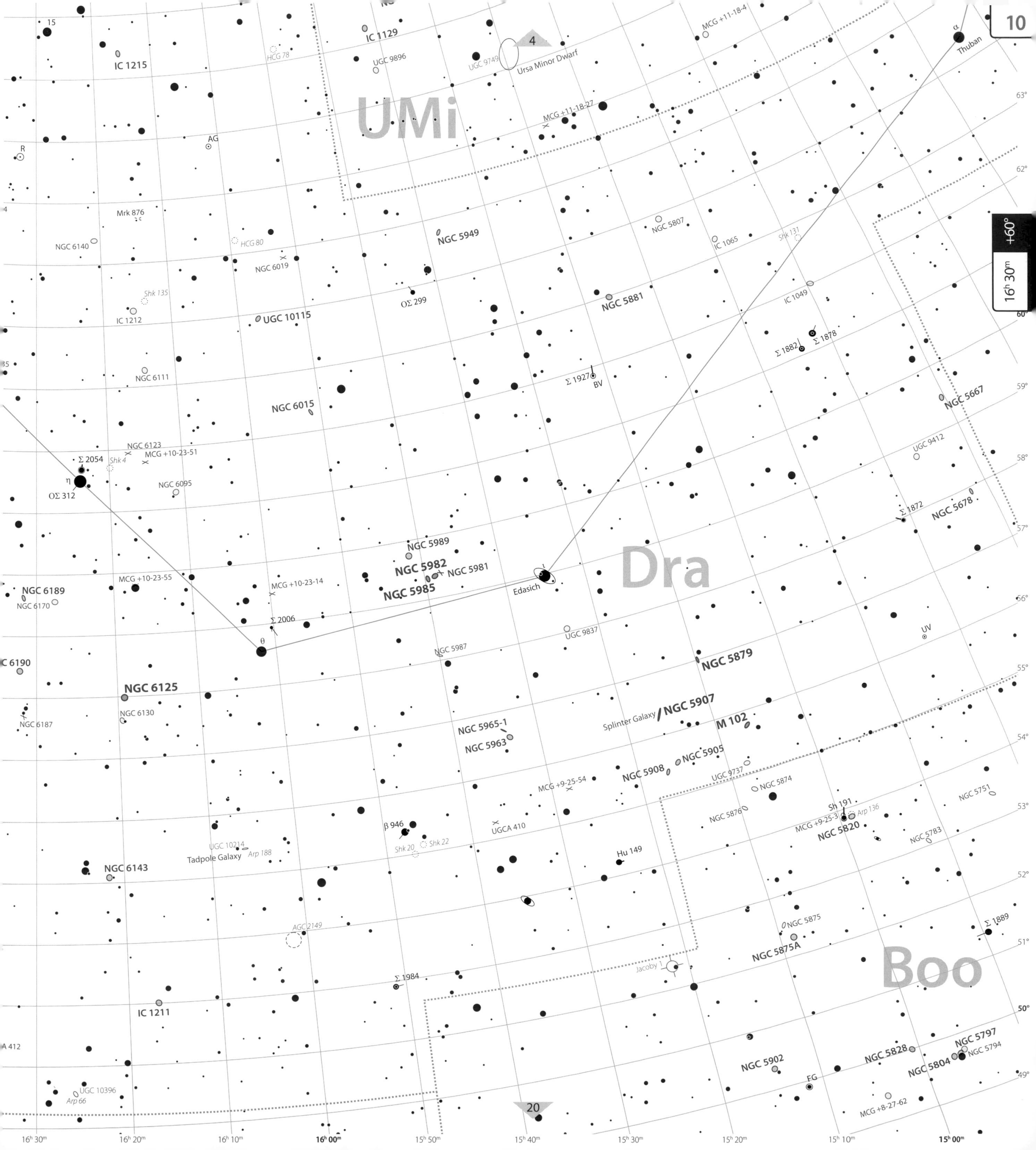
UMi
Dra
Boo
+60°
16h 30m
4
20
Thuban
α
Ursa Minor Dwarf
UGC 9749
IC 1129
UGC 9896
HCG 78
IC 1215
15
R
AG
MCG +11-18-4
MCG +11-18-27
Mrk 876
NGC 6140
HCG 80
NGC 6019
NGC 5949
NGC 5807
IC 1065
Shk 131
IC 1049
Shk 135
IC 1212
UGC 10115
OΣ 299
NGC 5881
Σ 1882
Σ 1878
NGC 6111
Σ 1927
BV
NGC 6015
NGC 5667
UGC 9412
NGC 6123
MCG +10-23-51
Σ 2054
Shk 4
η
OΣ 312
NGC 6095
Σ 1872
NGC 5678
NGC 5989
NGC 5982
NGC 5981
NGC 5985
Edasich
MCG +10-23-55
MCG +10-23-14
NGC 6189
NGC 6170
Σ 2006
θ
UGC 9837
UV
NGC 5987
NGC 5879
NGC 6190
NGC 6125
NGC 6130
NGC 6187
Splinter Galaxy
NGC 5907
M 102
NGC 5965-1
NGC 5963
NGC 5908
NGC 5905
UGC 9737
MCG +9-25-54
NGC 5874
NGC 5751
NGC 5876
Sh 191
MCG +9-25-3
Arp 136
NGC 5820
NGC 5783
UGCA 410
β 946
Shk 20
Shk 22
UGC 10214
Arp 188
Tadpole Galaxy
Hu 149
NGC 6143
AGC 2149
NGC 5875
NGC 5875A
Σ 1889
Jacoby 1
Σ 1984
IC 1211
NGC 5797
NGC 5794
NGC 5828
NGC 5804
NGC 5902
FG
MCG +8-27-62
UGC 10396
Arp 66
63°
62°
60°
59°
58°
57°
56°
55°
54°
53°
52°
51°
50°
49°
16h 30m
16h 20m
16h 10m
16h 00m
15h 50m
15h 40m
15h 30m
15h 20m
15h 10m
15h 00m

+60°
13h 30m
UMi
Dra
Boo
4
20
Ursa Minor Dwarf
NGC 6019
UGC 10115
MCG +11-18-27
NGC 5949
ΟΣ 299
NGC 6015
MCG +11-18-4
U
NGC 5283
NGC 5807
NGC 5881
IC 1065
Σ 1927
BV
Thuban
α
NGC 5413
10
Shk 131
PG 1351+640
NGC 5989
NGC 5985
NGC 5981
NGC 5982
IC 1049
Edasich
ι
Σ 1882
Σ 1878
NGC 5216
Arp 104
NGC 5218
Keenan
NGC 5205
NGC 5216A
UGC 9837
NGC 5308
NGC 5370
UGC 8714
NGC 5667
NGC 5540
NGC 5322
NGC 5389
NGC 5379
NGC 5342
Σ 1752
UGC 9412
NGC 5430
NGC 5376
NGC 5561
Splinter Galaxy
NGC 5907
NGC 5879
Σ 1872
NGC 5678
NGC 5372
NGC 5905
NGC 5908
M 102
UGC 9737
UV
NGC 5631
NGC 5585
Σ 1831
HCG 66
NGC 5876
NGC 5874
Sh 191
MCG +9-25-3
Arp 136
NGC 5820
Σ 1860
NGC 5443
NGC 5475
Σ 1820
NGC 5278
MCG +9-22-94
NGC 5279
UGC 8671
Arp 239
NGC 5687
NGC 5486
NGC 5485
NGC 5422
NGC 5294
81
NGC 5875
NGC 5875A
NGC 5783
NGC 5751
NGC 5473
Arp 26
83
M 101
Pinwheel Galaxy
NGC 5368
84
S
Holmberg V
UGC 8658
Holmberg IV
UGC 8837
NGC 5474
86
Σ 1795
Σ 1889
Σ 1871
Σ 1863
NGC 5707-1
θ
NGC 5624
Arp 45
Σ 1821
κ1,2
82
NGC 5828
NGC 5797
NGC 5804
NGC 5794
MCG +8-27-62
ι
ΣI 26
NGC 5225
MCG +8-27-60
NGC 5673
NGC 5602
Σ 1829
NGC 5481
NGC 5480
IC 951
NGC 5250
63°
62°
60°
59°
58°
57°
56°
55°
54°
53°
52°
51°
50°
49°
15h 00m
14h 50m
14h 40m
14h 30m
14h 20m
14h 10m
14h 00m
13h 50m
13h 40m
13h 30m

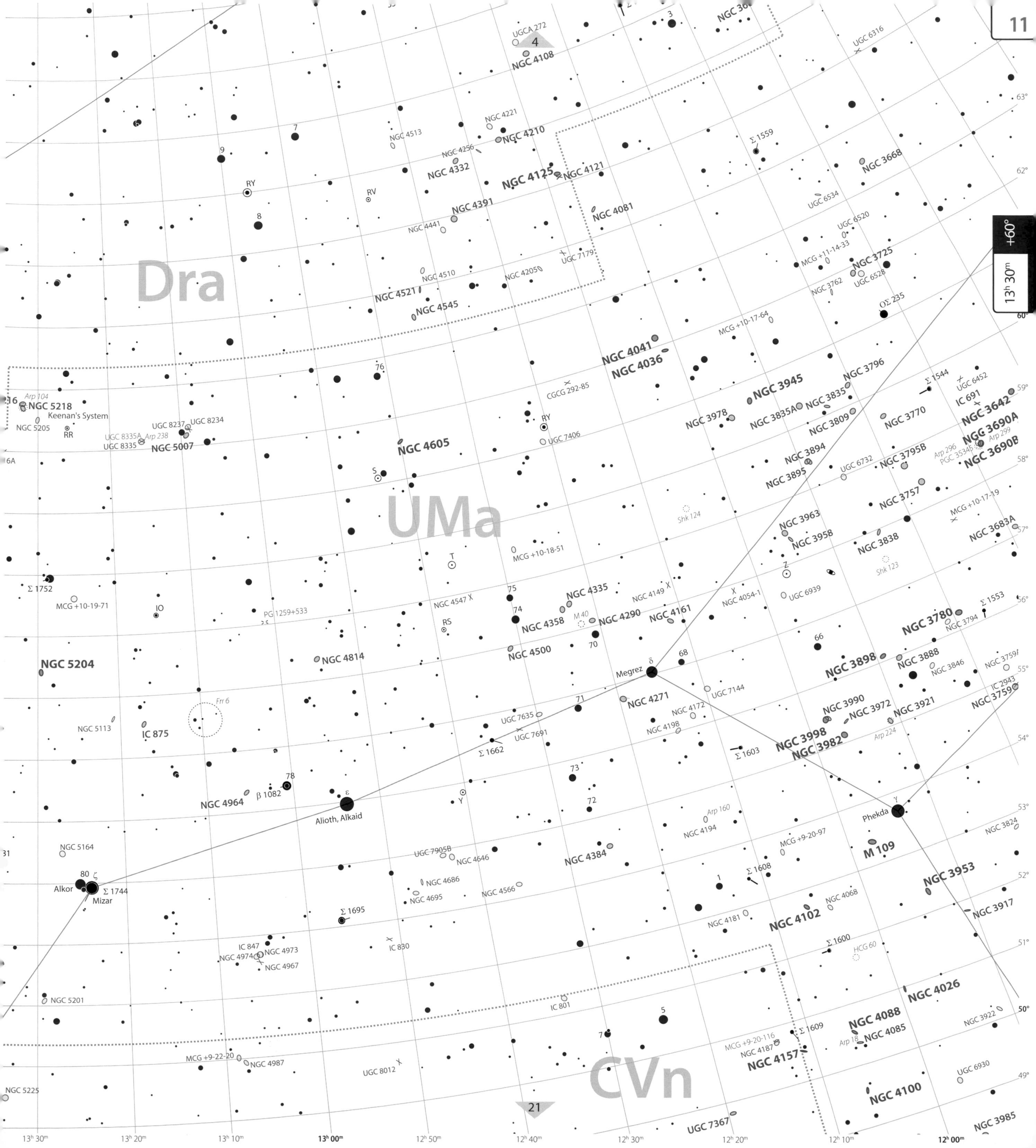

+60°
13h 30m
Dra
UMa
CVn
4
21
NGC 4108
UGCA 272
UGC 6316
NGC 4221
NGC 4210
NGC 4513
NGC 4256
NGC 4332
NGC 4125
NGC 4121
Σ 1559
NGC 3668
RY
RV
NGC 4391
NGC 4081
UGC 6534
NGC 4441
UGC 6520
MCG +11-14-33
UGC 7179
NGC 3725
NGC 4510
NGC 4205
NGC 3762
UGC 6528
NGC 4521
NGC 4545
OΣ 235
MCG +10-17-64
NGC 4041
NGC 4036
NGC 3796
NGC 3945
Σ 1544
UGC 6452
IC 691
Arp 104
NGC 5218
Keenan's System
NGC 5205
RR
CGCG 292-85
NGC 3978
NGC 3835
NGC 3835A
NGC 3770
NGC 3642
UGC 8237
UGC 8234
UGC 8335A
Arp 238
UGC 8335
NGC 5007
UGC 7406
NGC 3809
NGC 3690A
Arp 299
NGC 4605
NGC 3894
NGC 3895
UGC 6732
NGC 3795B
Arp 296
PGC 35345
NGC 3690B
S
NGC 3757
Shk 124
MCG +10-17-19
NGC 3963
NGC 3958
NGC 3838
NGC 3683A
T
MCG +10-18-51
Shk 123
Z
Σ 1752
MCG +10-19-71
IO
PG 1259+533
NGC 4547
RS
NGC 4335
NGC 4149
NGC 4054-1
UGC 6939
NGC 4358
M 40
NGC 4290
NGC 4161
NGC 3780
NGC 3794
Σ 1553
NGC 5204
NGC 4814
NGC 4500
Megrez
δ
NGC 3898
NGC 3888
NGC 3846
NGC 3759A
UGC 7144
IC 2943
NGC 3759B
NGC 4271
NGC 4172
NGC 3990
NGC 3972
NGC 3921
Frr 6
NGC 5113
IC 875
UGC 7635
UGC 7691
NGC 4198
Arp 224
Σ 1662
Σ 1603
NGC 3998
NGC 3982
NGC 4964
β 1082
Y
Alioth, Alkaid
ε
Arp 160
NGC 4194
Phekda
γ
NGC 3824
MCG +9-20-97
M 109
NGC 5164
UGC 7905B
NGC 4646
NGC 4384
Σ 1608
NGC 3953
Alkor
ζ
Σ 1744
Mizar
NGC 4686
NGC 4695
NGC 4566
NGC 4068
NGC 4181
NGC 4102
NGC 3917
Σ 1695
IC 830
Σ 1600
HCG 60
IC 847
NGC 4974
NGC 4973
NGC 4967
NGC 5201
IC 801
NGC 4026
NGC 4088
NGC 4085
Arp 18
NGC 3922
Σ 1609
MCG +9-20-116
NGC 4187
NGC 4157
MCG +9-22-20
NGC 4987
UGC 8012
UGC 6930
NGC 5225
NGC 4100
UGC 7367
NGC 3985
13h 30m
13h 20m
13h 10m
13h 00m
12h 50m
12h 40m
12h 30m
12h 20m
12h 10m
12h 00m
63°
62°
60°
59°
58°
57°
56°
55°
54°
53°
52°
51°
50°
49°

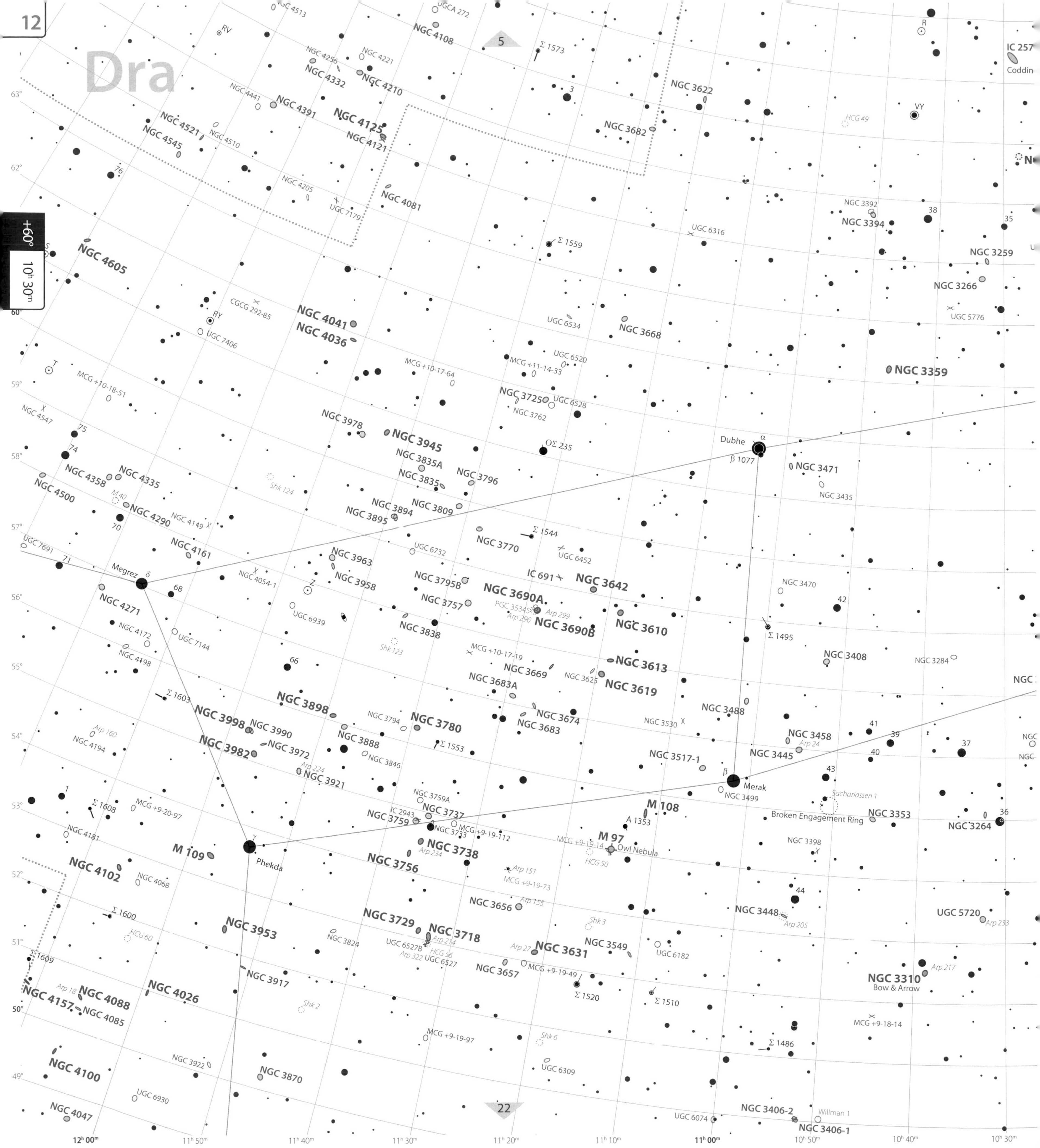
Dra
+60°
10h 30m
5
22
UGCA 272
NGC 4513
NGC 4108
RV
R
IC 257
Coddin
Σ 1573
NGC 4256
NGC 4221
NGC 4332
NGC 4210
NGC 4441
NGC 4391
NGC 4125
NGC 4121
NGC 3622
NGC 3682
VY
HCG 49
NGC 4521
NGC 4510
NGC 4545
76
NGC 4205
UGC 7179
NGC 4081
NGC 3392
NGC 3394
38
35
Σ 1559
UGC 6316
NGC 3259
NGC 3266
UGC 5776
NGC 4605
CGCG 292-85
RY
UGC 7406
NGC 4041
NGC 4036
UGC 6534
NGC 3668
UGC 6520
MCG +11-14-33
MCG +10-17-64
NGC 3359
T
MCG +10-18-51
NGC 4547
NGC 3725
UGC 6528
NGC 3762
NGC 3978
NGC 3945
ΟΣ 235
Dubhe
α
β 1077
NGC 3471
NGC 3435
75
74
NGC 4358
NGC 4335
NGC 3835A
NGC 3835
NGC 3796
Shk 124
NGC 4500
M 40
NGC 4290
NGC 4149
70
NGC 3894
NGC 3809
NGC 3895
NGC 3770
Σ 1544
UGC 7691
71
NGC 4161
Megrez
δ
NGC 3963
UGC 6732
UGC 6452
NGC 4054-1
NGC 3958
NGC 3795B
IC 691
NGC 3642
NGC 3470
68
NGC 4271
Z
NGC 3757
NGC 3690A
PGC 35345
Arp 299
Arp 296
NGC 3690B
NGC 3610
42
UGC 6939
NGC 4172
UGC 7144
NGC 3838
Shk 123
Σ 1495
NGC 4198
MCG +10-17-19
NGC 3408
NGC 3284
66
NGC 3669
NGC 3625
NGC 3613
NGC 3619
NGC 3683A
Σ 1603
NGC 3898
NGC 3794
NGC 3780
NGC 3674
NGC 3683
NGC 3488
NGC 3530
NGC 3998
NGC 3990
Arp 160
NGC 4194
NGC 3982
NGC 3972
NGC 3888
NGC 3846
Σ 1553
NGC 3517-1
NGC 3458
Arp 24
NGC 3445
41
39
37
40
Arp 224
NGC 3921
β
Merak
NGC 3499
43
Σ 1608
MCG +9-20-97
NGC 3759A
IC 2943
NGC 3759
NGC 3737
NGC 3733
MCG +9-19-112
M 108
A 1353
Sacharissen 1
Broken Engagement Ring
NGC 3353
36
NGC 3264
NGC 4181
M 109
γ
Phekda
NGC 3738
Arp 234
NGC 3756
MCG +9-19-14
HCG 50
M 97
Owl Nebula
NGC 3398
NGC 4102
NGC 4068
Arp 151
MCG +9-19-73
44
Σ 1600
NGC 3656
Arp 155
NGC 3448
Arp 205
UGC 5720
Arp 233
HCG 60
NGC 3953
NGC 3824
NGC 3729
NGC 3718
Arp 214
UGC 6527B
HCG 56
Arp 322
UGC 6527
Shk 3
NGC 3549
UGC 6182
Arp 27
NGC 3631
NGC 3657
MCG +9-19-49
Arp 217
Σ 1609
NGC 3917
Arp 18
NGC 4088
NGC 4026
Σ 1520
Σ 1510
NGC 3310
Bow & Arrow
NGC 4157
NGC 4085
Shk 2
MCG +9-18-14
MCG +9-19-97
Shk 6
Σ 1486
NGC 4100
NGC 3922
NGC 3870
UGC 6309
UGC 6930
NGC 4047
NGC 3406-2
Willman 1
UGC 6074
NGC 3406-1
63°
62°
60°
59°
58°
57°
56°
55°
54°
53°
52°
51°
50°
49°
12h 00m
11h 50m
11h 40m
11h 30m
11h 20m
11h 10m
11h 00m
10h 50m
10h 40m
10h 30m

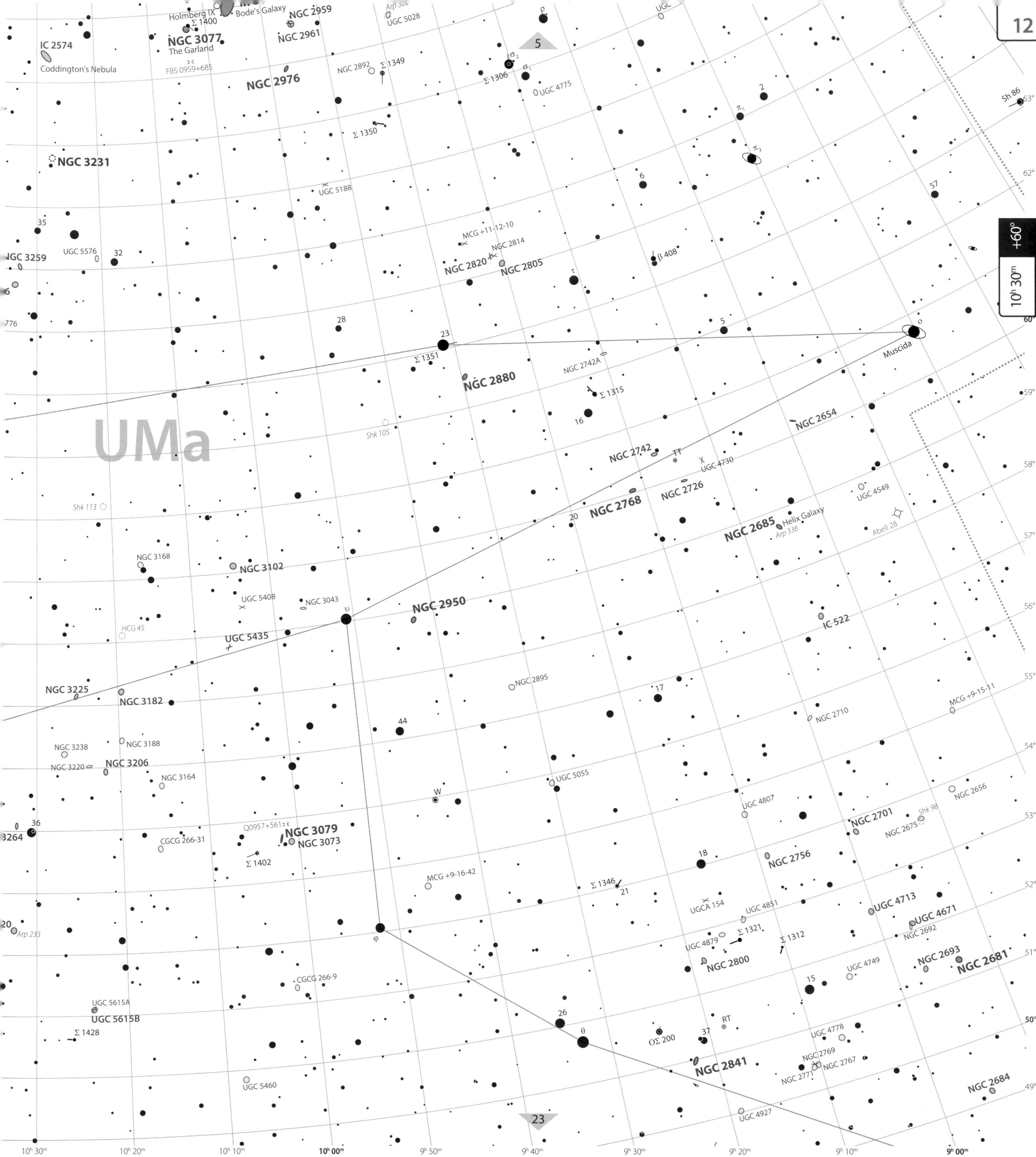
UMa
Holmberg IX
Σ 1400
Bode's Galaxy
NGC 2959
Arp 30
UGC 5028
IC 2574
Coddington's Nebula
NGC 3077
The Garland
FBS 0959+685
NGC 2961
NGC 2976
NGC 2892
Σ 1349
Σ 1306
UGC 4775
Sh 86
Σ 1350
NGC 3231
UGC 5188
MCG +11-12-10
NGC 2814
NGC 2820
NGC 2805
β 408
NGC 3259
UGC 5576
Σ 1351
NGC 2880
NGC 2742A
Σ 1315
Muscida
Shk 105
NGC 2654
NGC 2742
TT
X
UGC 4730
NGC 2726
NGC 2768
Shk 113
NGC 2685
Helix Galaxy
Arp 336
UGC 4549
Abell 28
NGC 3168
NGC 3102
UGC 5408
NGC 3043
NGC 2950
IC 522
HCG 45
UGC 5435
NGC 2895
NGC 3225
NGC 3182
NGC 2710
MCG +9-15-11
NGC 3238
NGC 3188
NGC 3220
NGC 3206
NGC 3164
UGC 5055
NGC 2656
W
UGC 4807
NGC 2701
Shk 98
NGC 2675
3264
Q0957+561
NGC 3079
NGC 3073
CGCG 266-31
Σ 1402
NGC 2756
MCG +9-16-42
Σ 1346
UGCA 154
UGC 4851
UGC 4713
UGC 4671
NGC 2692
Arp 233
UGC 4879
Σ 1321
Σ 1312
NGC 2800
NGC 2693
NGC 2681
UGC 4749
CGCG 266-9
UGC 5615A
UGC 5615B
Σ 1428
RT
OΣ 200
UGC 4778
NGC 2769
NGC 2767
NGC 2771
NGC 2841
UGC 5460
NGC 2684
UGC 4927
5
23
10h 30m
10h 20m
10h 10m
10h 00m
9h 50m
9h 40m
9h 30m
9h 20m
9h 10m
9h 00m
63°
62°
60°
59°
58°
57°
56°
55°
54°
53°
52°
51°
50°
49°

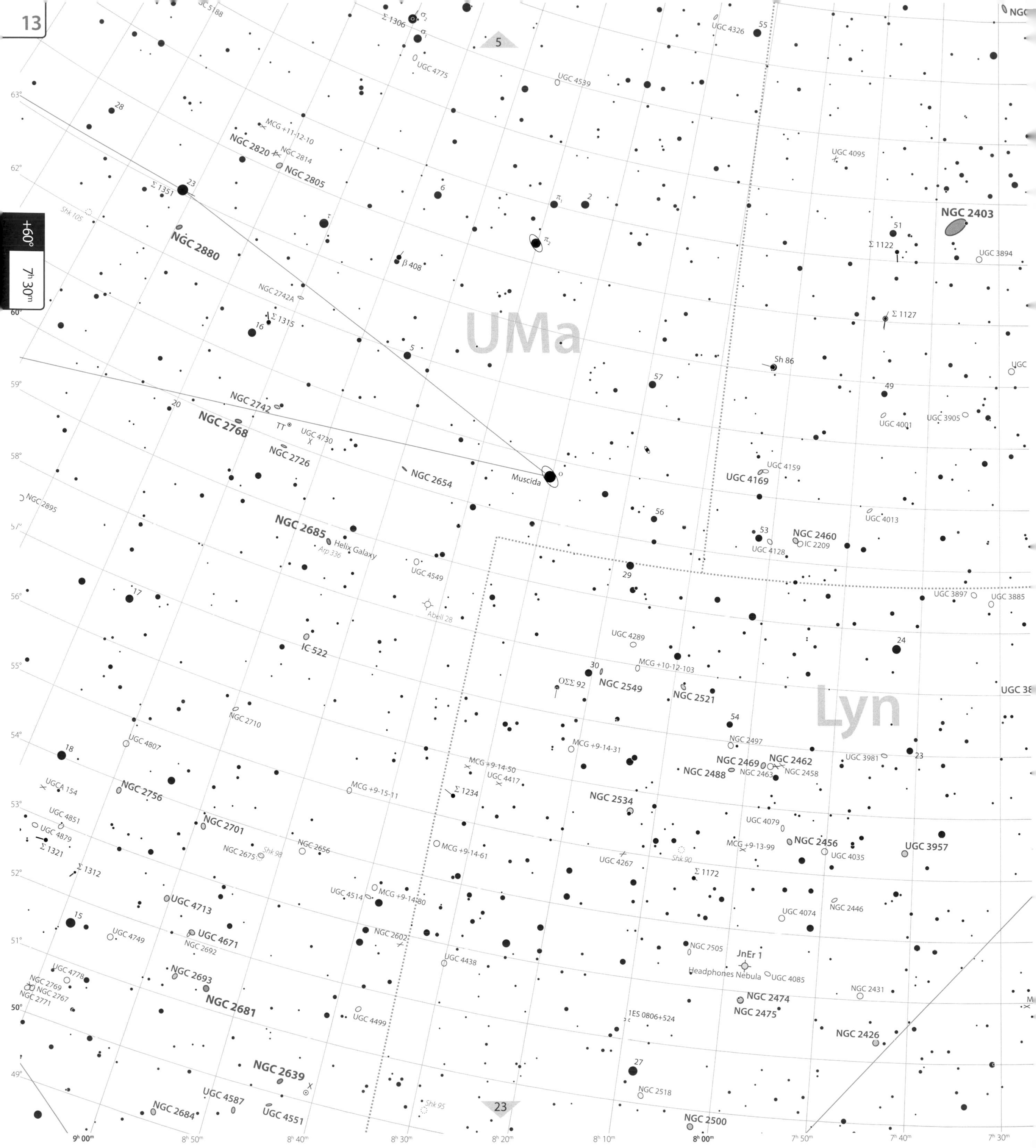
+60°
7h 30m
5
23
UMa
Lyn
NGC 2403
NGC 2880
NGC 2820
NGC 2814
NGC 2805
MCG +11-12-10
UGC 4775
UGC 4539
UGC 4326
UGC 4095
UGC 3894
Σ 1306
Σ 1351
Σ 1315
Σ 1122
Σ 1127
Shk 105
β 408
NGC 2742A
NGC 2742
NGC 2768
NGC 2726
NGC 2654
NGC 2685
Helix Galaxy
Arp 336
UGC 4730
UGC 4549
Abell 28
Muscida
Sh 86
UGC 4001
UGC 3905
UGC 4159
UGC 4169
UGC 4013
UGC 4128
NGC 2460
IC 2209
UGC 3897
UGC 3885
NGC 2895
IC 522
UGC 4289
MCG +10-12-103
OΣΣ 92
NGC 2549
NGC 2521
NGC 2710
UGC 4807
MCG +9-14-31
MCG +9-14-50
UGC 4417
NGC 2497
NGC 2469
NGC 2462
NGC 2488
NGC 2463
NGC 2458
UGC 3981
UGCA 154
NGC 2756
MCG +9-15-11
Σ 1234
NGC 2534
UGC 4851
UGC 4879
Σ 1321
NGC 2701
NGC 2675
Shk 98
NGC 2656
MCG +9-14-61
UGC 4079
UGC 4267
MCG +9-13-99
NGC 2456
UGC 4035
UGC 3957
Shk 90
Σ 1312
Σ 1172
UGC 4713
UGC 4514
MCG +9-14-80
UGC 4074
NGC 2446
UGC 4749
UGC 4671
NGC 2692
NGC 2602
NGC 2505
JnEr 1
Headphones Nebula
UGC 4085
UGC 4438
UGC 4778
NGC 2769
NGC 2767
NGC 2771
NGC 2693
NGC 2681
UGC 4499
NGC 2474
NGC 2475
NGC 2431
1ES 0806+524
NGC 2426
NGC 2639
UGC 4587
UGC 4551
NGC 2684
Shk 95
NGC 2518
NGC 2500
9h 00m
8h 50m
8h 40m
8h 30m
8h 20m
8h 10m
8h 00m
7h 50m
7h 40m
7h 30m
63°
62°
60°
59°
58°
57°
56°
55°
54°
53°
52°
51°
50°
49°

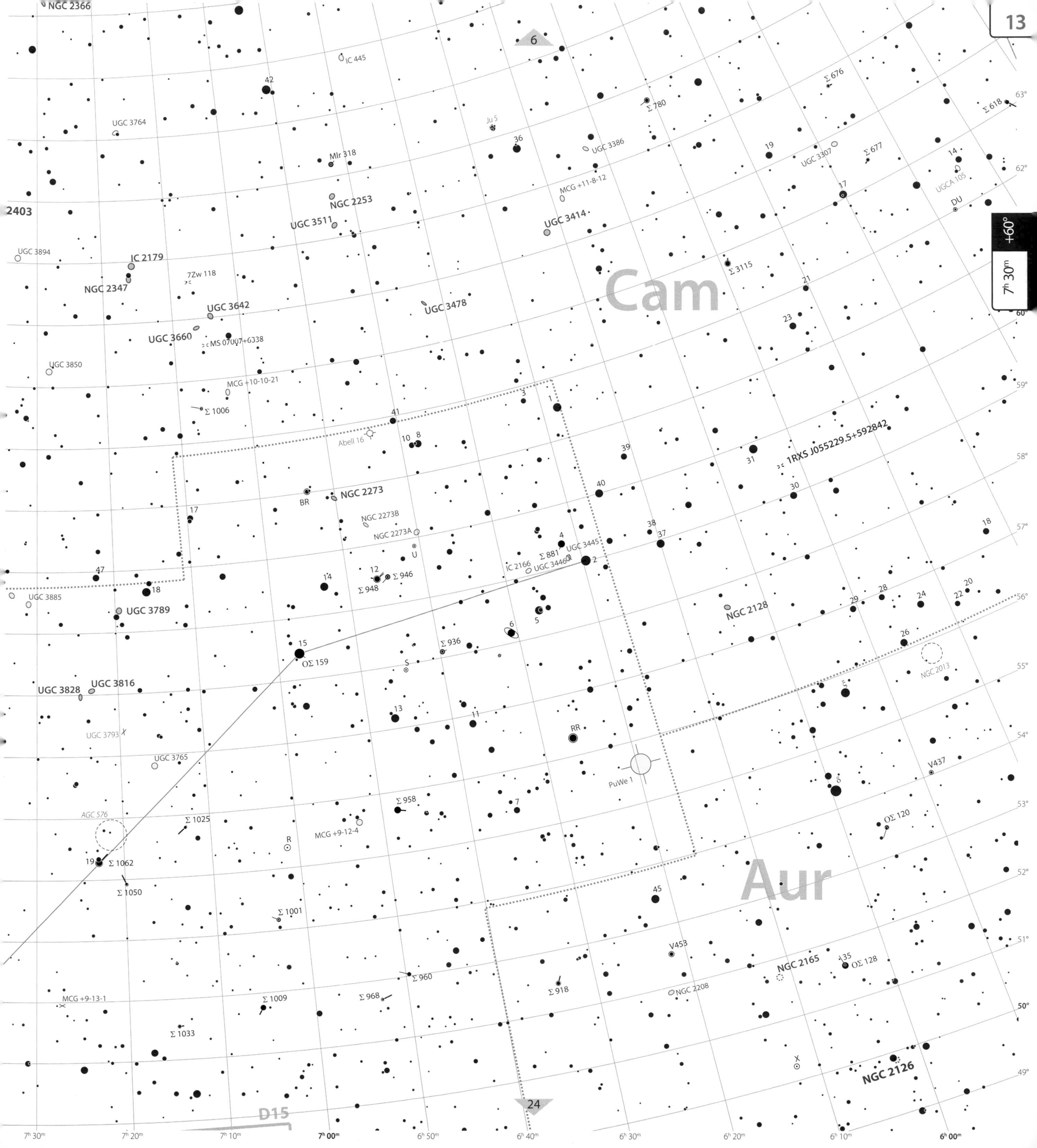

+60°
7h 30m
6
24
D15
Cam
Aur
NGC 2366
IC 445
42
UGC 3764
Ju 5
36
Σ 780
Σ 676
Σ 618
63°
UGC 3386
19
UGC 3307
Σ 677
14
62°
Mlr 318
MCG +11-8-12
17
UGCA 105
DU
NGC 2253
2403
UGC 3511
UGC 3414
UGC 3894
IC 2179
Σ 3115
7Zw 118
NGC 2347
21
UGC 3478
UGC 3642
23
60°
UGC 3660
MS 07007+6338
UGC 3850
MCG +10-10-21
59°
Σ 1006
3
1
41
Abell 16
10
8
39
31
1RXS J055229.5+592842
58°
40
30
BR
NGC 2273
17
NGC 2273B
38
18
NGC 2273A
37
57°
U
4
Σ 881
UGC 3445
IC 2166
UGC 3446
2
47
14
12
Σ 946
Σ 948
18
UGC 3885
56°
UGC 3789
NGC 2128
29
28
24
22
20
5
6
26
15
Σ 936
OΣ 159
S
NGC 2013
55°
UGC 3828
UGC 3816
ξ
13
11
RR
UGC 3793
54°
UGC 3765
PuWe 1
V437
δ
53°
7
Σ 958
AGC 576
Σ 1025
OΣ 120
MCG +9-12-4
R
19
Σ 1062
52°
Σ 1050
45
Σ 1001
51°
V453
NGC 2165
35
OΣ 128
Σ 960
Σ 918
NGC 2208
MCG +9-13-1
Σ 1009
Σ 968
50°
Σ 1033
X
NGC 2126
49°
7h 30m
7h 20m
7h 10m
7h 00m
6h 50m
6h 40m
6h 30m
6h 20m
6h 10m
6h 00m

+60°
4h 30m

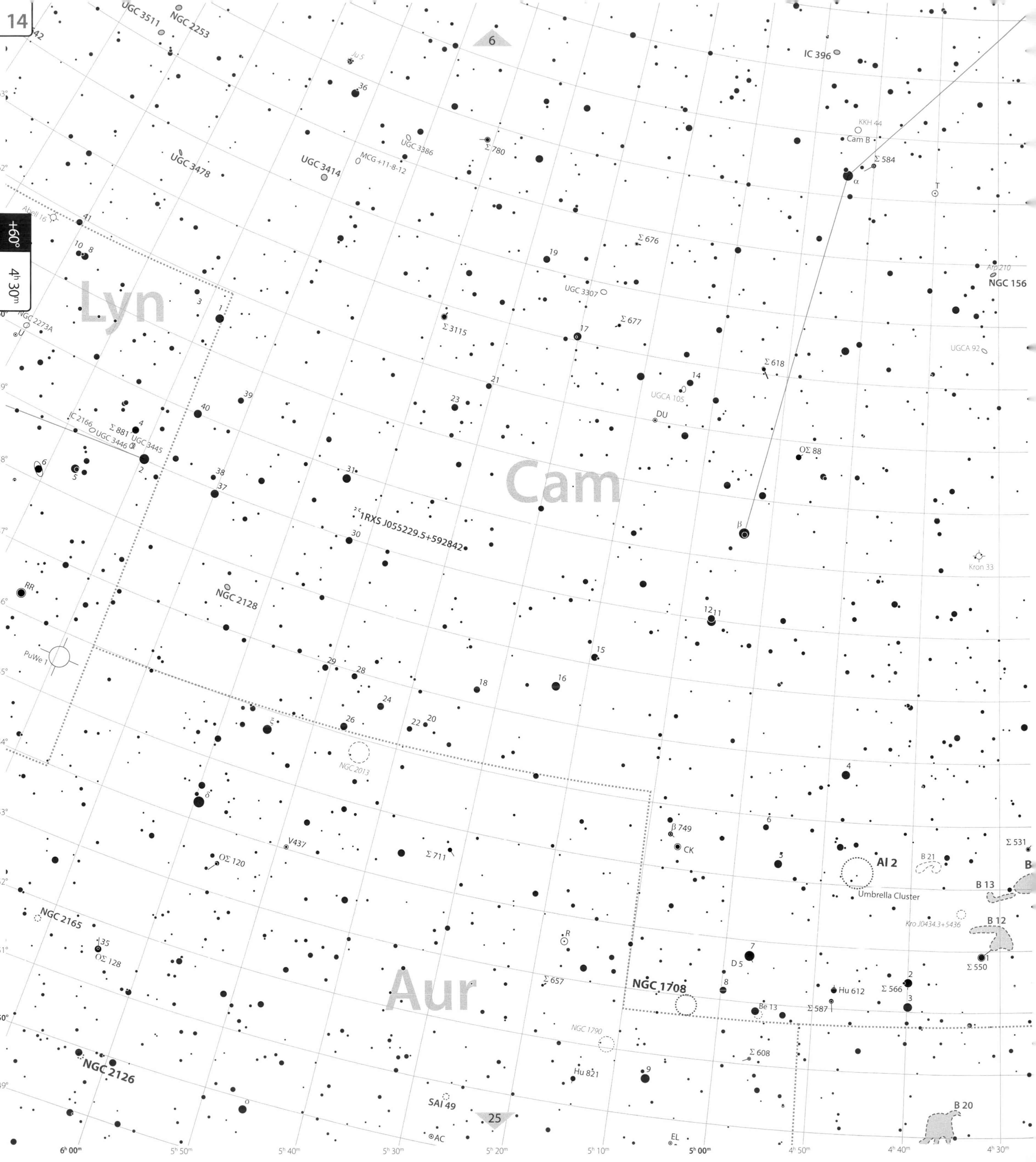
Lyn
Cam
Aur
UGC 3511
NGC 2253
UGC 3478
UGC 3414
MCG +11-8-12
UGC 3386
Σ 780
IC 396
KKH 44
Cam B
Σ 584
α
T
Abell 16
NGC 2273A
U
Σ 676
UGC 3307
Σ 677
Σ 3115
Arp 210
NGC 156
UGCA 92
Σ 618
UGCA 105
DU
IC 2166
Σ 881
UGC 3446
UGC 3445
OΣ 88
β
1RXS J055229.5+592842
Kron 33
RR
NGC 2128
PuWe 1
ξ
NGC 2013
δ
β 749
CK
V437
Σ 711
OΣ 120
Al 2
B 21
Umbrella Cluster
B 13
B 12
Kro J0434.3+5436
Σ 531
NGC 2165
OΣ 128
R
Σ 657
NGC 1708
D 5
Hu 612
Σ 566
Σ 550
Be 13
Σ 587
NGC 1790
Σ 608
Hu 821
NGC 2126
SAI 49
AC
EL
B 20
6
25
63°
62°
60°
59°
58°
57°
56°
55°
54°
53°
52°
51°
50°
49°
6h 00m
5h 50m
5h 40m
5h 30m
5h 20m
5h 10m
5h 00m
4h 50m
4h 40m
4h 30m

Cas
Per
NGC 1469
Zannin 5
IC 342
OΣ 54
Σ 374
Bvd 31
RX
7
TW
Be 64
Abell 3
St 5
UGCA 86
Kro J0347.6+6635
Be 10
OΣ 52
Be 63
NGC 886
HFG 1
Abell 6
IC 1795
NGC 896
SAI 21
Ray 1
Teu 55
Tom 4
Arp 210
NGC 1569
Kemble 1
Σ 349
Tr 3
IC 1805
Heart Nebula
Cz 13
OΣΣ 36
Σ 283
Mel 15
NGC 1027
Σ 284
HaWe 2
WeBo 1
St 7
Kemble's Cascade
DO
Cz 10
ASCC 8
IC 1848
Embryo Nebula
Be 65
Cz 9
IC 1871
Maffei I
Σ 484
BRD 1
IC 289
Cr 34
Σ 306
Cr 32
UGCA 39
UGCA 34
MB 1
NGC 1502
Golden Harp Cluster
Σ 485
Cz 17
Maffei II
K 4
Cz 8
Sh 2-201
Cr 33
Hld 7
UV
Σ 509
St 23
Pazmino's Cluster
Σ 272
PGC 101304
Dwingeloo 2
NGC 1501
Camel's Eye
OΣ 67
Σ 362
h 2143
Σ 400
Σ 384
Σ 385
vdB 14
PGC 100170
Dwingeloo 1
KKH 21
MB 4
NGC 957
ASCC 9
Be 66
Webb 2
Σ 389
Kron 33
Arg 100
Tom 5
Σ 396
vdB 15
Cz 14
W
Σ 511
RX
RW
Ju 9
Tr 2
IC 361
k
η
Σ 307
11
Cz 12
TW
Alicante 1
S 436
K 6
M 2-2
B 6
Σ 301
Σ 531
B 11
B 8
B 13
B 9
γ
Σ 314
τ
NGC 1220
B 12
1
Σ 550
Σ 331
Ju 11
K 5
Mayer 2
Sh 2-207
Sh 2-208
Be 9
Cz 16
Cz 15
Abell 5
UU
Σ 446
NGC 1444
M 1-4
NGC 1496
Ju 19
Mel 20
Perseus Moving Cluster
NGC 1348
Hu 544
K 7
Pat 14
NGC 1528
Outters 2
NGC 1491
Fossil Footprint
FSR 667
Σ 388
29
31
ι
26
43
α
b₂
63°
62°
60°
59°
58°
57°
56°
55°
54°
53°
52°
51°
50°
49°
140°
150°
4h 30m
4h 20m
4h 10m
4h 00m
3h 50m
3h 40m
3h 30m
3h 20m
3h 10m
3h 00m

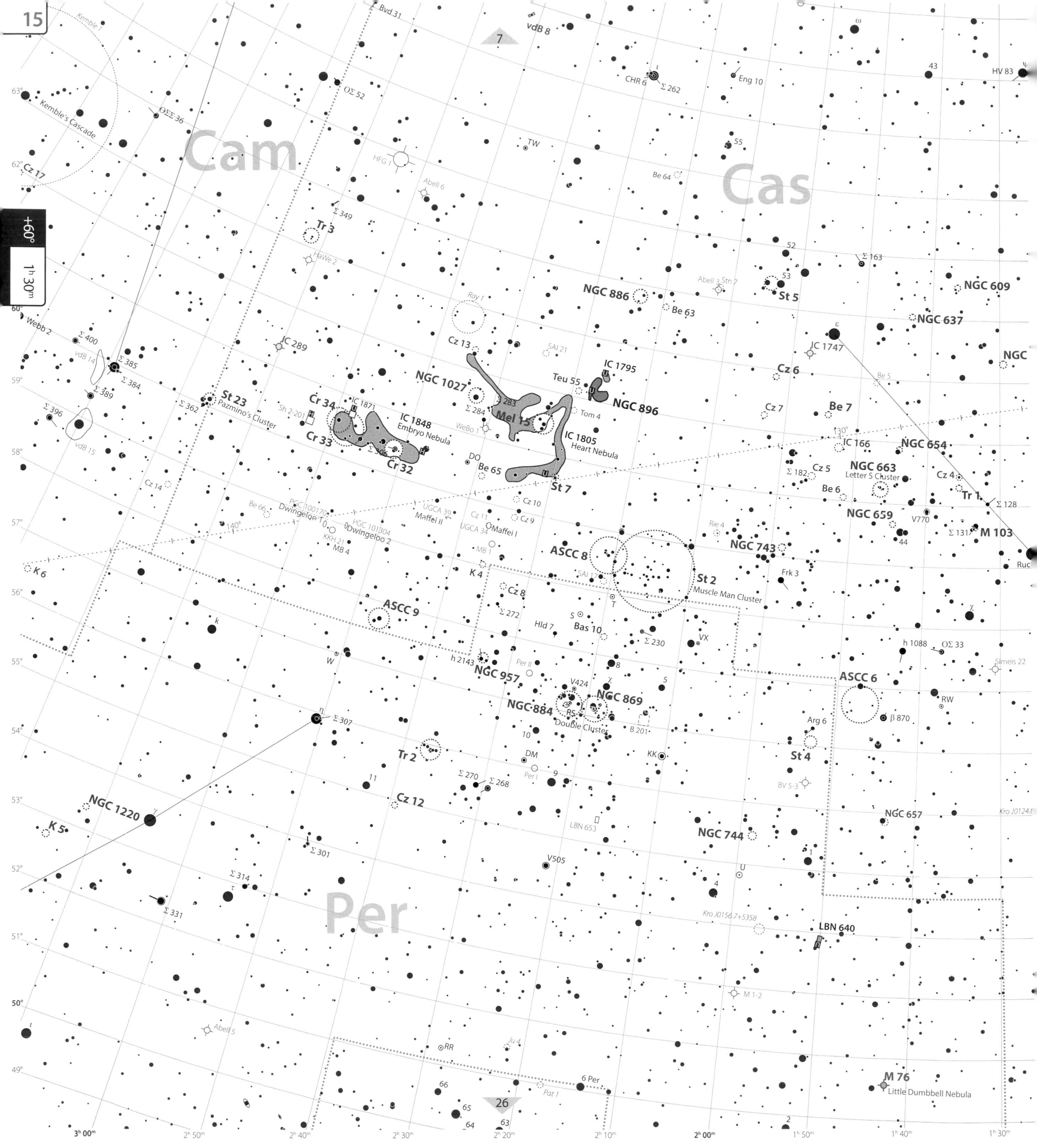
+60°
1h 30m
Cam
Cas
Per
7
26
Kemble 1
Kemble's Cascade
Cz 17
Bvd 31
vdB 8
OΣ 52
OΣΣ 36
TW
HFG 1
Abell 6
Σ 349
Tr 3
HaWe 2
CHR 6
Σ 262
Eng 10
ω
43
HV 83
55
Be 64
52
Σ 163
53
Abell 3 Stn 7
St 5
NGC 609
NGC 886
Be 63
NGC 637
Ray 1
Webb 2
Σ 400
IC 289
Cz 13
SAI 21
ε
IC 1747
vdB 14
Σ 385
Σ 384
Σ 389
IC 1795
NGC
Cz 6
Be 5
Teu 55
NGC 1027
NGC 896
Σ 396
Σ 362
St 23
Pazmino's Cluster
Sh 2-201
Cr 34
IC 1871
Σ 283
Σ 284
Mel 15
Tom 4
Cz 7
Be 7
IC 1848
Embryo Nebula
WeBo 1
IC 1805
Heart Nebula
IC 166
NGC 654
vdB 15
Cr 33
Σ 306
Cr 32
DO
Be 65
Σ 182
Cz 5
NGC 663
Letter S Cluster
Cz 4
Cz 14
St 7
Be 6
Tr 1
Σ 128
Cz 10
Be 66
PGC 100170
Dwingeloo 1
PGC 101304
Dwingeloo 2
UGCA 39
Maffei II
Cz 11
Cz 9
UGCA 34
Maffei I
NGC 659
V770
140°
130°
KKH 21
MB 4
MB 1
Rie 4
Σ 131
M 103
44
ASCC 8
NGC 743
K 6
K 4
SAI 17
St 2
Muscle Man Cluster
Frk 3
Ruc
Cz 8
ASCC 9
Σ 272
T
S
Bas 10
Hld 7
k
Σ 230
VX
χ
h 1088
OΣ 33
W
h 2143
Per II
8
Simeis 22
NGC 957
V424
5
ASCC 6
NGC 869
RW
NGC 884
RS
Double Cluster
B 201
η
Σ 307
β 870
10
Arg 6
Tr 2
DM
KK
St 4
11
Σ 270
Σ 268
Per I
9
BV 5-3
NGC 1220
γ
Cz 12
K 5
LBN 653
NGC 744
NGC 657
Kro J0124.0
Σ 301
V505
1
U
Σ 314
τ
4
Σ 331
Kro J0156.7+5358
LBN 640
M 1-2
Abell 5
Ju 4
RR
M 76
Little Dumbbell Nebula
6 Per
Pat 1
66
65
64
63
2
63°
62°
60°
59°
58°
57°
56°
55°
54°
53°
52°
51°
50°
49°
3h 00m
2h 50m
2h 40m
2h 30m
2h 20m
2h 10m
2h 00m
1h 50m
1h 40m
1h 30m

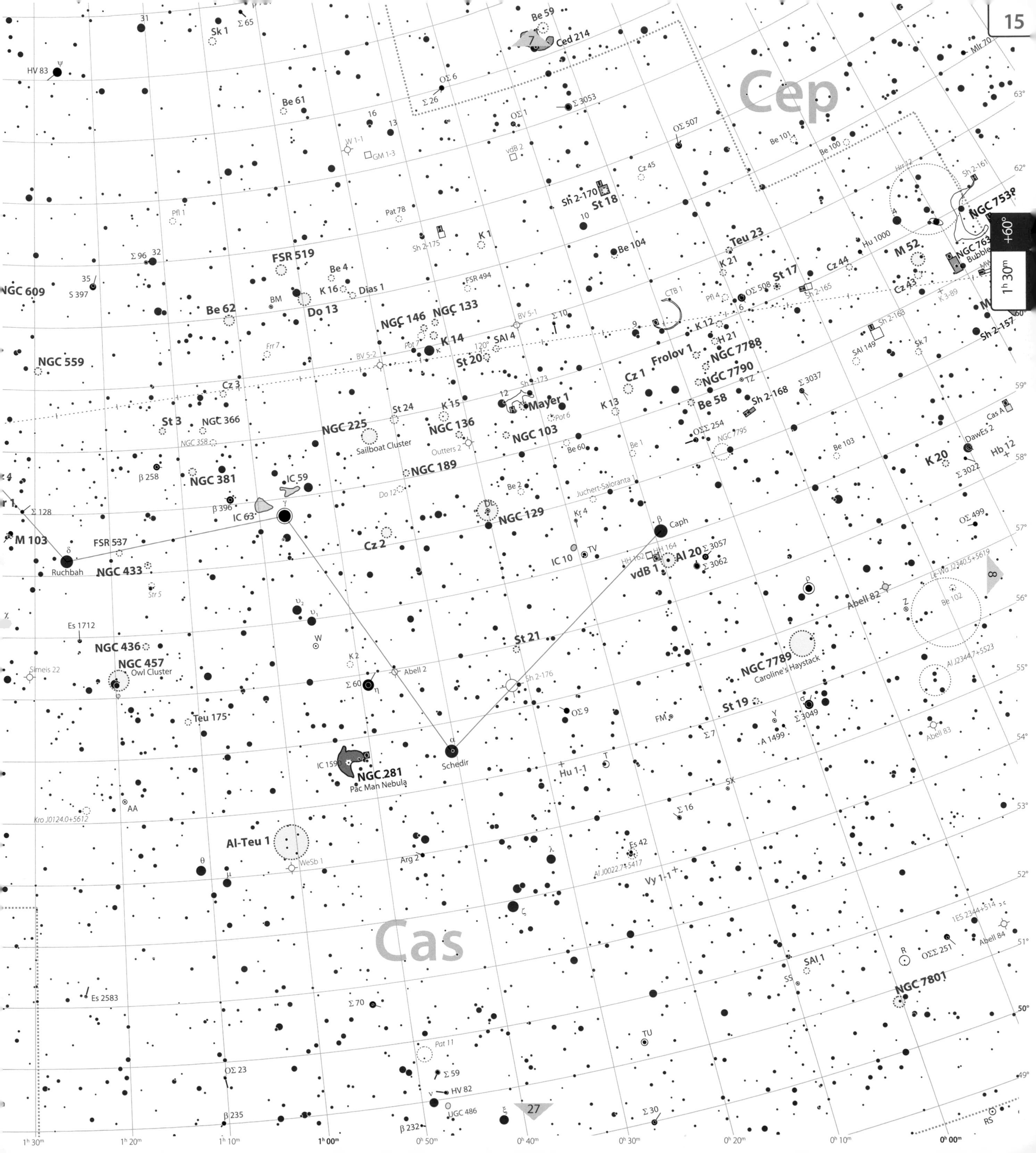
Cep
Cas
+60°
1h 30m
Ced 214
Be 59
Sk 1
Σ 65
HV 83
Be 61
OΣ 6
Σ 26
OΣ 1
Σ 3053
OΣ 507
Be 101
Be 100
W 1-1
GM 1-3
vdB 2
Cz 45
Sh 2-170
St 18
Pfl 1
Pat 78
NGC 7538
Teu 23
Hu 1000
M 52
NGC 7635
Bubble
Be 104
Sh 2-175
K 1
Σ 96
FSR 519
Be 4
K 16
Dias 1
FSR 494
K 21
St 17
Cz 44
Cz 43
NGC 609
S 397
BM
Do 13
Be 62
NGC 146
NGC 133
CTB 1
OΣ 508
Sh 2-165
K 3-89
Sh 2-163
Sh 2-157
K 14
SAI 4
BV 5-1
Σ 10
K 12
H 21
Frolov 1
NGC 7788
Frr 7
BV 5-2
St 20
NGC 559
Cz 3
SAI 149
Sk 7
Cz 1
NGC 7790
Σ 3037
Sh 2-173
Mayer 1
K 13
Be 58
Sh 2-168
St 24
K 15
St 3
NGC 366
NGC 225
Sailboat Cluster
NGC 136
Pot 6
NGC 103
OΣΣ 254
NGC 7795
Cas A
DawEs 2
NGC 358
Outters 2
Be 60
Be 1
Be 103
Hb 12
K 20
β 258
NGC 381
IC 59
NGC 189
Σ 3022
Do 12
Be 2
Juchert-Saloranta 1
β 396
IC 63
Σ 128
M 103
NGC 129
Kr 4
Caph
OΣ 499
FSR 537
Cz 2
Ruchbah
NGC 433
IC 10
TV
HH 162
HH 164
Al 20
Σ 3057
Σ 3062
vdB 1
Le-Wa J2340.5+5619
Str 5
Abell 82
Be 102
Es 1712
NGC 436
W
St 21
NGC 457
Owl Cluster
Simeis 22
K 2
Abell 2
NGC 7789
Caroline's Haystack
Al J2344.7+5523
Σ 60
Sh 2-176
Teu 175
OΣ 9
St 19
FM
Σ 7
Σ 3049
A 1499
Abell 83
Schedir
IC 1590
NGC 281
Pac Man Nebula
Hu 1-1
AA
Kro J0124.0+5612
Σ 16
Al-Teu 1
WeSb 1
Arg 2
Es 42
Al J0022.7+5417
Vy 1-1
1ES 2344+514
Abell 84
OΣΣ 251
SAI 1
Es 2583
Σ 70
NGC 7801
TU
Pat 11
OΣ 23
Σ 59
HV 82
UGC 486
β 235
β 232
Σ 30
RS
27
8
1h 30m
1h 20m
1h 10m
1h 00m
0h 50m
0h 40m
0h 30m
0h 20m
0h 10m
0h 00m
63°
62°
59°
58°
57°
56°
55°
54°
53°
52°
51°
50°
49°

Cas
And
+45°
23h 00m
8
27
28
ASCC 128
NGC
TU
SAI 1
SS
R
OΣΣ 251
1ES 2344+514
Abell 84
Es 2729
St 12
Teu 18
RT
Σ 30
V752
NGC 7801
OΣΣ 248
18
PGC 2807155
Cas Dwarf, And VII
NGC 147
β 394
NGC 51
RS
NGC 7686
3
7
5
8
Es 2725
11
Z
vdB 158
K 1-20
Aveni-Hunter 1
UGC 183
X
UGC 12889
TZ
WY
TPK 1
Σ 2985
Σ 3
IC 1525
GG
A 647
22
β 995
ψ
Σ 3034
λ
Vy 2-3
OΣ 547
β 997
VX
4
26
OΣ 5
h 1947
RXS J00066+4342
SU
κ
OΣ 500
NGC 7707
OΣ 509
UGC 12573
ι
6
OΣ 514
BG
13
NGC 7618
h 1911
OΣ 510
NGC 7662
Blue Snowball
Al J2350.5+4149
23
2
TV
ο
10
9
SV
UGC 12632
UGC 12588
MCG +7-47-3
Cou1845
TY
NGC 7640
15
θ
MCG +6-1-30
ρ
Σ 2992
Σ 2979
V455
14
σ
Σ 19
Σ 3042
12
Hu 197
Al 22
MCG +6-1-12
MCG +6-50-25
ST
OΣ 513
50°
49°
48°
47°
45°
44°
43°
42°
41°
40°
39°
38°
37°
36°
35°
0h 15m
0h 10m
0h 05m
0h 00m
23h 55m
23h 50m
23h 45m
23h 40m
23h 35m
23h 30m
23h 25m
23h 20m
23h 15m
23h 10m
23h 05m
23h 00m

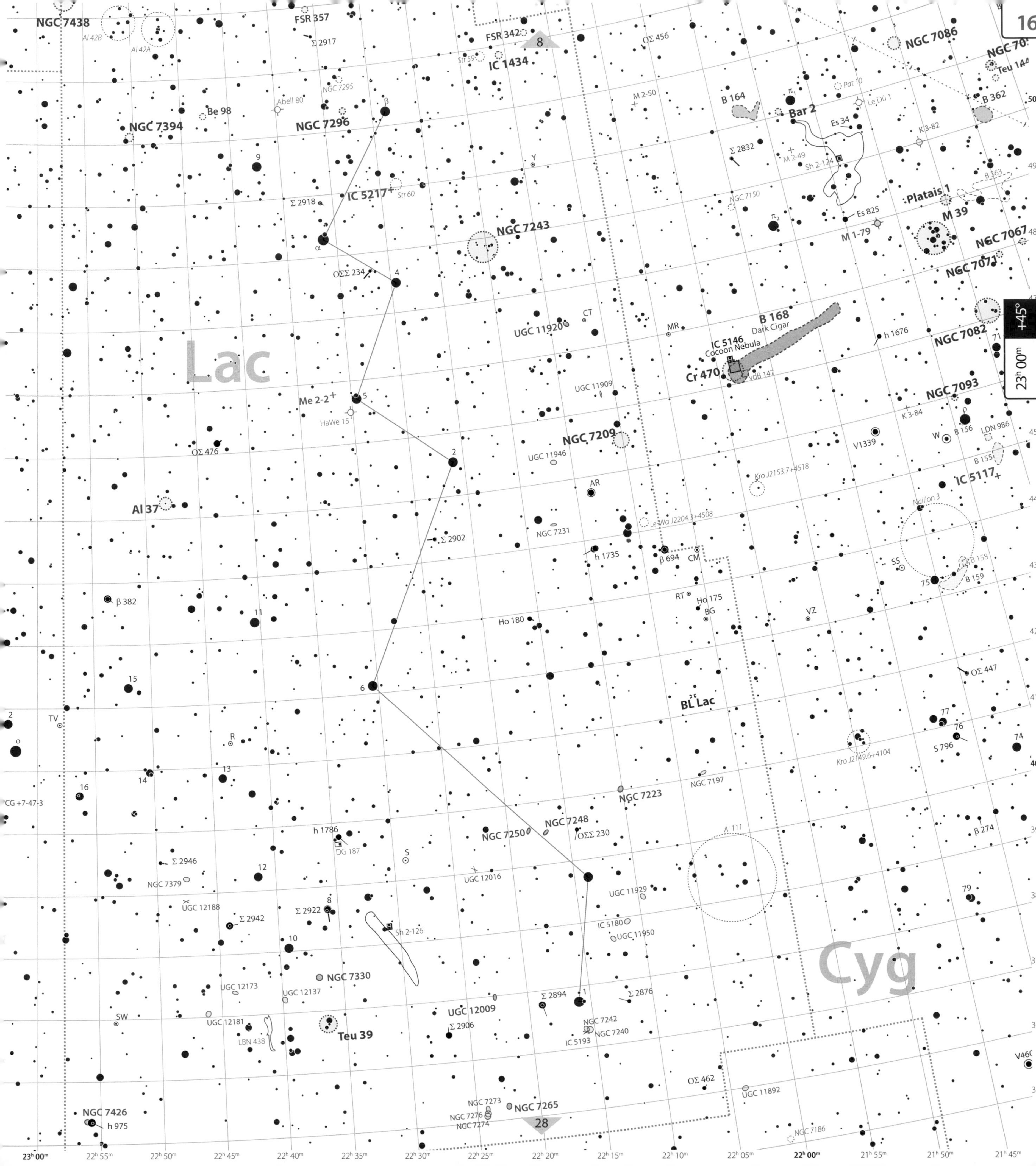
NGC 7438
Al 42B
Al 42A
FSR 357
Σ 2917
FSR 342
8
IC 1434
Str 59
OΣ 456
NGC 7086
NGC 70
Teu 144
NGC 7295
Abell 80
Be 98
NGC 7394
NGC 7296
β
Pat 10
Le Dû 1
M 2-50
B 164
Bar 2
B 362
Es 34
K 3-82
Σ 2832
M 2-49
Sh 2-124
9
Y
IC 5217
Str 60
Σ 2918
NGC 7150
B 363
Platais 1
Es 825
M 1-79
M 39
NGC 7243
NGC 7067
NGC 7071
α
OΣΣ 234
4
CT
UGC 11920
MR
B 168
Dark Cigar
IC 5146
Cocoon Nebula
h 1676
NGC 7082
71
Lac
Cr 470
vdB 147
UGC 11909
Me 2-2
5
NGC 7093
HaWe 15
K 3-84
ρ
NGC 7209
V1339
W
B 156
LDN 986
UGC 11946
2
OΣ 476
B 155
Kro J2153.7+4518
IC 5117
AR
Al 37
Naillon 3
Le Wa J2204.3+4508
NGC 7231
Σ 2902
h 1735
β 694
CM
SS
B 158
75
B 159
β 382
RT
Ho 175
BG
VZ
11
Ho 180
15
OΣ 447
6
BL Lac
2
TV
77
76
S 796
74
o
R
Kro J2149.6+4104
13
16
14
CG +7-47-3
NGC 7197
NGC 7223
NGC 7248
NGC 7250
OΣΣ 230
β 274
h 1786
DG 187
Al 111
S
Σ 2946
12
NGC 7379
UGC 12016
UGC 11929
79
UGC 12188
Σ 2922
8
Σ 2942
Sh 2-126
IC 5180
UGC 11950
10
Cyg
NGC 7330
UGC 12173
UGC 12137
Σ 2894
1
Σ 2876
UGC 12009
SW
UGC 12181
Σ 2906
NGC 7242
NGC 7240
IC 5193
Teu 39
LBN 438
V460
OΣ 462
UGC 11892
NGC 7426
h 975
NGC 7273
NGC 7276
NGC 7274
NGC 7265
28
NGC 7186
50°
49°
48°
47°
45°
44°
43°
42°
41°
40°
39°
38°
37°
36°
35°
23h 00m
22h 55m
22h 50m
22h 45m
22h 40m
22h 35m
22h 30m
22h 25m
22h 20m
22h 15m
22h 10m
22h 05m
22h 00m
21h 55m
21h 50m
21h 45m

+45°

23h 00m

+45° 21h 00m

NGC 7296
IC 1434
FSR 342
Str 59
8
OΣ 456
FSR 320
NGC 7128
Kro 84
Kro 81
LDN 1029
Σ 2918
Str 60
IC 5217
M 2-50
Σ 2803
Σ 2789
S 786
Kro J2109.6+5230
Kro 80
Σ 2757
OΣΣ 234
B 164
Bar 2
Pat 10
NGC 7086
Be 55
NGC 7243
Σ 2832
Es 34
Le Dû 1
NGC 7058
NGC 7031
M 2-49
Sh 2-124
NGC 7150
Teu 144
B 362
Magakian 843
DG 170
DG 169
Me 2-2
HaWe 15
UGC 11920
CT
K 3-82
Es 825
M 1-79
Platais 1
B 363
β 839
LDN 966
MR
M 39
Bas 15
Be 91
UGC 11909
B 168
Dark Cigar
NGC 7071
NGC 7067
LDN 962
IC 5146
Cocoon Nebula
Cr 470
vdB 147
NGC 7209
UGC 11946
h 1676
Sh 1-89
Moth Nebula
IC 1369
β 159
NGC 7026
NGC 7011
Mini Hyades
IC 50
Σ 2902
AR
NGC 7082
B 361
LDN 961
Kro 14
Calvet 1
NGC 7231
LDN 963
Bas 13
B 35
NGC 7093
NGC 7062
M 1-77
NGC 7048
β 156
h 1735
V1339
K 3-84
Le Wa J22043+4508
Kro J2153.7+4518
Bas 12
OΣ 426
Lac
W
B 156
LDN 986
B 352
β 694
CM
NGC 7039
B 353
Ho 180
B 155
Bas 14
FSR 273
RT
Ho 175
IC 5117
Cr 428
BG
Naillon 3
NGC 7000
North America Nebula
VZ
SS
B 158
68
Σ 2773
Teu 22
B 159
Sh 2-119
BL Lac
B 358
B 355
NGC 7044
TX
NGC 7223
NGC 7250
NGC 7248
NGC 7197
OΣ 447
NGC 7027
Magic Carpet Nebula
UGC 12016
OΣΣ 230
Be 56
OΣΣ 214
Kro J2149.6+4104
NGC 7024
S 796
V1070
OΣ 432
Al 111
UGC 11929
Be 54
IC 5180
UGC 11950
Hu 1-2
Baby Dumbbell
OΣ 434
Σ 2785
β 274
HIV 113
Σ 2894
Σ 2876
Σ 2746
NGC 7242
NGC 7240
IC 5193
Σ 2758
LBN 289
K 3-81
AGC 13
Σ 2747
OΣ 462
Cyg
Do 45
UGC 11892
Pat 65
Egg Nebula
CRL 2688
NGC 7063
LBN 2
NGC 7050
NGC 7186
29
UGC 11781
22h 15m
22h 10m
22h 05m
22h 00m
21h 55m
21h 50m
21h 45m
21h 40m
21h 35m
21h 30m
21h 25m
21h 20m
21h 15m
21h 10m
21h 05m
21h 00m
50°
49°
48°
47°
45°
44°
43°
42°
41°
40°
39°
38°
37°
36°
35°

Cyg
Deneb
Sadr
NGC 6826
Blinking Planetary
UGC 11465
MCG +8-36-3
NGC 6833
NGC 6811
Hole in a Cluster
NGC 6884
NGC 6866
Kite Cluster
NGC 6819
Foxhead
NGC 6991a
NGC 6991b
IC 5076
NGC 6997
IC 5067/70
Pelican Nebula
Little Orion
IC 5068
Cygnus Arc
IC 1318A (DWB 82)
DWB 55/59
Cr 421
Cr 419
NGC 6910
vdB 130
Do 5
Ro 6
NGC 6888
Crescent Nebula
Feibelman 1
NGC 6874
B 145
M 29
Do 42
Do 40
Do 39
IC 4996
Be 87
Do 1
Do 1a
Do 4
NGC 6871
FSR 198
NGC 6883
Bi 1
Bi 2
Teu 8
Kro 36
Teu 30
Do 47
Ru 174
Ro 7
CRL 2688
LBN 266
Bica 1
Bica 2
Do 8
Sh 2-112
Be 90
Bar 1
B 356
B 352
B 353
Al-Teu 11
Be 53
B 346
Sk 6
D1
Σ 2681
Σ 2658
Σ 2605
OΣ 404
Σ 2732
β 155
Pat 103
Kro 45
Kro 44
NGC 6895
Kro J2039.5+5034
Σ 2741
Magakian 843
DG 170
DG 169
FSR 276
β 1136
S 755
Σ 2648
Pat 89
HV 47
UGC 11503
IC 1301
β 143
LDN 1029
LDN 966
LDN 962
vdB 138
Arg 39
Be 88
Al J2005.2+4732
Σ 2611
Σ 2707
Abell 71
Sh 2-115
B 345
DWB 165
DWB 145-148
Kro 42
Be 89
DWB 129
B 350
Σ 2579
Σ 2588
OΣ 393
Σ 2743
NGC 6996
NGC 6989
OΣ 422
V395
OΣ 400
M 4-17
DWB 118
DWB 111
Sn 20
Kro J1948.4+4306
B 349
Leiter 9
DWB 114
Ho 128
DWB 130
NGC 6914
vdB 132
vdB 131
DD 1
A 382
Do 36
Σ 2607
UGC 11460
OΣ 378
OΣ 383
OΣ 385
OΣ 403
Σ 2657
B 348
Do 44
Do 9
Do 11
B 355
OΣ 423
OΣ 414
OΣ 410
Be 54
HIV 113
Σ 2746
Σ 2731
V367
Σ 2708
OΣ 384
Stu 11
Le-Wa 1
Σ 2578
Kro 78
OΣ 419
OΣ 413
Sh 2-107
DoDz 11
Ru 173
B 144
OΣ 387
HV 137
9
29
50°
49°
48°
47°
45°
44°
43°
42°
41°
40°
39°
38°
37°
36°
35°
21h 00m
20h 55m
20h 50m
20h 45m
20h 40m
20h 35m
20h 30m
20h 25m
20h 20m
20h 15m
20h 10m
20h 05m
20h 00m
19h 55m
19h 50m
19h 45m

+45°
19h 00m
Cyg
Lyr
OΣ 404
Al-Teu 11
9
20
A 1393
NGC 6798
Kro J2039.5+5034
Σ 2605
Kro 45
7
51
Σ 2450
FSR 276
β 1136
NGC 6895
Kro 44
S 755
43
HV 47
26
Z
Σ 2648
UGC 11503
NGC 6826
Blinking Planetary
UGC 11465
MCG +8-36-3
16
Σl 46
R
θ
NGC 6764
CH
IC 1301
Pat 89
Be 88
Σ 2486
β 143
Sh 2-115
Abell 71
U
TU
NGC 6833
RT
Al J2005.2+4732
B 345
Σ 2611
NGC
Be 89
30
DWB 165
NGC 6884
DWB 145-148
Kro 42
SS
16
NGC 6811
Hole in a Cluster
OΣ 373
DWB 129
Sn 20
Abell 61
NGC 6783
B 346
DWB 118
δ
Σ 2579
DWB 111
OΣ 400
V395
NGC 6866
Kite Cluster
OΣ 393
AX
DWB 114
Σ 2588
Ho 128
M 4-17
NGC 6914
vdB 132
Do 8
vdB 131
Do 9
Kro J1948.4+4306
Cr 421
Σ 2657
OΣ 403
DD 1
A 382
IC 1318A (DWB 82)
Do 36
Σ 2607
14
NGC 6792
RR
NGC 6910
Cr 419
Sadr
D1
UGC 11460
OΣ 385
OΣ 383
OΣ 378
Do 5
vdB 130
NGC 6745-2
NGC 6819
Foxhead
NGC 6888
Crescent Nebula
Do 40
Feibelman 1
Do 39
IC 4996
NGC 6874
19
22
Sk 6
Σ 2487
η
Sh 289
Σ 2469
OΣ 384
Ho 450
Σ 2481
36
B 145
Le-Wa 1
Sp 4-1
Do 4
29
Stu 11
θ
28
25
Do 1
Do 1a
15
NGC 6791
NGC 6883
Hu 1303
27
NGC 6871
11
Bi 1
FSR 198
Σ 2578
Σ 2534
ASCC 101
UGC 113
Bi 2
Teu 8
Σ 2429
Kro 36
30
Teu 35
OΣ 387
IC 1302
4
50°
49°
48°
47°
45°
44°
43°
42°
41°
40°
39°
38°
37°
36°
35°
20h 15m
20h 10m
20h 05m
20h 00m
19h 55m
19h 50m
19h 45m
19h 40m
19h 35m
19h 30m
19h 25m
19h 20m
19h 15m
19h 10m
19h 05m
19h 00m

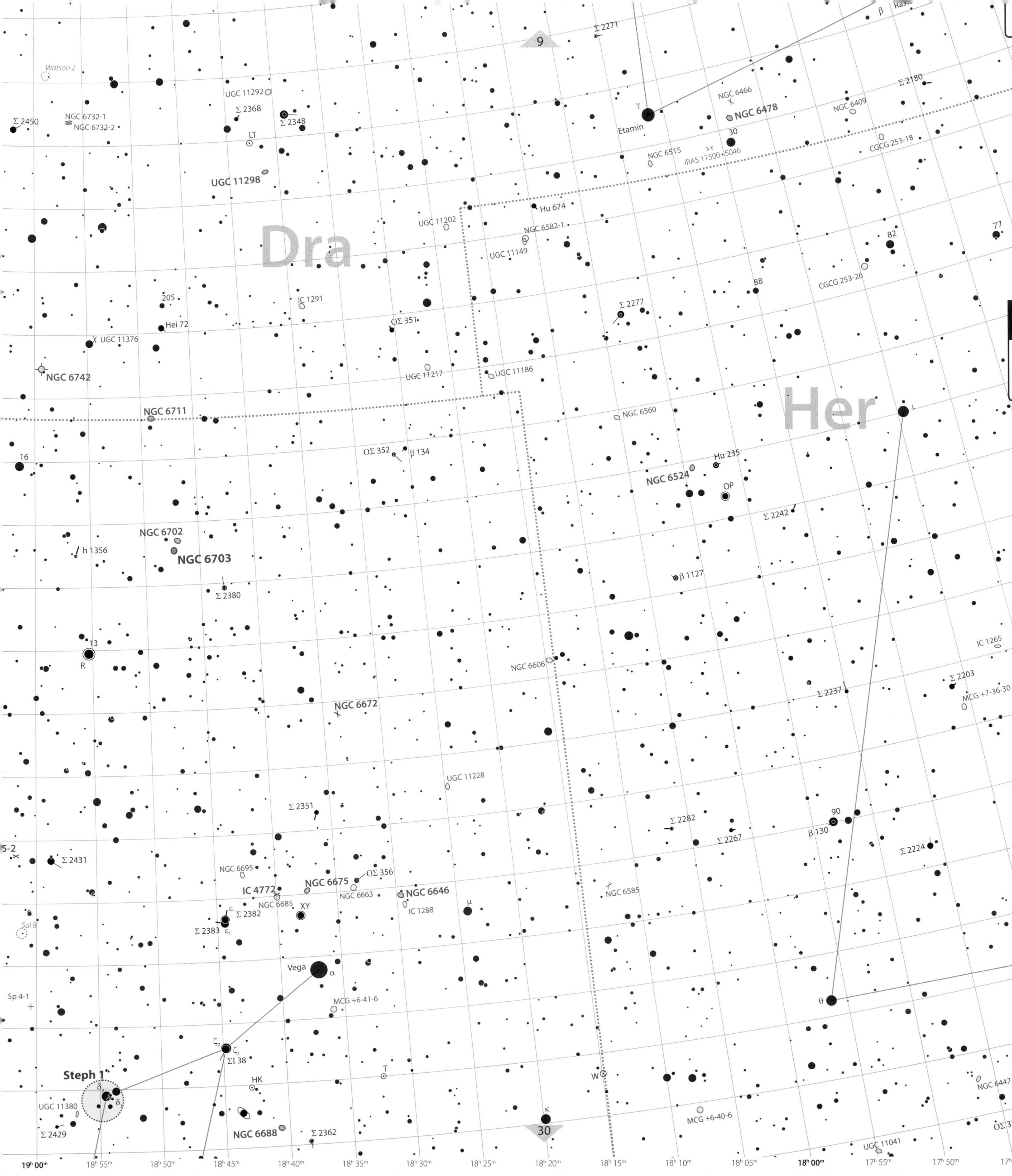
Dra
Her
9
30
Watson 2
Σ 2450
NGC 6732-1
NGC 6732-2
UGC 11292
Σ 2368
Σ 2348
LT
UGC 11298
Σ 2271
Etamin
γ
β
NGC 6466
NGC 6478
NGC 6409
Σ 2180
NGC 6515
IRAS 17500+5046
CGCG 253-18
Hu 674
UGC 11202
NGC 6582-1
UGC 11149
77
82
CGCG 253-26
88
205
Hei 72
IC 1291
OΣ 351
Σ 2277
UGC 11376
NGC 6742
UGC 11217
UGC 11186
NGC 6711
NGC 6560
OΣ 352
β 134
16
Hu 235
NGC 6524
OP
Σ 2242
NGC 6702
NGC 6703
h 1356
β 1127
Σ 2380
13
R
IC 1265
NGC 6606
Σ 2203
Σ 2237
MCG +7-36-30
NGC 6672
UGC 11228
Σ 2351
Σ 2282
Σ 2267
90
β 130
Σ 2224
Σ 2431
NGC 6695
OΣ 356
NGC 6675
IC 4772
NGC 6685
NGC 6663
NGC 6646
IC 1288
NGC 6585
μ
ε1
ε2
Σ 2382
Σ 2383
XY
Sal 8
Vega
α
MCG +6-41-6
Sp 4-1
θ
ζ2
ζ1
ΣI 38
Steph 1
δ2
δ1
T
HK
W
κ
UGC 11380
Σ 2429
NGC 6688
Σ 2362
MCG +6-40-6
NGC 6447
OΣ 334
UGC 11041
50°
49°
48°
47°
45°
44°
43°
42°
41°
40°
39°
38°
37°
36°
35°
19h 00m
18h 55m
18h 50m
18h 45m
18h 40m
18h 35m
18h 30m
18h 25m
18h 20m
18h 15m
18h 10m
18h 05m
18h 00m
17h 55m
17h 50m
17h 45m

+45°
19h 00m

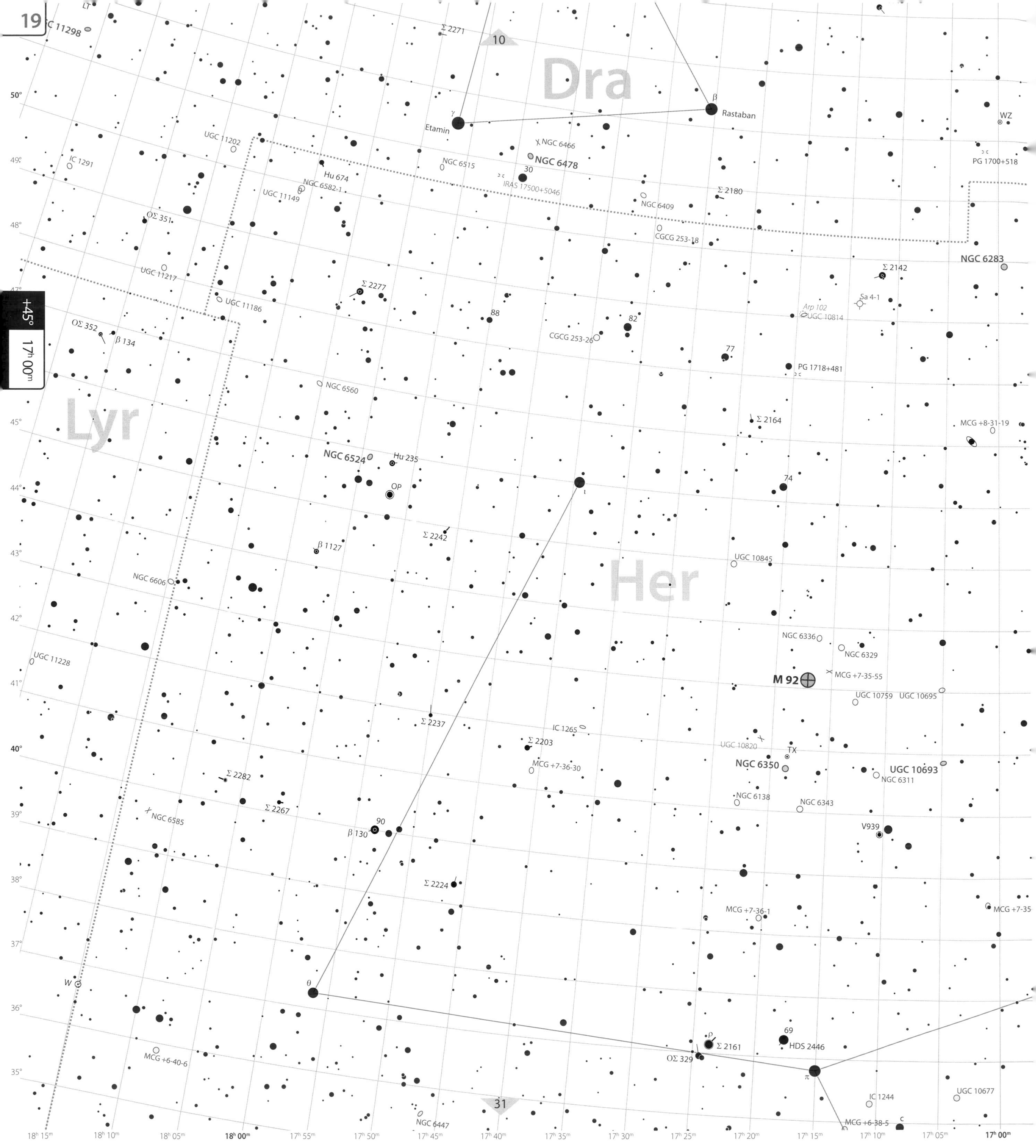
+45°
17h 00m
10
31
Dra
Lyr
Her
Etamin
Rastaban
NGC 6478
NGC 6466
NGC 6515
IRAS 17500+5046
30
Σ 2271
Σ 2180
NGC 6409
CGCG 253-18
NGC 6283
Σ 2142
Sa 4-1
Arp 102
UGC 10814
WZ
PG 1700+518
IC 11298
UGC 11202
IC 1291
Hu 674
NGC 6582-1
UGC 11149
OΣ 351
UGC 11217
UGC 11186
Σ 2277
88
82
CGCG 253-26
77
PG 1718+481
OΣ 352
β 134
NGC 6560
Σ 2164
MCG +8-31-19
NGC 6524
Hu 235
OP
74
Σ 2242
β 1127
UGC 10845
NGC 6606
NGC 6336
NGC 6329
M 92
MCG +7-35-55
UGC 10759
UGC 10695
UGC 11228
Σ 2237
IC 1265
Σ 2203
UGC 10820
TX
NGC 6350
UGC 10693
NGC 6311
MCG +7-36-30
Σ 2282
Σ 2267
NGC 6138
NGC 6343
NGC 6585
90
β 130
V939
Σ 2224
MCG +7-36-1
MCG +7-35
W
θ
ρ
Σ 2161
69
HDS 2446
OΣ 329
π
MCG +6-40-6
IC 1244
UGC 10677
NGC 6447
MCG +6-38-5
c
50°
49°
48°
45°
44°
43°
42°
41°
40°
39°
38°
37°
36°
35°
18h 15m
18h 10m
18h 05m
18h 00m
17h 55m
17h 50m
17h 45m
17h 40m
17h 35m
17h 30m
17h 25m
17h 20m
17h 15m
17h 10m
17h 05m
17h 00m

Boo
Her
CrB
10
31
UGC 10579
Shk 16
Arp 330
MCG +9-27-91
17
16
Σ 2078
IC 1211
AI
WZ
UGCA 412
Arp 66
UGC 10396
PG 1700+518
Hu 664
MCG +8-30-24
UGC 10486
CGCG 250-48
GC 6283
MCG +8-30-28
NGC 6154
MCG +8-30-16
CGCG 251-36
34
42
CGCG 251-43
NGC 6155
IC 1152
IC 1153
Σ 2025
NGC 6229
Arp 2
UGC 10310
CG +8-31-19
Arp 208
Arp 312
MCG +8-31-4
IC 1222
Arp 73
UGC 10325
UGC 9924
52
β 627
IC 1226
Σ 2063
Σ 2015
β 621
Arp 103
Zwicky's Triplet
UGC 9959
IC 4562
IC 4566
IC 4562A
IC 4567
MCG +7-33-25
IC 1144
14
2
4
D 15
MCG +7-33-27
MCG +7-33-11
NGC 6239
MCG +7-33-51
NGC 5993
NGC 5992
UGC 10491A
Arp 125
30
UGC 10200
UGC 10152B
MCG +7-33-40
AGC 2197
MCG +7-34-35
UGC 10407
UGC 10602
NGC 6146
NGC 6174
NGC 6173
NGC 6160
NGC 6141
NGC 6058
MCG +7-32-44
NGC 6175-2
OΣ 313
AGC 2199
UGC 10367
MCG +7-34-19
MCG +7-34-105
NGC 6166
NGC 6166C
NGC 6212
Mrk 501
MCG +7-35-15
MCG +7-34-130
IC 4612
NGC 6158
MCG +7-34-15
NGC 6195
MCG +7-34-36
NGC 6131
DdDm 1
DoDz 6
DoDz 5
NGC 6129
NGC 6120
NGC 6137A
NGC 6038
UU
PG 1630+377
25
W
Σ 2044
NGC 6117
NGC 6117B
Σ 1973
UGC 10012
NGC 6207
IC 4617
M 13
Hercules Cluster
NGC 6126
C 10677
NGC 6255
UGC 10567
UGC 10566
Σ 2104
NGC 6196
NGC 6194
NGC 6104
SW
V
50°
49°
48°
47°
45°
44°
43°
42°
41°
40°
39°
38°
37°
36°
35°
17h 00m
16h 55m
16h 50m
16h 45m
16h 40m
16h 35m
16h 30m
16h 25m
16h 20m
16h 15m
16h 10m
16h 05m
16h 00m
15h 55m
15h 50m
15h 45m

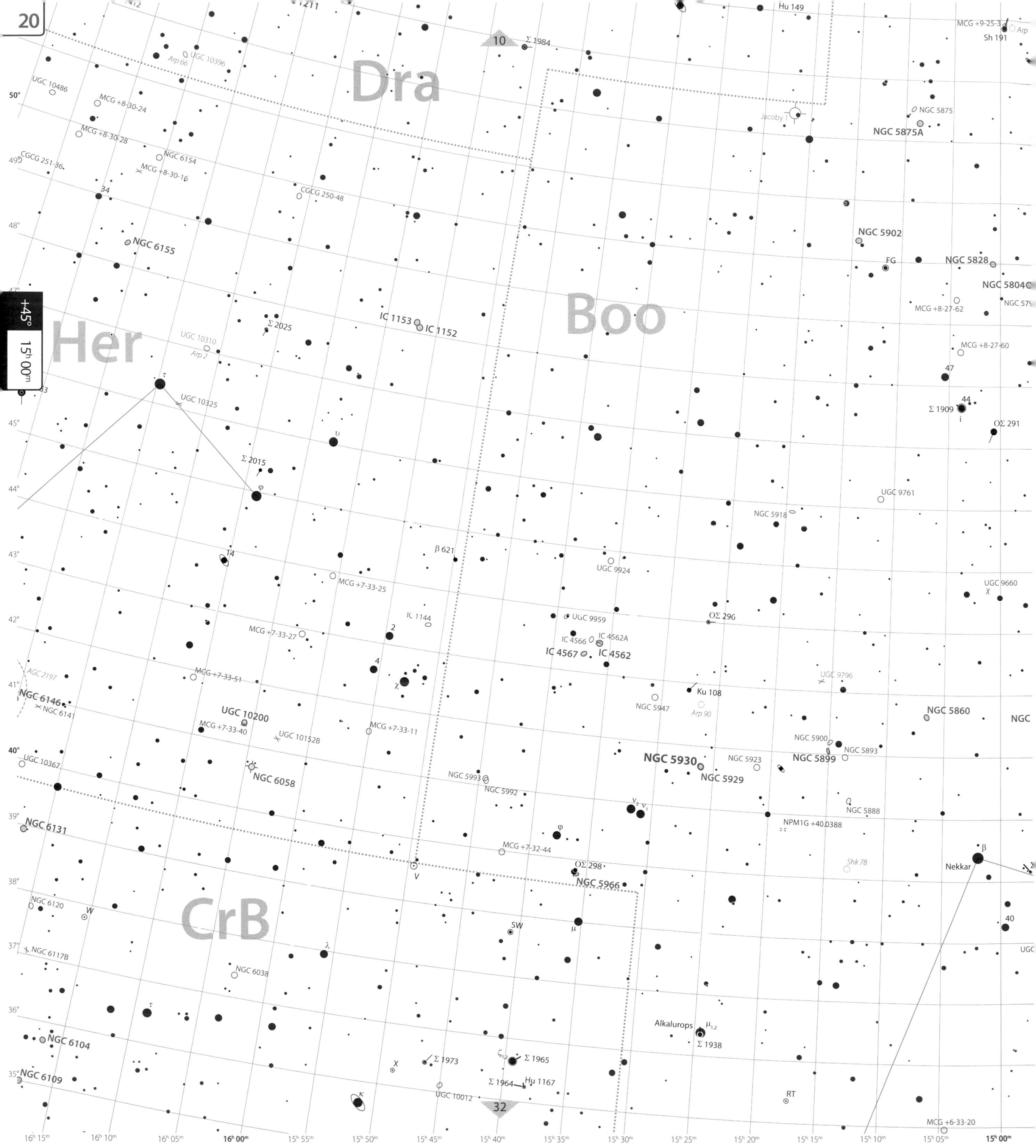
+45°
15h 00m
Dra
Boo
Her
CrB
10
32
Σ 1984
Hu 149
MCG +9-25-3
Sh 191
UGC 10396
Arp 66
UGC 10486
MCG +8-30-24
MCG +8-30-28
CGCG 251-36
NGC 6154
MCG +8-30-16
34
CGCG 250-48
Jacoby 1
NGC 5875
NGC 5875A
NGC 6155
NGC 5902
FG
NGC 5828
NGC 5804
MCG +8-27-62
IC 1153
IC 1152
Σ 2025
UGC 10310
Arp 2
MCG +8-27-60
47
τ
UGC 10325
Σ 1909
44
i
ΟΣ 291
υ
Σ 2015
φ
UGC 9761
NGC 5918
14
β 621
UGC 9924
MCG +7-33-25
UGC 9660
χ
IC 1144
UGC 9959
ΟΣ 296
MCG +7-33-27
2
IC 4566
IC 4562A
IC 4567
IC 4562
AGC 2197
4
MCG +7-33-51
UGC 9796
NGC 6146
NGC 6141
Ku 108
UGC 10200
NGC 5947
Arp 90
NGC 5860
NGC
MCG +7-33-40
UGC 10152B
MCG +7-33-11
NGC 5900
NGC 5893
UGC 10367
NGC 5930
NGC 5923
NGC 5899
NGC 6058
NGC 5929
NGC 5993
NGC 5992
NGC 5888
NGC 6131
ν2
ν1
NPM1G +40.0388
φ
MCG +7-32-44
Shk 78
β
ΟΣ 298
Nekkar
V
NGC 5966
NGC 6120
W
SW
μ
40
NGC 6117B
λ
UGC
NGC 6038
τ
Alkalurops
μ1,2
Σ 1938
NGC 6104
X
Σ 1973
ζ1,2
Σ 1965
NGC 6109
Σ 1964
Hu 1167
κ
UGC 10012
RT
MCG +6-33-20
50°
49°
48°
47°
45°
44°
43°
42°
41°
40°
39°
38°
37°
36°
35°
16h 15m
16h 10m
16h 05m
16h 00m
15h 55m
15h 50m
15h 45m
15h 40m
15h 35m
15h 30m
15h 25m
15h 20m
15h 15m
15h 10m
15h 05m
15h 00m

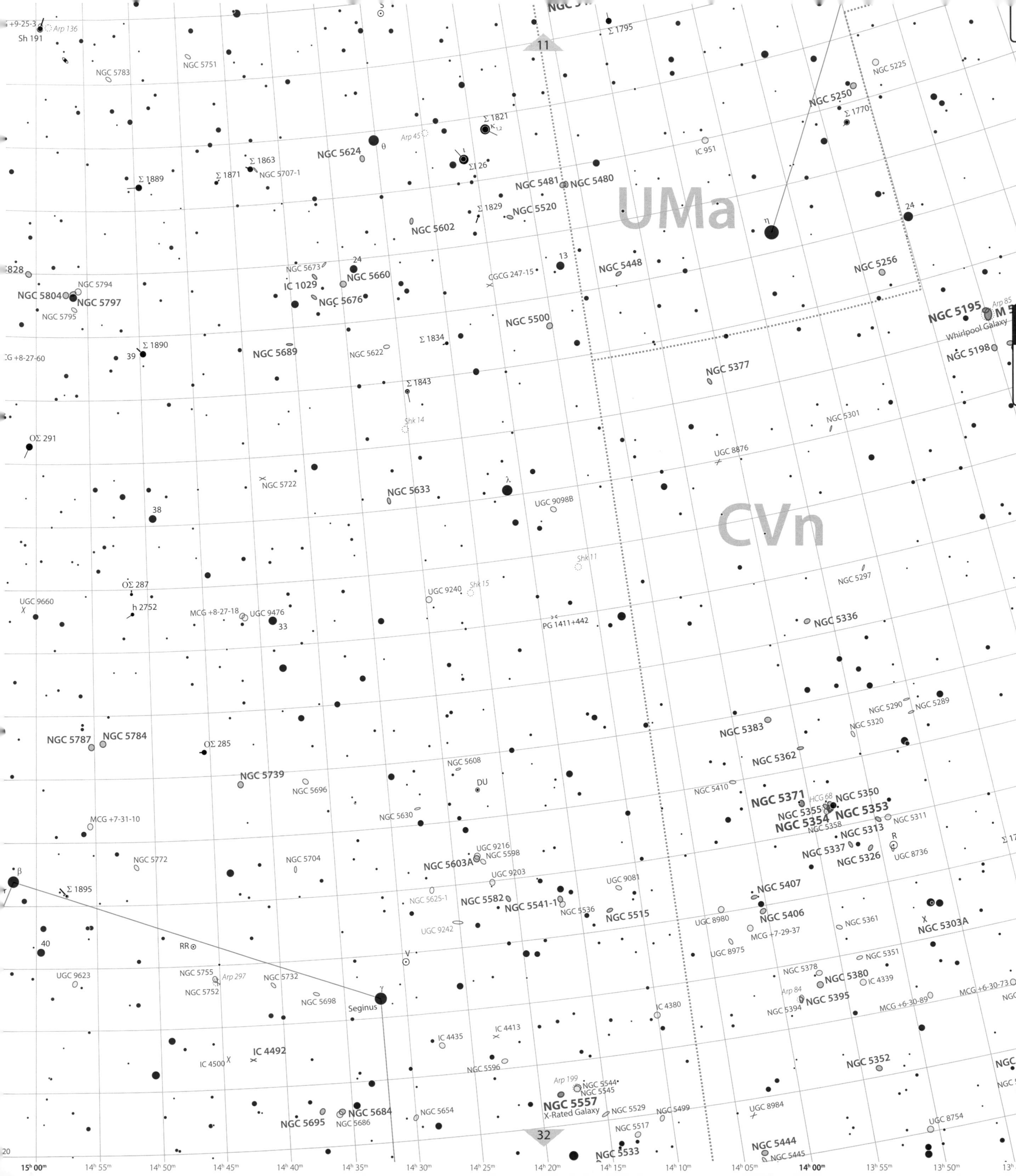
UMa
CVn
11
32
Sh 191
Arp 136
NGC 5783
NGC 5751
Σ 1795
NGC 5225
NGC 5250
Σ 1770
Σ 1821
κ1,2
Arp 45
θ
NGC 5624
Σ 1863
Σ 1871
NGC 5707-1
Σ 1889
ι
Σ 1826
IC 951
NGC 5481
NGC 5480
Σ 1829
NGC 5520
NGC 5602
η
24
13
NGC 5448
NGC 5256
NGC 5673
24
NGC 5660
IC 1029
NGC 5676
CGCG 247-15
NGC 5794
NGC 5804
NGC 5797
NGC 5795
NGC 5500
Σ 1834
NGC 5689
NGC 5622
Σ 1890
39
Arp 85
NGC 5195
M 51
Whirlpool Galaxy
NGC 5198
NGC 5377
Σ 1843
Shk 14
NGC 5301
OΣ 291
UGC 8876
NGC 5722
λ
NGC 5633
38
UGC 9098B
Shk 11
NGC 5297
OΣ 287
UGC 9660
h 2752
UGC 9240
Shk 15
MCG +8-27-18
UGC 9476
33
PG 1411+442
NGC 5336
NGC 5290
NGC 5289
NGC 5320
NGC 5383
NGC 5362
NGC 5787
NGC 5784
OΣ 285
NGC 5608
NGC 5739
NGC 5696
DU
NGC 5410
NGC 5371
HCG 68
NGC 5350
NGC 5355
NGC 5353
NGC 5354
NGC 5358
NGC 5311
NGC 5313
MCG +7-31-10
NGC 5630
UGC 9216
NGC 5598
NGC 5337
NGC 5326
R
UGC 8736
Σ 1769
NGC 5772
NGC 5704
NGC 5603A
UGC 9203
β
Σ 1895
NGC 5625-1
NGC 5582
NGC 5541-1
UGC 9081
NGC 5407
NGC 5536
NGC 5515
NGC 5406
UGC 9242
UGC 8980
MCG +7-29-37
NGC 5361
NGC 5303A
40
RR
UGC 8975
ν
NGC 5351
UGC 9623
NGC 5755
Arp 297
NGC 5732
NGC 5378
NGC 5380
IC 4339
NGC 5752
γ
MCG +6-30-73
NGC 5265
NGC 5698
Seginus
IC 4380
Arp 84
NGC 5394
NGC 5395
MCG +6-30-89
IC 4435
IC 4413
IC 4500
IC 4492
NGC 5596
NGC 5352
NGC 5273
NGC 5276
Arp 199
NGC 5544
NGC 5545
NGC 5684
NGC 5654
NGC 5557
X-Rated Galaxy
NGC 5529
NGC 5499
UGC 8984
NGC 5695
NGC 5686
NGC 5517
UGC 8754
NGC 5444
NGC 5533
NGC 5445
50°
49°
48°
47°
45°
44°
43°
42°
41°
40°
39°
38°
37°
36°
35°
15h 00m
14h 55m
14h 50m
14h 45m
14h 40m
14h 35m
14h 30m
14h 25m
14h 20m
14h 15m
14h 10m
14h 05m
14h 00m
13h 55m
13h 50m
13h 45m

UMa
CVn
Boo
11
33
+45°
13h 00m
NGC 5624
θ
Arp 45
Σ 1863
NGC 5707-1
Σ 1821
κ1,2
ΣI 26
Σ 1795
82
NGC 5201
NGC 4973
IC 847
NGC 4974
NGC 4967
NGC 5673
NGC 5660
24
NGC 5676
NGC 5602
Σ 1829
NGC 5481
NGC 5480
NGC 5520
IC 951
NGC 5225
NGC 5250
MCG +9-22-20
NGC 4987
NGC 5689
CGCG 247-15
13
Σ 1770
NGC 5622
NGC 5448
Σ 1834
NGC 5500
η
Σ 1843
21
Shk 14
24
NGC 5256
NGC 5633
NGC 5377
λ
NGC 5195
Arp 85
M 51
Whirlpool Galaxy
BR
UGC 9098B
UGC 8876
NGC 5198
NGC 5169
NGC 5173
NGC 5029
NGC 5301
UGC 9240
Shk 15
Shk 11
NGC 5021
V
UGC 8225
PG 1411+442
MCG +8-24-86
UGC 8327A
NGC 5297
NGC 5336
DU
NGC 5145
NGC 5123
NGC 5103
NGC 5383
UGC 9216
NGC 5598
NGC 5603A
NGC 5290
NGC 5362
NGC 5320
NGC 5289
NGC 5410
NGC 5214
M 63
Sunflower Galaxy
NGC 4963
UGC 9203
NGC 5371
NGC 5582
NGC 5541-1
UGC 9081
NGC 5536
NGC 5355
HCG 68
NGC 5353
NGC 5354
NGC 5350
NGC 5358
NGC 5311
19
18
20
IC 3993
NGC 5515
NGC 5337
NGC 5313
23
UGC 8980
NGC 5407
NGC 5326
R
UGC 8736
MCG +7-29-37
NGC 5406
UGC 8975
Σ 1769
IC 4062
NGC 5361
IC 4380
NGC 5303A
NGC 5378
NGC 5351
NGC 5243
NGC 5112
NGC 5107
16
IC 4184
IC 4169
IC 3987
β 608
15
17
Arp 199
NGC 5544
NGC 5545
NGC 5557
X-Rated Galaxy
Arp 84
NGC 5394
NGC 5380
NGC 5395
IC 4339
MCG +6-30-89
IC 4271-1
IC 4271-2
Arp 40
MCG +6-29-67
NGC 5529
NGC 5499
NGC 5517
MCG +6-30-73
NGC 5265
IC 4182
NGC 4914
IC 4115
IC 4034
NGC 5005
UGC 8111
NGC 5533
UGC 8984
NGC 5352
Σ 1755
25
Σ 1768
NGC 5142
NGC 5141
NGC 5033
NGC 5014
UGC 8303
Holmberg VIII
IC 4187
IC 4171
IC 4189
NGC 5444
NGC 5445
NGC 5440
NGC 5273
NGC 5276
NGC 5240
NGC 5149
RS
DR
MCG +6-31-84
50°
49°
48°
47°
45°
44°
43°
42°
41°
40°
39°
38°
37°
36°
35°
14h 15m
14h 10m
14h 05m
14h 00m
13h 55m
13h 50m
13h 45m
13h 40m
13h 35m
13h 30m
13h 25m
13h 20m
13h 15m
13h 10m
13h 05m
13h 00m

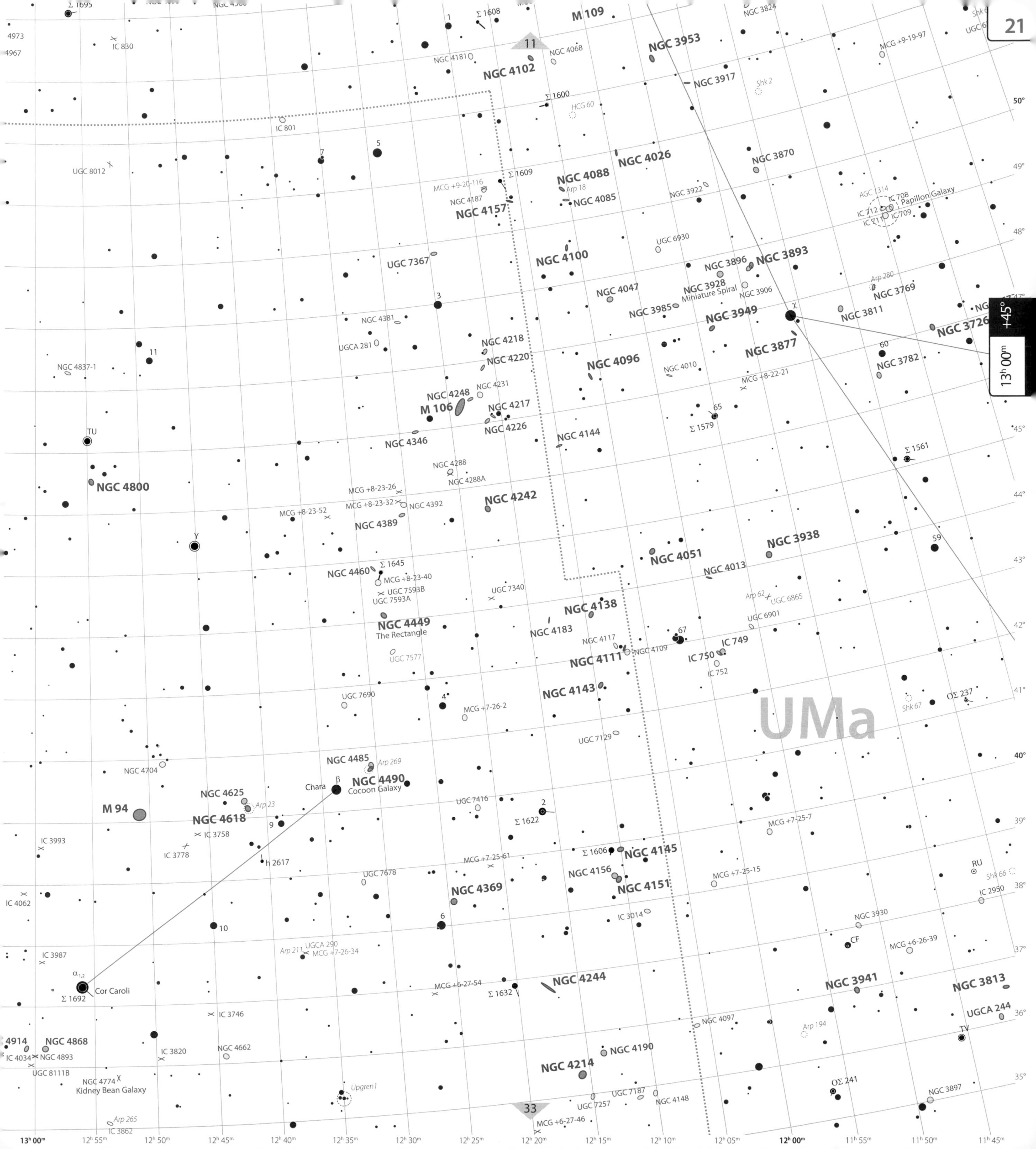
UMa
+45°
13h 00m
M 109
NGC 3953
NGC 4102
NGC 4181
NGC 4068
NGC 3917
Shk 2
Σ 1608
Σ 1600
HCG 60
IC 801
IC 830
Σ 1695
4973
4967
MCG +9-19-97
50°
49°
48°
UGC 8012
NGC 4088
Arp 18
NGC 4085
NGC 4026
NGC 3870
NGC 3922
Σ 1609
MCG +9-20-116
NGC 4187
NGC 4157
AGC 1314
IC 708
Papillon Galaxy
IC 712
IC 711
IC 709
NGC 4100
UGC 6930
UGC 7367
NGC 3896
NGC 3893
Arp 280
NGC 3769
NGC 4047
NGC 3928
Miniature Spiral
NGC 3906
NGC 3985
NGC 3949
NGC 3811
NGC 3726
NGC 4381
UGCA 281
NGC 4218
NGC 4220
NGC 4096
NGC 3877
NGC 3782
NGC 4010
MCG +8-22-21
NGC 4837-1
NGC 4248
M 106
NGC 4231
NGC 4217
NGC 4226
Σ 1579
NGC 4346
NGC 4144
Σ 1561
TU
NGC 4288
NGC 4288A
NGC 4800
MCG +8-23-26
MCG +8-23-32
NGC 4392
MCG +8-23-52
NGC 4389
NGC 4242
44°
43°
42°
41°
40°
39°
38°
37°
36°
35°
NGC 3938
NGC 4051
NGC 4013
NGC 4460
Σ 1645
MCG +8-23-40
UGC 7593B
UGC 7593A
UGC 7340
Arp 62
UGC 6865
UGC 6901
NGC 4138
NGC 4449
The Rectangle
NGC 4183
NGC 4117
NGC 4109
NGC 4111
IC 749
IC 750
IC 752
UGC 7577
NGC 4143
UGC 7690
MCG +7-26-2
Shk 67
OΣ 237
UGC 7129
NGC 4485
Arp 269
NGC 4704
NGC 4490
Cocoon Galaxy
Chara
NGC 4625
Arp 23
M 94
NGC 4618
IC 3758
UGC 7416
Σ 1622
IC 3993
IC 3778
h 2617
MCG +7-25-7
Σ 1606
NGC 4145
MCG +7-25-61
UGC 7678
NGC 4156
NGC 4151
MCG +7-25-15
RU
Shk 66
IC 2950
IC 4062
NGC 4369
IC 3014
NGC 3930
CF
MCG +6-26-39
IC 3987
Arp 211
UGCA 290
MCG +7-26-34
Cor Caroli
Σ 1692
MCG +6-27-54
Σ 1632
NGC 4244
NGC 3941
NGC 3813
IC 3746
NGC 4097
Arp 194
UGCA 244
TV
4914
NGC 4868
IC 4034
NGC 4893
UGC 8111B
IC 3820
NGC 4662
NGC 4190
NGC 4214
NGC 4774
Kidney Bean Galaxy
Upgren1
OΣ 241
UGC 7187
UGC 7257
NGC 4148
NGC 3897
Arp 265
IC 3862
MCG +6-27-46
11
33
13h 00m
12h 55m
12h 50m
12h 45m
12h 40m
12h 35m
12h 30m
12h 25m
12h 20m
12h 15m
12h 10m
12h 05m
12h 00m
11h 55m
11h 50m
11h 45m

CVn
UMa
+45°
11h 00m
12
34
Phekda
M 109
NGC 4102
NGC 4068
Σ 1600
NGC 3953
NGC 3824
NGC 3729
NGC 3718
Arp 214
Arp 322
HCG 56
UGC 6527B
UGC 6527
NGC 3656
Arp 155
Shk 3
NGC 3549
NGC 3631
Arp 27
MCG +9-19-49
NGC 3657
UGC 6182
Σ 1520
Σ 1510
HCG 60
NGC 3917
MCG +9-20-116
NGC 4187
Σ 1609
NGC 4157
NGC 4088
Arp 18
NGC 4085
NGC 4026
Shk 2
MCG +9-19-97
Shk 6
UGC 6309
UGC 7367
NGC 3922
NGC 3870
UGC 6074
NGC 4381
UGCA 281
NGC 4100
UGC 6930
Shk 26
UGC 6117
UGC 6071
NGC 4218
NGC 4047
NGC 3928
Miniature Spiral
NGC 3893
AGC 1314
IC 708
IC 712
IC 711
IC 709
Papillon Galaxy
UGC 6127
MCG
NGC 4220
NGC 3985
NGC 3896
NGC 4248
M 106
NGC 4231
NGC 4346
NGC 3906
NGC 4217
NGC 4226
NGC 4096
NGC 3949
NGC 3583
NGC 3577
Arp 280
NGC 4010
NGC 3877
NGC 3811
NGC 3769
MCG +8-23-26
MCG +8-23-32
8-23-52
NGC 4288
NGC 4288A
NGC 4392
NGC 4389
NGC 4144
MCG +8-21-16
UGC 6255
MCG +8-22-21
Σ 1579
NGC 3595
NGC 4242
NGC 3726
NGC 3677
NGC 3782
UGC 6227
UGC 6201
NGC 4460
Σ 1645
MCG +8-23-40
UGC 7593B
UGC 7593A
NGC 4449
The Rectangle
UGC 7340
NGC 3614
Σ 1561
ST
UGC 6100
UGC 7577
NGC 4051
NGC 3
UGC 6135
UGC 6187
UGC 6103
NGC 4183
NGC 4138
NGC 4013
NGC 3938
Σ 1542
MCG +8-20-83
NGC 4117
NGC 4111
NGC 4109
Arp 62
UGC 6865
PG 1114+445
CGCG 241-60
MCG +7-26-2
NGC 4143
UGC 6901
IC 750
IC 749
IC 752
NGC 3675
MCG +7-23-18
UGC 7129
Shk 63
UGC 7416
Cou1904
Σ 1622
Shk 67
NGC 3600
MCG +7-25-61
OΣ 234
Σ 1606
NGC 4145
OΣ 237
Ho 50
NGC 4156
MCG +7-25-7
Shk 60
MCG +7-23-19
Arp 148
Mayall's Object
NGC 4151
IC 3014
MCG +7-25-15
NGC 3648
Shk 7
Σ 1632
NGC 4244
NGC 3665
RU
Shk 66
NGC 3930
NGC 3658
CF
IC 2950
MCG +7-23-41
Ho 378
UGC 6107
Mrk 421
NGC 4214
NGC 4190
NGC 4097
MCG +6-26-39
NGC 3941
NGC 3652
OΣ 232
UGC 7257
UGC 7187
NGC 4148
Arp 194
NGC 3813
UGC 6517
NGC 3545
NGC 3545B
MCG +6-25-6
UGCA 244
OΣ 241
TV
50°
49°
48°
47°
45°
44°
43°
42°
41°
40°
39°
38°
37°
36°
35°
12h 15m
12h 10m
12h 05m
12h 00m
11h 55m
11h 50m
11h 45m
11h 40m
11h 35m
11h 30m
11h 25m
11h 20m
11h 15m
11h 10m
11h 05m
11h 00m

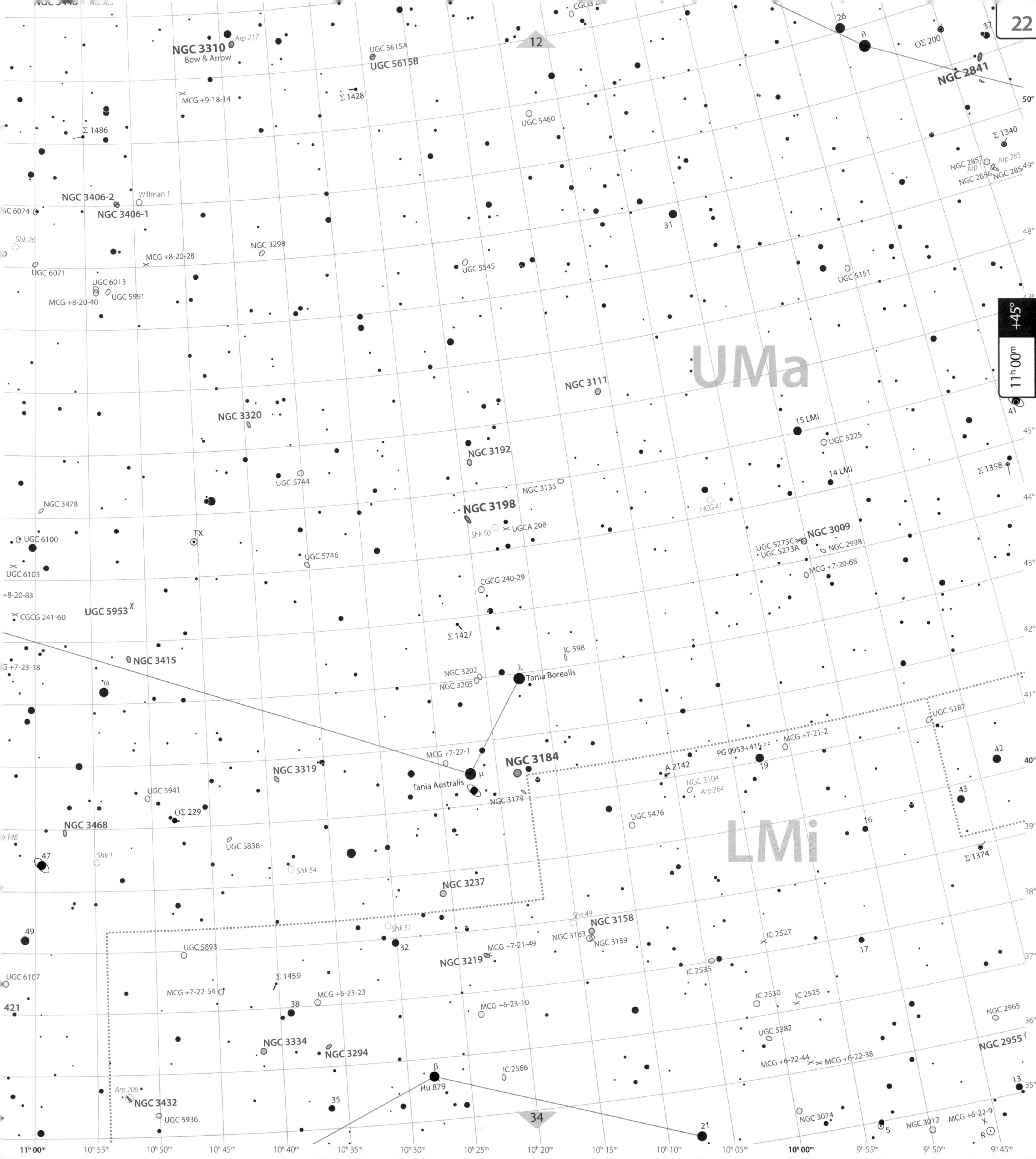
UMa
LMi
12
34
+45°
11h 00m
NGC 3310
Bow & Arrow
Arp 217
UGC 5615A
UGC 5615B
MCG +9-18-14
Σ 1428
Σ 1486
UGC 5460
NGC 2841
ΟΣ 200
θ
26
37
Σ 1340
NGC 2857
Arp 1
Arp 285
NGC 2856
NGC 2854
NGC 3406-2
NGC 3406-1
Willman 1
Shk 26
NGC 3298
MCG +8-20-28
UGC 6071
UGC 6013
UGC 5991
MCG +8-20-40
UGC 5545
31
UGC 5151
NGC 3111
NGC 3320
15 LMi
UGC 5225
41
NGC 3192
UGC 5744
14 LMi
Σ 1358
NGC 3135
NGC 3478
NGC 3198
HCG 41
Shk 50
UGCA 208
UGC 6100
TX
UGC 5273C
NGC 3009
UGC 5273A
NGC 2998
UGC 5746
UGC 6103
MCG +7-20-68
CGCG 240-29
+8-20-83
UGC 5953
CGCG 241-60
Σ 1427
NGC 3415
IC 598
+7-23-18
NGC 3202
NGC 3205
λ
Tania Borealis
ω
UGC 5187
MCG +7-21-2
PG 0953+415
MCG +7-22-1
NGC 3184
42
NGC 3319
A 2142
19
μ
Tania Australis
NGC 3104
Arp 264
UGC 5941
NGC 3179
43
ΟΣ 229
UGC 5476
NGC 3468
16
UGC 5838
47
Shk 1
Shk 54
Σ 1374
NGC 3237
Shk 49
NGC 3158
Shk 51
49
NGC 3163
IC 2527
NGC 3159
UGC 5893
32
MCG +7-21-49
17
NGC 3219
IC 2535
UGC 6107
Σ 1459
MCG +7-22-54
38
MCG +6-23-23
IC 2530
IC 2525
421
MCG +6-23-10
NGC 2965
UGC 5382
NGC 3334
NGC 3294
NGC 2955
MCG +6-22-44
MCG +6-22-38
β
IC 2566
Hu 879
13
Arp 206
NGC 3432
35
UGC 5936
NGC 3074
NGC 3012
MCG +6-22-9
S
R
21
50°
49°
48°
47°
45°
44°
43°
42°
41°
40°
39°
38°
37°
36°
35°
11h 00m
10h 55m
10h 50m
10h 45m
10h 40m
10h 35m
10h 30m
10h 25m
10h 20m
10h 15m
10h 10m
10h 05m
10h 00m
9h 55m
9h 50m
9h 45m

+45°
9h 00m
12
35
UMa
LMi
NGC 3298
UGC 5460
UGC 5545
31
26
θ
ΟΣ 200
37
RT
NGC 2841
Σ 1346
21
18
NGC
NGC 2756
UGCA 154
UGC 4879
UGC 4851
Σ 1321
NGC 2800
Σ 1312
UGC 4
15
UGC 4749
NGC 2693
UGC 4778
NGC 2769
NGC 2767
NGC 2771
UGC 4927
Σ 1340
NGC 2857
Arp 1
NGC 2854
NGC 2856
Arp 285
CGCG 266-9
NGC 3111
NGC 3192
UGC 5151
h 2477
ι
Talit
NGC 3198
NGC 3135
Shk 50
UGCA 208
15 LMi
UGC 5225
UGC 4765
κ
UGC 4870
Σ 1318
UGC 4829
CGCG 240-29
Σ 1427
HCG 41
14 LMi
41
UGC 5026
UGC 47
UGC 5273A
UGC 5273C
NGC 3009
NGC 2998
MCG +7-20-68
Σ 1358
UGC 5045
UGC 4982
NGC 2776
NGC
NGC 3202
NGC 3205
IC 598
λ
Tania Borealis
UGC 4881
Arp 55
MCG +7-22-1
μ
Tania Australis
NGC 3184
NGC 3179
36
Σ 3
A 2142
PG 0953+415
MCG +7-21-2
19
NGC 3104
Arp 264
UGC 5476
UGC 5187
NGC 2798
NGC 2799
Arp 283
MCG +7
10 UMa
Kui 37
NGC 2755
42
Shk 49
NGC 3158
NGC 3163
NGC 3159
16
43
Σ 1369
NGC 2853
NGC 2852
NGC 2844
Arp 215
NGC 2782
NGC 2838
UGC 4950
UGC 4699
Σ 1374
IC 2535
IC 2527
17
UGC 5119
IC 2467
Σ 1338
IC 2530
IC 2525
UGC 5382
IC 2493
IC 527
NGC 2759
MCG +6-22-44
MCG +6-22-38
NGC 2965
10
9
38
Σ 1334
21
NGC 3074
UGC 4767
NGC 2955
11
50°
49°
48°
47°
45°
44°
43°
42°
41°
40°
39°
38°
37°
36°
35°
10h 15m
10h 10m
10h 05m
10h 00m
9h 55m
9h 50m
9h 45m
9h 40m
9h 35m
9h 30m
9h 25m
9h 20m
9h 15m
9h 10m
9h 05m
9h 00m

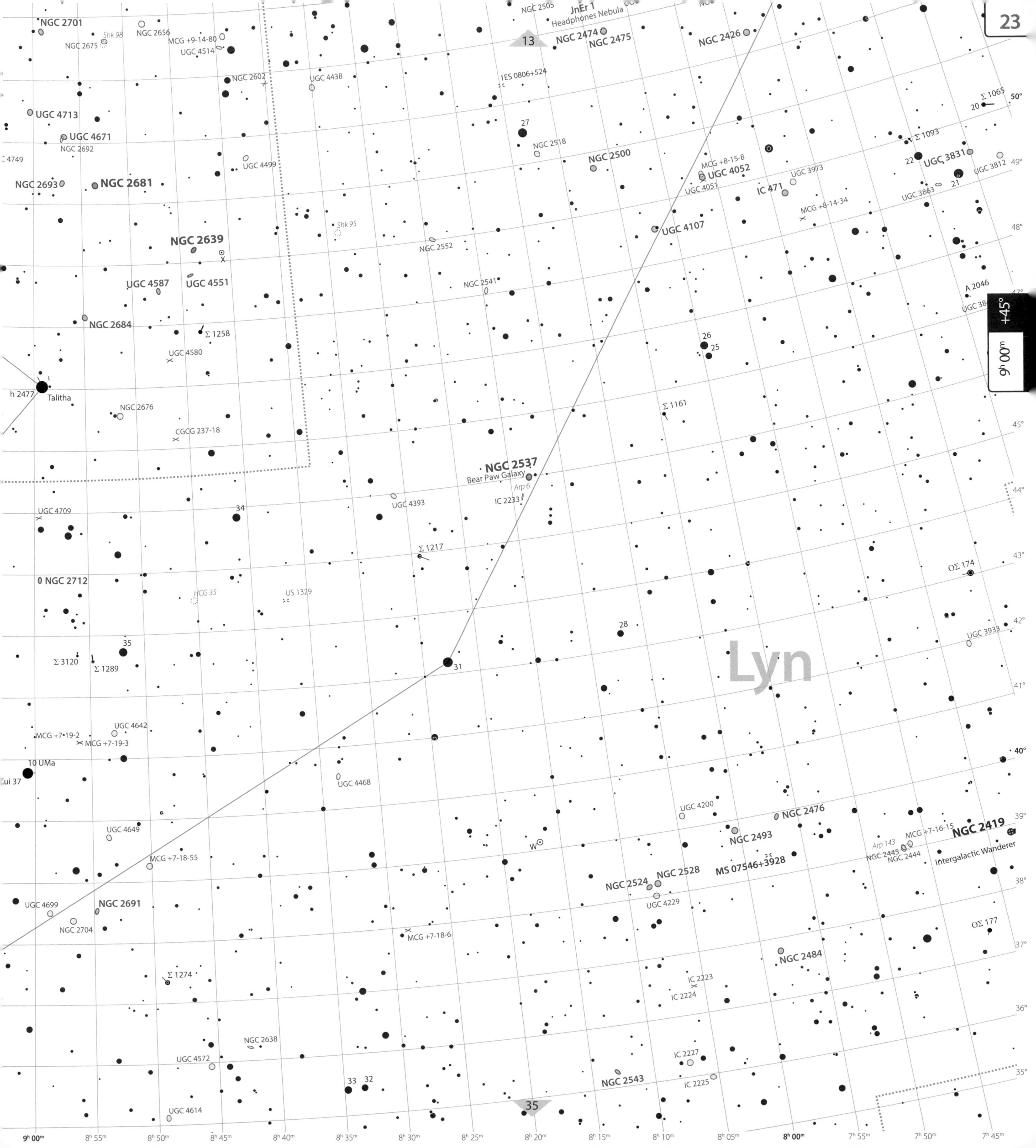
23
9h 00m
+45°
Lyn
13
35
JnEr 1
Headphones Nebula
NGC 2505
NGC 2474
NGC 2475
NGC 2426
NGC 2701
NGC 2675
Shk 98
NGC 2656
MCG +9-14-80
UGC 4514
NGC 2602
UGC 4438
1ES 0806+524
Σ 1065
20
UGC 4713
UGC 4671
NGC 2692
4749
UGC 4499
27
NGC 2518
NGC 2500
Σ 1093
22
UGC 3831
UGC 3812
21
MCG +8-15-8
UGC 4052
UGC 4051
IC 471
UGC 3973
UGC 3863
NGC 2693
NGC 2681
Shk 95
MCG +8-14-34
UGC 4107
NGC 2552
NGC 2639
UGC 4587
UGC 4551
NGC 2541
A 2046
NGC 2684
Σ 1258
26
25
UGC 4580
h 2477
Talitha
NGC 2676
Σ 1161
CGCG 237-18
NGC 2537
Bear Paw Galaxy
Arp 6
IC 2233
UGC 4393
UGC 4709
34
Σ 1217
OΣ 174
NGC 2712
HCG 35
US 1329
28
UGC 3933
35
Σ 3120
Σ 1289
31
UGC 4642
MCG +7-19-2
MCG +7-19-3
10 UMa
Kui 37
UGC 4468
UGC 4200
NGC 2476
NGC 2419
UGC 4649
NGC 2493
Arp 143
MCG +7-16-15
NGC 2445
NGC 2444
Intergalactic Wanderer
W
MCG +7-18-55
MS 07546+3928
NGC 2524
NGC 2528
UGC 4229
UGC 4699
NGC 2691
NGC 2704
OΣ 177
MCG +7-18-6
NGC 2484
Σ 1274
IC 2223
IC 2224
NGC 2638
UGC 4572
IC 2227
33
32
NGC 2543
IC 2225
UGC 4614
50°
49°
48°
47°
45°
44°
43°
42°
41°
40°
39°
38°
37°
36°
35°
9h 00m
8h 55m
8h 50m
8h 45m
8h 40m
8h 35m
8h 30m
8h 25m
8h 20m
8h 15m
8h 10m
8h 05m
8h 00m
7h 55m
7h 50m
7h 45m

Headphones Nebula
UGC 4085
NGC 2474
NGC 2475
13
UGC 4499
1ES 0806+524
NGC 2431
MCG +9-13-1
Σ 1009
27
NGC 2426
Σ 1033
Shk 95
NGC 2518
NGC 2500
NGC 2552
MCG +8-15-8
UGC 4052
UGC 4051
NGC 2541
UGC 4107
IC 471
UGC 3973
D15
Σ 1065
20
Σ 1093
22
Es 2622
MCG +8-14-34
21
UGC 3831
UGC 3863
UGC 3812
UGC 3638
AGC 569
UGC 3696
NGC 2329
MCG +8-13-61
26
25
UGC 4393
UGC 3706B
NGC 2537
Bear Paw Galaxy
Arp 6
IC 2233
Σ 1161
A 2046
UGC 3845
NGC 2344
Σ 1217
UGC 3608
UGC 3683
UGC 3655
16
31
28
NGC 2337
PGC 20607
Lyn
UGC 3844
OΣ 174
UGC 3933
W
UGC 4200
VX
66
64
NGC 2524
NGC 2528
NGC 2493
NGC 2476
MS 07546+3928
UGC 4229
Arp 143
FBS 0732+396
HT
NGC 2445
MCG +7-16-15
NGC 2444
NGC 2419
Intergalactic Wanderer
63
IC 2224
IC 2223
NGC 2484
62
NGC 2543
OΣ 177
IC 2227
UGC 3849
IC 2225
Σ 994
65
36
50°
49°
48°
47°
45°
44°
43°
42°
41°
40°
39°
38°
37°
36°
35°
8h 15m
8h 10m
8h 05m
8h 00m
7h 55m
7h 50m
7h 45m
7h 40m
7h 35m
7h 30m
7h 25m
7h 20m
7h 15m
7h 10m
7h 05m
7h 00m

Aur
7h 00m
+45°
13
36
NGC 2165
OΣ 128
35
SAI 49
AC
Σ 960
Σ 968
Σ 918
V453
45
NGC 2208
Σ 718
X
NGC 2126
UGC 3506
UGC 3561
ψ1
Σ 845
41
AI J0615.1+4849
UGC 3638
ψ6
36
UGC 3567
V
UGC 3374
AG
ASCC 23
47
42
43
RS
π
IC 2149
Σ 727
TW
UGC 3608
Σ 979
ψ9
A 1729
β
Menkalinan
TU
NGC 2303
16
NGC 2242
ψ4
AA
Ren 27
RR
Webb 5
39
38
ψ5
Sh 75
Σ 736
UGC 3554
NPM1G +42.0131
ψ2
Σ 775
ψ7
Σ 941
Al-Teu 2
NGC 2281
Broken Heart Cluster
OΣ 154
28
Teu 2
Σ 905
NGC 2192
AZ
ν
τ
SZ
UGC 3601
UGC 3596
ψ3
St 10
Σ 799
OΣ 112
51
RU
40
UGC 3612
59
Σ 928
UU
OΣ 132
υ
ψ8
OΣ 147
β 1053
60
62
θ
OΣ 545
Sh 2-232
Σ 929
Σ 825
Sh 2-235
Σ 994
OΣ 131
Σ 872
Kp 10
Kp 12
CO
50°
49°
48°
47°
45°
44°
43°
42°
41°
40°
39°
38°
37°
36°
35°
7h 00m
6h 55m
6h 50m
6h 45m
6h 40m
6h 35m
6h 30m
6h 25m
6h 20m
6h 15m
6h 10m
6h 05m
6h 00m
5h 55m
5h 50m
5h 45m

+45°
5h 00m
14
37
Aur
NGC 2208
NGC 2165
OΣ 128
35
UGC 3506
X
NGC 2126
ψ1
AI J0615.1+4849
Σ 845
41
V
AG
47
36
ASCC 23
42
43
RS
UGC 3374
π
IC 2149
A 1729
TW
β
Menkalinan
RR
Webb 5
39
38
Ren 27
Al-Teu 2
NGC 2192
AZ
Σ 775
28
ν
τ
40
OΣ 132
Σ 799
Teu 2
SZ
θ
OΣ 545
β 1053
υ
OΣ 112
St 10
RU
V428
Σ 872
OΣ 131
Σ 825
Kp 12
CO
Kp 10
Sh 2-232
Sh 2-235
GM 1-66
M 38
Abell 9
Cz 21
Sh 2-230
W
ASCC 15
EO
SAI 46
σ
FSR 761
Σ 699
NGC 1857
Σ 727
Σ 736
Σ 718
SAI 49
AC
R
Σ 657
NGC 1708
D 5
7
8
NGC 1790
9
Hu 821
EL
SAI 43
UX
NGC 1798
A 1031
Σ 681
NGC 1883
12
IM
Kapella
α
FSR 716
Be 18
Pat 3
Σ 669
Σ 684
ASCC 13
Be 15
ε
Be 14
Sk 2
Sh 2-224
Es 576
SAI 47
Be 70
SY
SX
Cr 62
η
BF
ζ
λ
RX
TT
Σ 646
K 17
Abell 8
6
5
OΣ 92
Teu 132
TX
μ
Sh 2-226
β 9002
Kro 18
Sh 2-228
Σ 644
NGC 1778
Σ 616
4
49°
48°
47°
45°
44°
43°
42°
41°
40°
39°
38°
37°
36°
35°
50°
6h 15m
6h 10m
6h 05m
6h 00m
5h 55m
5h 50m
5h 45m
5h 40m
5h 35m
5h 30m
5h 25m
5h 20m
5h 15m
5h 10m
5h 05m
5h 00m

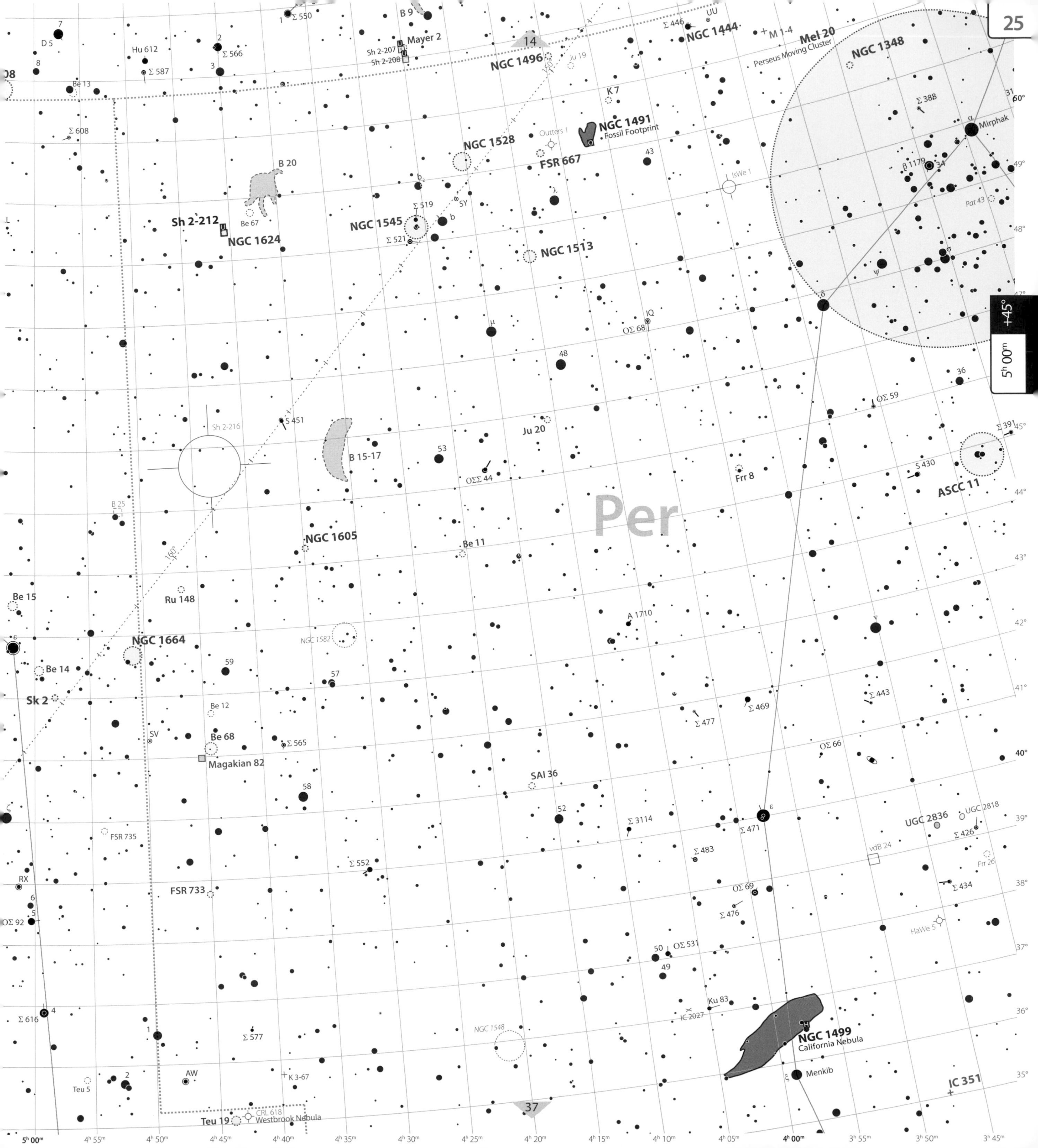

+45°
5h 00m
14
37
Per
Mel 20
Perseus Moving Cluster
NGC 1348
Mirphak
NGC 1444
M 1-4
UU
Σ 446
NGC 1496
Ju 19
Mayer 2
Sh 2-207
Sh 2-208
B 9
Σ 550
Hu 612
Σ 566
Σ 587
D 5
Be 13
Σ 608
K 7
NGC 1491
Fossil Footprint
Outters 1
FSR 667
NGC 1528
IsWe 1
β 1179
Σ 388
Pat 43
B 20
Be 67
Sh 2-212
NGC 1624
NGC 1545
Σ 519
Σ 521
SY
NGC 1513
OΣ 68
IQ
OΣ 59
Σ 391
ASCC 11
S 430
Frr 8
Ju 20
OΣΣ 44
B 15-17
S 451
Sh 2-216
B 25
NGC 1605
Be 11
Ru 148
Be 15
A 1710
NGC 1582
NGC 1664
Be 14
Sk 2
Be 12
Be 68
Magakian 82
SV
Σ 565
Σ 469
Σ 477
Σ 443
OΣ 66
SAI 36
UGC 2836
UGC 2818
Σ 426
Σ 3114
Σ 471
Σ 483
vdB 24
Frr 26
FSR 735
Σ 552
FSR 733
OΣ 69
Σ 476
Σ 434
RX
OΣ 92
HaWe 5
OΣ 531
Ku 83
IC 2027
NGC 1499
California Nebula
Menkib
IC 351
Σ 616
Σ 577
NGC 1548
AW
K 3-67
Teu 5
Teu 19
CRL 618
Westbrook Nebula
5h 00m
4h 55m
4h 50m
4h 45m
4h 40m
4h 35m
4h 30m
4h 25m
4h 20m
4h 15m
4h 10m
4h 05m
4h 00m
3h 55m
3h 50m
3h 45m
50°
49°
48°
47°
45°
44°
43°
42°
41°
40°
39°
38°
37°
36°
35°

14
38
+45°
3h 00m
Per
NGC 1496
NGC 1220
B 20
Be 67
NGC 1624
Sh 2-212
NGC 1528
Σ 446
UU
NGC 1444
Be 9
Cz 16
M 1-4
K 5
K 7
Outters 1
NGC 1491
Fossil Footprint
Mel 20
Perseus Moving Cluster
Cz 15
Σ 331
NGC 1545
Σ 519
Σ 521
SY
FSR 667
NGC 1348
Hu 544
NGC 1513
IsWe 1
Σ 388
Pat 14
29
31
Mirphak
β 1179
34
IQ
ΟΣ 68
48
B 15-17
Pat 43
53
Ju 20
LX
V410
ΟΣΣ 44
Kro J0324.0+4714
NGC 1245
Patrick Starfish
HaWe 3
Be 11
ΟΣ 59
36
NGC 1169
Frr 8
HaWe 4
Pat 2
Σ 391
S 430
NGC 1160
ASCC 11
NGC 1161
A 1710
NGC 1193
30
β 1175
32
NGC 1171
NGC 1159
SAI 36
Σ 469
Σ 477
NGC 1186
IC 1872
IC 284
NGC 1164
NGC 1177
NGC 1175
52
Σ 443
NGC 1330
D20
IC 301
UGC 2608
NGC 1198
Σ 3114
ΟΣ 66
NGC 1250
5Zw 331
IC 293
Σ 337
Algol
Σ 483
Σ 471
UGC 2698
IC 309
IC 292
V511
Hu 1058
Σ 369
AGC 426
Perseus Galaxy Cluster
ΟΣ 69
UGC 2836
UGC 2818
UGC 2783
vdB 24
Σ 476
Σ 426
50
ΟΣ 531
49
NGC 1233
Frr 26
Σ 434
ΟΣ 53
CGCG 524-54
NGC 1207
Ku 83
IC 2027
HaWe 5
IC 278
NGC 1342
Stingray Cluster
NGC 1499
California Nebula
IC 1902
IC 1900
Σ 360
Menkib
UGC 2456
IC 1874
UGC 2494
AGC 407
R
50°
49°
48°
45°
44°
43°
42°
41°
40°
39°
38°
37°
36°
35°
4h 15m
4h 10m
4h 05m
4h 00m
3h 55m
3h 50m
3h 45m
3h 40m
3h 35m
3h 30m
3h 25m
3h 20m
3h 15m
3h 10m
3h 05m
3h 00m

+45°
3h 00m
15
38
Per
And
Tri
M 76
Little Dumbbell Nebula
M 1-2
M 1-1
RZ
φ
Σ 301
Σ 314
τ
Σ 331
Ju 4
RR
6 Per
Pat 1
UGC 1493A
2
66
65
64
63
Abell 5
NGC 562
51
3
θ
Σ 162
UGC 1552
49
SX
RY
Σ 228
Kron 58
62
UGC 1068
IC 257
NGC 1169
NGC 1146
V370
χ
UX
NGC 746
Es 4
1160
61
NGC 846
NGC 812
Σ 249
W
60
h 2089
NGC 956
14
193
NGC 620
NGC 1171
UGC 1841
3C 66A
Zannin 3
Σ 205
$\gamma_{1,2}$
Alamak
υ
NGC 605
1159
NGC 1138
M 34
h 1123
OΣ 44
NGC 891
Silver Sliver Galaxy
OΣ 38
MCG +7-7-1
Lederman 1
AGC 347
NGC 906
NGC 909
Black Widow Spider
NGC 914
MCG +7-6-6
NGC 898
NGC 923
NGC 911
NGC 910
Abell 4
NGC 1164
NGC 1123
1177
S 404
87GB 01540+4105
Arp 74
τ
55
40°
NGC 999
NGC 996
NGC 1129
NGC 1106
NGC 1053-1
NGC 1005
NGC 995
NGC 1131
MCG +7-7-8
MCG +7-6-74
NGC 1040-1
UGC 1840
Arp 145
BX
UGC 1418
Σ 149
Σ 337
NGC 1086
NGC 980
NGC 982
NGC 1003
AI J0234.0+4002
Y
Σ 141
Σ 245
12
Σ 292
NGC 1077-1
NGC 721
π
UGC 2180
Arp 273
UGC 1810
UGC 1813
Σ 222
59
NGC 828
NGC 752
NGC 818
NGC 662
Arp 135
UY
NGC 1023A
IC 239
NGC 1023
Perseus Lenticular Galaxy
UGC 1757
NGC 797
IC 179
Σ 179
58
20
16
Σ 318
UGC 1767
UGC 1772
NGC 834
NGC 841
NGC 845
56
NGC 668
D18
AGC 262
MCG +6-5-73
IC 178
IC 278
UGC 2328
UGC 2259
NGC 1058
Kar 4
UGC 1769
NGC 759
NGC 949
NGC 669
NGC 753
GC 2456
UGC 1272
MCG +6-5-5
MCG +7-6-20
AGC 407
UGC 2143
14
UGC 1735
XX
Σ 197
Σ 1969
IC 171
NGC 688
NGC 666
UGC 121
3h 00m
2h 55m
2h 50m
2h 45m
2h 40m
2h 35m
2h 30m
2h 25m
2h 20m
2h 15m
2h 10m
2h 05m
2h 00m
1h 55m
1h 50m
1h 45m
50°
49°
48°
47°
45°
44°
43°
42°
41°
40°
39°
38°
37°
36°
35°

+45°
1h00m
15
39
D18
And
Per
Tri
50°
49°
48°
47°
45°
44°
43°
42°
41°
40°
39°
38°
37°
36°
35°
2h 15m
2h 10m
2h 05m
2h 00m
1h 55m
1h 50m
1h 45m
1h 40m
1h 35m
1h 30m
1h 25m
1h 20m
1h 15m
1h 10m
1h 05m
1h 00m
RR
Ju 4
M 1-2
Es 2583
66
Pat 1
6 Per
Little Dumbbell Nebula
M 76
65
64
63
UGC 1493A
2
OΣ 23
φ
RZ
β 235
M 1-1
3
Σ 102
62
Σ 228
Kron 58
UGC 1552
51
Σ 162
NGC 562
UGC 622
And V
h 2010
IC 65
49
φ
OΣ 515
OΣ 21
Mad 1
SX
Σ 249
V370
W
NGC 846
60
NGC 746
NGC 812
UGC 1068
ω
ξ
AC 13
UGC 1841
3C 66A
χ
Σ 79
Lederman 1
AGC 347
NGC 891
Silver Sliver Galaxy
NGC 906
NGC 909
MCG +7-6-6
NGC 898
NGC 910
h 2089
Es 4
41
Σ 205
γ1,2
Alamak
OΣ 38
UGC 1840
Arp 145
Arp 74
AC 14
NGC 620
S 404
87GB 01540+4105
Σ 245
BX
44
υ
55
NGC 605
NGC 573
39
UGC 1810
UGC 1813
Arp 273
UGC 1418
τ
NGC 477
MCG +7-3-31
Σ 222
NGC 828
59
Σ 149
UGC 1757
NGC 818
NGC 721
UGC 1767
UGC 1772
Y
NGC 393
Σ 141
MCG +6-4-9
NGC 797
NGC 752
NGC 834
58
IC 179
OΣΣ 17
NGC 845
NGC 841
NGC 425
UGC 1769
OΣΣ 11
Σ 104
56
Σ 179
NGC 662
MCG +6-5-73
47
45
IC 178
AGC 262
Σ 108
NGC 759
NGC 551
UGC 1735
NGC 668
NGC 753
XX
β
Σ 197
Σ 1969
IC 171
39
NGC 591
Σ 133
NGC 688
NGC 669
NGC 621
Zannin 1
δ

Vy 1-1
St 12
15
Σ 70
1ES 2344+514
ΟΣΣ 251
PGC 2807155
Cas Dwarf, And VII
Abell 84
SAI 1
SS
R
18
Pat 11
NGC 7801
ΟΣΣ 248
Σ 59
TU
HV 82
UGC 486
NGC 7686
Cas
β 232
Σ 30
Z
vdB 158
Aveni-Hunter 1
K 1-20
Al 1
RS
WY
TPK 1
V752
NGC 51
GG
TZ
NGC 147
NGC 185
UGC 12889
β 995
U
68
IC 1525
Σ 3034
GC 622
h 2010
β 394
IC 65
NGC 278
UGC 183
X
RV
Mad 1
β 257
Σ 45
Σ 3
22
ΟΣ 547
β 997
Σ 52
ΟΣ 500
NGC 7707
A 647
BZ
VX
16
ΟΣ 509
Σ 79
26
ΟΣ 5
RXS J00066+4342
SU
h 1947
NGC 317A
NGC 317
h 1911
ΟΣ 510
Al J2350.5+4149
ΟΣ 514
MCG +7-2-18
Baade B
MCG +7-2-19
Baade A
M 110
23
M 31
Andromeda Galaxy
And
Arp 168
NGC 206
M 32
SV
EG
PGC 2544
And IV
G 1
Monti 3
IO And
Monti 2
32
Σ 72
θ
Σ 3042
R
MCG +6-1-30
Al 22
And I
PGC 2666
Σ 19
Σ 40
UGC 444
MCG +6-1-12
PGC 2121
And III
UGC 480
39
ΟΣ 513
AQ
1h 00m
0h 55m
0h 50m
0h 45m
0h 40m
0h 35m
0h 30m
0h 25m
0h 20m
0h 15m
0h 10m
0h 05m
0h 00m
23h 55m
23h 50m
23h 45m
50°
49°
48°
47°
45°
44°
43°
42°
41°
40°
39°
38°
37°
36°
35°

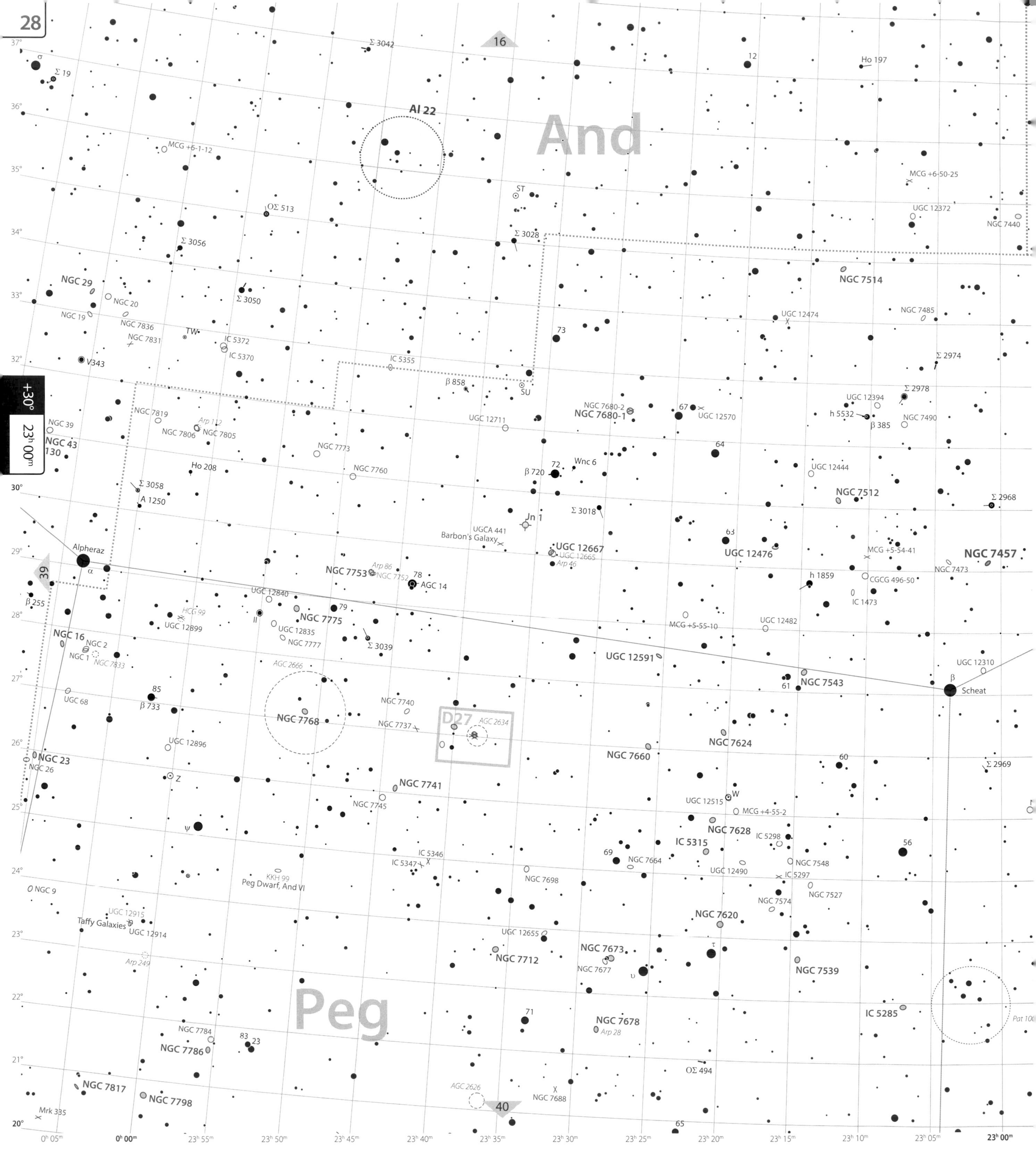
And
Peg
16
40
39
+30°
23h 00m
Al 22
Σ 3042
12
Ho 197
σ
Σ 19
MCG +6-1-12
MCG +6-50-25
ST
OΣ 513
UGC 12372
NGC 7440
Σ 3028
Σ 3056
NGC 7514
NGC 29
NGC 20
Σ 3050
NGC 19
NGC 7836
UGC 12474
NGC 7485
73
NGC 7831
TW
IC 5372
IC 5370
V343
IC 5355
Σ 2974
β 858
SU
Σ 2978
UGC 12394
NGC 7680-2
NGC 7680-1
67
UGC 12570
h 5532
β 385
NGC 7490
NGC 7819
Arp 112
NGC 7806
NGC 7805
UGC 12711
NGC 39
NGC 43
130
NGC 7773
64
Wnc 6
NGC 7760
Ho 208
β 720
72
UGC 12444
Σ 3058
NGC 7512
A 1250
Σ 3018
Σ 2968
Jn 1
UGCA 441
Barbon's Galaxy
63
UGC 12667
UGC 12665
Arp 46
UGC 12476
MCG +5-54-41
NGC 7457
Alpheraz
α
NGC 7473
NGC 7753
Arp 86
NGC 7752
78
AGC 14
h 1859
CGCG 496-50
β 255
IC 1473
UGC 12840
79
HCG 99
UGC 12899
II
NGC 7775
UGC 12835
MCG +5-55-10
UGC 12482
NGC 7777
Σ 3039
NGC 16
NGC 2
NGC 1
NGC 7833
AGC 2666
UGC 12591
UGC 12310
β
61
NGC 7543
Scheat
UGC 68
85
β 733
NGC 7740
NGC 7768
D27
AGC 2634
NGC 7737
NGC 7624
UGC 12896
NGC 7660
60
NGC 23
NGC 26
Σ 2969
Z
NGC 7741
W
UGC 12515
MCG +4-55-2
NGC 7745
ψ
NGC 7628
IC 5298
IC 5315
56
IC 5346
69
NGC 7664
NGC 7548
IC 5347
UGC 12490
IC 5297
KKH 99
Peg Dwarf, And VI
NGC 7698
NGC 9
NGC 7574
NGC 7527
UGC 12915
NGC 7620
Taffy Galaxies
UGC 12914
UGC 12655
τ
NGC 7673
NGC 7712
NGC 7677
υ
NGC 7539
Arp 249
71
IC 5285
NGC 7678
Arp 28
Pat 100
NGC 7784
83
23
NGC 7786
OΣ 494
NGC 7817
AGC 2626
NGC 7798
NGC 7688
Mrk 335
65
37°
36°
35°
34°
33°
32°
30°
29°
28°
27°
26°
25°
24°
23°
22°
21°
20°
0h 05m
0h 00m
23h 55m
23h 50m
23h 45m
23h 40m
23h 35m
23h 30m
23h 25m
23h 20m
23h 15m
23h 10m
23h 05m
23h 00m

Cyg
Lac
Peg
16
40
Sh 2-126
UGC 11950
NGC 7330
UGC 12173
UGC 12137
UGC 12181
LBN 438
Teu 39
SW
UGC 12009
Σ 2894
Σ 2876
Σ 2906
NGC 7242
NGC 7240
IC 5193
V460
OΣ 462
UGC 11892
NGC 7426
h 975
NGC 7273
NGC 7274
NGC 7276
NGC 7265
NGC 7440
NGC 7186
OΣ 469
UGC 12127
MCG +6-49-60
NGC 7315
MCG +6-49-72
D13
NGC 7331
Deer Lick Group
Arp 319
HCG 92
Stephan's Quintet
UGC 12179
NGC 7363
RZ
Es 382
UGC 12234
38
UGC 12242
UGC 12238
NGC 7217
MCG +5-54-3
PV
UGC 12011B
Σ 2968
UGC 12214
NGC 7303
14
NGC 7292
h 1721
NGC 7457
Matar
Ren 14
Σ 2881
Arp 278
UGC 12163
AG 423
15
23
NGC 7286
32
12310
heat
Σ 2969
Ho 482
16
NGC 7436
UGC 11834
IC 5233
Σ 2895
AW
SS
Sadalbari
NGC 7339
NGC 7332
HS 2154+2228
IC 5242
IC 5243
IC 5258
Cou 240
Pat 100
Hu 388
25
Σ 2934
NGC 7321
28
Σ 2861
NGC 7375
33
37°
36°
35°
34°
33°
32°
+30°
30°
29°
28°
27°
26°
25°
24°
23°
22°
21°
20°
23h 00m
22h 55m
22h 50m
22h 45m
22h 40m
22h 35m
22h 30m
22h 25m
22h 20m
22h 15m
22h 10m
22h 05m
22h 00m
21h 55m

Lac
Peg
17
41
+30°
21h 00m
NGC 7242
NGC 7240
IC 5193
Σ 2876
OΣ 462
UGC 11892
NGC 7186
79
72
Σ 2746
61
Σ 2758
LBN 289
K 3-81
AGC 13
τ
70
Do 45
Σ 2747
69
Pat 65
NGC 7063
NGC 7050
Egg Nebula
CRL 2688
LBN 26
V460
UGC 11781
UGC 11775
IC 1392
V836
υ
OΣ 433
UGC 11761
RZ
π
π1
MWP 1
Methuselah Nebula
Alves 1
Σ 2760
β 1329
NGC 7037
Es 382
OΣ 437
NGC 7217
Abell 78
Wedding Ring
NGC
NGC 6995
IC 134
h 1721
14
β 167
UGC 11762
ζ
Σ 2762
23
NGC 7013
15
NGC 7116
μ1,2
Σ 2822
TW
35
NGC 7080
NGC 7052
16
ι
κ
UGC 11834
RR
AW
DX
Abell 74
34
2
R
12
HS 2154+2228
NGC 7053
25
NGC 7137
Σ 2769
SW
Σ 2861
β 74
Σ 2804
37°
36°
35°
34°
33°
32°
30°
29°
28°
27°
26°
25°
24°
23°
22°
21°
20°
22h 05m
22h 00m
21h 55m
21h 50m
21h 45m
21h 40m
21h 35m
21h 30m
21h 25m
21h 20m
21h 15m
21h 10m
21h 05m
21h 00m

Σ 2746
V367
M 29
NGC 6888
Crescent Nebula
NGC 6874
17
Do 42
Do 40
Do 39
B 145
Σ 2708
Ro 7
IC 4996
Σ 2747
FF
Kro 78
Be 87
Do 1a
Σ 2578
OΣ 419
Ru 174
Do 4
Do 1
CRL 2688
OΣ 413
Do 47
NGC 6871
FSR 198
OΣ 387
HV 137
Sh 2-107
Teu 30
NGC 6883
Bi 1
Teu 8
B 144
LBN 266
DoDz 11
Ru 173
Bi 2
Kro 36
Ru 175
GO
B 341
Fish on a Platter
Ro 5
Σ 2580
Σ 2576
Y
OΣ 408
LDN 831
β 1329
V2021
Cyg
PC 23
S 726
Σ 2705
Loiano 1
Sr 6
NGC 6846
D1
Pat 48
A 378
M 3-35
Kro 54
β 1133
He 1-4
OΣ 418
Arg 93
Σ 2700
V477
Ary 48
Σ 2716
Σ 2649
SAI 132
NGC 6974/9
Kro 69
AG 243
OΣ 389
NGC 6992
Ho 588
Teu 124
V388
Kro 53
Kron 23
SX
Pickering's Triangle
OΣ 390
Kro 68
NGC 6995
Veil Nebula
IC 1340
β 67
Sh 2-102
NGC 6894
Patchick 1
Σ 2726
Σ 2711
NGC 6834
Cygnus Loop Complex
NGC 6960
NGC 6842
Simeis 3-210
Ho 137
IC 4955
IC 4954
Ro 4
Str 78
Be 52
Be 83
OΣ 417
T
FG
NGC 6940
SV
Tu 1
Sh 2-93
Sh 2-90
FSR 167
PC 24
X
Σ 2676
DR
W 1-9
AI J1956.3+2627
h 1462
OΣ 388
M 2-48
V
NGC 6885
Cz 41
FSR 162
β 983
NGC 6921
NGC 6904
He 1-6
OΣ 395
Vul
Dju 4
Σ 2653
Σ 2599
Al 12
M 27
Dumbbell Nebula
Patchick 15
Kro J2048.9+2312
RU
Σ 2655
Abell 68
NGC 6938
Σ 2631
41
V
Σ 2637
θ
X
Ro 3
Snail Cluster
Ray 6
ΣI 48
21ʰ 00ᵐ
20ʰ 55ᵐ
20ʰ 50ᵐ
20ʰ 45ᵐ
20ʰ 40ᵐ
20ʰ 35ᵐ
20ʰ 30ᵐ
20ʰ 25ᵐ
20ʰ 20ᵐ
20ʰ 15ᵐ
20ʰ 10ᵐ
20ʰ 05ᵐ
20ʰ 00ᵐ
19ʰ 55ᵐ
37°
36°
35°
34°
33°
32°
+30°
21ʰ 00ᵐ
30°
29°
28°
27°
26°
25°
24°
23°
22°
21°
20°

+30°
19h 00m
Cyg
Vul
18
42
D1
NGC 6874
Do 39
IC 4996
Do 4
Do 1
Do 1a
B 145
NGC 6883
NGC 6871
Bi 1
Bi 2
FSR 198
Teu 8
Kro 36
Ro 5
Pat 48
Loiano 1
Kro 54
A 378
β 1133
He 1-4
NGC 6846
Sr 6
V477
Σ 2649
Kro 69
SAI 132
AG 243
OΣ 389
Kro 68
Kro 53
OΣ 390
Ro 4
IC 4954
IC 4955
NGC 6834
Patchick 1
NGC 6842
Be 83
SU
Teu 43
Kron 15
M 1-92
Mandushev 1
Minkowski's Footprint
Sh 2-91
Campbell's Hydrogen Star
He 2-438
β 145
Sk 6
OΣ 384
Le-Wa 1
Stu 11
Σ 2578
Teu 35
IC 1302
OΣ 387
HV 137
B 144
B 341
Fish on a Platter
Σ 2580
Σ 2576
LDN 831
PC 23
S 726
Ho 111
OΣ 379
Hu 946
Hu 1303
Σ 2534
Sh 2-94
Ho 450
Σ 2487
Sh 289
Σ 2469
Σ 2481
Sp 4-1
NGC 6791
ASCC 101
UGC 113
Σ 2429
Σ 2505
UGC 11426
Σ 2470
Σ 2474
UGC 11397
Sulafat
Σ 2461
Σ 2441
UGC 11428
NGC 6765
M 56
Σ 2483
Σ 2454
Str 73
NGC 674
UGC 11404
K 3-27
Σ 2522
Σ 2539
Albireo
ΣI 43
Σ 2525
OΣ 371
Ling 1
Str 78
Sh 2-92
Kro 4
Kro 5
Tu 8
LDN 807
LDN 808
NGC 6813
Tu 1
Sh 2-93
SV
FSR 167
NGC 6885
W 1-9
AI J1956.3+2627
h 1462
FSR 158
OΣ 388
M 2-48
Kro 31
Sr 5
FSR 162
OΣ 395
Cz 41
Sh 2-88
Σ 2586
St 1
Σ 2548
HuDo 1
NGC 6800
Abell 57
Teu 7
Ro 2
IRAS 19477+2401
Cloverleaf Nebula
Dju 4
V336
Outters 3
NGC 6820
NGC 6823
Arn 48
FSR 154
NGC 6830
M 27
Dumbbell Nebula
Σ 2599
Ren 5
LDN 778
Teu 40
He 1-3
vdB 126
β 248
RS
β 141
Abell 54
Σ 2445
Σ 2457
Σ 2455
Abell 68
Σ 2631
NGC 6793
NGC 6827
French 3
Cz 40
Σ 2577
K 3-35
Seahorse Nebula
Σ 2523
Sh 2-83
Ro 3
Snail Cluster
Ray 6
ΣI 48
20h 05m
20h 00m
19h 55m
19h 50m
19h 45m
19h 40m
19h 35m
19h 30m
19h 25m
19h 20m
19h 15m
19h 10m
19h 05m
19h 00m
37°
36°
35°
34°
33°
32°
30°
29°
28°
27°
26°
25°
24°
23°
22°
21°
20°

Lyr
Her
18
42
+30°
19h 00m
Vega
MCG +6-41-6
Sp 4-1
ΣI 38
Steph 1
UGC 11380
Σ 2429
HK
T
W
NGC 6688
Σ 2362
MCG +6-40-6
NGC 6447
OΣ 334
UGC 11041
UGC 11087
M 1-64
NGC 6692
Σ 2372
Σ 2390
NGC 6640
UGC 11265
NGC 6657
OΣ 525
Sh 282
NGC 6713
Σ 2421
Σ 2349
Ho 82
NGC 6504
UGC 11035
UGC 11058
Sheliak
IC 1296
ΣI 39
M 57
Ring Nebula
β 648
Sulafat
3C 382
Σ 2333
NGC 6485
NGC 6700
DoDz 9
104
IC 1278
NGC 6575
EY
Σ 2397
Σ 2441
MCG +5-44-2
UGC 11195
99
AC 15
Σ 2259
NGC 6487
Σ 2367
108
MCG +5-43-16
Markov 1
Str 73
NGC 6743
NGC 6518
UGC 11046
LeDrew 8
107
Vy 1-2
HV 93
UGC 11064
UGC 11025
Σ 2292
IRAS 17490+2659
NPM1G +27.0587
NGC 6632
Σ 2315
Ling 1
Abell 46
Webb 2
Ruby Ring
UGC 11082
MCG +4-42-22
89
NGC 6710
NGC 6671
100
Σ 2280
Σ 2232
Σ 2422
NGC 6581
NGC 6547
NGC 6513
NGC 6697
NGC 6674
NGC 6602
IC 1285
NGC 6600
NGC 6484
Σ 2320
105
Pat 29
DI
NGC 6623-2
NGC 6619
NGC 6623-1
OΣ 359
97
NGC 6482
MCG +4-43-31
NGC 6661
NGC 6658
NGC 6641
Σ 2310
98
113
IC 1269
106
95
NGC 6669
109
OΣ 341
Σ 2264
AC
β 641
NGC 6579
NGC 6577
MCG +4-42-17
Al 62
NGC 6580
NGC 6571
112
NGC 6586
102
96
Σ 2401
Σ 2360
37°
36°
35°
34°
33°
32°
30°
29°
28°
27°
26°
25°
24°
23°
22°
21°
20°
19h 00m
18h 55m
18h 50m
18h 45m
18h 40m
18h 35m
18h 30m
18h 25m
18h 20m
18h 15m
18h 10m
18h 05m
18h 00m
17h 55m

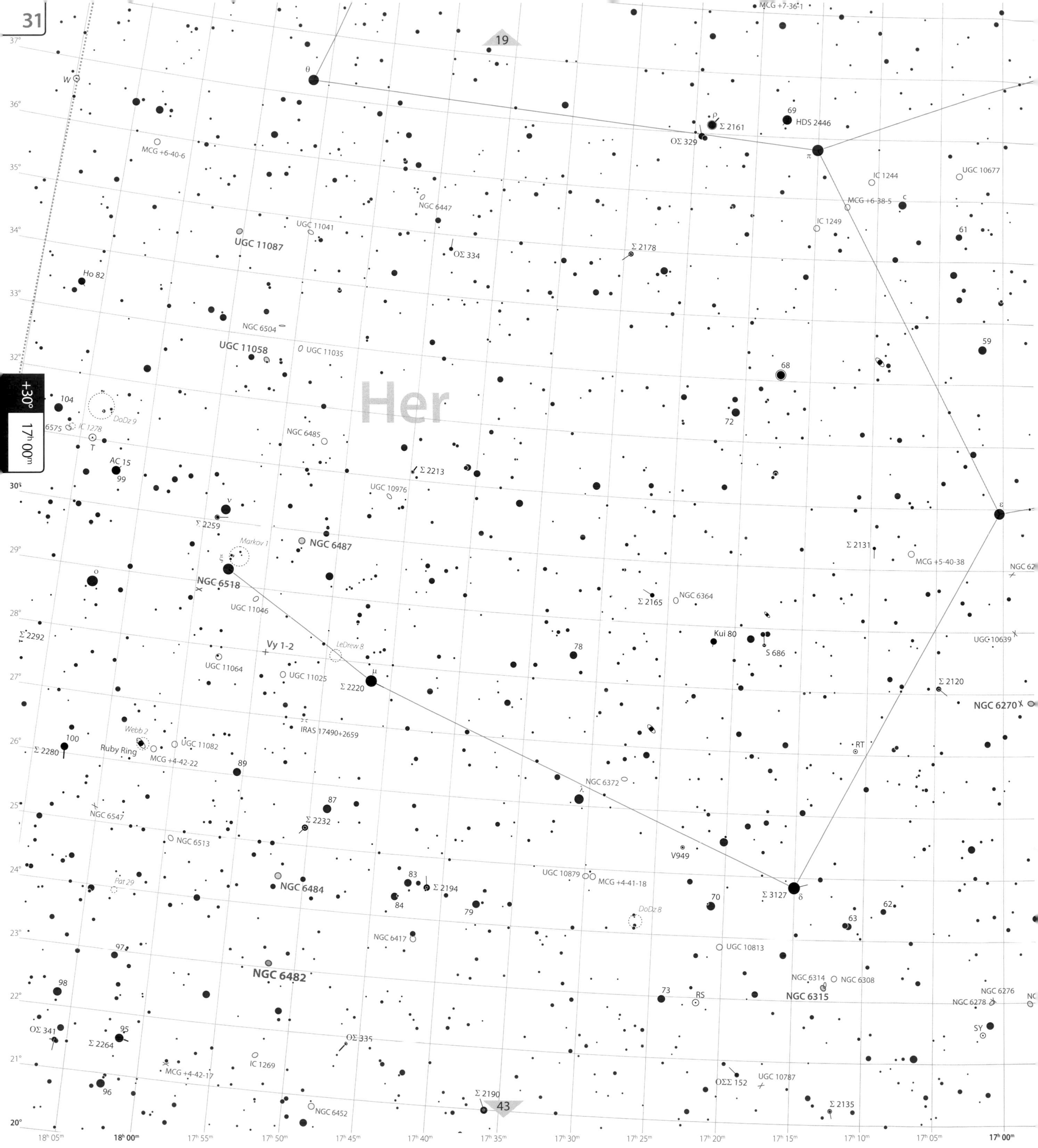
19
43
Her
+30°
17h 00m
MCG +7-36-1
θ
W
ρ
Σ 2161
69
HDS 2446
OΣ 329
π
MCG +6-40-6
IC 1244
UGC 10677
NGC 6447
MCG +6-38-5
c
UGC 11041
IC 1249
61
UGC 11087
OΣ 334
Σ 2178
Ho 82
NGC 6504
UGC 11058
UGC 11035
59
68
104
DoDz 9
6575
IC 1278
NGC 6485
72
T
AC 15
99
Σ 2213
UGC 10976
ν
ε
Σ 2259
Markov 1
NGC 6487
Σ 2131
MCG +5-40-38
ξ
o
NGC 6518
NGC 62
UGC 11046
Σ 2165
NGC 6364
Σ 2292
Kui 80
S 686
UGC 10639
Vy 1-2
LeDrew 8
78
UGC 11064
μ
UGC 11025
Σ 2220
Σ 2120
NGC 6270
IRAS 17490+2659
Webb 2
UGC 11082
100
RT
Σ 2280
Ruby Ring
MCG +4-42-22
89
NGC 6372
λ
87
NGC 6547
Σ 2232
NGC 6513
V949
UGC 10879
MCG +4-41-18
83
Σ 2194
Pat 29
NGC 6484
84
79
Σ 3127
δ
70
62
DoDz 8
63
NGC 6417
UGC 10813
97
NGC 6314
NGC 6308
98
NGC 6482
NGC 6315
73
RS
NGC 6276
NGC 6278
OΣ 341
95
OΣ 335
SY
Σ 2264
IC 1269
MCG +4-42-17
OΣΣ 152
UGC 10787
96
Σ 2190
Σ 2135
NGC 6452
37°
36°
35°
34°
33°
32°
30°
29°
28°
27°
26°
25°
24°
23°
22°
21°
20°
18h 05m
18h 00m
17h 55m
17h 50m
17h 45m
17h 40m
17h 35m
17h 30m
17h 25m
17h 20m
17h 15m
17h 10m
17h 05m
17h 00m

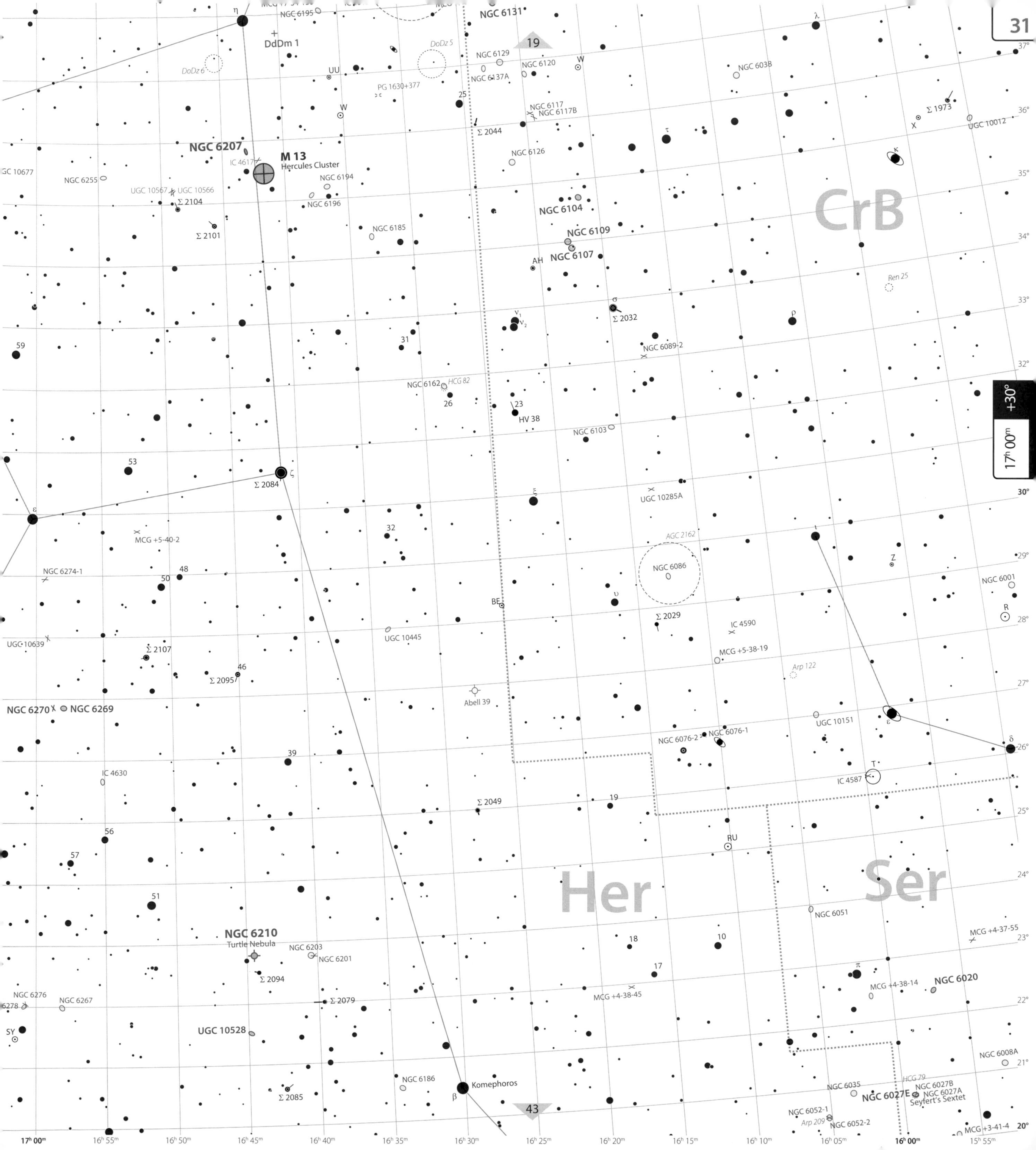

NGC 6131
19
DdDm 1
NGC 6195
DoDz 6
DoDz 5
UU
NGC 6129
NGC 6120
W
NGC 6137A
NGC 6038
λ
PG 1630+377
W
25
NGC 6117
NGC 6117B
Σ 1973
X
UGC 10012
Σ 2044
NGC 6207
M 13
Hercules Cluster
IC 4617
τ
NGC 6126
κ
NGC 6255
NGC 6194
UGC 10567
UGC 10566
Σ 2104
NGC 6196
CrB
NGC 6104
Σ 2101
NGC 6185
NGC 6109
NGC 6107
AH
Ren 25
σ
Σ 2032
ρ
59
31
NGC 6089-2
NGC 6162
HCG 82
26
23
HV 38
NGC 6103
+30°
17h 00m
53
ζ
Σ 2084
30°
ξ
UGC 10285A
ε
MCG +5-40-2
32
AGC 2162
ι
Z
NGC 6274-1
48
50
NGC 6086
NGC 6001
BE
υ
R
Σ 2029
IC 4590
UGC 10639
UGC 10445
Σ 2107
MCG +5-38-19
46
Σ 2095
Arp 122
Abell 39
NGC 6270
NGC 6269
UGC 10151
ε
NGC 6076-2
NGC 6076-1
δ
39
IC 4630
T
IC 4587
Σ 2049
19
56
RU
57
Her
Ser
51
NGC 6051
NGC 6210
Turtle Nebula
NGC 6203
NGC 6201
18
10
MCG +4-37-55
Σ 2094
17
π
NGC 6276
NGC 6267
Σ 2079
MCG +4-38-45
MCG +4-38-14
NGC 6020
SY
UGC 10528
NGC 6008A
NGC 6186
Komephoros
β
Σ 2085
HCG 79
NGC 6035
NGC 6027E
NGC 6027B
NGC 6027A
Seyfert's Sextet
43
NGC 6052-1
Arp 209
NGC 6052-2
MCG +3-41-4
37°
36°
35°
34°
33°
32°
29°
28°
27°
26°
25°
24°
23°
22°
21°
20°
17h 00m
16h 55m
16h 50m
16h 45m
16h 40m
16h 35m
16h 30m
16h 25m
16h 20m
16h 15m
16h 10m
16h 05m
16h 00m
15h 55m

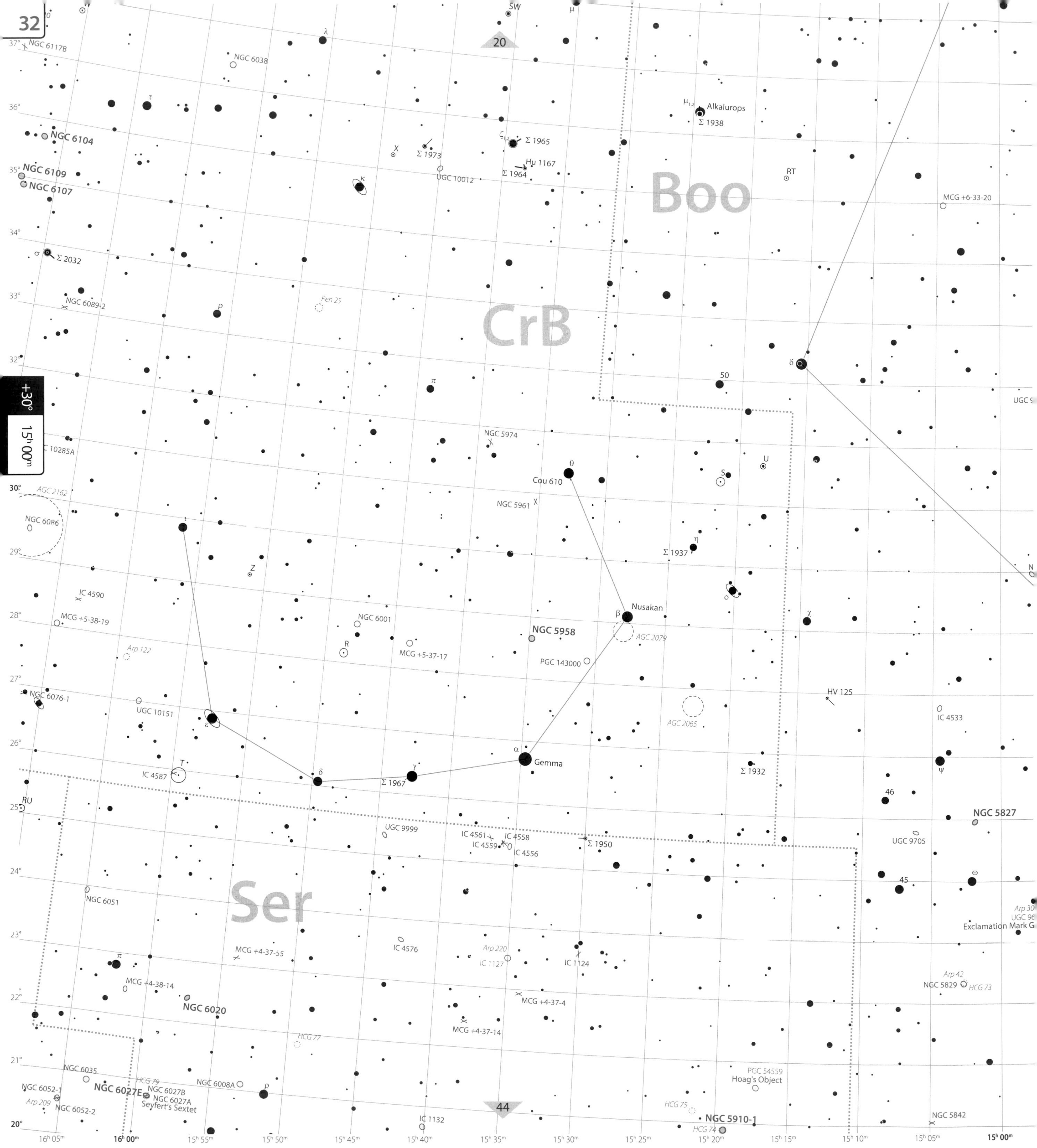
20
44
Boo
CrB
Ser
NGC 6117B
NGC 6038
NGC 6104
NGC 6109
NGC 6107
Σ 2032
NGC 6089-2
Ren 25
Alkalurops
Σ 1938
Σ 1965
Σ 1973
Hu 1167
Σ 1964
UGC 10012
RT
MCG +6-33-20
50
NGC 5974
Cou 610
NGC 5961
AGC 2162
NGC 6086
Σ 1937
Nusakan
AGC 2079
NGC 5958
PGC 143000
IC 4590
MCG +5-38-19
NGC 6001
MCG +5-37-17
Arp 122
NGC 6076-1
UGC 10151
AGC 2065
HV 125
IC 4533
IC 4587
Gemma
Σ 1967
Σ 1932
46
NGC 5827
RU
UGC 9999
IC 4561
IC 4558
IC 4559
IC 4556
Σ 1950
UGC 9705
45
NGC 6051
Exclamation Mark G
MCG +4-37-55
IC 4576
Arp 220
IC 1127
IC 1124
MCG +4-38-14
Arp 42
NGC 5829
HCG 73
NGC 6020
MCG +4-37-4
MCG +4-37-14
HCG 77
NGC 6035
HCG 79
NGC 6008A
PGC 54559
Hoag's Object
NGC 6052-1
NGC 6027E
NGC 6027B
NGC 6027A
Seyfert's Sextet
Arp 209
NGC 6052-2
HCG 75
NGC 5910-1
HCG 74
IC 1132
NGC 5842
16h 05m
16h 00m
15h 55m
15h 50m
15h 45m
15h 40m
15h 35m
15h 30m
15h 25m
15h 20m
15h 15m
15h 10m
15h 05m
15h 00m
37°
36°
35°
34°
33°
32°
30°
29°
28°
27°
26°
25°
24°
23°
22°
21°
20°

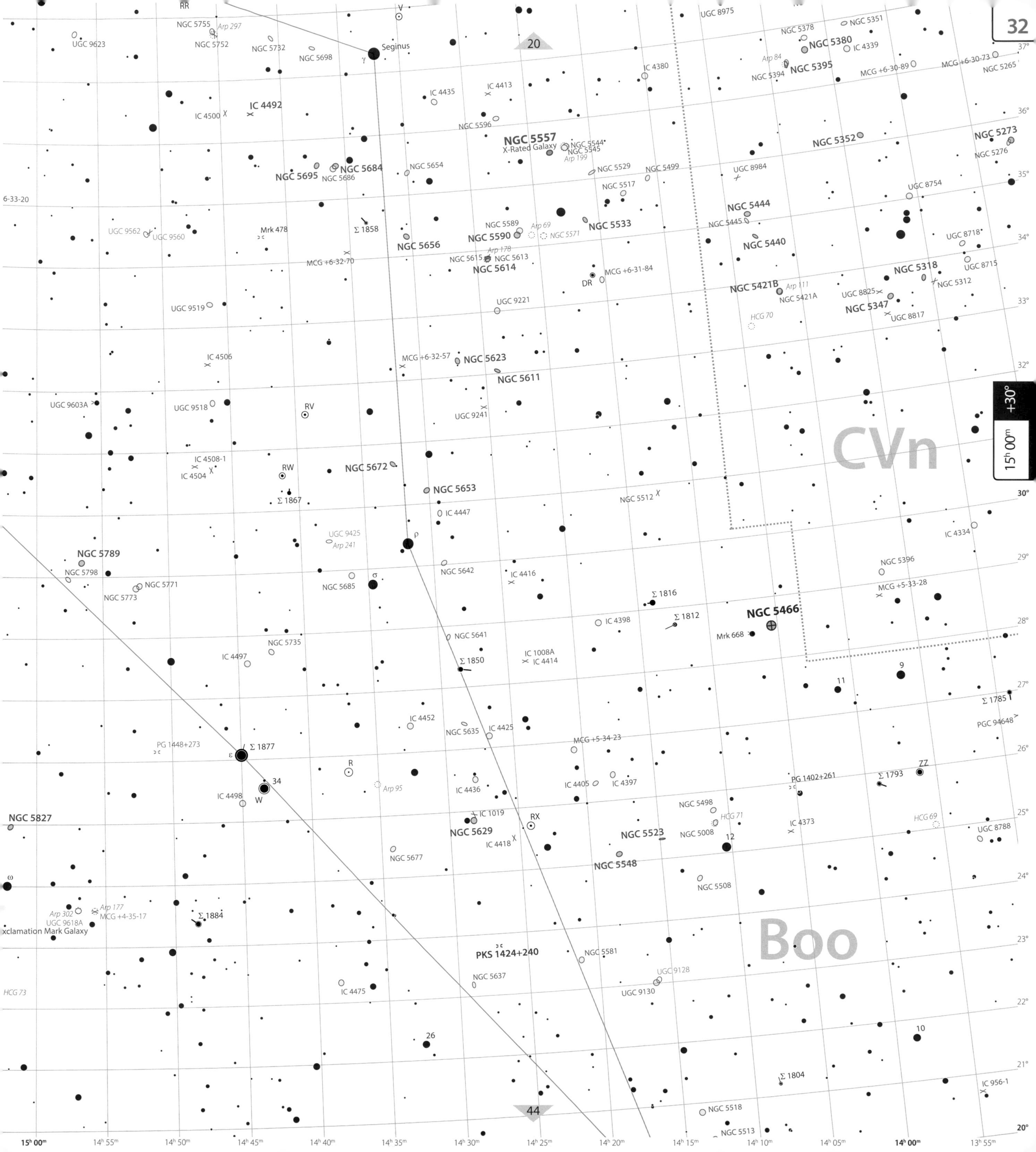

+30°
15h 00m
CVn
Boo
20
44
Seginus
NGC 5755
Arp 297
NGC 5752
UGC 9623
NGC 5732
NGC 5698
UGC 8975
NGC 5378
NGC 5351
NGC 5380
IC 4339
Arp 84
NGC 5394
NGC 5395
MCG +6-30-89
MCG +6-30-73
NGC 5265
IC 4380
IC 4435
IC 4413
IC 4500
IC 4492
NGC 5596
NGC 5557
X-Rated Galaxy
NGC 5544
NGC 5545
Arp 199
NGC 5352
NGC 5273
NGC 5276
NGC 5695
NGC 5686
NGC 5684
NGC 5654
NGC 5529
NGC 5499
UGC 8984
NGC 5517
UGC 8754
6-33-20
UGC 9562
UGC 9560
Mrk 478
Σ 1858
NGC 5589
NGC 5590
Arp 69
NGC 5571
NGC 5533
NGC 5444
NGC 5445
NGC 5440
UGC 8718
NGC 5656
Arp 178
NGC 5615
NGC 5613
NGC 5614
MCG +6-32-70
MCG +6-31-84
DR
NGC 5318
UGC 8715
NGC 5312
NGC 5421B
Arp 111
NGC 5421A
UGC 8825
NGC 5347
UGC 8817
UGC 9519
UGC 9221
HCG 70
IC 4506
MCG +6-32-57
NGC 5623
NGC 5611
UGC 9603A
UGC 9518
RV
UGC 9241
IC 4508-1
IC 4504
RW
NGC 5672
NGC 5653
Σ 1867
NGC 5512
IC 4447
UGC 9425
Arp 241
IC 4334
NGC 5789
NGC 5798
NGC 5771
NGC 5773
NGC 5685
NGC 5642
IC 4416
NGC 5396
MCG +5-33-28
Σ 1816
IC 4398
Σ 1812
NGC 5466
Mrk 668
NGC 5735
NGC 5641
IC 4497
IC 1008A
IC 4414
Σ 1850
9
11
Σ 1785
IC 4452
NGC 5635
IC 4425
PGC 94648
PG 1448+273
Σ 1877
MCG +5-34-23
R
ZZ
Σ 1793
PG 1402+261
34
IC 4498
W
Arp 95
IC 4436
IC 4405
IC 4397
IC 1019
NGC 5498
HCG 71
IC 4373
HCG 69
NGC 5827
NGC 5629
RX
NGC 5523
NGC 5008
12
UGC 8788
IC 4418
NGC 5677
NGC 5548
NGC 5508
Arp 302
Arp 177
UGC 9618A
MCG +4-35-17
Σ 1884
xclamation Mark Galaxy
PKS 1424+240
NGC 5581
UGC 9128
UGC 9130
NGC 5637
IC 4475
HCG 73
26
10
Σ 1804
IC 956-1
NGC 5518
NGC 5513
37°
36°
35°
34°
33°
32°
30°
29°
28°
27°
26°
25°
24°
23°
22°
21°
20°
15h 00m
14h 55m
14h 50m
14h 45m
14h 40m
14h 35m
14h 30m
14h 25m
14h 20m
14h 15m
14h 10m
14h 05m
14h 00m
13h 55m

CVn
Boo
+30°
13h 00m
21
45
D24
M 3
NGC 5466
Mrk 668
NGC 5557
X-Rated Galaxy
NGC 5544
NGC 5545
Arp 199
NGC 5529
NGC 5517
NGC 5499
NGC 5533
IC 4380
NGC 5378
NGC 5361
NGC 5303A
NGC 5351
Arp 84
NGC 5380
NGC 5394
NGC 5395
IC 4339
MCG +6-30-89
MCG +6-30-73
NGC 5265
NGC 5243
NGC 5112
NGC 5107
IC 4184
IC 4169
IC 3987
Cor Ca
β 608
MCG +6-29-67
IC 4271-1
IC 4271-2
Arp 40
IC 4182
NGC 4914
NGC 5005
IC 4115
IC 4034
UGC 8111B
UGC 8984
NGC 5352
Σ 1768
Σ 1755
NGC 5142
NGC 5141
NGC 5033
NGC 5014
IC 4187
IC 4171
UGC 8303
Holmberg VIII
RS
IC 4189
MCG +6-31-84
DR
NGC 5444
NGC 5445
NGC 5440
NGC 5273
NGC 5276
NGC 5240
NGC 5149
UGC 8754
NGC 4956
NGC 4986
NGC 5228
NGC 5223
NGC 5199
A 1857
UGC 8323
NGC 5421B
Arp 111
NGC 5421A
HCG 70
UGC 8825
NGC 5318
NGC 5347
NGC 5312
UGC 8718
UGC 8715
UGC 8817
UGC 8561
Arp 193
IC 883
MCG +6-29-56
CVn I Dwarf
IC 4305
IC 4300
NGC 5098A
NGC 5096
MCG +6-30-3
NGC 5157
OΣ 261
5512
MCG +5-32-49
Arp 183
UGC 8560
Arp 36
UGC 8548
UGC 8498
Arp 334
IC 4226
MCG +5-32-1
NGC 5127
UGC 8397
UGC 8399
NGC 5074
NGC 5065
NGC 5057
NGC 5056
UGC 8685
NGC 5282
NGC 5280
NGC 5275
NGC 5274
IC 4334
MCG +5-31-167
Σ 1812
NGC 5396
MCG +5-33-28
NGC 5004A
NGC 5052
NGC 4966
NGC 4922-2
NGC 4922-1
NGC 4962
IC 843
NGC 5000
IC 4032
IC 4258
NGC 4944
IC 4133
NGC 5032A
NGC 5251
IC 4307
Σ 1785
NGC 4961
NGC 4957
PGC 94648
IC 4313
IC 4314
IC 4234
NGC 5116
IC 4241
PG 1402+261
Σ 1793
ZZ
IC 4250-1
IC 4244
MCG +5-31-135
Arp 139
NGC 4849
IC 4373
HCG 69
Arp 60
Arp 196
PGC 1762846
NPM1G+26.0311
PGC 94053
UGC 8788
IC 909
IRAS 13349+2438
A 567
NGC 5016
OΣ 259
IC 933
IC 911
IC 912
IC 910
IC 905
NGC 5092
NGC 5012
MCG +4-32-2
IC 4014
FS
DK
MCG +4-32-7
IC 885
IC 956-1
Cou 11
37°
36°
35°
34°
33°
32°
30°
29°
28°
27°
26°
25°
24°
23°
22°
21°
20°
14h 05m
14h 00m
13h 55m
13h 50m
13h 45m
13h 40m
13h 35m
13h 30m
13h 25m
13h 20m
13h 15m
13h 10m
13h 05m
13h 00m

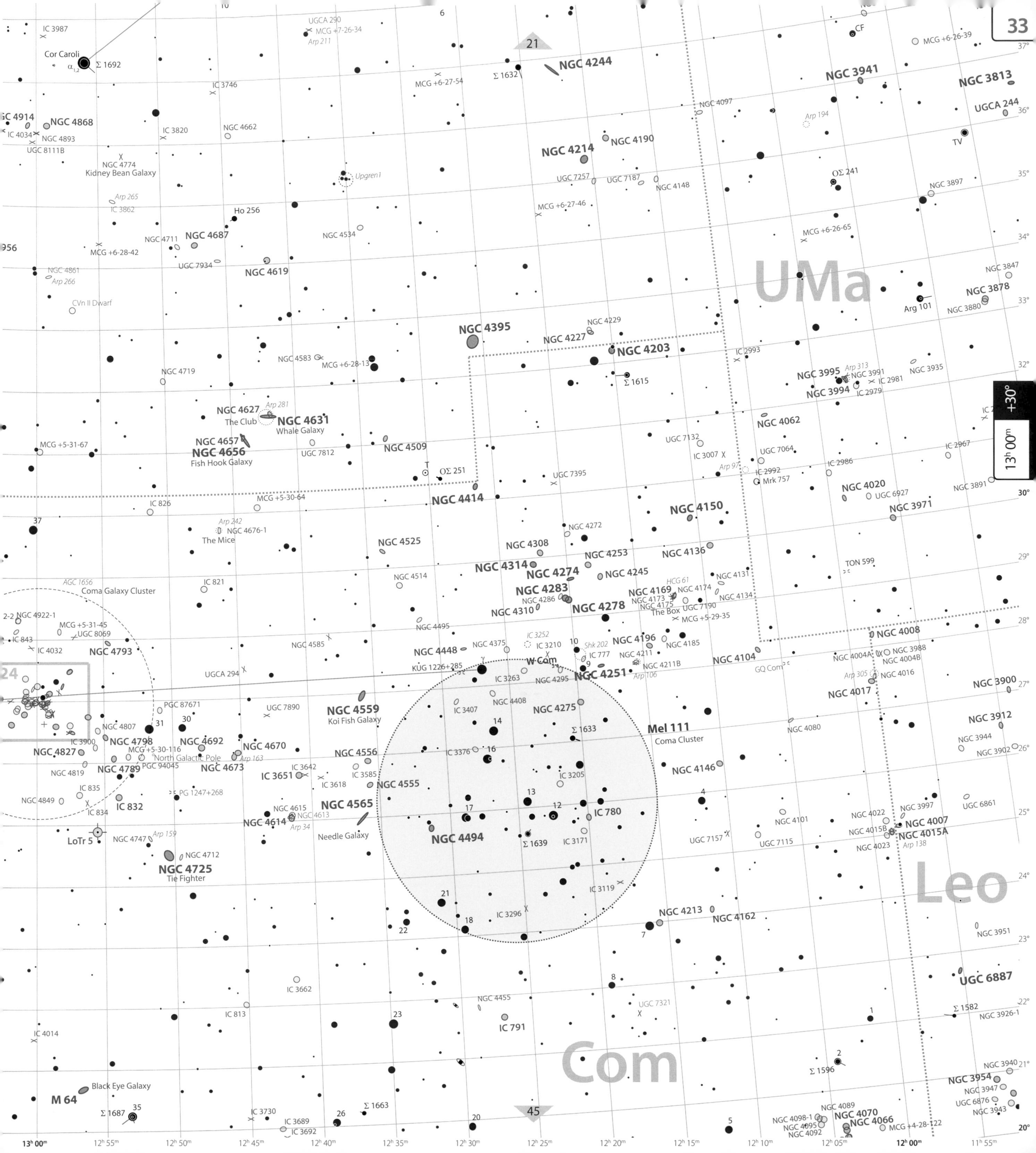
21
45
+30°
13h 00m
UMa
Leo
Com
Cor Caroli
Σ 1692
IC 3987
UGCA 290
MCG +7-26-34
Arp 211
NGC 4244
Σ 1632
MCG +6-27-54
IC 3746
NGC 3941
NGC 3813
MCG +6-26-39
CF
NGC 4097
Arp 194
UGCA 244
TV
NGC 4914
NGC 4868
IC 4034
NGC 4893
UGC 8111B
IC 3820
NGC 4662
NGC 4214
NGC 4190
NGC 4774
Kidney Bean Galaxy
Upgren1
UGC 7257
UGC 7187
NGC 4148
OΣ 241
NGC 3897
Arp 265
IC 3862
MCG +6-27-46
Ho 256
NGC 4711
NGC 4687
NGC 4534
MCG +6-26-65
MCG +6-28-42
UGC 7934
NGC 4619
NGC 4861
Arp 266
CVn II Dwarf
NGC 3847
NGC 3878
Arg 101
NGC 3880
NGC 4395
NGC 4229
NGC 4227
NGC 4203
NGC 4583
MCG +6-28-13
IC 2993
NGC 4719
Σ 1615
Arp 313
NGC 3995
NGC 3991
IC 2981
NGC 3935
NGC 3994
IC 2979
NGC 4627
Arp 281
The Club
NGC 4631
Whale Galaxy
NGC 4062
UGC 7132
MCG +5-31-67
NGC 4657
NGC 4656
Fish Hook Galaxy
UGC 7812
NGC 4509
IC 3007
UGC 7064
IC 2967
Arp 97
IC 2986
IC 2992
Mrk 757
T
OΣ 251
UGC 7395
NGC 4020
UGC 6927
NGC 3891
NGC 4414
MCG +5-30-64
IC 826
NGC 4150
NGC 3971
37
Arp 242
NGC 4676-1
The Mice
NGC 4272
NGC 4525
NGC 4308
NGC 4253
NGC 4136
TON 599
NGC 4314
NGC 4274
NGC 4245
AGC 1656
Coma Galaxy Cluster
IC 821
NGC 4514
HCG 61
NGC 4131
NGC 4283
NGC 4169
NGC 4174
NGC 4286
NGC 4173
NGC 4134
NGC 4310
NGC 4175
NGC 4278
The Box
UGC 7190
MCG +5-29-35
2-2 NGC 4922-1
MCG +5-31-45
UGC 8069
NGC 4495
NGC 4008
IC 843
IC 4032
NGC 4793
NGC 4585
IC 3252
NGC 4375
IC 3210
Shk 202
NGC 4196
NGC 4185
NGC 4448
IC 777
NGC 4211
NGC 4104
NGC 4004A
NGC 3988
NGC 4004B
KUG 1226+285
W Com
NGC 4211B
24
UGCA 294
IC 3263
NGC 4295
NGC 4251
Arp 106
GQ Com
Arp 305
NGC 4016
NGC 3900
NGC 4017
PGC 87671
UGC 7890
NGC 4559
Koi Fish Galaxy
IC 3407
NGC 4408
NGC 4275
Σ 1633
Mel 111
Coma Cluster
NGC 4080
NGC 3912
NGC 3944
NGC 4807
NGC 3902
IC 3900
NGC 4798
MCG +5-30-116
NGC 4692
NGC 4670
NGC 4827
North Galactic Pole
Arp 163
NGC 4556
IC 3376
IC 3642
NGC 4146
NGC 4819
NGC 4789
PGC 94045
NGC 4673
IC 3651
IC 3585
IC 3205
IC 3618
NGC 4555
IC 835
PG 1247+268
NGC 4849
IC 832
NGC 4615
NGC 4565
IC 834
NGC 4613
NGC 4614
Arp 34
IC 780
NGC 4101
NGC 4022
NGC 3997
UGC 6861
NGC 4007
NGC 4015B
NGC 4015A
LoTr 5
NGC 4747
Arp 159
Needle Galaxy
NGC 4494
Σ 1639
IC 3171
UGC 7157
UGC 7115
NGC 4023
Arp 138
NGC 4712
NGC 4725
Tie Fighter
IC 3119
NGC 4213
NGC 4162
IC 3296
NGC 3951
UGC 6887
IC 3662
NGC 4455
UGC 7321
IC 813
IC 791
Σ 1582
NGC 3926-1
IC 4014
Σ 1596
NGC 3940
NGC 3954
NGC 3947
UGC 6876
NGC 3943
Black Eye Galaxy
M 64
Σ 1687
IC 3730
IC 3689
IC 3692
Σ 1663
NGC 4089
NGC 4098-1
NGC 4070
NGC 4095
NGC 4066
MCG +4-28-122
NGC 4092
13h 00m
12h 55m
12h 50m
12h 45m
12h 40m
12h 35m
12h 30m
12h 25m
12h 20m
12h 15m
12h 10m
12h 05m
12h 00m
11h 55m
37°
36°
35°
34°
33°
32°
30°
29°
28°
27°
26°
25°
24°
23°
22°
21°
20°

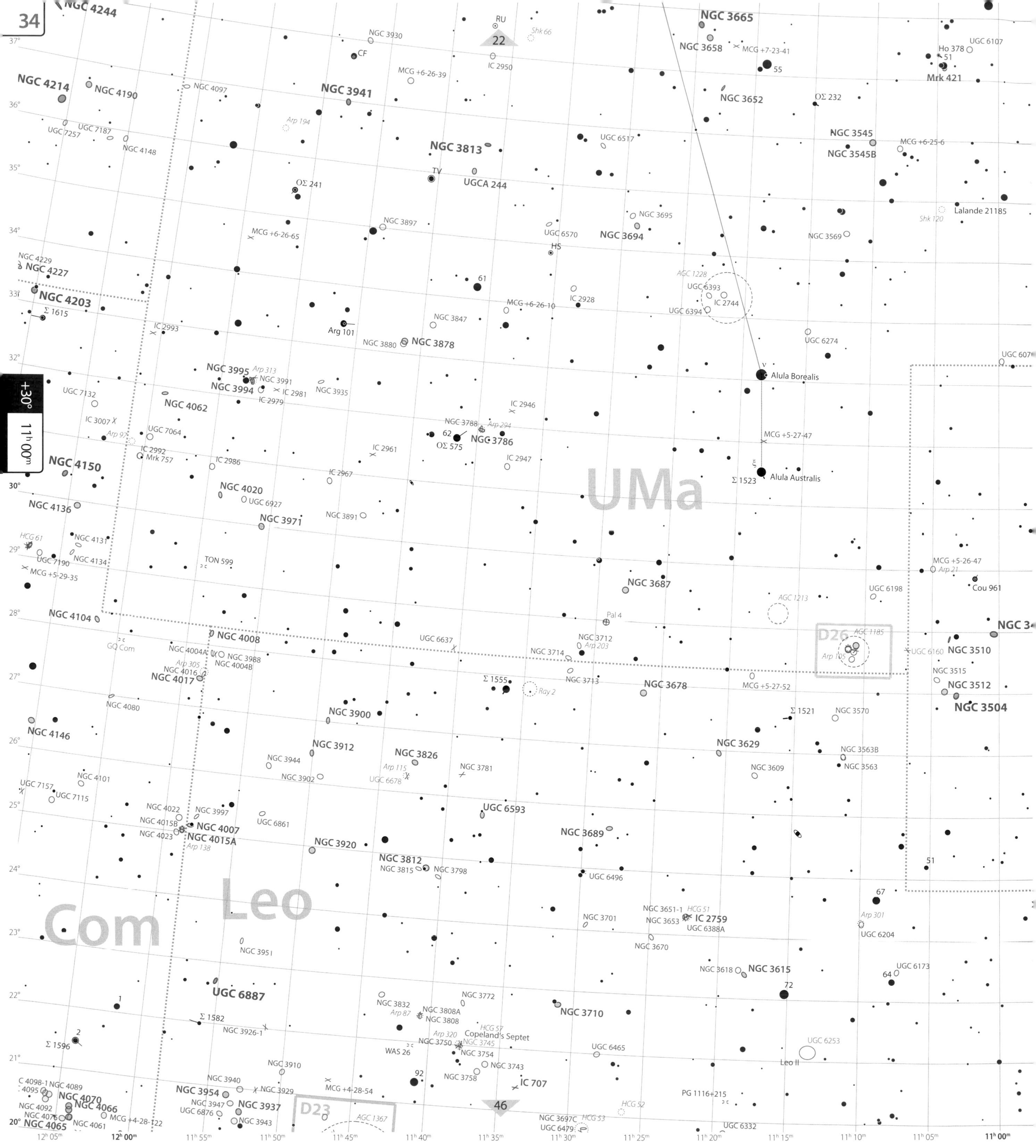

NGC 4244
37°
NGC 3930
RU
22
Shk 66
NGC 3665
CF
NGC 3658
MCG +7-23-41
Ho 378
UGC 6107
51
NGC 2950
55
Mrk 421
MCG +6-26-39
NGC 4214
NGC 4190
NGC 4097
NGC 3941
NGC 3652
OΣ 232
36°
Arp 194
UGC 7187
UGC 7257
NGC 4148
UGC 6517
NGC 3545
MCG +6-25-6
NGC 3813
NGC 3545B
35°
TV
UGCA 244
OΣ 241
Shk 120
Lalande 21185
NGC 3695
NGC 3897
34°
MCG +6-26-65
UGC 6570
NGC 3694
NGC 3569
HS
NGC 4229
NGC 4227
AGC 1228
61
UGC 6393
33°
NGC 4203
IC 2928
IC 2744
MCG +6-26-10
Σ 1615
UGC 6394
NGC 3847
IC 2993
Arg 101
UGC 6274
NGC 3880
NGC 3878
32°
UGC 607
NGC 3995
Arp 313
ν
NGC 3991
Alula Borealis
+30°
NGC 3994
IC 2981
NGC 3935
UGC 7132
IC 2979
NGC 4062
IC 2946
IC 3007
NGC 3788
Arp 294
11h 00m
UGC 7064
62
NGC 3786
MCG +5-27-47
Arp 97
OΣ 575
IC 2961
IC 2992
Mrk 757
IC 2947
NGC 4150
IC 2986
ξ
IC 2967
Alula Australis
Σ 1523
30°
NGC 4020
UGC 6927
UMa
NGC 4136
NGC 3971
NGC 3891
HCG 61
NGC 4131
29°
UGC 7190
NGC 4134
TON 599
MCG +5-29-35
MCG +5-26-47
Arp 21
NGC 3687
Cou 961
UGC 6198
AGC 1213
28°
NGC 4104
Pal 4
NGC 3
NGC 4008
D26
AGC 1185
GQ Com
UGC 6637
NGC 3712
Arp 203
NGC 4004A
NGC 3988
NGC 3714
UGC 6160
NGC 3510
Arp 305
NGC 4004B
Arp 105
NGC 4016
NGC 3515
27°
NGC 4017
Σ 1555
NGC 3713
NGC 3678
MCG +5-27-52
NGC 3512
NGC 4080
Ray 2
NGC 3504
NGC 3900
Σ 1521
NGC 3570
26°
NGC 4146
NGC 3912
NGC 3629
NGC 3563B
NGC 3944
NGC 3826
NGC 3563
NGC 3781
NGC 3609
Arp 115
NGC 4101
NGC 3902
UGC 6678
UGC 7157
UGC 7115
25°
NGC 4022
NGC 3997
UGC 6593
UGC 6861
NGC 4015B
NGC 4007
NGC 3689
NGC 4023
NGC 4015A
Arp 138
NGC 3920
NGC 3812
24°
NGC 3815
NGC 3798
UGC 6496
51
67
Leo
NGC 3651-1
HCG 51
Arp 301
Com
NGC 3701
NGC 3653
IC 2759
23°
UGC 6388A
UGC 6204
NGC 3670
NGC 3951
NGC 3618
NGC 3615
UGC 6173
64
72
22°
UGC 6887
NGC 3772
NGC 3832
NGC 3808A
NGC 3710
1
Arp 87
NGC 3808
Σ 1582
HCG 57
NGC 3926-1
Arp 320
Copeland's Septet
2
NGC 3750
NGC 3745
UGC 6465
UGC 6253
Σ 1596
WAS 26
NGC 3754
21°
NGC 3910
NGC 3743
Leo II
92
NGC 3758
IC 707
C 4098-1
NGC 4089
NGC 3940
4095
NGC 4070
MCG +4-28-54
PG 1116+215
NGC 3954
NGC 3929
NGC 4066
NGC 3947
NGC 3937
46
HCG 52
NGC 4092
UGC 6876
NGC 4075
MCG +4-28-122
D23
AGC 1367
NGC 3697C
HCG 53
20°
NGC 4065
NGC 4061
NGC 3943
UGC 6479
UGC 6332
12h 05m
12h 00m
11h 55m
11h 50m
11h 45m
11h 40m
11h 35m
11h 30m
11h 25m
11h 20m
11h 15m
11h 10m
11h 05m
11h 00m

LMi
Leo
+30°
11h 00m
22
46
UGC 5893
UGC 6107
Σ 1459
MCG +7-22-54
MCG +6-23-23
38
NGC 3219
MCG +7-21-49
NGC 3159
IC 2527
17
IC 2535
MCG +6-23-10
IC 2530
IC 2525
NGC 2965
NGC 3334
NGC 3294
UGC 5382
β
IC 2566
Hu 879
MCG +6-22-44
MCG +6-22-38
NGC 2955
Arp 206
NGC 3432
35
13
UGC 5936
NGC 3074
MCG +6-22-9
ande 21185
21
S
NGC 3012
R
29
26
UGC 5738
34
UGC 5870
IC 2519
NGC 3003
UGC 5829
NGC 3381
IC 2524
NGC 3021
46
Spider Galaxy
36
27
30
28
IC 2544
CGCG 182-20
NGC 3442
46
UGC 6070
NGC 3099A
Hu 631
NGC 3099B
18
NGC 3011
NGC 3396
Arp 270
NGC 3395
NGC 3067
NGC 3430
NGC 3424
NGC 3413
33
20
Hrr 6
NGC 3126
37
22
NGC 3106
UGC 5764
Arp 267
NGC 3116
Σ 1406
UGC 5364
Leo A
42
NGC 3032
Arp 107
UGC 5984A
UGC 5984
6-47
Cou 961
23
NGC 3254
43
UGCA 201
Arp 174
24
NGC 3486
NGC 3265
NGC 3245
NGC 3380
3510
NGC 3400
MCG +5-25-31
UGC 5749
NGC 3277
IC 2550
IC 2565
NGC 3418
44
NGC 3234
Σ 1421
3512
Arp 162
Shk 111
IC 2520
45
NGC 3414
MCG +5-26-3
39
NGC 3274
GC 3504
NGC 3451
μ
Rasalas
IC 2598
MCG +5-25-9
UGC 5912
UGC 5884
40
GN
NGC 3209
UGC 5588
48
22
50
NGC 3323
NGC 3098
Σ 1429
IC 2569
IC 2551
Σ 1487
54
NGC 3344
NGC 3327
35
Adhafera
ζ
Σ 1447
39
41
NGC 3088
NGC 3162
NGC 3437
NGC 3248
UGC 5420
ΟΣ 228
NGC 3352
Arp 316
NGC 3187
Σ 1442
NGC 3193
HCG 44
NGC 3301
NGC 3190
NGC 3185
V
NGC 3287
Σ 1448
NGC 3177
MCG +4-25-34
Σ 1439
UGC 5339A
37°
36°
35°
34°
33°
32°
30°
29°
28°
27°
26°
25°
24°
23°
22°
21°
20°
11h 00m
10h 55m
10h 50m
10h 45m
10h 40m
10h 35m
10h 30m
10h 25m
10h 20m
10h 15m
10h 10m
10h 05m
10h 00m
9h 55m

LMi
Leo
23
47
+30°
9h 00m
IC 2535
IC 2527
UGC 4950
UGC 5119
IC 2467
Σ 1338
IC 2530
IC 2525
UGC 5382
IC 2493
IC 527
NGC 2759
MCG +6-22-44
MCG +6-22-38
NGC 2965
Σ 1334
38
UGC 4767
NGC 3074
NGC 2955
Arp 202
NGC 2719A
NGC 2719
Σ 1333
NGC 3012
MCG +6-22-9
R
S
NGC 2840
NGC 2746
NGC 2778
NGC 2780
IC 2519
NGC 2942
NGC 2859
IC 2544
IC 2524
MCG +6-21-51
NGC 2793
AGC 779
NGC 3021
NGC 3003
UGC 4974
Arp 315
NGC 2831
NGC 2832
NGC 2829
NGC 2826
UGC 4972
NGC 3099A
Hu 631
NGC 3099B
CGCG 182-20
NGC 2770
Hrr 6
NGC 3067
NGC 2926
NGC 3126
NGC 3011
UGC 5146B
Arp 129
Arp 63
UGC 5146A
NGC 2944-1
NGC 2970
NGC 2968
NGC 2964
Σ 1298
NGC 3106
NGC 3116
Σ 1406
NGC 2918
UGC 5364
Leo A
NGC 2796
IC 2476
HCG 37
IC 2444
NGC 3032
IC 558
NGC 2789
NGC 2783
B2 0912+29
UGCA 201
Arp 174
NGC 2893
MCG +5-22-25
IC 2429
IC 2550
IC 2443
Σ 3121
IC 2495
IC 2520
OΣ 201
IC 2430
UGC 4940
OΣΣ 97
MCG +5-22-34
Rasalas
NGC 2824
β 105
IC 2435
UGC 4912
Arp 287
NGC 2735
NGC 3098
IC 545
IC 2450
NGC 2750
W
NGC 2753-2
NGC 2743
NGC 2927
NGC 2896
Σ 1332
IC 2451
NGC 3088
UGC 5420
NGC 2885
Alterf
Σ 1311
IC 2463
IC 2441-2
IC 2441-1
IC 2442
NGC 2994
NGC 2991
UGC 4991A
NGC 2916
NGC 2903
NGC 2738
NGC 2764
UGC 5339A
10h 05m
10h 00m
9h 55m
9h 50m
9h 45m
9h 40m
9h 35m
9h 30m
9h 25m
9h 20m
9h 15m
9h 10m
9h 05m
9h 00m
37°
36°
35°
34°
33°
32°
30°
29°
28°
27°
26°
25°
24°
23°
22°
21°
20°

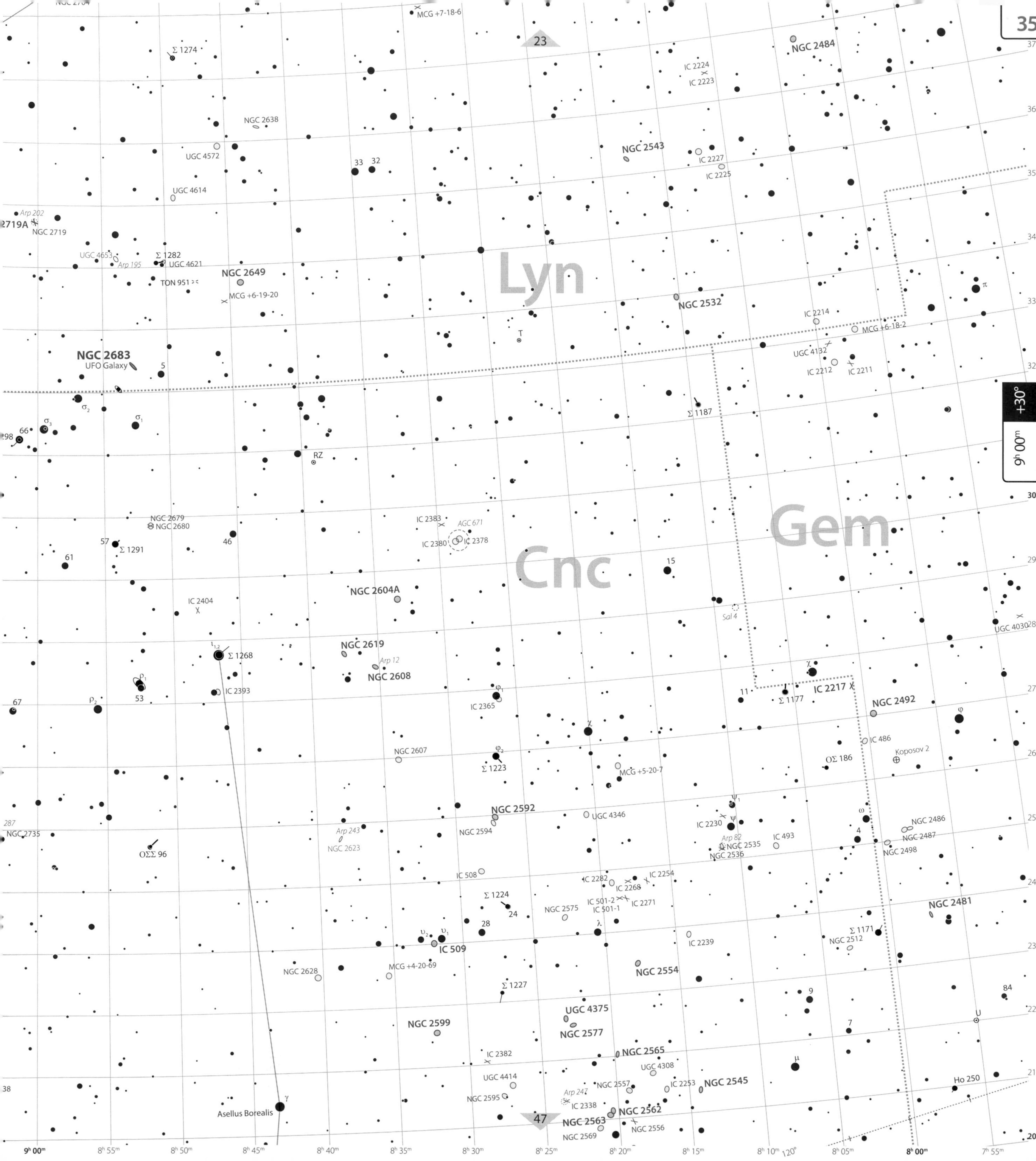
Lyn
Cnc
Gem
23
47
MCG +7-18-6
Σ 1274
NGC 2484
IC 2224
IC 2223
NGC 2638
UGC 4572
33
32
NGC 2543
IC 2227
IC 2225
UGC 4614
Arp 202
2719A
NGC 2719
UGC 4653
Arp 195
Σ 1282
UGC 4621
NGC 2649
TON 951
MCG +6-19-20
NGC 2532
IC 2214
MCG +6-18-2
π
T
NGC 2683
UFO Galaxy
5
UGC 4132
IC 2212
IC 2211
σ2
σ1
σ3
66
98
Σ 1187
RZ
+30°
9h 00m
NGC 2679
NGC 2680
IC 2383
AGC 671
IC 2380
IC 2378
57
Σ 1291
46
61
15
NGC 2604A
IC 2404
Sal 4
UGC 4030
ι1,2
Σ 1268
NGC 2619
Arp 12
NGC 2608
ρ1
53
IC 2393
67
ρ2
φ1
IC 2365
χ
11
Σ 1177
IC 2217
NGC 2492
φ
IC 486
Koposov 2
OΣ 186
NGC 2607
φ2
Σ 1223
MCG +5-20-7
287
NGC 2735
Arp 243
NGC 2623
NGC 2592
NGC 2594
UGC 4346
ψ1
ψ
IC 2230
Arp 82
NGC 2535
NGC 2536
IC 493
ω
4
NGC 2486
NGC 2487
NGC 2498
OΣΣ 96
IC 508
IC 2282
IC 2268
IC 2254
IC 501-2
IC 501-1
IC 2271
Σ 1224
24
NGC 2575
λ
NGC 2481
Σ 1171
NGC 2512
28
υ2
υ1
IC 509
IC 2239
NGC 2628
MCG +4-20-69
NGC 2554
Σ 1227
9
84
UGC 4375
NGC 2577
NGC 2599
U
7
IC 2382
NGC 2565
UGC 4308
μ
UGC 4414
NGC 2557
IC 2253
NGC 2545
Ho 250
38
Arp 247
IC 2338
NGC 2595
NGC 2562
NGC 2563
NGC 2556
NGC 2569
γ
Asellus Borealis
37°
36°
35°
34°
33°
32°
30°
29°
28°
27°
26°
25°
24°
23°
22°
21°
20°
9h 00m
8h 55m
8h 50m
8h 45m
8h 40m
8h 35m
8h 30m
8h 25m
8h 20m
8h 15m
8h 10m
120°
8h 05m
8h 00m
7h 55m

Lyn
Gem
Cnc
24
48
+30°
7h 00m
Intergalactic Wanderer
63
U
62
NGC 2484
IC 2224
IC 2223
OΣ 177
NGC 2543
IC 2227
IC 2225
UGC 3849
65
Σ 994
MC
NGC 2415
Arp 250
IRAS 07327+3529
70
UGC 3752
NGC 2333
AGC 568
NGC 2532
IC 2203
Str 3
Σ 1054
IC 2214
Σ 1119
NGC 2389
NGC 2379
NGC 2373
UGC 3829
UGC 4132
MCG +6-18-2
IC 2212
IC 2211
MCG +6-16-12
Σ 1187
MCG
Castor
YY
Σ 1110
NGC 2435
IC 2193
IC 2196
IC 2199
OΣ 171
MCG +5-17-12
15
Sal 4
UGC 3841
UGC 3995
Double Bubble Nebula
NGC 2371-2
Str 2
Str
UGC 4030
MCG +5-19-4
Pollux
11
Σ 1177
IC 2217
OΣ 520
64
65
53
59
NGC 2492
NGC 2449
IC 2205
MCG +5-18-11
Σ 1037
NGC 2331
IC 486
OΣ 186
Koposov 2
47
76
NGC 2405-2
NGC 2405-1
IC 493
NGC 2486
NGC 2487
NGC 2498
49
SW
39
40
57
52
Σ 1000
OΣ 179
NO
NGC 2398-1
Σ 1171
NGC 2512
NGC 2481
T
IC 2198
48
S
NGC 2370
9
82
MCG +4-18-7
NGC 2376
Σ 1108
58
7
84
U
UGC 3824
R
44
S 548
NGC 2365
Σ 1035
110°
NGC 2420
Σ 1066
Wasat
AI J0708.5+2159
Ho 250
63
IC 2187
Ho 247
Σ 1081
NGC 2392
Eskimo Nebula
37°
36°
35°
34°
33°
32°
30°
29°
28°
27°
26°
25°
24°
23°
22°
21°
20°
8h 05m
8h 00m
7h 55m
7h 50m
7h 45m
7h 40m
7h 35m
7h 30m
7h 25m
7h 20m
7h 15m
7h 10m
7h 05m
7h 00m

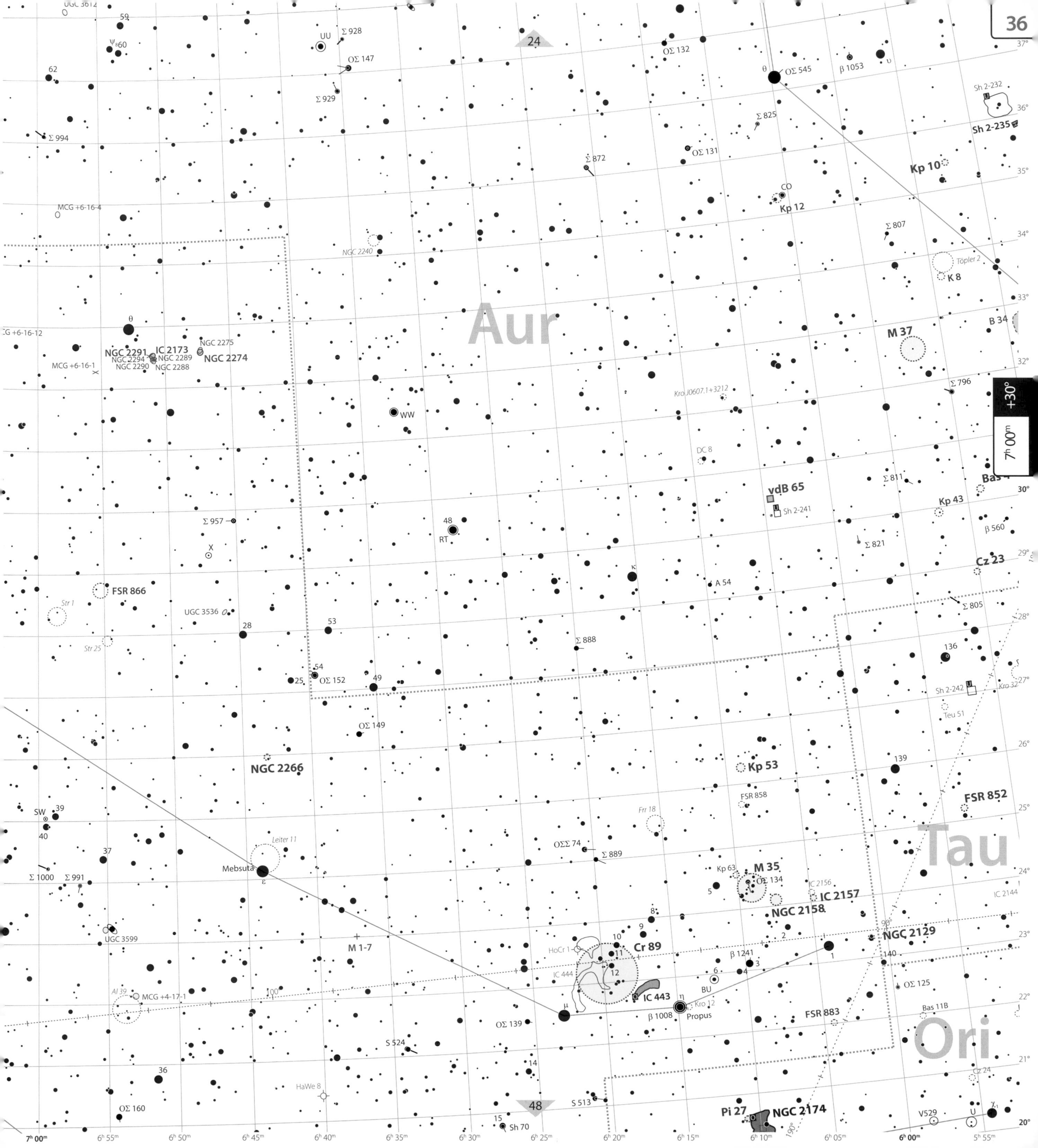
Aur
Tau
Ori
24
48
+30°
7h 00m
UGC 3612
59
ψ8 60
62
UU
Σ 928
OΣ 147
Σ 929
OΣ 132
θ
OΣ 545
β 1053
υ
Sh 2-232
Sh 2-235
Σ 825
Σ 994
OΣ 131
Σ 872
Kp 10
MCG +6-16-4
CO
Kp 12
Σ 807
NGC 2240
Töpler 2
K 8
B 34
M 37
θ
NGC 2291
IC 2173
NGC 2275
NGC 2274
NGC 2294
NGC 2289
NGC 2290
NGC 2288
MCG +6-16-1
Σ 796
Kro J0607.1+3212
WW
DC 8
Σ 811
vdB 65
Sh 2-241
Kp 43
Σ 957
48
RT
Σ 821
β 560
X
Cz 23
κ
A 54
FSR 866
Str 1
UGC 3536
Σ 805
28
53
Σ 888
136
Str 25
54
OΣ 152
25
49
Sh 2-242
Kro 32
Teu 51
OΣ 149
NGC 2266
Kp 53
139
FSR 858
FSR 852
SW
39
40
Frr 18
Leiter 11
37
OΣΣ 74
Σ 889
Mebsuta
ε
Kp 63
M 35
OΣ 134
IC 2156
IC 2157
Σ 1000
Σ 991
5
NGC 2158
IC 2144
UGC 3599
8
9
10
Cr 89
HoCr 1
11
M 1-7
2
NGC 2129
β 1241
3
1
140
IC 444
12
6
4
IC 443
BU
OΣ 125
Al 39
MCG +4-17-1
100°
μ
η
Kro 12
Propus
β 1008
OΣ 139
FSR 883
Bas 11B
S 524
14
36
HaWe 8
Cz 24
S 513
OΣ 160
15
Sh 70
Pi 27
NGC 2174
V529
U
χ1
190°
37°
36°
35°
34°
33°
32°
30°
29°
28°
27°
26°
25°
24°
23°
22°
21°
20°
7h 00m
6h 55m
6h 50m
6h 45m
6h 40m
6h 35m
6h 30m
6h 25m
6h 20m
6h 15m
6h 10m
6h 05m
6h 00m
5h 55m

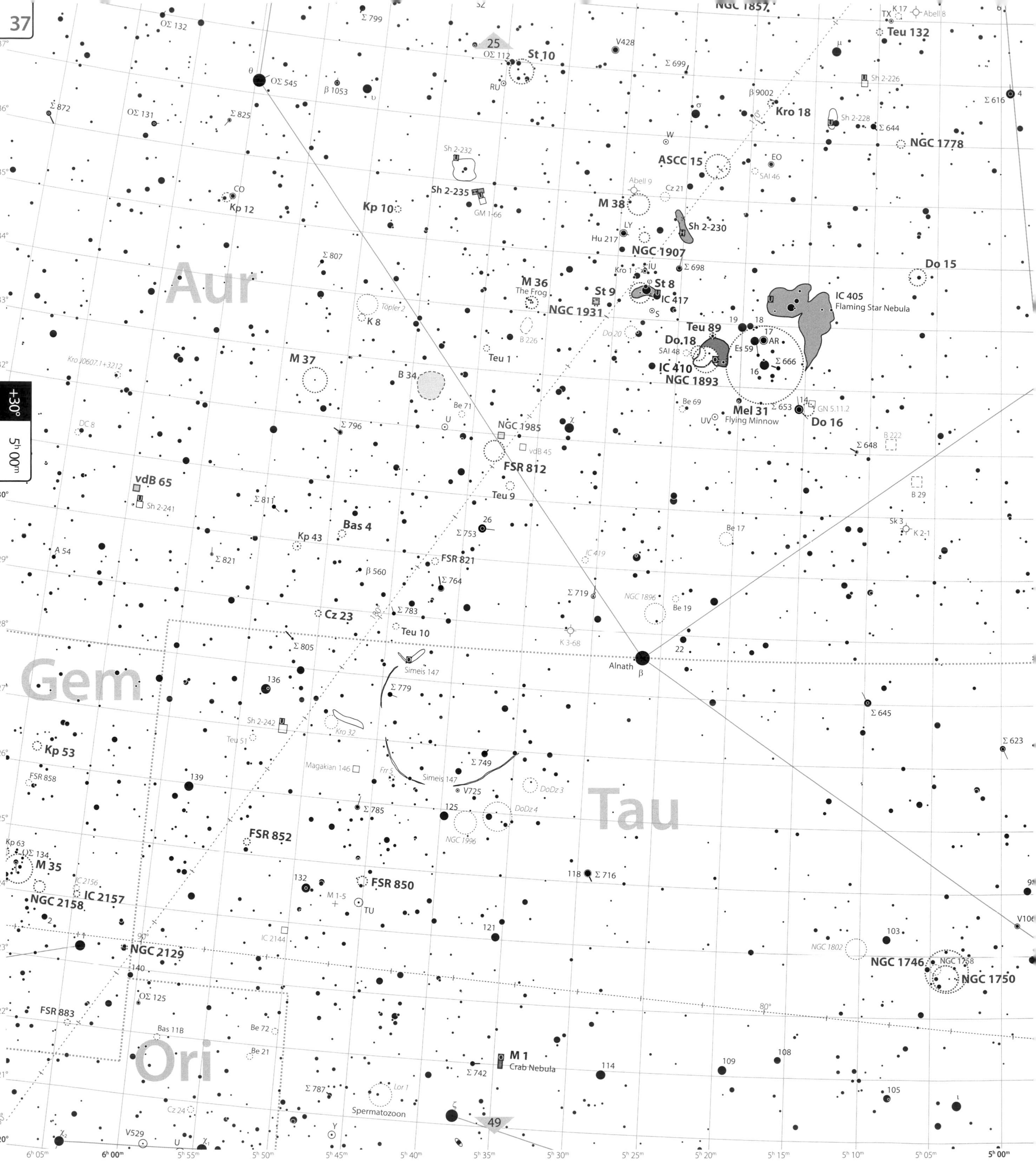
Aur
Gem
Tau
Ori
+30°
5h 00m
NGC 1857
Teu 132
St 10
OΣ 112
OΣ 132
Σ 799
OΣ 545
β 1053
Σ 872
OΣ 131
Σ 825
V428
Σ 699
β 9002
Kro 18
Sh 2-226
Sh 2-228
Σ 644
NGC 1778
Σ 616
ASCC 15
EO
SAI 46
Sh 2-232
Sh 2-235
GM 1-66
Kp 10
Kp 12
CO
Abell 9
Cz 21
M 38
Sh 2-230
LY
Hu 217
NGC 1907
Σ 698
Kro 1
IU
Σ 807
Aur
M 36
The Frog
St 9
NGC 1931
St 8
IC 417
IC 405
Flaming Star Nebula
Do 15
Töpler 2
K 8
B 226
Do 20
Teu 89
Do.18
SAI 48
Es 59
AR
Σ 666
IC 410
NGC 1893
Teu 1
M 37
Kro J0607.1+3212
B 34
Be 71
Be 69
Mel 31
Flying Minnow
Σ 653
GN 5.11.2
Do 16
NGC 1985
vdB 45
FSR 812
Teu 9
DC 8
Σ 796
Σ 648
B 222
vdB 65
Sh 2-241
Σ 811
B 29
Bas 4
Kp 43
Σ 753
FSR 821
Σ 764
β 560
Be 17
Sk 3
K 2-1
IC 419
A 54
Σ 821
Σ 719
NGC 1896
Be 19
Cz 23
Σ 783
Teu 10
K 3-68
Σ 805
Alnath
Gem
Simeis 147
Σ 779
Σ 645
Sh 2-242
Kro 32
Teu 51
Kp 53
Σ 623
FSR 858
Magakian 146
Frr 5
Σ 749
V725
DoDz 3
DoDz 4
FSR 852
Σ 785
NGC 1996
Tau
Kp 63
OΣ 134
M 35
IC 2156
IC 2157
NGC 2158
FSR 850
M 1-5
TU
Σ 716
IC 2144
NGC 1802
NGC 1746
NGC 1758
NGC 1750
NGC 2129
OΣ 125
FSR 883
Bas 118
Be 72
Be 21
Ori
M 1
Crab Nebula
Σ 742
Σ 787
Lor 1
Spermatozoon
Cz 24
V529
25
49
6h 05m
6h 00m
5h 55m
5h 50m
5h 45m
5h 40m
5h 35m
5h 30m
5h 25m
5h 20m
5h 15m
5h 10m
5h 05m
5h 00m

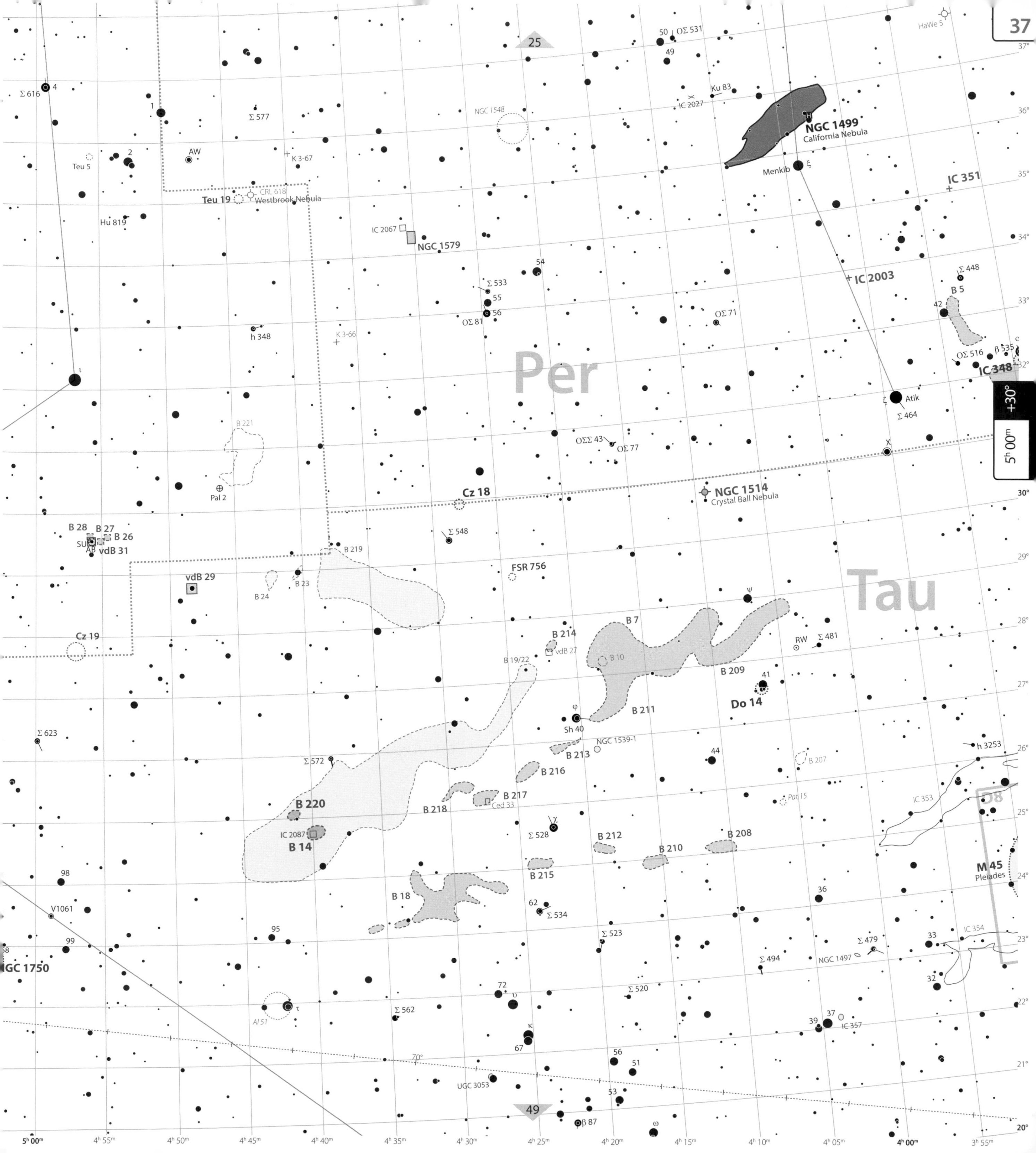
25
49
Per
Tau
+30°
5h 00m
NGC 1499
California Nebula
Menkib
IC 351
IC 2003
IC 2027
Ku 83
NGC 1548
Σ 577
Σ 616
Teu 5
AW
K 3-67
CRL 618
Teu 19
Westbrook Nebula
Hu 819
IC 2067
NGC 1579
Σ 533
OΣ 81
OΣ 71
h 348
K 3-66
Σ 448
B 5
OΣ 516
β 535
IC 348
Atik
Σ 464
B 221
OΣΣ 43
OΣ 77
Pal 2
Cz 18
NGC 1514
Crystal Ball Nebula
B 28
B 27
B 26
SU
AB
vdB 31
Σ 548
B 219
FSR 756
vdB 29
B 24
B 23
Cz 19
B 7
B 214
vdB 27
B 10
B 19/22
RW
Σ 481
B 209
Do 14
B 211
Sh 40
NGC 1539-1
Σ 623
Σ 572
B 213
B 216
h 3253
B 207
Pat 15
B 220
B 218
B 217
Ced 33
IC 353
IC 2087
B 14
Σ 528
B 212
B 208
B 210
B 215
M 45
Pleiades
B 18
Σ 534
V1061
Σ 523
Σ 479
IC 354
NGC 1497
Σ 494
NGC 1750
Σ 520
Σ 562
Al 51
IC 357
70°
UGC 3053
β 87
5h 00m
4h 55m
4h 50m
4h 45m
4h 40m
4h 35m
4h 30m
4h 25m
4h 20m
4h 15m
4h 10m
4h 05m
4h 00m
3h 55m
37°
36°
35°
34°
33°
32°
30°
29°
28°
27°
26°
25°
24°
23°
22°
21°
20°

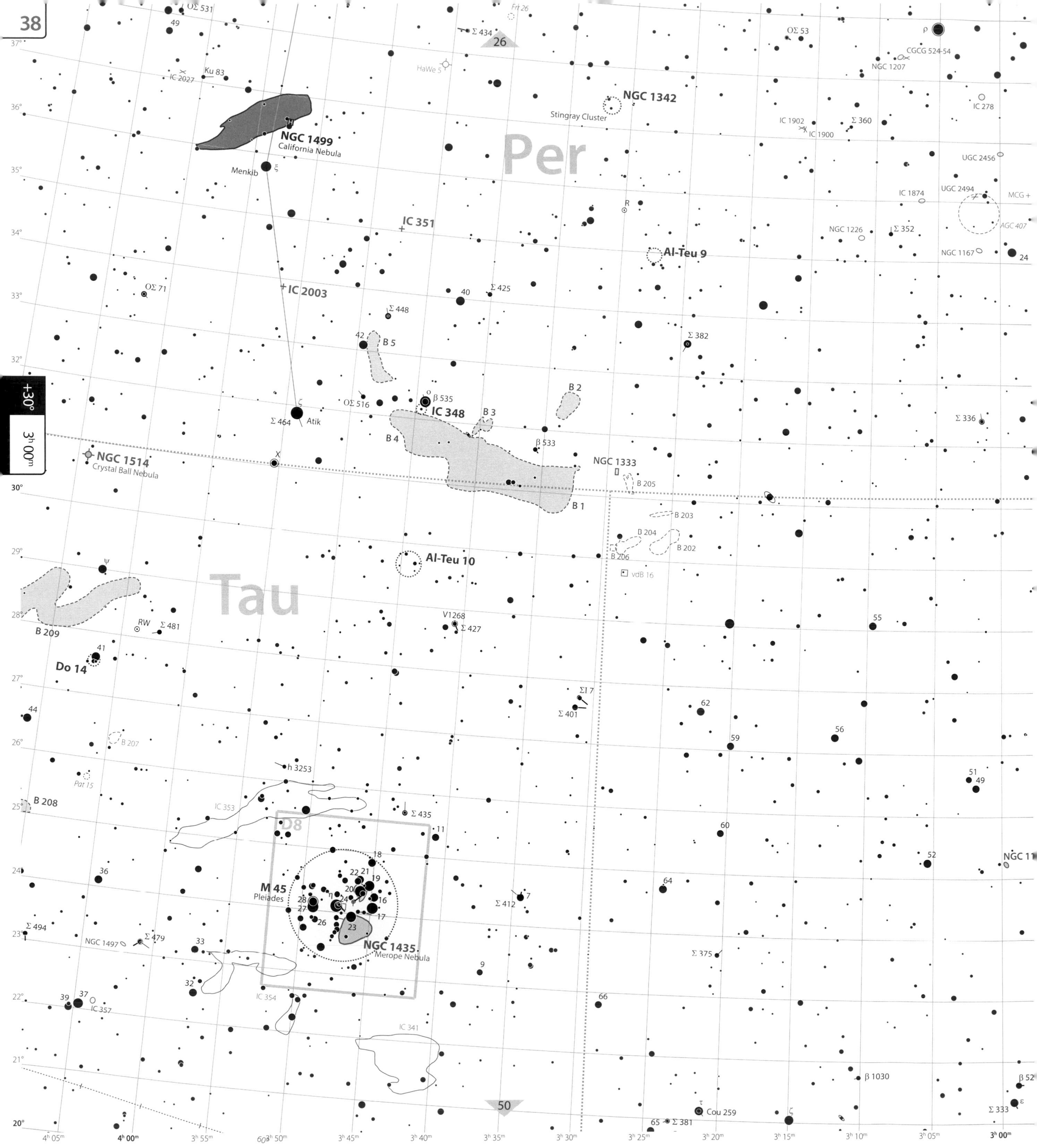
Per
Tau
NGC 1499
California Nebula
Menkib
NGC 1342
Stingray Cluster
IC 351
IC 2003
Al-Teu 9
Al-Teu 10
IC 348
B 1
B 2
B 3
B 4
B 5
NGC 1333
B 205
B 203
B 204
B 202
B 206
vdB 16
NGC 1514
Crystal Ball Nebula
Atik
B 209
Do 14
B 207
B 208
Pat 15
IC 353
IC 354
IC 341
D8
M 45
Pleiades
NGC 1435
Merope Nebula
NGC 1497
IC 357
NGC 1207
CGCG 524-54
IC 278
IC 1902
IC 1900
UGC 2456
IC 1874
UGC 2494
NGC 1226
NGC 1167
AGC 407
HaWe 5
Frt 26
Ku 83
IC 2027
V1268
Cou 259
β 1030
β 535
β 533
Σ 434
Σ 425
Σ 448
Σ 382
Σ 360
Σ 352
Σ 336
Σ 464
Σ 481
Σ 427
Σ 401
Σ 435
Σ 412
Σ 375
Σ 479
Σ 494
Σ 381
Σ 333
ΟΣ 531
ΟΣ 53
ΟΣ 71
ΟΣ 516
h 3253
26
50
+30°
3h 00m
37°
36°
35°
34°
33°
32°
30°
29°
28°
27°
26°
25°
24°
23°
22°
21°
20°
4h 05m
4h 00m
3h 55m
3h 50m
3h 45m
3h 40m
3h 35m
3h 30m
3h 25m
3h 20m
3h 15m
3h 10m
3h 05m
3h 00m

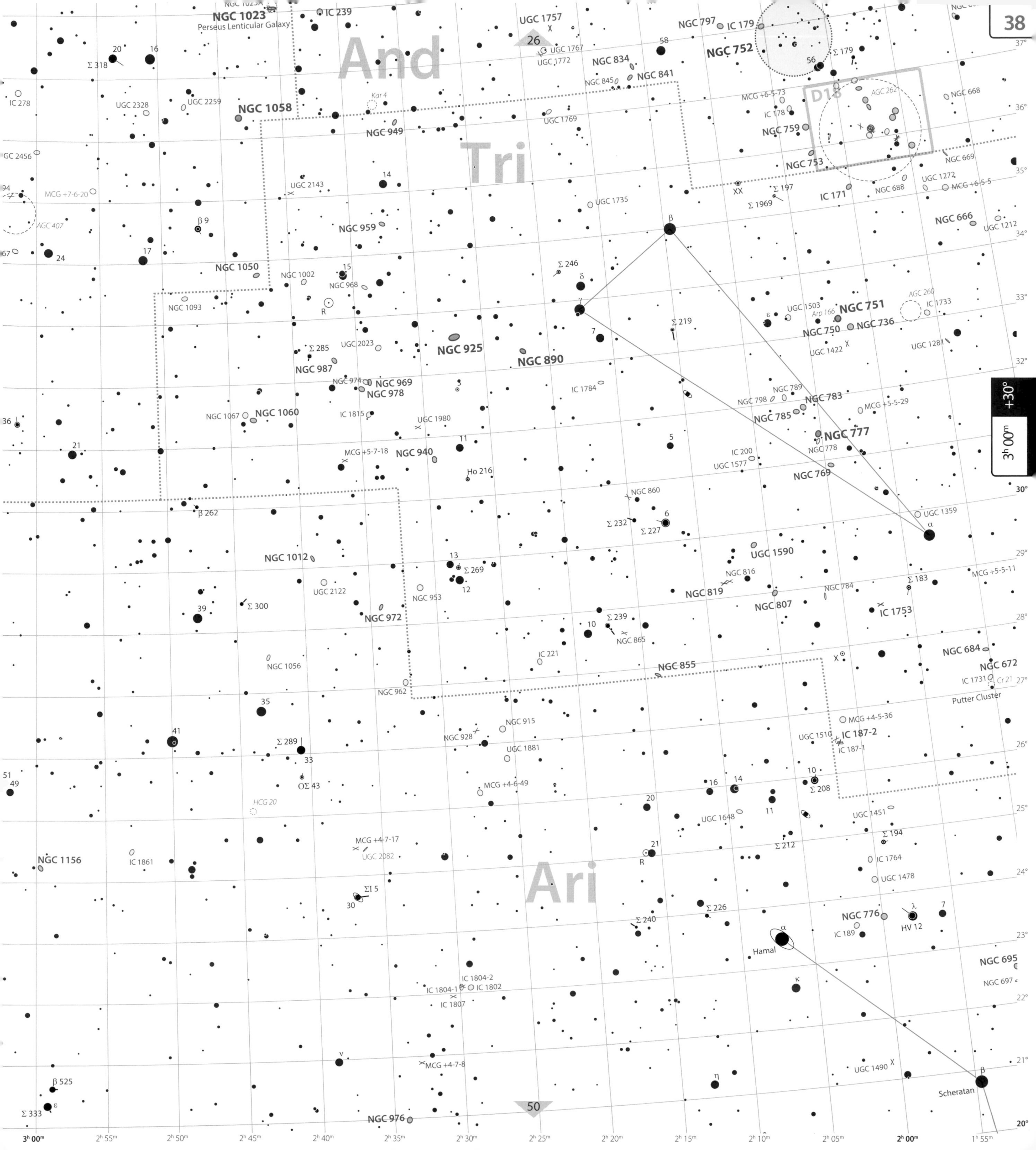
And
Tri
Ari
26
50
NGC 1023
Perseus Lenticular Galaxy
IC 239
UGC 1757
NGC 797
IC 179
NGC 752
Σ 179
56
58
UGC 1767
UGC 1772
NGC 834
NGC 845
NGC 841
Σ 318
20
16
IC 278
UGC 2328
UGC 2259
NGC 1058
Kar 4
NGC 949
UGC 1769
MCG +6-5-73
IC 178
NGC 759
D18
AGC 262
NGC 668
NGC 753
NGC 669
GC 2456
14
UGC 2143
MCG +7-6-20
AGC 407
β 9
UGC 1735
XX
Σ 197
Σ 1969
IC 171
NGC 688
UGC 1272
MCG +6-5-5
24
17
NGC 959
NGC 666
UGC 1212
β
NGC 1050
NGC 1002
15
NGC 968
Σ 246
δ
NGC 1093
R
γ
UGC 1503
Arp 166
NGC 751
AGC 260
IC 1733
NGC 750
NGC 736
7
Σ 219
Σ 285
UGC 2023
NGC 925
NGC 890
UGC 1422
UGC 1281
NGC 987
NGC 974
NGC 969
NGC 978
IC 1784
NGC 789
NGC 798
NGC 783
MCG +5-5-29
NGC 1067
NGC 1060
IC 1815
UGC 1980
NGC 785
NGC 777
NGC 778
36
21
11
MCG +5-7-18
NGC 940
5
IC 200
UGC 1577
Ho 216
NGC 769
NGC 860
β 262
6
Σ 232
Σ 227
UGC 1359
α
NGC 1012
13
Σ 269
12
UGC 1590
UGC 2122
NGC 953
NGC 816
NGC 819
NGC 807
NGC 784
Σ 183
MCG +5-5-11
Σ 300
39
NGC 972
IC 1753
10
Σ 239
NGC 865
NGC 1056
IC 221
NGC 855
NGC 684
NGC 672
IC 1731
Cr 21
Putter Cluster
NGC 962
35
NGC 915
NGC 928
UGC 1881
MCG +4-5-36
UGC 1510
IC 187-2
IC 187-1
41
Σ 289
33
OΣ 43
MCG +4-6-49
16
14
Σ 208
51
49
HCG 20
20
UGC 1648
UGC 1451
Σ 194
Σ 212
MCG +4-7-17
UGC 2082
NGC 1156
IC 1861
21
IC 1764
UGC 1478
ΣI 5
30
Σ 226
Σ 240
NGC 776
IC 189
λ
HV 12
Hamal
κ
NGC 695
NGC 697
IC 1804-2
IC 1802
IC 1804-1
IC 1807
ν
MCG +4-7-8
UGC 1490
η
β 525
ε
Σ 333
Scheratan
NGC 976
37°
36°
35°
34°
33°
32°
30°
29°
28°
27°
26°
25°
24°
23°
22°
21°
20°
3h 00m
2h 55m
2h 50m
2h 45m
2h 40m
2h 35m
2h 30m
2h 25m
2h 20m
2h 15m
2h 10m
2h 05m
2h 00m
1h 55m
+30°
3h 00m

+30°
1h 00m
27
51
And
Tri
Psc
Ari
NGC 834
NGC 797
IC 179
NGC 752
NGC 845
NGC 841
UGC 1769
58
56
Σ 179
MCG +6-5-73
IC 178
NGC 759
NGC 753
D18
AGC 262
XX
Σ 197
Σ 1969
IC 171
NGC 688
UGC 1272
MCG +6-5-5
NGC 669
NGC 662
NGC 668
UGC 1735
β
δ
γ
7
Σ 219
ε
UGC 1503
Arp 166
NGC 751
NGC 750
NGC 736
UGC 1422
AGC 260
IC 1733
UGC 1281
NGC 798
NGC 789
NGC 785
NGC 783
MCG +5-5-29
IC 200
UGC 1577
NGC 777
NGC 778
NGC 769
5
NGC 666
UGC 1212
Σ 143
UGC 1166
MCG +6-4-55
NGC 634
NGC 621
NGC 591
Σ 133
NGC 587
UGC 1125
NGC 614
IC 1718
NGC 579
NGC 582
3C 48
UGC 1095
Arp 98
NGC 604
NGC 595
NGC 592
NGC 588
M 33
Triangulum Galaxy
UGC 1359
α
1
NGC 819
NGC 816
UGC 1590
NGC 807
NGC 784
Σ 183
IC 1753
MCG +5-5-11
NGC 661
UGC 1154
NGC 670
NGC 684
NGC 672
IC 1727
IC 1731
Cr 21
Putter Cluster
MCG +4-5-36
UGC 1510
IC 187-2
IC 187-1
14
UGC 1648
11
Σ 208
10
NGC 656
UGC 1451
Σ 212
Σ 194
IC 1764
UGC 1478
Hamal
NGC 776
IC 189
λ
HV 12
κ
NGC 695
NGC 697
Σ 174
NGC 694
NGC 678
IC 167
Arp 31
NGC 680
NGC 691
IC 1725
UGC 1490
Scheratan
IC 163
NGC 575
NGC 606
RX
ΟΣΣ 17
ΟΣΣ 11
NGC 425
Σ 104
47
45
Σ 108
NGC 551
Zannin 1
NGC 404
Mirach's Ghost
Mirach
NGC 536
NGC 529
HCG 10
UGC 913
IC 1683
NGC 561
IC 1675
D14
Arp 158
NGC 431
PGC 4601
And II
NGC 443
IC 1638
IC 1636
NGC 507
IC 1648
NGC 410
NGC 414
NGC 407
NGC 394
NGC 392
NGC 451
Arp 229
D11
UGC 937
NGC 472
UGC 901
IC 1666
UGC 959
Arp 331
UGC 724
Σ 98
NGC 420
76
78
ΟΣ 30
σ
CGCG 50
82
Arp 70
IC 69
NGC 338
NGC 318
IC 1659
IC 1654
Ren 18
τ
IC 96
IC 1672
91
υ
φ
Σ 99
β 303
UGC 612
S2 0109+224
NGC 354
PGC 3792
Pisces Dwarf
ψ
Σ 88
χ
37°
36°
35°
34°
33°
32°
30°
29°
28°
27°
26°
25°
24°
23°
22°
21°
20°
2h 05m
2h 00m
1h 55m
1h 50m
1h 45m
1h 40m
1h 35m
1h 30m
1h 25m
1h 20m
1h 15m
1h 10m
1h 05m
1h 00m

27
μ
R
Σ 3042
MCG +6-1-30
ρ
PGC 2666
And I
Al 22
σ
Σ 19
Σ 40
UGC 444
UGC 480
PGC 2121
And III
MCG +6-1-12
NGC 272
AQ
ΟΣ 513
Nailion 1
Σ 3056
MCG +6-1-26
RR
Σ 3050
π
h 5451
NGC 29
NGC 20
IC 5355
HV 17
Σ 55
NGC 7836
TW
IC 5372
NGC 19
AC 1
NGC 7831
IC 5370
RW
V348
NGC 287
NGC 226
NGC 266
NGC 7819
Arp 112
NGC 7805
NGC 7806
NGC 7773
NGC 262
NGC 112
CGCG 501-58
NGC 295
NGC 296
NGC 39
NGC 43
UGC 130
Ho 208
1h 00m
+30°
Σ 3058
A 1250
ΣI 1
δ
NGC 140
NGC 338
β 500
NGC 282
NGC 233
NGC 318
NGC 315
NGC 311
NGC 72
NGC 70
NGC 72A
NGC 68
NGC 71
Arp 113
Arp 86
NGC 7753
NGC 7752
Σ 42
NGC 97
NGC 76
NGC 243
CGCG 500-74
AGC 71
28
Σ 28
UGC 215
Σ 17
MCG +5-1-63
α
Alpheraz
UGC 12840
79
NGC 7775
UGC 12835
NGC 7777
IC 43
NGC 183
ε
NGC 108
68
UGC 540
HCG 99
UGC 12899
β 255
AGC 2666
NGC 16
NGC 2
NGC 1
NGC 7833
NGC 7768
NGC 260
NGC 258
NGC 252
65
Σ 61
IC 46
UGC 221
T
85
β 733
67
UGC 68
UGC 12896
NGC 326
Σ 24
B2 0017+257
NGC 23
NGC 26
Z
TU
HCG 1
UGC 248A
UGC 375
UGC 411
Peg
ψ
KKH 99
Peg Dwarf, And VI
PG 0052+251
NGC 214
And
NGC 9
NGC 304
ζ
Σ 47
Arp 282
IC 1559
NGC 169
NGC 160
UGC 12915
UGC 12914
Taffy Galaxies
UGC 612
36
η
Σ 73
HCG 8
Arp 249
UGC 425
NGC 85A
NGC 79
NGC 83
IC 1542
NGC 93
NGC 90
NGC 80
Arp 65
NGC 7784
83
23
NGC 7786
IC 1586
IC 1543
NGC 41
55
Σ 46
54
UGC 364
NGC 7817
NGC 7798
51
61
1h 00m
0h 55m
0h 50m
0h 45m
0h 40m
0h 35m
0h 30m
0h 25m
0h 20m
0h 15m
0h 10m
0h 05m
0h 00m
23h 55m
37°
36°
35°
34°
33°
32°
30°
29°
28°
27°
26°
25°
24°
23°
22°
21°
20°

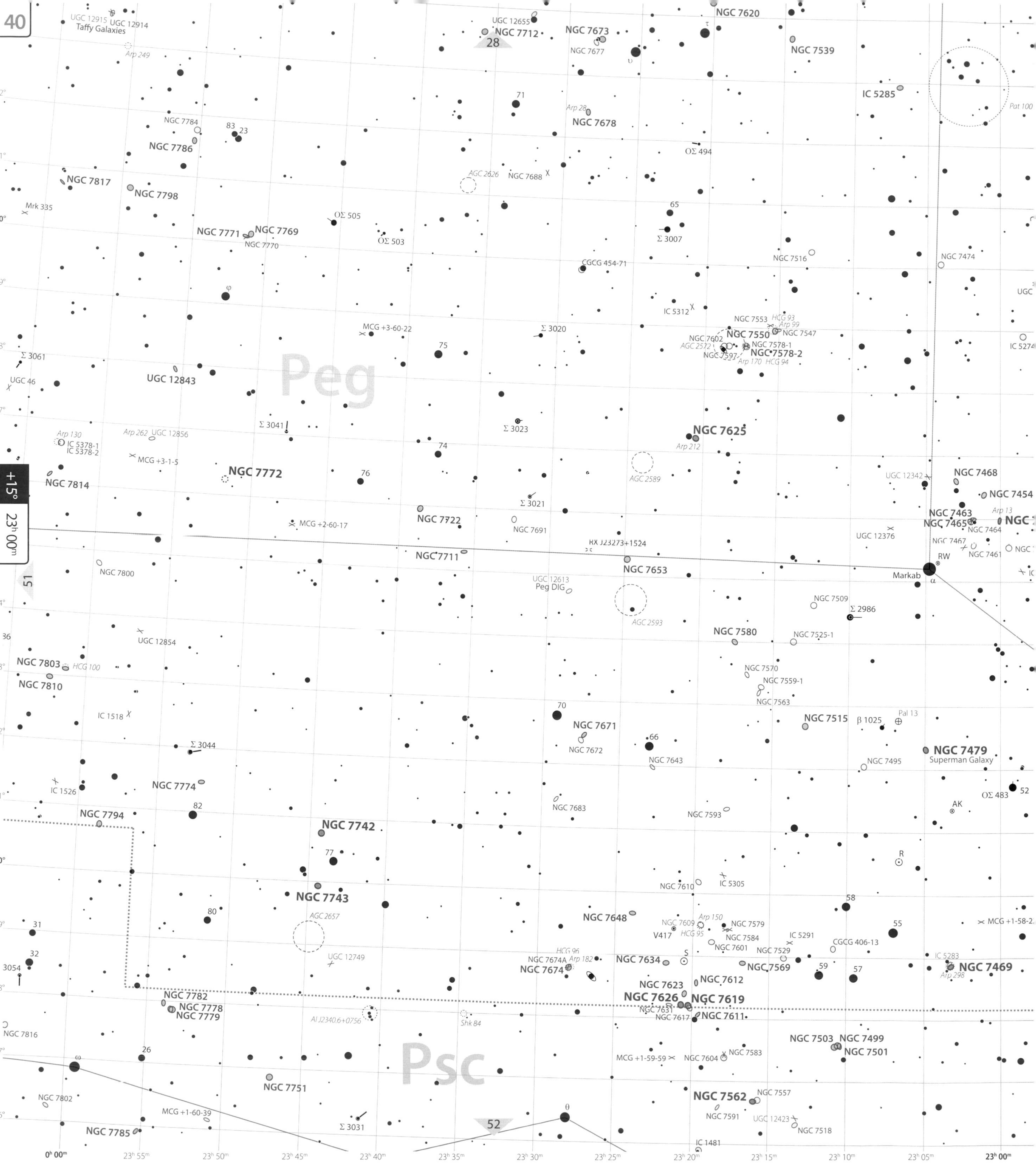
UGC 12915
UGC 12914
Taffy Galaxies
Arp 249
UGC 12655
NGC 7712
28
NGC 7673
NGC 7677
NGC 7620
NGC 7539
IC 5285
Pat 100
71
Arp 28
NGC 7678
NGC 7784
83
23
NGC 7786
ΟΣ 494
NGC 7817
NGC 7798
AGC 2626
NGC 7688
Mrk 335
65
ΟΣ 505
NGC 7771
NGC 7769
NGC 7770
ΟΣ 503
Σ 3007
NGC 7516
NGC 7474
CGCG 454-71
φ
IC 5312
HCG 93
NGC 7553
Arp 99
MCG +3-60-22
Σ 3020
NGC 7602
NGC 7550
NGC 7547
AGC 2572
NGC 7578-1
NGC 7597
NGC 7578-2
Arp 170
HCG 94
IC 5274
Σ 3061
75
UGC 46
UGC 12843
Peg
Σ 3041
Σ 3023
NGC 7625
Arp 212
Arp 130
Arp 262
UGC 12856
IC 5378-1
IC 5378-2
74
MCG +3-1-5
NGC 7772
76
AGC 2589
NGC 7814
Σ 3021
UGC 12342
NGC 7468
NGC 7454
NGC 7463
Arp 13
NGC 7465
NGC 7464
NGC 7722
NGC 7691
MCG +2-60-17
UGC 12376
RX J23273+1524
NGC 7467
NGC 7461
NGC 7711
RW
NGC 7800
NGC 7653
Markab
α
51
UGC 12613
Peg DIG
NGC 7509
Σ 2986
AGC 2593
36
UGC 12854
NGC 7580
NGC 7525-1
NGC 7803
HCG 100
NGC 7570
NGC 7810
NGC 7559-1
NGC 7563
IC 1518
70
NGC 7515
β 1025
Pal 13
NGC 7671
Σ 3044
66
NGC 7672
NGC 7479
Superman Galaxy
NGC 7643
NGC 7495
IC 1526
NGC 7774
52
ΟΣ 483
82
NGC 7683
AK
NGC 7794
NGC 7593
NGC 7742
77
R
NGC 7610
IC 5305
58
NGC 7743
80
31
AGC 2657
NGC 7648
NGC 7609
Arp 150
NGC 7579
V417
HCG 95
NGC 7584
55
MCG +1-58-2
IC 5291
NGC 7601
CGCG 406-13
32
UGC 12749
HCG 96
NGC 7529
IC 5283
NGC 7674A
Arp 182
NGC 7634
S
3054
NGC 7674
NGC 7569
59
57
NGC 7469
Arp 298
NGC 7623
NGC 7612
NGC 7782
NGC 7778
NGC 7626
NGC 7619
NGC 7779
NGC 7631
NGC 7617
NGC 7611
AI J2340.6+0756
Shk 84
NGC 7816
NGC 7503
NGC 7499
Psc
26
NGC 7501
ω
MCG +1-59-59
NGC 7604
NGC 7583
NGC 7751
NGC 7802
NGC 7562
NGC 7557
MCG +1-60-39
Σ 3031
θ
NGC 7591
UGC 12423
NGC 7785
52
NGC 7518
IC 1481
22°
21°
20°
19°
18°
17°
+15°
23h 00m
14°
13°
12°
11°
10°
9°
8°
7°
6°
0h 00m
23h 55m
23h 50m
23h 45m
23h 40m
23h 35m
23h 30m
23h 25m
23h 20m
23h 15m
23h 10m
23h 05m
23h 00m

28
52
+15°
23h 00m
Peg
NGC 7339
NGC 7332
λ
IC 5243
IC 5242
IC 5258
Cou 240
Pat 100
HS 2154+2228
Hu 388
25
Σ 2934
NGC 7321
NGC 7375
33
28
Σ 2861
51
NGC 7316
39
NGC 7411
Σ 2841
IC 1420
UGC 12066A
41
40
UGC 12265
45
UGC 12200
NGC 7323
IC 5274
AF
NGC 7177
Σ 2877
Σ 2908
NGC 7290
NGC 7206
NGC 7272
NGC 7244
NGC 7468
NGC 7454
UGC 11908
Arp 13
NGC 7448
NGC 7280
NGC 6464
NGC 7442
NGC 7461
IC 1461
Balbinot 1
RS
Y
Hu 982
Mrk 304
MCG +2-56-26
Arp 169
NGC 7237
NGC 7236
Σ 2854
NGC 7159
20
T
NGC 7194
17
β 701
31
UGC 11865
479
Galaxy
ξ
NGC 7386
NGC 7385
NGC 7383
OΣ 483
52
Σ 2958
NGC 7305
21
NGC 7190
NGC 7193
β 75
NGC 7372
NGC 7374A
NGC 7366
ζ
Homam
Σ 2857
MCG +2-56-6
σ
IC 5161
MCG +1-58-22
36
NGC 7469
ρ
NGC 7362
AT
19
IC 1414
UGC 12138
UGC 12074
Σ 2878
Σ 2867
MCG +1-56-4
18
θ
Biham
V
Σ 2848
UGC 12178
30
22°
21°
20°
19°
18°
17°
14°
13°
12°
11°
10°
9°
8°
7°
6°
23h 00m
22h 55m
22h 50m
22h 45m
22h 40m
22h 35m
22h 30m
22h 25m
22h 20m
22h 15m
22h 10m
22h 05m
22h 00m

29
53
+15°
21h 00m
Peg
Vul
Equ
DX
HS 2154+2228
12
2
34
Abell 74
R
NGC 7053
NGC 7137
25
33
Σ 2769
SW
Σ 2861
β 74
Σ 2804
IC 1420
Σ 2841
Σ 2834
5
1
ΣII 11
Σ 2767
IC 5080
IC 5081
Cou 430
NGC 7056
NGC 7177
NGC 7084
13
9
Al J2145.0+1647
NGC 7003
NGC 7206
French 1
NGC 7025
Toadstool
NGC 7006
OΣΣ 224
OΣ 424
X
Σ 2854
MCG +2-54-12
20
NGC 7159
Σ 2797
NGC 7042
NGC 7194
TU
NGC 7094
UGC 11698
Σ 2
R
17
UGC 11865
Pease 1
M 15
NGC 7068
21
NGC 7190
IC 5083
UGC 11700
NGC 7193
β 75
Σ 2799
NGC 7015
18
Picot 2
MCG +2-56-6
Al J2142.5+1005
ε
Enif
PG 2130+099
δ
γ
Knott 5
6
Σ 2765
UGC 11671
Σ 2793
Σ 2786
EE
IC 1414
19
NGC 7101
NGC 7040
MCG +1-55-5
MCG +1-56-4
Al J2108.8+0731
MCG +1-53-11
9
18
β 270
λ
Σ 2742
OΣ 428
β
3
ΣI 56
V
Σ 2848
Le-Wa J2108.8+0621
NGC 7102
7
4
4
22h 00m
21h 55m
21h 50m
21h 45m
21h 40m
21h 35m
21h 30m
21h 25m
21h 20m
21h 15m
21h 10m
21h 05m
21h 00m
22°
21°
20°
19°
18°
17°
14°
13°
12°
11°
10°
9°
8°
7°
6°

Al 12
Kro J2048.9+2312
RU
Patchick 15
29
22
14
NGC
Σ 2599
M 27
Dumbbell Nebula
22°
33
NGC 6938
Σ 2655
Abell 68
21°
18
29
Σ 2631
V
Σ 2637
θ
X
Ro 3
ΣI 48
Snail Cluster
Ray 6
Patchick 25
He 1-5
Leiter 4
WeSb 5
η
20°
NGC 6905
Blue Flash Nebula
NGC 6886
Webb 12
γ
Σ 2721
Σ 2722
Σ 2679
Stn 33
19°
M 71
C 5080
V
LQ
Sge
H 20
Al 11
18°
KP
EU
Patchick 23
NGC 6839
Lor 4
NGC 7003
X
Z
K 3-51
Str 67
13
15
17°
11
10
S
NGC 6879
IC 4997
R
Σ 2634
S
Stn 32
Ray 11
14
+15°
NGC 7006
Σ 2738
T
γ12
Poskus 1
NGC 6950
RS
Σ 2651
OΣ 397
α
Σ 2727
Σ 2725
S
21h 00m
OΣ 424
Patchick 26
ρ
δ
Σ 2703
β
ζ
10
DM
Σ 2665
Σ 2616
14°
17
θ
Abell 72
Σ 2673
Σ 2664
η
13°
RU
SY
β 428
UGC 11512
Σ 2736
Σ 2718
16
15
NGC 6956
NGC 6891
NGC 6840
NGC 6843
12°
Σ 2723
MCG +2-52-25
Σ 2701
Σ 2620
Y
NGC 6858
φ
Thompson 1
ι
ε
Σ 2690
Del
Str 49
11°
18
1
Σ 2613
β 63
NGC 6988
10°
Pat 83
κ
CT
NGC 6930
NGC 6928
NGC 6972
1
9°
Σ 2628
Σ 2621
R
Aql
8°
NGC 6917
14
NN
NGC 6934
τ
7°
λ
Σ 2733
Σ 2612
NGC 6944
NGC 6944A
S 740
NGC 6906
6°
Σ 2730
UGC 11639
13
NGC 6971
53
UGC 11524
21h 00m
20h 55m
20h 50m
20h 45m
20h 40m
20h 35m
20h 30m
20h 25m
20h 20m
20h 15m
20h 10m
20h 05m
20h 00m

Ro 2
NGC 6820
Arn 48
Outters 3
V336
LDN 778
FSR 154
NGC 6830
NGC 6823
30
Teu 40
M 27
Dumbbell Nebula
Σ 2599
Ren 5
Vul
vdB 126
β 248
Σ 2445
Abell 54
22°
He 1-3
β 141
RS
Σ 2457
Abell 68
NGC 6793
Σ 2455
21°
Σ 2631
French 3
Cz 40
K 3-35
Seahorse Nebula
NGC 6827
Σ 2577
Σ 2523
Ro 3
Snail Cluster
Ray 6
Σ I 48
Sh 2-83
20°
WeSb 5
Leiter 4
U
Σ 2540
K 4-10
NGC 6802
Stn 33
Stn 31
M 1-71
Cr 399
Coat Hanger
19°
M 71
Σ 2585
Pat 10
Σ 2552
U
Be 44
Abell 59
H 20
Sh 2-84
Teu 27
Σ 2504
Σ 2437
Σ 2484
18°
K 3-51
WR 128
Kro 79
Teu 42
Pal 10
NGC 6839
Ponsot 1
OΣ 375
Sh 2-82
Ro 1
Sge
Abell 52
Lor 4
Str 67
17°
IPHASX J194359.5+170901
Necklace Nebula
Be 47
He 2-430
Stn 30
Abell 63
W
PM 1-295
Σ 2569
β 139
Σ 2442
HN 84
Stn 32
Sh 2-80
Merril's Star Nebula
+15°
19h 00m
OΣ 397
V889
OΣ 368
Me 1-1
HV 104
FSR 133
Al 57
Be 45
LDN 720
Σ 2596
M 1-74
M 1-73
Σ 2616
K 26
Σ 2489
14°
Aql
Kro 13
CTSS 3
K 25
PC 22
13°
Σ 2424
UGC 11512
FSR 124
LDN 669
B 337
LDN 684
Ju 1
Be 82
NGC 6843
NGC 6840
12°
Σ 2567
Σ 2426
B 336
B 334
PB 10
A 1181
Σ 2620
Ray 18
NGC 6837
Σ 2583
Al J1933.7+1147
RT
NGC 6858
B 143
B 340
Leiter 5
LDN 676
NGC 67
11°
Str 49
Do 35
Barnard's E
Be 43
LDN 673
Σ 2613
B 142
Σ 2570
Abell 62
B 333
10°
Pat 83
Tarazed
PB 9
AG 391
Ray 15
FM
CTSS 1
RV
LDN 688
NGC 6803
Vy 2-2
9°
Parsamyan 21
Al 56
OΣ 370
Altair
NGC 6804
B 339
B 332
Σ 2562
8°
NGC 6828
R
B 335
B 330
M 4-14
B 331
7°
B 338
K 3-36
Σ 2612
Σ 2449
Σ 2446
Alshain
NGC 6781
Snowglobe Nebula
Abell 53
Ju 3
6°
54
20h 00m
19h 55m
19h 50m
19h 45m
19h 40m
19h 35m
19h 30m
19h 25m
19h 20m
19h 15m
19h 10m
19h 05m
19h 00m

Her
Oph
30
54
+15°
19h 00m
NGC 6623-2
NGC 6619
NGC 6623-1
NGC 6482
OΣ 359
MCG +4-43-31
97
NGC 6658
NGC 6641
NGC 6661
Σ 2310
98
22°
113
NGC 6669
106
IC 1269
109
Σ 2264
AC
β 641
NGC 6579
NGC 6577
OΣ 341
95
Al 62
NGC 6580
21°
112
NGC 6571
MCG +4-42-17
NGC 6586
102
Σ 2401
96
Σ 2360
Hu 2-1
110
20°
Σ 2415
101
K 4-10
Sal 14
UGC 11294
OΣ 346
RY
MCG +3-47-8
19°
Σ 2319
37
NGC 6587
Σ 2245
NGC 6490
NGC 6548
NGC 6501
NGC 6500
NGC 6495
18°
111
Al 115
NGC 6555
Σ 2339
17°
FF
93
MCG +3-47-10
OΣ 358
Σ 2289
442
NGC 6627
Z
V991
NGC 6574
ε
NGC 6635
M 3-27
14°
NGC 6570
Σ 2411
TSS 3
10
Σ 2424
11
NGC 6615
13°
Σ 2409
Σ 2330
669
Σ 2426
RX
UGC 11055
Al 19
Σ 2276
12°
IC 4676
RT
NGC 6738
11°
β 265
NGC 6525
Ling 2
Σ 2408
Σ 2404
10°
CTSS 1
NGC 6724
NGC 6709
Cn 3-1
72
S 704
9°
V839
O'Neal 13
71
X
Hu 198
8°
GM 1-56
OΣΣ 164
7°
UGC 11093
NGC 6572
Emerald Nebula
OΣ 354
62
NGC 6633
Σ 2329
Σ 2283
NGC 6509
6°
RCW 181
OΣ 345
19h 00m
18h 55m
18h 50m
18h 45m
18h 40m
18h 35m
18h 30m
18h 25m
18h 20m
18h 15m
18h 10m
18h 05m
18h 00m

31
55
+15°
17h 00m
Her
Oph
NGC 6417
DoDz 8
UGC 10813
NGC 6308
NGC 6314
NGC 6315
NGC 6276
NGC 6278
97
NGC 6482
98
73
RS
22°
SY
OΣ 341
95
Σ 2264
OΣ 335
21°
MCG +4-42-17
IC 1269
OΣΣ 152
UGC 10787
96
Σ 2135
Σ 2190
NGC 6452
20°
Sal 14
NGC 6321
RY
19°
Ren 6
Pry 2
β 822
IC 123
NGC 6548
Σ 2245
NGC 6501
NGC 6500
NGC 6490
NGC 6495
NGC 6408
18°
UGC 10987
Σ 2205
Σ 2215
UGC 10919
17°
93
NGC 6389
NGC 6379
NGC 6375
NGC 6347
β 1251
Z
OΣ 338
Σ 2160
DoDz 7
Σ 2222
UGC 10985
MCG +2-45-5
14°
Rasalgethi
α1,2
Σ 2140
Lor 2
UGC 10864
32
13°
34
33
Str 64
54
56
NGC 6413
α
Rasalhague
IC 1255
60
UGC 11055
12°
IC 4676
11°
RT
Σ 2166
NGC 6525
Abell 43
e
IC 1243
10°
37
UGC 10699
53
ΣI 34
RU
9°
8°
Σ 2114
OΣΣ 164
7°
UGC 11093
OΣ 337
NGC 6384
IC 4665
UGC 10778
NGC 6280-2
6°
NGC 6509
Pat 50
MCG +1-45-2
vdB 111
18h 00m
17h 55m
17h 50m
17h 45m
17h 40m
17h 35m
17h 30m
17h 25m
17h 20m
17h 15m
17h 10m
17h 05m
17h 00m

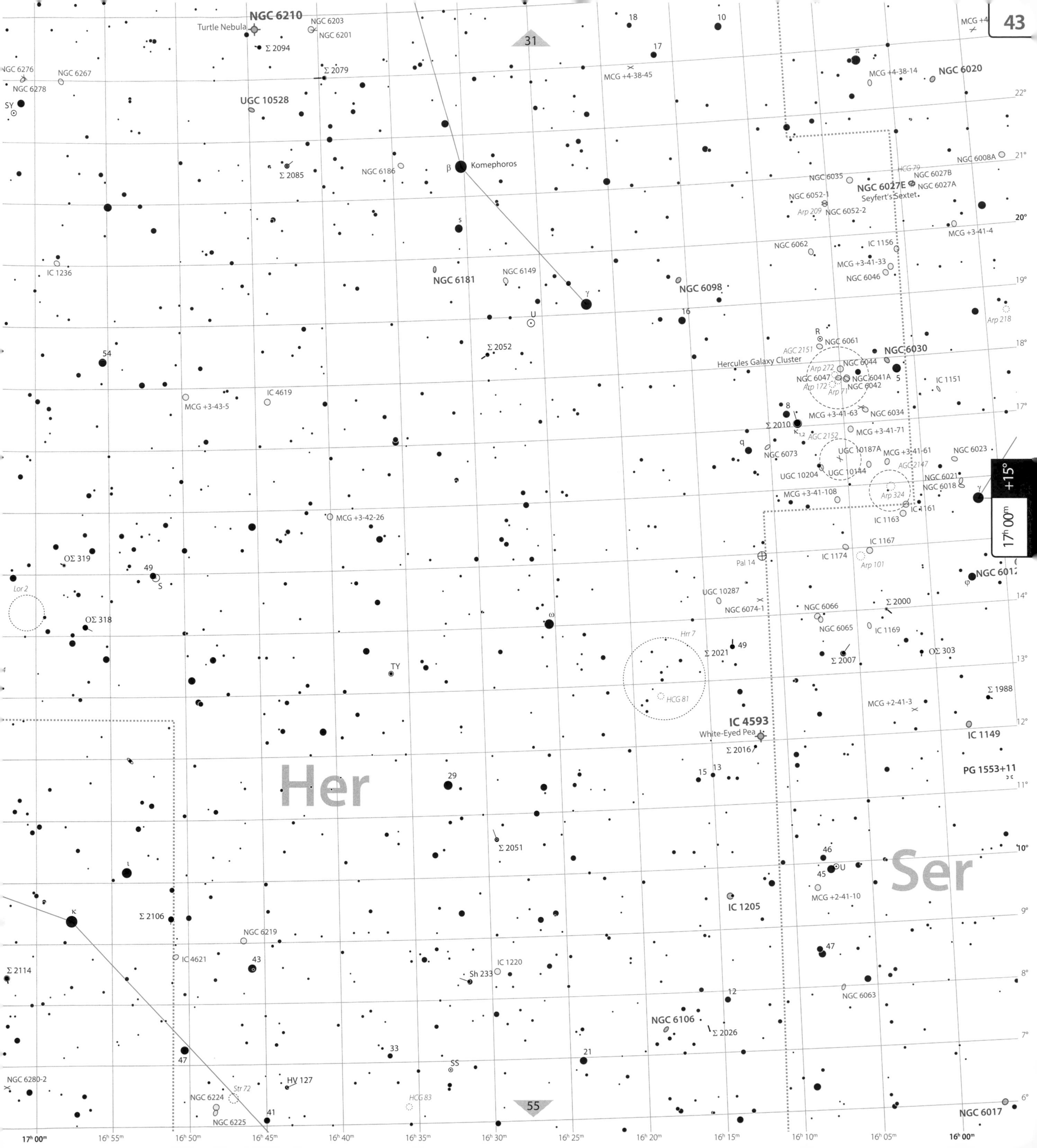

NGC 6210
Turtle Nebula
NGC 6203
NGC 6201
Σ 2094
31
18
10
17
MCG +4-38-45
π
MCG +4-38-14
NGC 6020
NGC 6276
NGC 6267
NGC 6278
Σ 2079
SY
UGC 10528
22°
Σ 2085
NGC 6186
β
Komephoros
NGC 6008A
21°
HCG 79
NGC 6035
NGC 6027B
NGC 6027E
NGC 6027A
NGC 6052-1
Seyfert's Sextet
Arp 209
NGC 6052-2
20°
MCG +3-41-4
IC 1156
NGC 6062
MCG +3-41-33
NGC 6046
IC 1236
NGC 6181
NGC 6149
NGC 6098
19°
γ
U
16
Arp 218
R
NGC 6061
AGC 2151
NGC 6030
54
Σ 2052
18°
Hercules Galaxy Cluster
NGC 6044
Arp 272
NGC 6047
NGC 6041A
IC 1151
Arp 172
Arp 71
NGC 6042
5
IC 4619
MCG +3-43-5
8
MCG +3-41-63
NGC 6034
17°
Σ 2010
MCG +3-41-71
κ1,2
AGC 2152
q
UGC 10187A
MCG +3-41-61
NGC 6023
NGC 6073
AGC 2147
UGC 10204
UGC 10144
NGC 6021
NGC 6018
+15°
MCG +3-41-108
Arp 324
IC 1161
IC 1163
MCG +3-42-26
IC 1167
IC 1174
OΣ 319
Pal 14
Arp 101
49
S
NGC 6012
φ
Lor 2
UGC 10287
NGC 6074-1
14°
NGC 6066
Σ 2000
OΣ 318
NGC 6065
IC 1169
ω
Hrr 7
Σ 2021
49
OΣ 303
Σ 2007
TY
13°
Σ 1988
HCG 81
MCG +2-41-3
IC 4593
White-Eyed Pea
12°
IC 1149
Σ 2016
15
13
Her
29
PG 1553+11
11°
Σ 2051
46
10°
45
U
Ser
ι
MCG +2-41-10
IC 1205
κ
Σ 2106
9°
NGC 6219
47
IC 4621
43
Σ 2114
IC 1220
Sh 233
8°
12
NGC 6063
NGC 6106
Σ 2026
7°
33
47
21
SS
NGC 6280-2
HV 127
Str 72
NGC 6224
HCG 83
6°
55
NGC 6017
NGC 6225
41
17h 00m
16h 55m
16h 50m
16h 45m
16h 40m
16h 35m
16h 30m
16h 25m
16h 20m
16h 15m
16h 10m
16h 05m
16h 00m

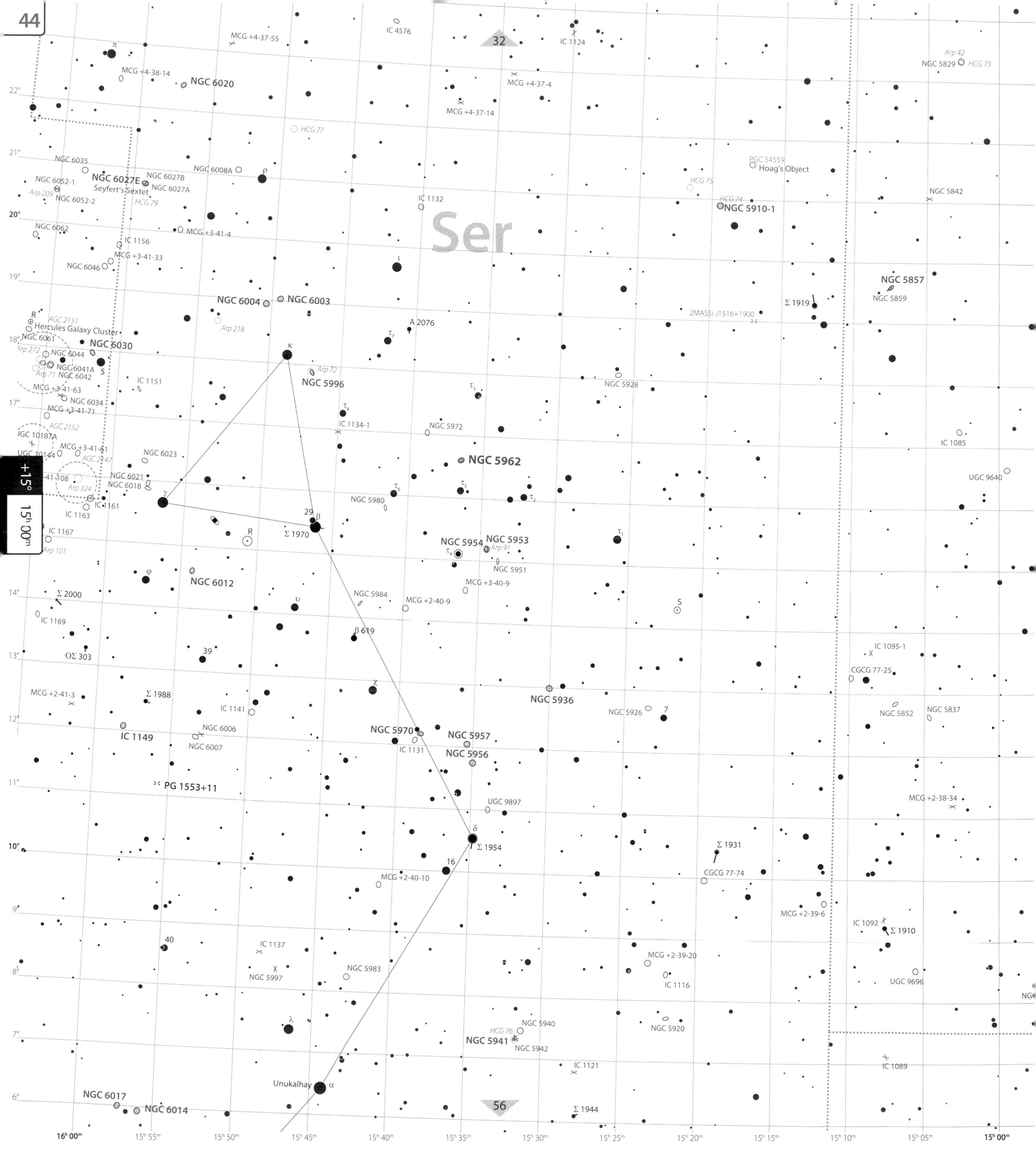

32
56
Ser
+15°
15h 00m
22°
21°
20°
19°
18°
17°
14°
13°
12°
11°
10°
9°
8°
7°
6°
16h 00m
15h 55m
15h 50m
15h 45m
15h 40m
15h 35m
15h 30m
15h 25m
15h 20m
15h 15m
15h 10m
15h 05m
15h 00m
MCG +4-37-55
IC 4576
IC 1124
Arp 42
NGC 5829
HCG 73
MCG +4-38-14
NGC 6020
MCG +4-37-4
MCG +4-37-14
HCG 77
NGC 6035
NGC 6008A
PGC 54559
Hoag's Object
NGC 6052-1
NGC 6027E
NGC 6027B
Seyfert's Sextet
NGC 6027A
Arp 209
NGC 6052-2
HCG 79
HCG 75
NGC 5842
IC 1132
HCG 74
NGC 5910-1
NGC 6062
MCG +3-41-4
IC 1156
MCG +3-41-33
NGC 6046
NGC 5857
NGC 5859
NGC 6004
NGC 6003
Σ 1919
AGC 2151
Hercules Galaxy Cluster
Arp 218
A 2076
2MASSi J1516+1900
NGC 6061
NGC 6030
Arp 272
NGC 6044
NGC 6041A
NGC 6042
Arp 71
Arp 72
NGC 5996
IC 1151
NGC 5928
MCG +3-41-63
NGC 6034
MCG +3-41-71
IC 1134-1
NGC 5972
AGC 2152
UGC 10187A
IC 1085
MCG +3-41-61
UGC 10144
AGC 2147
NGC 6023
NGC 5962
UGC 9640
NGC 6021
NGC 6018
Arp 324
IC 1161
IC 1163
NGC 5980
Σ 1970
IC 1167
Arp 101
NGC 5954
NGC 5953
Arp 91
NGC 5951
NGC 6012
MCG +3-40-9
Σ 2000
NGC 5984
MCG +2-40-9
IC 1169
β 619
IC 1095-1
OΣ 303
CGCG 77-25
MCG +2-41-3
Σ 1988
NGC 5936
IC 1141
NGC 5926
NGC 5852
NGC 5837
NGC 5970
NGC 6006
IC 1149
NGC 5957
IC 1131
NGC 6007
NGC 5956
PG 1553+11
UGC 9897
MCG +2-38-34
Σ 1954
Σ 1931
CGCG 77-74
MCG +2-40-10
MCG +2-39-6
IC 1092
Σ 1910
IC 1137
MCG +2-39-20
NGC 5997
NGC 5983
IC 1116
UGC 9696
NGC 5940
NGC 5920
HCG 76
NGC 5941
NGC 5942
IC 1121
IC 1089
Unukalhay
NGC 6017
NGC 6014
Σ 1944

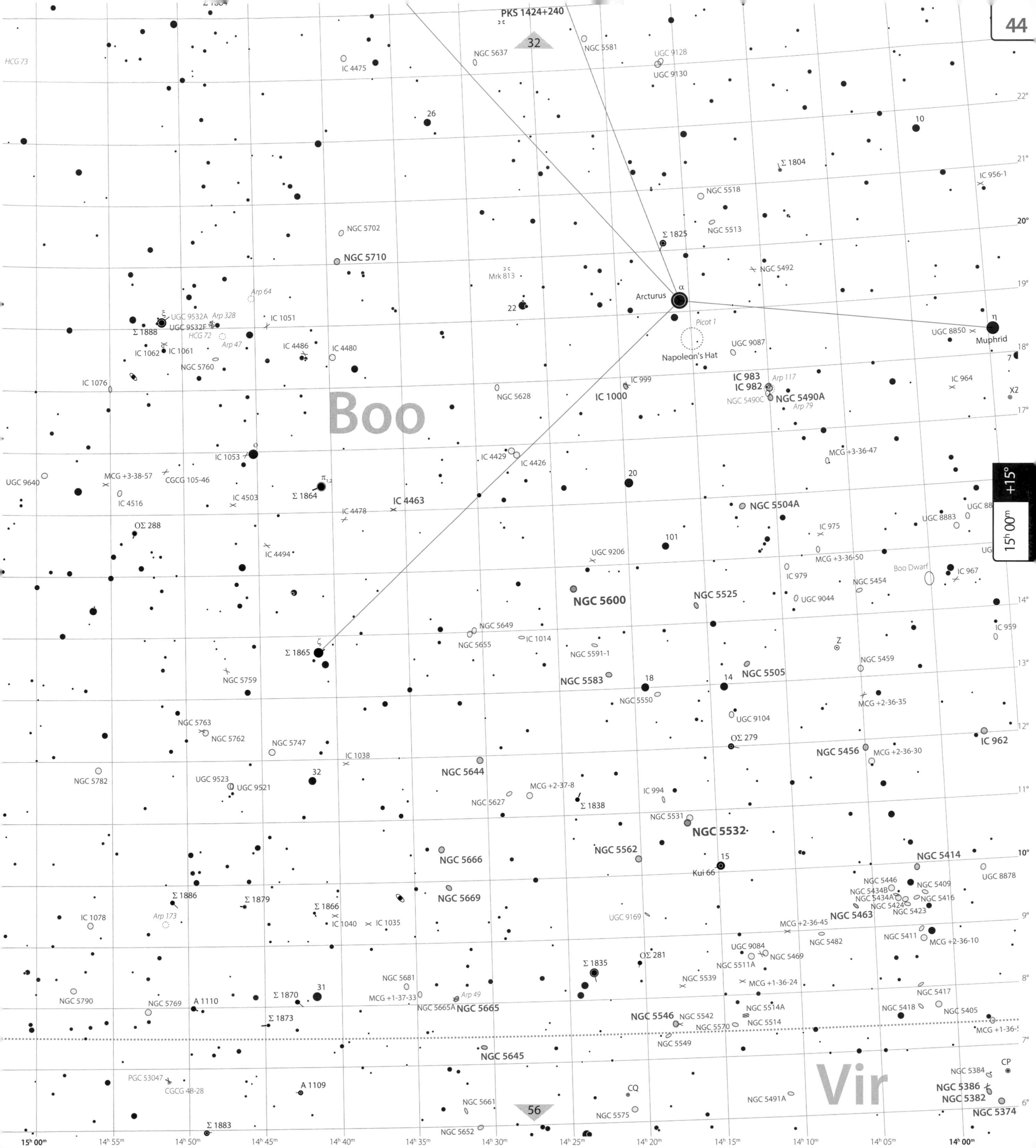

PKS 1424+240
32
56
Boo
Vir
15h 00m
+15°
Arcturus
Muphrid
Napoleon's Hat
Picot 1
Boo Dwarf
NGC 5600
NGC 5525
NGC 5504A
NGC 5490A
IC 983
IC 982
IC 1000
IC 4463
NGC 5710
NGC 5583
NGC 5505
NGC 5644
NGC 5666
NGC 5669
NGC 5562
NGC 5532
NGC 5456
IC 962
NGC 5414
NGC 5463
NGC 5665
NGC 5546
NGC 5645
NGC 5386
NGC 5382
NGC 5374
Kui 66
NGC 5637
NGC 5581
UGC 9128
UGC 9130
IC 4475
NGC 5518
NGC 5513
Σ 1825
Σ 1804
NGC 5492
IC 956-1
NGC 5702
Mrk 813
UGC 9532A
UGC 9532F
Arp 328
Arp 64
HCG 72
Arp 47
Σ 1888
IC 1051
IC 1062
IC 1061
IC 4486
IC 4480
NGC 5760
IC 1076
UGC 8850
UGC 9087
Arp 117
NGC 5490C
Arp 79
IC 999
NGC 5628
IC 964
X2
IC 1053
IC 4429
IC 4426
MCG +3-36-47
UGC 9640
MCG +3-38-57
CGCG 105-46
IC 4516
IC 4503
Σ 1864
IC 4478
UGC 8883
IC 975
OΣ 288
IC 4494
UGC 9206
MCG +3-36-50
IC 979
IC 967
NGC 5454
UGC 9044
NGC 5649
NGC 5655
IC 1014
NGC 5591-1
IC 959
Σ 1865
NGC 5759
NGC 5550
NGC 5459
MCG +2-36-35
UGC 9104
NGC 5763
NGC 5762
NGC 5747
IC 1038
OΣ 279
MCG +2-36-30
NGC 5782
UGC 9523
UGC 9521
NGC 5627
MCG +2-37-8
Σ 1838
IC 994
NGC 5531
UGC 8878
NGC 5446
NGC 5434B
NGC 5434A
NGC 5424
NGC 5409
NGC 5416
NGC 5423
Σ 1886
Σ 1879
Σ 1866
IC 1078
Arp 173
IC 1040
IC 1035
UGC 9169
MCG +2-36-45
NGC 5482
NGC 5411
MCG +2-36-10
UGC 9084
NGC 5469
OΣ 281
Σ 1835
NGC 5511A
NGC 5539
MCG +1-36-24
NGC 5681
MCG +1-37-33
Arp 49
NGC 5665A
NGC 5790
NGC 5769
A 1110
Σ 1870
NGC 5417
NGC 5514A
NGC 5418
NGC 5405
Σ 1873
NGC 5542
NGC 5570
NGC 5514
MCG +1-36-
NGC 5549
PGC 53047
CGCG 48-28
A 1109
CQ
NGC 5491A
NGC 5384
CP
NGC 5661
NGC 5575
Σ 1883
NGC 5652
HCG 73
14h 55m
14h 50m
14h 45m
14h 40m
14h 35m
14h 30m
14h 25m
14h 20m
14h 15m
14h 10m
14h 05m
14h 00m
22°
21°
20°
19°
18°
17°
14°
13°
12°
11°
10°
9°
8°
7°
6°

33
57
+15°
13h 00m
Boo
Vir
Muphrid
Vindemiatrix
M 53
M 64
NGC 5053
NGC 5190
NGC 5217
NGC 5158
NGC 5172
NGC 5332
NGC 5293
NGC 5249
NGC 5180
NGC 5151
NGC 5129
NGC 5136
NGC 5132
NGC 5230
NGC 5221
NGC 5222-1
NGC 5181
NGC 5167
NGC 5058
NGC 5020
NGC 5176
NGC 5171
NGC 5165
NGC 5174
NGC 5125
NGC 5106-2
NGC 5080
NGC 5075
NGC 5248
NGC 5209
NGC 5212
NGC 5210
NGC 5224
NGC 5118
NGC 5060
NGC 5027
NGC 5016
NGC 5092
NGC 5012
NGC 4978
NGC 4935
NGC 4866
NGC 4969-2
NGC 4969-1
NGC 4992
NGC 4880
NGC 5454
NGC 5459
NGC 5456
NGC 5414
NGC 5446
NGC 5409
NGC 5416
NGC 5423
NGC 5411
NGC 5417
NGC 5405
NGC 5418
NGC 5384
NGC 5386
NGC 5382
NGC 5374
IC 911
IC 910
IC 912
IC 933
IC 905
IC 956-1
IC 885
IC 868-1
IC 862
IC 4014
IC 4122
IC 4070
IC 964
IC 858
IC 857
IC 882
IC 967
IC 948
IC 946
IC 959
IC 962
IC 889
IC 845
IC 900
IC 84
UGC 8850
UGC 8883
UGC 8872
UGC 8827
UGC 8452
UGC 8878
UGC 8255
UGC 8610
UGC 8613
MCG +4-32-2
MCG +4-32-7
MCG +3-36-47
MCG +3-35-33
MCG +3-33-22
MCG +3-34-12
MCG +2-35-22
MCG +2-36-35
MCG +2-36-30
MCG +2-36-10
MCG +2-35-18
MCG +1-35-37
MCG +1-36-5
MCG +1-34-13
IRAS 13299+1121
Boo Dwarf
Arp 57
Arp 288
Arp 326
Arp 33
Shk 9
Shk 19
Cou 11
Σ 1772
Σ 1782
Σ 1728
Σ 1722
Σ 1746
Σ 1701
ΟΣ 259
ΟΣ 266
β 800
A 1792
DK
XZ
FS
FP
FH
CP
CO
CN
GR
η
τ
υ
α
ε
1
2
6
7
10
36
38
39
40
59
70
71
22°
21°
20°
19°
18°
17°
14°
13°
12°
11°
10°
9°
8°
7°
6°
14h 00m
13h 55m
13h 50m
13h 45m
13h 40m
13h 35m
13h 30m
13h 25m
13h 20m
13h 15m
13h 10m
13h 05m
13h 00m

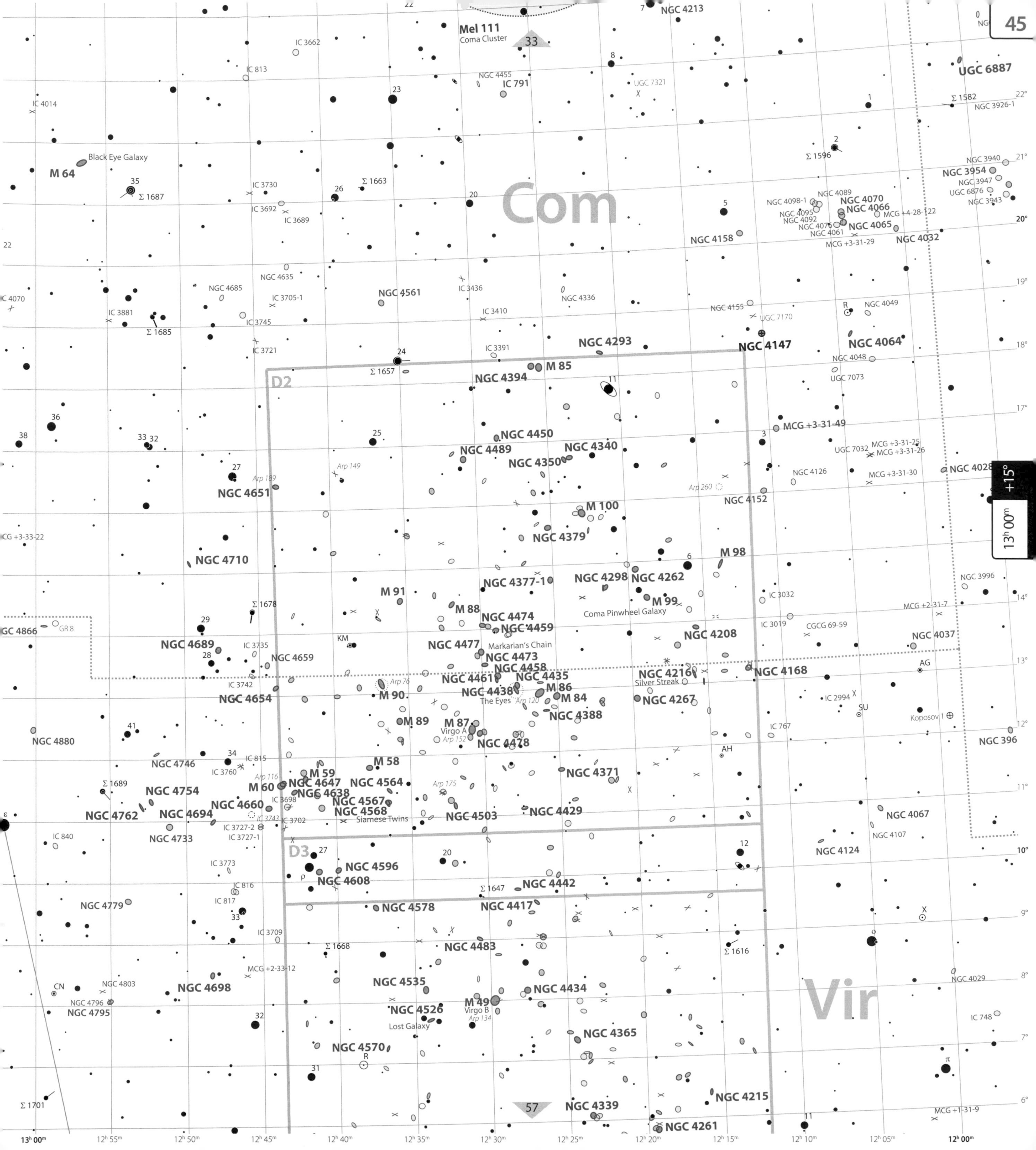
Com
Vir
Mel 111
Coma Cluster
33
57
D2
D3
+15°
13h 00m
M 64
Black Eye Galaxy
NGC 4213
UGC 6887
Σ 1582
NGC 3926-1
IC 3662
IC 813
IC 791
NGC 4455
UGC 7321
IC 4014
Σ 1596
NGC 3940
NGC 3954
NGC 3947
UGC 6876
NGC 3943
Σ 1687
Σ 1663
IC 3730
IC 3692
IC 3689
NGC 4098-1
NGC 4089
NGC 4070
NGC 4066
NGC 4095
NGC 4092
NGC 4076
NGC 4065
NGC 4061
MCG +4-28-122
MCG +3-31-29
NGC 4032
NGC 4158
NGC 4685
NGC 4635
IC 3705-1
NGC 4561
IC 3436
NGC 4336
IC 3410
NGC 4155
UGC 7170
NGC 4049
IC 3881
Σ 1685
IC 3745
IC 3721
IC 3391
NGC 4293
NGC 4147
NGC 4064
NGC 4048
UGC 7073
Σ 1657
M 85
NGC 4394
NGC 4450
NGC 4489
NGC 4340
NGC 4350
MCG +3-31-49
UGC 7032
MCG +3-31-25
MCG +3-31-26
NGC 4126
MCG +3-31-30
NGC 4028
Arp 189
Arp 149
Arp 260
NGC 4651
NGC 4152
M 100
NGC 4379
MCG +3-33-22
NGC 4710
M 98
NGC 4298
NGC 4262
NGC 4377-1
M 91
M 88
M 99
Coma Pinwheel Galaxy
IC 3032
NGC 3996
MCG +2-31-7
Σ 1678
NGC 4474
NGC 4459
NGC 4866
GR 8
IC 3019
CGCG 69-59
NGC 4037
NGC 4689
IC 3735
NGC 4659
KM
NGC 4477
Markarian's Chain
NGC 4208
NGC 4473
NGC 4458
NGC 4216
Silver Streak
NGC 4168
AG
IC 3742
NGC 4654
Arp 76
M 90
NGC 4461
NGC 4438
The Eyes
NGC 4435
M 86
M 84
Arp 120
NGC 4267
IC 2994
SU
Koposov 1
NGC 4388
M 89
M 87
Virgo A
Arp 152
NGC 4478
IC 767
NGC 4880
NGC 396
NGC 4746
IC 815
IC 3760
M 58
M 59
Arp 116
NGC 4647
M 60
NGC 4638
NGC 4564
AH
NGC 4371
Arp 175
Σ 1689
NGC 4754
NGC 4567
NGC 4568
Siamese Twins
IC 3698
NGC 4660
NGC 4762
NGC 4694
IC 3743
IC 3702
NGC 4503
NGC 4429
NGC 4067
IC 3727-2
IC 3727-1
NGC 4733
IC 840
NGC 4107
NGC 4124
NGC 4596
NGC 4608
IC 3773
Σ 1647
NGC 4442
IC 816
IC 817
NGC 4779
NGC 4578
NGC 4417
IC 3709
Σ 1668
NGC 4483
Σ 1616
MCG +2-33-12
NGC 4029
NGC 4535
NGC 4434
CN
NGC 4803
NGC 4698
NGC 4796
NGC 4795
M 49
Virgo B
Arp 134
NGC 4526
Lost Galaxy
IC 748
NGC 4365
NGC 4570
Σ 1701
NGC 4215
NGC 4339
MCG +1-31-9
NGC 4261
13h 00m
12h 55m
12h 50m
12h 45m
12h 40m
12h 35m
12h 30m
12h 25m
12h 20m
12h 15m
12h 10m
12h 05m
12h 00m
22°
21°
20°
19°
18°
17°
14°
13°
12°
11°
10°
9°
8°
7°
6°

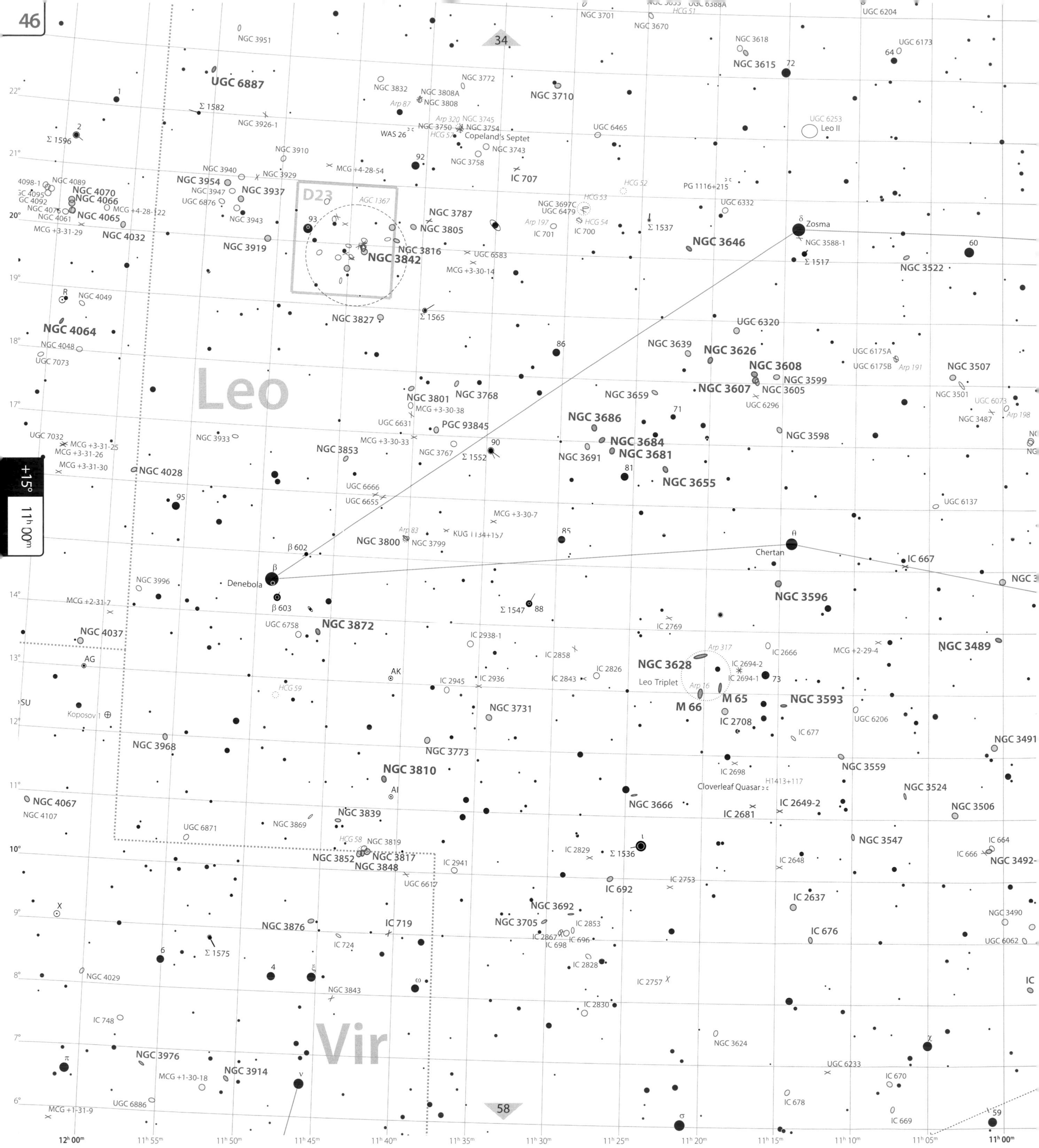
34
58
Leo
Vir
D23
+15°
11h 00m
22°
21°
20°
19°
18°
17°
14°
13°
12°
11°
10°
9°
8°
7°
6°
12h 00m
11h 55m
11h 50m
11h 45m
11h 40m
11h 35m
11h 30m
11h 25m
11h 20m
11h 15m
11h 10m
11h 05m
11h 00m
NGC 3951
UGC 6887
Σ 1582
NGC 3926-1
Σ 1596
NGC 3910
NGC 3940
NGC 3929
MCG +4-28-54
NGC 3954
NGC 3947
NGC 3937
UGC 6876
NGC 3943
NGC 3919
NGC 4089
NGC 4095
NGC 4092
NGC 4070
NGC 4066
NGC 4065
NGC 4061
NGC 4076
MCG +4-28-122
MCG +3-31-29
NGC 4032
NGC 3832
NGC 3808A
NGC 3808
Arp 87
NGC 3772
NGC 3710
Arp 320
NGC 3745
NGC 3750
NGC 3754
HCG 57
Copeland's Septet
WAS 26
NGC 3743
NGC 3758
IC 707
UGC 6465
UGC 6253
Leo II
NGC 3701
NGC 3670
HCG 51
UGC 6204
NGC 3618
NGC 3615
UGC 6173
AGC 1367
NGC 3787
NGC 3805
NGC 3816
NGC 3842
UGC 6583
MCG +3-30-14
HCG 52
HCG 53
NGC 3697C
UGC 6479
Arp 197
HCG 54
IC 701
IC 700
Σ 1537
PG 1116+215
UGC 6332
Zosma
NGC 3588-1
Σ 1517
NGC 3646
NGC 3522
NGC 4049
NGC 4064
NGC 4048
UGC 7073
NGC 3827
Σ 1565
UGC 6320
NGC 3639
NGC 3626
NGC 3608
NGC 3599
NGC 3607
NGC 3605
UGC 6296
NGC 3659
UGC 6175A
UGC 6175B
Arp 191
NGC 3507
NGC 3501
UGC 6073
Arp 198
NGC 3487
NGC 3801
MCG +3-30-38
NGC 3768
UGC 6631
PGC 93845
NGC 3686
NGC 3684
NGC 3681
NGC 3691
NGC 3655
NGC 3598
UGC 7032
MCG +3-31-25
MCG +3-31-26
MCG +3-31-30
NGC 3933
NGC 3853
MCG +3-30-33
NGC 3767
Σ 1552
NGC 4028
UGC 6666
UGC 6655
UGC 6137
MCG +3-30-7
Arp 83
KUG 1134+157
NGC 3800
NGC 3799
β 602
Denebola
β 603
Chertan
IC 667
NGC 3996
MCG +2-31-7
Σ 1547
NGC 3596
UGC 6758
NGC 3872
NGC 4037
IC 2938-1
IC 2769
IC 2858
Arp 317
IC 2666
MCG +2-29-4
NGC 3489
AG
AK
IC 2826
NGC 3628
IC 2694-2
IC 2694-1
Leo Triplet
Arp 16
IC 2843
IC 2945
IC 2936
HCG 59
M 65
M 66
NGC 3593
Koposov 1
NGC 3731
IC 2708
UGC 6206
IC 677
NGC 3968
NGC 3773
NGC 3491
IC 2698
NGC 3559
NGC 3810
H1413+117
Cloverleaf Quasar
NGC 3524
NGC 4067
NGC 4107
AI
NGC 3666
IC 2649-2
IC 2681
NGC 3506
NGC 3839
NGC 3869
UGC 6871
HCG 58
NGC 3819
NGC 3852
NGC 3817
NGC 3848
UGC 6617
IC 2941
IC 2829
Σ 1536
NGC 3547
IC 664
IC 666
NGC 3492
IC 2648
IC 2753
IC 692
IC 2637
NGC 3692
NGC 3705
IC 2853
NGC 3876
IC 719
IC 724
IC 2867
IC 696
IC 698
NGC 3490
UGC 6062
IC 676
Σ 1575
IC 2828
NGC 4029
NGC 3843
IC 2757
IC 2830
IC 748
NGC 3624
NGC 3976
NGC 3914
MCG +1-30-18
UGC 6233
IC 670
UGC 6886
IC 678
MCG +1-31-9
IC 669
Leo
Vir

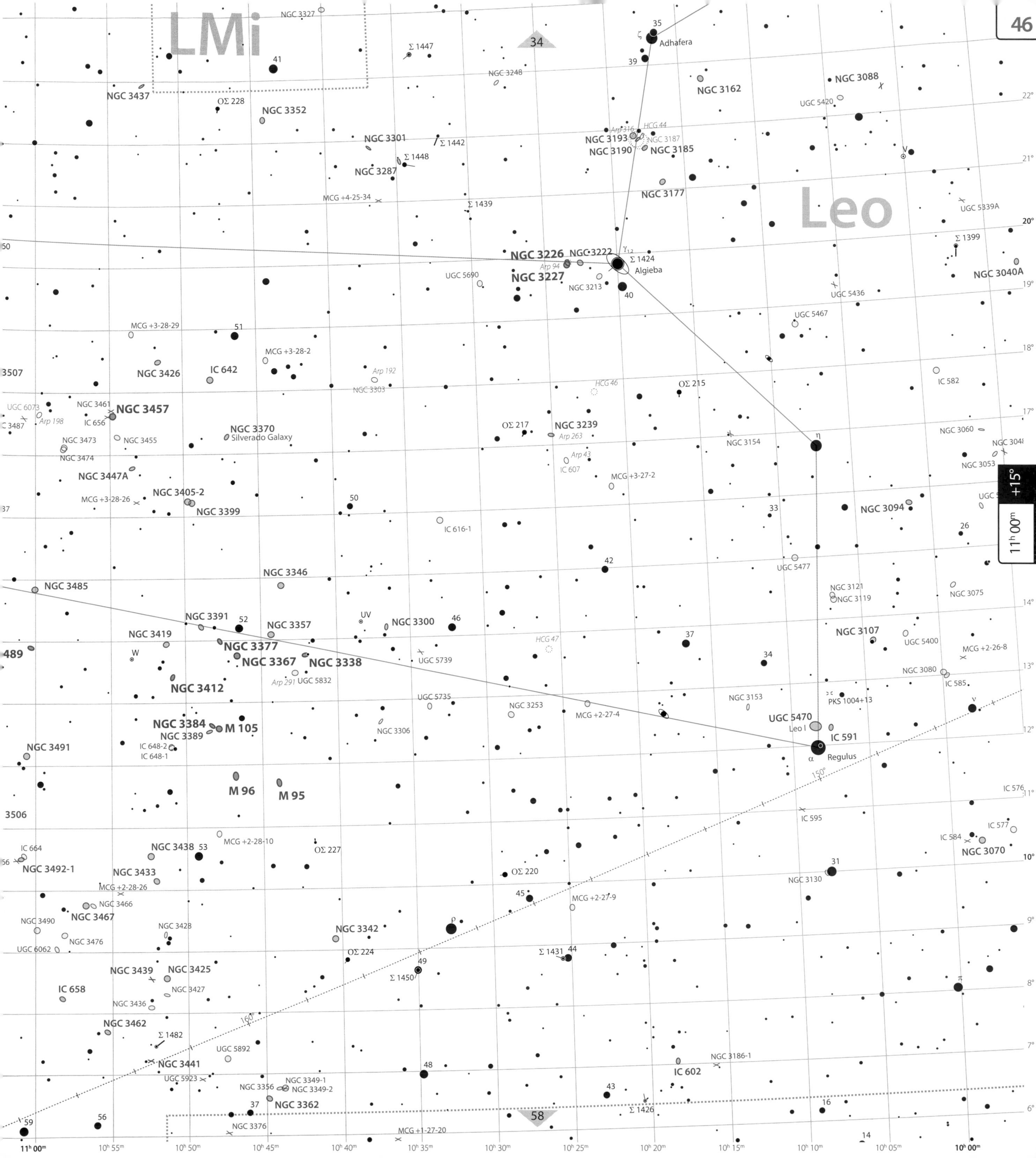

LMi
Leo
34
58
NGC 3327
Σ 1447
35
Adhafera
39
41
NGC 3248
NGC 3437
OΣ 228
NGC 3352
NGC 3162
NGC 3088
UGC 5420
HCG 44
Arp 316
NGC 3187
NGC 3193
NGC 3190
NGC 3185
NGC 3301
Σ 1442
Σ 1448
NGC 3287
NGC 3177
MCG +4-25-34
Σ 1439
UGC 5339A
Σ 1399
NGC 3226
NGC 3222
Arp 94
NGC 3227
Σ 1424
Algieba
UGC 5690
NGC 3213
40
NGC 3040A
UGC 5436
UGC 5467
MCG +3-28-29
51
MCG +3-28-2
3507
NGC 3426
IC 642
Arp 192
NGC 3303
HCG 46
OΣ 215
IC 582
UGC 6073
NGC 3461
NGC 3457
Arp 198
IC 656
NGC 3370
Silverado Galaxy
OΣ 217
NGC 3239
Arp 263
NGC 3154
NGC 3060
NGC 3473
NGC 3455
NGC 3474
Arp 43
IC 607
MCG +3-27-2
NGC 3053
NGC 3447A
NGC 3405-2
MCG +3-28-26
NGC 3399
50
33
NGC 3094
IC 616-1
26
42
UGC 5477
NGC 3346
NGC 3485
NGC 3121
NGC 3119
NGC 3075
NGC 3391
52
NGC 3357
UV
NGC 3300
46
37
NGC 3107
UGC 5400
NGC 3419
489
W
NGC 3377
NGC 3367
NGC 3338
UGC 5739
HCG 47
34
MCG +2-26-8
Arp 291
UGC 5832
NGC 3080
IC 585
NGC 3412
UGC 5735
NGC 3253
MCG +2-27-4
NGC 3153
PKS 1004+13
NGC 3384
NGC 3389
M 105
NGC 3306
UGC 5470
Leo I
IC 591
NGC 3491
IC 648-2
IC 648-1
Regulus
150°
M 96
M 95
IC 576
3506
IC 595
IC 577
IC 584
NGC 3070
IC 664
NGC 3438
53
MCG +2-28-10
OΣ 227
NGC 3492-1
NGC 3433
OΣ 220
31
NGC 3130
MCG +2-28-26
NGC 3466
45
MCG +2-27-9
NGC 3467
NGC 3490
NGC 3428
NGC 3342
NGC 3476
UGC 6062
OΣ 224
Σ 1431
44
49
Σ 1450
NGC 3439
NGC 3425
NGC 3427
IC 658
NGC 3436
160°
NGC 3462
Σ 1482
UGC 5892
NGC 3186-1
NGC 3441
48
IC 602
UGC 5923
NGC 3349-1
NGC 3356
NGC 3349-2
43
37
NGC 3362
Σ 1426
16
59
56
NGC 3376
MCG +1-27-20
14
22°
21°
20°
19°
18°
17°
14°
13°
12°
11°
10°
9°
8°
7°
6°
11h 00m
10h 55m
10h 50m
10h 45m
10h 40m
10h 35m
10h 30m
10h 25m
10h 20m
10h 15m
10h 10m
10h 05m
10h 00m
+15°
11h 00m

Leo
+15°
9h 00m
35
59
NGC 2927
NGC 2896
NGC 3088
UGC 5420
NGC 2885
Σ 1332
IC 2451
λ Alterf
IC 2463
IC 2442
IC 2441-2
IC 2441-1
Σ 1311
NGC 2994
NGC 2991
UGC 4991A
NGC 2916
NGC 2903
NGC 2738
NGC 2764
UGC 5339A
Σ 1399
UGC 5123
MCG +3-25-7
NGC 2804
NGC 2809
MCG +3-23-22
UGC 5436
NGC 3040A
UGC 5023
NGC 2774
MCG +3-24-2
NGC 2761
NGC 2744
NGC 2749
NGC 2745
IC 582
MCG +3-24-24
IC 2454
NGC 2795
NGC 2794
NGC 2797
UGC 4729
NGC 2943
UGC 5046
UGC 4761
NGC 3060
NGC 3041
UGC 5213
NGC 2949-2
NGC 2923
NGC 2730
NGC 3053
NGC 3048-1
NGC 2819
Σ 1322
NGC 3094
UGC 5342
HCG 36
UGC 4873
Σ 1317
NGC 2954
140°
NGC 3075
11
HV 58
IC 2431
NGC 3107
UGC 5400
EGB 6
UGC 5232
ΟΣΣ 102
MCG +2-26-8
NGC 3080
IC 585
CRL 1381
Peanut Nebula
NGC 3020
NGC 3024
NGC 3016
MCG +2-25-23
IC 554
NGC 2786
HCG 38
Arp 237
IRAS 09371+1212
Frosty Leo
NGC 2958
NGC 2874
Arp 307
NGC 2872
Acubens
IC 576
MCG +2-25-14
NGC 2984
IC 569
IC 577
NGC 2725
NGC 2728
IC 584
NGC 3070
IC 552
RT
NGC 2919
Arp 232
NGC 2911
Arp 137
NGC 2914
MCG +2-25-34
UGC 5204
NGC 2940
Sh 107
UGC 4884
NGC 3049
NGC 2939
NGC 2913
UGC 5270
MCG +2-25-39
UGC 5189A
MCG +2-25-42
Σ 1356
MCG +2-25-35
NGC 2906
Arp 255
Ray 4
Ray 5
UGC 5288
NGC 2882
MCG +1-24-8
NGC 2731
NGC 2894
NGC 2948
IC 551
NGC 2777
NGC 2773
NGC 2775
Ray 3
Σ 1355
Σ 1348
NGC 2718
NGC 2990
MCG +1-24-11
22°
21°
20°
19°
18°
17°
14°
13°
12°
11°
10°
9°
8°
7°
6°
10h 00m
9h 55m
9h 50m
9h 45m
9h 40m
9h 35m
9h 30m
9h 25m
9h 20m
9h 15m
9h 10m
9h 05m
9h 00m

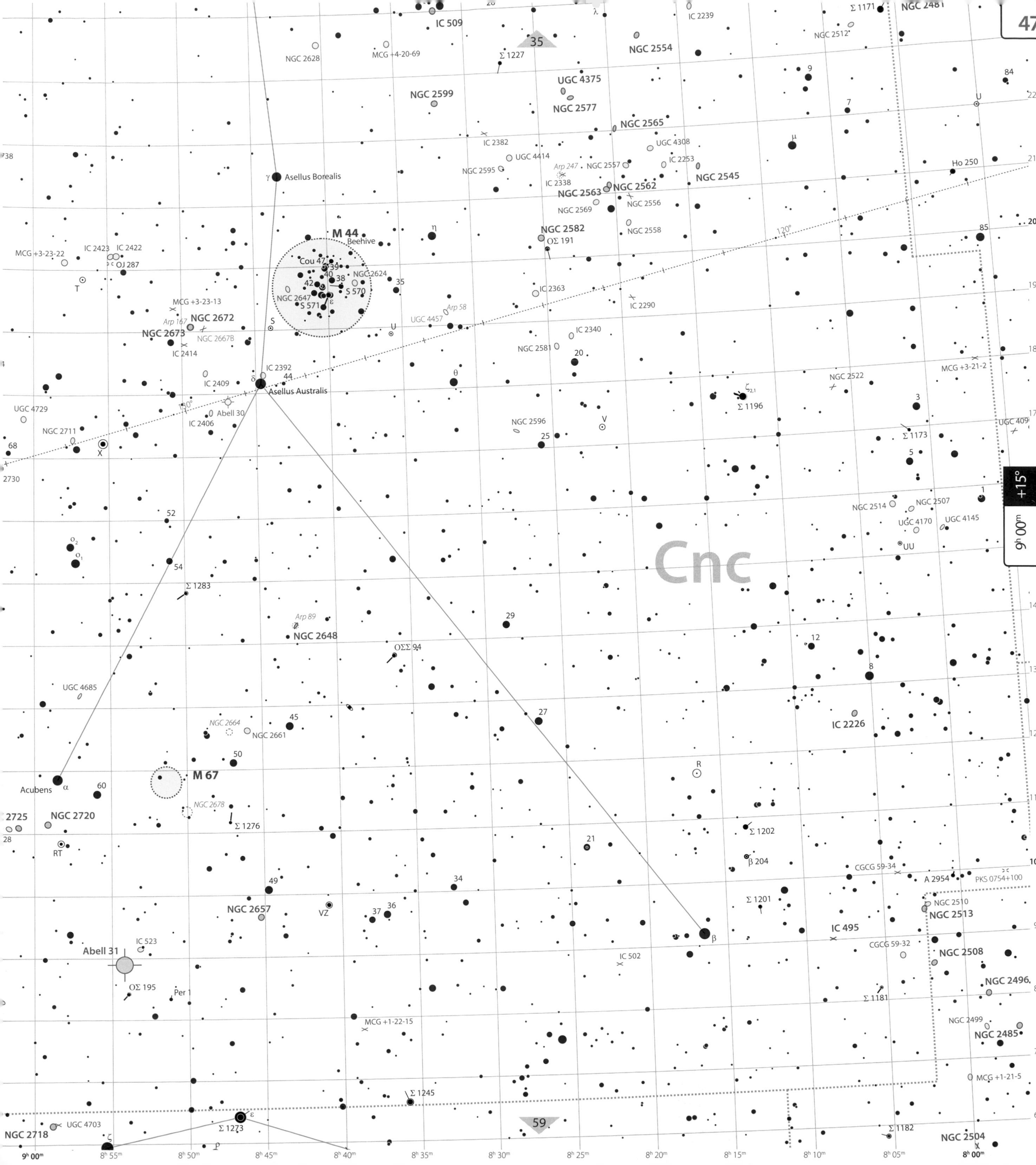
IC 509
NGC 2628
MCG +4-20-69
35
Σ 1227
NGC 2554
IC 2239
Σ 1171
NGC 2481
NGC 2512
UGC 4375
NGC 2599
NGC 2577
NGC 2565
IC 2382
UGC 4308
UGC 4414
IC 2253
NGC 2595
Arp 247
NGC 2557
IC 2338
NGC 2545
Ho 250
NGC 2563
NGC 2562
NGC 2556
NGC 2569
Asellus Borealis
M 44
Beehive
NGC 2582
OΣ 191
NGC 2558
MCG +3-23-22
IC 2423
IC 2422
OJ 287
Cou 47
NGC 2624
S 570
S 571
NGC 2647
IC 2363
IC 2290
MCG +3-23-13
Arp 167
NGC 2672
NGC 2673
NGC 2667B
IC 2414
UGC 4457
Arp 58
IC 2340
NGC 2581
IC 2392
IC 2409
Asellus Australis
NGC 2522
MCG +3-21-2
Σ 1196
UGC 4729
Abell 30
IC 2406
NGC 2711
NGC 2596
UGC 409
Σ 1173
2730
NGC 2514
NGC 2507
UGC 4170
UGC 4145
UU
Cnc
Σ 1283
Arp 89
NGC 2648
OΣΣ 94
UGC 4685
IC 2226
NGC 2664
NGC 2661
M 67
Acubens
NGC 2678
Σ 1276
2725
NGC 2720
RT
Σ 1202
β 204
CGCG 59-34
A 2954
PKS 0754+100
Σ 1201
NGC 2510
NGC 2513
NGC 2657
VZ
IC 523
Abell 31
IC 495
IC 502
CGCG 59-32
NGC 2508
NGC 2496
OΣ 195
Per 1
Σ 1181
MCG +1-22-15
NGC 2499
NGC 2485
MCG +1-21-5
Σ 1245
UGC 4703
NGC 2718
Σ 1273
59
Σ 1182
NGC 2504
22°
21°
20°
19°
18°
17°
14°
13°
12°
11°
10°
9°
8°
7°
6°
9h 00m
8h 55m
8h 50m
8h 45m
8h 40m
8h 35m
8h 30m
8h 25m
8h 20m
8h 15m
8h 10m
8h 05m
8h 00m

Cnc
Gem
CMi
36
60
+15°
7h 00m
NGC 2481
NGC 2512
IC 2198
NGC 2370
MCG +4-18-7
NGC 2376
Σ 1108
58
82
84
9
7
μ
U
S
22°
21°
20°
19°
18°
17°
14°
13°
12°
11°
10°
9°
8°
7°
6°
UGC 3824
S 548
NGC 2365
NGC 2420
110°
θ
δ
Wasat
Σ 1066
IC 2187
Σ 1035
R
44
ω
Al J0708.5+2159
Ho 250
Ho 247
63
Σ 1081
NGC 2392
Eskimo Nebula
NGC 2342
NGC 2341
ζ
Mekbuda
79
85
61
Σ 1083
56
UGC 3840
Σ 1140
81
MCG +3-20-11
NGC 2411
NGC 2407
NGC 2406
Σ 1090
NGC 2339
NGC 2522
MCG +3-21-2
Arp 165
NGC 2418
74
PKS 0735+17
3
Σ 1173
5
UGC 4090
λ
Σ 1027
2514
NGC 2507
1
UGC 4145
UGC 4170
UU
68
67
RY
Σ 1094
51
45
41
Σ 1047
Wei 14
UGC 3691
Abell 15
UGC 4060
ΟΣΣ 86
Σ 1088
Σ 1102
VX
UGC 3634
8
UGC 3936
Abell 21
Medusa Nebula
NGC 2395
NGC 2355
The Jedi Knight
V
Ho 342
h 3288
MCG +2
Σ 1116
Al J0734.9+1154
6
Do 26
NGC 2350
Kron 60
NGC 2416
1
Str 81
11
Σ 1082
CGCG 59-34
A 2954
PKS 0754+100
NGC 2459
NGC 2510
NGC 2513
HaWe 10
NGC 2402-1
R
NGC 2
CGCG 59-32
NGC 2508
ε
ΟΣ 170
γ
V
NGC 2496
U
S
β
Gomeisa
Al 110
NGC 2499
NGC 2485
MCG +1-21-5
NGC 2394
η
Cz 27
Bi 8
NGC 2504
8h 00m
7h 55m
7h 50m
7h 45m
7h 40m
7h 35m
7h 30m
7h 25m
7h 20m
7h 15m
7h 10m
7h 05m
7h 00m

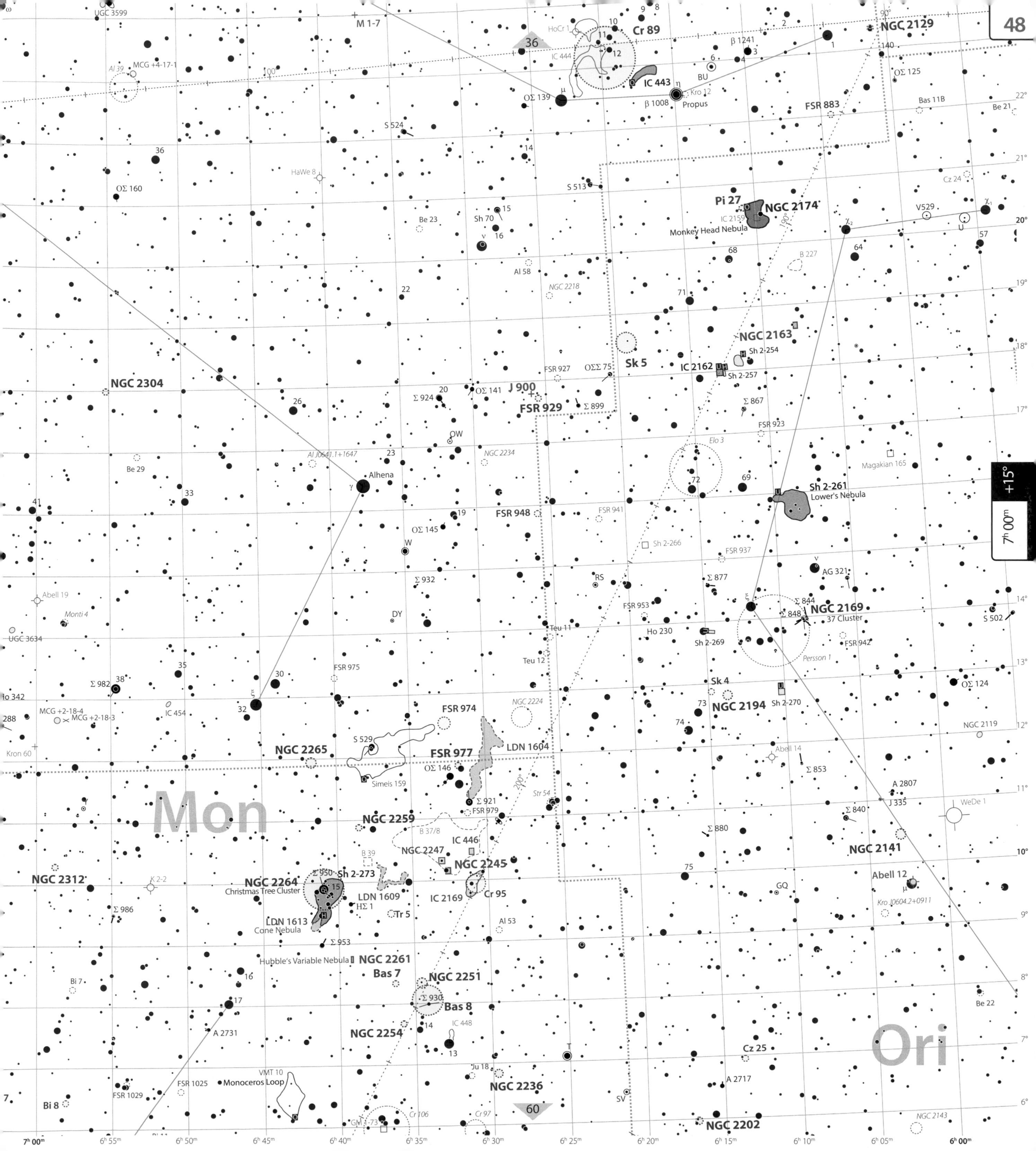
Mon
Ori
+15°
7h 00m
36
60
UGC 3599
M 1-7
HoCr 1
IC 444
Cr 89
IC 443
NGC 2129
β 1241
BU
Kro 12
Propus
β 1008
OΣ 139
OΣ 125
FSR 883
Bas 11B
Be 21
Al 39
MCG +4-17-1
S 524
HaWe 8
OΣ 160
S 513
Cz 24
Pi 27
NGC 2174
IC 2159
Monkey Head Nebula
V529
Be 23
Sh 70
B 227
Al 58
NGC 2218
NGC 2163
Sh 2-254
IC 2162
Sh 2-257
Sk 5
FSR 927
OΣΣ 75
NGC 2304
J 900
FSR 929
OΣ 141
Σ 924
Σ 899
Σ 867
FSR 923
Elo 3
OW
Al J0641.1+1647
NGC 2234
Alhena
Be 29
Magakian 165
Sh 2-261
Lower's Nebula
FSR 948
FSR 941
OΣ 145
Sh 2-266
FSR 937
Σ 932
RS
Σ 877
AG 321
Abell 19
Monti 4
DY
FSR 953
Σ 844
Σ 848
NGC 2169
37 Cluster
S 502
UGC 3634
Teu 11
Ho 230
Sh 2-269
FSR 942
Persson 1
Teu 12
FSR 975
Sk 4
OΣ 124
Ho 342
Σ 982
MCG +2-18-4
MCG +2-18-3
IC 454
FSR 974
NGC 2224
NGC 2194
Sh 2-270
NGC 2119
S 529
LDN 1604
Abell 14
Kron 60
NGC 2265
FSR 977
OΣ 146
Σ 853
Simeis 159
A 2807
J 335
WeDe 1
Str 54
Σ 921
FSR 979
Σ 840
NGC 2259
B 37/8
Σ 880
IC 446
NGC 2141
B 39
NGC 2247
NGC 2245
Abell 12
NGC 2312
K 2-2
Σ 950
Sh 2-273
NGC 2264
Christmas Tree Cluster
LDN 1609
HΣ 1
IC 2169
Cr 95
GQ
Kro J0604.2+0911
Σ 986
Tr 5
LDN 1613
Cone Nebula
Al 53
Σ 953
Hubble's Variable Nebula
NGC 2261
Bas 7
NGC 2251
Bi 7
Σ 930
Bas 8
Be 22
A 2731
NGC 2254
IC 448
Cz 25
Ju 18
VMT 10
FSR 1025
Monoceros Loop
FSR 1029
NGC 2236
A 2717
SV
Bi 8
GM 1-73
Cr 106
Cr 97
NGC 2202
NGC 2143
7h 00m
6h 55m
6h 50m
6h 45m
6h 40m
6h 35m
6h 30m
6h 25m
6h 20m
6h 15m
6h 10m
6h 05m
6h 00m
22°
21°
20°
19°
18°
17°
14°
13°
12°
11°
10°
9°
8°
7°
6°

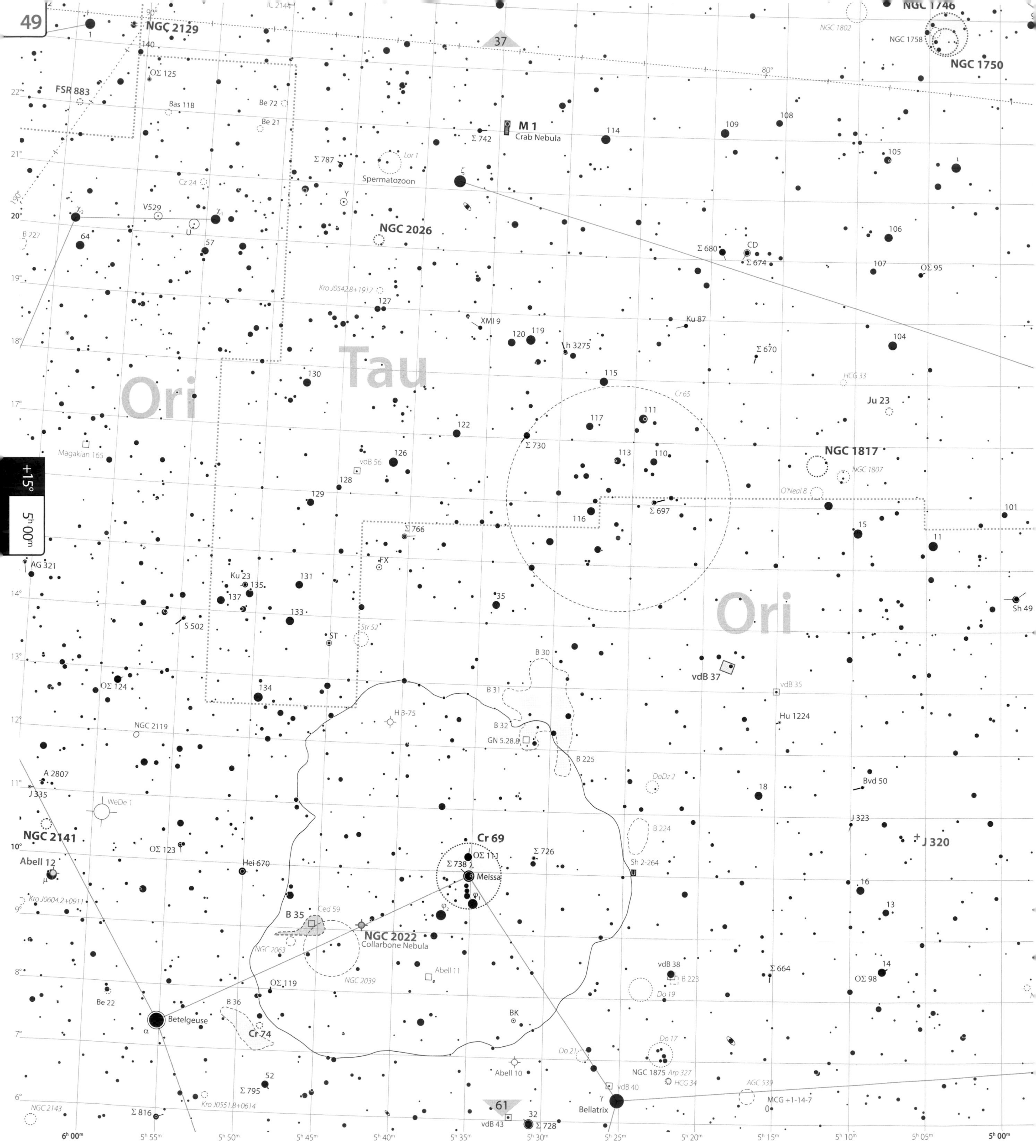
49
NGC 2129
FSR 883
OΣ 125
Bas 11B
Be 72
Be 21
M 1
Crab Nebula
Σ 742
114
109
108
105
Σ 787
Lor 1
Spermatozoon
Cz 24
V529
U
NGC 2026
57
64
B 227
Σ 680
CD
Σ 674
106
107
OΣ 95
Kro J0542.8+1917
127
XMI 9
120
119
h 3275
Ku 87
Σ 670
104
130
Tau
Ori
115
Cr 65
HCG 33
Ju 23
111
117
122
Σ 730
113
110
NGC 1817
NGC 1807
Magakian 165
vdB 56
126
128
129
O'Neal 8
116
Σ 697
101
15
11
Σ 766
FX
AG 321
Ku 23
135
131
137
35
133
S 502
Sh 49
ST
Str 52
B 30
vdB 37
vdB 35
OΣ 124
134
B 31
H 3-75
Hu 1224
NGC 2119
B 32
GN 5.28.8
B 225
A 2807
J 335
WeDe 1
DoDz 2
18
Bvd 50
B 224
J 323
J 320
NGC 2141
Cr 69
OΣ 123
Σ 726
Abell 12
Hei 670
Σ 738
OΣ 111
Meissa
Sh 2-264
16
Kro J0604.2+0911
Ced 59
B 35
NGC 2022
Collarbone Nebula
NGC 2063
13
NGC 2039
Abell 11
vdB 38
B 223
Σ 664
14
OΣ 98
OΣ 119
Do 19
Be 22
B 36
Betelgeuse
BK
Cr 74
Do 17
Do 21
NGC 1875
Arp 327
HCG 34
Abell 10
52
Σ 795
vdB 40
AGC 539
Kro J0551.8+0614
Bellatrix
MCG +1-14-7
NGC 2143
Σ 816
61
vdB 43
32
Σ 728
37
NGC 1746
NGC 1802
NGC 1758
NGC 1750
IC 2144
+15°
5h 00m
6h 00m
5h 55m
5h 50m
5h 45m
5h 40m
5h 35m
5h 30m
5h 25m
5h 20m
5h 15m
5h 10m
5h 05m
5h 00m

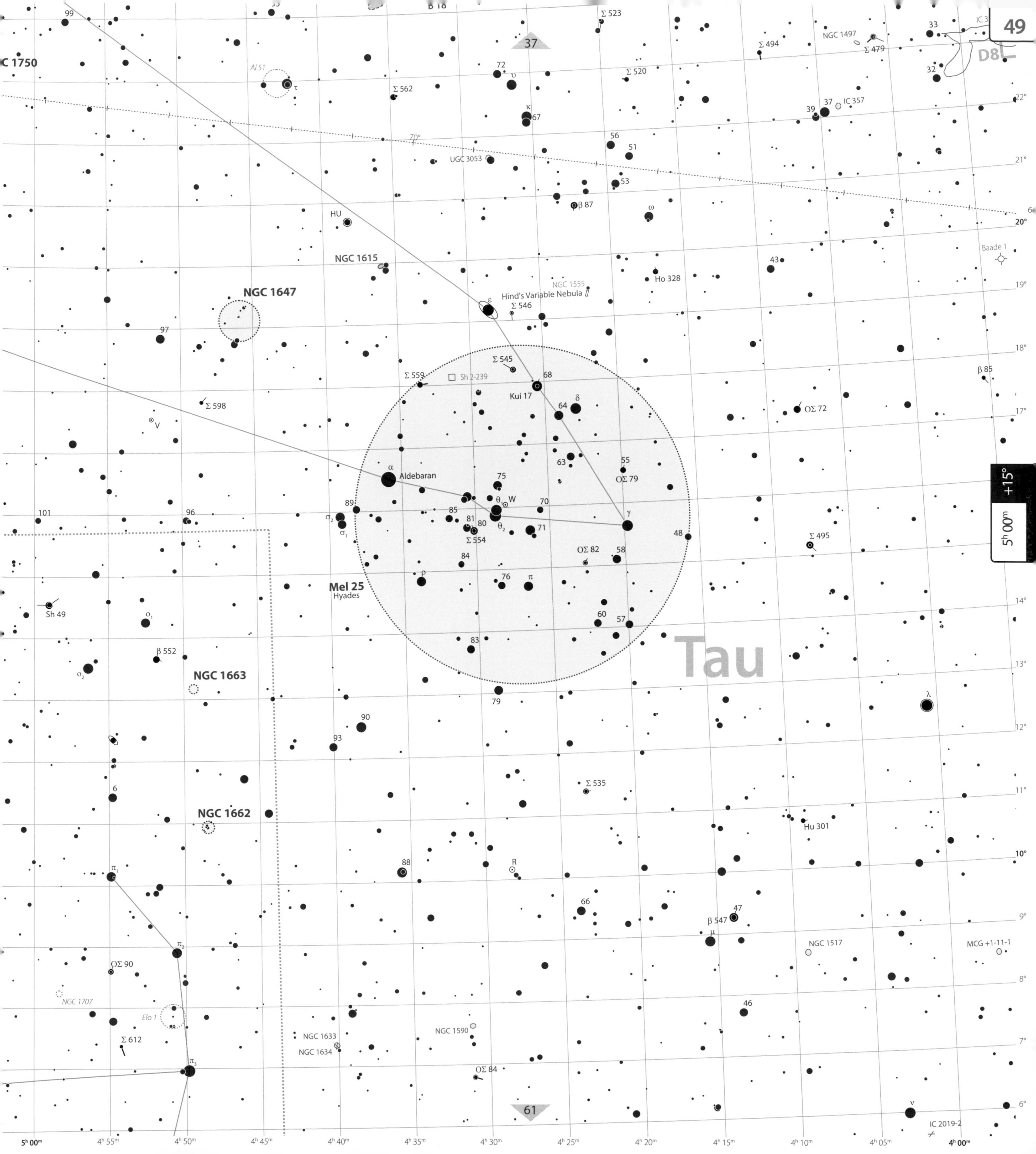
37
61
D8L
+15°
5h 00m
Tau
Mel 25
Hyades
Aldebaran
NGC 1647
NGC 1615
NGC 1663
NGC 1662
NGC 1750
NGC 1555
Hind's Variable Nebula
NGC 1497
IC 357
UGC 3053
Sh 2-239
Kui 17
Baade 1
Ho 328
Hu 301
NGC 1517
MCG +1-11-1
NGC 1590
NGC 1633
NGC 1634
NGC 1707
Elo 1
Al 51
Sh 49
IC 2019-2
HU
Σ 523
Σ 494
Σ 479
Σ 520
Σ 562
Σ 546
Σ 545
Σ 559
Σ 598
Σ 554
Σ 495
Σ 535
Σ 612
β 87
β 85
β 552
β 547
OΣ 72
OΣ 79
OΣ 82
OΣ 84
OΣ 90
22°
21°
20°
19°
18°
17°
15°
14°
13°
12°
11°
10°
9°
8°
7°
6°
5h 00m
4h 55m
4h 50m
4h 45m
4h 40m
4h 35m
4h 30m
4h 25m
4h 20m
4h 15m
4h 10m
4h 05m
4h 00m

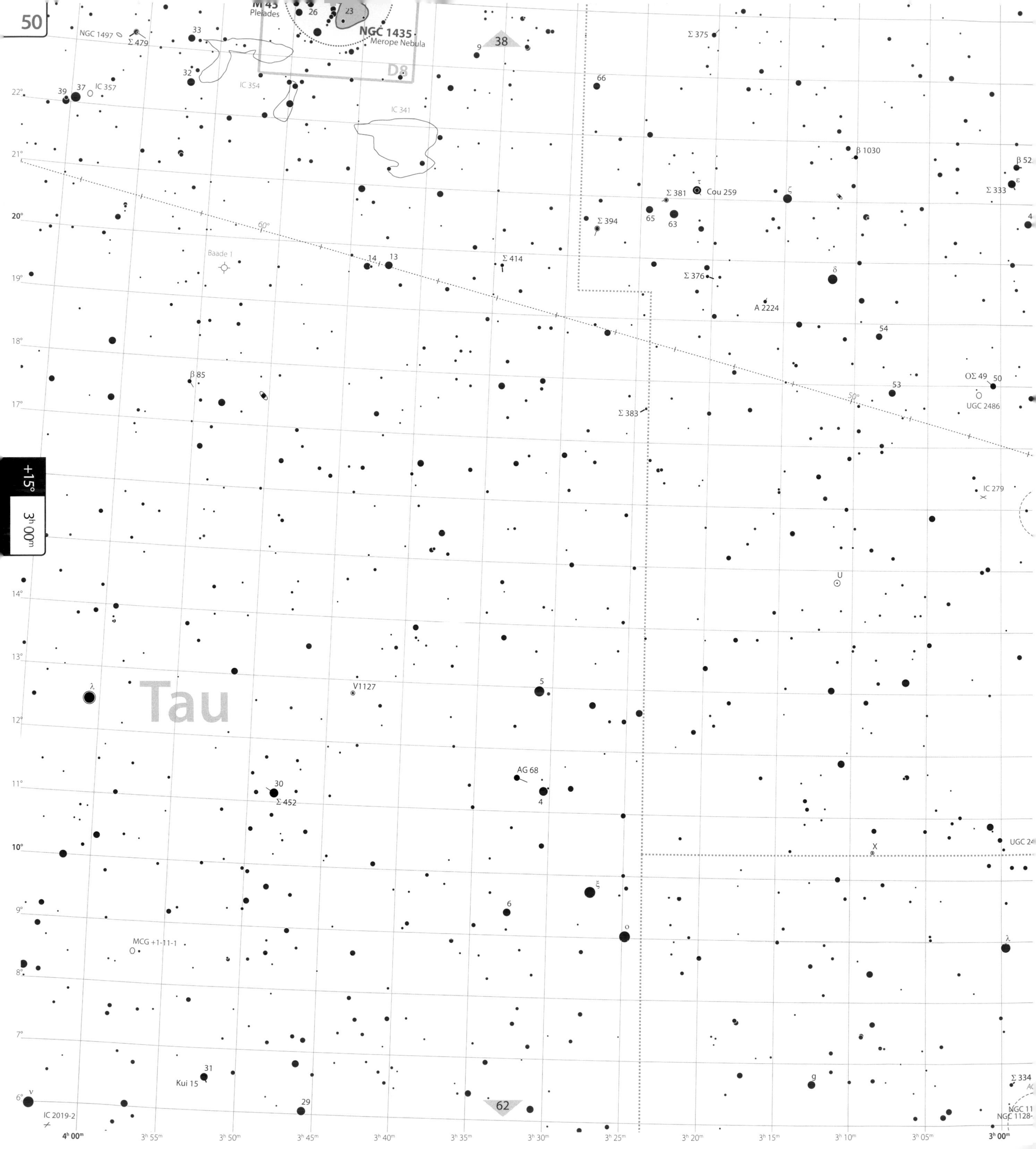
M 45
Pleiades
NGC 1435
Merope Nebula
D8
38
62
NGC 1497
Σ 479
IC 357
IC 354
IC 341
Baade 1
Σ 414
Σ 375
Σ 381
Cou 259
Σ 394
Σ 376
A 2224
β 1030
β 52
Σ 333
β 85
Σ 383
OΣ 49
UGC 2486
IC 279
+15°
3h 00m
Tau
V1127
AG 68
Σ 452
MCG +1-11-1
Kui 15
IC 2019-2
UGC 24
Σ 334
NGC 1128
4h 00m
3h 55m
3h 50m
3h 45m
3h 40m
3h 35m
3h 30m
3h 25m
3h 20m
3h 15m
3h 10m
3h 05m
3h 00m
60°
50°

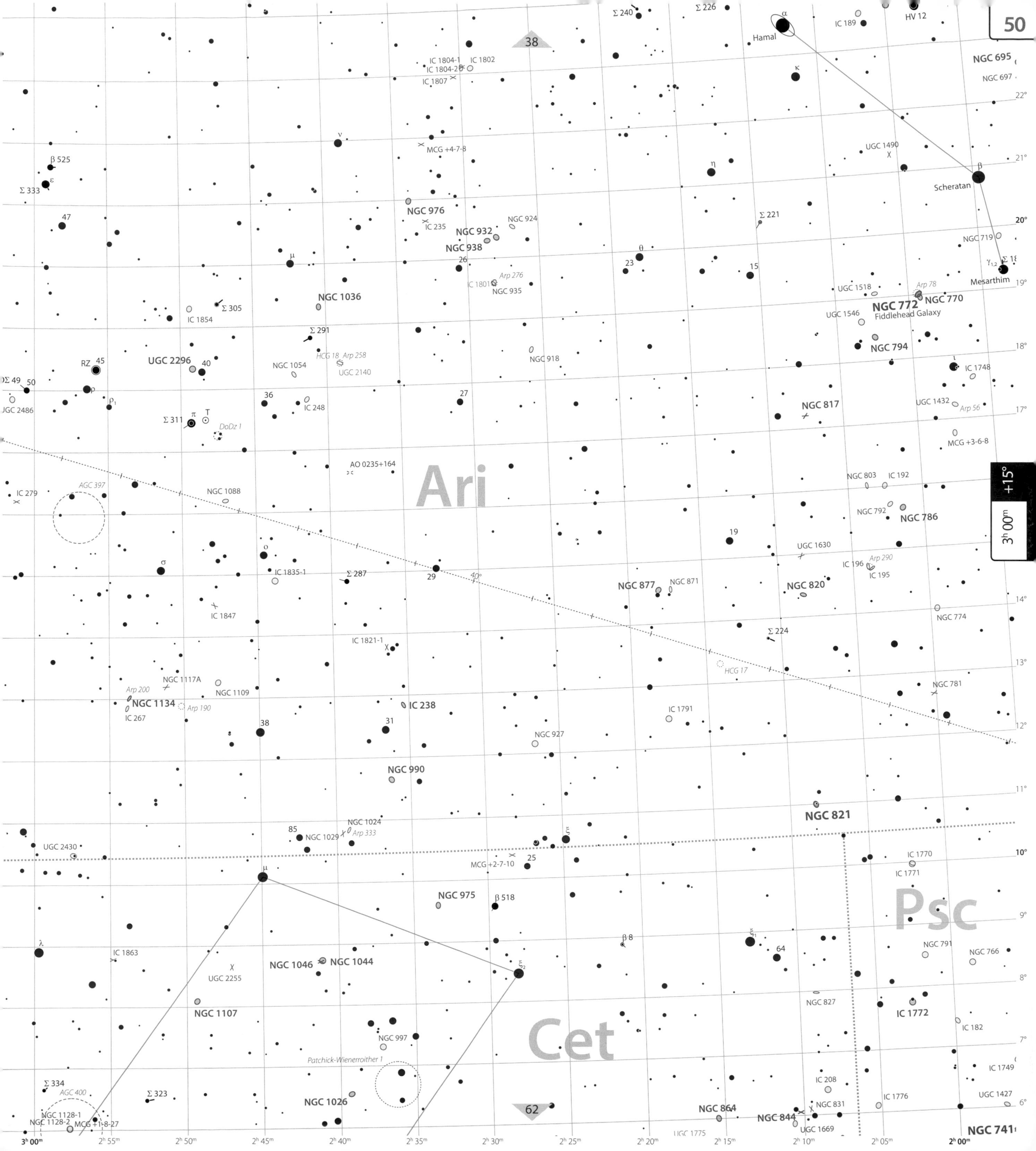
Ari
Cet
Psc
38
62
+15°
3h 00m
Hamal
Scheratan
Mesarthim
Fiddlehead Galaxy
NGC 772
NGC 770
Arp 78
NGC 794
NGC 695
NGC 697
NGC 719
IC 189
HV 12
Σ 240
Σ 226
IC 1804-1
IC 1804-2
IC 1802
IC 1807
MCG +4-7-8
UGC 1490
Σ 221
NGC 976
IC 235
NGC 932
NGC 924
NGC 938
IC 1801
Arp 276
NGC 935
NGC 1036
Σ 305
IC 1854
β 525
Σ 333
47
23
15
26
UGC 1518
UGC 1546
Σ 291
HCG 18
Arp 258
UGC 2140
NGC 1054
NGC 918
UGC 2296
40
RZ
45
Σ 49
50
UGC 2486
36
IC 248
27
NGC 817
IC 1748
UGC 1432
Arp 56
MCG +3-6-8
Σ 311
T
DoDz 1
AO 0235+164
NGC 803
IC 192
IC 279
AGC 397
NGC 1088
NGC 792
NGC 786
19
UGC 1630
IC 196
Arp 290
IC 195
IC 1835-1
Σ 287
29
40°
NGC 877
NGC 871
NGC 820
IC 1847
NGC 774
Σ 224
IC 1821-1
HCG 17
NGC 1117A
NGC 1109
Arp 200
NGC 1134
Arp 190
IC 267
IC 238
NGC 781
IC 1791
38
31
NGC 927
NGC 990
NGC 821
85
NGC 1029
NGC 1024
Arp 333
UGC 2430
25
MCG +2-7-10
IC 1770
IC 1771
NGC 975
β 518
β 8
64
IC 1863
UGC 2255
NGC 1046
NGC 1044
NGC 791
NGC 766
NGC 1107
NGC 827
IC 1772
IC 182
NGC 997
Patchick-Wienerroither 1
IC 1749
Σ 334
AGC 400
Σ 323
NGC 1026
IC 208
IC 1776
UGC 1427
NGC 1128-1
NGC 1128-2
MCG +1-8-27
NGC 864
NGC 831
NGC 844
UGC 1669
UGC 1775
NGC 741
22°
21°
20°
19°
18°
17°
14°
13°
12°
11°
10°
9°
8°
7°
6°
3h 00m
2h 55m
2h 50m
2h 45m
2h 40m
2h 35m
2h 30m
2h 25m
2h 20m
2h 15m
2h 10m
2h 05m
2h 00m

39
63
Psc
Ari
+15°
1h 00m
IC 189
HV 12
κ
NGC 695
NGC 697
1
Σ 174
NGC 694
NGC 678
IC 167
Arp 31
NGC 680
NGC 691
IC 1725
UGC 1490
Scheratan
β
IC 163
NGC 575
NGC 606
RX
S2 0109+224
X
NGC 354
PGC 3792
Pisces Dwarf
Σ 88
ψ1
χ
ψ2
ψ3
UGC 612
β 303
109
107
NGC 719
UGC 1518
Arp 78
NGC 770
γ1,2
Σ 180
Mesarthim
NGC 772
Fiddlehead Galaxy
UGC 1546
IC 115
94
UGC 1032
ρ
AGC 195
NGC 794
97
IC 1748
NGC 711
UGC 1432
Arp 56
3
UGC 1219
92
IC 1635
IC 1634
4
MCG +3-6-8
Mrk 360
Teardrop
103
105
β 5
NGC 803
IC 192
NGC 792
NGC 786
NGC 473
IC 1702
NGC 476
87
M 74
IC 1646
Arp 290
IC 196
IC 195
β 506
η
UGC 838
UGC 615
IC 107
72
101
IC 1704
IC 1698
NGC 471
Arp 128
104
Arp 11
UGC 717
NGC 774
UGC 644
IC 1620
NGC 660
NGC 677
NGC 671
NGC 781
NGC 716
NGC 658
100
IC 1715
Σ 136
NGC 514
75
Arp 119
UGC 849
Arp 88
PGC 4728
Arp 48
CGCG 436-26
π
UGC 1041
NGC 683
30°
NGC 673
β 4
β 867
54
Σ 178
IC 112
Arp 228
IC 161
IC 1770
IC 1771
NGC 665
Shk 39
NGC 525
Spano 1
NGC 524
NGC 516
NGC 505
ο
Σ 155
NGC 489
NGC 791
NGC 502
S
AGC 193
Shk 43
IC 1695
NGC 766
IC 1721
Shk 38
NGC 652
IC 1772
ε
70
IC 182
Σ 138
20°
96
Σ 100
ζ1,1
NGC 638
NGC 485
IC 1749
88
UV
0 NGC
NGC 706
NGC 693
Shk 34
UGC 1427
μ
NGC 741
NGC 742
NGC 676
NGC 632
NGC 437
22°
21°
20°
19°
18°
17°
14°
13°
12°
11°
10°
9°
8°
7°
6°
2h 00m
1h 55m
1h 50m
1h 45m
1h 40m
1h 35m
1h 30m
1h 25m
1h 20m
1h 15m
1h 10m
1h 05m
1h 00m

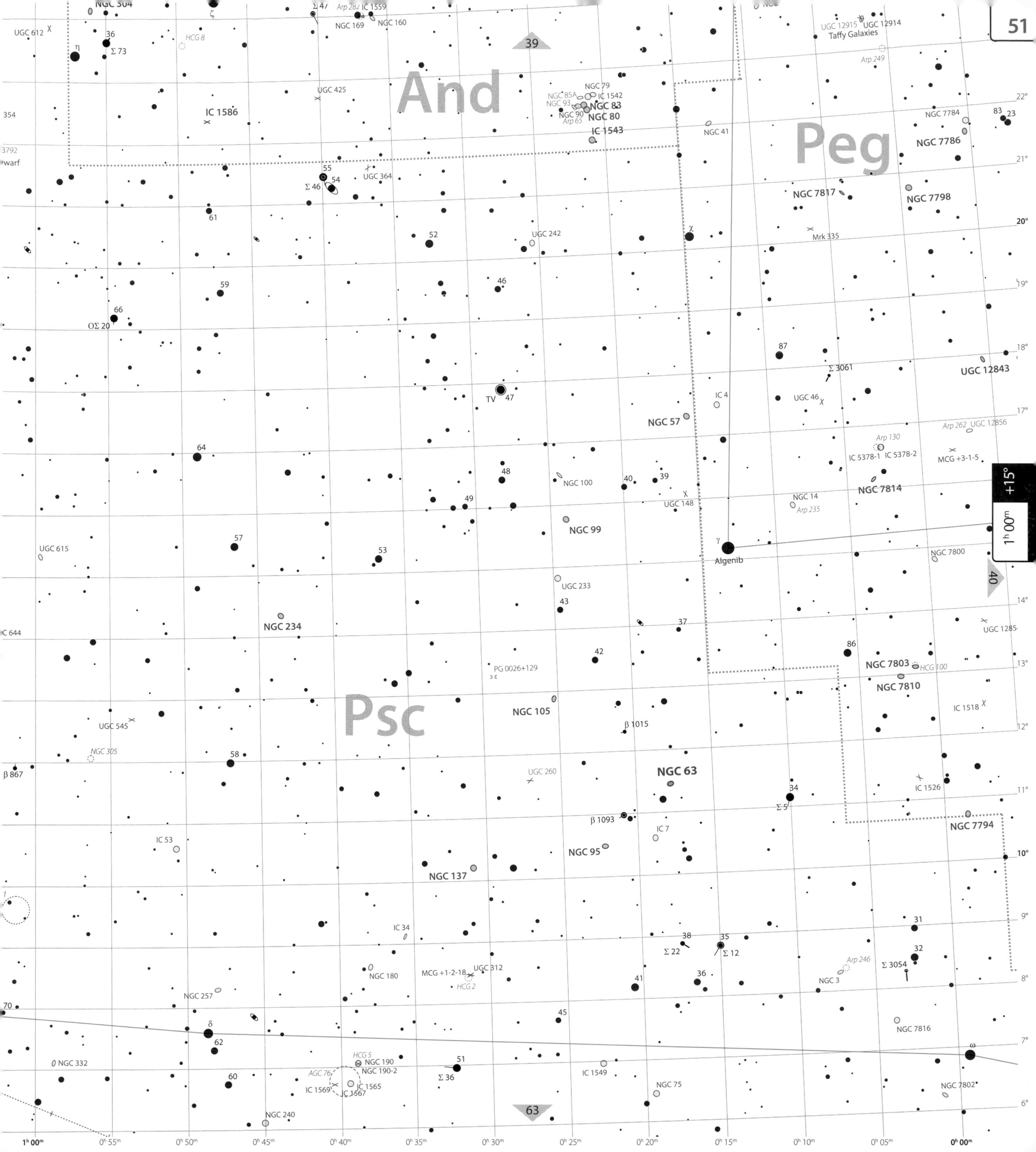

And
Peg
Psc
NGC 304
UGC 612
36
Σ 73
η
HCG 8
Σ 47
Arp 282
IC 1559
NGC 169
NGC 160
39
UGC 12915
UGC 12914
Taffy Galaxies
Arp 249
UGC 425
NGC 79
NGC 85A
IC 1542
NGC 93
NGC 83
NGC 90
NGC 80
Arp 65
IC 1543
NGC 41
IC 1586
NGC 7784
83
23
NGC 7786
22°
21°
55
54
Σ 46
UGC 364
61
NGC 7817
NGC 7798
20°
52
UGC 242
χ
Mrk 335
59
46
19°
66
ΟΣ 20
87
Σ 3061
18°
UGC 12843
TV
47
IC 4
UGC 46
17°
NGC 57
Arp 262
UGC 12856
Arp 130
IC 5378-1
IC 5378-2
MCG +3-1-5
64
48
NGC 100
40
39
49
UGC 148
NGC 14
Arp 235
NGC 7814
+15°
1h 00m
NGC 99
57
UGC 615
53
γ
Algenib
NGC 7800
40
UGC 233
43
14°
NGC 234
37
C 644
UGC 1285
86
42
PG 0026+129
NGC 7803
HCG 100
13°
NGC 7810
NGC 105
IC 1518
UGC 545
β 1015
12°
NGC 305
58
β 867
UGC 260
NGC 63
IC 1526
34
11°
Σ 5
β 1093
NGC 7794
IC 7
IC 53
NGC 95
10°
NGC 137
31
9°
IC 34
38
35
Σ 22
Σ 12
32
NGC 180
MCG +1-2-18
UGC 312
Arp 246
Σ 3054
HCG 2
41
36
NGC 3
8°
NGC 257
70
45
δ
NGC 7816
62
7°
HCG 5
NGC 190
ω
NGC 332
AGC 76
NGC 190-2
51
60
IC 1569
IC 1565
Σ 36
IC 1549
IC 1567
NGC 75
NGC 7802
6°
63
NGC 240
1h 00m
0h 55m
0h 50m
0h 45m
0h 40m
0h 35m
0h 30m
0h 25m
0h 20m
0h 15m
0h 10m
0h 05m
0h 00m

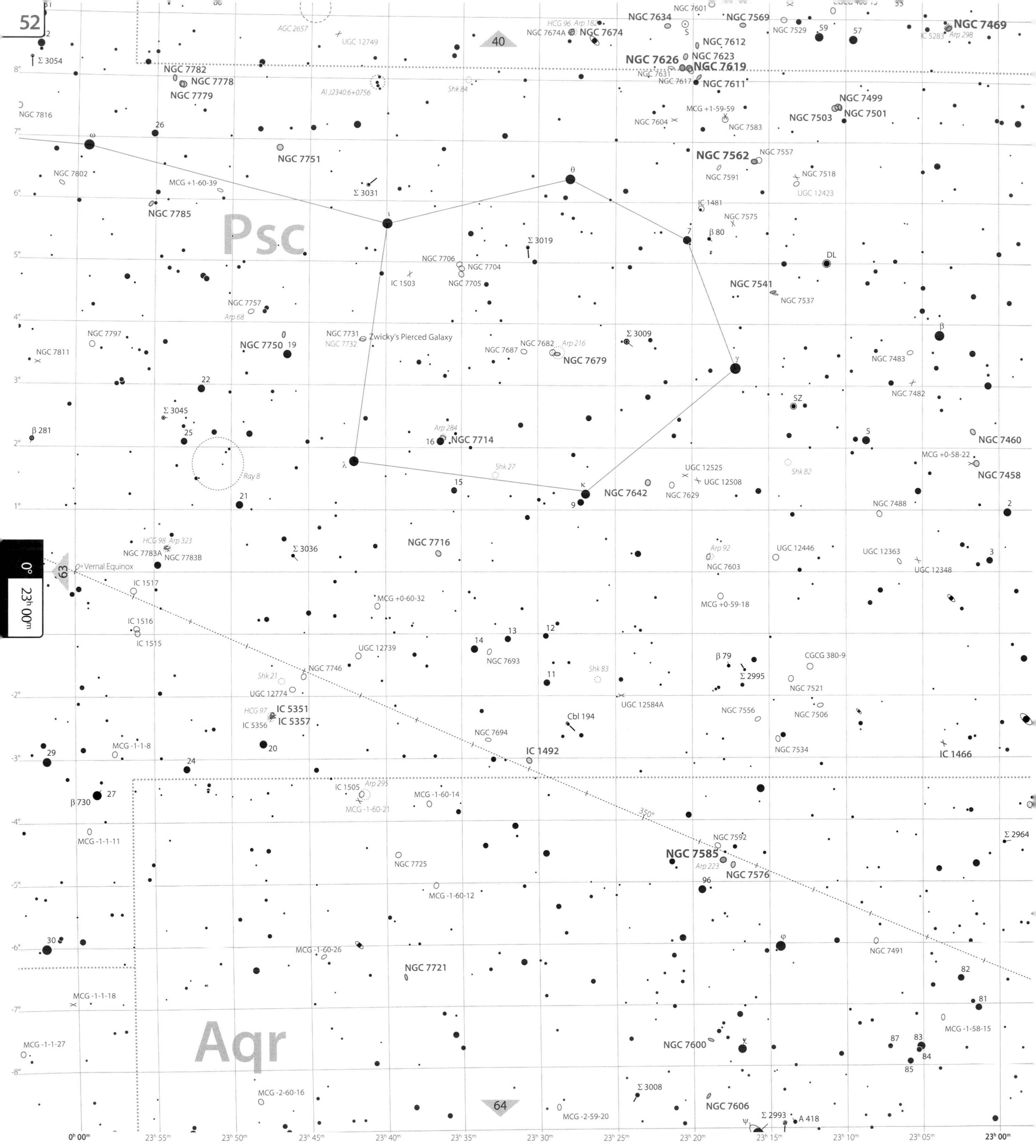

Σ 3054
NGC 7782
NGC 7778
NGC 7779
NGC 7816
AGC 2657
UGC 12749
AI J2340.6+0756
Shk 84
40
HCG 96
Arp 182
NGC 7674A
NGC 7674
NGC 7634
NGC 7601
NGC 7569
NGC 7529
NGC 7469
IC 5283
Arp 298
NGC 7612
NGC 7626
NGC 7623
NGC 7619
NGC 7631
NGC 7617
NGC 7611
NGC 7499
NGC 7501
NGC 7503
MCG +1-59-59
NGC 7604
NGC 7583
NGC 7751
NGC 7562
NGC 7557
NGC 7518
NGC 7591
UGC 12423
NGC 7802
MCG +1-60-39
Σ 3031
NGC 7785
Psc
IC 1481
NGC 7575
β 80
Σ 3019
NGC 7706
NGC 7704
NGC 7705
IC 1503
DL
NGC 7541
NGC 7537
NGC 7757
Arp 68
NGC 7797
NGC 7731
NGC 7732
Zwicky's Pierced Galaxy
Σ 3009
NGC 7811
NGC 7750
NGC 7687
NGC 7682
Arp 216
NGC 7679
NGC 7483
NGC 7482
Σ 3045
SZ
β 281
Arp 284
NGC 7714
NGC 7460
Ray 8
Shk 27
UGC 12525
UGC 12508
Shk 82
MCG +0-58-22
NGC 7458
NGC 7642
NGC 7629
NGC 7488
HCG 98
Arp 323
NGC 7783A
NGC 7783B
Σ 3036
NGC 7716
Arp 92
NGC 7603
UGC 12446
UGC 12363
UGC 12348
0° Vernal Equinox
63
0°
23h 00m
IC 1517
MCG +0-60-32
MCG +0-59-18
IC 1516
IC 1515
UGC 12739
NGC 7693
β 79
Σ 2995
CGCG 380-9
NGC 7746
Shk 21
Shk 83
NGC 7521
UGC 12774
UGC 12584A
HCG 97
IC 5351
IC 5357
IC 5356
Cbl 194
NGC 7556
NGC 7506
NGC 7694
NGC 7534
MCG -1-1-8
IC 1492
IC 1466
IC 1505
Arp 295
MCG -1-60-21
MCG -1-60-14
β 730
350°
MCG -1-1-11
NGC 7592
NGC 7585
Arp 223
NGC 7576
Σ 2964
NGC 7725
MCG -1-60-12
NGC 7491
MCG -1-60-26
NGC 7721
MCG -1-1-18
MCG -1-58-15
MCG -1-1-27
Aqr
NGC 7600
Σ 3008
MCG -2-60-16
64
NGC 7606
MCG -2-59-20
Σ 2993
A 418
0h 00m
23h 55m
23h 50m
23h 45m
23h 40m
23h 35m
23h 30m
23h 25m
23h 20m
23h 15m
23h 10m
23h 05m
23h 00m

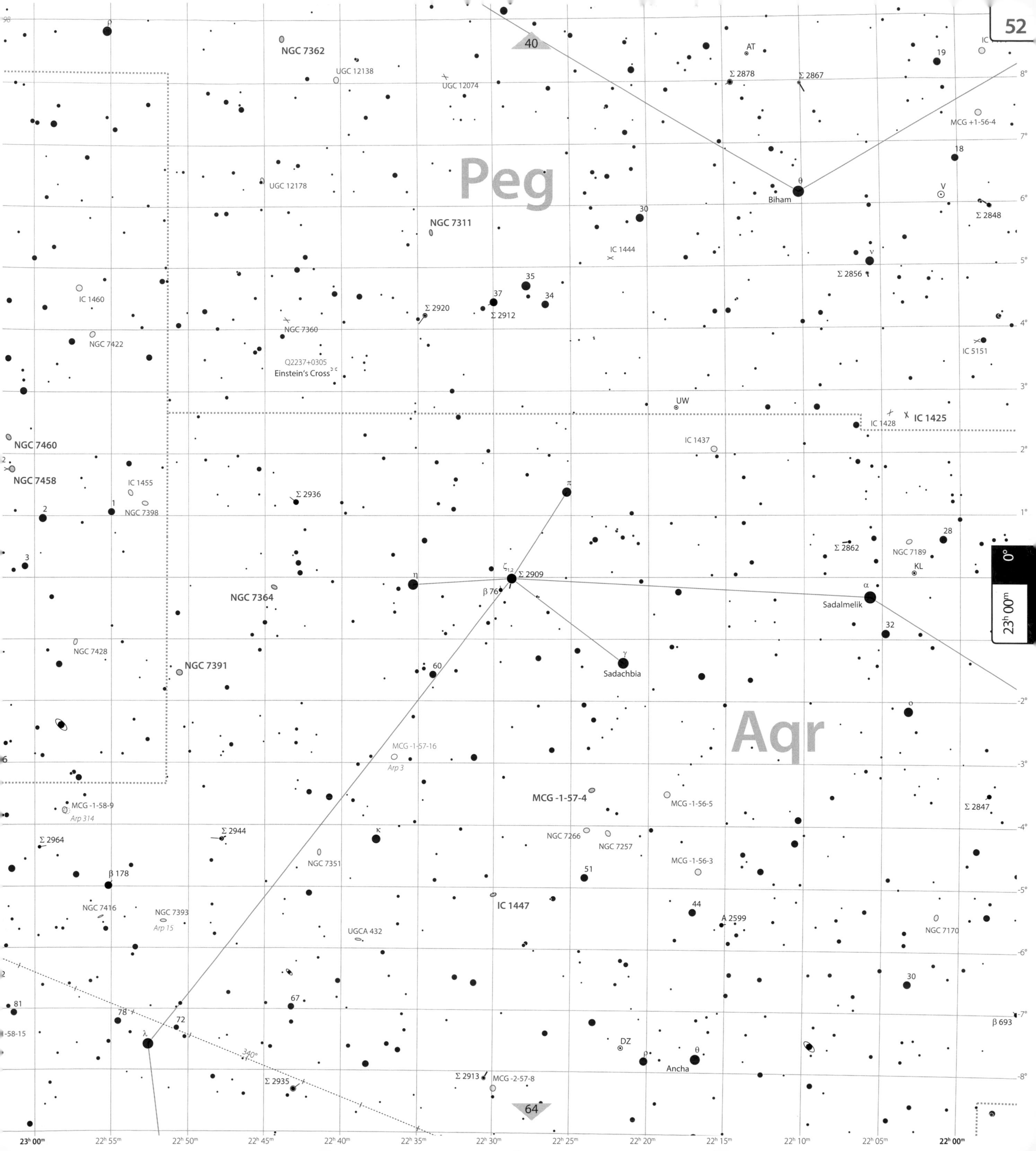
40
NGC 7362
UGC 12138
UGC 12074
AT
Σ 2878
Σ 2867
19
MCG +1-56-4
18
Peg
UGC 12178
θ
Biham
V
Σ 2848
NGC 7311
30
IC 1444
ν
Σ 2856
IC 1460
35
37
34
Σ 2920
Σ 2912
NGC 7422
NGC 7360
IC 5151
Q2237+0305
Einstein's Cross
UW
IC 1428
IC 1425
NGC 7460
IC 1437
NGC 7458
IC 1455
π
Σ 2936
NGC 7398
2
1
28
Σ 2862
NGC 7189
3
KL
ζ
Σ 2909
η
β 76
α
NGC 7364
Sadalmelik
32
NGC 7428
γ
NGC 7391
60
Sadachbia
ο
Aqr
MCG -1-57-16
Arp 3
MCG -1-57-4
MCG -1-56-5
MCG -1-58-9
Arp 314
Σ 2847
Σ 2944
κ
NGC 7266
NGC 7257
Σ 2964
NGC 7351
MCG -1-56-3
β 178
51
IC 1447
NGC 7416
NGC 7393
Arp 15
44
A 2599
NGC 7170
UGCA 432
30
81
67
78
72
λ
340°
DZ
ρ
θ
Ancha
β 693
Σ 2935
Σ 2913
MCG -2-57-8
64
0°
23h 00m
8°
7°
6°
5°
4°
3°
2°
1°
-2°
-3°
-4°
-5°
-6°
-7°
-8°
23h 00m
22h 55m
22h 50m
22h 45m
22h 40m
22h 35m
22h 30m
22h 25m
22h 20m
22h 15m
22h 10m
22h 05m
22h 00m

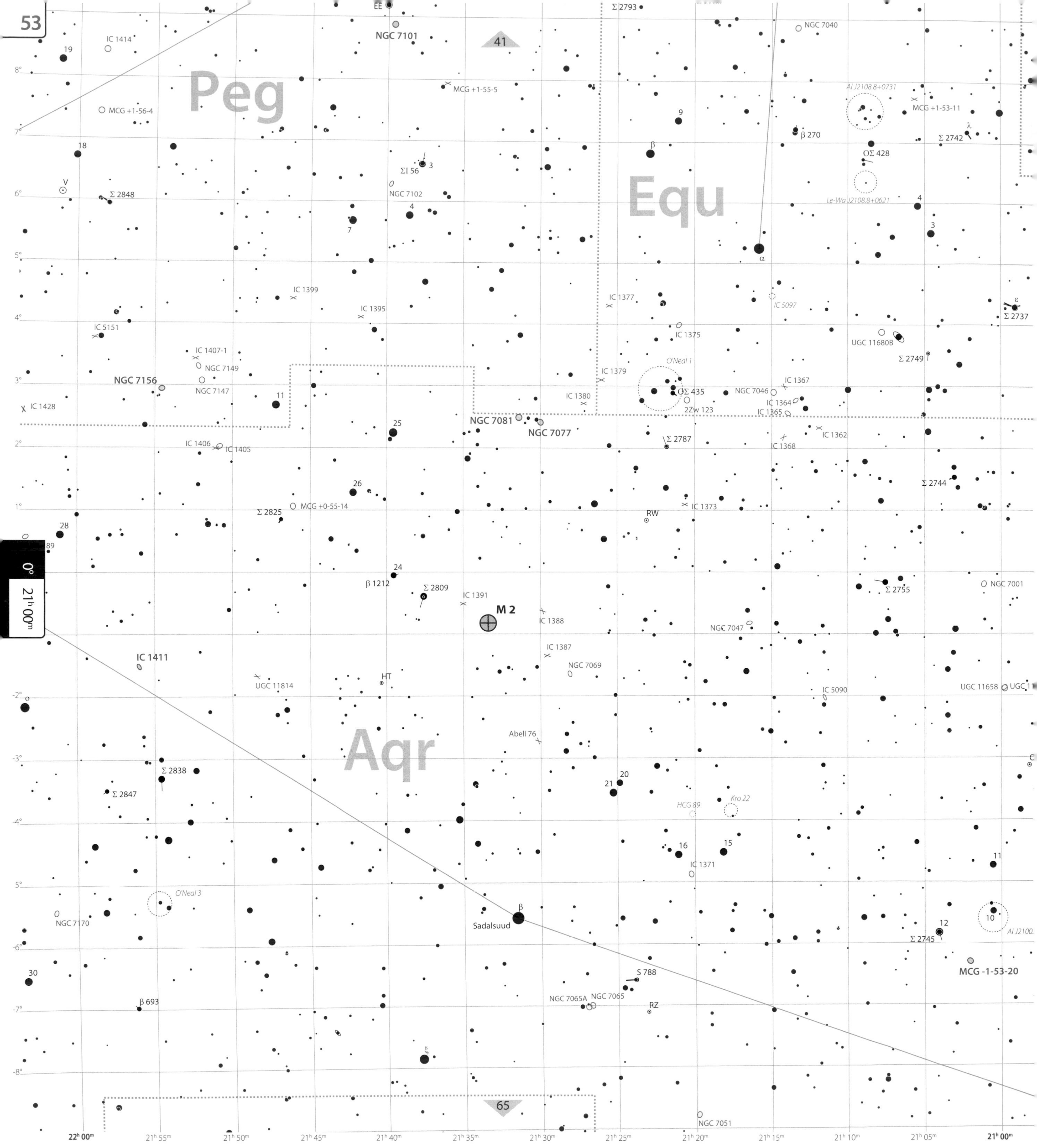
Peg
Equ
Aqr
41
65
NGC 7101
EE
Σ 2793
NGC 7040
IC 1414
19
18
MCG +1-55-5
MCG +1-56-4
Al J2108.8+0731
MCG +1-53-11
9
β 270
Σ 2742
λ
β
ΟΣ 428
ΣΙ 56
3
V
Σ 2848
NGC 7102
Le-Wa J2108.8+0621
4
7
α
IC 1399
IC 1395
IC 1377
IC 5097
ε
Σ 2737
IC 5151
IC 1375
UGC 11680B
Σ 2749
IC 1407-1
NGC 7149
O'Neal 1
IC 1379
IC 1367
NGC 7156
NGC 7147
11
IC 1380
ΟΣ 435
NGC 7046
IC 1364
IC 1428
2Zw 123
IC 1365
NGC 7081
NGC 7077
25
IC 1362
IC 1406
IC 1405
Σ 2787
IC 1368
26
Σ 2744
Σ 2825
MCG +0-55-14
IC 1373
RW
28
0°
21h 00m
24
β 1212
Σ 2809
IC 1391
Σ 2755
NGC 7001
M 2
IC 1388
NGC 7047
IC 1411
IC 1387
NGC 7069
HT
UGC 11814
IC 5090
UGC 11658
Abell 76
Σ 2838
20
21
Σ 2847
HCG 89
Kro 22
16
15
IC 1371
O'Neal 3
β
NGC 7170
Sadalsuud
12
10
Σ 2745
Al J2100.
30
MCG -1-53-20
S 788
NGC 7065A
NGC 7065
RZ
β 693
ξ
NGC 7051
8°
7°
6°
5°
4°
3°
2°
1°
-2°
-3°
-4°
5°
-6°
-7°
-8°
22h 00m
21h 55m
21h 50m
21h 45m
21h 40m
21h 35m
21h 30m
21h 25m
21h 20m
21h 15m
21h 10m
21h 05m
21h 00m

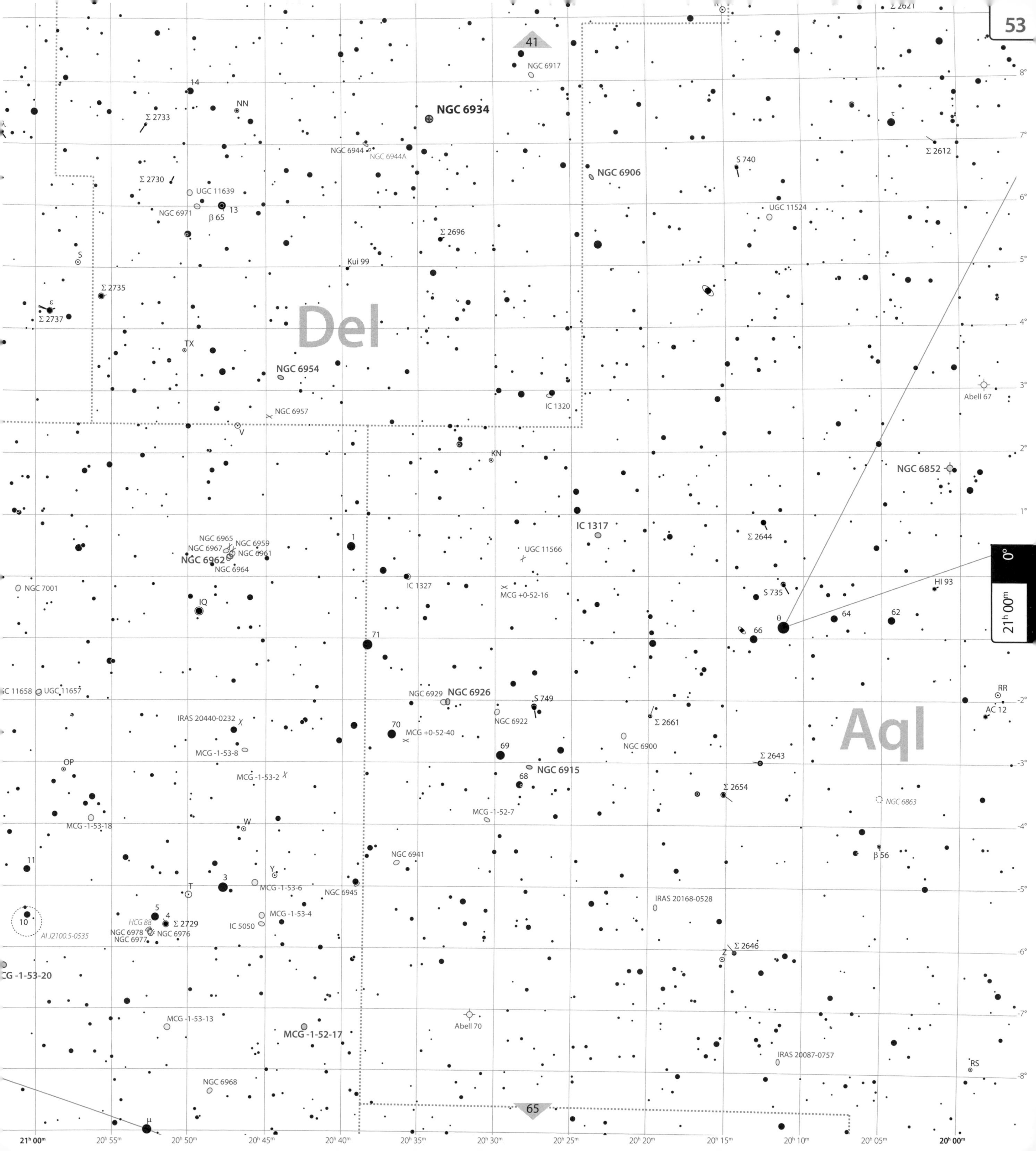
Del
Aql
41
65
0°
21h 00m
NGC 6917
NGC 6934
NGC 6944
NGC 6944A
NGC 6906
Σ 2733
NN
14
Σ 2730
UGC 11639
NGC 6971
β 65
13
Σ 2612
S 740
UGC 11524
Σ 2696
S
Kui 99
Σ 2735
ε
Σ 2737
TX
NGC 6954
IC 1320
Abell 67
NGC 6957
V
KN
NGC 6852
IC 1317
Σ 2644
NGC 6965
NGC 6959
NGC 6967
NGC 6961
NGC 6962
NGC 6964
1
UGC 11566
IC 1327
MCG +0-52-16
S 735
HI 93
NGC 7001
IQ
θ
64
62
66
71
UGC 11658
UGC 11657
NGC 6929
NGC 6926
S 749
NGC 6922
RR
AC 12
IRAS 20440-0232
70
MCG +0-52-40
Σ 2661
NGC 6900
MCG -1-53-8
69
Σ 2643
OP
MCG -1-53-2
68
NGC 6915
Σ 2654
NGC 6863
MCG -1-53-18
MCG -1-52-7
W
11
NGC 6941
β 56
Y
T
3
MCG -1-53-6
NGC 6945
IRAS 20168-0528
10
5
4
Σ 2729
HCG 88
MCG -1-53-4
IC 5050
NGC 6978
NGC 6976
NGC 6977
AI J2100.5-0535
Σ 2646
Z
MCG -1-53-20
MCG -1-53-13
MCG -1-52-17
Abell 70
IRAS 20087-0757
RS
NGC 6968
μ
8°
7°
6°
5°
4°
3°
2°
1°
-2°
-3°
-4°
-5°
-6°
-7°
-8°
21h 00m
20h 55m
20h 50m
20h 45m
20h 40m
20h 35m
20h 30m
20h 25m
20h 20m
20h 15m
20h 10m
20h 05m
20h 00m

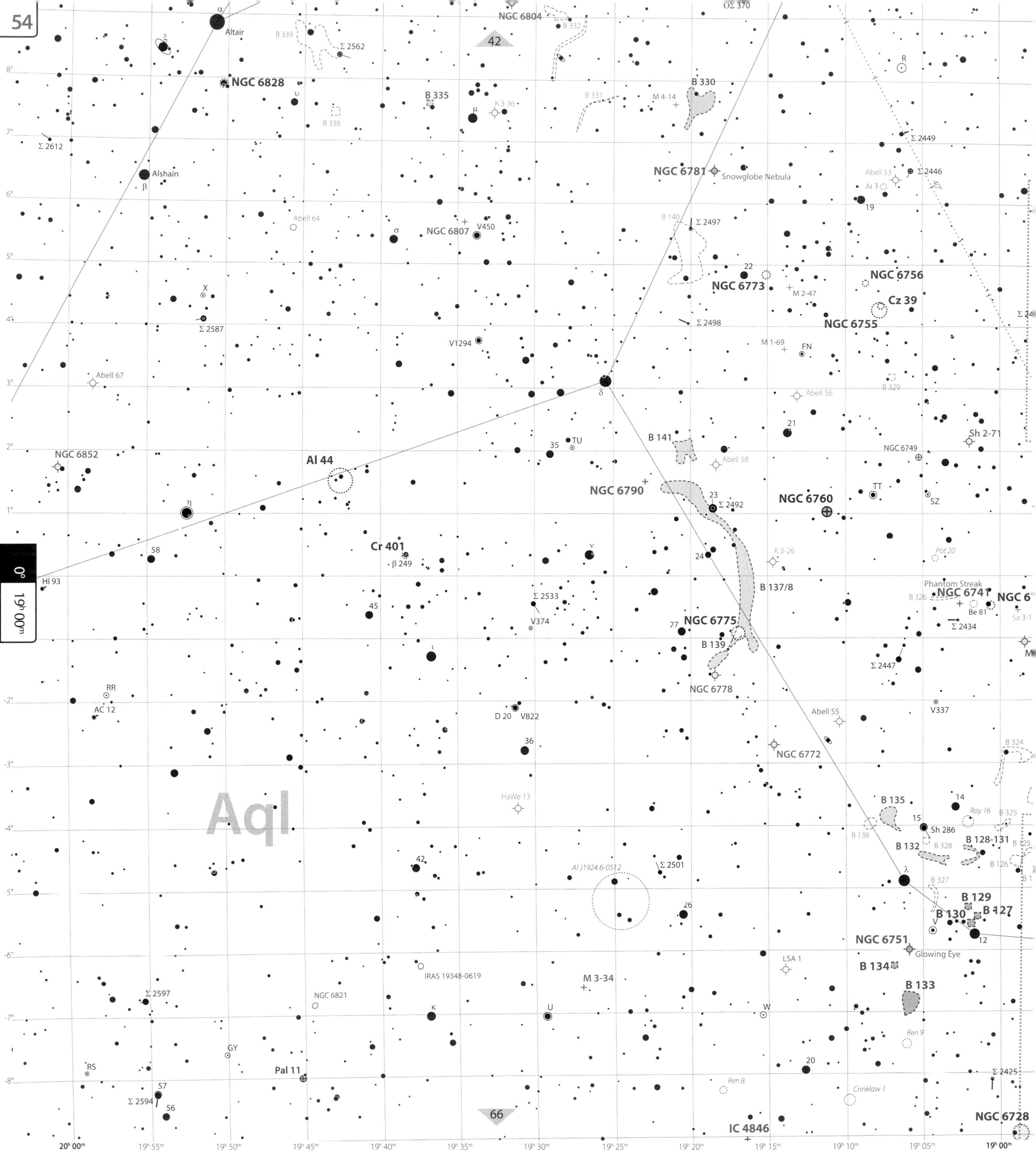
Aql
Altair
Alshain
NGC 6828
NGC 6804
B 332
B 339
Σ 2562
42
OΣ 370
B 330
B 331
M 4-14
B 335
B 338
K 3-36
Σ 2612
Σ 2449
NGC 6781
Snowglobe Nebula
Abell 53
Σ 2446
Ju 3
19
R
Abell 64
NGC 6807
V450
B 140
Σ 2497
22
NGC 6773
M 2-47
NGC 6756
Cz 39
NGC 6755
X
Σ 2587
Σ 2498
V1294
M 1-69
FN
Abell 67
Abell 56
B 329
TU
35
21
B 141
Sh 2-71
NGC 6749
NGC 6852
Al 44
Abell 58
NGC 6790
23
Σ 2492
NGC 6760
TT
SZ
58
Cr 401
β 249
24
K 3-26
Pot 20
HI 93
B 137/8
Phantom Streak
NGC 6741
B 326
Be 81
Sa 3-1
Σ 2533
45
V374
27
NGC 6775
B 139
Σ 2434
Σ 2447
NGC 6778
RR
AC 12
D 20
V822
V337
Abell 55
36
NGC 6772
B 324
HaWe 13
B 135
14
15
Sh 286
Ray 16
B 325
B 136
B 132
B 328
B 128-131
B 126
42
Al J1924.6-0512
Σ 2501
B 327
26
B 129
B 130
B 127
V
12
NGC 6751
Glowing Eye
LSA 1
B 134
IRAS 19348-0619
M 3-34
B 133
Σ 2597
NGC 6821
U
W
Ren 9
GY
RS
Pal 11
20
Ren 8
Crinklaw 1
Σ 2425
57
Σ 2594
56
66
IC 4846
NGC 6728
20h 00m
19h 55m
19h 50m
19h 45m
19h 40m
19h 35m
19h 30m
19h 25m
19h 20m
19h 15m
19h 10m
19h 05m
19h 00m
8°
7°
6°
5°
4°
3°
2°
1°
-1°
-2°
-3°
-4°
-5°
-6°
-7°
-8°

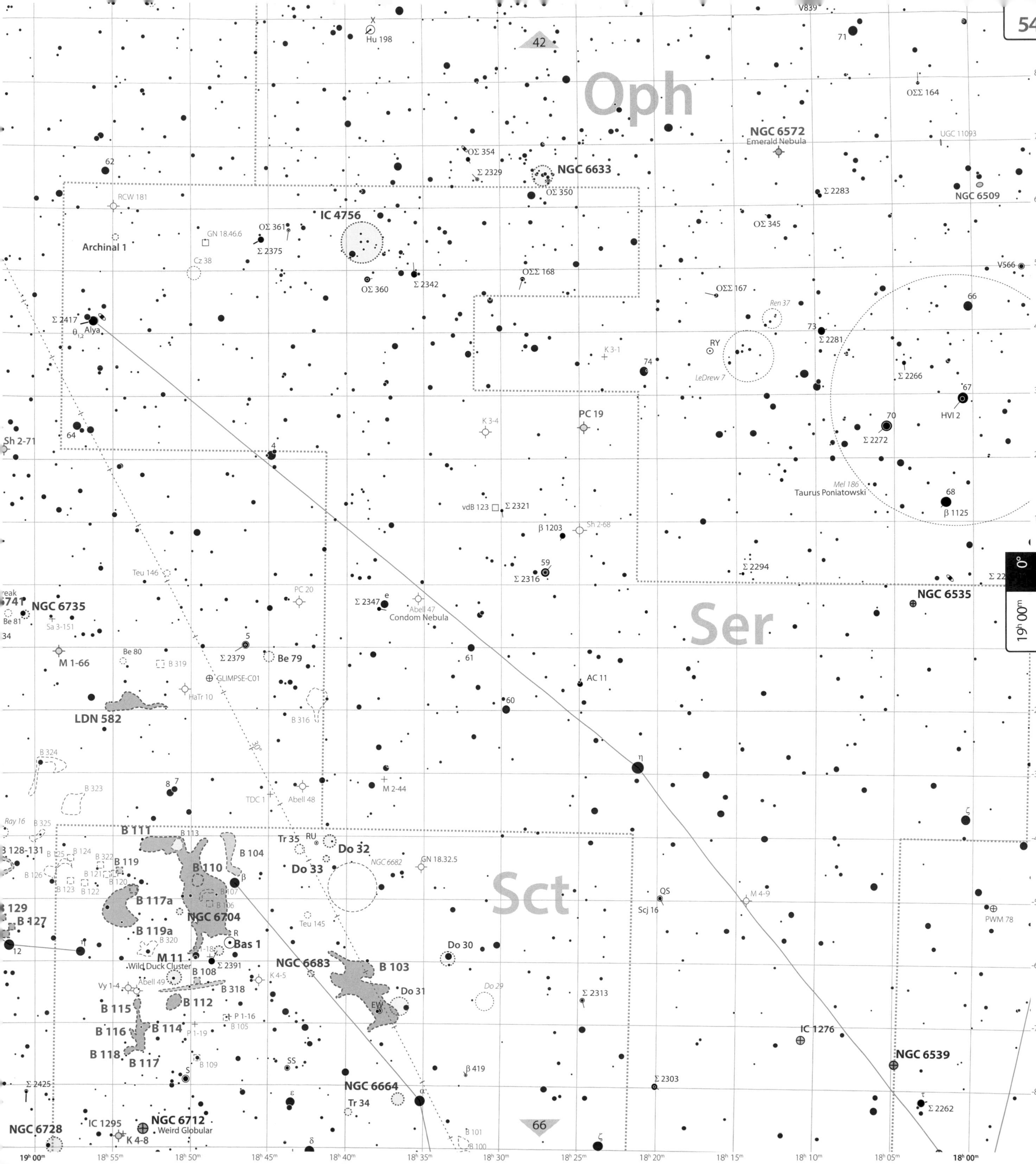
V839
X
Hu 198
42
71
8°
Oph
OΣΣ 164
NGC 6572
Emerald Nebula
UGC 11093
7°
OΣ 354
Σ 2329
NGC 6633
62
OΣ 350
Σ 2283
NGC 6509
RCW 181
6°
IC 4756
OΣ 361
GN 18.46.6
OΣ 345
Archinal 1
Σ 2375
Cz 38
5°
OΣΣ 168
V566
OΣ 360
Σ 2342
OΣΣ 167
66
Ren 37
Σ 2417
Alya
4°
73
Σ 2281
RY
K 3-1
74
Σ 2266
LeDrew 7
67
3°
PC 19
K 3-4
70
HVI 2
64
Σ 2272
Sh 2-71
4
2°
Mel 186
Taurus Poniatowski
68
vdB 123
Σ 2321
β 1125
1°
β 1203
Sh 2-68
59
Teu 146
Σ 2316
Σ 2294
0°
NGC 6735
PC 20
Σ 2347
e
Abell 47
Condom Nebula
NGC 6535
Be 81
Sa 3-151
Ser
19h 00m
5
Be 80
Σ 2379
Be 79
61
M 1-66
B 319
GLIMPSE-C01
AC 11
HaTr 10
60
LDN 582
B 316
-2°
B 324
30°
η
-3°
B 323
8
7
TDC 1
Abell 48
M 2-44
Ray 16
B 325
ζ
B 111
B 113
Tr 35
RU
Do 32
B 104
-4°
B 128-131
B 124
B 125
B 322
B 119
B 110
NGC 6682
GN 18.32.5
Do 33
B 126
B 121
B 120
β
B 123
B 122
B 107
QS
M 4-9
-5°
Sct
B 117a
B 106
Scj 16
PWM 78
B 129
NGC 6704
B 127
Teu 145
B 119a
R
B 320
Bas 1
12
Do 30
M 11
Σ 2391
NGC 6683
B 103
-6°
Wild Duck Cluster
B 108
K 4-5
Vy 1-4
Abell 49
B 318
Do 31
Do 29
Σ 2313
B 115
B 112
P 1-16
EW
B 105
B 116
B 114
P 1-19
IC 1276
-7°
B 118
B 117
B 109
SS
β 419
NGC 6539
S
Σ 2425
Σ 2303
ε
NGC 6664
α
-8°
Tr 34
τ
Σ 2262
NGC 6728
IC 1295
NGC 6712
Weird Globular
K 4-8
B 101
66
B 100
δ
ζ
19h 00m
18h 55m
18h 50m
18h 45m
18h 40m
18h 35m
18h 30m
18h 25m
18h 20m
18h 15m
18h 10m
18h 05m
18h 00m

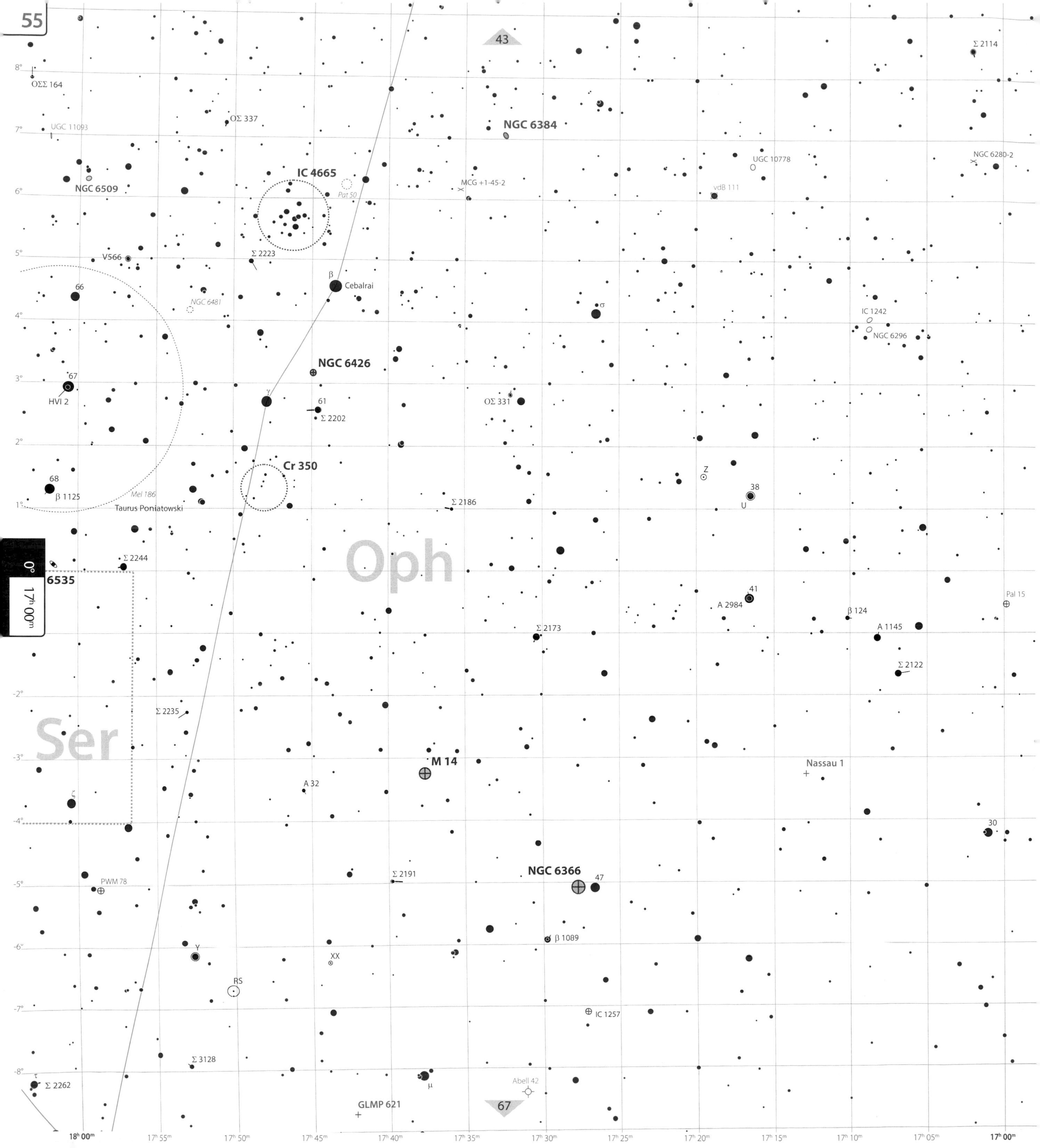
43
67
Oph
Ser
0°
17h 00m
6535
ΟΣΣ 164
UGC 11093
ΟΣ 337
NGC 6384
Σ 2114
NGC 6280-2
UGC 10778
IC 4665
Pat 50
NGC 6509
MCG +1-45-2
vdB 111
V566
Σ 2223
β
Cebalrai
66
NGC 6481
σ
IC 1242
NGC 6296
NGC 6426
67
HVI 2
γ
61
Σ 2202
ΟΣ 331
Cr 350
Z
38
U
68
β 1125
Mel 186
Taurus Poniatowski
Σ 2186
Σ 2244
41
A 2984
β 124
Pal 15
A 1145
Σ 2173
Σ 2122
Σ 2235
M 14
Nassau 1
A 32
ζ
30
PWM 78
Σ 2191
NGC 6366
47
β 1089
γ
XX
RS
IC 1257
Σ 3128
τ
Σ 2262
μ
Abell 42
GLMP 621
8°
7°
6°
5°
4°
3°
2°
1°
-2°
-3°
-4°
-5°
-6°
-7°
-8°
18h 00m
17h 55m
17h 50m
17h 45m
17h 40m
17h 35m
17h 30m
17h 25m
17h 20m
17h 15m
17h 10m
17h 05m
17h 00m

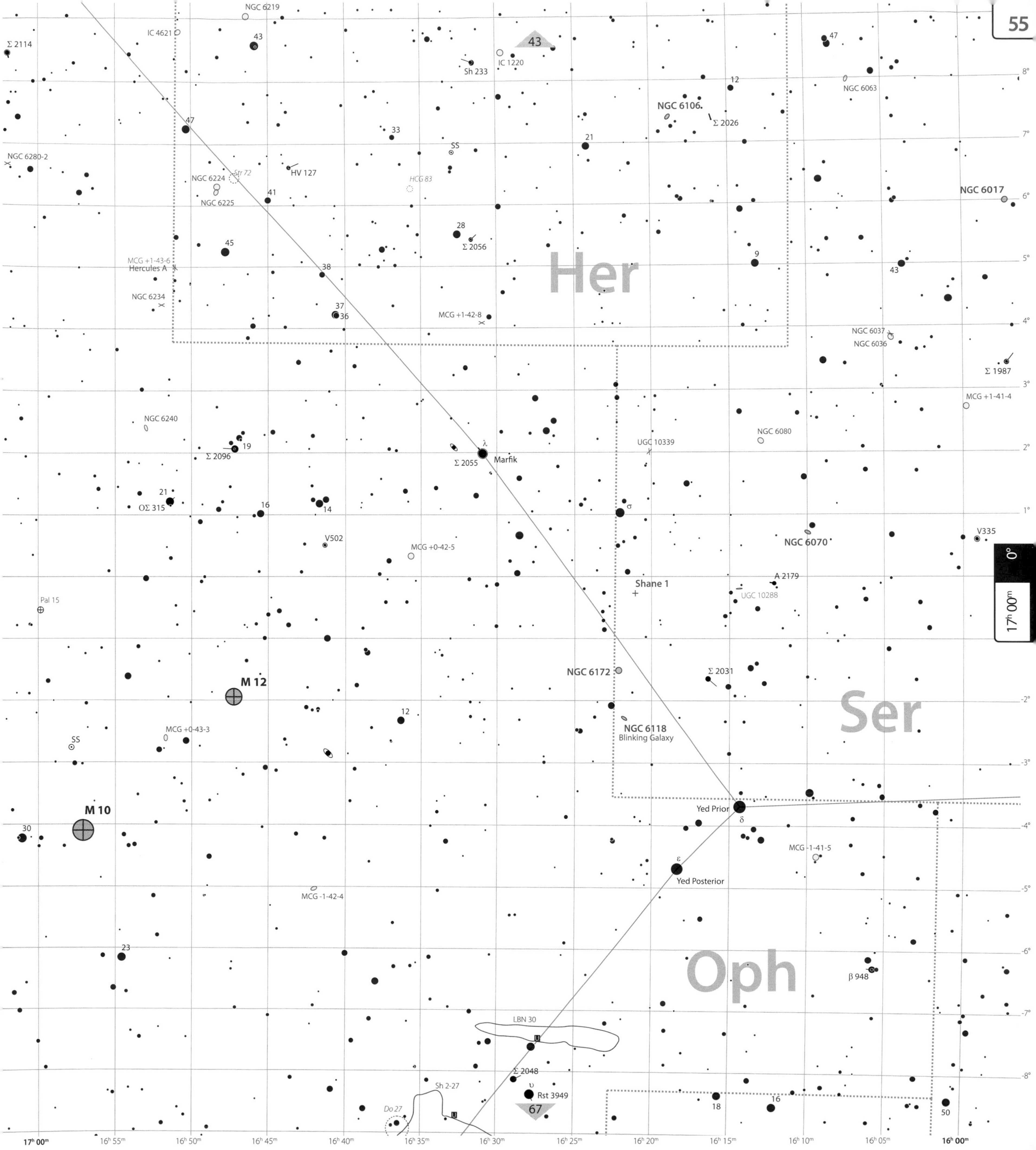
Her
Ser
Oph
43
67
NGC 6219
IC 4621
Σ 2114
43
IC 1220
Sh 233
47
12
NGC 6063
NGC 6106
Σ 2026
47
33
SS
21
NGC 6280-2
Str 72
HV 127
HCG 83
NGC 6224
NGC 6225
41
NGC 6017
28
Σ 2056
45
9
MCG +1-43-6
Hercules A
38
43
NGC 6234
37
36
MCG +1-42-8
NGC 6037
NGC 6036
Σ 1987
MCG +1-41-4
NGC 6240
λ
Marfik
UGC 10339
NGC 6080
19
Σ 2096
Σ 2055
21
OΣ 315
16
14
σ
V502
MCG +0-42-5
NGC 6070
V335
Shane 1
A 2179
UGC 10288
Pal 15
M 12
NGC 6172
Σ 2031
12
MCG +0-43-3
NGC 6118
Blinking Galaxy
SS
M 10
Yed Prior
δ
30
MCG -1-41-5
ε
Yed Posterior
MCG -1-42-4
23
β 948
LBN 30
Σ 2048
υ
Rst 3949
Sh 2-27
Do 27
18
16
50
8°
7°
6°
5°
4°
3°
2°
1°
0°
-2°
-3°
-4°
-5°
-6°
-7°
-8°
17h 00m
16h 55m
16h 50m
16h 45m
16h 40m
16h 35m
16h 30m
16h 25m
16h 20m
16h 15m
16h 10m
16h 05m
16h 00m

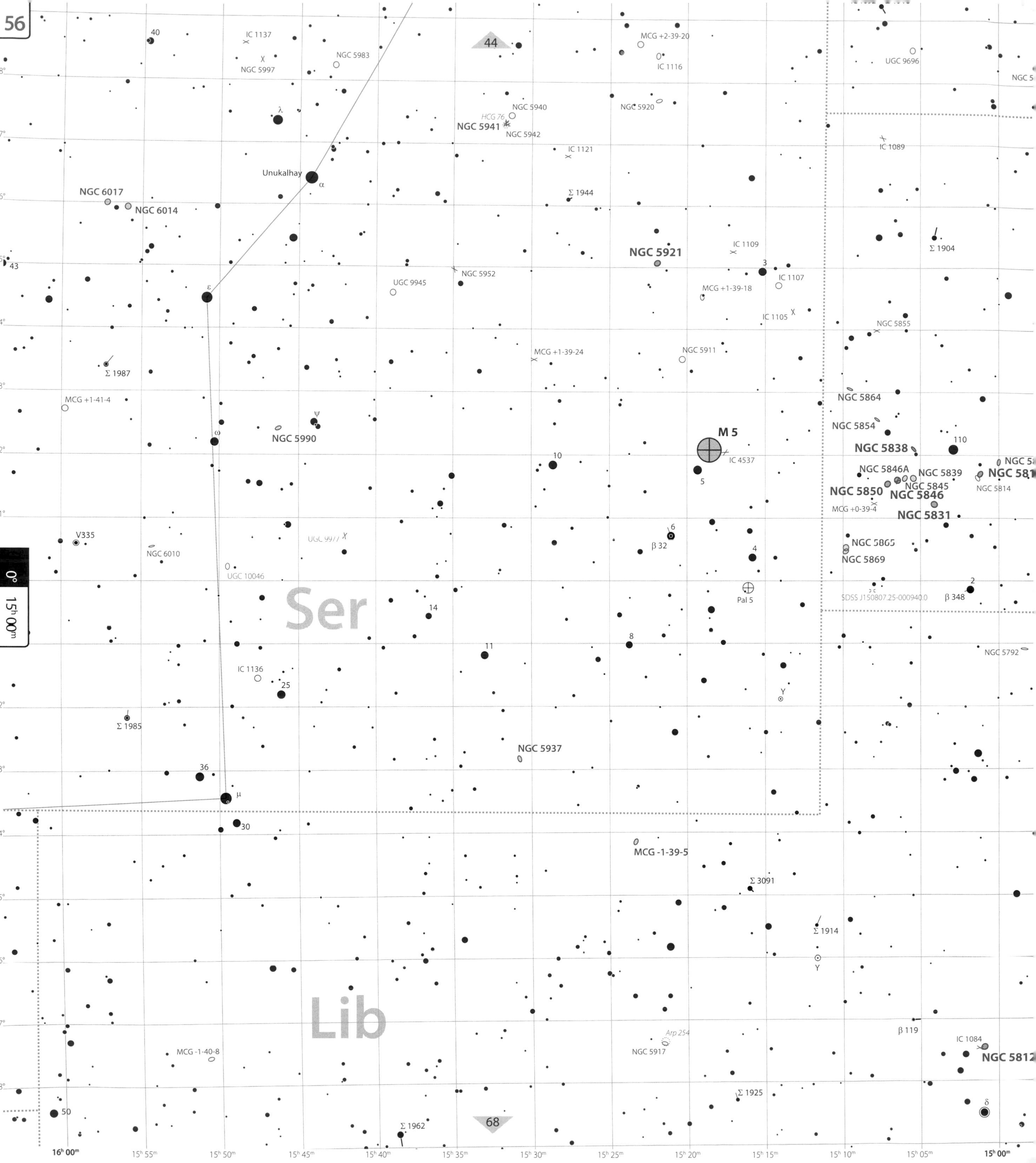
44
68
Ser
Lib
M 5
IC 4537
Pal 5
NGC 5921
NGC 5941
HCG 76
NGC 5940
NGC 5942
NGC 5920
NGC 5983
NGC 5997
IC 1137
MCG +2-39-20
IC 1116
UGC 9696
IC 1089
IC 1121
Σ 1944
Unukalhay
α
λ
ε
ω
μ
ψ
NGC 6017
NGC 6014
IC 1109
IC 1107
MCG +1-39-18
IC 1105
NGC 5855
NGC 5952
UGC 9945
NGC 5911
MCG +1-39-24
Σ 1987
Σ 1904
MCG +1-41-4
NGC 5864
NGC 5854
NGC 5838
NGC 5990
NGC 5846A
NGC 5839
NGC 5845
NGC 5850
NGC 5846
NGC 5814
MCG +0-39-4
NGC 5831
V335
NGC 6010
UGC 9977
UGC 10046
β 32
NGC 5865
NGC 5869
SDSS J150807.25-000940.0
β 348
NGC 5792
IC 1136
Σ 1985
NGC 5937
MCG -1-39-5
Σ 3091
Σ 1914
β 119
Arp 254
NGC 5917
IC 1084
NGC 5812
MCG -1-40-8
Σ 1925
Σ 1962
δ
8°
7°
6°
5°
4°
3°
2°
1°
-2°
-3°
-4°
-5°
-6°
-7°
-8°
16h 00m
15h 55m
15h 50m
15h 45m
15h 40m
15h 35m
15h 30m
15h 25m
15h 20m
15h 15m
15h 10m
15h 05m
15h 00m

Boo
Vir
IC 1078
Arp 173
IC 1035
MCG +2-36-45
NGC 5411
MCG +2-36-10
NGC 5482
UGC 9084
NGC 5469
NGC 5511A
OΣ 281
Σ 1835
44
NGC 5681
MCG +1-37-33
Arp 49
NGC 5665A
NGC 5665
NGC 5539
MCG +1-36-24
NGC 5417
NGC 5790
NGC 5769
A 1110
Σ 1870
31
Σ 1873
NGC 5546
NGC 5542
NGC 5514A
NGC 5514
NGC 5570
NGC 5549
NGC 5418
NGC 5405
MCG +1-36-5
NGC 5645
PGC 53047
CGCG 48-28
A 1109
CQ
CP
NGC 5384
NGC 5386
NGC 5382
NGC 5374
NGC 5491A
NGC 5661
NGC 5575
Σ 1883
NGC 5652
NGC 5674
Arp 274
NGC 5679A
NGC 5679
NGC 5701
NGC 5551
Σ 1813
IC 966
NGC 5373
NGC 5364
IC 1073
IC 1072
IC 1071
IC 1048
NGC 5619A
RS
IC 1007
NGC 5668
NGC 5521
NGC 5770
Arp 286
NGC 5566
NGC 5560
UGC 9371
NGC 5775
NGC 5774
IC 1067
IC 1066
IC 1068
IC 1042
NGC 5692
NGC 5718
Arp 171
MCG +1-37-43
NGC 5577
NGC 5576
NGC 5574
Σ 1819
IC 988
IC 989
NGC 5638
IC 1024
MCG +1-37-41
NGC 5725
NGC 5690
NGC 5746
Mini Sombrero Galaxy
NGC 5806
NGC 5813
NGC 5814
109
NGC 5740
MCG +0-37-13
UGC 9215
τ
IC 986
NGC 5501
Mrk 1383
UGC 9229
Σ 1881
108
IC 1011
92
MCG +0-37-17
2
1
NGC 5750
NGC 5713
NGC 5719
NGC 5691
NGC 5584
8Zw 388
Zwicky's Necklace
MCG +0-36-14
IC 1059
NGC 5792
NGC 5496
IC 976
NGC 5478
103
φ
υ
11
NGC 5768
NGC 5604
NGC 5507
NGC 5506
IC 985
Σ 1807
NGC 5400
IC 968-1
MCG +0-37-9
16
IC 981
IC 997-1
IC 997-2
NGC 5493
MCG -1-37-6
NGC 5468
NGC 5369
μ
Σ 1869
NGC 5634
104
Syrma
ι
NGC 5427
Arp 271
NGC 5476
NGC 5426
Σ 1799
106
MCG -1-36-5
IC 1060
IC 980
1084
NGC 5812
Σ 1876
NGC 5534
Σ 1833
δ
68
MCG -1-37-11
NGC 5729
94
8°
7°
6°
5°
4°
3°
2°
1°
-2°
-3°
-4°
-5°
-6°
-7°
-8°
15h 00m
14h 55m
14h 50m
14h 45m
14h 40m
14h 35m
14h 30m
14h 25m
14h 20m
14h 15m
14h 10m
14h 05m
14h 00m

0°
15h 00m

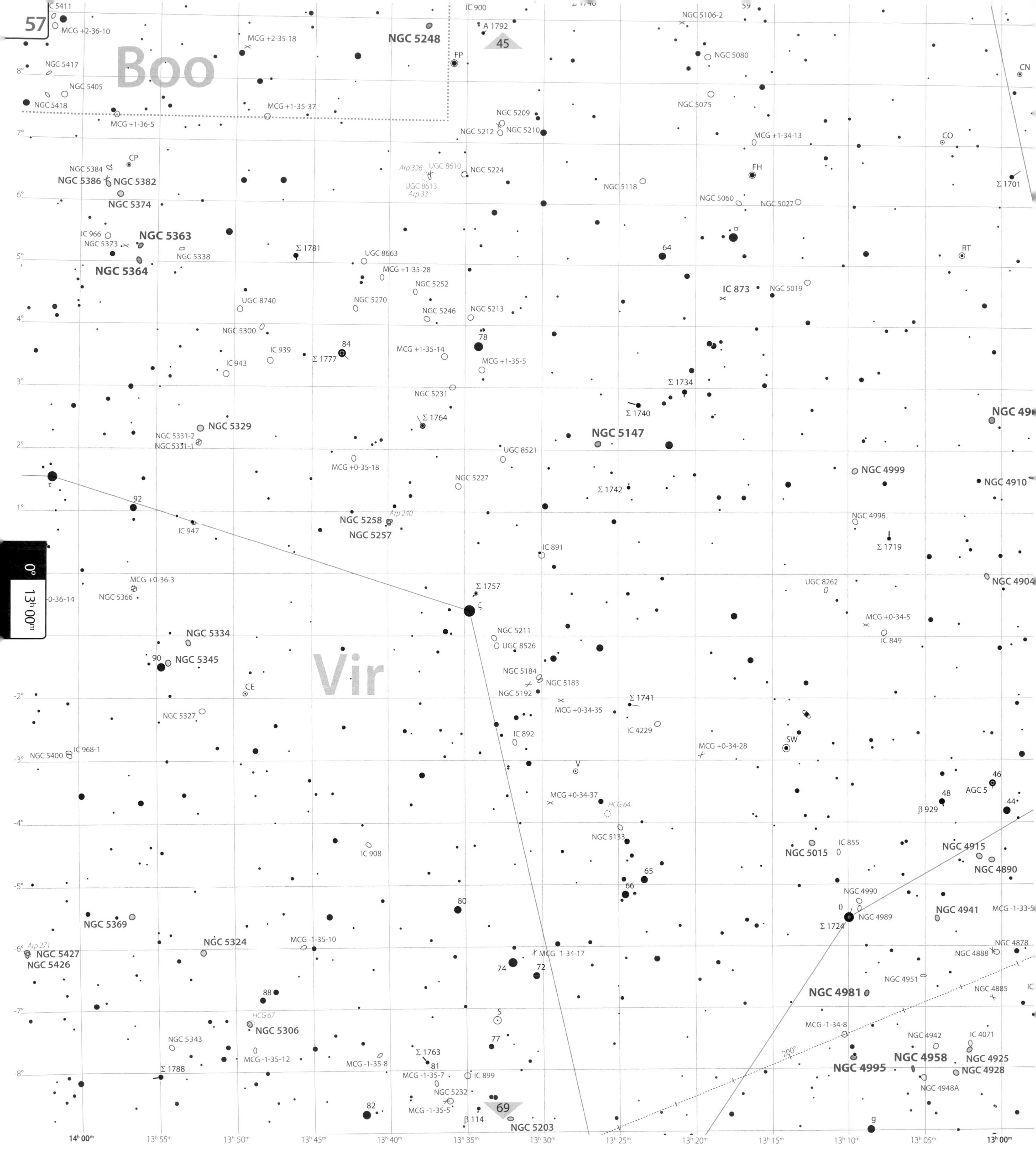

Boo
Vir
45
69
0°
13h 00m
IC 5411
MCG +2-36-10
NGC 5417
NGC 5405
NGC 5418
MCG +1-36-5
MCG +2-35-18
MCG +1-35-37
NGC 5248
IC 900
A 1792
FP
NGC 5106-2
NGC 5080
NGC 5075
CN
NGC 5209
NGC 5212
NGC 5210
MCG +1-34-13
CO
CP
NGC 5384
NGC 5386
NGC 5382
NGC 5374
Arp 326
UGC 8610
UGC 8613
Arp 33
NGC 5224
NGC 5118
FH
Σ 1701
NGC 5060
NGC 5027
IC 966
NGC 5373
NGC 5363
NGC 5338
NGC 5364
Σ 1781
UGC 8663
MCG +1-35-28
σ
64
RT
NGC 5252
IC 873
NGC 5019
UGC 8740
NGC 5270
NGC 5246
NGC 5213
NGC 5300
IC 939
84
Σ 1777
MCG +1-35-14
78
IC 943
MCG +1-35-5
Σ 1734
NGC 5231
Σ 1740
Σ 1764
NGC 5329
NGC 5331-2
NGC 5331-1
NGC 5147
UGC 8521
MCG +0-35-18
NGC 5227
NGC 4999
NGC 4910
Σ 1742
92
τ
IC 947
NGC 5258
Arp 240
NGC 5257
NGC 4996
IC 891
Σ 1719
MCG +0-36-3
NGC 5366
Σ 1757
ζ
UGC 8262
NGC 4904
MCG +0-34-5
NGC 5211
UGC 8526
IC 849
NGC 5334
90
NGC 5345
NGC 5184
NGC 5183
NGC 5192
CE
Σ 1741
MCG +0-34-35
NGC 5327
IC 4229
IC 892
SW
MCG +0-34-28
NGC 5400
IC 968-1
V
46
AGC 5
48
β 929
44
MCG +0-34-37
HCG 64
NGC 5133
IC 908
NGC 5015
IC 855
NGC 4915
NGC 4890
65
66
80
NGC 4990
θ
NGC 4989
Σ 1724
NGC 4941
MCG -1-33-5
NGC 5369
Arp 271
NGC 5427
NGC 5426
NGC 5324
MCG -1-35-10
MCG -1-34-17
74
72
NGC 4878
NGC 4888
NGC 4951
NGC 4885
NGC 4981
88
HCG 67
NGC 5306
S
77
MCG -1-34-8
200°
NGC 5343
MCG -1-35-12
Σ 1763
81
MCG -1-35-8
NGC 4942
IC 4071
NGC 4958
NGC 4925
NGC 4995
NGC 4928
Σ 1788
MCG -1-35-7
IC 899
NGC 5232
NGC 4948A
MCG -1-35-5
82
β 114
NGC 5203
g
8°
7°
6°
5°
4°
3°
2°
1°
-2°
-3°
-4°
-5°
-6°
-7°
-8°
14h 00m
13h 55m
13h 50m
13h 45m
13h 40m
13h 35m
13h 30m
13h 25m
13h 20m
13h 15m
13h 10m
13h 05m
13h 00m

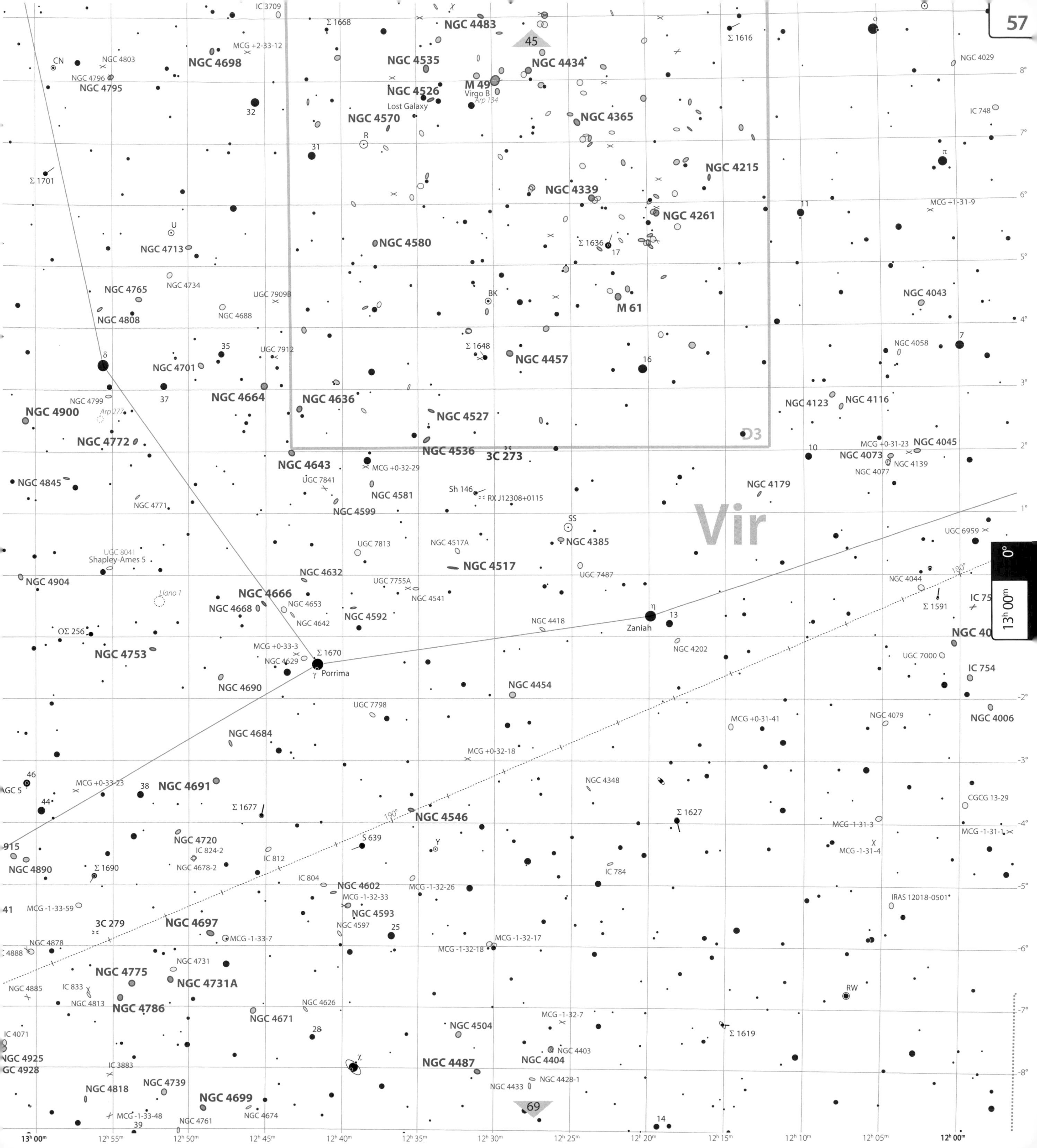
IC 3709
Σ 1668
NGC 4483
45
Σ 1616
CN
NGC 4803
MCG +2-33-12
NGC 4698
NGC 4535
NGC 4434
NGC 4029
NGC 4796
NGC 4795
NGC 4526
M 49
Virgo B
Arp 134
Lost Galaxy
32
NGC 4570
NGC 4365
IC 748
R
31
Σ 1701
NGC 4215
π
NGC 4339
11
MCG +1-31-9
NGC 4261
U
NGC 4580
Σ 1636
17
NGC 4713
NGC 4734
NGC 4765
UGC 7909B
BK
NGC 4043
NGC 4688
NGC 4808
M 61
Σ 1648
NGC 4058
7
35
UGC 7912
NGC 4457
16
δ
NGC 4701
37
NGC 4664
NGC 4636
NGC 4123
NGC 4116
NGC 4799
Arp 277
NGC 4900
NGC 4527
D3
NGC 4772
MCG +0-31-23
NGC 4045
10
NGC 4536
3C 273
NGC 4073
NGC 4643
MCG +0-32-29
NGC 4139
NGC 4077
UGC 7841
NGC 4845
NGC 4581
NGC 4179
Sh 146
RX J12308+0115
NGC 4771
NGC 4599
SS
Vir
UGC 6959
UGC 7813
NGC 4517A
NGC 4385
UGC 8041
Shapley-Ames 5
NGC 4632
NGC 4517
0°
180°
UGC 7487
NGC 4044
NGC 4904
UGC 7755A
Llano 1
NGC 4666
NGC 4541
13h 00m
IC 75
NGC 4653
η
NGC 4668
13
Σ 1591
NGC 4592
NGC 4642
NGC 4418
Zaniah
OΣ 256
NGC 40
MCG +0-33-3
Σ 1670
NGC 4202
NGC 4753
NGC 4629
UGC 7000
IC 754
γ Porrima
NGC 4690
NGC 4454
UGC 7798
NGC 4079
NGC 4006
MCG +0-31-41
NGC 4684
MCG +0-32-18
46
NGC 4348
AGC 5
MCG +0-33-23
38
NGC 4691
CGCG 13-29
44
Σ 1677
Σ 1627
190°
NGC 4546
MCG -1-31-3
915
NGC 4720
S 639
Y
MCG -1-31-1
χ
MCG -1-31-4
IC 824-2
IC 812
NGC 4890
Σ 1690
NGC 4678-2
IC 784
IC 804
NGC 4602
MCG -1-32-26
MCG -1-32-33
IRAS 12018-0501
41
MCG -1-33-59
NGC 4593
3C 279
NGC 4697
NGC 4597
25
MCG -1-33-7
MCG -1-32-17
NGC 4878
MCG -1-32-18
4888
NGC 4731
NGC 4775
NGC 4731A
NGC 4885
IC 833
RW
NGC 4813
NGC 4786
NGC 4626
NGC 4671
MCG -1-32-7
IC 4071
28
NGC 4504
Σ 1619
NGC 4403
NGC 4925
NGC 4404
GC 4928
IC 3883
χ
NGC 4487
NGC 4739
NGC 4428-1
NGC 4818
NGC 4433
NGC 4699
69
MCG -1-33-48
NGC 4674
39
NGC 4761
14
13h 00m
12h 55m
12h 50m
12h 45m
12h 40m
12h 35m
12h 30m
12h 25m
12h 20m
12h 15m
12h 10m
12h 05m
12h 00m
8°
7°
6°
5°
4°
3°
2°
1°
-1°
-2°
-3°
-4°
-5°
-6°
-7°
-8°

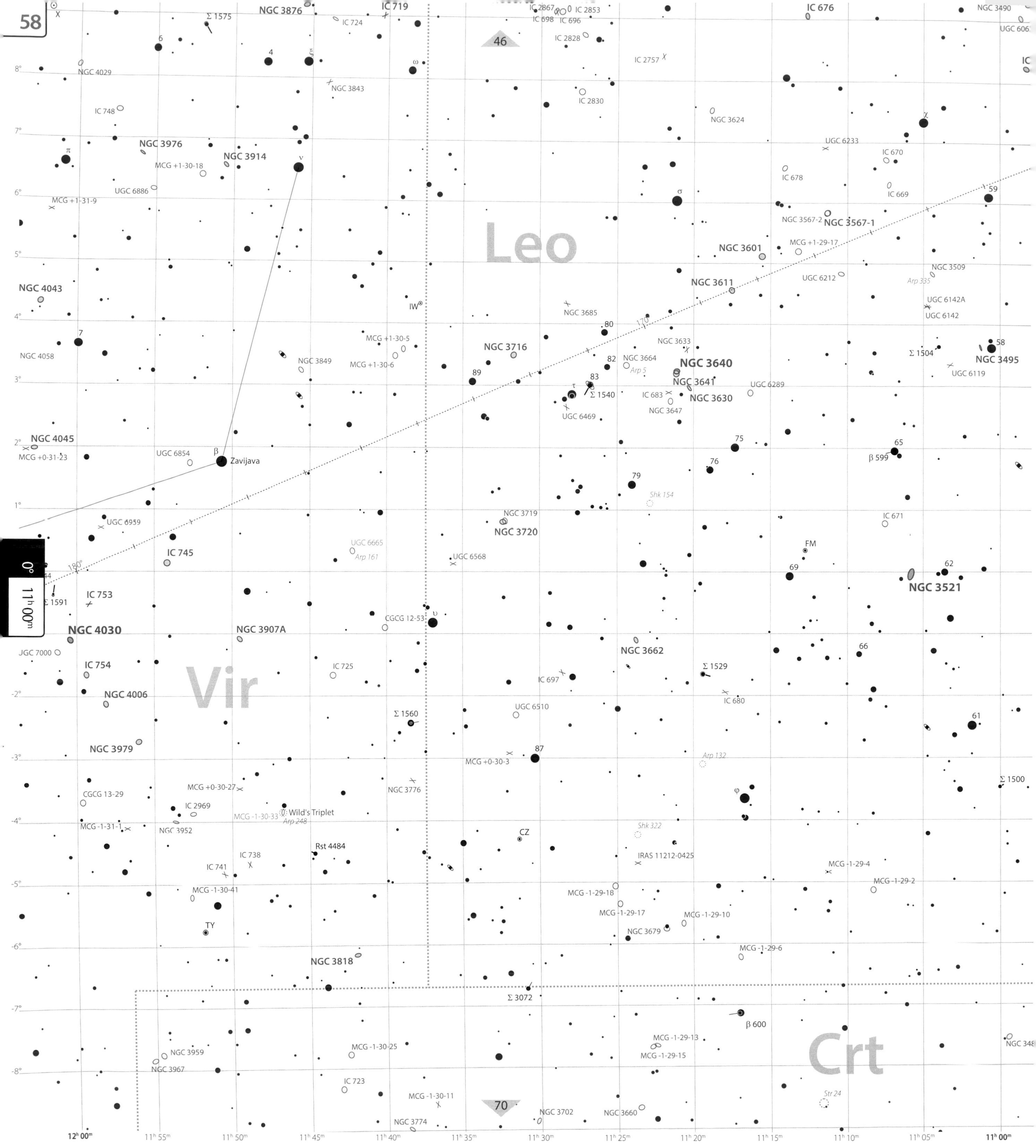
Leo
Vir
Crt
46
70
Zavijava
NGC 3876
IC 719
IC 2867
IC 2853
IC 698
IC 696
IC 676
NGC 3490
Σ 1575
IC 724
IC 2828
IC 2757
NGC 4029
NGC 3843
IC 2830
IC 748
NGC 3624
NGC 3976
NGC 3914
MCG +1-30-18
UGC 6233
IC 670
IC 678
IC 669
UGC 6886
MCG +1-31-9
NGC 3567-2
NGC 3567-1
NGC 3601
MCG +1-29-17
NGC 3509
NGC 3611
UGC 6212
Arp 335
NGC 4043
IW
NGC 3685
UGC 6142A
UGC 6142
NGC 4058
MCG +1-30-5
NGC 3849
MCG +1-30-6
NGC 3716
NGC 3633
NGC 3664
Arp 5
NGC 3640
NGC 3641
NGC 3630
Σ 1504
NGC 3495
UGC 6119
UGC 6289
Σ 1540
IC 683
NGC 3647
UGC 6469
NGC 4045
MCG +0-31-23
UGC 6854
β 599
Shk 154
UGC 6959
NGC 3719
NGC 3720
IC 671
UGC 6665
Arp 161
UGC 6568
FM
IC 745
NGC 3521
IC 753
Σ 1591
CGCG 12-53
NGC 4030
NGC 3907A
NGC 3662
UGC 7000
IC 754
IC 725
Σ 1529
IC 697
IC 680
NGC 4006
Σ 1560
UGC 6510
NGC 3979
MCG +0-30-3
Arp 132
Σ 1500
MCG +0-30-27
NGC 3776
CGCG 13-29
IC 2969
Wild's Triplet
MCG -1-30-33
Arp 248
MCG -1-31-1
NGC 3952
Shk 322
CZ
Rst 4484
IC 738
IRAS 11212-0425
MCG -1-29-4
IC 741
MCG -1-29-2
MCG -1-30-41
MCG -1-29-18
MCG -1-29-17
MCG -1-29-10
TY
NGC 3679
MCG -1-29-6
NGC 3818
Σ 3072
β 600
MCG -1-29-13
MCG -1-29-15
NGC 3959
MCG -1-30-25
NGC 3967
IC 723
Str 24
MCG -1-30-11
NGC 3702
NGC 3660
NGC 3774
170°
180°
0°
11h 00m
12h 00m
11h 55m
11h 50m
11h 45m
11h 40m
11h 35m
11h 30m
11h 25m
11h 20m
11h 15m
11h 10m
11h 05m
11h 00m

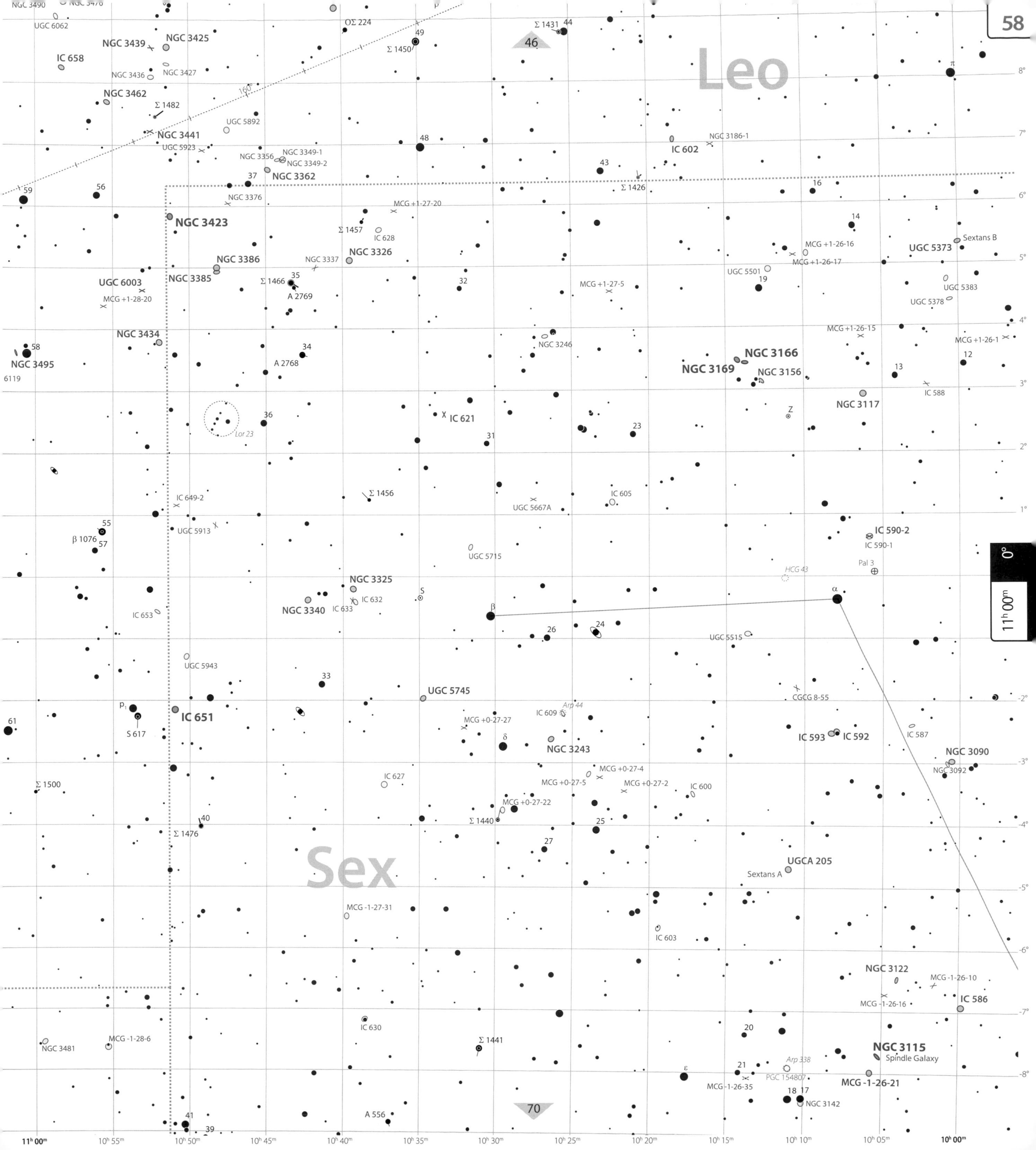

Leo
Sex
46
70
0°
11h00m
NGC 3490
NGC 3476
UGC 6062
OΣ 224
Σ 1431
44
NGC 3439
NGC 3425
49
Σ 1450
IC 658
NGC 3436
NGC 3427
π
NGC 3462
Σ 1482
160°
UGC 5892
NGC 3441
48
NGC 3186-1
UGC 5923
NGC 3356
NGC 3349-1
NGC 3349-2
IC 602
NGC 3362
43
37
Σ 1426
59
56
16
NGC 3376
MCG +1-27-20
NGC 3423
14
Σ 1457
IC 628
Sextans B
MCG +1-26-16
UGC 5373
NGC 3386
NGC 3337
NGC 3326
MCG +1-26-17
UGC 5501
NGC 3385
35
Σ 1466
32
MCG +1-27-5
19
UGC 6003
UGC 5383
A 2769
MCG +1-28-20
UGC 5378
MCG +1-26-15
NGC 3434
MCG +1-26-1
58
34
NGC 3246
NGC 3166
12
NGC 3495
A 2768
NGC 3169
NGC 3156
13
6119
IC 588
NGC 3117
IC 621
Z
36
Lor 23
23
31
Σ 1456
IC 649-2
IC 605
UGC 5667A
55
UGC 5913
IC 590-2
β 1076
57
IC 590-1
UGC 5715
HCG 43
Pal 3
NGC 3325
S
α
IC 632
β
NGC 3340
IC 633
IC 653
24
26
UGC 5515
UGC 5943
33
UGC 5745
CGCG 8-55
Arp 44
P1
IC 609
MCG +0-27-27
61
IC 651
IC 593
IC 592
S 617
δ
IC 587
NGC 3243
NGC 3090
MCG +0-27-4
NGC 3092
Σ 1500
IC 627
MCG +0-27-5
MCG +0-27-2
IC 600
MCG +0-27-22
40
Σ 1440
25
Σ 1476
27
UGCA 205
Sextans A
MCG -1-27-31
IC 603
NGC 3122
MCG -1-26-10
MCG -1-26-16
IC 586
IC 630
20
Σ 1441
NGC 3481
MCG -1-28-6
NGC 3115
Spindle Galaxy
Arp 338
ε
21
PGC 154807
MCG -1-26-35
MCG -1-26-21
18
17
NGC 3142
A 556
41
39
11h 00m
10h 55m
10h 50m
10h 45m
10h 40m
10h 35m
10h 30m
10h 25m
10h 20m
10h 15m
10h 10m
10h 05m
10h 00m
8°
7°
6°
5°
4°
3°
2°
1°
-2°
-3°
-4°
-5°
-6°
-7°
-8°

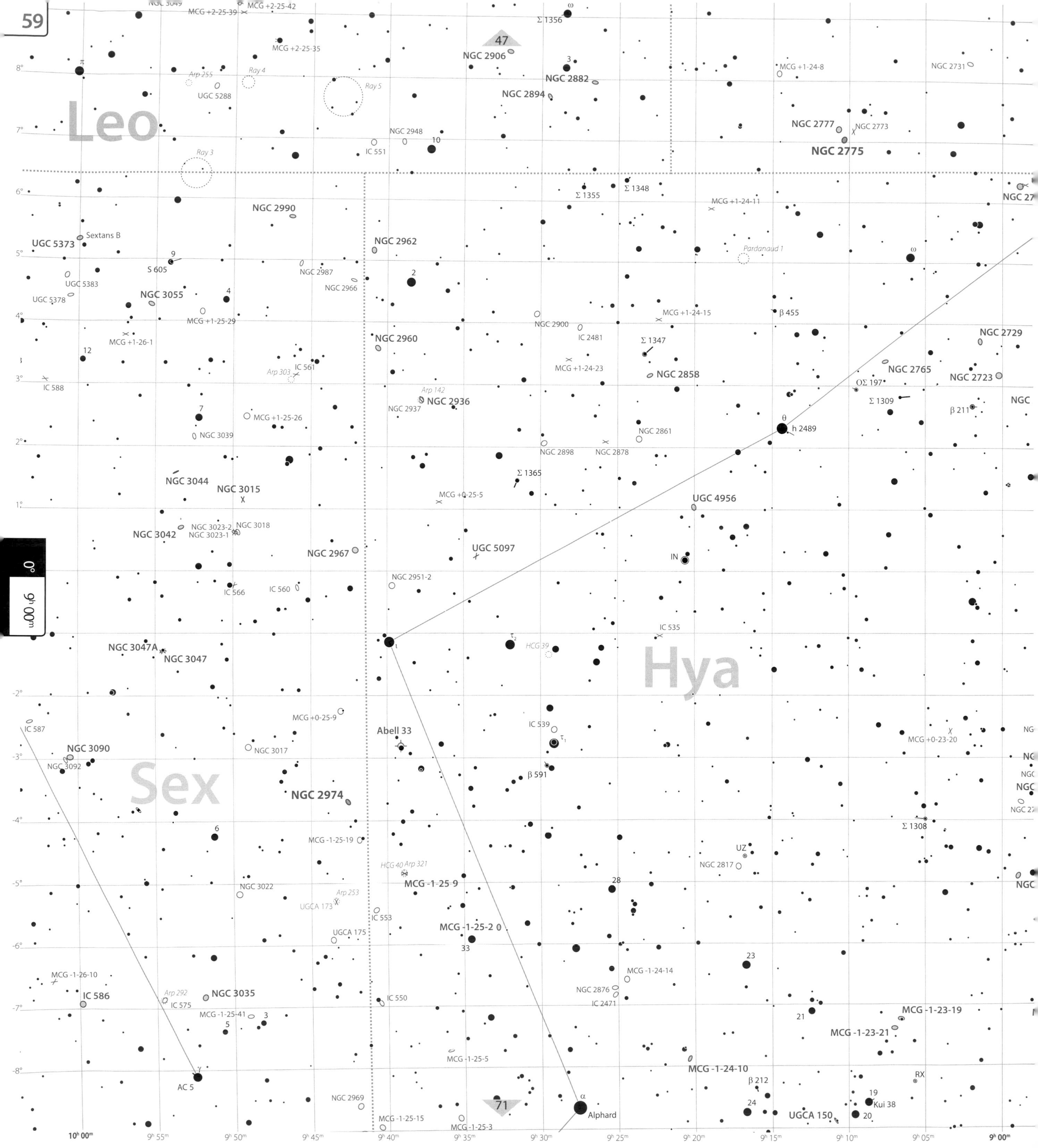

Leo
Sex
Hya
47
71
0°
9h 00m
NGC 3049
MCG +2-25-42
MCG +2-25-39
MCG +2-25-35
Σ 1356
NGC 2906
NGC 2882
NGC 2894
Arp 255
Ray 4
Ray 5
UGC 5288
Ray 3
NGC 2948
IC 551
MCG +1-24-8
NGC 2731
NGC 2777
NGC 2773
NGC 2775
Σ 1355
Σ 1348
MCG +1-24-11
NGC 2990
Sextans B
UGC 5373
NGC 2962
Pardanaud 1
S 605
UGC 5383
NGC 2987
NGC 2966
UGC 5378
NGC 3055
MCG +1-25-29
NGC 2900
MCG +1-24-15
β 455
IC 2481
MCG +1-26-1
NGC 2960
Σ 1347
NGC 2729
IC 561
MCG +1-24-23
NGC 2765
Arp 303
NGC 2858
IC 588
ΟΣ 197
NGC 2723
Arp 142
NGC 2936
NGC 2937
Σ 1309
β 211
NGC
MCG +1-25-26
NGC 3039
NGC 2861
h 2489
NGC 2898
NGC 2878
Σ 1365
NGC 3044
NGC 3015
MCG +0-25-5
UGC 4956
NGC 3023-2
NGC 3018
NGC 3042
NGC 3023-1
NGC 2967
UGC 5097
IN
NGC 2951-2
IC 560
IC 566
IC 535
NGC 3047A
NGC 3047
HCG 39
MCG +0-25-9
IC 587
Abell 33
IC 539
MCG +0-23-20
NGC 3090
NGC 3017
NGC 3092
β 591
NGC 2974
Σ 1308
MCG -1-25-19
UZ
NGC 2817
HCG 40
Arp 321
MCG -1-25 9
NGC 3022
Arp 253
UGCA 173
IC 553
UGCA 175
MCG -1-25-2 0
MCG -1-26-10
MCG -1-24-14
Arp 292
NGC 2876
IC 586
IC 575
NGC 3035
IC 550
IC 2471
MCG -1-25-41
MCG -1-23-19
MCG -1-23-21
MCG -1-25-5
MCG -1-24-10
RX
β 212
AC 5
NGC 2969
Kui 38
Alphard
MCG -1-25-15
UGCA 150
MCG -1-25-3
10h 00m
9h 55m
9h 50m
9h 45m
9h 40m
9h 35m
9h 30m
9h 25m
9h 20m
9h 15m
9h 10m
9h 05m
9h 00m
8°
7°
6°
5°
4°
3°
2°
1°
-2°
-3°
-4°
-5°
-6°
-7°
-8°

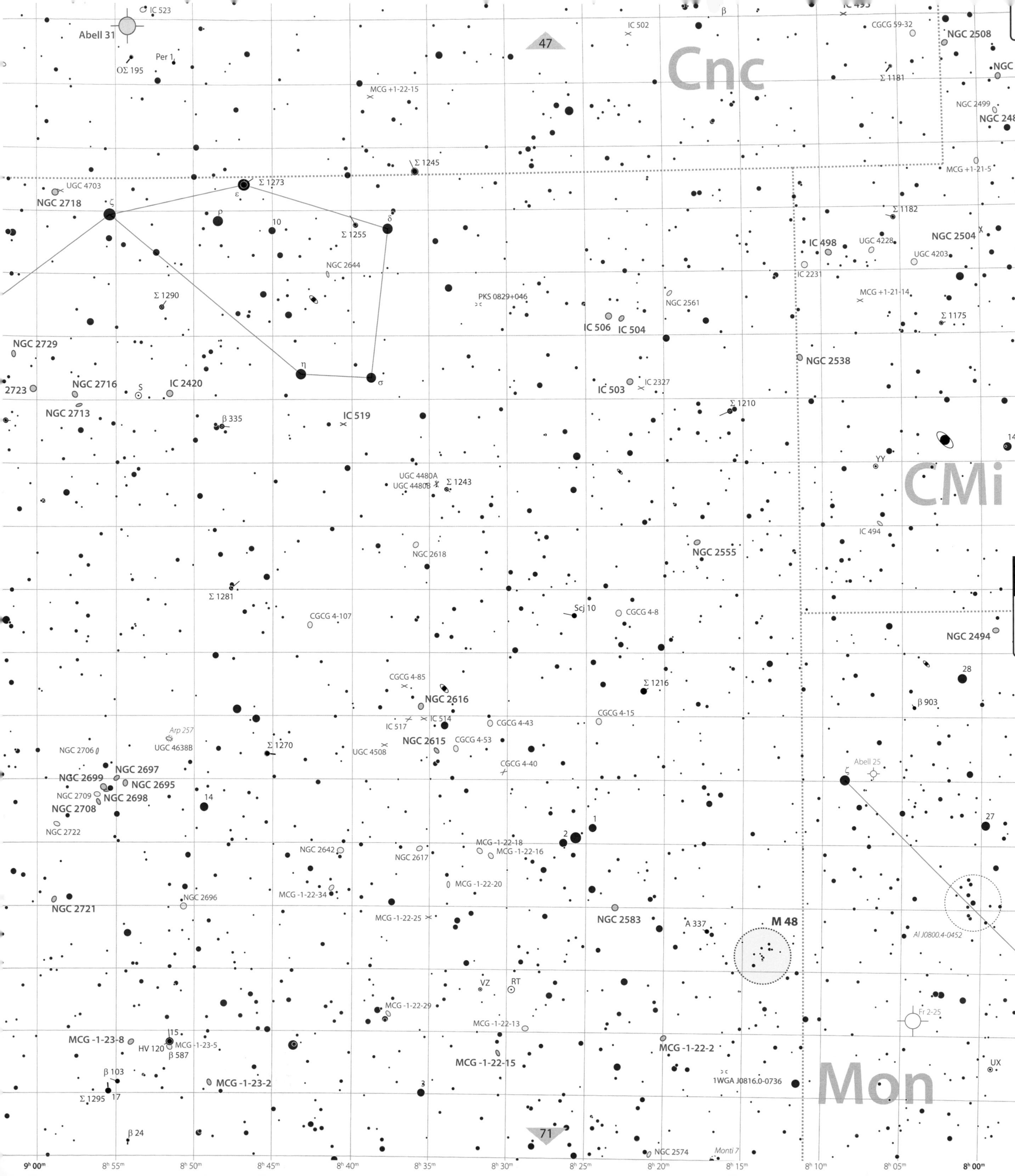
Cnc
CMi
Mon
47
71
Abell 31
IC 523
Per 1
OΣ 195
IC 502
β
CGCG 59-32
NGC 2508
NGC 2496
Σ 1181
MCG +1-22-15
NGC 2499
NGC 2485
Σ 1245
MCG +1-21-5
UGC 4703
NGC 2718
ζ
Σ 1273
ε
ρ
10
δ
Σ 1255
Σ 1182
IC 498
UGC 4228
NGC 2504
UGC 4203
IC 2231
NGC 2644
Σ 1290
PKS 0829+046
NGC 2561
MCG +1-21-14
Σ 1175
IC 506
IC 504
NGC 2729
η
σ
NGC 2538
2723
NGC 2716
S
IC 2420
IC 503
IC 2327
NGC 2713
β 335
IC 519
Σ 1210
14
YY
UGC 4480A
UGC 4480B
Σ 1243
IC 494
NGC 2618
NGC 2555
Σ 1281
Scj 10
CGCG 4-8
CGCG 4-107
NGC 2494
28
CGCG 4-85
NGC 2616
Σ 1216
β 903
IC 517
IC 514
CGCG 4-43
CGCG 4-15
Arp 257
UGC 4638B
NGC 2706
Σ 1270
UGC 4508
NGC 2615
CGCG 4-53
CGCG 4-40
Abell 25
NGC 2697
NGC 2699
NGC 2695
NGC 2709
NGC 2698
NGC 2708
14
1
2
27
NGC 2722
MCG -1-22-18
MCG -1-22-16
NGC 2642
NGC 2617
MCG -1-22-20
MCG -1-22-34
NGC 2696
NGC 2721
MCG -1-22-25
NGC 2583
A 337
M 48
Al J0800.4-0452
VZ
RT
MCG -1-22-29
Fr 2-25
MCG -1-22-13
MCG -1-23-8
15
HV 120
MCG -1-23-5
β 587
MCG -1-22-2
MCG -1-22-15
UX
β 103
MCG -1-23-2
1WGA J0816.0-0736
3
Σ 1295
17
β 24
NGC 2574
Monti 7
9h 00m
8h 55m
8h 50m
8h 45m
8h 40m
8h 35m
8h 30m
8h 25m
8h 20m
8h 15m
8h 10m
8h 05m
8h 00m
8°
7°
6°
5°
4°
3°
2°
1°
-2°
-3°
-4°
-5°
-6°
-7°
-8°

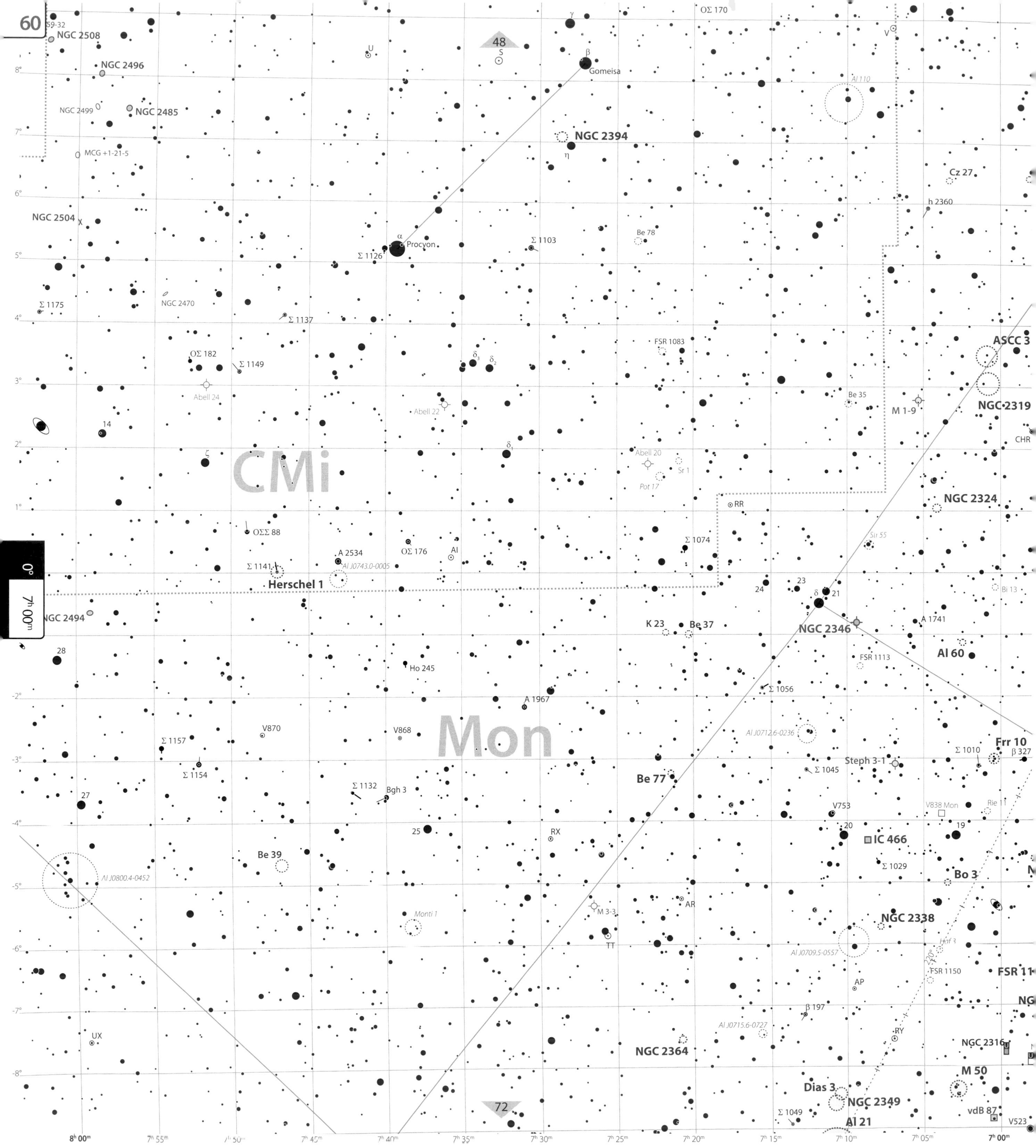
CMi
Mon
48
72
59-32
NGC 2508
NGC 2496
NGC 2499
NGC 2485
MCG +1-21-5
NGC 2504
X
NGC 2470
Σ 1175
Σ 1137
OΣ 182
Σ 1149
Abell 24
14
ζ
OΣΣ 88
Σ 1141
Herschel 1
A 2534
Al J0743.0-0005
OΣ 176
Al
NGC 2494
28
U
S
γ
β
Gomeisa
NGC 2394
η
α
Procyon
Σ 1126
Σ 1103
δ3
δ2
δ1
Abell 22
OΣ 170
V
Al 110
Cz 27
h 2360
Be 78
FSR 1083
Be 35
M 1-9
ASCC 3
NGC 2319
CHR
Abell 20
Sr 1
Pot 17
RR
NGC 2324
Σ 1074
Sü 55
Bi 13
23
24
δ
21
K 23
Be 37
NGC 2346
A 1741
Al 60
FSR 1113
Ho 245
Σ 1056
A 1967
V870
V868
Σ 1157
Σ 1154
Al J0712.6-0236
Frr 10
β 327
Σ 1010
Steph 3-1
Σ 1045
Be 77
27
Σ 1132
Bgh 3
V753
V838 Mon
Rie 11
20
IC 466
19
25
RX
Be 39
Al J0800.4-0452
Σ 1029
Bo 3
M 3-3
AR
Monti 1
TT
NGC 2338
Al J0709.5-0557
Haf 3
FSR 1150
FSR 11
AP
β 197
Al J0715.6-0727
RY
UX
NGC 2364
NGC 2316
M 50
Dias 3
NGC 2349
Σ 1049
Al 21
vdB 87
V523
8° 7° 6° 5° 4° 3° 2° 1° 0° -2° -3° -4° -5° -6° -7° -8°
7h 00m
8h 00m 7h 55m 7h 50m 7h 45m 7h 40m 7h 35m 7h 30m 7h 25m 7h 20m 7h 15m 7h 10m 7h 05m 7h 00m

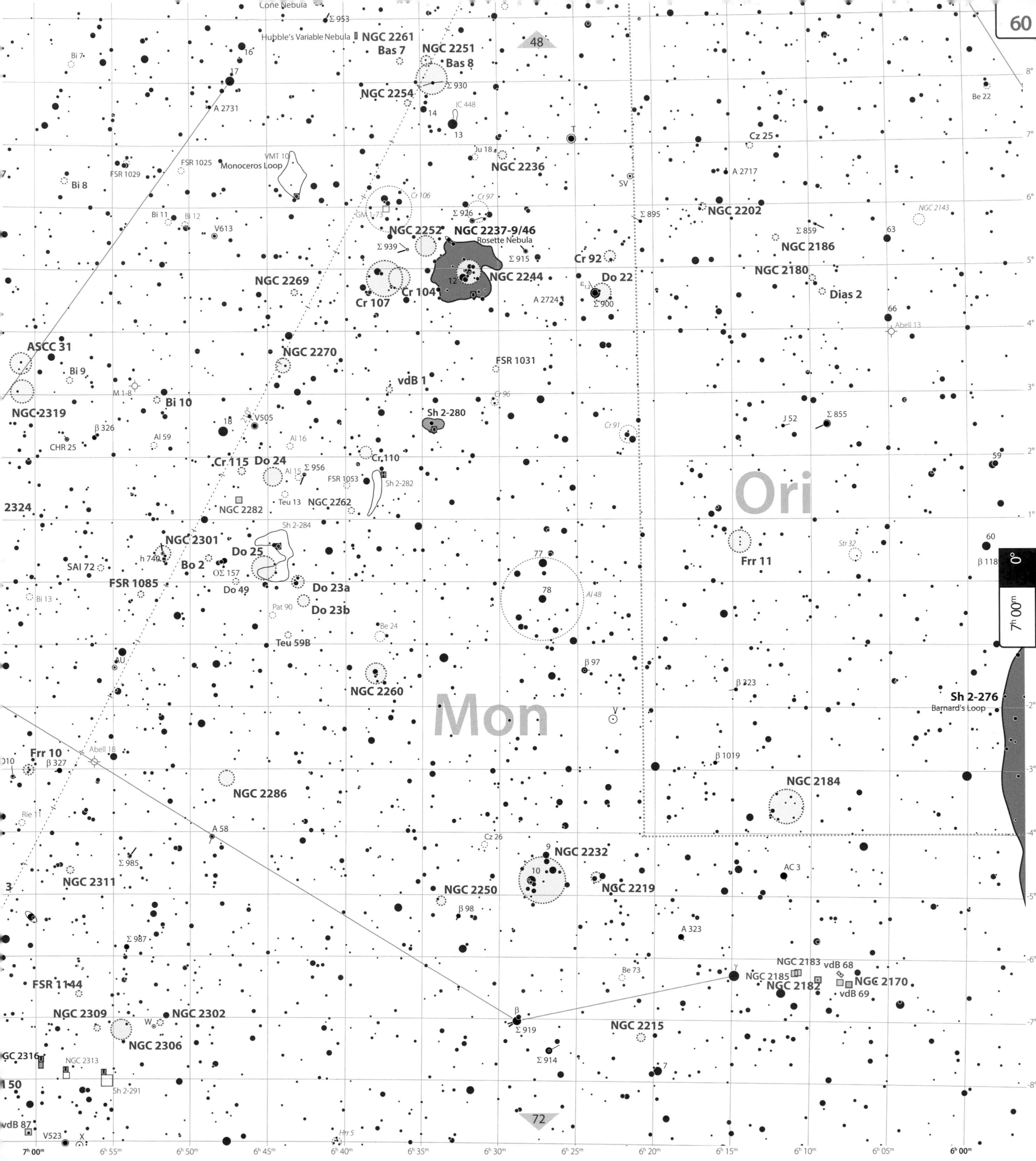
Cone Nebula
Hubble's Variable Nebula
NGC 2261
Bas 7
NGC 2251
Bas 8
NGC 2254
48
IC 448
Monoceros Loop
NGC 2236
Cz 25
A 2717
NGC 2202
NGC 2186
NGC 2180
Dias 2
NGC 2252
NGC 2237-9/46
Rosette Nebula
NGC 2244
Cr 92
Do 22
NGC 2269
Cr 107
Cr 104
ASCC 31
NGC 2270
FSR 1031
vdB 1
NGC 2319
Bi 10
Sh 2-280
Cr 115
Do 24
Cr 110
NGC 2262
NGC 2282
Ori
2324
NGC 2301
Do 25
Bo 2
FSR 1085
Do 23a
Do 23b
Frr 11
Teu 59B
NGC 2260
Mon
Sh 2-276
Barnard's Loop
Frr 10
NGC 2286
NGC 2184
NGC 2232
NGC 2311
NGC 2250
NGC 2219
FSR 1144
NGC 2183
vdB 68
NGC 2185
NGC 2182
NGC 2170
vdB 69
NGC 2309
NGC 2302
NGC 2306
NGC 2215
72
7h 00m
6h 55m
6h 50m
6h 45m
6h 40m
6h 35m
6h 30m
6h 25m
6h 20m
6h 15m
6h 10m
6h 05m
6h 00m

Ori
B 35
NGC 2022
Collarbone Nebula
49
NGC 2063
NGC 2039
Abell 11
vdB 38
B 223
Σ 664
14
OΣ 98
Do 19
OΣ 119
B 36
Be 22
Betelgeuse
Cr 74
BK
Do 17
Abell 10
Sh 2-264
Do 21
NGC 1875
Arp 327
HCG 34
AGC 539
vdB 40
52
Σ 795
Kro J0551.8+0614
Bellatrix
MCG +1-14-7
NGC 2143
Σ 816
vdB 43
32
Σ 728
MG 0509+0541
Σ 815
NGC 1819
OΣ 93
UGC 3223
Σ 797
Kron 63
LBN 886
ASCC 21
CK
J 36
38
CGCG 421-27
Arp 52
23
IC 413
Σ 627
Σ 696
33
Σ 729
Σ 721
Knott 3
IC 414
IC 409
Σ 712
MCG +0-14-20
21
Σ 654
CGCG 395-16
Te 11
Briceno 1
OΣ 517
59
56
Σ 708
S 479
25
Σ 630
vdB 62
51
NGC 1762
Σ 700
Σ 652
60
NGC 2112
NGC 2071
Str 56
β 1189
NGC 2067
V351
UGC 3258
Cr 70
Be 20
M 78
NGC 2064
McNeil's Nebula
Σ 758
Σ 757
ΣI 14
Mintaka
vdB 48
IC 426
IC 424
22
UGC 3271
Sh 2-276
Barnard's Loop
IC 423
27
Wnc 2
Σ 819
31
Σ 751
Alnilam
Σ 725
β 1188
Σ 809
IC 432
IC 431
β 89
β 1048
β 885
NGC 2024
Flame Nebula
Σ 734
β 1049
Alnitak
h 702
Σ 774
NGC 2023
IC 434
Orion's Dagger
DawEs 5
J 307
IC 435
Horsehead Nebula
B 33
Σ 761
Σ 762
UGCA 102
β 1052
NGC 1788
NGC 1740
NGC 1729
Σ 790
D7
NGC 1981
Arp 259
HCG 31
PGC 16573
NGC 1741A
68
66
NGC 1977
NGC 1975
NGC 1973
Running Man Nebula
Cursa
M 43
NGC 1924
M 42
Orion Nebula
NGC 1980
A 481
MaC 2-1
vdB 54
HH 222
HH 35
Eng 21
Orion Streamers
HH 1
HH 2
NGC 1999
NGC 1909 (IC 2118)
Witch Head Nebula
IC 430
49
Σ 667
NGC 2110
55
29
Str 58
IC 421
A 486
β 190
Σ 692
NGC 1799
NGC 1752
Σ 798
Σ 701
Σ 668
Rigel
Σ 649
Σ 636
73
MCG -1-14-12
6h 00m
5h 55m
5h 50m
5h 45m
5h 40m
5h 35m
5h 30m
5h 25m
5h 20m
5h 15m
5h 10m
5h 05m
5h 00m

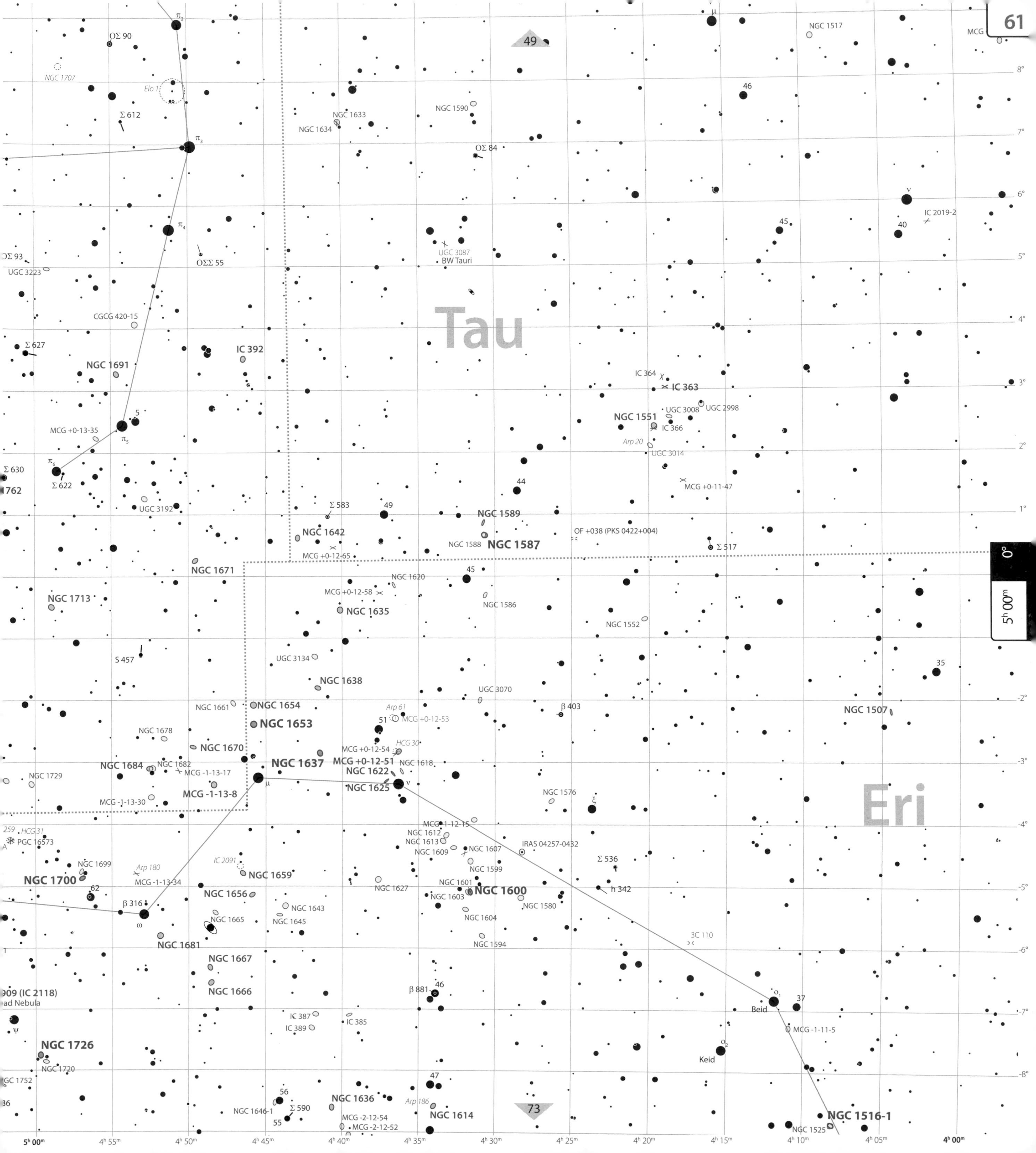
Tau
Eri
49
73
0°
5h 00m
NGC 1517
MCG
8°
7°
6°
5°
4°
3°
2°
1°
-2°
-3°
-4°
-5°
-6°
-7°
-8°
OΣ 90
NGC 1707
Elo 1
Σ 612
NGC 1633
NGC 1634
NGC 1590
OΣ 84
46
ν
40
IC 2019-2
45
OΣ 93
UGC 3223
OΣΣ 55
UGC 3087
BW Tauri
CGCG 420-15
Σ 627
NGC 1691
IC 392
IC 364
IC 363
UGC 3008
UGC 2998
NGC 1551
IC 366
Arp 20
UGC 3014
MCG +0-13-35
5
Σ 630
Σ 622
762
MCG +0-11-47
44
UGC 3192
Σ 583
49
NGC 1589
NGC 1642
NGC 1588
NGC 1587
OF +038 (PKS 0422+004)
Σ 517
MCG +0-12-65
NGC 1671
45
NGC 1620
MCG +0-12-58
NGC 1586
NGC 1713
NGC 1635
NGC 1552
S 457
UGC 3134
35
NGC 1638
UGC 3070
NGC 1661
NGC 1654
β 403
Arp 61
51
MCG +0-12-53
NGC 1507
NGC 1653
NGC 1678
HCG 30
NGC 1670
MCG +0-12-54
MCG +0-12-51
NGC 1618
NGC 1684
NGC 1682
NGC 1637
NGC 1622
NGC 1729
MCG -1-13-17
μ
ν
NGC 1625
MCG -1-13-8
NGC 1576
ξ
MCG -1-13-30
259
HCG 31
PGC 16573
MCG -1-12-15
NGC 1612
NGC 1613
NGC 1607
IRAS 04257-0432
NGC 1609
Σ 536
NGC 1699
Arp 180
IC 2091
NGC 1599
NGC 1700
NGC 1659
MCG -1-13-34
62
NGC 1627
NGC 1601
NGC 1600
h 342
NGC 1603
NGC 1580
β 316
NGC 1656
NGC 1643
ω
NGC 1665
NGC 1645
NGC 1604
NGC 1681
NGC 1594
3C 110
NGC 1667
NGC 1666
β 881
46
909 (IC 2118)
ad Nebula
ο1
37
Beid
ψ
IC 387
IC 385
IC 389
MCG -1-11-5
NGC 1726
NGC 1720
ο2
Keid
GC 1752
47
56
NGC 1636
Arp 186
Σ 590
NGC 1646-1
MCG -2-12-54
NGC 1614
55
MCG -2-12-52
NGC 1516-1
NGC 1525
5h 00m
4h 55m
4h 50m
4h 45m
4h 40m
4h 35m
4h 30m
4h 25m
4h 20m
4h 15m
4h 10m
4h 05m
4h 00m

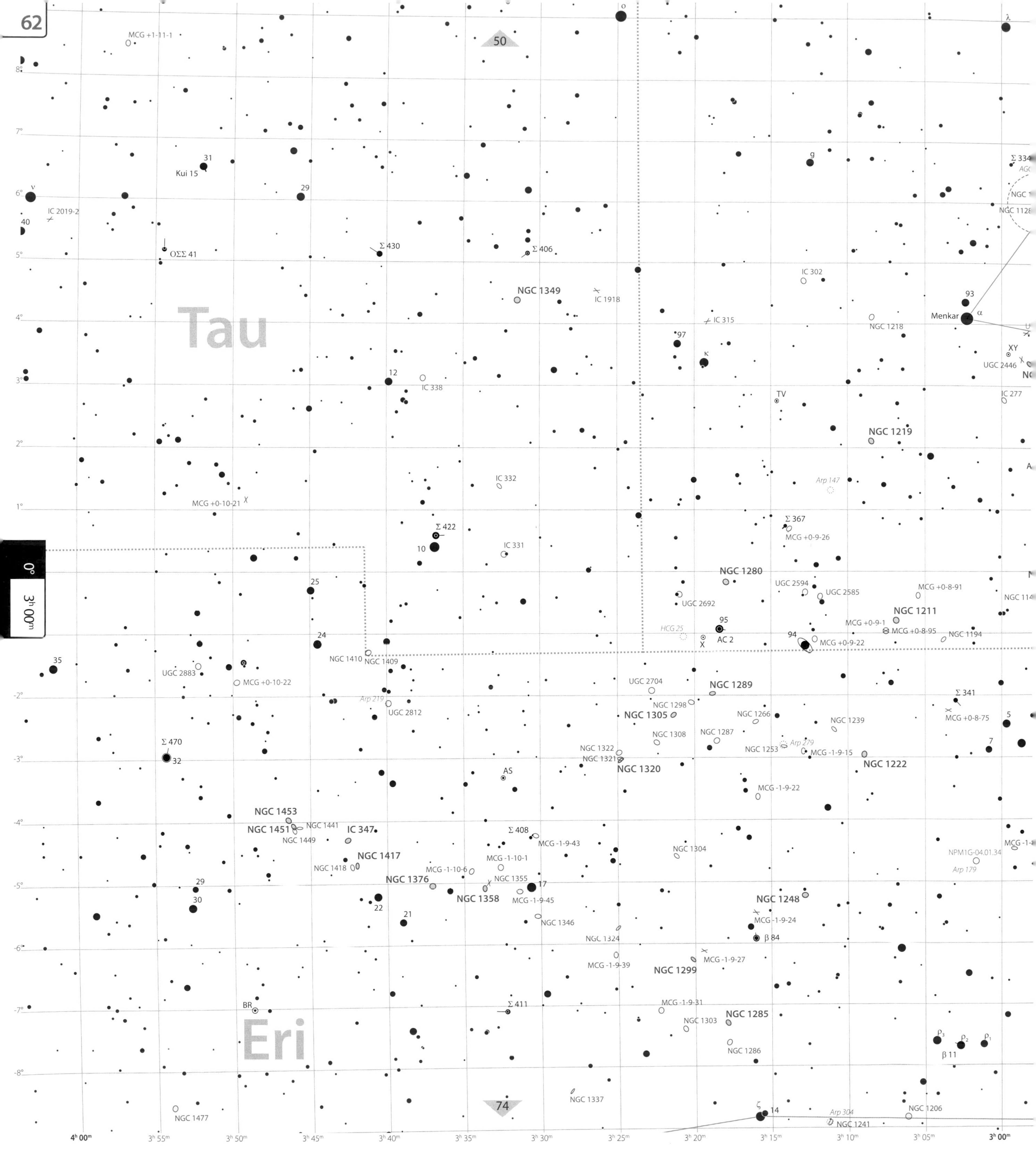

50
74
Tau
Eri
0°
3h 00m
MCG +1-11-1
ο
λ
8°
7°
6°
5°
4°
3°
2°
1°
-2°
-3°
-4°
-5°
-6°
-7°
-8°
ν
40
IC 2019-2
31
Kui 15
29
OΣΣ 41
Σ 430
Σ 406
NGC 1349
IC 1918
IC 302
93
Menkar
α
NGC 1218
IC 315
97
κ
g
Σ 334
NGC 1128
XY
UGC 2446
IC 277
12
IC 338
TV
NGC 1219
IC 332
Arp 147
MCG +0-10-21
Σ 422
10
IC 331
Σ 367
MCG +0-9-26
NGC 1280
UGC 2594
UGC 2585
MCG +0-8-91
25
UGC 2692
NGC 1211
95
HCG 25
X
AC 2
94
MCG +0-9-1
MCG +0-8-95
NGC 1194
MCG +0-9-22
24
35
UGC 2883
MCG +0-10-22
NGC 1410
NGC 1409
UGC 2704
NGC 1289
Σ 341
Arp 219
UGC 2812
NGC 1298
NGC 1305
NGC 1266
NGC 1239
MCG +0-8-75
5
NGC 1308
NGC 1287
Σ 470
32
NGC 1322
NGC 1321
NGC 1253
Arp 279
MCG -1-9-15
7
NGC 1320
NGC 1222
AS
MCG -1-9-22
NGC 1453
NGC 1441
NGC 1451
IC 347
Σ 408
NGC 1449
MCG -1-9-43
NGC 1304
NPM1G-04.01.34
NGC 1417
MCG -1-10-1
NGC 1418
MCG -1-10-6
Arp 179
NGC 1376
NGC 1355
17
29
NGC 1358
MCG -1-9-45
NGC 1248
30
22
21
NGC 1346
MCG -1-9-24
NGC 1324
β 84
MCG -1-9-39
MCG -1-9-27
NGC 1299
BR
Σ 411
MCG -1-9-31
NGC 1303
NGC 1285
ρ3
ρ2
ρ1
β 11
NGC 1286
NGC 1337
NGC 1477
ζ
14
Arp 304
NGC 1241
NGC 1206
4h 00m
3h 55m
3h 50m
3h 45m
3h 40m
3h 35m
3h 30m
3h 25m
3h 20m
3h 15m
3h 10m
3h 05m
3h 00m

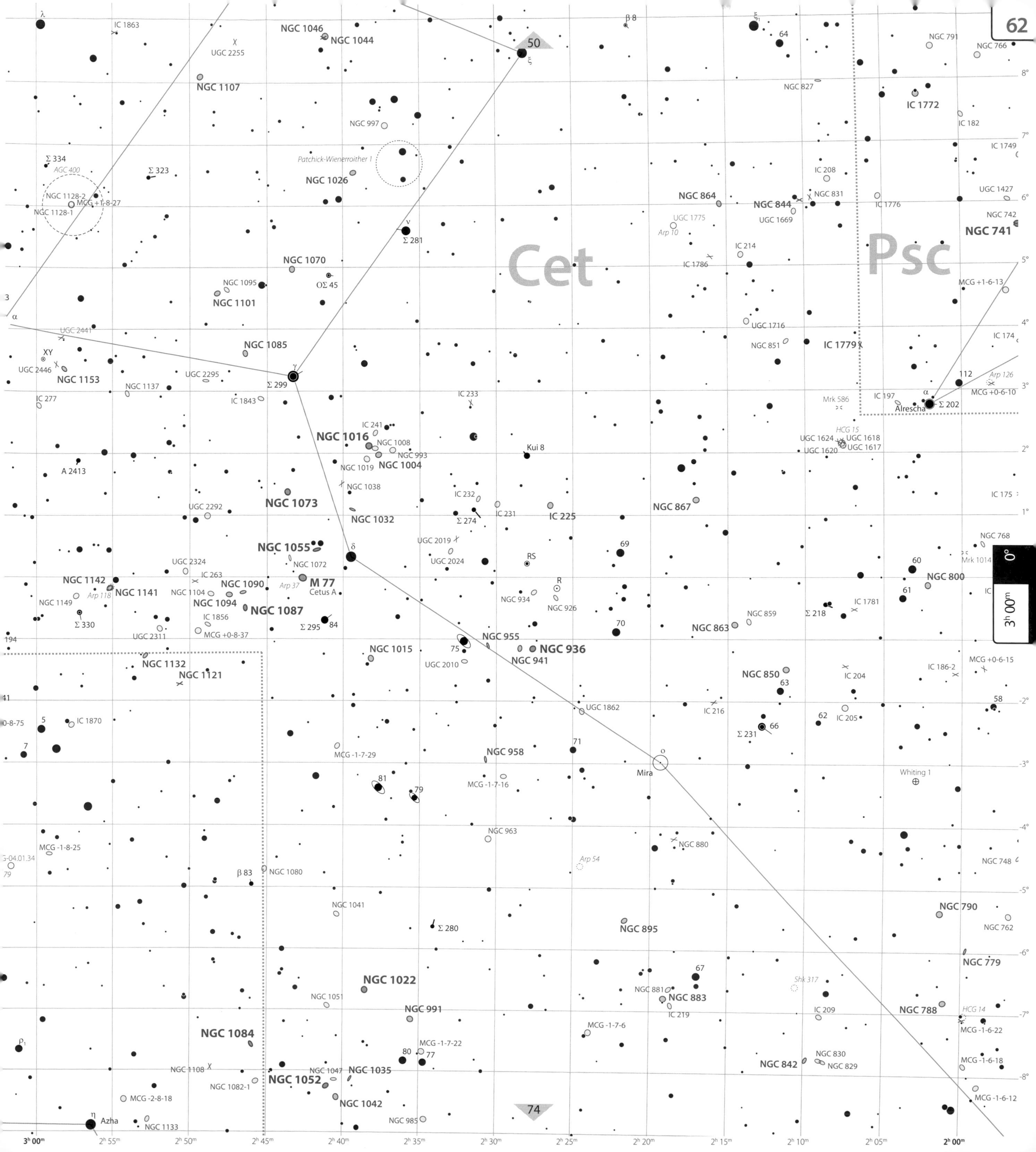

Cet
Psc
50
74
IC 1863
NGC 1046
NGC 1044
UGC 2255
NGC 1107
NGC 997
Patchick-Wienerroither 1
NGC 1026
Σ 334
AGC 400
Σ 323
NGC 1128-2
MCG +1-8-27
NGC 1128-1
Σ 281
NGC 1070
NGC 1095
NGC 1101
OΣ 45
UGC 2441
XY
UGC 2446
NGC 1153
NGC 1085
UGC 2295
NGC 1137
Σ 299
IC 277
IC 1843
IC 233
IC 241
NGC 1016
NGC 1008
NGC 993
NGC 1019
NGC 1004
Kui 8
A 2413
NGC 1038
NGC 1073
NGC 1032
IC 232
IC 231
IC 225
Σ 274
UGC 2292
NGC 1055
NGC 1072
UGC 2019
UGC 2024
RS
UGC 2324
IC 263
NGC 1142
NGC 1141
Arp 118
NGC 1149
NGC 1104
NGC 1090
NGC 1094
Arp 37
M 77
Cetus A
NGC 1087
R
NGC 934
NGC 926
Σ 330
IC 1856
MCG +0-8-37
UGC 2311
Σ 295
84
NGC 955
NGC 936
NGC 941
NGC 1015
UGC 2010
75
NGC 1132
NGC 1121
UGC 1862
IC 1870
MCG -1-7-29
NGC 958
71
Mira
81
79
MCG -1-7-16
NGC 963
MCG -1-8-25
Arp 54
NGC 880
β 83
NGC 1080
NGC 1041
Σ 280
NGC 895
NGC 1022
NGC 1051
NGC 991
NGC 881
NGC 883
IC 219
67
MCG -1-7-6
NGC 1084
MCG -1-7-22
80
77
NGC 1108
NGC 1047
NGC 1035
NGC 1052
NGC 1082-1
MCG -2-8-18
NGC 1042
Azha
NGC 1133
NGC 985
β 8
64
NGC 791
NGC 766
NGC 827
IC 1772
IC 182
IC 1749
IC 208
NGC 864
NGC 844
NGC 831
UGC 1669
UGC 1775
Arp 10
IC 1776
UGC 1427
NGC 742
NGC 741
IC 214
IC 1786
MCG +1-6-13
UGC 1716
NGC 851
IC 1779
IC 174
112
Arp 126
MCG +0-6-10
Mrk 586
IC 197
Alrescha
Σ 202
HCG 15
UGC 1624
UGC 1618
UGC 1620
UGC 1617
NGC 867
IC 175
69
70
NGC 768
Mrk 1014
60
NGC 800
61
NGC 859
Σ 218
IC 1781
NGC 863
NGC 850
63
IC 204
IC 186-2
MCG +0-6-15
IC 216
Σ 231
66
62
IC 205
58
Whiting 1
NGC 748
NGC 790
NGC 762
NGC 779
Shk 317
IC 209
NGC 788
HCG 14
MCG -1-6-22
NGC 830
NGC 829
NGC 842
MCG -1-6-18
MCG -1-6-12
3ʰ00ᵐ
0°
2ʰ 55ᵐ
2ʰ 50ᵐ
2ʰ 45ᵐ
2ʰ 40ᵐ
2ʰ 35ᵐ
2ʰ 30ᵐ
2ʰ 25ᵐ
2ʰ 20ᵐ
2ʰ 15ᵐ
2ʰ 10ᵐ
2ʰ 05ᵐ
2ʰ 00ᵐ
8°
7°
6°
5°
4°
3°
2°
1°
-1°
-2°
-3°
-4°
-5°
-6°
-7°
-8°

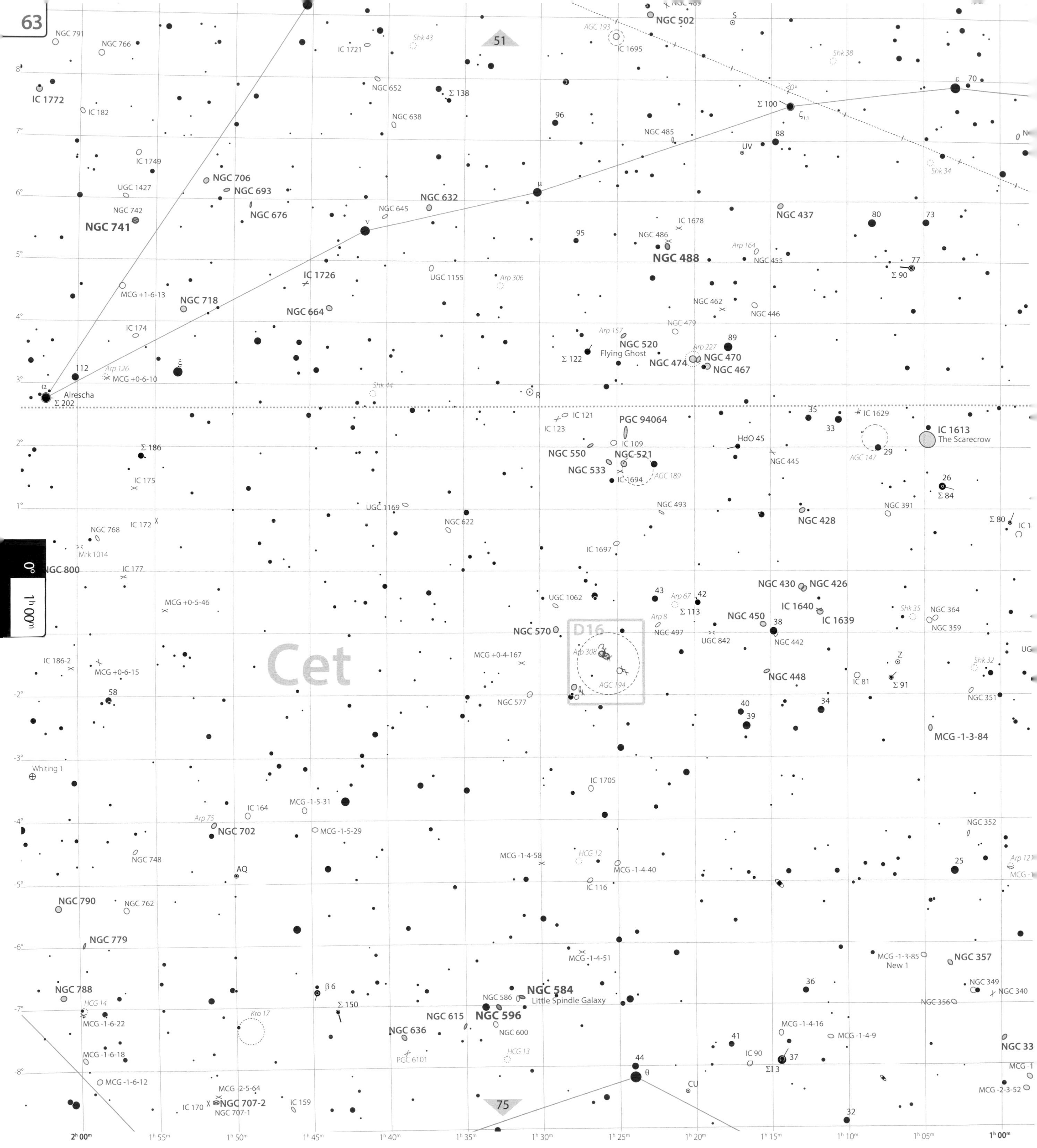
51
75
Cet
D16
NGC 791
NGC 766
IC 1772
IC 182
IC 1749
UGC 1427
NGC 742
NGC 741
NGC 706
NGC 693
NGC 676
MCG +1-6-13
NGC 718
IC 174
112
Arp 126
MCG +0-6-10
Alrescha
Σ 202
Σ 186
IC 175
NGC 768
Mrk 1014
IC 172
NGC 800
IC 177
MCG +0-5-46
IC 186-2
MCG +0-6-15
58
Whiting 1
IC 164
Arp 75
NGC 702
NGC 748
AQ
NGC 790
NGC 762
NGC 779
NGC 788
HCG 14
MCG -1-6-22
MCG -1-6-18
MCG -1-6-12
Kro 17
MCG -2-5-64
IC 170
NGC 707-2
NGC 707-1
IC 159
β 6
Σ 150
IC 1721
Shk 43
NGC 652
Σ 138
NGC 638
NGC 645
NGC 632
IC 1726
NGC 664
UGC 1155
Arp 306
Shk 44
UGC 1169
NGC 622
MCG +0-4-167
NGC 577
MCG -1-5-31
MCG -1-5-29
PGC 6101
NGC 636
NGC 615
NGC 596
NGC 586
NGC 600
NGC 584
Little Spindle Galaxy
HCG 13
AGC 193
IC 1695
NGC 502
96
95
Σ 122
Arp 157
NGC 520
Flying Ghost
R
IC 121
IC 123
PGC 94064
IC 109
NGC 550
NGC 521
NGC 533
IC 1694
AGC 189
IC 1697
UGC 1062
NGC 570
Arp 308
AGC 194
IC 1705
MCG -1-4-58
HCG 12
MCG -1-4-40
IC 116
MCG -1-4-51
44
θ
CU
NGC 485
NGC 486
NGC 488
IC 1678
NGC 462
NGC 479
Arp 227
NGC 474
NGC 470
NGC 467
89
NGC 493
43
Arp 67
42
Σ 113
Arp 8
NGC 497
UGC 842
S
Σ 100
ζ
20°
88
UV
NGC 437
Arp 164
NGC 455
NGC 446
HdO 45
NGC 445
35
33
IC 1629
NGC 428
NGC 430
NGC 426
IC 1640
IC 1639
NGC 450
38
NGC 442
NGC 448
40
39
34
41
IC 90
37
Σ I 3
36
MCG -1-4-16
MCG -1-4-9
32
Shk 38
ε
70
Shk 34
80
73
77
Σ 90
AGC 147
29
IC 1613
The Scarecrow
26
Σ 84
NGC 391
Σ 80
Shk 35
NGC 364
NGC 359
Z
IC 81
Σ 91
Shk 32
NGC 351
MCG -1-3-84
NGC 352
Arp 121
25
MCG -1-3-85
New 1
NGC 357
NGC 349
NGC 340
NGC 356
NGC 33
MCG -2-3-52
8°
7°
6°
5°
4°
3°
2°
1°
0°
-2°
-3°
-4°
-5°
-6°
-7°
-8°
1h 00m
2h 00m
1h 55m
1h 50m
1h 45m
1h 40m
1h 35m
1h 30m
1h 25m
1h 20m
1h 15m
1h 10m
1h 05m
1h 00m

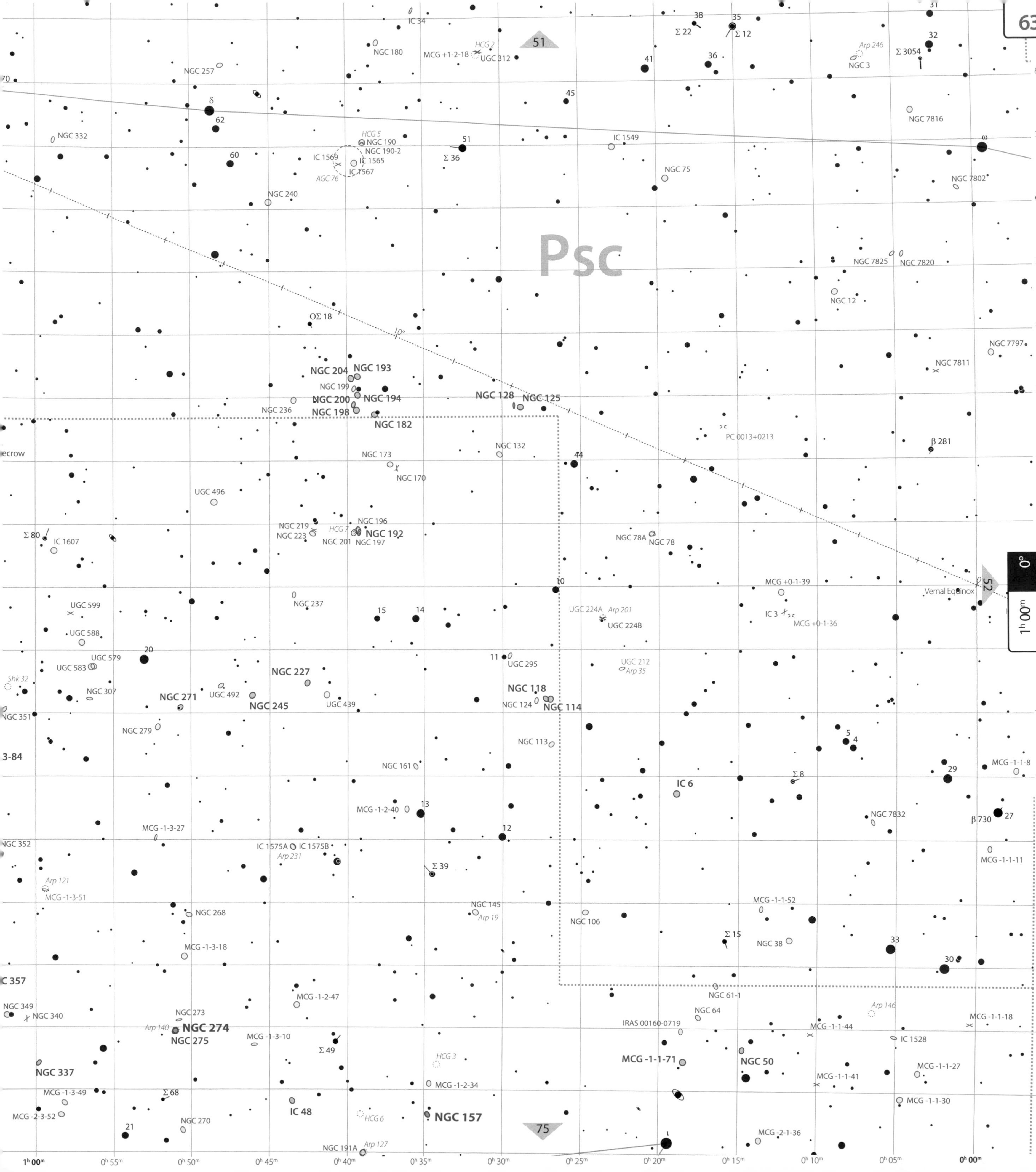

Psc
51
75
52
0°
1h 00m
IC 34
NGC 180
HCG 2
MCG +1-2-18
UGC 312
38
Σ 22
35
Σ 12
31
32
Σ 3054
Arp 246
NGC 3
NGC 257
41
36
8°
δ
62
45
NGC 7816
NGC 332
HCG 5
NGC 190
NGC 190-2
IC 1565
IC 1567
IC 1569
AGC 76
51
Σ 36
IC 1549
ω
7°
60
NGC 75
NGC 7802
NGC 240
6°
NGC 7825
NGC 7820
5°
NGC 12
OΣ 18
10°
4°
NGC 7797
NGC 7811
NGC 204
NGC 193
NGC 199
NGC 200
NGC 194
NGC 198
NGC 182
NGC 236
NGC 128
NGC 125
3°
PC 0013+0213
β 281
NGC 132
NGC 173
NGC 170
44
2°
UGC 496
NGC 196
NGC 219
NGC 223
HCG 7
NGC 201
NGC 192
NGC 197
1°
Σ 80
IC 1607
NGC 78A
NGC 78
MCG +0-1-39
Vernal Equinox
NGC 237
10
UGC 599
UGC 588
15
14
UGC 224A
Arp 201
UGC 224B
IC 3
MCG +0-1-36
20
UGC 579
UGC 583
11
UGC 295
UGC 212
Arp 35
Shk 32
NGC 307
NGC 271
UGC 492
NGC 245
NGC 227
UGC 439
NGC 118
NGC 124
NGC 114
NGC 351
-2°
NGC 279
NGC 113
5
4
3-84
NGC 161
29
MCG -1-1-8
IC 6
Σ 8
-3°
13
MCG -1-2-40
NGC 7832
β 730
27
MCG -1-3-27
12
NGC 352
IC 1575A
IC 1575B
Arp 231
-4°
MCG -1-1-11
Σ 39
Arp 121
MCG -1-3-51
NGC 268
NGC 145
Arp 19
NGC 106
MCG -1-1-52
-5°
Σ 15
NGC 38
33
MCG -1-3-18
30
-6°
C 357
NGC 61-1
MCG -1-2-47
NGC 349
NGC 340
NGC 273
Arp 140
NGC 274
NGC 275
MCG -1-3-10
NGC 64
Arp 146
IRAS 00160-0719
MCG -1-1-44
MCG -1-1-18
-7°
IC 1528
Σ 49
HCG 3
MCG -1-1-71
NGC 50
MCG -1-1-27
NGC 337
MCG -1-2-34
MCG -1-1-41
MCG -1-3-49
Σ 68
MCG -2-3-52
IC 48
HCG 6
NGC 157
MCG -1-1-30
-8°
NGC 270
21
MCG -2-1-36
NGC 191A
Arp 127
ι
1h 00m
0h 55m
0h 50m
0h 45m
0h 40m
0h 35m
0h 30m
0h 25m
0h 20m
0h 15m
0h 10m
0h 05m
0h 00m

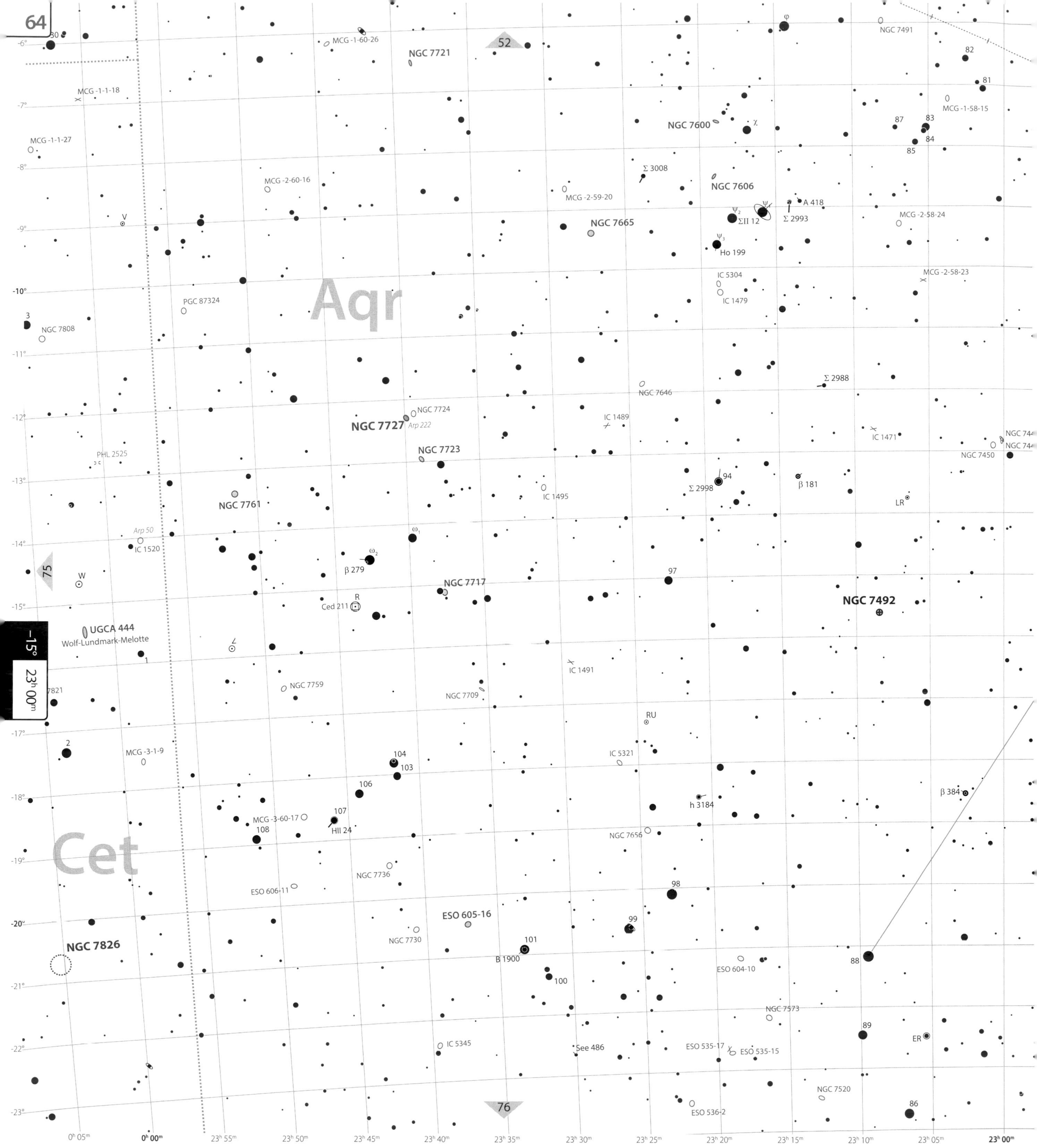

Aqr
Cet
52
75
76
-15°
23h 00m
NGC 7721
MCG -1-60-26
MCG -1-1-18
MCG -1-1-27
NGC 7491
82
81
MCG -1-58-15
87
83
84
85
NGC 7600
χ
φ
Σ 3008
NGC 7606
MCG -2-59-20
MCG -2-60-16
A 418
Σ 2993
ΣII 12
MCG -2-58-24
NGC 7665
Ho 199
V
IC 5304
IC 1479
MCG -2-58-23
PGC 87324
3
NGC 7808
Σ 2988
NGC 7646
NGC 7724
NGC 7727
Arp 222
IC 1489
IC 1471
NGC 7450
NGC 7723
PHL 2525
94
Σ 2998
β 181
IC 1495
NGC 7761
LR
Arp 50
IC 1520
ω1
ω2
β 279
W
97
NGC 7717
R
Ced 211
NGC 7492
UGCA 444
Wolf-Lundmark-Melotte
1
IC 1491
NGC 7759
NGC 7709
7821
RU
2
MCG -3-1-9
IC 5321
104
103
106
h 3184
β 384
107
MCG -3-60-17
HII 24
108
NGC 7656
NGC 7736
ESO 606-11
98
ESO 605-16
99
NGC 7730
101
NGC 7826
B 1900
88
ESO 604-10
100
NGC 7573
89
ER
IC 5345
See 486
ESO 535-17
ESO 535-15
NGC 7520
86
ESO 536-2
-6°
-7°
-8°
-9°
-10°
-11°
-12°
-13°
-14°
-15°
-17°
-18°
-19°
-20°
-21°
-22°
-23°
0h 05m
0h 00m
23h 55m
23h 50m
23h 45m
23h 40m
23h 35m
23h 30m
23h 25m
23h 20m
23h 15m
23h 10m
23h 05m
23h 00m

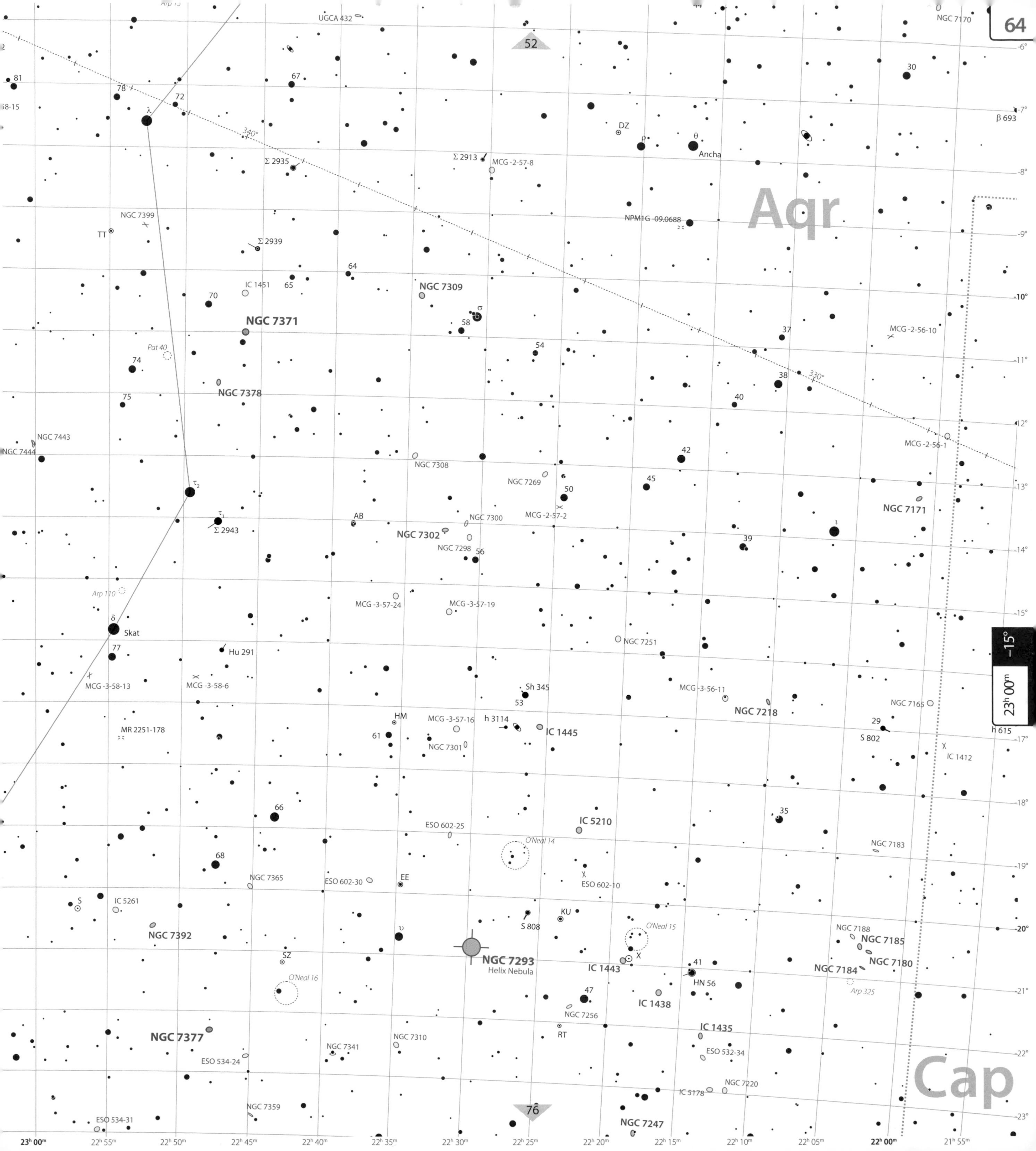
Aqr
Cap
52
76
UGCA 432
NGC 7170
β 693
DZ
ρ
θ
Ancha
Σ 2913
MCG -2-57-8
Σ 2935
340°
NPM1G -09.0688
NGC 7399
TT
Σ 2939
IC 1451
65
64
NGC 7309
σ
58
NGC 7371
70
Pat 40
74
75
NGC 7378
54
37
MCG -2-56-10
38
330°
40
NGC 7443
NGC 7444
NGC 7308
NGC 7269
MCG -2-56-1
42
45
50
τ2
τ1
Σ 2943
AB
NGC 7300
MCG -2-57-2
NGC 7302
NGC 7298
56
39
ι
NGC 7171
Arp 110
MCG -3-57-24
MCG -3-57-19
δ
Skat
77
Hu 291
NGC 7251
MCG -3-58-13
MCG -3-58-6
Sh 345
53
MCG -3-56-11
NGC 7218
NGC 7165
HM
MCG -3-57-16
h 3114
IC 1445
61
NGC 7301
29
S 802
h 615
IC 1412
MR 2251-178
66
IC 5210
35
ESO 602-25
O'Neal 14
NGC 7183
68
NGC 7365
ESO 602-30
EE
ESO 602-10
S
IC 5261
NGC 7392
υ
S 808
KU
O'Neal 15
NGC 7188
NGC 7185
NGC 7180
NGC 7184
Arp 325
SZ
NGC 7293
Helix Nebula
IC 1443
X
41
HN 56
O'Neal 16
47
IC 1438
NGC 7256
RT
NGC 7377
ESO 534-24
NGC 7341
NGC 7310
IC 1435
ESO 532-34
NGC 7220
IC 5178
NGC 7359
NGC 7247
ESO 534-31
78
72
81
67
30
λ
-6°
-7°
-8°
-9°
-10°
-11°
-12°
-13°
-14°
-15°
-17°
-18°
-19°
-20°
-21°
-22°
-23°
23h 00m
22h 55m
22h 50m
22h 45m
22h 40m
22h 35m
22h 30m
22h 25m
22h 20m
22h 15m
22h 10m
22h 05m
22h 00m
21h 55m

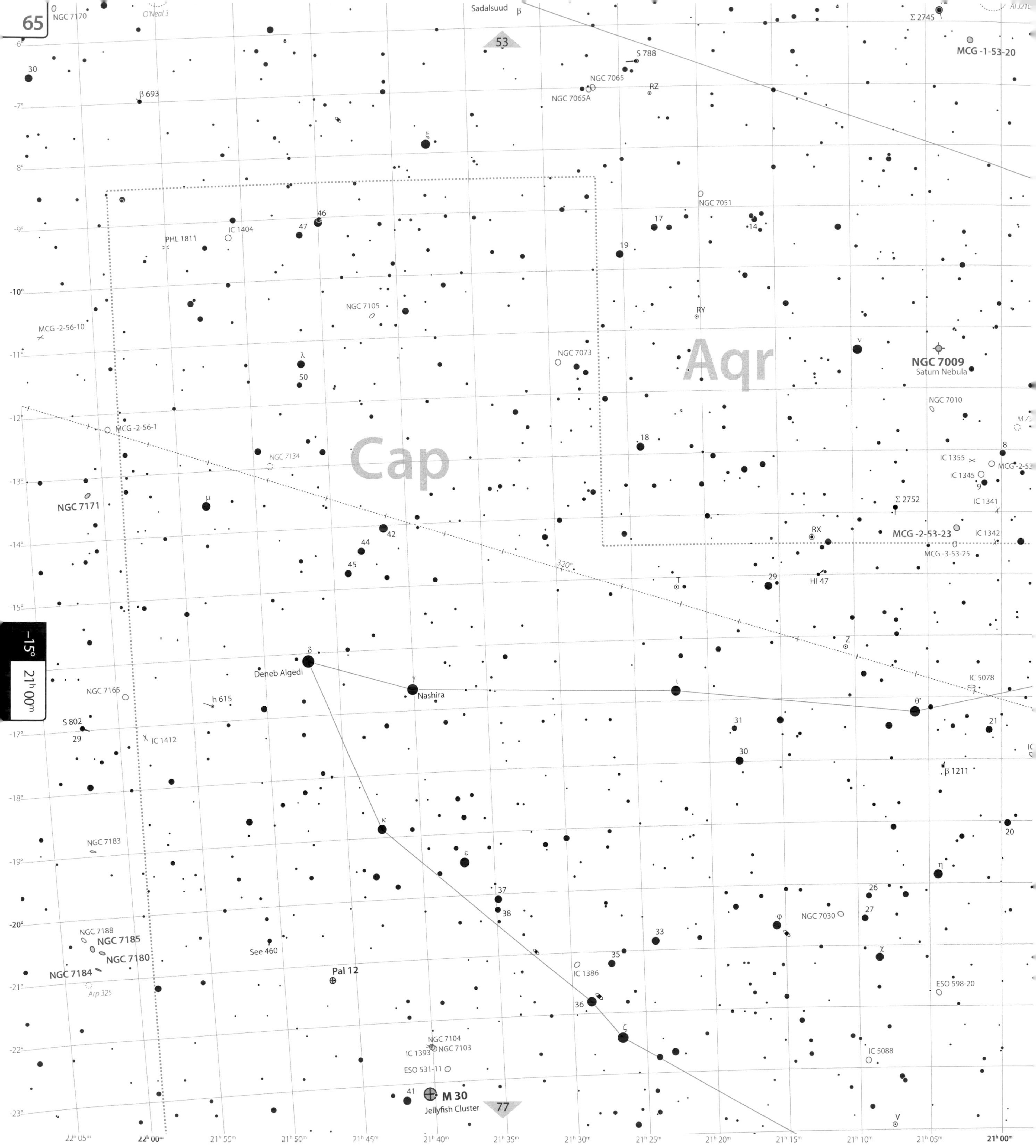

65
53
77
-15°
21h 00m
Cap
Aqr
Sadalsuud
Deneb Algedi
Nashira
NGC 7170
O'Neal 3
30
β 693
S 788
NGC 7065
NGC 7065A
RZ
Σ 2745
MCG -1-53-20
NGC 7051
17
14
46
47
IC 1404
PHL 1811
19
NGC 7105
RY
MCG -2-56-10
λ
50
NGC 7073
ν
NGC 7009
Saturn Nebula
NGC 7010
MCG -2-56-1
NGC 7134
18
IC 1355
IC 1345
MCG -2-53
8
9
NGC 7171
μ
Σ 2752
IC 1341
42
44
45
RX
MCG -2-53-23
IC 1342
MCG -3-53-25
320°
T
29
HI 47
Z
δ
γ
ι
θ
IC 5078
NGC 7165
h 615
S 802
29
IC 1412
31
21
30
β 1211
κ
NGC 7183
ε
20
η
37
38
26
27
NGC 7030
φ
33
NGC 7188
NGC 7185
NGC 7180
NGC 7184
Arp 325
See 460
Pal 12
35
IC 1386
χ
ESO 598-20
36
ζ
NGC 7104
IC 1393
NGC 7103
ESO 531-11
IC 5088
41
M 30
Jellyfish Cluster
V
22h 05m
22h 00m
21h 55m
21h 50m
21h 45m
21h 40m
21h 35m
21h 30m
21h 25m
21h 20m
21h 15m
21h 10m
21h 05m
21h 00m
-6°
-7°
-8°
-9°
-10°
-11°
-12°
-13°
-14°
-15°
-17°
-18°
-19°
-20°
-21°
-22°
-23°

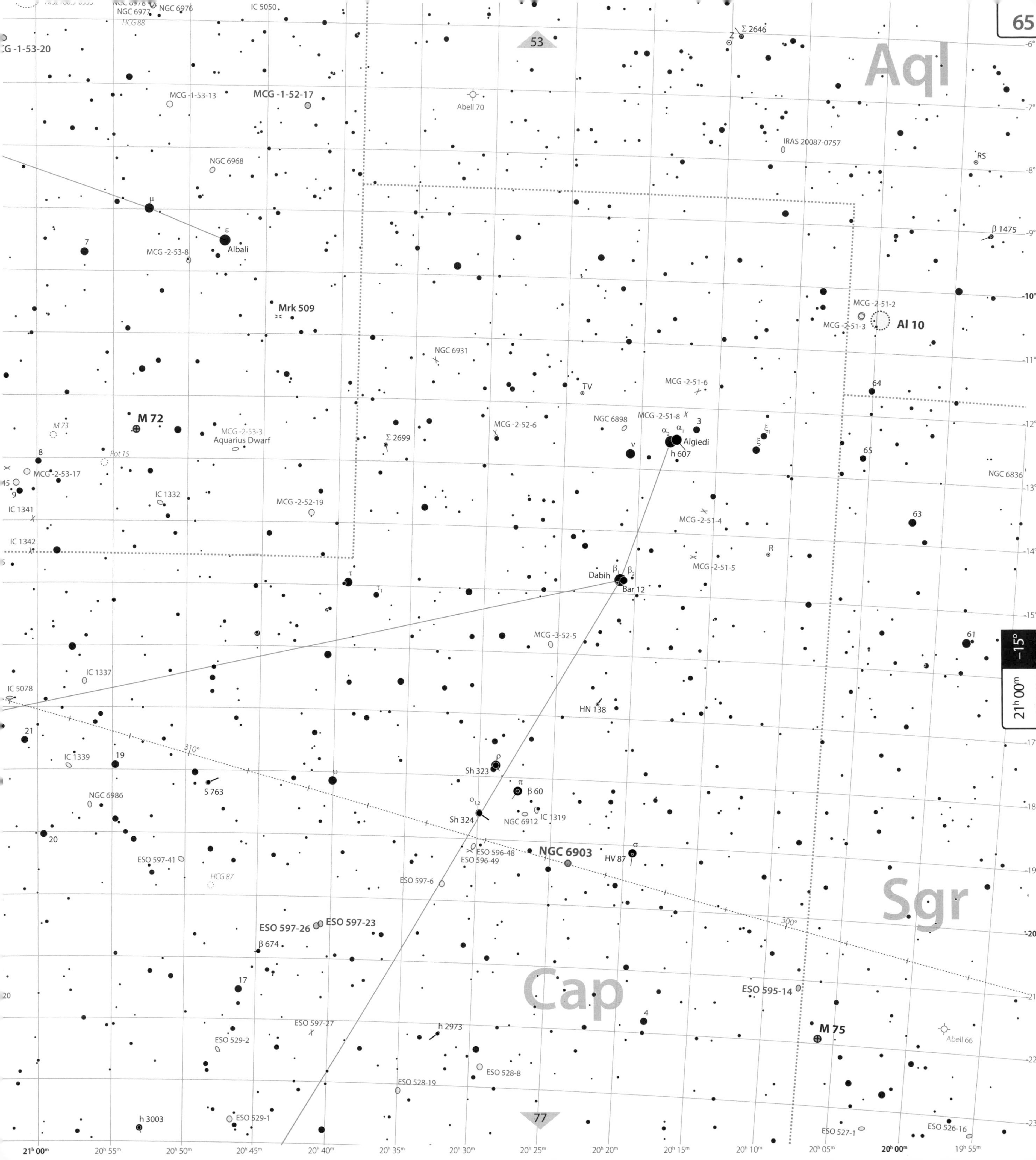

Aql
Sgr
Cap
53
77
NGC 6977
NGC 6976
HCG 88
IC 5050
MCG -1-53-20
Σ 2646
Z
MCG -1-53-13
MCG -1-52-17
Abell 70
IRAS 20087-0757
NGC 6968
RS
μ
ε
Albali
7
MCG -2-53-8
β 1475
Mrk 509
MCG -2-51-2
MCG -2-51-3
Al 10
NGC 6931
TV
MCG -2-51-6
64
M 72
M 73
MCG -2-53-3
Aquarius Dwarf
Σ 2699
MCG -2-52-6
NGC 6898
MCG -2-51-8
3
α2
α1
Algiedi
h 607
ν
ξ1
ξ2
65
8
Pot 15
MCG -2-53-17
45
9
NGC 6836
IC 1332
IC 1341
MCG -2-52-19
MCG -2-51-4
63
IC 1342
R
MCG -2-51-5
τ
τ1
Dabih
β1
β2
Bar 12
MCG -3-52-5
61
IC 1337
IC 5078
HN 138
21
310°
IC 1339
19
ρ
Sh 323
S 763
υ
π
β 60
NGC 6986
ο1,2
Sh 324
NGC 6912
IC 1319
20
ESO 596-48
ESO 596-49
NGC 6903
σ
HV 87
ESO 597-41
HCG 87
ESO 597-6
300°
ESO 597-26
ESO 597-23
β 674
17
ESO 595-14
4
ESO 597-27
h 2973
M 75
Abell 66
ESO 529-2
ESO 528-8
ESO 528-19
h 3003
ESO 529-1
ESO 527-1
ESO 526-16
-6°
-7°
-8°
-9°
-10°
-11°
-12°
-13°
-14°
-15°
-17°
-18°
-19°
-20°
-21°
-22°
-23°
21h 00m
20h 55m
20h 50m
20h 45m
20h 40m
20h 35m
20h 30m
20h 25m
20h 20m
20h 15m
20h 10m
20h 05m
20h 00m
19h 55m

Aql
Sgr
54
78
NGC 6751
Glowing Eye
B 134
B 133
LSA 1
IRAS 19348-0619
M 3-34
NGC 6821
Σ 2597
GY
RS
Pal 11
U
W
Ren 9
Ren 8
Crinklaw 1
20
Σ 2425
57
Σ 2594
56
β 1475
V1461
IC 4846
Σ 2519
Σ 2545
Σ 2547
NGC 6814
37
β 148
Al 10
51
Nassau 2
V805
64
Scj 22
Abell 60
MaC 1-16
ST
NGC 6835
NGC 6836
65
63
Kron 56
NGC 6818
Little Gem Nebula
β 138
V505
NGC 6822
Barnard's Galaxy
MCG -3-50-1
61
S 715
S 716
NGC 6774
S 710
55
54
h 599
S 722
T
ESO 594-4
Sag DIG
DeHt 3
ESO 593-1
Abell 51
AN
ESO 592-9
NGC 6737
ESO 594-5
43
h 5082
R
V4197
57
ESO 593-5
56
ESO 592-10
ESO 593-11
Z
ESO 594-1
π
HN 126
ESO 595-14
β 467
50
Abell 66
M 75
SU
ESO 526-8
HN 129
ESO 527-1
ESO 526-16
ESO 526-10
Abell 65
53
ESO 525-8
-6°
-7°
-8°
-9°
-10°
-11°
-12°
-13°
-14°
-15°
-17°
-18°
-19°
-20°
-21°
-22°
-23°
-15°
19h 00m
20h 05m
20h 00m
19h 55m
19h 50m
19h 45m
19h 40m
19h 35m
19h 30m
19h 25m
19h 20m
19h 15m
19h 10m
19h 05m
19h 00m

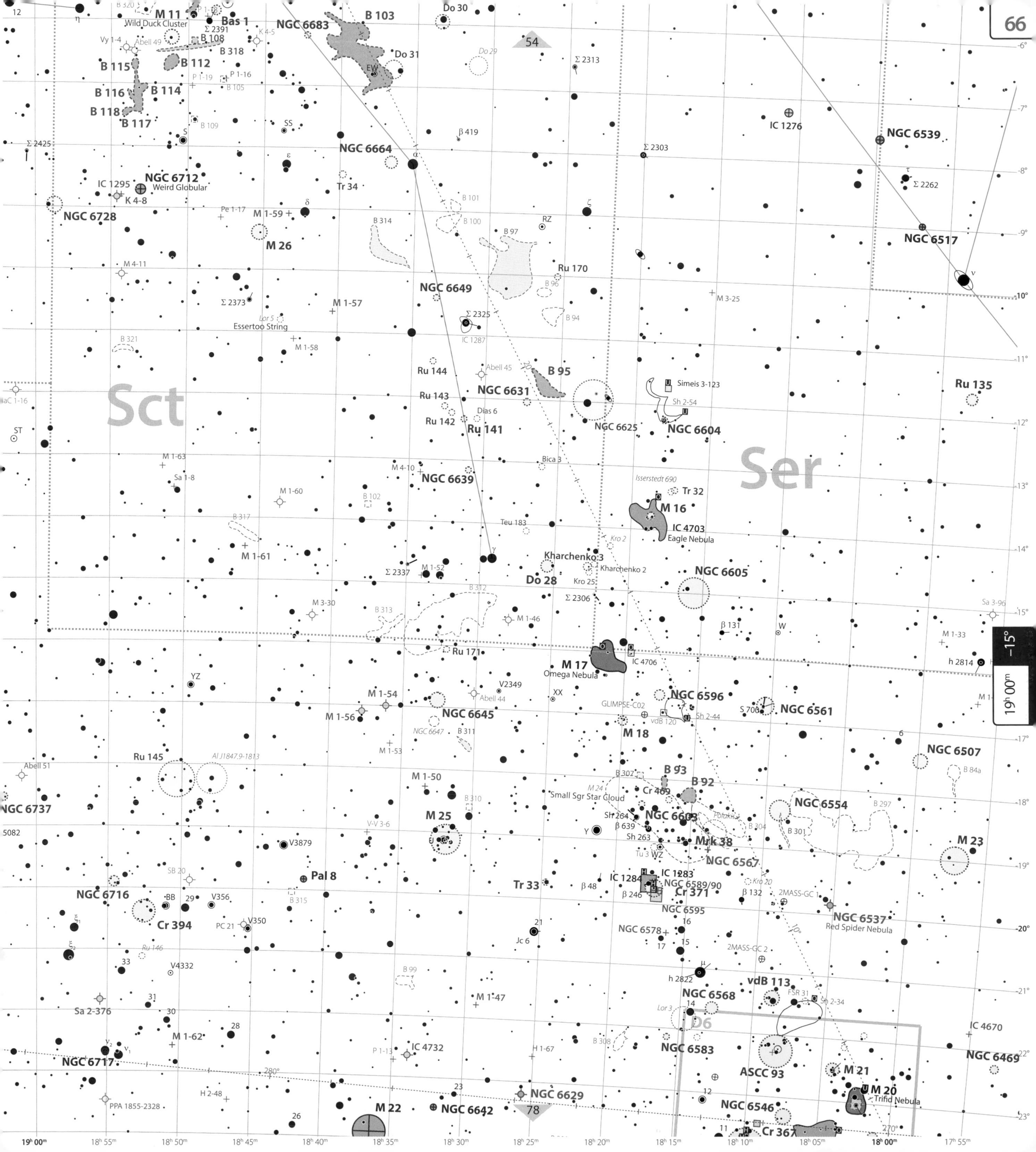
M 11
Wild Duck Cluster
Bas 1
Σ 2391
B 108
NGC 6683
B 103
Do 30
54
Do 31
Do 29
Vy 1-4
Abell 49
B 115
B 112
B 318
P 1-19
P 1-16
B 105
B 116
B 114
B 118
B 117
B 109
SS
Σ 2313
IC 1276
NGC 6539
Σ 2425
NGC 6664
β 419
Σ 2303
IC 1295
NGC 6712
Weird Globular
K 4-8
Tr 34
Σ 2262
NGC 6728
Pe 1-17
M 1-59
B 101
B 100
B 314
B 97
RZ
M 26
NGC 6517
M 4-11
Ru 170
B 96
NGC 6649
Σ 2373
M 1-57
Σ 2325
M 3-25
Lor 5
Essertoo String
B 94
IC 1287
B 321
M 1-58
Ru 144
Abell 45
B 95
Simeis 3-123
Ru 135
Sct
Ru 143
NGC 6631
Dias 6
Sh 2-54
Ru 142
Ru 141
NGC 6625
NGC 6604
ST
Ser
M 1-63
Bica 3
Sa 1-8
M 4-10
NGC 6639
Isserstedt 690
Tr 32
M 1-60
B 102
M 16
B 317
Teu 183
IC 4703
Eagle Nebula
Kro 2
M 1-61
Kharchenko 3
Kharchenko 2
NGC 6605
Σ 2337
M 1-52
Do 28
Kro 25
B 312
Σ 2306
M 3-30
B 313
M 1-46
Sa 3-96
β 131
W
M 1-33
Ru 171
IC 4706
M 17
Omega Nebula
h 2814
YZ
V2349
M 1-54
Abell 44
XX
NGC 6596
NGC 6561
GLIMPSE-C02
S 706
M 1-56
NGC 6645
vdB 120
Sh 2-44
NGC 6647
B 311
M 18
M 1-53
NGC 6507
Ru 145
Al J1847.9-1813
B 93
B 92
Abell 51
B 307
B 84a
M 1-50
M 24
Small Sgr Star Cloud
Cr 469
NGC 6737
B 310
NGC 6554
B 297
Sh 264
NGC 6603
β 639
B 304
B 301
5082
M 25
Y
Sh 263
Mrk 38
V-V 3-6
V3879
Tu 3
WZ
M 23
NGC 6567
SB 20
Pal 8
IC 1283
IC 1284
NGC 6589/90
Tr 33
β 48
Kro 20
β 246
Cr 371
β 132
2MASS-GC 1
NGC 6716
BB
V356
NGC 6595
NGC 6537
Red Spider Nebula
Cr 394
PC 21
V350
B 315
NGC 6578
Jc 6
Ru 146
2MASS-GC 2
V4332
B 99
h 2822
vdB 113
FSR 31
NGC 6568
Sh 2-34
Sa 2-376
M 1-47
Lor 3
D6
IC 4670
M 1-62
B 308
NGC 6583
IC 4732
P 1-13
H 1-67
ASCC 93
NGC 6469
NGC 6717
M 21
M 20
Trifid Nebula
H 2-48
NGC 6629
PPA 1855-2328
M 22
NGC 6642
78
NGC 6546
Cr 367
19h 00m
18h 55m
18h 50m
18h 45m
18h 40m
18h 35m
18h 30m
18h 25m
18h 20m
18h 15m
18h 10m
18h 05m
18h 00m
17h 55m
−15°
19h 00m

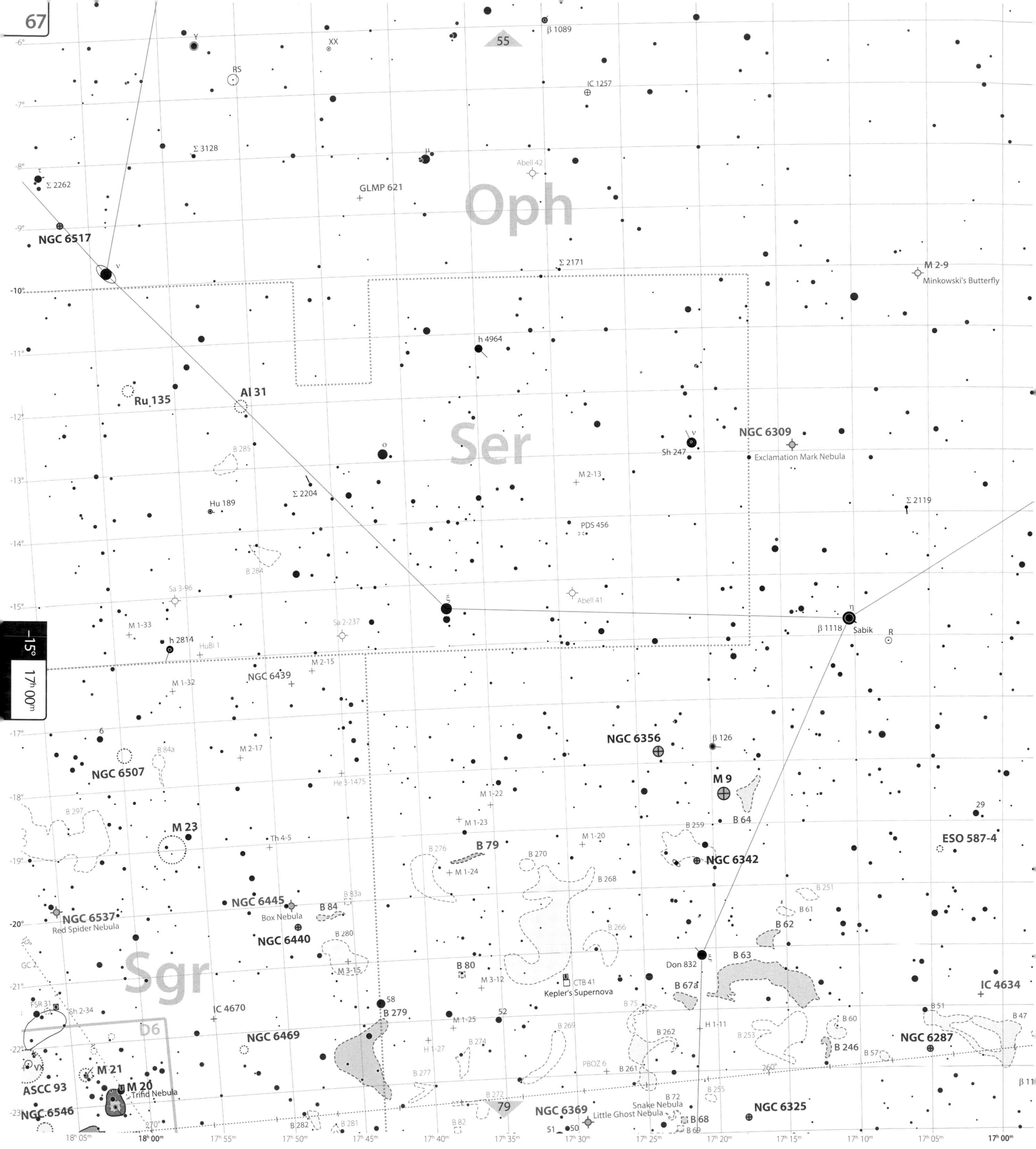
Oph
Ser
Sgr
55
79
D6
-15°
17h 00m
-6°
-7°
-8°
-9°
-10°
-11°
-12°
-13°
-14°
-15°
-17°
-18°
-19°
-20°
-21°
-22°
-23°
18h 05m
18h 00m
17h 55m
17h 50m
17h 45m
17h 40m
17h 35m
17h 30m
17h 25m
17h 20m
17h 15m
17h 10m
17h 05m
17h 00m
β 1089
XX
RS
IC 1257
Σ 3128
Σ 2262
Abell 42
GLMP 621
NGC 6517
Σ 2171
M 2-9
Minkowski's Butterfly
h 4964
Ru 135
Al 31
NGC 6309
Exclamation Mark Nebula
Sh 247
B 285
M 2-13
Hu 189
Σ 2204
Σ 2119
PDS 456
B 284
Sa 3-96
Abell 41
Sa 2-237
M 1-33
h 2814
HuBi 1
β 1118
Sabik
R
M 2-15
NGC 6439
M 1-32
NGC 6356
β 126
B 84a
M 2-17
NGC 6507
He 3-1475
M 9
M 1-22
B 297
B 64
29
M 23
Th 4-5
M 1-23
B 259
M 1-20
ESO 587-4
B 79
B 276
B 270
NGC 6342
M 1-24
B 268
B 251
B 83a
NGC 6445
Box Nebula
B 84
B 61
NGC 6537
Red Spider Nebula
NGC 6440
B 280
B 266
B 62
GC 2
B 80
M 3-15
Don 832
B 63
M 3-12
CTB 41
Kepler's Supernova
B 67a
IC 4634
FSR 31
Sh 2-34
IC 4670
58
B 279
M 1-25
52
B 75
B 51
B 47
B 60
NGC 6469
H 1-11
B 269
B 262
B 253
NGC 6287
H 1-27
B 274
B 246
B 57
VX
M 21
PBOZ 6
B 261
260°
ASCC 93
M 20
Trifid Nebula
B 277
B 255
B 11
NGC 6546
B 272
NGC 6369
Little Ghost Nebula
Snake Nebula
B 72
NGC 6325
270°
B 282
B 281
B 82
51
50
B 68
B 69

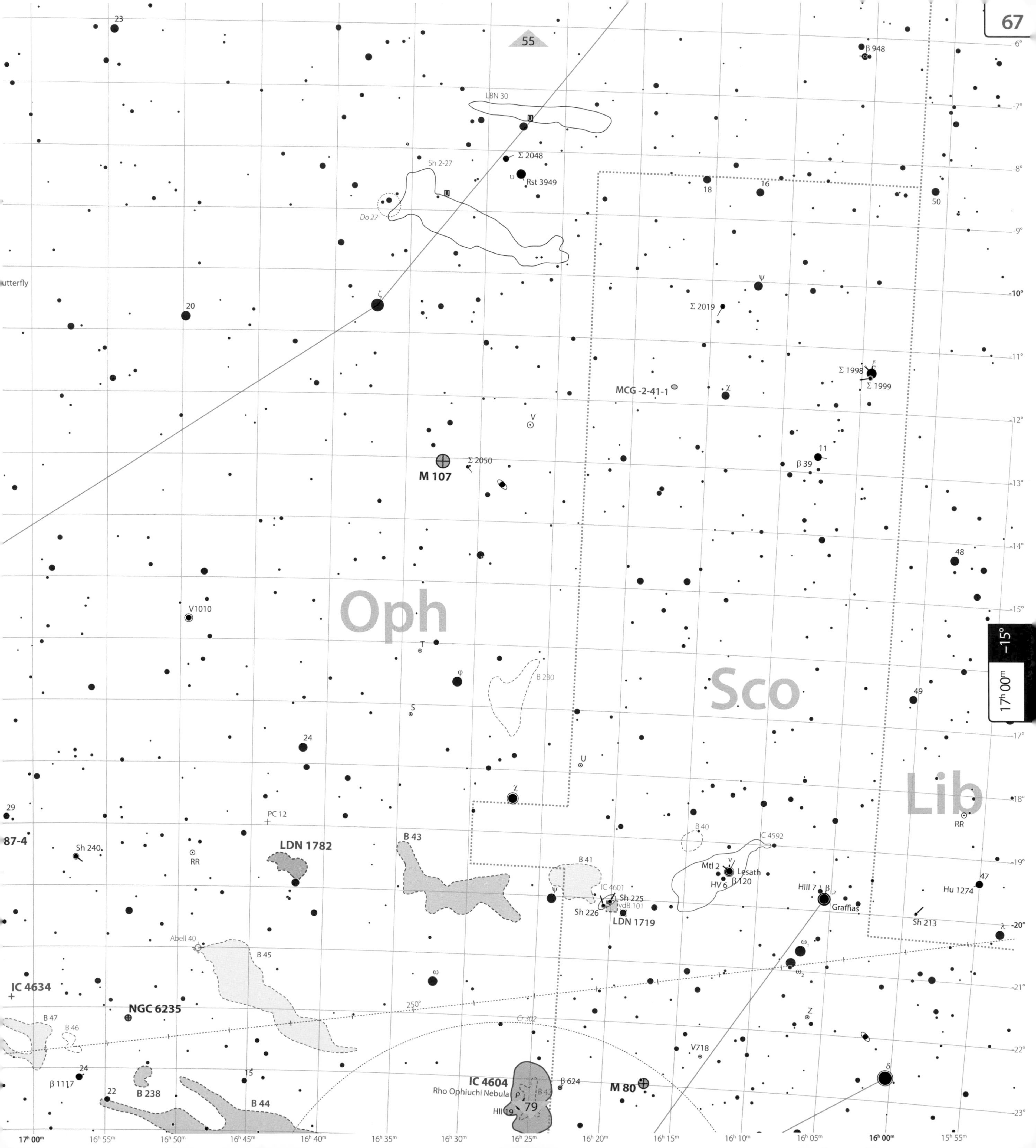
55
β 948
LBN 30
Σ 2048
Sh 2-27
υ Rst 3949
Do 27
18
16
50
utterfly
ψ
ζ
Σ 2019
20
Σ 1998
Σ 1999
MCG -2-41-1
χ
V
Σ 2050
M 107
11
β 39
48
V1010
Oph
Sco
T
φ
B 230
49
S
24
U
Lib
χ
29
PC 12
RR
87-4
Sh 240
RR
LDN 1782
B 43
B 40
IC 4592
B 41
Mtl 2
Lesath
HV 6
β 120
IC 4601
Sh 225
vdB 101
Sh 226
LDN 1719
HIII 7
Graffias
47
Hu 1274
Sh 213
λ
Abell 40
B 45
ω
IC 4634
NGC 6235
250°
Cr 302
B 47
B 46
Z
V718
24
β 1117
22
B 238
15
B 44
IC 4604
Rho Ophiuchi Nebula
β 624
M 80
HII 19
79
B 42
δ
-6°
-7°
-8°
-9°
-10°
-11°
-12°
-13°
-14°
-15°
-17°
-18°
-19°
-20°
-21°
-22°
-23°
17h 00m
-15°
17h 00m
16h 55m
16h 50m
16h 45m
16h 40m
16h 35m
16h 30m
16h 25m
16h 20m
16h 15m
16h 10m
16h 05m
16h 00m
15h 55m

56
80
Lib
Sco
−15°
15h 00m
-6°
-7°
-8°
-9°
-10°
-11°
-12°
-13°
-14°
-15°
-17°
-18°
-19°
-20°
-21°
-22°
-23°
16h 05m
16h 00m
15h 55m
15h 50m
15h 45m
15h 40m
15h 35m
15h 30m
15h 25m
15h 20m
15h 15m
15h 10m
15h 05m
15h 00m
Y
β 119
IC 1084
NGC 5812
Arp 254
NGC 5917
MCG -1-40-8
Σ 1925
δ
Σ 1962
50
FZ
Sh 202
β
Zubenelschamali
37
ε
NGC 5885
Σ 1939
IC 1091
NGC 5861
NGC 5858
Σ 1894
18
Σ 1998
Σ 1999
MCG -2-39-21
NGC 5915
NGC 5916
MCG -2-39-8
MCG -2-38-30
NGC 5978
NGC 5995
NGC 5878
MCG -2-38-29
NGC 5840
48
γ
NGC 5883
30
RU
NGC 5892
ο
η
β 35
ν
22
NGC 5796
NGC 5793
49
θ
MCG -3-40-3
ζ
34
32
33
NGC 5890
26
230°
NGC 5810
S 665
28
Sh 195
NGC 5863
IV
RR
RT
41
47
Hu 1774
25
ι
ESO 581-16
κ
β 122
S 672
O'Neal 11
HIII 7
β1,2
Graffias
Sh 213
λ
240°
S
NGC 5897
ω1
ω2
h 4769
Z
δ
ESO 515-3
RS
Me 2-1
IC 4538
42
RW

μ
Σ 1869
NGC 5634
104
56
Syrma
ι
NGC 5468
NGC 5427
Arp 271
NGC 5476
NGC 5426
106
Σ 1799
IC 1060
084
NGC 5812
Σ 1876
NGC 5534
MCG -1-36-5
IC 980
Σ 1833
δ
MCG -1-37-11
NGC 5729
MCG -1-36-10
94
95
Arp 261
97
κ
MCG -2-36-17
96
IC 971
MCG -2-36-11
Σ 1894
17
18
ξ2
DM
ξ1
NGC 5742
NGC 5741
Σ 1837
2
FY
AI J1423.7-1256
IC 4392
Σ 1802
NGC 5605
λ
IC 1055
β 116
NGC 5745-2
IC 991
MCG -2-38-29
β 106
μ
NGC 5756
220°
AI J1424.6-1442
NGC 5420
5
Frr 37
β 117
Zubenelgenubi
α1
α2
IC 4476
GC 5796
NGC 5793
NGC 5595
NGC 5597
NGC 5728
β 346
NGC 5716
C 5810
IC 972
10
ESO 580-43
NGC 5744
NGC 5726
NGC 5510
S 659
IC 1077
NGC 5757
ESO 579-21
81-16
NGC 5791
ESO 578-11
DL
IRAS 14164-1915
Sh 179
β 225
MCG -3-38-10
NGC 5761
NGC 5734
NGC 5743
Vir
NGC 5766
HN 28
h 2757
IC 4501
β 226
ESO 580-27
h 4679
MCG -4-33-37
ESO 578-19
ESO 512-20
80
-6°
-7°
-8°
-9°
-10°
-11°
-12°
-13°
-14°
-15°
-17°
-18°
-19°
-20°
-21°
-22°
-23°
−15°
15h 00m
15h 00m
14h 55m
14h 50m
14h 45m
14h 40m
14h 35m
14h 30m
14h 25m
14h 20m
14h 15m
14h 10m
14h 05m
14h 00m
13h 55m

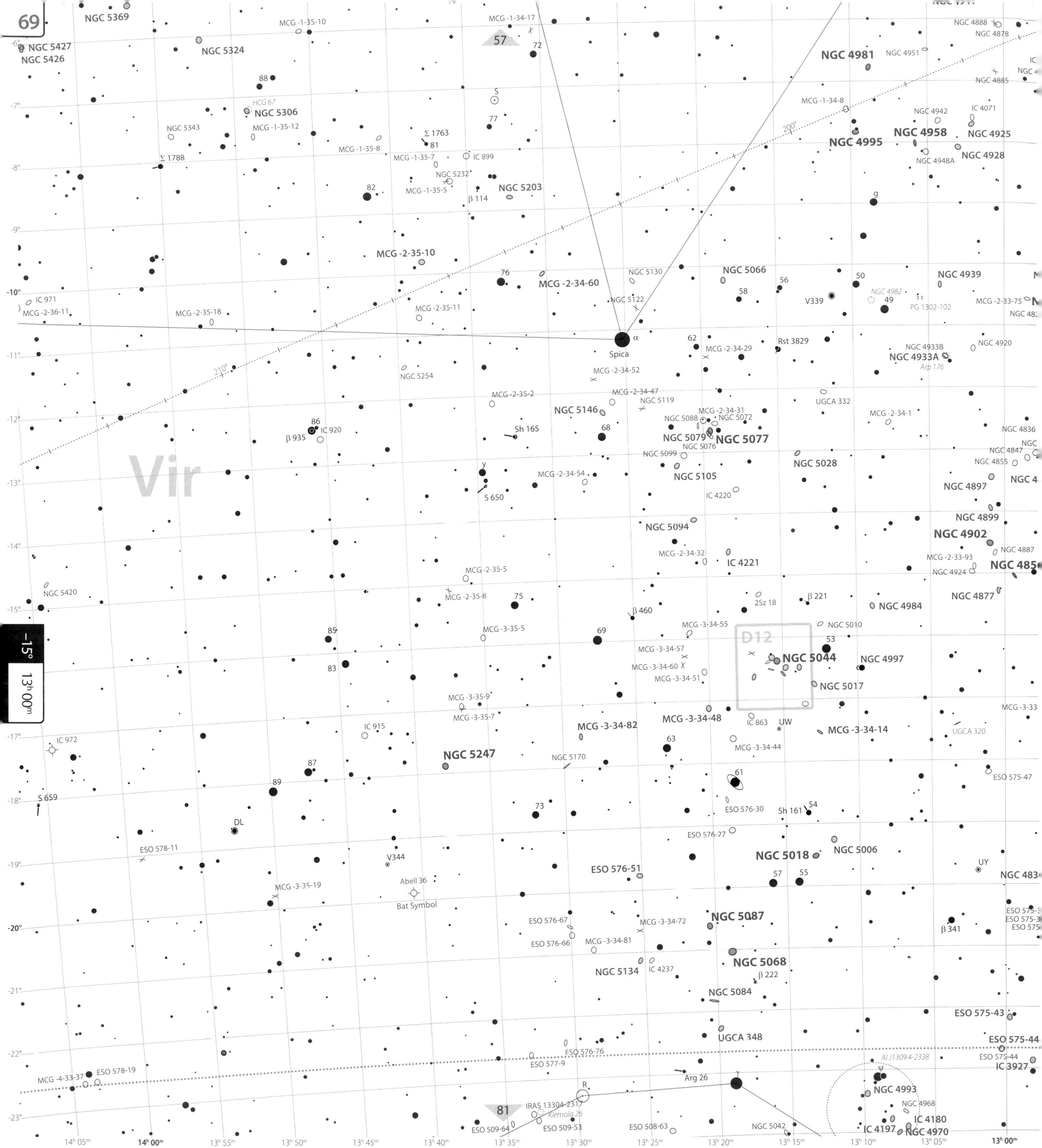

NGC 5369
NGC 5427
NGC 5426
NGC 5324
MCG -1-35-10
MCG -1-34-17
57
72
NGC 4888
NGC 4878
NGC 4981
NGC 4951
NGC 4885
88
HCG 67
NGC 5306
MCG -1-35-12
NGC 5343
S
77
Σ 1763
81
MCG -1-35-8
MCG -1-35-7
IC 899
Σ 1788
NGC 5232
MCG -1-35-5
82
β 114
NGC 5203
MCG -1-34-8
200°
NGC 4942
IC 4071
NGC 4958
NGC 4925
NGC 4995
NGC 4948A
NGC 4928
g
MCG -2-35-10
76
MCG -2-34-60
NGC 5130
NGC 5066
58
56
50
NGC 4939
NGC 4982
49
PG 1302-102
V339
MCG -2-33-75
IC 971
MCG -2-36-11
MCG -2-35-18
MCG -2-35-11
NGC 5122
Spica
α
62
MCG -2-34-29
Rst 3829
NGC 4933B
NGC 4933A
Arp 176
NGC 4920
210°
NGC 5254
MCG -2-34-52
MCG -2-35-2
MCG -2-34-47
NGC 5119
NGC 5146
UGCA 332
86
IC 920
β 935
Sh 165
68
MCG -2-34-31
NGC 5088
NGC 5072
NGC 5079
NGC 5077
NGC 5076
MCG -2-34-1
NGC 4836
NGC 4847
NGC 4855
NGC 5099
NGC 5028
Vir
y
MCG -2-34-54
NGC 5105
S 650
IC 4220
NGC 4897
NGC 4899
NGC 5094
NGC 4902
MCG -2-34-32
IC 4221
NGC 4887
MCG -2-33-93
NGC 4924
MCG -2-35-5
NGC 5420
MCG -2-35-8
75
2Sz 18
β 221
NGC 4984
NGC 4877
β 460
MCG -3-34-55
NGC 5010
85
MCG -3-35-5
69
D12
53
MCG -3-34-57
NGC 5044
NGC 4997
MCG -3-34-60
MCG -3-34-51
83
NGC 5017
−15°
13h 00m
MCG -3-35-9
MCG -3-35-7
MCG -3-34-82
MCG -3-34-48
MCG -3-33
IC 915
IC 863
UW
MCG -3-34-14
UGCA 320
IC 972
63
MCG -3-34-44
NGC 5247
NGC 5170
87
61
ESO 575-47
89
S 659
73
ESO 576-30
Sh 161
54
DL
ESO 576-27
ESO 578-11
V344
NGC 5006
NGC 5018
UY
ESO 576-51
NGC 483
Abell 36
57
55
MCG -3-35-19
Bat Symbol
NGC 5087
ESO 575-
ESO 576-67
MCG -3-34-72
β 341
ESO 576-66
MCG -3-34-81
NGC 5068
NGC 5134
IC 4237
β 222
NGC 5084
ESO 575-43
UGCA 348
ESO 575-44
ESO 576-76
AJ J1309.4-2338
IC 3927
ESO 577-9
ψ
MCG -4-33-37
ESO 578-19
Arg 26
γ
NGC 4993
R
81
IRAS 13304-2317
Klemola 26
NGC 4968
IC 4180
ESO 509-64
ESO 509-53
ESO 508-63
NGC 5042
IC 4197
NGC 4970
-6°
-7°
-8°
-9°
-10°
-11°
-12°
-13°
-14°
-15°
-17°
-18°
-19°
-20°
-21°
-22°
-23°
14h 05m
14h 00m
13h 55m
13h 50m
13h 45m
13h 40m
13h 35m
13h 30m
13h 25m
13h 20m
13h 15m
13h 10m
13h 05m
13h 00m

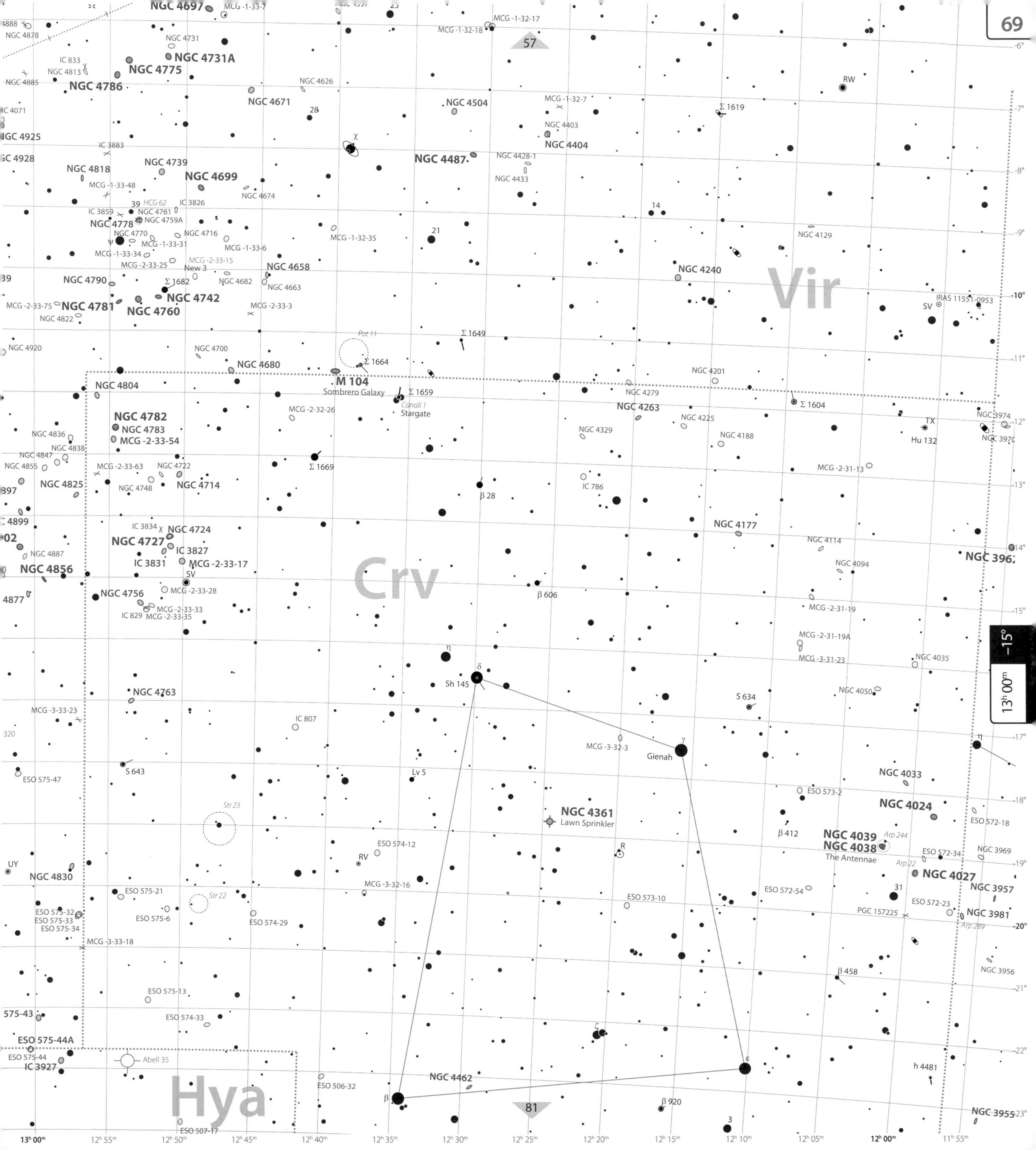
57
81
Vir
Crv
Hya
NGC 4697
NGC 4731A
NGC 4775
NGC 4786
NGC 4671
NGC 4504
NGC 4404
NGC 4487
NGC 4739
NGC 4699
NGC 4818
NGC 4778
NGC 4658
NGC 4240
NGC 4790
NGC 4742
NGC 4781
NGC 4760
NGC 4680
NGC 4804
M 104
Sombrero Galaxy
Stargate
NGC 4263
NGC 4782
NGC 4783
MCG -2-33-54
NGC 4825
NGC 4714
NGC 4177
NGC 4724
NGC 4727
IC 3827
IC 3831
MCG -2-33-17
NGC 4856
NGC 4756
NGC 4763
Gienah
NGC 4361
Lawn Sprinkler
NGC 4033
NGC 4024
NGC 4039
NGC 4038
The Antennae
NGC 4027
NGC 3957
NGC 3981
NGC 4830
ESO 575-44A
IC 3927
NGC 4462
NGC 3955
Abell 35
Sh 145
12h 00m
13h 00m
–15°

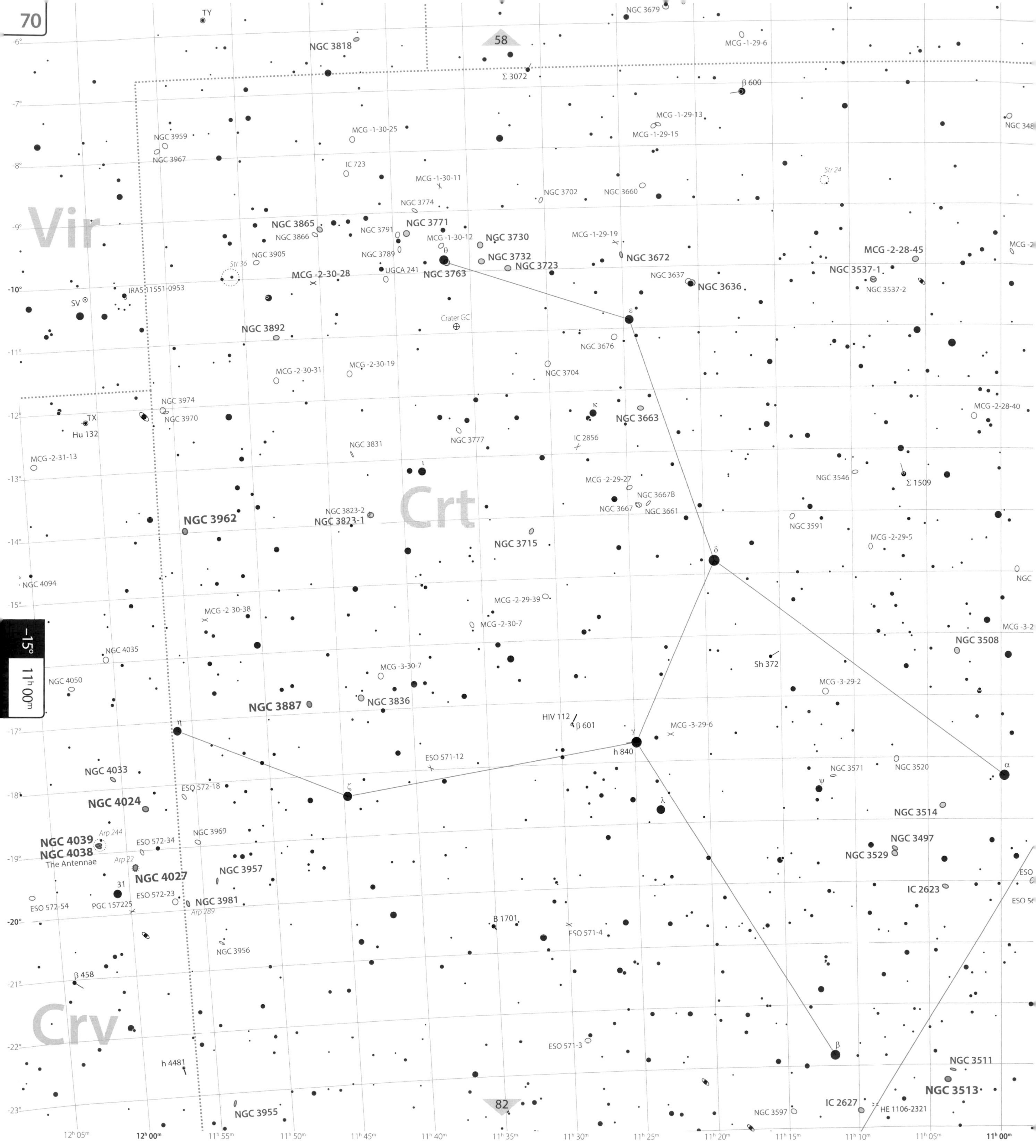
58
82
Vir
Crt
Crv
–15°
11h 00m
NGC 3818
NGC 3679
MCG -1-29-6
Σ 3072
β 600
NGC 3959
NGC 3967
MCG -1-30-25
MCG -1-29-13
MCG -1-29-15
NGC 348
IC 723
MCG -1-30-11
Str 24
NGC 3702
NGC 3660
NGC 3774
NGC 3865
NGC 3866
NGC 3791
NGC 3771
MCG -1-30-12
NGC 3730
MCG -1-29-19
MCG -2-28-45
NGC 3905
NGC 3789
NGC 3732
NGC 3723
NGC 3672
Str 36
MCG -2-30-28
UGCA 241
NGC 3763
NGC 3637
NGC 3636
NGC 3537-1
NGC 3537-2
IRAS 11551-0953
SV
Crater GC
NGC 3892
NGC 3676
MCG -2-30-31
MCG -2-30-19
NGC 3704
NGC 3974
NGC 3970
TX
Hu 132
NGC 3663
MCG -2-28-40
NGC 3777
IC 2856
MCG -2-31-13
NGC 3831
NGC 3546
Σ 1509
MCG -2-29-27
NGC 3667B
NGC 3667
NGC 3661
NGC 3823-2
NGC 3823-1
NGC 3962
NGC 3591
NGC 3715
MCG -2-29-5
NGC 4094
MCG -2-29-39
MCG -2 30-38
MCG -2-30-7
MCG -3-2
NGC 3508
NGC 4035
Sh 372
MCG -3-30-7
NGC 4050
MCG -3-29-2
NGC 3887
NGC 3836
HIV 112
β 601
MCG -3-29-6
h 840
ESO 571-12
NGC 3571
NGC 3520
NGC 4033
ESO 572-18
NGC 4024
NGC 3514
Arp 244
NGC 3969
NGC 4039
ESO 572-34
NGC 3497
NGC 4038
The Antennae
Arp 22
NGC 3529
NGC 3957
NGC 4027
IC 2623
ESO 572-23
NGC 3981
ESO 572-54
PGC 157225
Arp 289
B 1701
ESO 571-4
NGC 3956
β 458
ESO 571-3
h 4481
NGC 3511
NGC 3513
NGC 3955
NGC 3597
IC 2627
HE 1106-2321
12h 05m
12h 00m
11h 55m
11h 50m
11h 45m
11h 40m
11h 35m
11h 30m
11h 25m
11h 20m
11h 15m
11h 10m
11h 05m
11h 00m

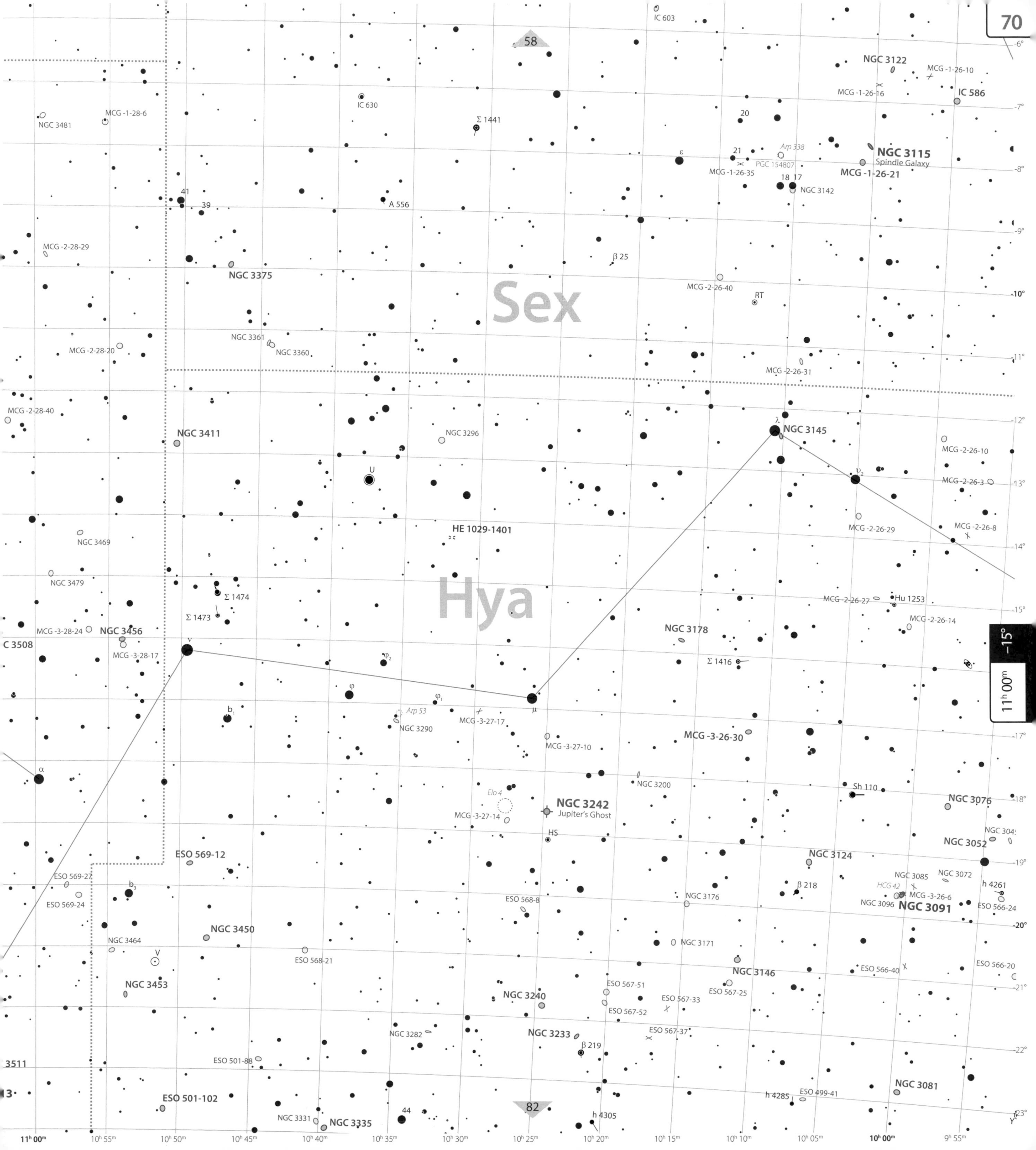
58
82
Sex
Hya
−15°
11h 00m
IC 603
NGC 3122
MCG -1-26-10
MCG -1-26-16
IC 586
IC 630
Σ 1441
MCG -1-28-6
NGC 3481
20
ε
21
Arp 338
PGC 154807
MCG -1-26-35
NGC 3115
Spindle Galaxy
MCG -1-26-21
18 17
NGC 3142
41
39
A 556
MCG -2-28-29
β 25
NGC 3375
MCG -2-26-40
RT
NGC 3361
NGC 3360
MCG -2-28-20
MCG -2-26-31
MCG -2-28-40
λ
NGC 3145
NGC 3411
NGC 3296
MCG -2-26-10
U
υ2
MCG -2-26-3
MCG -2-26-29
MCG -2-26-8
HE 1029-1401
NGC 3469
NGC 3479
Σ 1474
Σ 1473
MCG -2-26-27
Hu 1253
MCG -2-26-14
MCG -3-28-24
NGC 3456
C 3508
MCG -3-28-17
ν
NGC 3178
φ2
Σ 1416
φ
φ1
μ
b1
Arp 53
NGC 3290
MCG -3-27-17
MCG -3-26-30
MCG -3-27-10
α
NGC 3200
Elo 4
Sh 110
NGC 3242
Jupiter's Ghost
MCG -3-27-14
NGC 3076
HS
NGC 3049
NGC 3052
ESO 569-12
NGC 3124
NGC 3085
NGC 3072
ESO 569-27
HCG 42
h 4261
b3
β 218
MCG -3-26-6
ESO 569-24
NGC 3176
NGC 3096
NGC 3091
ESO 566-24
ESO 568-8
NGC 3450
NGC 3464
V
ESO 568-21
NGC 3171
ESO 566-40
ESO 566-20
NGC 3146
NGC 3453
ESO 567-51
ESO 567-25
NGC 3240
ESO 567-33
ESO 567-52
NGC 3282
ESO 567-37
NGC 3233
β 219
ESO 501-88
3511
NGC 3081
h 4285
ESO 499-41
ESO 501-102
44
h 4305
NGC 3331
NGC 3335
11h 00m
10h 55m
10h 50m
10h 45m
10h 40m
10h 35m
10h 30m
10h 25m
10h 20m
10h 15m
10h 10m
10h 05m
10h 00m
9h 55m
−6°
−7°
−8°
−9°
−10°
−11°
−12°
−13°
−14°
−15°
−17°
−18°
−19°
−20°
−21°
−22°
−23°

MCG -1-25-2
UGCA 175
33
59
23
MCG -1-24-14
NGC 2876
IC 2471
MCG -1-26-10
Arp 292
NGC 3035
IC 586
IC 575
MCG -1-25-41
3
5
IC 550
MCG -1-23-19
21
MCG -1-23-21
MCG -1-25-5
MCG -1-24-10
β 212
RX
19
AC 5
γ
α
24
Kui 38
20
NGC 2969
MCG -1-25-3
MCG -1-25-15
Alphard
Sex
MCG -1-25-18
29
UGCA 150
MCG -1-24-4
34
27
MCG -1-25-48
NGC 2980
MCG -2-24-13
Σ 1357
NGC 2978
NGC 2868
A 125
37
NGC 2979
NGC 2863
Σ 1367
MCG -2-25-11
Arp 221
MCG -2-25-2
NGC 2884
NGC 2879
MCG -2-25-6
NGC 2889
MCG -2-24-9
MCG
26
25
Arp 275
NGC 2881-2
MCG -2-24-28
NGC 2855
MCG -2-24-7
NGC 2881-1
Hydra A
IC 2482
NGC 3030
IC 537
NGC 2947
NGC 3058
MCG -2-26-10
MCG -2-25-23
Abell 34
MCG -2-26-3
MCG -2-25-24
υ2
MCG -2-24-5
MCG -2-25-25
MCG -2-26-8
MCG -2-26-29
κ
NGC 2992
Arp 245
NGC 2993
X
NGC 2902
MCG -2-24-27
NGC 2781
υ1
MCG -2-25-17
MCG -2-26-27
Hu 1253
NZ
NGC 2763
MCG -2-25-3
MCG -2-26-14
−15°
9h 00m
NGC 2811
IC 546
NGC 2851
NGC 2848
MCG -3-25-16
NGC 2924
NGC 2907
UGCA 167
MCG -3-25-10
MCG -3-25-25
Bvd 145
Hya
ESO 564-19
ESO 564-15
Sh 110
NGC 3076
NGC 2989
β 214
NGC 3045
NGC 3052
IC 2437
NGC 3028
ESO 565-6
S 604
NGC 3124
NGC 3072
ESO 565-7
h 4261
NGC 3085
ESO 565-8
HCG 42
Arp 252
MCG -3-26-6
ESO 566-24
ESO 566-7
Ho 363
β 218
NGC 3096
NGC 3091
AGCS 617
ESO 565-30
ESO 565-11
ESC
ESO 564-11
ESO 5
ST
NGC 2983
NGC 2921
NGC 2920
I 495
ESO 566-20
ESO 566-40
NGC 2935
NGC 2986
NGC 2886
NGC 2996
ESO 565-19
NGC 3025
NGC 2945
NGC 2835
NGC 3081
Y
ESO 499-9
NGC 2865
ESO 499-41
83
h 4285
IL
WHC 6
NGC 2815
NGC 2772
-6°
-7°
-8°
-9°
-10°
-11°
-12°
-13°
-14°
-15°
-17°
-18°
-19°
-20°
-21°
-22°
-23°
10h 05m
10h 00m
9h 55m
9h 50m
9h 45m
9h 40m
9h 35m
9h 30m
9h 25m
9h 20m
9h 15m
9h 10m
9h 05m
9h 00m

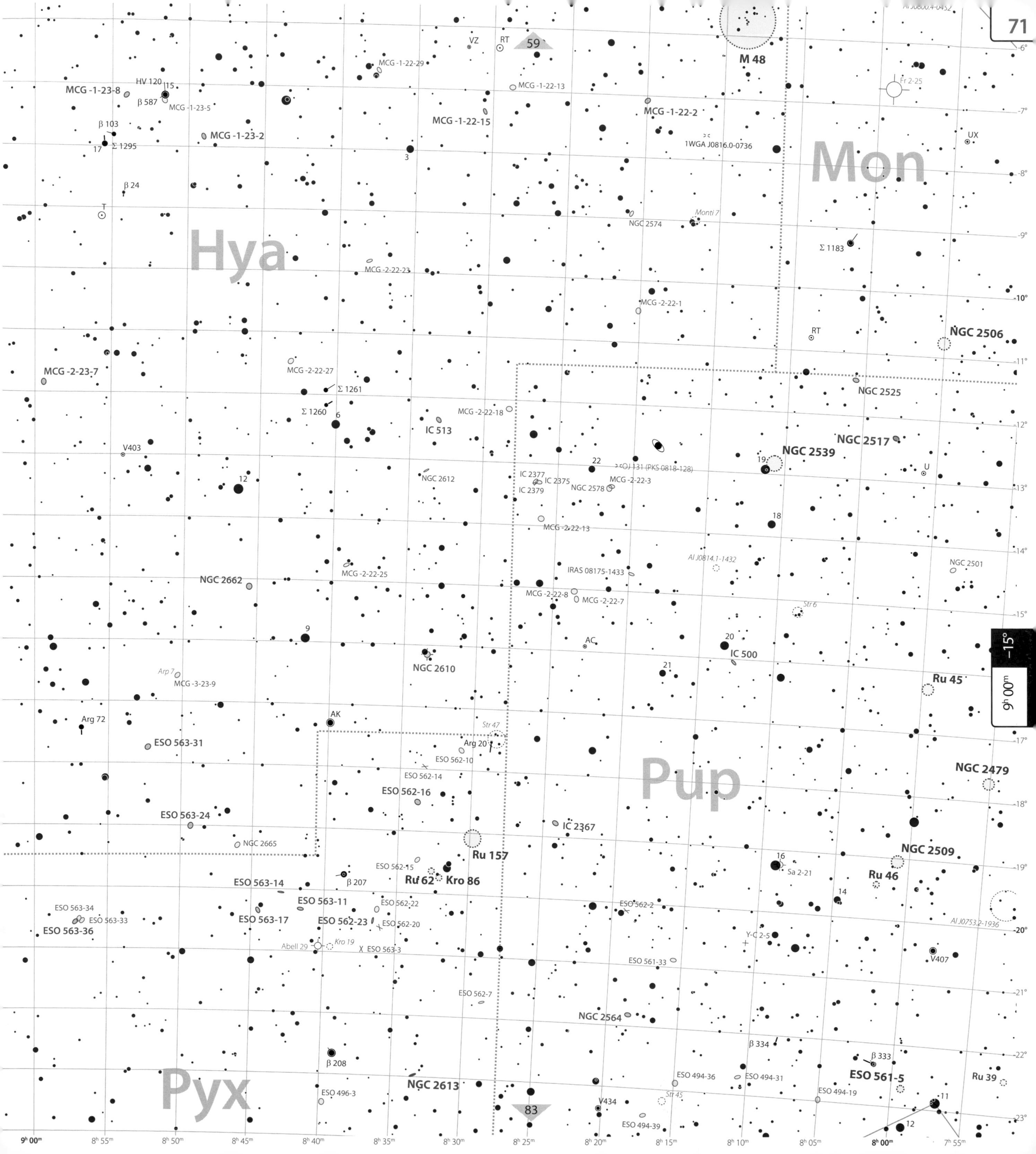
Hya
Mon
Pup
Pyx
M 48
NGC 2506
NGC 2525
NGC 2517
NGC 2539
NGC 2662
NGC 2610
NGC 2612
NGC 2574
NGC 2578
NGC 2501
NGC 2479
NGC 2509
NGC 2665
NGC 2564
NGC 2613
IC 513
IC 500
IC 2367
IC 2377
IC 2375
IC 2379
MCG -1-23-8
MCG -1-23-5
MCG -1-23-2
MCG -1-22-29
MCG -1-22-13
MCG -1-22-15
MCG -1-22-2
MCG -2-22-23
MCG -2-22-1
MCG -2-23-7
MCG -2-22-27
MCG -2-22-18
MCG -2-22-3
MCG -2-22-13
MCG -2-22-25
MCG -2-22-8
MCG -2-22-7
MCG -3-23-9
1WGA J0816.0-0736
IRAS 08175-1433
OJ 131 (PKS 0818-128)
Monti 7
Fr 2-25
Str 6
Str 47
Str 45
Arp 7
Arg 72
Arg 20
ESO 563-31
ESO 563-24
ESO 563-14
ESO 563-11
ESO 563-17
ESO 563-34
ESO 563-33
ESO 563-36
ESO 563-3
ESO 562-10
ESO 562-14
ESO 562-16
ESO 562-15
ESO 562-22
ESO 562-23
ESO 562-20
ESO 562-2
ESO 562-7
ESO 561-33
ESO 561-5
ESO 496-3
ESO 494-36
ESO 494-31
ESO 494-19
ESO 494-39
Ru 157
Ru 62
Kro 86
Kro 19
Ru 45
Ru 46
Ru 39
Abell 29
Sa 2-21
Y-C 2-5
Al J0814.1-1432
Al J0753.2-1936
HV 120
β 587
β 103
β 24
β 207
β 208
β 334
β 333
Σ 1295
Σ 1261
Σ 1260
Σ 1183
V403
V407
V434
AK
AC
VZ
RT
UX
U
T
59
83
−15°
9h 00m
9h 00m
8h 55m
8h 50m
8h 45m
8h 40m
8h 35m
8h 30m
8h 25m
8h 20m
8h 15m
8h 10m
8h 05m
8h 00m
7h 55m
-6°
-7°
-8°
-9°
-10°
-11°
-12°
-13°
-14°
-15°
-17°
-18°
-19°
-20°
-21°
-22°
-23°

0800.4-0452
Mon
Pup
60
84
Monti 1
TT
NGC 2338
Al J0709.5-0557
Haf 3
FSR 1150
FSR 1
AP
β 197
Al J0715.6-0727
RY
NGC 2316
UX
NGC 2364
M 50
Dias 3
NGC 2349
Al 21
vdB 87
Σ 1049
V523
M 1-16
α
Cz 30
U
NGC 2377
Sh 2-294
FSR 1183
NGC 2335
NGC 2353
NGC 2368
FSR 1171
Sh 2-292
Cr 465
NGC 2343
IC 2177
Seagull Nebula
Cr 466
Σ 1019
β 573
V886
NGC 2506
Mel 72
NGC 2327
vdB 95
β 328
Ju 7
Σ 1026
Σ 1016
Z
Hu 112
RY
β 332
Σ 1097
Be 76
vdB 92
M 1-17
Hu 53
Mel 71
NGC 2396
W
Haf 8
Ced 90
5
Σ 1146
Str 80
NGC 2517
Ru 24
NGC 2359
Thor's Helmet
NGC 2345
8
U
NGC 2413
Haf 6
Be 36
Ru 8
NGC 2374
ASCC 40
NGC 2423
NGC 2401
FSR 1209
PB 1
9
SaSt 2-3
Bas 11A
M 1-18
M 47
NGC 2501
4
NGC 2438
Σ 1120
Σ 1121
Σ 1138
CRL 5237
Calabash Nebula
Σ 1104
Haf 4
10
NGC 2425
Wa 7
M 46
Haf 10
Cz 29
Σ 1057
β 575
140
Ru 26
NGC 2414
Wa 8
NGC 2360
Opened Box Cluster
γ
FW
R
NGC 2430
Ru 45
Ru 151
NGC 2428
Haf 23
Bo 4
vdB 97
Sh 2-302
Haf 9
Hu 710
Bo 5
NGC 2358
Ru 37
6
NGC 2409
Teu 49
A 3095
β 578
NGC 2479
M 1-13
NGC 2440
Bat Nebula
Stone 17
Al J0710.3-1826
Sh 2-305
ESO 559-2
Sh 2-301
S 550
Sh 2-307
Mayer 3
NGC 2509
NGC 2432
Ru 16
Ru 15
Bo 6
B 1077
V613
Ru 46
Teu 61
Auner 1
Ru 10
Kar 19
14
Al J0753.2-1936
Ru 38
Ru 34
Tom 1
M 1-14
β 201
Cz 31
Ru 40
Don 181
Ru 11
ESO 559-13
Z
Tom 2
NGC 2383
NGC 2421
V407
X
NGC 2384
h 3973
β 199
NGC 2455
Ru 19
Teu 178
h 3934
NGC 2367
Lal 53
VX
Ru 33
FSR 1294
Haf 5
Ru 39
β 333
Ju 12
β 334
h 3938
ESO 561-5
145
11
Ru 17
h 3945
ESO 494-19
Ru 25
Ru 23
n
12
Howe 18
M 93
vdB 96
NGC 2352
-6°
-7°
-8°
-9°
-10°
-11°
-12°
-13°
-14°
-15°
-17°
-18°
-19°
-20°
-21°
-22°
-23°
8h 05m
8h 00m
7h 55m
7h 50m
7h 45m
7h 40m
7h 35m
7h 30m
7h 25m
7h 20m
7h 15m
7h 10m
7h 05m
7h 00m
220°
230°
240°

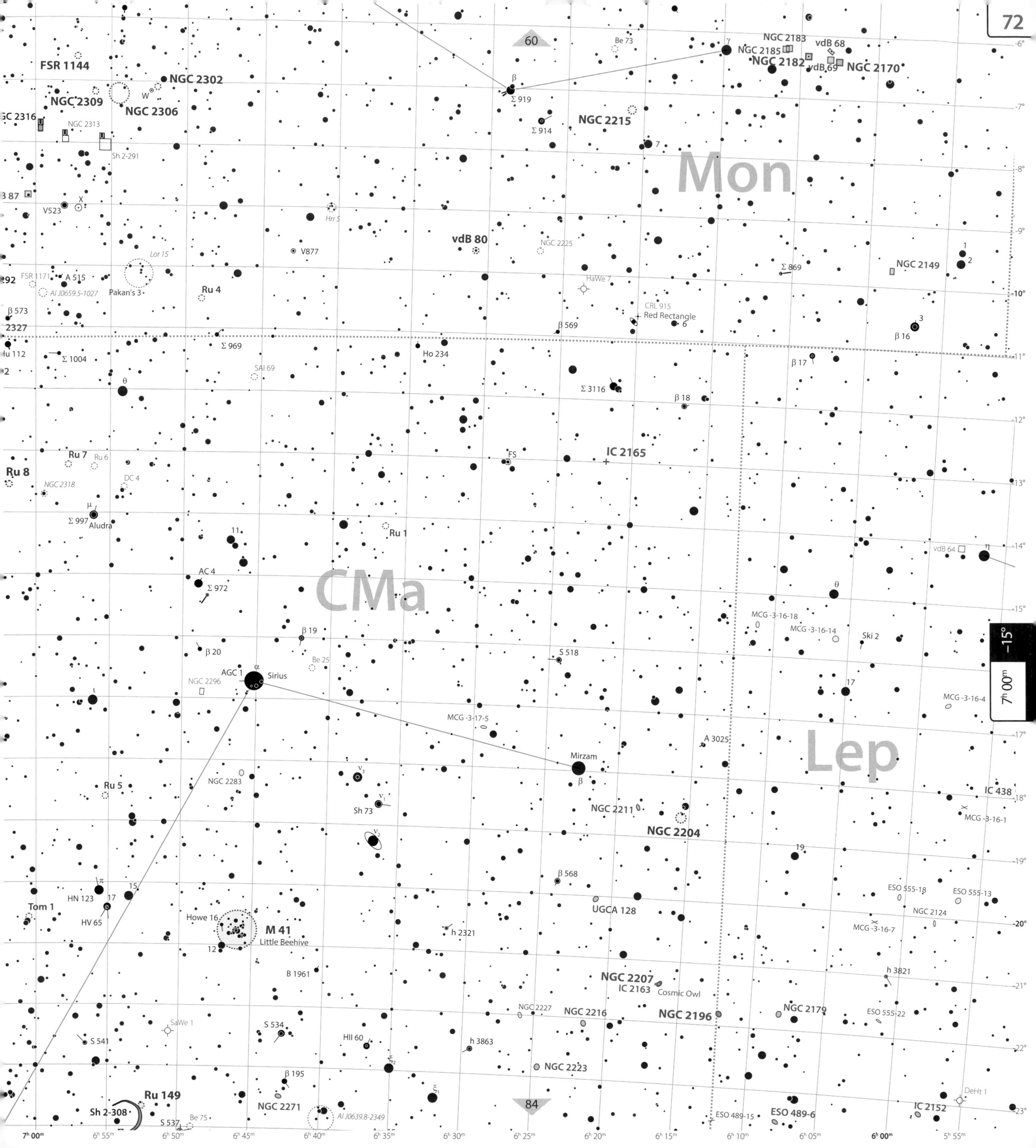
Mon
CMa
Lep
60
84
–15°
7h 00m
FSR 1144
NGC 2302
NGC 2309
NGC 2306
NGC 2313
Sh 2-291
V523
X
W
Hrr 5
V877
Lor 15
FSR 1171
A 515
AI J0659.5-1027
Pakan's 3
Ru 4
β 573
2327
Σ 1004
Σ 969
SAI 69
Ho 234
β 919
Σ 919
Σ 914
NGC 2215
Be 73
NGC 2183
NGC 2185
NGC 2182
vdB 68
vdB 69
NGC 2170
vdB 80
NGC 2225
HaWe 7
CRL 915
Red Rectangle
β 569
Σ 869
NGC 2149
β 16
β 17
Σ 3116
β 18
FS
IC 2165
Ru 7
Ru 6
Ru 8
NGC 2318
DC 4
Σ 997
Aludra
Ru 1
AC 4
Σ 972
β 19
β 20
Be 25
AGC 1
Sirius
NGC 2296
S 518
vdB 64
MCG -3-16-18
MCG -3-16-14
Ski 2
MCG -3-16-4
MCG -3-17-5
A 3025
Mirzam
NGC 2283
Ru 5
Sh 73
NGC 2211
NGC 2204
IC 438
MCG -3-16-1
β 568
UGCA 128
ESO 555-18
ESO 555-13
NGC 2124
MCG -3-16-7
Tom 1
HN 123
HV 65
Howe 16
M 41
Little Beehive
h 2321
B 1961
NGC 2207
IC 2163
Cosmic Owl
h 3821
NGC 2227
NGC 2216
NGC 2196
NGC 2179
ESO 555-22
SaWe 1
S 541
S 534
HII 60
h 3863
NGC 2223
β 195
Ru 149
Sh 2-308
S 537
Be 75
NGC 2271
AI J0639.8-2349
ESO 489-15
ESO 489-6
IC 2152
DeHt 1
7h 00m
6h 55m
6h 50m
6h 45m
6h 40m
6h 35m
6h 30m
6h 25m
6h 20m
6h 15m
6h 10m
6h 05m
6h 00m
5h 55m
-6°
-7°
-8°
-9°
-10°
-11°
-12°
-13°
-14°
-15°
-17°
-18°
-19°
-20°
-21°
-22°
-23°

Mon
Ori
Lep
Orion Nebula
NGC 1980
D7
61
Eng 21
vdB 54
HH 222
HH 35
HH 1
HH 2
NGC 1999
IC 430
49
υ
55
NGC 2110
Str 58
IC 421
Σ 798
MCG -1-14-12
Saiph
κ
NGC 2149
1
2
NGC 2054
3
β 16
τ
Σ 667
29
A 486
Σ 692
β 190
Σ 701
β
Σ 668
Rigel
Stone 10
Σ 688
A 481
MaC 2-1
NGC 1909 (IC 2118)
Witch Head Nebula
ψ
NGC 1799
NGC 1752
Σ 649
λ
Σ 636
NGC 1779
IC 401
Arp 187
MCG -2-13-40A
63
NGC 1843
NGC 1725
NGC 1728
Arp 123
NGC 1888
NGC 1889
IC 433
Al 64
Σ 655
RX
NGC 1784
64
ν
IC 418
Spirograph Nebula
κ
Σ 661
λ
Σ 631
O'Neal 5
8
A 3009
NGC 1954
vdB 64
η
β 94
ζ
UGCA 114
UGCA 104
R
MCG -3-13-52
HCG 32
S 473
Abell 7
MCG -3-13-53
MCG -3-15-6
NGC 1832
θ
O'Neal 4
MCG -3-14-11
MCG -3-13-51
μ
Ski 2
MCG -3-13-63
MCG -3-13-42
MCG -3-16-4
NGC 2076
IC 422
ESO 553-2
NGC 2017
α
Ameb
NGC 1738
NGC 1993
NGC 1739
NGC 2089
IC 2151
IC 438
β 321
NGC 1781
S 476
MCG -3-16-1
ESO 554-38
IC 2143
ESO 555-4
NGC 1780
h 3759
ESO 555-18
ESO 555-13
MCG -3-13-56
ESO 552-59
RY
ESO 554-35
NGC 2124
ESO 553-12
Lal 194
ESO 553-20
ESO 552-57
ESO 554-5
MCG -3-16-7
ESO 554-27
Nihal
β 320
10
ESO 552-52
δ
h 3750
h 3821
NGC 2106
T
ESO 555-22
NGC 2073
NGC 2179
NGC 1964
ε
γ
12
1
ESO 486-29
ESO 486-19
UGCA 112
IC 2130
NGC 1979
IC 2152
DeHt 1
85
IC 2138
ESO 486-23
−15°
5h 00m
6h 05m
6h 00m
5h 55m
5h 50m
5h 45m
5h 40m
5h 35m
5h 30m
5h 25m
5h 20m
5h 15m
5h 10m
5h 05m
5h 00m
-6°
-7°
-8°
-9°
-10°
-11°
-12°
-13°
-14°
-15°
-17°
-18°
-19°
-20°
-21°
-22°
-23°

61
85
NGC 1681
NGC 1667
NGC 1666
NGC 1594
3C 110
09 (IC 2118)
ead Nebula
β 881
46
IC 387
IC 385
IC 389
Beid
37
MCG -1-11-5
NGC 1726
NGC 1720
Keid
47
56
NGC 1636
Arp 186
NGC 1646-1
55
NGC 1614
Σ 590
MCG -2-12-54
MCG -2-12-52
NGC 1525
NGC 1516-1
IC 382
NGC 1505
Σ 570
MCG -2-12-47
63
MCG -2-13-6
HCG 28
NGC 1577
39
Σ 516
BM
YY
RZ
MCG -2-12-45
MCG -2-13-12
MCG -2-12-18
NGC 1723
NGC 1721
NGC 1597
MCG -2-11-32
NGC 1509
IC 369
HCG 27
MCG -2-12-21
MCG -2-13-32
MCG -2-12-26
IC 362
OF -109 (PKS 0405-123)
64
MCG -2-12-48
IC 377
MCG -2-12-23
MCG -2-12-30
IC 368
NGC 1535
Cleopatra's Eye
MCG -2-12-6
Σ 576
Σ 631
PGC 93407
IC 375
IC 2045
MCG -2-13-9
Σ 560
MCG -2-11-28
Zaurak
O'Neal 7
Kui 18
53
MCG -2-13-10
MCG -2-11-39
MCG -2-11-20
R
β 185
Eri
MCG -3-13-52
NGC 1710
IC 367
HCG 32
IC 393
MCG -3-13-53
MCG -3-11-16
IC 2063
NGC 1650
NGC 1565
NGC 1562
NGC 1730
MCG -3-13-26
60
MCG -3-13-27
β 314
59
MCG -3-12-11
MCG -3-12-8
58
MCG -3-13-4
ESO 552-14
MCG -3-13-10
ESO 552-5
NGC 1583
NGC 1584
IRAS 04114-1737
NGC 1519
NGC 1738
NGC 1547
ESO 549-49
RS
ESO 552-23
54
ESO 549-40
NGC 1716
NGC 1640
NGC 1692
NGC 1631
β 312
NGC 1481
ESO 552-52
NGC 1482
Eridanus GC
NGC 1521
NGC 1518
β 1236
β 184
ESO 549-50
UGCA 90
486-19
ESO 483-13
h 3601
–6°
–7°
–8°
–9°
–10°
–11°
–12°
–13°
–14°
–15°
–17°
–18°
–19°
–20°
–21°
–22°
–23°
5h 00m
4h 55m
4h 50m
4h 45m
4h 40m
4h 35m
4h 30m
4h 25m
4h 20m
4h 15m
4h 10m
4h 05m
4h 00m
3h 55m
5h 00m –15°

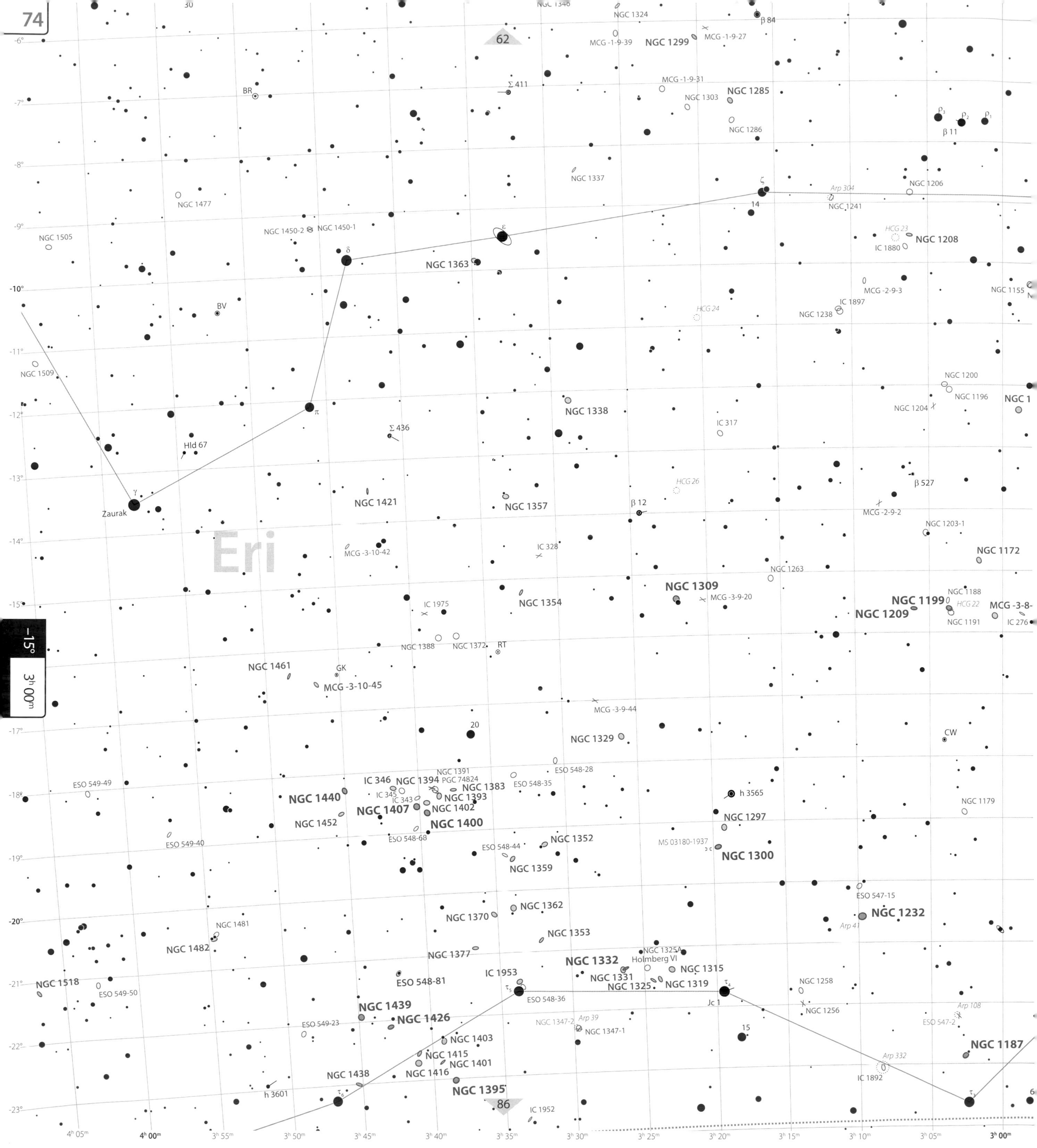
62
86
Eri
Zaurak
-6°
-7°
-8°
-9°
-10°
-11°
-12°
-13°
-14°
-15°
-17°
-18°
-19°
-20°
-21°
-22°
-23°
-15°
3h 00m
4h 05m
4h 00m
3h 55m
3h 50m
3h 45m
3h 40m
3h 35m
3h 30m
3h 25m
3h 20m
3h 15m
3h 10m
3h 05m
3h 00m
30
NGC 1324
β 84
MCG -1-9-39
NGC 1299
MCG -1-9-27
Σ 411
BR
MCG -1-9-31
NGC 1303
NGC 1285
NGC 1286
ρ3
ρ2
ρ1
β 11
NGC 1337
NGC 1477
NGC 1206
ζ
Arp 304
NGC 1241
14
NGC 1450-2
NGC 1450-1
ε
HCG 23
NGC 1208
IC 1880
NGC 1505
δ
NGC 1363
MCG -2-9-3
NGC 1155
BV
HCG 24
IC 1897
NGC 1238
NGC 1509
NGC 1200
NGC 1196
NGC 1204
NGC 1338
π
Σ 436
IC 317
Hld 67
β 527
NGC 1421
NGC 1357
β 12
HCG 26
MCG -2-9-2
γ
NGC 1203-1
MCG -3-10-42
IC 328
NGC 1172
NGC 1263
NGC 1309
MCG -3-9-20
NGC 1354
IC 1975
NGC 1188
NGC 1199
HCG 22
NGC 1209
NGC 1191
IC 276
NGC 1388
NGC 1372
RT
NGC 1461
GK
MCG -3-10-45
MCG -3-9-44
20
CW
NGC 1329
ESO 548-28
NGC 1391
PGC 74824
IC 346
NGC 1394
NGC 1383
ESO 548-35
ESO 549-49
IC 345
IC 343
NGC 1393
NGC 1440
NGC 1407
NGC 1402
h 3565
NGC 1179
NGC 1452
NGC 1400
NGC 1297
ESO 548-68
ESO 549-40
ESO 548-44
NGC 1352
MS 03180-1937
NGC 1300
NGC 1359
ESO 547-15
NGC 1362
NGC 1370
NGC 1232
Arp 41
NGC 1481
NGC 1353
NGC 1482
NGC 1377
NGC 1325A
Holmberg VI
NGC 1332
NGC 1315
IC 1953
NGC 1331
NGC 1518
ESO 548-81
NGC 1325
NGC 1319
τ4
NGC 1258
ESO 549-50
τ5
ESO 548-36
Jc 1
NGC 1256
NGC 1439
Arp 108
Arp 39
NGC 1426
NGC 1347-2
NGC 1347-1
ESO 547-2
ESO 549-23
15
NGC 1403
NGC 1187
NGC 1415
Arp 332
NGC 1401
NGC 1438
NGC 1416
IC 1892
h 3601
τ6
NGC 1395
τ3
IC 1952

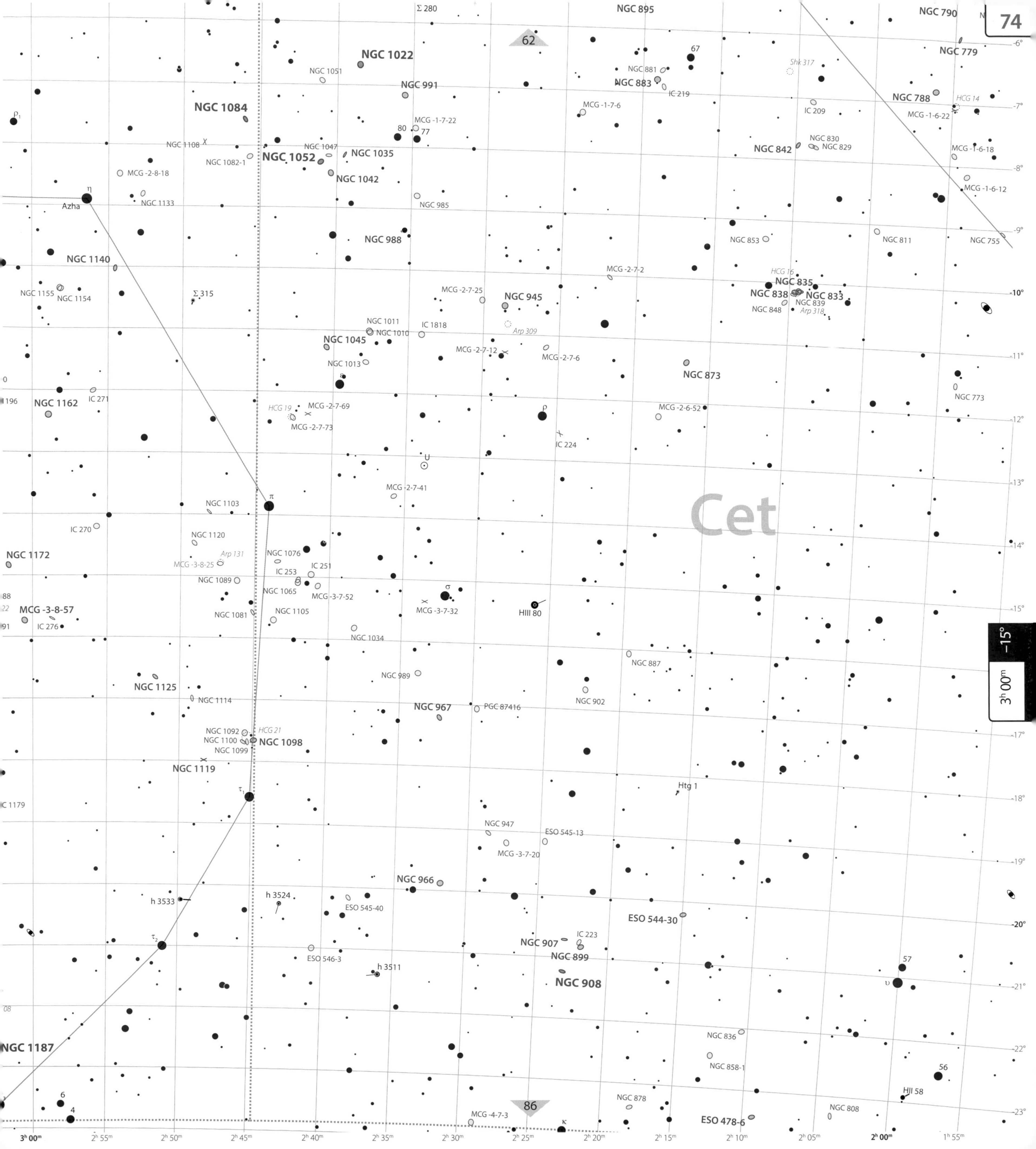
Σ 280
NGC 895
NGC 790
NGC 779
62
NGC 1022
NGC 1051
NGC 881
NGC 883
IC 219
67
Shk 317
NGC 991
NGC 1084
ρ1
MCG -1-7-6
NGC 788
HCG 14
MCG -1-6-22
IC 209
MCG -1-7-22
80
77
NGC 1108
NGC 1047
NGC 1035
NGC 1052
NGC 1082-1
NGC 842
NGC 830
NGC 829
MCG -1-6-18
MCG -2-8-18
NGC 1042
MCG -1-6-12
η
Azha
NGC 1133
NGC 985
NGC 988
NGC 853
NGC 811
NGC 755
NGC 1140
MCG -2-7-2
HCG 16
NGC 835
NGC 838
NGC 833
NGC 839
NGC 848
Arp 318
NGC 1155
NGC 1154
Σ 315
MCG -2-7-25
NGC 945
NGC 1011
NGC 1010
IC 1818
Arp 309
NGC 1045
MCG -2-7-12
MCG -2-7-6
NGC 1013
NGC 873
NGC 1162
IC 271
NGC 773
HCG 19
MCG -2-7-69
MCG -2-7-73
MCG -2-6-52
ρ
IC 224
υ
MCG -2-7-41
NGC 1103
π
Cet
IC 270
NGC 1120
NGC 1172
Arp 131
MCG -3-8-25
NGC 1076
IC 253
IC 251
NGC 1089
NGC 1065
MCG -3-7-52
σ
MCG -3-7-32
HIII 80
MCG -3-8-57
IC 276
NGC 1081
NGC 1105
NGC 1034
NGC 887
NGC 989
NGC 1125
NGC 1114
NGC 967
PGC 87416
NGC 902
NGC 1092
HCG 21
NGC 1100
NGC 1098
NGC 1099
NGC 1119
Htg 1
τ1
IC 1179
NGC 947
ESO 545-13
MCG -3-7-20
NGC 966
h 3533
h 3524
ESO 545-40
ESO 544-30
τ2
IC 223
NGC 907
NGC 899
ESO 546-3
h 3511
NGC 908
57
υ
NGC 1187
NGC 836
NGC 858-1
56
HJI 58
6
4
86
NGC 878
MCG -4-7-3
κ
ESO 478-6
NGC 808
3h 00m
2h 55m
2h 50m
2h 45m
2h 40m
2h 35m
2h 30m
2h 25m
2h 20m
2h 15m
2h 10m
2h 05m
2h 00m
1h 55m
-6°
-7°
-8°
-9°
-10°
-11°
-12°
-13°
-14°
-15°
-17°
-18°
-19°
-20°
-21°
-22°
-23°
−15°
3h 00m

NGC 790
NGC 762
63
MCG -1-4-51
MCG -1-3-85
New 1
NGC 357
NGC 779
36
NGC 349
NGC 340
NGC 788
β 6
Σ 150
NGC 596
NGC 586
NGC 584
Little Spindle Galaxy
NGC 356
HCG 14
Kro 17
NGC 615
NGC 600
MCG -1-4-16
MCG -1-6-22
NGC 636
41
MCG -1-4-9
NGC 3
HCG 13
ΣI 3
PGC 6101
44
37
MCG -1-6-18
θ
IC 90
CU
MCG -2-5-64
MCG -1-6-12
NGC 707-1
NGC 707-2
IC 159
MCG
IC 170
32
MCG -2-3-63
NGC 731
NGC 481
Arp 59
NGC 341
NGC 755
MCG -2-5-20
NGC 811
MCG -2-4-56
30
28
NGC 701
NGC 617
27
η
NGC 624
Baten Kaitos
ζ
NGC 681
MCG -2-5-6
χ
β 399
MCG -2-4-64
MCG -2-5-40
MCG -2-3-68
φ4
MCG -2-4-46
MCG -2-4-32
NGC 773
NGC 599
MCG -2-4-61
MCG -2-5-50
Arp 4
MCG -2-5-27
47
NGC 715
MCG -2-5-46
Σ 124
MCG -2-5-17
MCG -2-5-8
NGC 720
46
PGC 87900
IC 141
NGC 682
IC 80A
AGC 151
Haufen A
IC 1610
50
49
MCG -3-5-7
h 2036
MCG -3-5-18
MCG -3-4-38
IC 82
τ
NGC 487
NGC 594
MCG -3-4-14
h 3437
IC 93
IC 1667
IC 1623-1
Arp 236
IC 1622
ESO 542-30
NGC 369
PGC 134803
UV
Luyten 726-8
NGC 583
NGC 417
ESO 543-12
ESO 541-8
h 2043
ESO 542-3
Cet
ESO 541-15
NGC 320
57
υ
48
ESO 542-15
NGC 478
NGC 578
NGC 554B
56
NGC 554A
NGC 635
NGC 667
HCG 11
HII 58
87
ESO 476-8
MCG -4-3-52
NGC 808
ESO 475-16
-6°
-7°
-8°
-9°
-10°
-11°
-12°
-13°
-14°
-15°
-17°
-18°
-19°
-20°
-21°
-22°
-23°
−15°
1h 00m
2h 05m
2h 00m
1h 55m
1h 50m
1h 45m
1h 40m
1h 35m
1h 30m
1h 25m
1h 20m
1h 15m
1h 10m
1h 05m
1h 00m

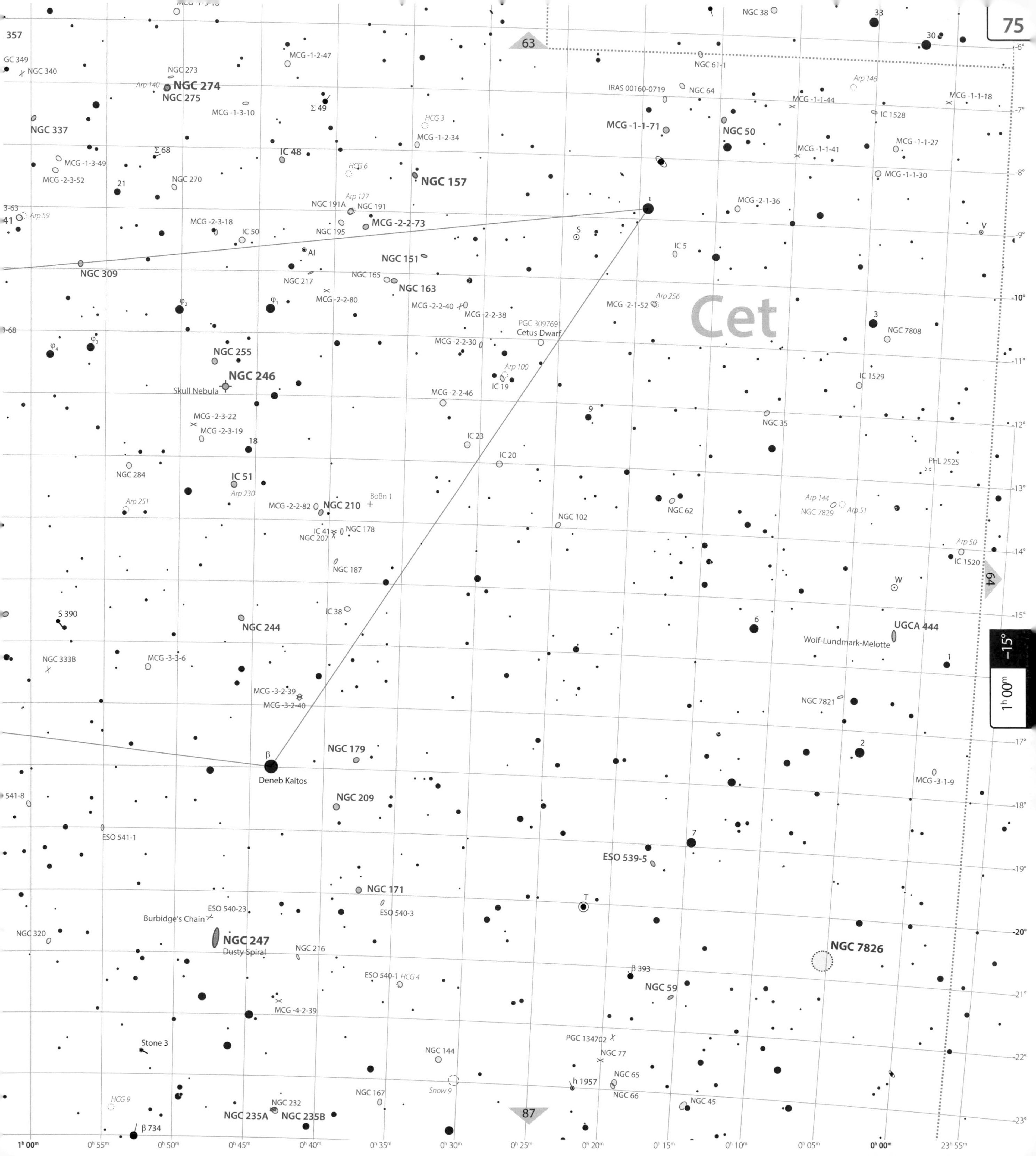
Cet
357
GC 349
NGC 340
NGC 273
Arp 140
NGC 274
NGC 275
NGC 337
MCG -1-3-10
MCG -1-2-47
Σ 49
Σ 68
MCG -1-3-49
MCG -2-3-52
21
NGC 270
IC 48
HCG 3
MCG -1-2-34
HCG 6
NGC 157
Arp 127
NGC 191A
NGC 191
MCG -2-2-73
NGC 195
Arp 59
MCG -2-3-18
IC 50
Al
NGC 309
NGC 151
NGC 217
NGC 165
NGC 163
MCG -2-2-80
MCG -2-2-40
MCG -2-2-38
φ2
φ1
φ4
φ3
NGC 255
NGC 246
Skull Nebula
MCG -2-2-30
PGC 3097691
Cetus Dwarf
Arp 100
IC 19
MCG -2-2-46
MCG -2-3-22
MCG -2-3-19
18
NGC 284
IC 51
Arp 230
Arp 251
IC 23
IC 20
MCG -2-2-82
NGC 210
BoBn 1
IC 41
NGC 178
NGC 207
NGC 187
NGC 102
IC 38
S 390
NGC 244
NGC 333B
MCG -3-3-6
MCG -3-2-39
MCG -3-2-40
β
Deneb Kaitos
NGC 179
NGC 209
541-8
ESO 541-1
NGC 171
ESO 540-3
ESO 540-23
Burbidge's Chain
NGC 320
NGC 247
Dusty Spiral
NGC 216
ESO 540-1
HCG 4
MCG -4-2-39
Stone 3
NGC 144
HCG 9
NGC 232
NGC 235A
NGC 235B
β 734
NGC 167
Snow 9
63
87
NGC 38
33
30
NGC 61-1
Arp 146
IRAS 00160-0719
NGC 64
MCG -1-1-44
MCG -1-1-18
IC 1528
MCG -1-1-71
NGC 50
MCG -1-1-27
MCG -1-1-41
MCG -1-1-30
MCG -2-1-36
ι
S
V
IC 5
Arp 256
MCG -2-1-52
3
NGC 7808
IC 1529
9
NGC 35
PHL 2525
NGC 62
Arp 144
NGC 7829
Arp 51
Arp 50
IC 1520
W
64
6
UGCA 444
Wolf-Lundmark-Melotte
1
NGC 7821
2
MCG -3-1-9
7
ESO 539-5
T
NGC 7826
β 393
NGC 59
PGC 134702
NGC 77
h 1957
NGC 65
NGC 66
NGC 45
−15°
1h 00m
−6° −7° −8° −9° −10° −11° −12° −13° −14° −15° −17° −18° −19° −20° −21° −22° −23°
1h 00m 0h 55m 0h 50m 0h 45m 0h 40m 0h 35m 0h 30m 0h 25m 0h 20m 0h 15m 0h 10m 0h 05m 0h 00m 23h 55m

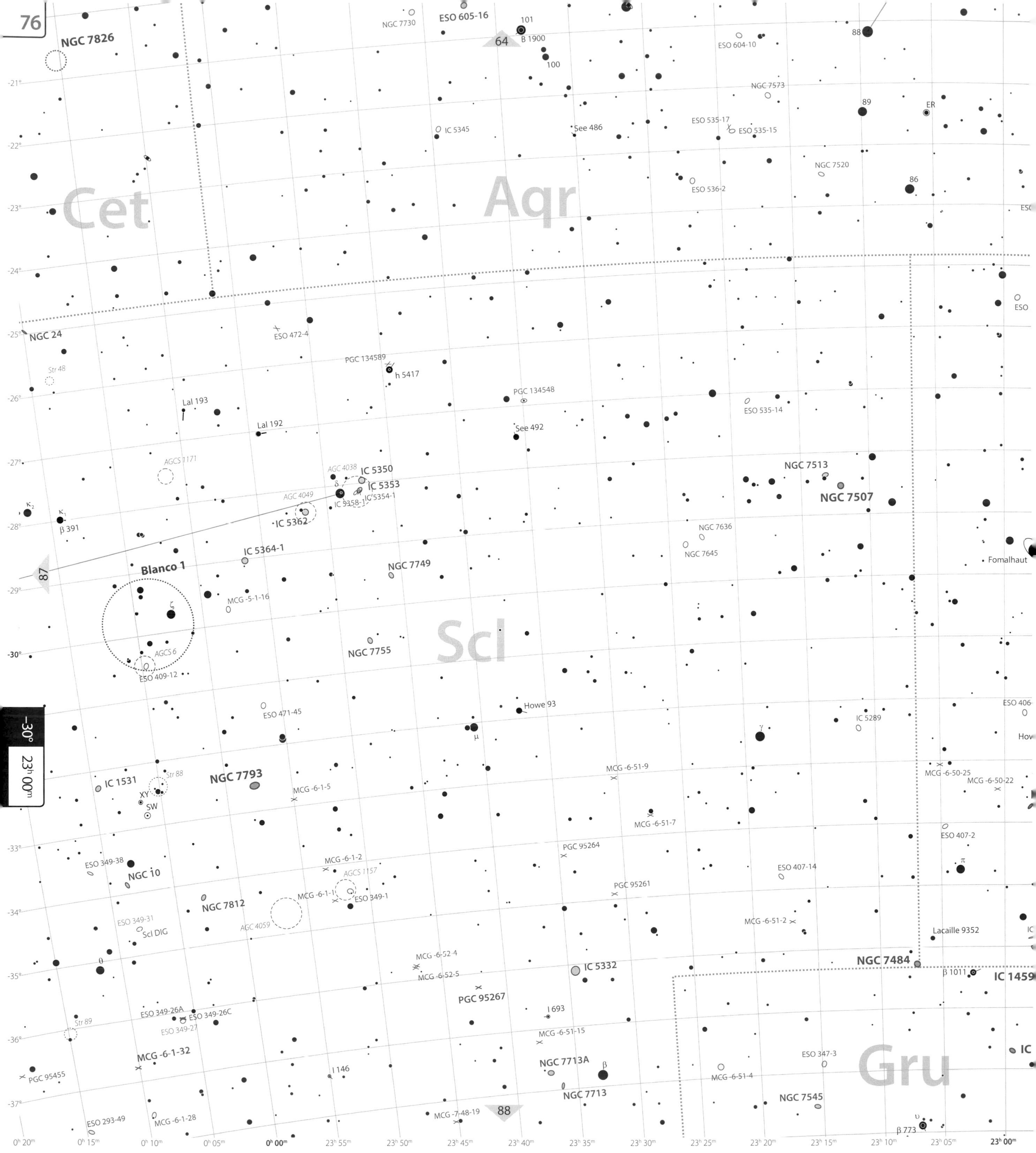

NGC 7826
Cet
Aqr
Scl
Gru
NGC 7730
ESO 605-16
101
B 1900
100
64
88
ESO 604-10
NGC 7573
89
ER
IC 5345
See 486
ESO 535-17
ESO 535-15
NGC 7520
86
ESO 536-2
ESO
NGC 24
ESO 472-4
Str 48
PGC 134589
h 5417
PGC 134548
ESO 535-14
Lal 193
Lal 192
See 492
AGCS 1171
AGC 4038
IC 5350
IC 5353
NGC 7513
NGC 7507
AGC 4049
IC 5358-1
IC 5354-1
κ2
κ1
β 391
IC 5362
NGC 7636
NGC 7645
IC 5364-1
Blanco 1
NGC 7749
Fomalhaut
87
ζ
MCG -5-1-16
AGCS 6
NGC 7755
ESO 409-12
ESO 471-45
Howe 93
ESO 406
μ
γ
IC 5289
Hov
-30°
23h 00m
IC 1531
Str 88
XY
SW
NGC 7793
MCG -6-1-5
MCG -6-51-9
MCG -6-50-25
MCG -6-50-22
MCG -6-51-7
ESO 407-2
ESO 349-38
NGC 10
MCG -6-1-2
AGCS 1157
PGC 95264
ESO 407-14
π
NGC 7812
MCG -6-1-1
ESO 349-1
PGC 95261
ESO 349-31
Scl DIG
AGC 4059
MCG -6-51-2
Lacaille 9352
θ
MCG -6-52-4
MCG -6-52-5
IC 5332
NGC 7484
β 1011
IC 1459
ESO 349-26A
ESO 349-26C
ESO 349-27
PGC 95267
I 693
Str 89
MCG -6-51-15
MCG -6-1-32
IC
PGC 95455
I 146
NGC 7713A
β
ESO 347-3
MCG -6-51-4
NGC 7713
NGC 7545
ESO 293-49
MCG -6-1-28
MCG -7-48-19
88
υ
β 773
-21°
-22°
-23°
-24°
-25°
-26°
-27°
-28°
-29°
-30°
-33°
-34°
-35°
-36°
-37°
0h 20m
0h 15m
0h 10m
0h 05m
0h 00m
23h 55m
23h 50m
23h 45m
23h 40m
23h 35m
23h 30m
23h 25m
23h 20m
23h 15m
23h 10m
23h 05m
23h 00m

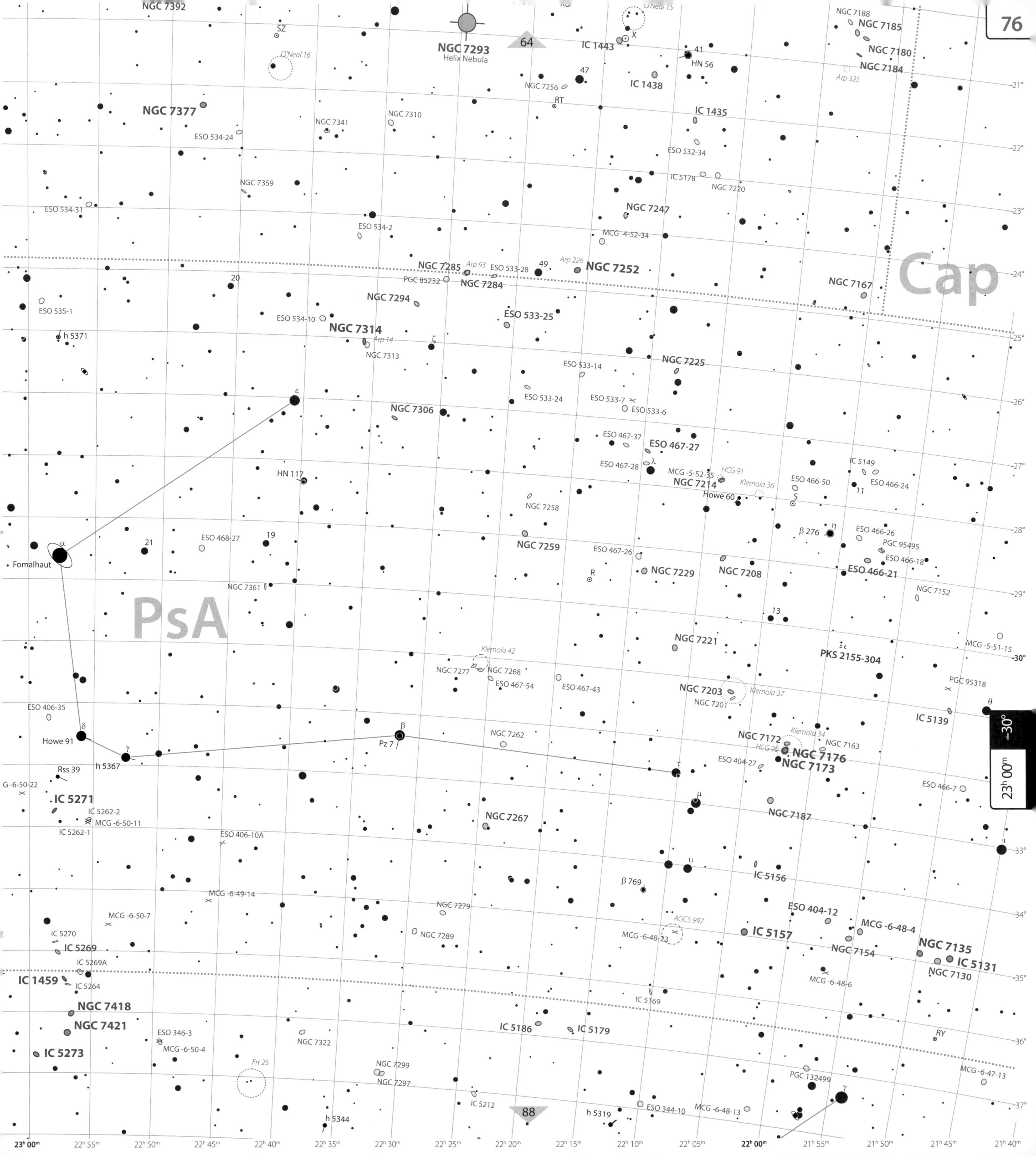
NGC 7392
SZ
O'Neal 16
NGC 7293
Helix Nebula
64
O'Neal 15
X
IC 1443
41
HN 56
NGC 7188
NGC 7185
NGC 7180
NGC 7184
Arp 325
47
NGC 7256
IC 1438
RT
NGC 7377
NGC 7341
NGC 7310
ESO 534-24
IC 1435
ESO 532-34
IC 5178
NGC 7220
NGC 7359
ESO 534-31
NGC 7247
ESO 534-2
MCG -4-52-34
NGC 7285
Arp 93
ESO 533-28
49
Arp 226
NGC 7252
PGC 85232
NGC 7284
20
Cap
NGC 7167
ESO 535-1
NGC 7294
ESO 533-25
ESO 534-10
NGC 7314
h 5371
Arp 14
NGC 7313
ζ
ESO 533-14
NGC 7225
ε
ESO 533-24
ESO 533-7
ESO 533-6
NGC 7306
ESO 467-37
ESO 467-27
ESO 467-28
λ
IC 5149
HN 117
MCG -5-52-35
HCG 91
NGC 7214
Klemola 36
ESO 466-50
ESO 466-24
11
Howe 60
S
NGC 7258
β 276
η
ESO 466-26
α
21
ESO 468-27
19
NGC 7259
ESO 467-26
PGC 95495
ESO 466-18
Fomalhaut
R
NGC 7229
NGC 7208
ESO 466-21
NGC 7361
NGC 7152
PsA
13
NGC 7221
MCG -5-51-15
Klemola 42
PKS 2155-304
NGC 7277
NGC 7268
ESO 467-54
ESO 467-43
PGC 95318
NGC 7203
Klemola 37
NGC 7201
ESO 406-35
θ
IC 5139
δ
β
Klemola 34
Howe 91
γ
Pz 7
NGC 7262
NGC 7172
NGC 7163
HCG 90
NGC 7176
NGC 7173
h 5367
ESO 404-27
τ
Rss 39
G -6-50-22
IC 5271
ESO 466-7
μ
IC 5262-2
MCG -6-50-11
NGC 7187
NGC 7267
IC 5262-1
ESO 406-10A
υ
ι
IC 5156
β 769
MCG -6-49-14
NGC 7279
ESO 404-12
MCG -6-50-7
AGCS 997
MCG -6-48-4
IC 5270
NGC 7289
IC 5157
MCG -6-48-23
NGC 7135
IC 5269
NGC 7154
IC 5131
IC 5269A
NGC 7130
IC 1459
IC 5264
MCG -6-48-6
IC 5169
NGC 7418
NGC 7421
IC 5186
IC 5179
RY
ESO 346-3
NGC 7322
MCG -6-50-4
IC 5273
Frr 25
NGC 7299
PGC 132499
MCG -6-47-13
NGC 7297
γ
IC 5212
ESO 344-10
88
MCG -6-48-13
h 5319
h 5344
-21°
-22°
-23°
-24°
-25°
-26°
-27°
-28°
-29°
-30°
-33°
-34°
-35°
-36°
-37°
23h 00m
-30°
23h 00m
22h 55m
22h 50m
22h 45m
22h 40m
22h 35m
22h 30m
22h 25m
22h 20m
22h 15m
22h 10m
22h 05m
22h 00m
21h 55m
21h 50m
21h 45m
21h 40m

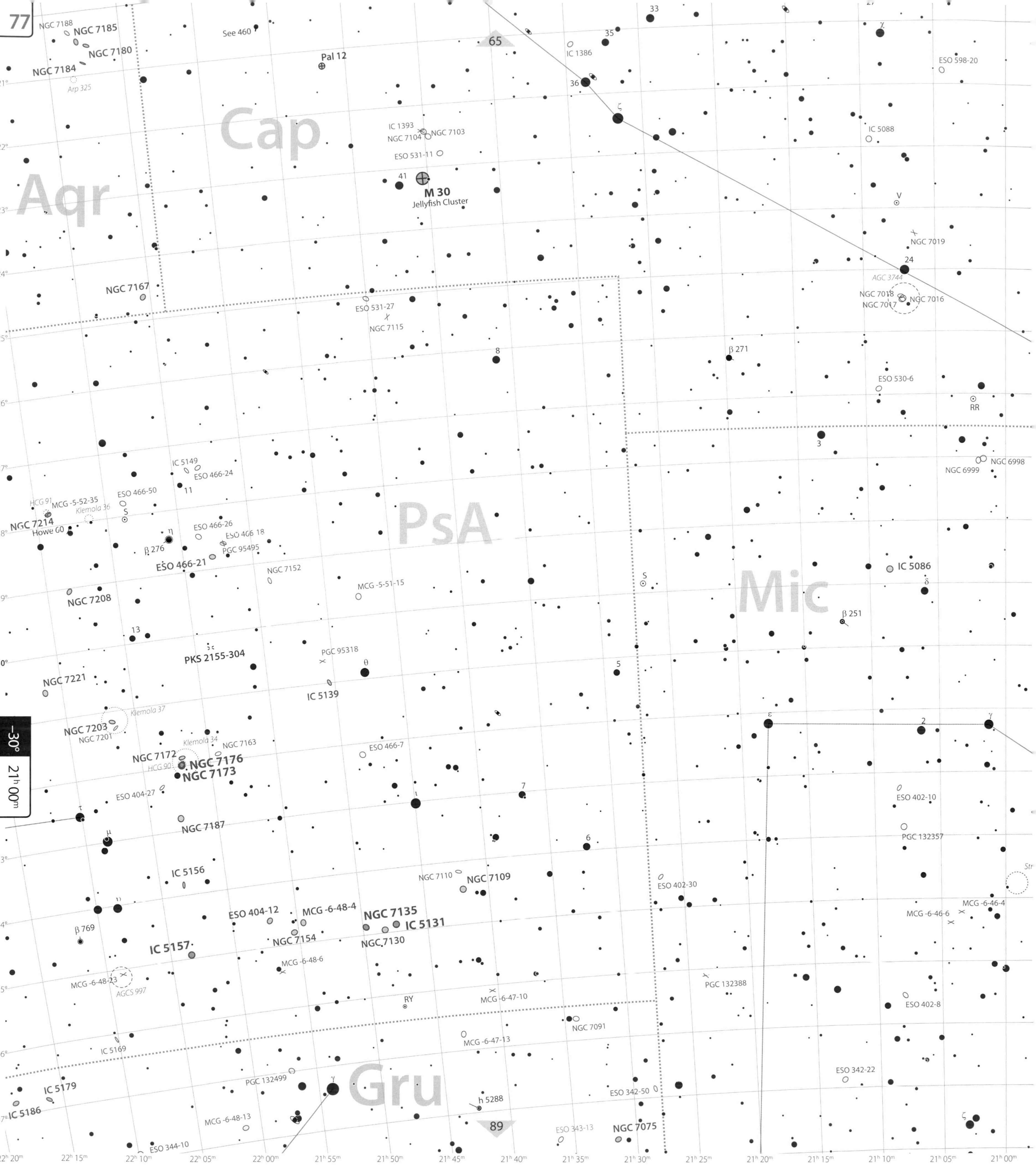
Cap
Aqr
PsA
Mic
Gru
65
89
NGC 7188
NGC 7185
NGC 7180
NGC 7184
Arp 325
See 460
Pal 12
IC 1386
33
35
36
ESO 598-20
IC 1393
NGC 7104
NGC 7103
ESO 531-11
IC 5088
41
M 30
Jellyfish Cluster
V
NGC 7019
24
AGC 3744
NGC 7018
NGC 7017
NGC 7016
NGC 7167
ESO 531-27
NGC 7115
8
β 271
ESO 530-6
RR
3
NGC 6998
NGC 6999
IC 5149
ESO 466-24
11
ESO 466-50
HCG 91
MCG -5-52-35
Klemola 36
S
NGC 7214
Howe 60
η
β 276
ESO 466-26
ESO 466 18
PGC 95495
ESO 466-21
NGC 7152
MCG -5-51-15
S
IC 5086
δ
NGC 7208
β 251
13
PKS 2155-304
PGC 95318
θ
5
NGC 7221
IC 5139
Klemola 37
NGC 7203
NGC 7201
Klemola 34
NGC 7163
ε
2
γ
NGC 7172
HCG 90
NGC 7176
NGC 7173
ESO 466-7
ESO 404-27
7
ESO 402-10
τ
μ
NGC 7187
6
PGC 132357
IC 5156
NGC 7110
NGC 7109
ESO 402-30
Str
ESO 404-12
MCG -6-48-4
NGC 7135
IC 5131
MCG -6-46-4
MCG -6-46-6
β 769
NGC 7154
NGC 7130
IC 5157
MCG -6-48-6
MCG -6-48-23
AGCS 997
RY
MCG -6-47-10
PGC 132388
ESO 402-8
NGC 7091
IC 5169
MCG -6-47-13
PGC 132499
γ
ESO 342-22
IC 5179
IC 5186
h 5288
ESO 342-50
MCG -6-48-13
ESO 343-13
NGC 7075
ζ
ESO 344-10
-21°
-22°
-23°
-24°
-25°
-26°
-27°
-28°
-29°
-30°
-33°
-34°
-35°
-36°
-37°
22h 20m
22h 15m
22h 10m
22h 05m
22h 00m
21h 55m
21h 50m
21h 45m
21h 40m
21h 35m
21h 30m
21h 25m
21h 20m
21h 15m
21h 10m
21h 05m
21h 00m

-30° 21h 00m

65
89
Cap
Sgr
β 674
17
h 2973
4
ESO 595-14
M 75
Abell 66
ESO 597-27
ESO 529-2
ESO 528-8
ESO 528-19
h 3003
ESO 529-1
ESO 527-1
ESO 526-16
ESO 526-10
ESO 527-19
NGC 6907
Str 40
AGC 3698
NGC 6993
ESO 529-5
NGC 6936
MCG -4-48-12
NGC 6924
ESO 526-17
ESO 527-11
IC 5005
IC 4999
β 153
ESO 528-36
ESO 529-3
ESO 527-6
ESO 527-5
ESO 527-7
60
HaWe 14
h 5226
ESO 463-8
NGC 6998
ESO 527-2
59
ESO 462-15
62
ESO 461-13
ESO 462-16
R
ESO 462-20
h 5188
IC 5041
IC 5065
IC 5039
RR
ESO 461-35
ESO 461-42
NGC 6923
HCG 86
ESO 461-5
ESO 461-7
MCG -5-47-3
ESO 461-2
NGC 6925
ESO 461-19
ESO 461-31
Stone 64
NGC 6841
γ
β
α
ESO 400-28
AGCS 836
See 404
ESO 399-10
MCG -6-44-12
IC 5020
ESO 400-38
MCG -6-43-11
Str 61
MCG -6-45-10
h 5178
-6-46-4
Str 62
ESO 400-43
ESO 399-18
IC 5011
IC 5013
ESO 400-4
MCG -6-43-10
MCG -6-43-9
Klemola 31
ESO 398-22
MCG -6-44-6
MCG -6-43-4
R 321
AGCS 900
NGC 6958
ESO 399-23
h 5151
AGCS 897
ESO 341-4
ESO 340-7
IC 4913
IC 5049-1
IC 5049-2
ESO 340-3
AGC 3656
ψ
ω
χ
θ1
θ2
–21°
–22°
–23°
–24°
–25°
–26°
–27°
–28°
–29°
–30°
–33°
–34°
–35°
–36°
–37°
21h 00m
20h 55m
20h 50m
20h 45m
20h 40m
20h 35m
20h 30m
20h 25m
20h 20m
20h 15m
20h 10m
20h 05m
20h 00m
19h 55m
19h 50m
19h 45m
19h 40m
–30°
21h 00m

66
90
Sgr
M 75
ESO 595-14
Abell 66
ESO 526-8
β 467
ESO 594-1
ESO 593-11
Z
π
HN 126
o
50
290°
SU
HN 129
PPA
Abell 65
53
ESO 525-8
χ3
χ2
χ1
ESO 527-1
ESO 526-16
ESO 526-10
52
51
β 654
See 394
ESO 526-17
ESO 526-4
ψ
HaWe 12
ESO 525-4
ESO 524-10
ESO 527-11
60
ω
HaWe 14
ESO 527-6
ESO 527-5
ESO 527-7
HN 119
S 711
τ
59
ESO 527-2
ESO 461-13
62
NGC 6816
MCG -5-46-4
ESO 460-10
ESO 460-4
RR
V525
Ascella
ζ
Arp 2
ESO 461-35
M 55
HCG 86
ESO 461-5
ESO 461-7
ESO 461-2
MCG -5-47-3
ESO 461-42
MCG -5-45-5
Wray 16-423
ESO 459-6
ESO 461-19
ESO 460-9
ESO 461-31
NGC 6841
AGCS 836
ESO 399-10
ESO 397-17
B 431
OI 22
ESO 397-4
Hb 8
ESO 397-1
Glp
RY
h 5094
CorO 233
See 404
MCG -6-44-12
MCG -6-43-11
ESO 398-12
Ter 8
He 2-436
Ter 7
ESO 397-6
ESO 397-15
h 5178
θ2
θ1
ESO 399-18
MCG -6-43-9
MCG -6-43-10
ESO 398-22
MCG -6-43-4
ESO 396-17
h 5080
NGC
Chandelier Cl
NGC 6726-7
γ NGC 6729
SL 42
h 5084
BrsO 14
IC 4812
ε
ESO 400-4
MCG -6-44-6
I 651
h 5151
ESO 337-23
α
SL 39-40
NGC 6805
ESO 337-8
IC 4913
ESO 399-23
MCG -6-43-8
ESO 340-7
AGC 3656
NGC 6794
-21°
-22°
-23°
-24°
-25°
-26°
-27°
-28°
-29°
-30°
-33°
-34°
-35°
-36°
-37°
20h 20m
20h 15m
20h 10m
20h 05m
20h 00m
19h 55m
19h 50m
19h 45m
19h 40m
19h 35m
19h 30m
19h 25m
19h 20m
19h 15m
19h 10m
19h 05m
19h 00m
–30°
19h 00m

Red Spider Nebula
66
90
vdB 113
NGC 6568
NGC 6583
ASCC 93
M 21
NGC 6469
IC 4670
M 20
Trifid Nebula
NGC 6546
B 91
Cr 367
Ru 139
Bo 14
B 88
M 8
Lagoon Nebula
ESO 522-5
ESO 521-38
NGC 6530
B 296
NGC 6506
NGC 6544
NGC 6553
M 22
NGC 6642
NGC 6629
M 28
NGC 6644
NGC 6638
Kaus Borealis
NGC 6717
IC 4732
M 1-47
M 1-62
Sa 2-376
PPA 1855-2328
Nunki
ESO 524-1
NGC 6698
M 3-33
See 358
Vy 2-1
P 2-13
Ho 566
NGC 6620
WNO 6
Wray 15-1876
IC 4673
Hld 32
B 86
Stone 40
NGC 6540
Djorgovski 2
NGC 6565
NGC 6520
M 2-30
B 90
AL 3
M 2-23
Ru 168
Ru 133
B 289
Cr 351
M 2-36
M 1-42
V4338
Ru 13
Hoffleit 2-2
M 54
Kaus Media
NGC 6624
H 1-63
M 2-33
NGC 6528
B 298
NGC 6522
M 2-21
Ru 134
LDN 1788
Bas 5
NGC 6451
Alnasi
B 305
SwSt 1
M 3-29
Cn 1-5
CGMW 4-2085
Hb 7
M 70
M 69
NGC 6569
NGC 6558
Frr 1
B 295
M 2-29
Gomez's Hamburger
Parrot's Head
B 87
B 300
H 1-50
LDN 1758
ESO 456-9
NGC 6652
IC 4776
Howe 43
Glp 15
See 361
M 2-32
Ru 140
Pe 1-11
B 292
NGC 6563
Southern Ring Nebula
Kaus Australis
Stone 62
ESO 396-7
ESO 396-9
M 7
Ptolemy's Cluster
NGC 6453
Tr 30
Sgr
NGC 6723
Chandelier Cluster
SL 41
CrA
Sco
Howe 88
M 3-21
ESO 394-30
H 1-36
NGC 6441
Silver Nugget Cluster
NGC 6400
ESO 336-6
MCG -6-40-2
h 5000
−30°
19h 00m
19h 00m
18h 55m
18h 50m
18h 45m
18h 40m
18h 35m
18h 30m
18h 25m
18h 20m
18h 15m
18h 10m
18h 05m
18h 00m
17h 55m
17h 50m
17h 45m
17h 40m

NGC 6537
Red Spider Nebula
NGC 6440
NGC 6469
IC 4670
B 279
B 280
M 3-15
B 80
M 3-12
67
B 268
B 266
CTB 41
Kepler's Supernova
Don 832
B 62
B 63
B 67a
IC 4634
M 1-25
58
52
B 262
H 1-11
B 60
B 51
B 47
NGC 6287
B 246
B 57
FSR 31
Sa 2-34
M 21
ASCC 93
M 20
Trifid Nebula
NGC 6546
Ru 139
Cr 367
B 88
Bo 14
M 8
Lagoon Nebula
NGC 6530
B 296
NGC 6506
NGC 6544
B 77
NGC 6369
Little Ghost Nebula
Snake Nebula
B 72
B 68
B 69
B 70
B 71
B 73
B 74
B 76
NGC 6325
Oph
HIII 25
NGC 6284
V2624
h 589
Th 3-1
26
31
28
B 281
B 282
B 82
B 81
B 83
NGC 6401
50
51
44
UKS 1
CRL 5385
Silkworm Nebula
Ter 5
NGC 6432
Hb 4
B 78
Pipe Nebula
B 267
B 265
B 264
B 260
M 3-36
M 2-12
NGC 6355
M 19
NGC 6465
63
Sgr
D6
Pal 6
H 1-16
B 128
Hl 35
Sh 243
36
β 956
NGC 6293
BF
B 67
B 66
B 65
β 125
M 4-3
B 59
Pipe Nebula
β 127
NGC 6553
Ter 10
M 1-35
Ter 9
V3892
SaWe 2
M 2-29
IC 4673
Hld 32
B 299
Cz 37
3
43
NGC 6316
B 250
B 244
Stone 40
B 86
NGC 6540
Djorgovski 2
M 3-10
H 1-59
β 244
M 3-20
Ru 168
Wray 16-282
H 1-17
B 256
B 248
M 2-11
TeJu 18
B 249
NGC 6565
NGC 6520
M 2-23
H 1-45
Ru 133
Cr 351
Wray 17-10
H 2-39
B 294
Galactic Centre
Ru 131
Cr 347
B 289
Tr 26
M 3-7
NGC 6304
B 245
B 243
B 90
Ap 1-12
AI J1802.7-2922
V4338
M 1-42
H 1-54
M 2-20
Ru 134
Ru 129
vdB-Ha 245
Hubble Double Bubble
Hb 5
Ru 130
H 1-23
HP 1
45
B 254
B 247
M 62
W
M 2-21
H 1-56
ShWi 2-5
Blanco 3-10
NGC 6451
M 1-26
TeJu 21
Ter 1
IRAS 17106-3046
Spindle Nebula
M 2-6
LDN 1788
Bas 5
Pz 5
M 1-29
Ter 2
NGC 6528
NGC 6522
B 298
M 3-22
Pz 6
H 1-40
NGC 6480
V500
AI J1751.2-3033
Alnasi
M 3-23
M 3-16
β 245
M 2-28
B 295
Ter 6
Ter 4
vdB-Ha 231
B 55
B 305
Wray 16-363
NGC 6425
M 6
Butterfly Cluster
B 252
vdB-Ha 221
Cotton Candy Nebula
CRL 6815
B 56
V862
RCW 132
M 2-27
NGC 6558
ESO 456-29
LDN 1758
NGC 6416
B 278
B 275
BM
Tr 28
NGC 6383
FV
B 242
M 2-8
6569
M 2-25
IRAS 18059-3211
Gomez's Hamburger
H 1-46
Parrot's Head
ESO 456-9
B 273
V499
B 49
B 87
V4072
H 1-50
D5
Liller 1
Magakian 714
RW
B 53
M 1-19
B 300
NGC 6404
V905
V482
Ho 646
Howe 39
WNO 5
H 2-1
M 2-32
Pe 1-11
Tr 27
NGC 6357
Lobster Nebula
B 54
k
B 50
M 1-34
Ru 126
Cr 333
Pi 24
B 258
AI J1706.8-3433
B 292
B 271
ESO 393-15
SL 35
M 2-4
NGC 6563
Southern Ring Nebula
NGC 6453
SDC 354.8-2.7
ESO 392-13
MelO 4
ASCC 88
M 2-24
M 7
Ptolemy's Cluster
NGC 6396
Bo 13
ASCC 90
B 257
ESO 393-12
vdB-Ha 223
SL 27
B 293
Tr 30
NGC 6334
Cat's Paw Nebula
Ru 127
vdB-Ha 214
Sa 2-215
H 16
RT
NGC 6302
NGC 625
Bug Nebula
NGC 6400
Howe 88
350°
λ
υ
Shaula
M 3-21
V1647
Δ 219
H 1-36
Cr 338
h 5000
B 288
NGC 6441
Silver Nugget Cluster
NGC 6281
B 290
Ru 123
ESO 394-30
β 760
η
AI J1800.2-3724
I 247
NGC 6337
vdB-Ha 222
Howe 86
ESO 332-20
NGC 6354
Cheerio Nebula
Sh 2-3
See 318
H 1-52
AI 808
91
AI 80A
Ton 2
Havlen-Moffat 1
270°
260°
-21°
-22°
-23°
-24°
-25°
-26°
-27°
-28°
-29°
-30°
-33°
-34°
-35°
-36°
-37°
18h 20m
18h 15m
18h 10m
18h 05m
18h 00m
17h 55m
17h 50m
17h 45m
17h 40m
17h 35m
17h 30m
17h 25m
17h 20m
17h 15m
17h 10m
17h 05m
17h 00m
-30°
17h 00m

67
91
Sco
Lup
IC 4634
NGC 6235
Abell 40
B 45
B 47
B 46
250°
Cr 302
Sh 213
ω1
ω2
ω
Z
V718
M 80
IC 4604
Rho Ophiuchi Nebula
B 42
ρ
HII 19
β 624
β 1117
24
22
B 238
B 44
15
284
18
26
IC 4603
o
RZ
δ
22
IC 4605
Sh 2-9
β 38
25
ESO 518-3
M 19
σ
BLM 4
HIV 121
NGC 6144
Antares
α
Gnt 1
M 4
Al J1651.1-2653
3
2
β 36
π
1
4
B 229
I 977
h 4902
β 40
13
τ
ESO 452-11
12
h 4839
d
NGC 5998
M 62
MyCn 26
B 236/7
HN 39
I 94
ρ
ESO 451-4
NGC 6000
B 241
B 234
RR
PC 13
B 239
BrsO 12
H 1-4
Al J1636.3-3127
Abell 38
49
27
RV
19
h 4848
BrsO 11
Slo 56
See 264
Howe 82
B 50
ε
M 2-4
IC 4597
ξ2
Pz 4
ξ1
χ
B 240
Wray 15-1537
B 233
SL 24
He 2-171
H 1-1
NGC 6026
Magakian 634
SL 13
H 1-2
SL 21
Ter 3
SL 27
B 231
B 228
ψ2
Δ 209
He 2-175
Δ 192
NGC 6256
R 283
NGC 6072
ESO 389-5
R
h 4889
Slo 55
θ
μ2
μ1
IRAS 16342-3814
Water Fountain Nebula
SL 11
Str 83
Vd 1-6
Vd 1-1
NGC 6139
NGC 5986
h
17h 00m
16h 55m
16h 50m
16h 45m
16h 40m
16h 35m
16h 30m
16h 25m
16h 20m
16h 15m
16h 10m
16h 05m
16h 00m
15h 55m
15h 50m
15h 45m
15h 40m
-21°
-22°
-23°
-24°
-25°
-26°
-27°
-28°
-29°
-30°
-33°
-34°
-35°
-36°
-37°
17h 00m
-30°

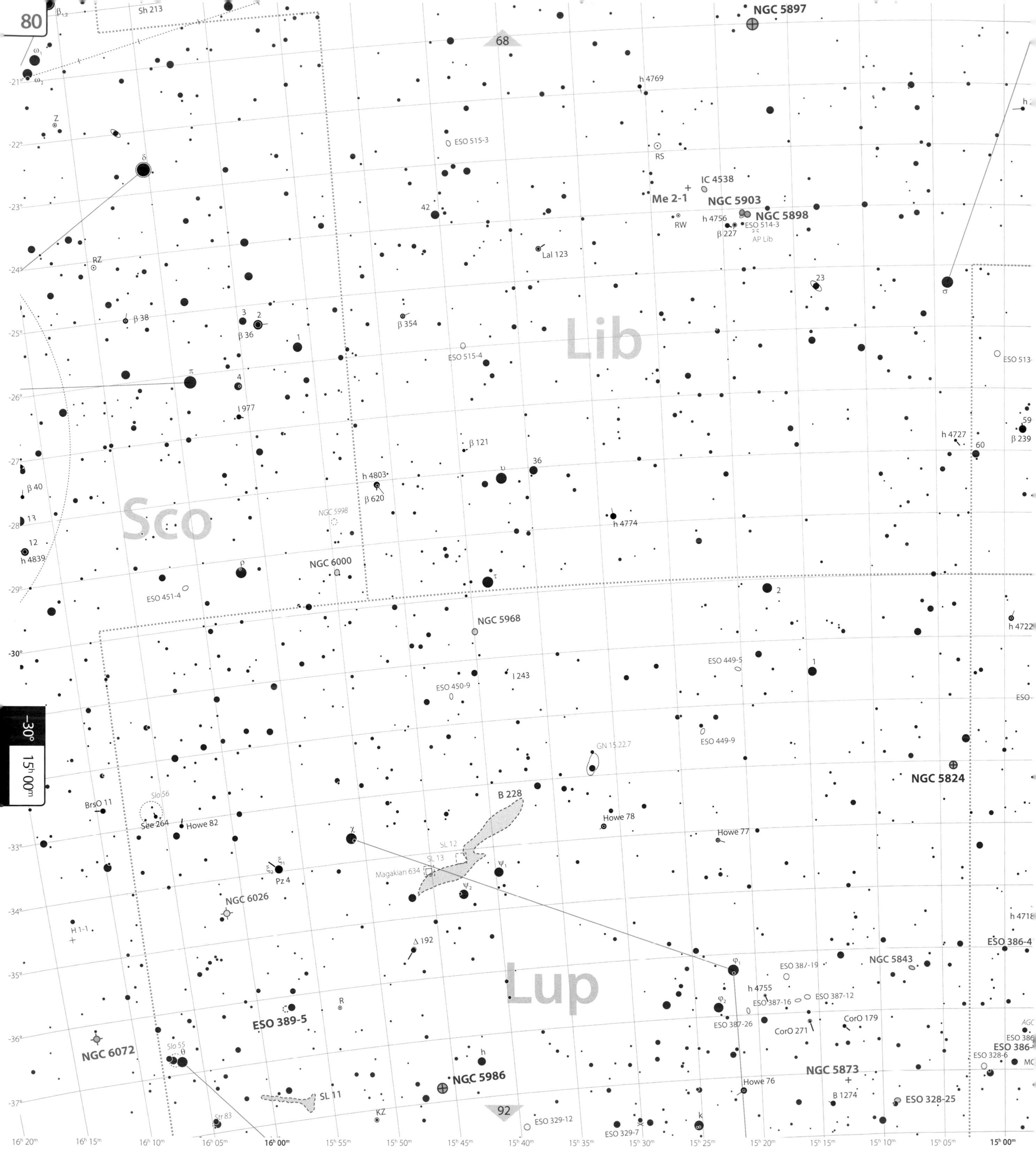
Sh 213
NGC 5897
68
-21°
-22°
-23°
-24°
-25°
-26°
-27°
-28°
-29°
-30°
-33°
-34°
-35°
-36°
-37°
h 4769
ESO 515-3
RS
IC 4538
Me 2-1
NGC 5903
NGC 5898
h 4756
RW
ESO 514-3
β 227
AP Lib
42
Lal 123
RZ
23
σ
β 38
3
2
β 36
1
β 354
Lib
ESO 515-4
ESO 513
π
4
I 977
59
β 239
h 4727
60
β 121
36
υ
h 4803
β 620
β 40
13
Sco
NGC 5998
h 4774
12
h 4839
ρ
NGC 6000
τ
ESO 451-4
2
NGC 5968
h 4722
ESO 449-5
1
I 243
ESO 450-9
ESO
-30°
15h 00m
ESO 449-9
GN 15.22.7
NGC 5824
B 228
Slo 56
BrsO 11
See 264
Howe 82
Howe 78
Howe 77
χ
SL 12
SL 13
Magakian 634
ψ1
ξ1
ξ2
Pz 4
ψ2
NGC 6026
h 4718
H 1-1
Δ 192
ESO 386-4
φ1
ESO 387-19
NGC 5843
Lup
h 4755
ESO 387-16
ESO 387-12
R
φ2
ESO 389-5
ESO 387-26
CorO 179
CorO 271
NGC 6072
Slo 55
θ
h
ESO 386
ESO 328-6
NGC 5873
Howe 76
NGC 5986
SL 11
B 1274
ESO 328-25
92
KZ
Str 83
ESO 329-12
ESO 329-7
k
16h 20m
16h 15m
16h 10m
16h 05m
16h 00m
15h 55m
15h 50m
15h 45m
15h 40m
15h 35m
15h 30m
15h 25m
15h 20m
15h 15m
15h 10m
15h 05m
15h 00m

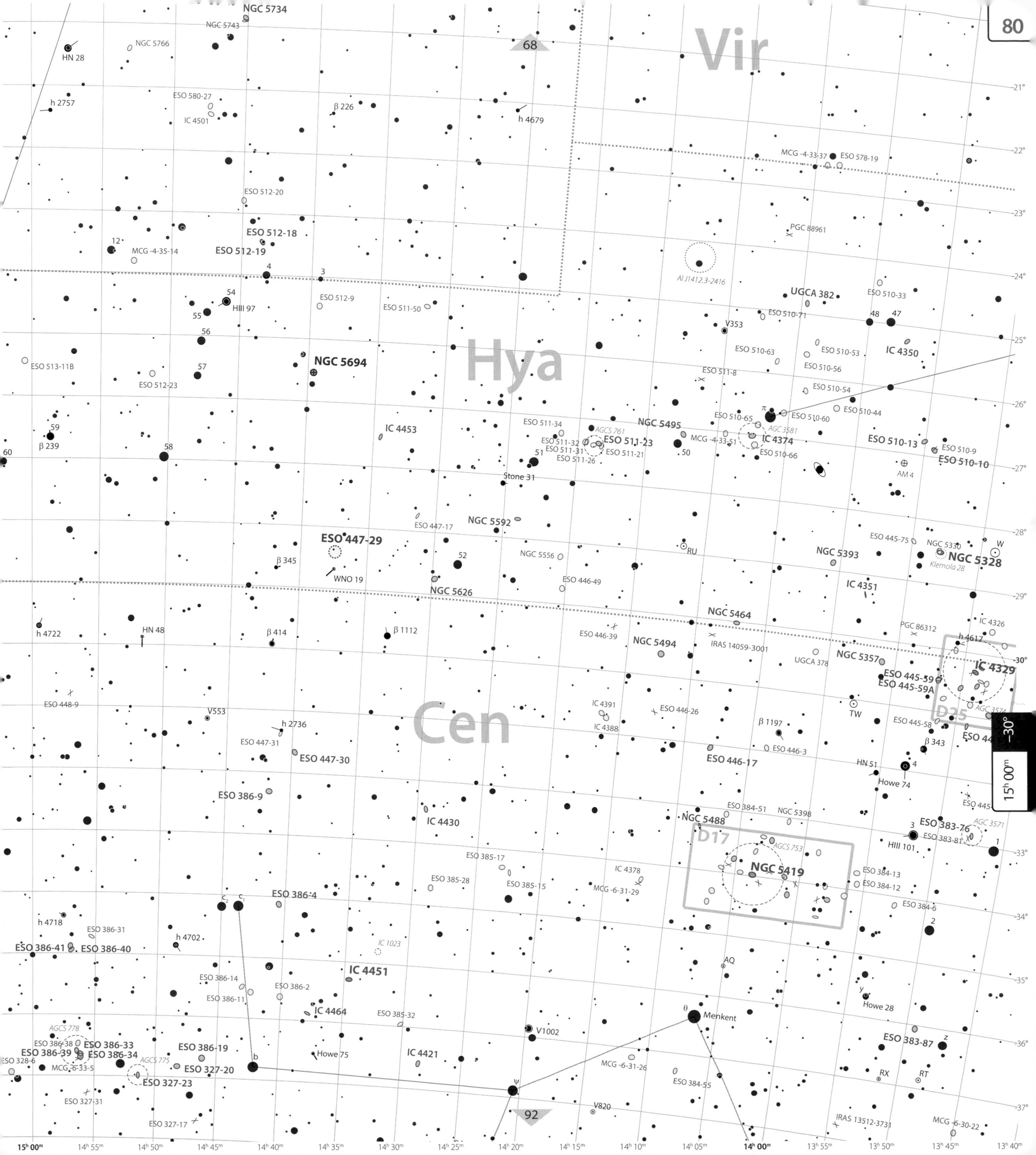

Vir
Hya
Cen
68
92
NGC 5734
NGC 5743
NGC 5766
HN 28
h 2757
ESO 580-27
IC 4501
β 226
h 4679
MCG -4-33-37
ESO 578-19
ESO 512-20
ESO 512-18
ESO 512-19
MCG -4-35-14
12
4
3
PGC 88961
AI J1412.3-2416
UGCA 382
ESO 510-33
ESO 512-9
ESO 511-50
54
HIII 97
55
56
57
V353
ESO 510-71
48
47
ESO 513-11B
NGC 5694
ESO 512-23
ESO 510-63
ESO 510-53
IC 4350
ESO 510-56
ESO 511-8
ESO 510-54
ESO 510-44
ESO 510-65
ESO 510-60
π
59
β 239
60
58
IC 4453
ESO 511-34
AGCS 761
NGC 5495
MCG -4-33-51
AGC 3581
IC 4374
ESO 510-13
ESO 510-9
ESO 510-10
ESO 511-32
ESO 511-23
ESO 511-31
ESO 511-21
ESO 511-26
51
50
ESO 510-66
AM 4
Stone 31
ESO 447-17
NGC 5592
ESO 447-29
ESO 445-75
NGC 5330
W
NGC 5328
Klemola 28
RU
NGC 5556
NGC 5393
β 345
52
WNO 19
ESO 446-49
NGC 5626
IC 4351
NGC 5464
IC 4326
h 4722
HN 48
β 414
β 1112
ESO 446-39
IRAS 14059-3001
PGC 86312
h 4617
NGC 5494
UGCA 378
NGC 5357
IC 4329
ESO 445-59
ESO 445-59A
ESO 448-9
IC 4391
IC 4388
ESO 446-26
TW
AGC 3574
D25
V553
h 2736
β 1197
ESO 445-58
ESO 447-31
ESO 446-3
β 343
ESO 447-30
ESO 446-17
HN 51
4
Howe 74
ESO 386-9
IC 4430
ESO 384-51
NGC 5398
NGC 5488
ESO 383-76
AGC 3571
D17
3
ESO 383-81
HIII 101
1
AGCS 753
ESO 385-17
IC 4378
NGC 5419
ESO 384-13
ESO 385-28
ESO 385-15
MCG -6-31-29
ESO 384-12
ESO 386-4
ESO 384-6
c_2
c_1
h 4718
ESO 386-31
h 4702
IC 1023
2
ESO 386-41
ESO 386-40
AQ
IC 4451
ESO 386-14
ESO 386-2
ESO 386-11
IC 4464
ESO 385-32
θ
Menkent
y
Howe 28
AGCS 778
V1002
ESO 383-87
z
ESO 386-38
ESO 386-33
ESO 386-39
ESO 386-34
ESO 386-19
Howe 75
IC 4421
MCG -6-33-5
AGCS 775
b
MCG -6-31-26
ESO 328-6
ESO 327-20
ESO 327-23
ESO 384-55
RX
RT
ψ
ESO 327-31
V820
IRAS 13512-3731
ESO 327-17
MCG -6-30-22
-21°
-22°
-23°
-24°
-25°
-26°
-27°
-28°
-29°
-30°
-33°
-34°
-35°
-36°
-37°
15h 00m
14h 55m
14h 50m
14h 45m
14h 40m
14h 35m
14h 30m
14h 25m
14h 20m
14h 15m
14h 10m
14h 05m
14h 00m
13h 55m
13h 50m
13h 45m
13h 40m

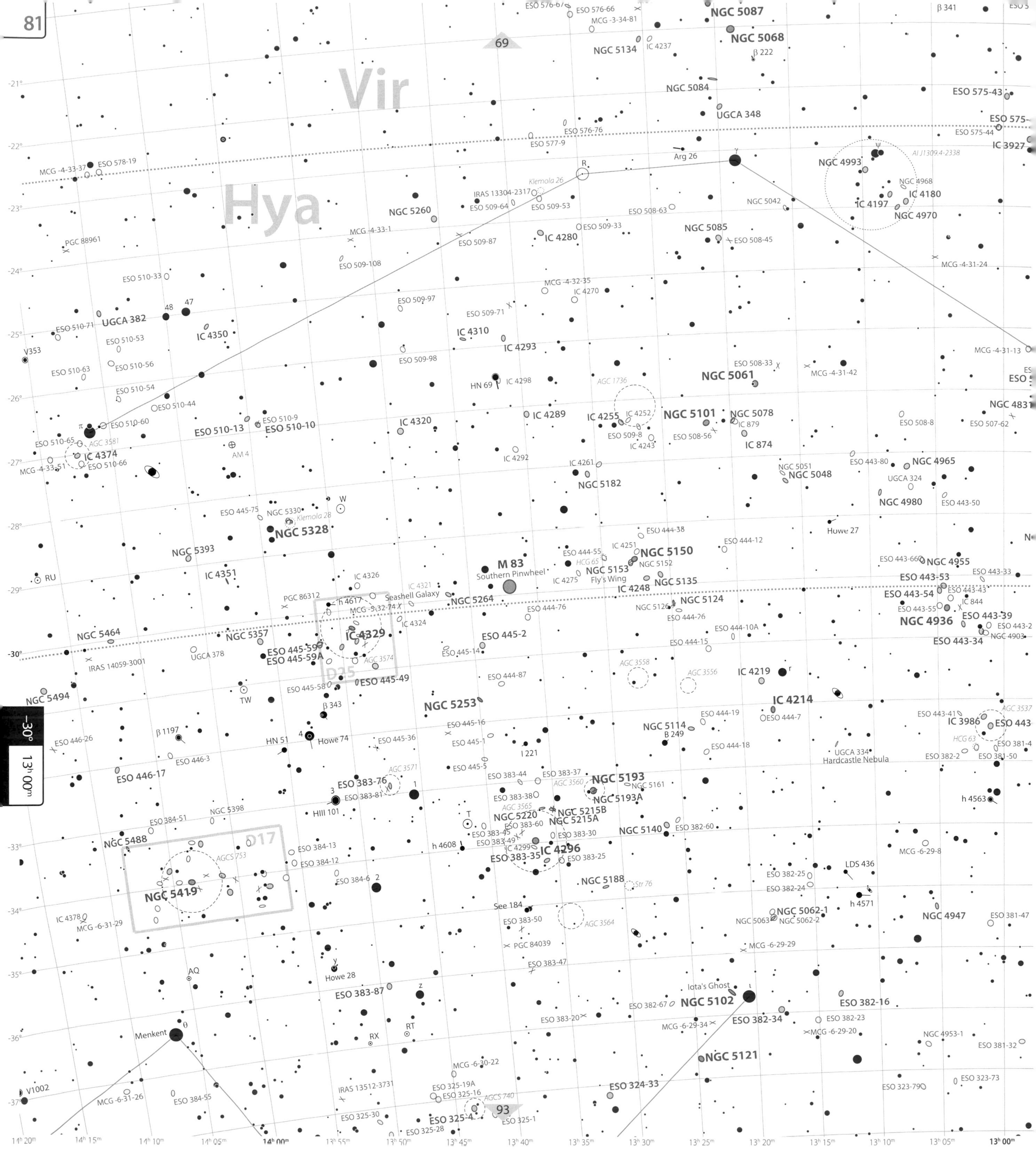

ESO 576-67
ESO 576-66
MCG -3-34-81
NGC 5087
NGC 5068
β 341
69
NGC 5134
IC 4237
β 222
Vir
NGC 5084
ESO 575-43
UGCA 348
ESO 575-
ESO 576-76
ESO 575-44
ESO 577-9
Arg 26
IC 3927
MCG -4-33-37
ESO 578-19
R
γ
ψ
AI J1309.4-2338
NGC 4993
Hya
Klemola 26
IRAS 13304-2317
NGC 4968
IC 4180
ESO 509-64
ESO 509-53
NGC 5042
IC 4197
NGC 5260
ESO 508-63
NGC 4970
ESO 509-33
NGC 5085
MCG -4-33-1
IC 4280
ESO 508-45
PGC 88961
ESO 509-87
ESO 509-108
MCG -4-31-24
ESO 510-33
MCG -4-32-35
IC 4270
47
48
ESO 509-97
UGCA 382
ESO 509-71
ESO 510-71
IC 4310
IC 4350
ESO 510-53
IC 4293
V353
ESO 510-56
ESO 509-98
ESO 508-33
MCG -4-31-13
ESO 510-63
MCG -4-31-42
NGC 5061
HN 69
IC 4298
AGC 1736
ESO 510-54
ESO 510-44
IC 4289
IC 4255
IC 4252
NGC 5101
NGC 5078
NGC 4831
ESO 510-9
IC 4320
IC 879
ESO 508-8
ESO 507-62
π
ESO 510-60
ESO 510-13
ESO 510-10
ESO 509-8
ESO 508-56
ESO 510-65
AGC 3581
AM 4
IC 4243
IC 874
IC 4374
IC 4292
ESO 443-80
NGC 4965
MCG -4-33-51
ESO 510-66
IC 4261
NGC 5051
NGC 5048
UGCA 324
NGC 5182
NGC 4980
ESO 443-50
W
ESO 445-75
NGC 5330
Klemola 28
Howe 27
NGC 5328
ESO 444-38
ESO 444-12
NGC 5393
IC 4251
NGC 5150
ESO 444-55
M 83
HCG 65
NGC 5152
ESO 443-66
NGC 4955
Southern Pinwheel
NGC 5153
RU
IC 4351
IC 4326
IC 4275
Fly's Wing
NGC 5135
ESO 443-53
ESO 443-33
IC 4321
IC 4248
ESO 443-43
PGC 86312
h 4617
Seashell Galaxy
NGC 5264
ESO 443-54
IC 844
MCG -5-32-74
NGC 5126
NGC 5124
ESO 443-55
ESO 444-76
ESO 444-26
ESO 443-39
IC 4329
IC 4324
NGC 4936
NGC 5464
NGC 5357
ESO 444-10A
ESO 443-2
ESO 445-59
ESO 445-2
NGC 4903
UGCA 378
ESO 445-59A
ESO 445-14
ESO 444-15
ESO 443-34
IRAS 14059-3001
AGC 3574
AGC 3558
AGC 3556
IC 4219
r
TW
D25
ESO 445-49
ESO 444-87
ESO 445-58
NGC 5494
β 343
NGC 5253
IC 4214
ESO 444-19
ESO 443-41
AGC 3537
ESO 444-7
IC 3986
ESO 443
ESO 445-16
NGC 5114
β 1197
4
B 249
HCG 63
ESO 446-26
Howe 74
HN 51
ESO 445-36
ESO 445-1
ESO 444-18
UGCA 334
ESO 381-4
ESO 446-3
I 221
Hardcastle Nebula
ESO 382-2
ESO 381-50
AGC 3571
ESO 445-5
ESO 383-44
ESO 383-37
NGC 5193
ESO 446-17
AGC 3560
NGC 5161
ESO 383-76
3
1
ESO 383-38
NGC 5193A
ESO 383-81
h 4563
HIII 101
NGC 5398
AGC 3565
NGC 5215B
T
NGC 5220
ESO 384-51
ESO 383-60
NGC 5215A
NGC 5140
ESO 382-60
D17
ESO 383-45
ESO 383-30
NGC 5488
ESO 384-13
ESO 383-49
AGCS 753
h 4608
IC 4299
IC 4296
MCG -6-29-8
ESO 383-35
ESO 383-25
ESO 384-12
LDS 436
ESO 382-25
NGC 5419
ESO 384-6
2
NGC 5188
Str 76
ESO 382-24
h 4571
See 184
NGC 5062-1
NGC 4947
IC 4378
ESO 383-50
NGC 5063
NGC 5062-2
ESO 381-47
MCG -6-31-29
AGC 3564
PGC 84039
MCG -6-29-29
AQ
y
ESO 383-47
Howe 28
Iota's Ghost
ι
z
ESO 383-87
NGC 5102
ESO 382-16
ESO 382-67
ESO 383-20
ESO 382-34
ESO 382-23
Menkent
θ
RT
MCG -6-29-34
MCG -6-29-20
NGC 4953-1
RX
ESO 381-32
NGC 5121
MCG -6-30-22
IRAS 13512-3731
V1002
ESO 325-19A
ESO 324-33
ESO 323-73
MCG -6-31-26
ESO 384-55
ESO 325-16
AGCS 740
ESO 323-79
93
ESO 325-30
ESO 325-4
ESO 325-28
ESO 325-1
-21°
-22°
-23°
-24°
-25°
-26°
-27°
-28°
-29°
-30°
-31°
-32°
-33°
-34°
-35°
-36°
-37°
14h 20m
14h 15m
14h 10m
14h 05m
14h 00m
13h 55m
13h 50m
13h 45m
13h 40m
13h 35m
13h 30m
13h 25m
13h 20m
13h 15m
13h 10m
13h 05m
13h 00m

-30° 13h 00m

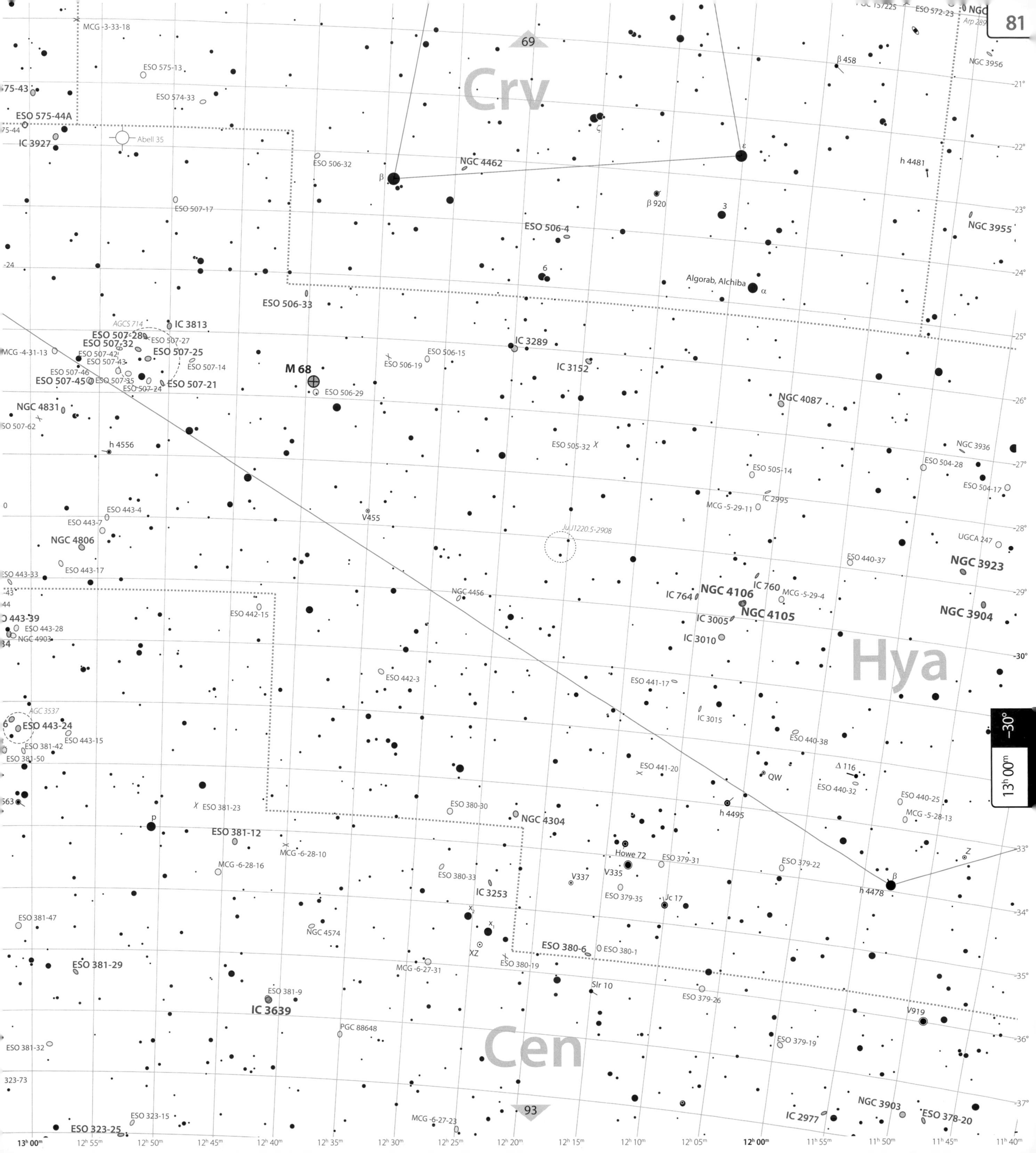
Crv
Hya
Cen
69
93
MCG -3-33-18
ESO 575-13
ESO 574-33
ESO 575-44A
IC 3927
Abell 35
ESO 506-32
NGC 4462
β 920
3
NGC 3955
ESO 507-17
ESO 506-4
6
Algorab, Alchiba
ESO 506-33
IC 3813
ESO 507-28
ESO 507-32
ESO 507-27
ESO 507-25
ESO 507-42
ESO 507-43
ESO 507-14
ESO 507-46
ESO 507-45
ESO 507-35
ESO 507-24
ESO 507-21
MCG -4-31-13
M 68
ESO 506-29
ESO 506-15
ESO 506-19
IC 3289
IC 3152
NGC 4087
NGC 4831
h 4556
ESO 505-32
NGC 3936
ESO 504-28
ESO 505-14
ESO 504-17
IC 2995
MCG -5-29-11
ESO 443-4
ESO 443-7
V455
NGC 4806
ESO 443-17
UGCA 247
ESO 440-37
NGC 3923
NGC 4456
IC 760
IC 764
NGC 4106
MCG -5-29-4
NGC 4105
IC 3005
IC 3010
NGC 3904
ESO 442-15
ESO 443-28
NGC 4903
ESO 442-3
ESO 441-17
IC 3015
ESO 443-24
ESO 443-15
ESO 381-42
ESO 381-50
ESO 440-38
ESO 441-20
QW
Δ 116
ESO 440-32
ESO 381-23
ESO 380-30
NGC 4304
h 4495
ESO 440-25
MCG -5-28-13
ESO 381-12
MCG -6-28-10
MCG -6-28-16
Howe 72
ESO 379-31
ESO 379-22
V337
V335
ESO 380-33
IC 3253
ESO 379-35
Jc 17
h 4478
ESO 381-47
NGC 4574
XZ
ESO 380-6
ESO 380-1
ESO 380-19
ESO 381-29
MCG -6-27-31
Slr 10
ESO 381-9
IC 3639
ESO 379-26
V919
PGC 88648
ESO 381-32
ESO 379-19
NGC 3903
IC 2977
ESO 378-20
ESO 323-15
ESO 323-25
MCG -6-27-23
NGC 3956
h 4481
β 458
ESO 572-23
Arp 289
13h 00m
12h 55m
12h 50m
12h 45m
12h 40m
12h 35m
12h 30m
12h 25m
12h 20m
12h 15m
12h 10m
12h 05m
12h 00m
11h 55m
11h 50m
11h 45m
11h 40m
−21°
−22°
−23°
−24°
−25°
−26°
−27°
−28°
−29°
−30°
−33°
−34°
−35°
−36°
−37°
13h 00m
−30°

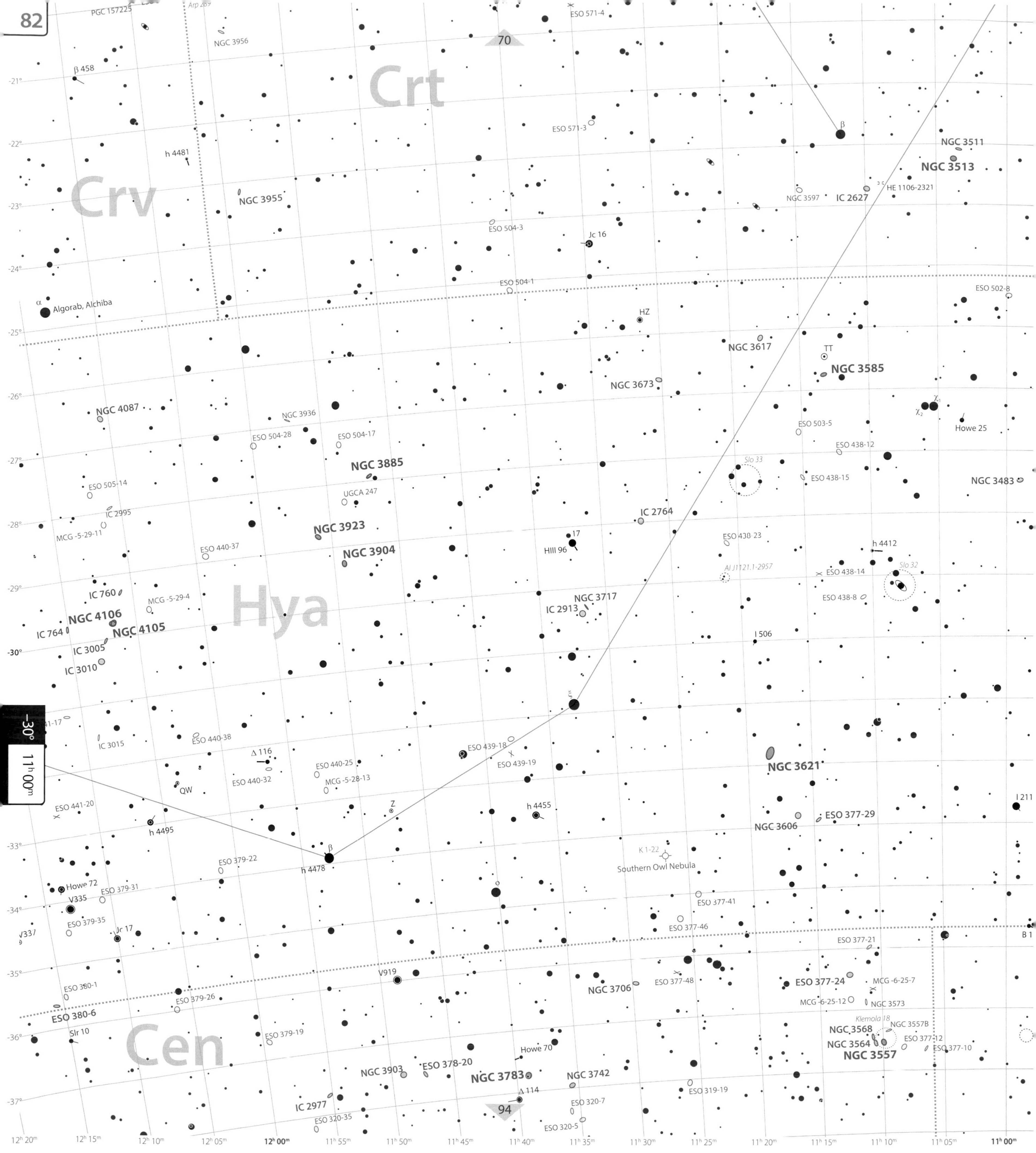

Crt
Crv
Hya
Cen
70
94
-30°
11h 00m
PGC 157225
Arp 269
NGC 3956
ESO 571-4
β 458
h 4481
NGC 3955
ESO 571-3
β
NGC 3511
NGC 3513
HE 1106-2321
NGC 3597
IC 2627
ESO 504-3
Jc 16
ESO 504-1
ESO 502-8
Algorab, Alchiba
HZ
NGC 3617
TT
NGC 3585
NGC 3673
NGC 4087
NGC 3936
ESO 504-28
ESO 504-17
ESO 503-5
Howe 25
ESO 438-12
Slo 33
NGC 3885
ESO 505-14
UGCA 247
ESO 438-15
NGC 3483
IC 2995
MCG -5-29-11
IC 2764
NGC 3923
17
HIII 96
ESO 440-37
ESO 430-23
h 4412
NGC 3904
AI J1121.1-2957
ESO 438-14
Slo 32
IC 760
MCG -5-29-4
NGC 3717
ESO 438-8
IC 2913
NGC 4106
IC 764
NGC 4105
IC 3005
I 506
IC 3010
ξ
IC 3015
ESO 440-38
Δ 116
ESO 439-18
ESO 439-19
NGC 3621
ESO 440-25
ESO 440-32
MCG -5-28-13
QW
I 211
ESO 441-20
Z
h 4455
ESO 377-29
h 4495
NGC 3606
K 1-22
Southern Owl Nebula
β
h 4478
ESO 379-22
Howe 72
ESO 379-31
V335
ESO 377-41
ESO 379-35
Jc 17
ESO 377-46
B 1
ESO 377-21
V919
ESO 380-1
NGC 3706
ESO 377-48
ESO 377-24
MCG -6-25-7
ESO 379-26
MCG -6-25-12
NGC 3573
ESO 380-6
Klemola 18
Slr 10
ESO 379-19
NGC 3568
NGC 3557B
NGC 3564
ESO 377-12
ESO 377-10
NGC 3557
Howe 70
NGC 3903
ESO 378-20
NGC 3783
NGC 3742
Δ 114
ESO 319-19
IC 2977
ESO 320-7
ESO 320-35
ESO 320-5
-21°
-22°
-23°
-24°
-25°
-26°
-27°
-28°
-29°
-30°
-33°
-34°
-35°
-36°
-37°
12h 20m
12h 15m
12h 10m
12h 05m
12h 00m
11h 55m
11h 50m
11h 45m
11h 40m
11h 35m
11h 30m
11h 25m
11h 20m
11h 15m
11h 10m
11h 05m
11h 00m

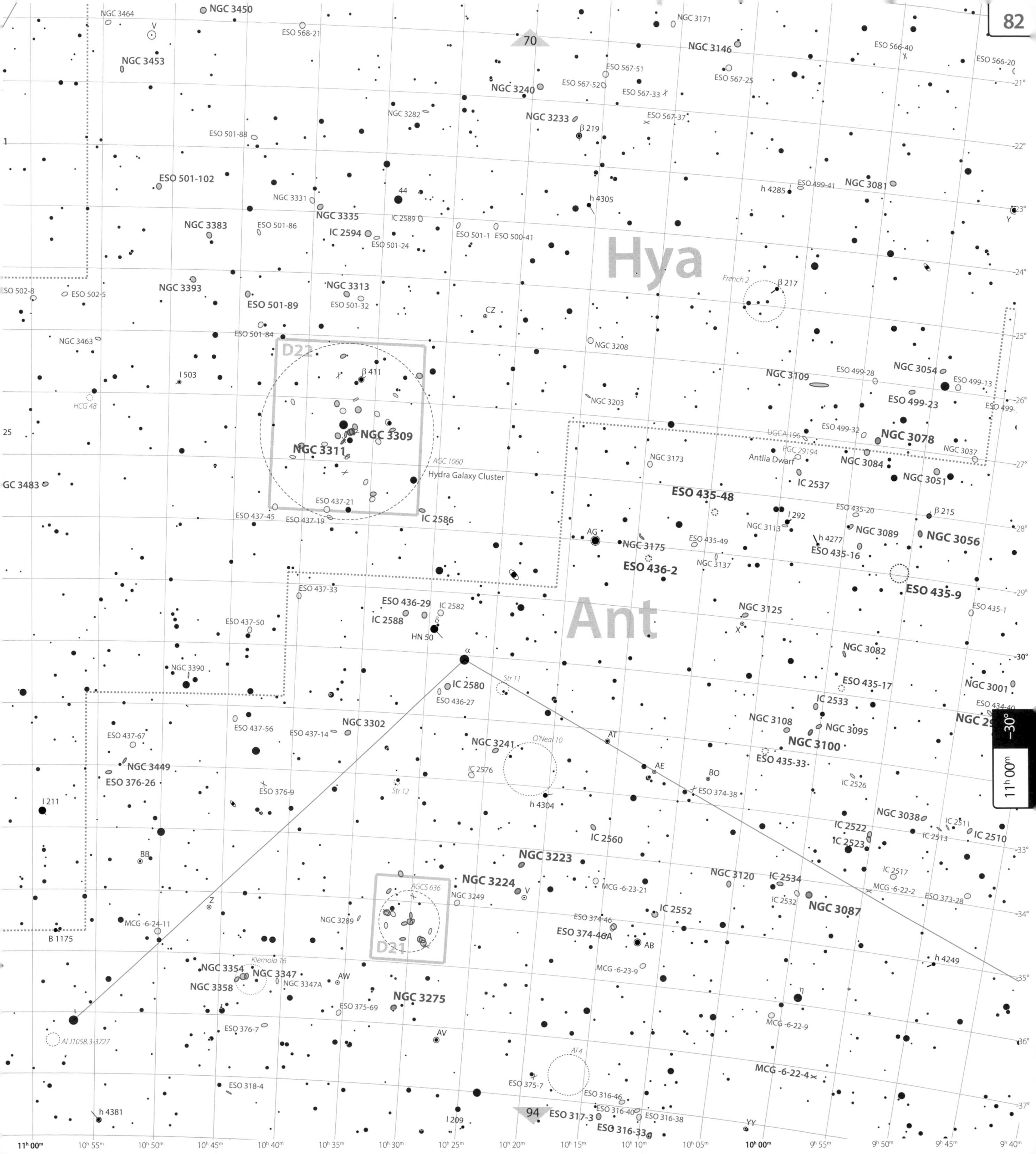

NGC 3464
NGC 3450
NGC 3171
NGC 3146
ESO 568-21
70
V
NGC 3453
ESO 566-40
ESO 566-20
ESO 567-51
ESO 567-25
NGC 3240
ESO 567-52
ESO 567-33
−21°
NGC 3282
NGC 3233
ESO 567-37
β 219
ESO 501-88
−22°
ESO 501-102
NGC 3081
h 4285
ESO 499-41
44
NGC 3331
h 4305
NGC 3335
IC 2589
NGC 3383
ESO 501-86
−23°
IC 2594
ESO 501-1
ESO 500-41
ESO 501-24
Hya
French 2
β 217
NGC 3393
NGC 3313
−24°
ESO 502-8
ESO 502-5
ESO 501-89
ESO 501-32
CZ
NGC 3463
ESO 501-84
NGC 3208
−25°
D22
β 411
NGC 3054
ESO 499-28
I 503
NGC 3109
ESO 499-13
HCG 48
NGC 3203
ESO 499-23
−26°
NGC 3309
ESO 499-32
NGC 3078
UGCA 196
NGC 3311
PGC 29194
NGC 3037
AGC 1060
NGC 3173
Antlia Dwarf
NGC 3084
−27°
Hydra Galaxy Cluster
IC 2537
NGC 3051
GC 3483
ESO 435-48
ESO 435-20
ESO 437-21
β 215
ESO 437-45
ESO 437-19
IC 2586
I 292
NGC 3113
NGC 3089
−28°
AG
ESO 435-49
h 4277
NGC 3056
NGC 3175
ESO 435-16
NGC 3137
ESO 436-2
ESO 435-9
−29°
ESO 437-33
ESO 436-29
IC 2582
NGC 3125
ESO 435-1
Ant
ESO 437-50
IC 2588
HN 50
X
NGC 3082
α
−30°
NGC 3390
Str 11
NGC 3001
IC 2580
ESO 435-17
ESO 436-27
IC 2533
ESO 434-40
AT
NGC 3108
NGC 3095
ESO 437-56
NGC 3302
ESO 437-67
ESO 437-14
NGC 3241
O'Neal 10
NGC 3100
ESO 435-33
NGC 3449
ESO 376-26
IC 2576
AE
BO
IC 2526
ESO 376-9
Str 12
ESO 374-38
h 4304
I 211
NGC 3038
IC 2511
IC 2522
IC 2513
IC 2510
IC 2560
IC 2523
BB
NGC 3223
−33°
IC 2517
NGC 3224
NGC 3120
IC 2534
AGCS 636
V
MCG -6-23-21
MCG -6-22-2
NGC 3249
IC 2532
ESO 373-28
Z
NGC 3289
NGC 3087
−34°
MCG -6-24-11
IC 2552
ESO 374-46
B 1175
ESO 374-46A
AB
D21
Klemola 16
h 4249
NGC 3354
NGC 3347
MCG -6-23-9
AW
NGC 3347A
−35°
NGC 3358
η
NGC 3275
ESO 375-69
MCG -6-22-9
ESO 376-7
AV
AI J1058.3-3727
−36°
Al 4
MCG -6-22-4
ESO 375-7
ESO 318-4
ESO 316-46
−37°
ESO 316-40
h 4381
94
ESO 317-3
ESO 316-38
I 209
YY
ESO 316-33
11h 00m
10h 55m
10h 50m
10h 45m
10h 40m
10h 35m
10h 30m
10h 25m
10h 20m
10h 15m
10h 10m
10h 05m
10h 00m
9h 55m
9h 50m
9h 45m
9h 40m
−30°
11h 00m

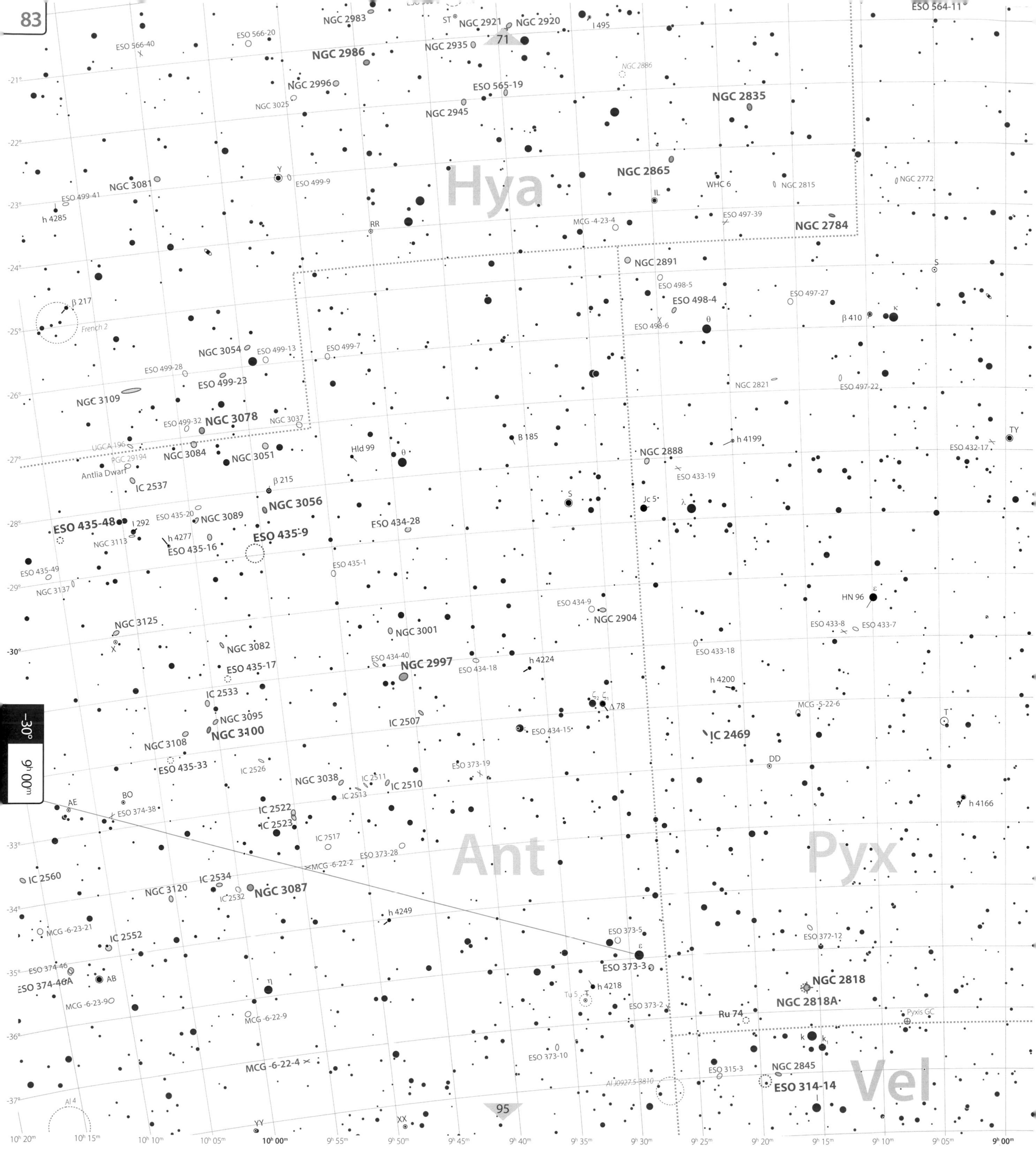

Hya
Ant
Pyx
Vel
71
95
-30°
9h 00m
NGC 2983
ST
NGC 2921
NGC 2920
I 495
ESO 564-11
ESO 566-20
ESO 566-40
NGC 2986
NGC 2935
NGC 2886
-21°
NGC 2996
ESO 565-19
NGC 3025
NGC 2945
NGC 2835
-22°
Y
NGC 3081
ESO 499-9
NGC 2865
WHC 6
NGC 2815
NGC 2772
ESO 499-41
IL
-23°
h 4285
RR
MCG -4-23-4
ESO 497-39
NGC 2784
-24°
NGC 2891
ESO 498-5
S
β 217
ESO 497-27
ESO 498-4
French 2
ESO 498-6
θ
β 410
κ
-25°
NGC 3054
ESO 499-13
ESO 499-7
ESO 499-28
ESO 499-23
NGC 2821
ESO 497-22
-26°
NGC 3109
ESO 499-32
NGC 3078
NGC 3037
UGCA 196
PGC 29194
Hld 99
θ
B 185
h 4199
TY
ESO 432-17
-27°
NGC 3084
NGC 3051
NGC 2888
Antlia Dwarf
ESO 433-19
IC 2537
β 215
S
Jc 5
λ
NGC 3056
ESO 435-20
NGC 3089
ESO 435-48
I 292
ESO 434-28
-28°
NGC 3113
h 4277
ESO 435-9
ESO 435-16
ESO 435-49
ESO 435-1
-29°
NGC 3137
ESO 434-9
HN 96
ε
NGC 2904
NGC 3125
ESO 433-8
ESO 433-7
NGC 3001
X
-30°
NGC 3082
ESO 433-18
ESO 434-40
ESO 435-17
NGC 2997
h 4224
ESO 434-18
h 4200
IC 2533
ζ2 ζ1
Δ 78
MCG -5-22-6
NGC 3095
IC 2507
T
NGC 3100
ESO 434-15
IC 2469
NGC 3108
IC 2526
ESO 373-19
DD
ESO 435-33
NGC 3038
IC 2511
IC 2510
IC 2513
BO
AE
h 4166
ESO 374-38
IC 2522
IC 2523
IC 2517
-33°
ESO 373-28
MCG -6-22-2
IC 2560
IC 2534
NGC 3120
IC 2532
NGC 3087
-34°
h 4249
MCG -6-23-21
ESO 373-5
IC 2552
ESO 372-12
ε
-35°
ESO 374-46
ESO 373-3
ESO 374-46A
AB
η
h 4218
NGC 2818
MCG -6-23-9
Tu 5
T
NGC 2818A
MCG -6-22-9
ESO 373-2
Ru 74
Pyxis GC
-36°
k
k1
ESO 373-10
MCG -6-22-4
ESO 315-3
NGC 2845
AI J0927.5-3810
ESO 314-14
-37°
AI 4
l
YY
XX
10h 20m
10h 15m
10h 10m
10h 05m
10h 00m
9h 55m
9h 50m
9h 45m
9h 40m
9h 35m
9h 30m
9h 25m
9h 20m
9h 15m
9h 10m
9h 05m
9h 00m

Pup
71
95
NGC 2564
NGC 2613
NGC 2717
ESO 561-5
ESO 561-33
ESO 562-7
ESO 563-3
Abell 29
Kro 19
β 208
β 334
β 333
β 205
β 206
ESO 496-3
ESO 494-36
ESO 494-31
ESO 494-19
ESO 494-39
ESO 495-16
ESO 495-6
ESO 495-5
ESO 495-21
ESO 495-11
ESO 495-13
Str 45
V434
V407
S 568
XZ
Ru 39
11
12
ρ
M 3-4
NGC 2482
Starfish
IC 2311
NGC 2566
Klemola 10
Al J0817.5-2521
Al J0838.5-2502
Al J0839.8-2629
TT
B 158
S 569
η
I 487
Wa 3
Haf 16
Ru 42
Tr 9
NGC 2467
Haf 19
Haf 18
Ru 57
Ru 53
Ru 49
NGC 2559
Ru 41
TY
δ
γ
R
β 202
Haf 21
h 4037
M 3-5
ESO 494-35
ESO 494-25
Haf 22
NGC 2527
ESO 494-9
NGC 2483
Teu 25
SAI 81
Cr 187
ζ
Ru 44
Ru 43
CorO 77
NGC 2587
NGC 2627
AQ
NGC 2571
NGC 2533
h 4024
NGC 2580
ESO 430-9
Ru 153
NGC 2489
Cz 32
NGC 2567
Haf 26
ESO 430-18
χ
Haf 20
β 454
Ru 51
Ru 50
Cr 196
Ru 47
I 186
ESO 430-14
Stone 61
Abell 27
NGC 2658
M 3-6
Ru 54
Kar 23
Ru 58
Ru 155
PW
Ru 52
Ru 48
vdB-Ha 19
Haf 17
NGC 2588
w
Ru 55
Abell 26
Kar 22
α
4166
ESO 371-16
NGC 2663
CG 22
B 1621
Slo 21
UW
Haf 15
ESO 368-14
Ru 61
h 4046
Kar 21
Slo 16
NGC 2635
Ru 59
B 1579
RS
vdBH 6
FSR 1363
β
ESO 371-25
Slo 20
Gli 96
Al J0753.4-3423
171
Kro 85
Slo 15
212
Howe 65
Ru 68
Ivanov 8
RCW 19
Al J0812.4-3507
ESO 368-11
Abell 23
ESO 370-17
NGC 2579
r
Teu 50
I 314
Cr 185
h 4106
q
vdB-Ha 23
SAI 86
AR
Ru 31
Teu 38
NGC 2568
AT
Ru 72
I 195
h 4073
h 4063
NGC 2546
NGC 2451B
Ru 66
VBRC 1
Pi 7
Pi 3
NGC 2451A
-21°
-22°
-23°
-24°
-25°
-26°
-27°
-28°
-29°
-30°
-33°
-34°
-35°
-36°
-37°
-17
9h 00m
8h 55m
8h 50m
8h 45m
8h 40m
8h 35m
8h 30m
8h 25m
8h 20m
8h 15m
8h 10m
8h 05m
8h 00m
7h 55m
7h 50m
7h 45m
7h 40m
-30°
9h 00m

Pup
72
96
NGC 2421
NGC 2383
NGC 2384
ESO 559-13
NGC 2455
Ru 33
NGC 2367
Ru 19
Ru 38
FSR 1294
Ru 39
ESO 561-5
ESO 494-19
Ru 17
Ru 23
HN 19
Howe 18
M 93
M 3-4
Tr 7
Tr 6
vdB 96
ASCC 37
NGC 2352
Ru 29
NGC 2482
Starfish
NGC 2448
NGC 2362
Tau CMa Cluster
Sh 2-310
NGC 2354
vdB 98
Wa 3
Haf 16
Ru 32
Ru 13
Wezen
Ru 18
Cr 121
I 487
Ru 42
Tr 9
Haf 19
Ru 36
Ru 27
Al 18
Hill 27
ESO 492-2
NGC 2467
Haf 18
Ru 49
Ru 41
NGC 2453
NGC 2452
ESO 493-3
Haf 11
Al J0725.2-2717
NGC 2382
ESO 491-21
ESO 491-20
Al J0700.4-
Ru 53
ESO 494-25
β 202
Haf 21
h 4037
M 3-5
ESO 494-9
NGC 2483
SAI 81
Teu 25
See 80
ESO 429-2
ESO 428-2
Ru 12
Ru 150
ESO 428-4
NGC 2325
NGC 2527
Haf 22
Haf 14
VZ
Ru 20
CapO 7
Ru 44
Ru 43
AQ
ESO 428-23
Haf 7
ESO 428-14
ESO 428-11
B 1532
ESO 427-29
Ru 22
ESO 428-29
Cr 132
Kar 16
Haf 13
ESO 427-32
B 1531
IC 456
h 4024
Cz 32
ESO 430-9
NGC 2489
NGC 2533
Ru 153
I 186
ESO 429-13
ESO 428-32
h 3949
h 3940
HO
BrsO 2
Haf 20
Ru 21
Ru 14
CorO 48
M 3-1
Ru 51
Ru 28
PW
ESO 430-18
Ru 50
Ru 30
Ru 35
NGC 2439
V384
Δ 49
Cr 140
Ru 47
ESO 430-14
ESO 429-5
Haf 17
Kar 22
Slo 11
Ru 155
Ru 48
Ru 54
Kar 23
Ru 52
Ru 58
vdB-Ha 19
Haf 15
HFG 2
ESO 368-14
Kar 21
Abell 26
Ru 55
Bo 15
AM 2
h 3969
h 4046
171
Al J0753.4-3423
ESO 368-11
Abell 23
Kar 20
h 3928
Slo 16
B 1579
212
Howe 65
V365
ESO 367-8
Kro 85
Slo 15
RS
FSR 1363
vdBH 6
Ru 31
M 4-2
h 3957
V364
Al J0812.4-3507
vdB-Ha 4
Al J0721.8-3631
β 757
RCW 19
Cr 135
Teu 50
NGC 2451B
AR
vdB-Ha 23
SAI 86
DC 3
h 3966
NGC 2451A
ESO 309-1
AT
NGC 2568
NGC 2546
V598
h 4073
h 4063
NGC 2477
Termite Hole Cluster
Ru 152
Cz 31
Teu 178
h 3973
β 199
h 3934
Lal 53
Haf 5
Ju 12
β 333
β 334
h 3938
h 3945
145
Ru 25
β 331
V389
V387
Haf 23
WX
Tom 2
-21°
-22°
-23°
-24°
-25°
-26°
-27°
-28°
-29°
-30°
-33°
-34°
-35°
-36°
-37°
-30°
7h 00m
8h 20m
8h 15m
8h 10m
8h 05m
8h 00m
7h 55m
7h 50m
7h 45m
7h 40m
7h 35m
7h 30m
7h 25m
7h 20m
7h 15m
7h 10m
7h 05m
7h 00m

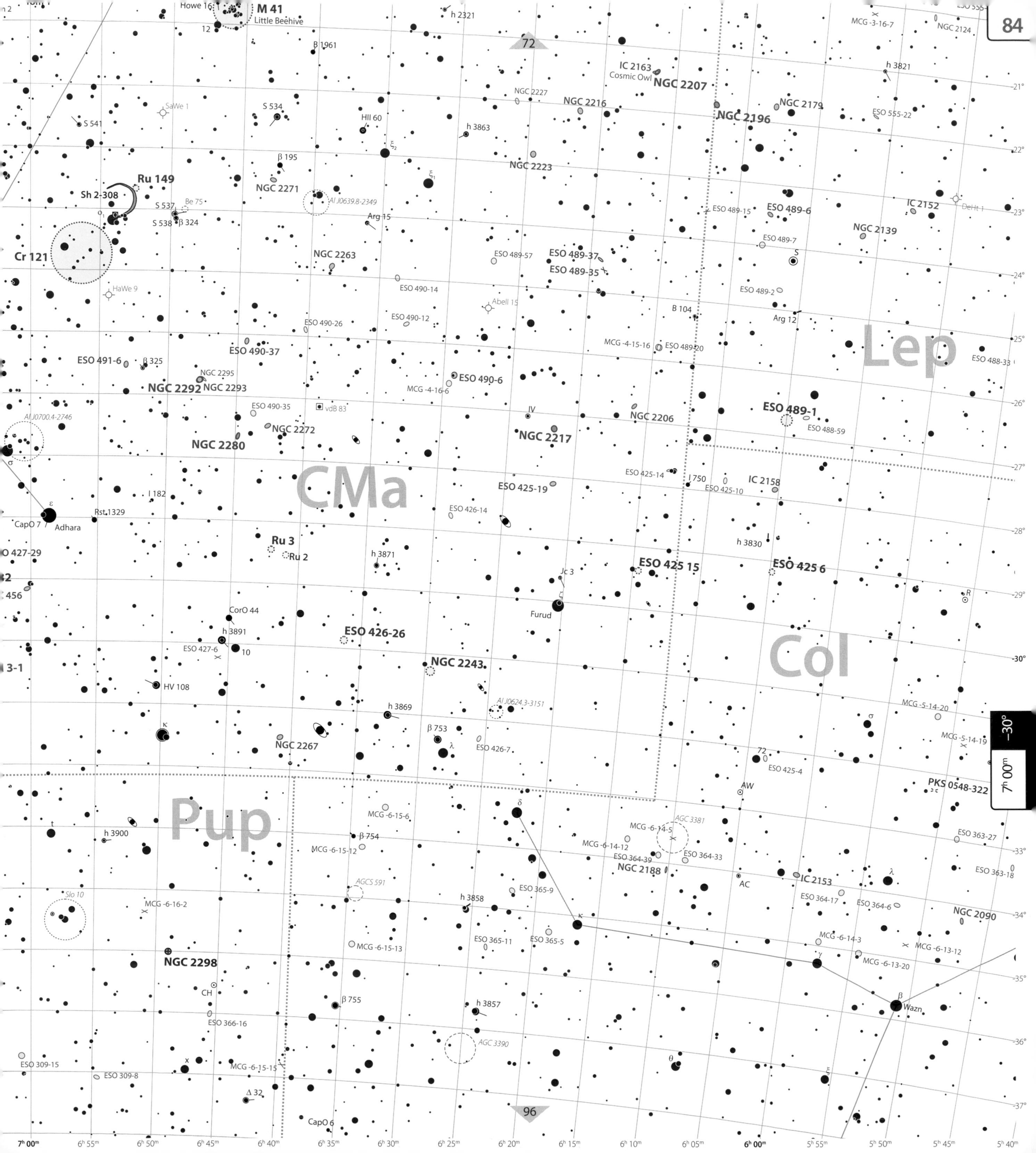
M 41
Little Beehive
Howe 16
h 2321
MCG -3-16-7
NGC 2124
72
β 1961
h 3821
IC 2163
Cosmic Owl
NGC 2207
NGC 2227
NGC 2216
NGC 2179
NGC 2196
ESO 555-22
SaWe 1
S 534
HII 60
S 541
h 3863
β 195
NGC 2223
Ru 149
Sh 2-308
NGC 2271
S 537
Be 75
Al J0639.8-2349
S 538
β 324
Arg 15
ESO 489-15
ESO 489-6
IC 2152
DeHt 1
NGC 2139
ESO 489-7
Cr 121
NGC 2263
ESO 489-57
ESO 489-37
ESO 489-35
ESO 490-14
HaWe 9
ESO 489-2
Abell 15
B 104
ESO 490-12
ESO 490-26
Arg 12
Lep
ESO 490-37
MCG -4-15-16
ESO 489-20
ESO 491-6
β 325
NGC 2295
ESO 490-6
ESO 488-33
NGC 2292
NGC 2293
MCG -4-16-6
ESO 490-35
vdB 83
IV
NGC 2206
ESO 489-1
ESO 488-59
Al J0700.4-2746
NGC 2272
NGC 2217
NGC 2280
ESO 425-14
I 750
IC 2158
ESO 425-10
CMa
ESO 425-19
I 182
ESO 426-14
CapO 7
Adhara
Rst 1329
Ru 3
Ru 2
h 3871
h 3830
ESO 425 15
ESO 425 6
Jc 3
CorO 44
Furud
h 3891
ESO 427-6
ESO 426-26
Col
NGC 2243
HV 108
Al J0624.3-3151
h 3869
MCG -5-14-20
β 753
NGC 2267
ESO 426-7
MCG -5-14-19
72
ESO 425-4
PKS 0548-322
AW
Pup
MCG -6-15-6
AGC 3381
MCG -6-14-5
h 3900
β 754
MCG -6-14-12
ESO 364-39
ESO 364-33
ESO 363-27
MCG -6-15-12
NGC 2188
IC 2153
ESO 363-18
AC
AGCS 591
ESO 365-9
ESO 364-17
ESO 364-6
Slo 10
MCG -6-16-2
h 3858
NGC 2090
MCG -6-14-3
ESO 365-11
ESO 365-5
MCG -6-13-12
MCG -6-15-13
MCG -6-13-20
NGC 2298
CH
β 755
h 3857
Wazn
ESO 366-16
AGC 3390
ESO 309-15
ESO 309-8
MCG -6-15-15
Δ 32
96
CapO 6
-21°
-22°
-23°
-24°
-25°
-26°
-27°
-28°
-29°
-30°
-33°
-34°
-35°
-36°
-37°
7h 00m
6h 55m
6h 50m
6h 45m
6h 40m
6h 35m
6h 30m
6h 25m
6h 20m
6h 15m
6h 10m
6h 05m
6h 00m
5h 55m
5h 50m
5h 45m
5h 40m
-30°
7h 00m

Lep
Col
Nihal
β 320
10
73
97
h 3750
ESO 552-52
MCG -3-16-7
NGC 2124
ESO 554-27
h 3821
NGC 2106
NGC 2073
NGC 1964
NGC 2179
ESO 555-22
12
ESO 486-19
ESO 486-29
DeHt 1
UGCA 112
NGC 1979
IC 2130
IC 2152
IC 2138
ESO 486-23
ESO 489-6
NGC 2139
M 79
h 3752
ESO 489-7
h 3798
IC 408
IC 411
Snow 20
AGC 548
ESO 488-1
ESO 489-2
ESO 488-19
ESO 488-15
Str 91
ESO 488-33
ESO 488-27
SZ
Arg 12
ESO 488-6
ESO 488-7
NGC 17
ESO 486-39A
IC 2125
ESO 487-22
ESO 489-1
ESO 488-59
ESO 422-29
ESO 424-12
ESO 422-28
AGC 3354
ESO 423-20
ESO 425-10
IC 2158
I 750
ESO 424-17
NGC 1812
ESO 423-24
R
h 3830
ESO 425 6
ESO 424-10
ESO 422-23
NGC 2049
AGCS 536
NGC 1989
NGC 1992
Str 19
AGC 3341
MCG -5-14-20
h 3735
NGC 1800
MCG -5-14-19
NGC 1879
PKS 0548-322
ESO 362-18
72
ESO 425-4
ESO 363-27
ESO 363-18
AW
T
Klemola 9
AGC 3381
Phact
ESO 362-8
MCG -6-14-5
IC 2153
NGC 2090
MCG -6-12-9
ESO 364-33
ESO 364-17
ESO 364-6
MCG -6-14-12
AC
Dawson 118
ESO 364-39
NGC 2188
MCG -6-13-12
h 3760
Jc 9
MCG -6-14-3
MCG -6-13-20
NGC 1891
Wazn
AGCS 535
IC 2135
NGC 1963
MCG -6-12-15
h 3740
AGCS 521
IC 2122
NGC 1827
ESO 362-15
ESO 362-12
NGC 1808
NGC 1792
NGC 17
-21°
-22°
-23°
-24°
-25°
-26°
-27°
-28°
-29°
-30°
-33°
-34°
-35°
-36°
-37°
6h 20m
6h 15m
6h 10m
6h 05m
6h 00m
5h 55m
5h 50m
5h 45m
5h 40m
5h 35m
5h 30m
5h 25m
5h 20m
5h 15m
5h 10m
5h 05m
5h 00m
-30°
5h 00m

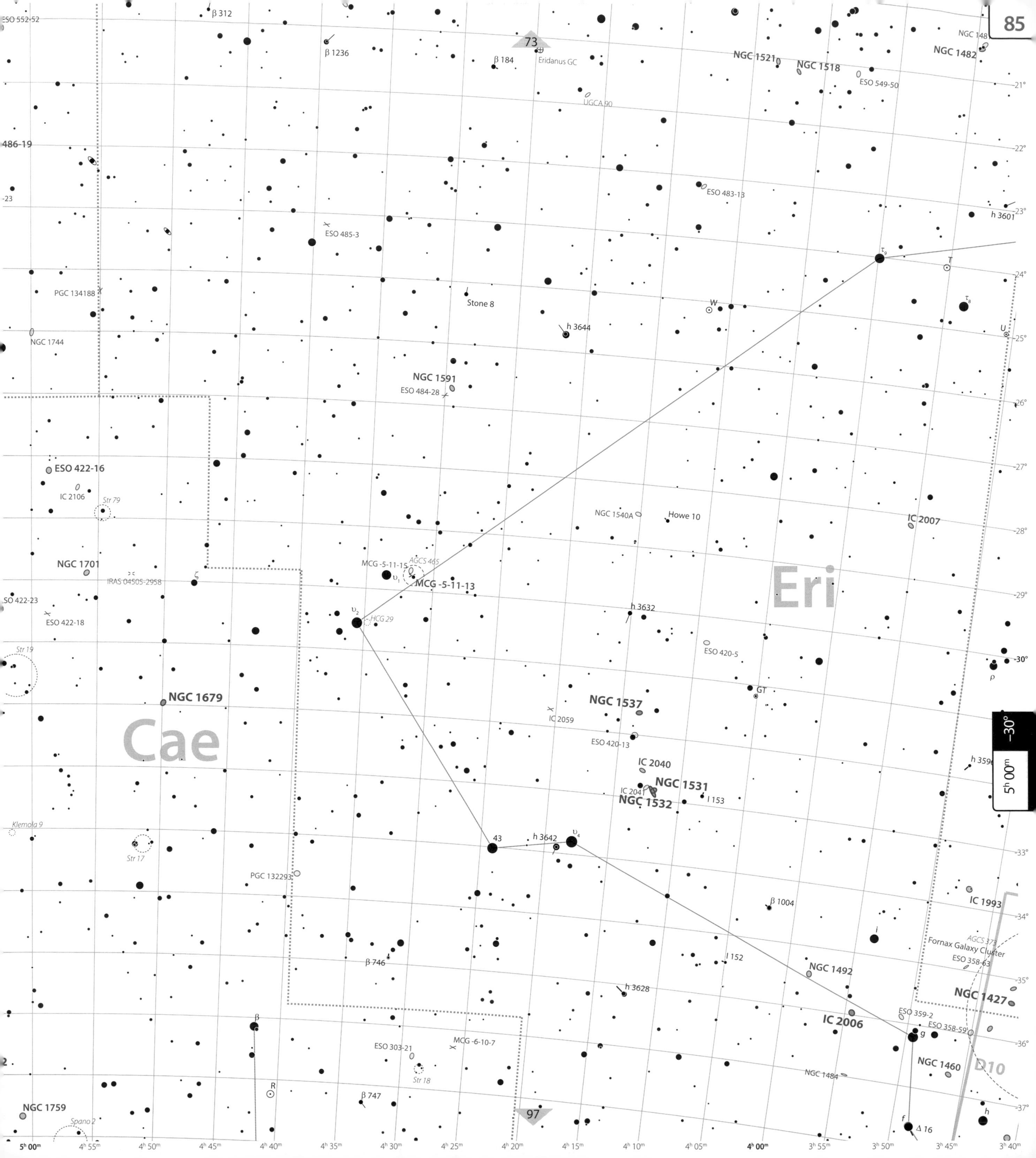

ESO 552-52
β 312
β 1236
73
β 184
Eridanus GC
NGC 1521
NGC 1518
NGC 148
NGC 1482
ESO 549-50
UGCA 90
486-19
-21°
-22°
-23
ESO 483-13
h 3601
-23°
ESO 485-3
τ9
T
-24°
PGC 134188
Stone 8
W
τ8
h 3644
U
-25°
NGC 1744
NGC 1591
ESO 484-28
-26°
ESO 422-16
IC 2106
Str 79
-27°
NGC 1540A
Howe 10
IC 2007
-28°
NGC 1701
IRAS 04505-2958
ζ
MCG -5-11-15
AGCS 465
υ1
MCG -5-11-13
Eri
SO 422-23
ESO 422-18
υ2
HCG 29
h 3632
-29°
Str 19
ESO 420-5
ρ
-30°
NGC 1679
GT
NGC 1537
IC 2059
Cae
ESO 420-13
IC 2040
h 359
NGC 1531
IC 2041
NGC 1532
I 153
Klemola 9
Str 17
43
h 3642
υ4
-33°
PGC 132293
β 1004
IC 1993
-34°
i
AGCS 373
Fornax Galaxy Cluster
ESO 358-63
β 746
I 152
NGC 1492
-35°
NGC 1427
h 3628
ESO 359-2
IC 2006
ESO 358-59
β
g
-36°
ESO 303-21
MCG -6-10-7
Str 18
NGC 1460
D10
NGC 1484
R
β 747
h
-37°
NGC 1759
Spano 2
97
f
Δ 16
5h 00m
4h 55m
4h 50m
4h 45m
4h 40m
4h 35m
4h 30m
4h 25m
4h 20m
4h 15m
4h 10m
4h 05m
4h 00m
3h 55m
3h 50m
3h 45m
3h 40m
-30°
5h 00m

74
98
For
Eri
D10
NGC 1482
NGC 1481
NGC 1518
ESO 549-50
NGC 1377
NGC 1353
NGC 1332
NGC 1331
NGC 1325A
Holmberg VI
NGC 1315
NGC 1325
NGC 1319
NGC 1232
IC 1953
ESO 548-36
ESO 548-81
NGC 1439
NGC 1426
ESO 549-23
NGC 1403
NGC 1415
NGC 1416
NGC 1401
NGC 1438
NGC 1395
h 3601
NGC 1347-2
Arp 39
NGC 1347-1
NGC 1258
NGC 1256
Arp 108
ESO 547-2
NGC 1187
Arp 332
IC 1892
Jc 1
15
IC 1952
MCG -4-8-34
NGC 1385
NGC 1371
IC 1899
IC 1895
NGC 1306
NGC 1255
NGC 1210
NGC 1201
MCG -4-8-55
NGC 1302
NGC 1360
NGC 1459
h 3572
ESO 481-29
NGC 1398
NGC 1412
IC 1876
NGC 1292
Al J0345.0-2749
ESO 419-3
ESO 418-6
IC 2007
ESO 418-7A
h 3555
Al J0343.5-2924
NGC 1425
ESO 418-8
ESO 420-5
NGC 1406
NGC 1366
NGC 1344
ESO 418-9
ESO 417-21
NGC 1165
GT
h 3596
ESO 358-22
NGC 1339
NGC 1288
IC 1919
NGC 1537
ESO 420-13
IC 2040
NGC 1531
IC 2041
NGC 1532
I 153
IC 1993
NGC 1350
AGCS 373
Fornax Galaxy Cluster
β 1004
ESO 358-63
NGC 1380
NGC 1374
NGC 1427
NGC 1379
NGC 1399
NGC 1389
NGC 1387
NGC 1404
NGC 1492
I 152
ESO 359-2
ESO 358-59
NGC 1326
ESO 356-24
IC 2006
NGC 1365
Fornax Propeller
NGC 1460
NGC 1317
h 3628
Arp 154
NGC 1341
NGC 1316
Fornax A
NGC 1484
Δ 16
NGC 1217-1
NGC 1217-2
-21°
-22°
-23°
-24°
-25°
-26°
-27°
-28°
-29°
-30°
-33°
-34°
-35°
-36°
-37°
4h 20m
4h 15m
4h 10m
4h 05m
4h 00m
3h 55m
3h 50m
3h 45m
3h 40m
3h 35m
3h 30m
3h 25m
3h 20m
3h 15m
3h 10m
3h 05m
3h 00m

−30°
3h 00m

Cet
For
NGC 907
IC 223
NGC 899
74
NGC 908
ESO 546-3
h 3511
57
υ
NGC 836
NGC 858-1
56
HII 58
MCG -4-7-3
NGC 878
ESO 478-6
NGC 808
κ
UGCA 32
NGC 723
NGC 922
ESO 478-5
ESO 478-15
MCG -4-7-15
β 741
S 423
ζ
γ1
BrsO 1
IC 1768
NGC 823
R
ESO 479-35
ESO 479-9
UU
NGC 775
IC 1826
ESO 415-22
ESO 417-3
β 261
γ2
ε
ESO 417-5
IC 1845
IC 1833
ω
h 3506
PHL 3953
ESO 477-8
IC 1763
NGC 689
NGC 1079
ST
ESO 414-25
MCG -5-7-6
ν
ESO 414-27
Arp 77
NGC 1097A
NGC 1097
ι1
ι2
β 738
h 3504
ESO 416-32
AGCS 301
IC 1860
IC 1859
IC 1858
ESO 416-36
Stone 5
μ
π
h 3478
NGC 749
IC 1788
ESO 414-26
NGC 1165
ESO 417-6
β
NGC 857
Jc 7
MCG -5-6-2
ESO 356-9
ESO 355-30
ESO 354-33
MCG -6-6-12
IC 1783
IC 1734
NGC 897
φ
ESO 354-29
IC 1759
Fornax 5
NGC 1049
Fornax 1
IC 1864
ESO 356-4
Fornax Dwarf
Fornax 6
Fornax 4
λ2
λ1
IC 1813
IC 1811
MCG -6-6-6
PGC 132071
IC 1728
Klemola 3
MCG -6-7-7
Fornax 2
ESO 354-26
ESO 354-25
IC 1739
PGC 95470
MCG -6-5-22
IC 1724
η3
η1
h 3536
η2
NGC 964
NGC 854
NGC 698
ESO 354-19
ESO 356-24
ESO 356-13
ESO 356-22
IC 1816
XX
NGC 824
ESO 354-3
h 3532
ESO 353-4(
ψ
ESO 299-13
ESO 299-20
98
MCG -6-5-26
–30°
3h 00m
C 1187
1201
3h 00m
2h 55m
2h 50m
2h 45m
2h 40m
2h 35m
2h 30m
2h 25m
2h 20m
2h 15m
2h 10m
2h 05m
2h 00m
1h 55m
1h 50m
1h 45m
1h 40m
–21°
–22°
–23°
–24°
–25°
–26°
–27°
–28°
–29°
–30°
–33°
–34°
–35°
–36°
–37°

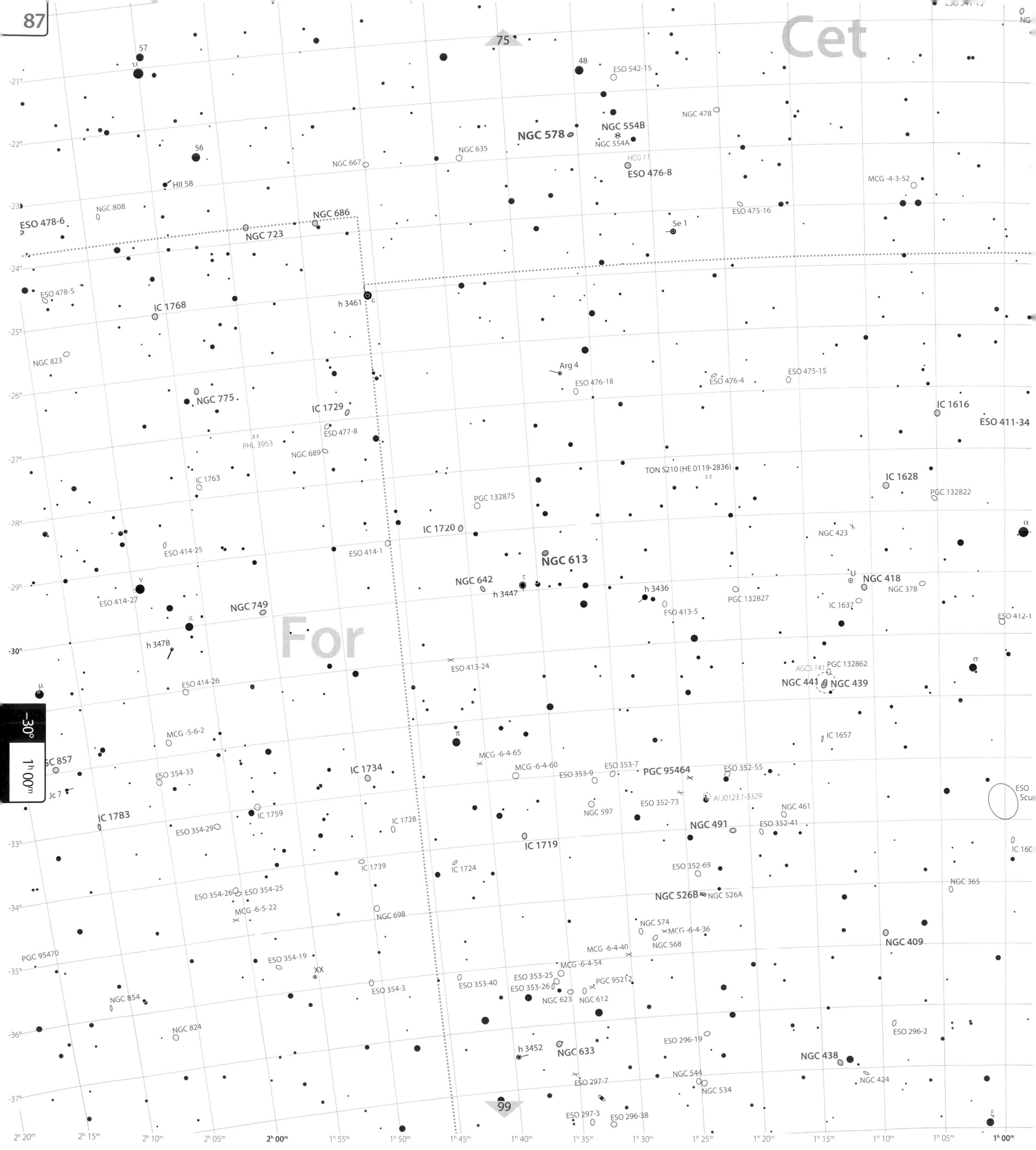
Cet
For
75
99
NGC 578
NGC 554B
NGC 554A
HCG 11
ESO 476-8
ESO 542-15
NGC 478
NGC 635
NGC 667
48
57
56
HII 58
NGC 808
ESO 478-6
NGC 686
NGC 723
MCG -4-3-52
ESO 475-16
Se 1
ESO 478-5
IC 1768
h 3461
NGC 823
Arg 4
ESO 476-18
ESO 476-4
ESO 475-15
NGC 775
IC 1729
IC 1616
ESO 411-34
ESO 477-8
PHL 3953
NGC 689
IC 1763
TON S210 (HE 0119-2836)
IC 1628
PGC 132822
PGC 132875
IC 1720
NGC 423
ESO 414-25
ESO 414-1
NGC 613
NGC 642
h 3447
h 3436
NGC 418
NGC 378
ESO 414-27
NGC 749
ESO 413-5
PGC 132827
IC 1637
ESO 412-1
h 3478
ESO 413-24
AGCS 141
PGC 132862
NGC 441
NGC 439
ESO 414-26
MCG -5-6-2
IC 1657
MCG -6-4-65
NGC 857
ESO 354-33
IC 1734
MCG -6-4-60
ESO 353-9
ESO 353-7
PGC 95464
ESO 352-55
Jc 7
AI J0123.1-3329
ESO 352-73
NGC 597
NGC 461
IC 1783
IC 1759
ESO 354-29
IC 1728
NGC 491
ESO 352-41
IC 1719
IC 160
IC 1739
IC 1724
ESO 352-69
NGC 365
ESO 354-26
ESO 354-25
NGC 526B
NGC 526A
MCG -6-5-22
NGC 698
NGC 574
MCG -6-4-36
NGC 568
NGC 409
PGC 95470
ESO 354-19
XX
MCG -6-4-40
MCG -6-4-54
ESO 353-25
ESO 353-40
PGC 95212
NGC 854
ESO 354-3
ESO 353-26
NGC 623
NGC 612
NGC 824
ESO 296-19
ESO 296-2
h 3452
NGC 633
NGC 438
NGC 544
NGC 424
ESO 297-7
NGC 534
ESO 297-3
ESO 296-38
-21°
-22°
-23°
-24°
-25°
-26°
-27°
-28°
-29°
-30°
-33°
-34°
-35°
-36°
-37°
-30°
1h 00m
2h 20m
2h 15m
2h 10m
2h 05m
2h 00m
1h 55m
1h 50m
1h 45m
1h 40m
1h 35m
1h 30m
1h 25m
1h 20m
1h 15m
1h 10m
1h 05m
1h 00m

Scl
NGC 320
NGC 247
Dusty Spiral
NGC 216
75
HCG 4
ESO 540-1
NGC 7826
β 393
MCG -4-2-39
NGC 59
Stone 3
NGC 144
PGC 134702
NGC 77
Snow 9
h 1957
NGC 65
NGC 66
HCG 9
NGC 167
NGC 232
NGC 235A
NGC 235B
NGC 45
β 734
IC 1601
IC 1562
ESO 473-18
Snow 6
WNO 1
β 395
ESO 472-20
h 1991
NGC 253
Silver Dollar Galaxy
h 1992
IC 1558
IC 1553
NGC 24
h 3377
Str 48
ESO 474-27
NGC 288
ESO 474-7
ESO 472-4
South Galactic Pole
PGC 132788
ESO 411-34
Lal 193
NGC 150
Lal 192
AGCS 1171
κ2
κ1
β 391
AGC 4036
δ
AGC 4049
α
ι
NGC 174
ESO 409-25
IC 5362
IC 535
Blanco 1
IC 5364-1
76
ζ
ESO 412-1
MCG -5-1-16
AGCS 6
ESO 409-12
NGC 289
NGC 254
NGC 7755
NGC 148
NGC 314
S
ESO 471-45
MCG -6-2-22
NGC 101
IC 1531
Str 88
η
XY
NGC 134
Giant Squid Galaxy
NGC 131
SW
NGC 7793
ESO 351-30
Sculptor Dwarf
ESO 350-40
MCG -6-1-5
Cartwheel Galaxy
NGC 115
IC 1608
ESO 349-38
NGC 10
h 3375
ESO 349-31
Scl DIG
NGC 7812
MCG -6-1-2
AGC 4059
AGCS 1157
Str 90
θ
MCG -6-1-1
ESO 349-1
MCG -6-3-4
I 701
Str 89
ESO 349-26A
ESO 349-26C
ESO 349-27
PGC 95455
MCG -6-52-4
MCG -6-52-5
MCG -6-1-32
NGC 300
Sculptor Pinwheel
PGC 95267
T
ESO 293-49
NGC 264
MCG -6-1-28
I 146
λ2
λ1
MCG -7-2-13
HdO 182
ESO 295-13
99
ξ
-21°
-22°
-23°
-24°
-25°
-26°
-27°
-28°
-29°
-30°
-33°
-34°
-35°
-36°
-37°
1h 00m
0h 55m
0h 50m
0h 45m
0h 40m
0h 35m
0h 30m
0h 25m
0h 20m
0h 15m
0h 10m
0h 05m
0h 00m
23h 55m
23h 50m
23h 45m
23h 40m

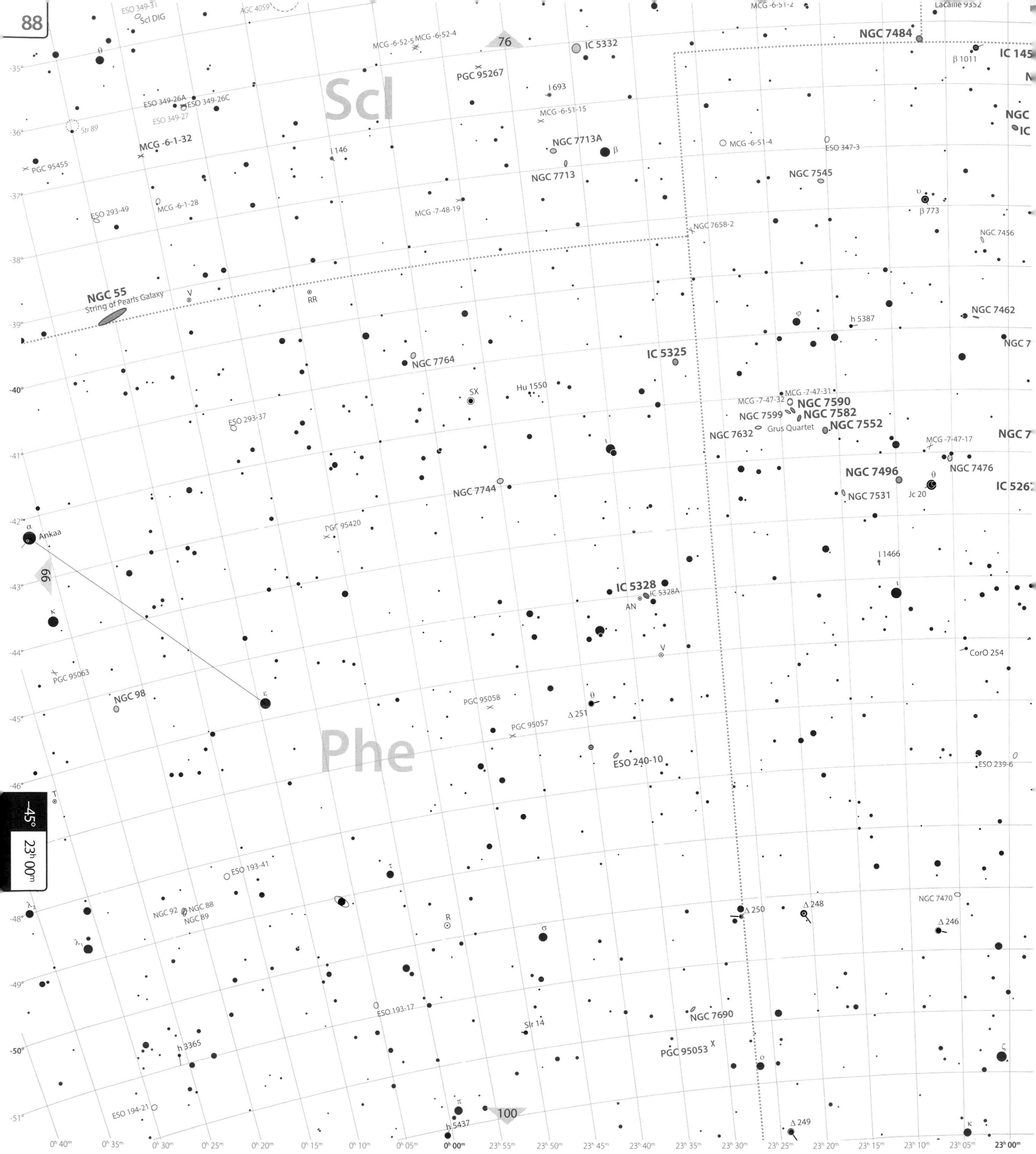

Scl
Phe
76
99
100
NGC 55
String of Pearls Galaxy
Ankaa
NGC 98
PGC 95063
ESO 349-31
Scl DIG
AGC 4059
ESO 349-26A
ESO 349-26C
ESO 349-27
Str 89
MCG -6-1-32
PGC 95455
MCG -6-1-28
ESO 293-49
ESO 293-37
MCG -6-52-5
MCG -6-52-4
PGC 95267
I 146
MCG -7-48-19
RR
NGC 7764
SX
Hu 1550
PGC 95420
NGC 7744
IC 5332
I 693
MCG -6-51-15
NGC 7713A
NGC 7713
NGC 7658-2
IC 5325
IC 5328
IC 5328A
AN
PGC 95058
PGC 95057
Δ 251
ESO 240-10
ESO 193-41
NGC 92
NGC 88
NGC 89
R
ESO 193-17
Slr 14
h 3365
ESO 194-21
h 5437
NGC 7690
PGC 95053
Δ 250
Δ 248
Δ 249
Δ 246
NGC 7470
CorO 254
ESO 239-6
I 1466
NGC 7496
NGC 7531
Jc 20
NGC 7476
MCG -7-47-17
NGC 7632
NGC 7599
NGC 7590
NGC 7582
NGC 7552
MCG -7-47-32
MCG -7-47-31
Grus Quartet
h 5387
NGC 7462
NGC 7456
β 773
NGC 7545
MCG -6-51-4
ESO 347-3
NGC 7484
β 1011
Lacaille 9352
MCG -6-51-2
IC 145
IC 526
-45°
23h 00m
0h 40m
0h 35m
0h 30m
0h 25m
0h 20m
0h 15m
0h 10m
0h 05m
0h 00m
23h 55m
23h 50m
23h 45m
23h 40m
23h 35m
23h 30m
23h 25m
23h 20m
23h 15m
23h 10m
23h 05m
23h 00m
-35°
-36°
-37°
-38°
-39°
-40°
-41°
-42°
-43°
-44°
-45°
-46°
-48°
-49°
-50°
-51°

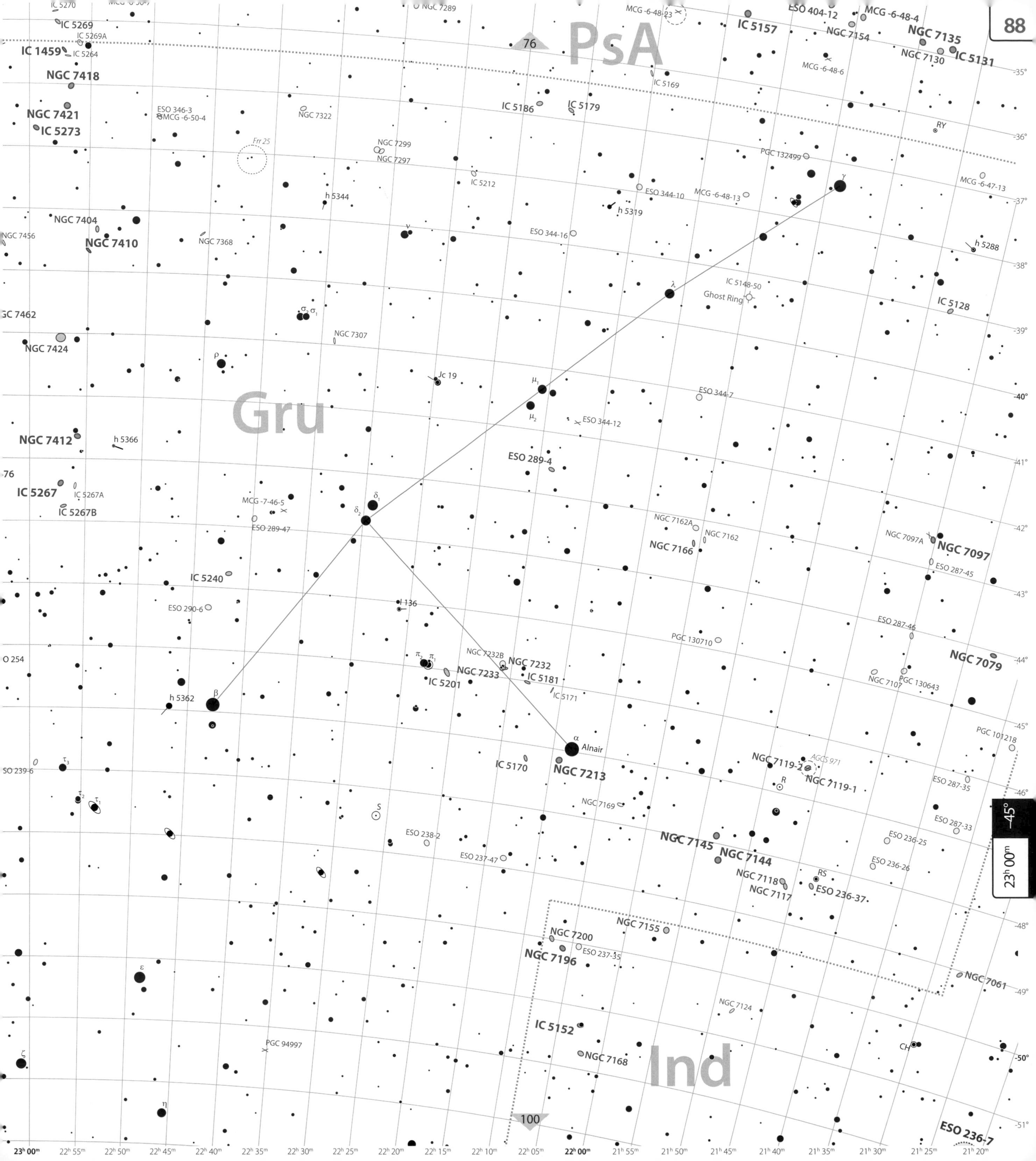
PsA
Gru
Ind
76
100
IC 5270
IC 5269
IC 5269A
IC 1459
IC 5264
NGC 7418
NGC 7421
IC 5273
ESO 346-3
MCG -6-50-4
NGC 7322
Frr 25
NGC 7299
NGC 7297
NGC 7289
MCG -6-48-23
ESO 404-12
MCG -6-48-4
IC 5157
NGC 7154
NGC 7135
NGC 7130
IC 5131
MCG -6-48-6
IC 5169
IC 5186
IC 5179
RY
PGC 132499
IC 5212
ESO 344-10
MCG -6-48-13
MCG -6-47-13
h 5344
h 5319
NGC 7404
NGC 7456
NGC 7410
NGC 7368
ESO 344-16
h 5288
IC 5148-50
Ghost Ring
IC 5128
NGC 7462
NGC 7424
NGC 7307
Jc 19
ESO 344-7
ESO 344-12
NGC 7412
h 5366
ESO 289-4
IC 5267
IC 5267A
IC 5267B
MCG -7-46-5
ESO 289-47
NGC 7162A
NGC 7162
NGC 7166
NGC 7097A
NGC 7097
ESO 287-45
IC 5240
ESO 290-6
I 136
PGC 130710
ESO 287-46
NGC 7079
NGC 7232B
NGC 7232
NGC 7233
IC 5181
IC 5201
IC 5171
NGC 7107
PGC 130643
h 5362
PGC 101218
Alnair
IC 5170
NGC 7213
NGC 7119-2
AGCS 971
NGC 7119-1
ESO 287-35
ESO 239-6
NGC 7169
ESO 287-33
ESO 238-2
ESO 236-25
ESO 237-47
NGC 7145
NGC 7144
ESO 236-26
NGC 7118
NGC 7117
RS
ESO 236-37
NGC 7155
NGC 7200
NGC 7196
ESO 237-35
NGC 7061
NGC 7124
IC 5152
PGC 94997
NGC 7168
CH
ESO 236-7
-35°
-36°
-37°
-38°
-39°
-40°
-41°
-42°
-43°
-44°
-45°
-46°
-48°
-49°
-50°
-51°
23h 00m
22h 55m
22h 50m
22h 45m
22h 40m
22h 35m
22h 30m
22h 25m
22h 20m
22h 15m
22h 10m
22h 05m
22h 00m
21h 55m
21h 50m
21h 45m
21h 40m
21h 35m
21h 30m
21h 25m
21h 20m
-45°
23h 00m

Gru
Mic
Ind
77
100
β 769
AGCS 997
IC 5157
ESO 404-12
NGC 7154
NGC 7155
NGC 7130
MCG -6-48-23
MCG -6-48-6
RY
MCG -6-47-10
PGC 132388
ESO 402-8
NGC 7091
MCG -6-47-13
IC 5169
ESO 342-22
PGC 132499
γ
ESO 342-50
h 5288
IC 5186
IC 5179
MCG -6-48-13
ESO 343-13
NGC 7075
ζ
ESO 344-10
IC 5128
MCG -7-44-13
h 5319
IC 5148-50
Ghost Ring
ESO 344-16
IC 5105A
IC 5105
λ
ESO 343-1
IC 5105B
θ1
θ2
NGC 7087
ξ
η
CF
ESO 344-7
NGC 7060
NGC 7057
ESO 287-16
ESO 286-50
μ1
μ2
NGC 7097A
NGC 7097
NGC 7070A
MelO 6
Δ 236
ESO 344-12
ESO 287-45
NGC 7070
NGC 7072
NGC 7072A
AGC 3747
AGCS 919
ESO 286-59
Jc 19
NGC
ESO 289-4
NGC 7162A
NGC 7162
NGC 7166
ESO 287-46
NGC 7079
ESO 286-52
NGC 7012
T
PGC 130643
NGC 7107
PGC 101218
ESO 287 13
Shapley-Ames 7
ESO 286-63
PGC 130710
ESO 287-35
ESO 287-4
AGCS 971
AGCS 924
NGC 7119-2
NGC 7119-1
ESO 287-33
I 136
NGC 7232B
NGC 7232
IC 5181
IC 5171
NGC 7038
NGC 7014
R
NGC 7233
π2
π1
IC 5201
ESO 236-25
α
Alnair
ESO 236-26
ESO 235-55
ESO 235-49
ESO 235-42
NGC 7213
RS
NGC 7041
ESO 235-85
NGC 6987
IC 5170
NGC 7169
NGC 7145
NGC 7144
ESO 236-37
NGC 7049
NGC 7118
NGC 7117
NGC 7002
NGC 7004
NGC 7061
NGC 7029
NGC 7022
RZ
S
ESO 238-2
ESO 237-47
NGC 7155
CH
NGC 7200
ESO 237-35
NGC 7196
NGC 7124
ESO 236-7
NGC 6984
ESO 235-51
I 132
IC 5152
Hu 1626
NGC 7168
NGC 7007
NGC 7064
IC 5125
NGC 7106
PGC 94982
θ
h 5258
-35°
-36°
-37°
-38°
-39°
-40°
-41°
-42°
-43°
-44°
-45°
-46°
-47°
-48°
-49°
-50°
-51°
22h 40m
22h 35m
22h 30m
22h 25m
22h 20m
22h 15m
22h 10m
22h 05m
22h 00m
21h 55m
21h 50m
21h 45m
21h 40m
21h 35m
21h 30m
21h 25m
21h 20m
21h 15m
21h 10m
21h 05m
21h 00m

IC 5011
IC 5013
77
ESO 400-4
ESO 399-18
MCG -6-43-10
MCG -6-43-9
Klemola 31
R 321
MCG -6-44-6
ESO 398-22
MCG -6-43-4
AGCS 900
NGC 6958
AGCS 897
IC 5049-1
IC 5049-2
ESO 341-4
ESO 340-7
ESO 399-23
h 5151
IC 4913
ESO 340-3
IC 5056
ESO 340-36
AGC 3656
ESO 339-25
ESO 339-17
MCG -6-44-4
HdO 294
IC 4926
IC 4931
MCG -6-43-8
ESO 340-12
RT
ESO 339-34
MCG -7-41-5
ESO 340-32
MCG -7-42-17
Jc 18
U
ESO 340-25
Δ 230
ESO 339-20
MCG -7-40-5
Gli 259
NGC 6849
MCG -7-40-8
ESO 340-29
ESO 340-16
ESO 339-3
See 388
ESO 340-43
ESO 340-15
MCG -7-41-27
ESO 339-12
ESO 339-1
He 3-1863
MCG -7-40-6
ESO 340-21
Δ 236
MCG -7-43-1
ESO 339-21
RU
MCG -7-42-14
ESO 285-36
ESO 284-17
NGC 6983
I 1490
MCG -7-41-1
ESO 286-10
NGC 6902
NGC 6902B
MCG -7-41-22
NGC 6806
NGC 6919
IC 4946
Shapley-Ames 6
ESO 285-52
ESO 285-24
ESO 285-23
ESO 284-41
ESO 284-26
ESO 284-21
ESO 284-38
RZ
ESO 284-32
ESO 284-33
NGC 6878
Sgr
NGC 6890
NGC 6878A
ESO 285-49
h 5204
Str 65
I 41
ESO 285-48
ESO 284-51
ESO 284-53
IC 4956
I 1429
ESO 284-37
NGC 6875
ESO 284-44
NGC 6909
R
Z
NGC 6918
ESO 284-9
NGC 6845
Klemola 30
ESO 283-15
HO
I 256
NGC 6987
NGC 6970
NGC 6893
AGCS 851
NGC 6870
NGC 6861D
ESO 233-27
I 118
NGC 7002
NGC 6868
ESO 233-35
IC 4943
NGC 6851
NGC 6861
PKS 2005-489
ESO 234-51
ESO 234-21
AGCS 866
ESO 233-49
ESO 232-9
ESO 234-49
Tel
I 17
ESO 234-50
NGC 6899
Y
IC 4909
W
ESO 234-68
ESO 233-22
IC 4916
I 664
ESO 234-70
Str 63
IRAS 20206-5138
NGC 6984
NGC 6982
ESO 234-28
V346
NGC 6937
NGC 6935
ESO 233-44
7007
IC 4983
ESO 186-52
IC 4995
IC 4975
ESO 186-62
NGC 6887
ESO 233-14
IC 4894
IC 4886
NGC 6948
IC 4923
101
ESO 186-59
IC 4994
IC 4875
IC 4879
21h 00m
20h 55m
20h 50m
20h 45m
20h 40m
20h 35m
20h 30m
20h 25m
20h 20m
20h 15m
20h 10m
20h 05m
20h 00m
19h 55m
19h 50m
19h 45m
19h 40m
19h 35m
19h 30m
19h 25m
19h 20m
-35°
-36°
-37°
-38°
-39°
-40°
-41°
-42°
-43°
-44°
-45°
-46°
-47°
-48°
-49°
-50°
-51°
-45°
21h 00m

Sgr
Tel
NGC 6726-7
NGC 6729
Chandelier
SL 42
h 5084
BrsO 14
IC 4812
SL 39-40
h 5080
ESO 396-17
ESO 399-18
ESO 398-22
MCG -6-43-10
MCG -6-43-9
MCG -6-43-4
I 651
h 5151
ESO 400-4
MCG -6-44-6
NGC 6805
ESO 337-23
ESO 337-8
IC 4913
ESO 399-23
MCG -6-43-8
ESO 340-7
AGC 3656
ESO 339-17
MCG -6-44-4
ESO 339-25
IC 4926
HdO 294
IC 4931
ESO 340-3
MCG -7-40-5
NGC 6794
V720
IC 1297
MCG -7-41-5
See 388
ESO 337-16
NGC 6768-1
NGC 6768-2
ESO 339-34
MCG -7-40-8
ESO 339-20
ESO 339-3
ESO 339-1
MCG -7-40-6
RT
ESO 340-12
Rukbat
NGC 6849
ESO 339-12
ESO 338-4
Δ 230
ESO 337-6
ESO 340-25
ESO 340-16
ESO 337-10
ESO 337-9
RU
NGC 6806
MCG -7-41-27
ESO 340-15
He 3-1863
ESO 339-21
ESO 340-21
ESO 282-10
ESO 284-17
MCG -7-41-1
I 1490
h 5117
Δ 226
Arkab
MCG -7-41-22
ESO 284-21
ESO 284-26
IC 4808
NGC 6902B
NGC 6902
ESO 284-41
RZ
ESO 284-32
NGC 6878
IC 4946
Shapley-Ames 6
ESO 284-38
ESO 284-33
NGC 6878A
R 317
h 5078
RX
ESO 282-21
ESO 282-27
Z
NGC 6890
ESO 283-15
ESO 282-28
MT
ESO 284-51
IC 4956
I 118
ESO 282-24
h 5092
NGC 6875
ESO 284-53
HO
ESO 284-37
ESO 284-9
ESO 232-9
ESO 231-17
NGC 6845
Klemola 30
ESO 284-44
R
I 256
NGC 6909
AGCS 851
ESO 233-27
NGC 6851
NGC 6861D
NGC 6870
ESO 233-35
IC 4943
NGC 6861
NGC 6868
NGC 6918
NGC 6893
Str 71
PKS 2005-489
W
NGC 6761
NGC 6754
ESO 231-24
ESO 233-49
IC 4909
IC 4916
AGCS 866
ESO 234-21
ESO 233-22
BL
ESO 234-51
ESO 234-49
NGC 6899
Y
V346
ESO 232-6
IC 4894
IC 4886
IC 4875
ESO 184-34
ESO 234-50
ESO 233-44
IC 4879
I 664
IRAS 20206-5138
ESO 233-14
IC 4876
ESO 184-81
CorO 238
ESO 234-28
IC 4983
IC 4923
ESO 184-71
IC 4975
ESO 184-5
NGC 6725
-35°
-36°
-37°
-38°
-39°
-40°
-41°
-42°
-43°
-44°
-45°
-46°
-48°
-49°
-50°
-51°
20h 40m
20h 35m
20h 30m
20h 25m
20h 20m
20h 15m
20h 10m
20h 05m
20h 00m
19h 55m
19h 50m
19h 45m
19h 40m
19h 35m
19h 30m
19h 25m
19h 20m
19h 15m
19h 10m
19h 05m
19h 00m

78

101

CrA
Sco
Ara
78
101
D5
–45°
19h 00m
NGC 6723
Chandelier Cluster
SL 41
IC 4812
h 5080
ESO 336-6
ESO 336-21
ESO 336-17
MCG -6-40-2
Δ 222
Ptolemy's Cluster
NGC 6453
Tr 30
B 293
Howe 88
M 3-21
V1647
Δ 219
h 5000
B 288
B 290
ESO 394-30
NGC 6441
H 1-36
Silver Nugget Cluster
H 1-52
Al J1800.2-3724
Al 80B
Al 80A
Fg 3
I 1013
H 1-37
β 760
Wray 16-411
Al J1827.9-4100
h 5066
ESO 337-2
ESO 337-6
ESO 337-1
ESO 336-14
ESO 336-8
ESO 336-4
ESO 336-3
ESO 336-9
I 250
ESO 336-10
ESO 335-5
h 5023
CorO 222
Tr 29
Lo 16
Wray 16-385
Al J1750.1-4128
ESO 281-33
ESO 281-38
ESO 281-15
ESO 281-27
ESO 281-24
NGC 6541
h 5014
He 2-306
ESO 334-2
NGC 6496
Sa 195
RU
IC 4808
h 5078
Fg 2
Sa 194
Hrr 8
IC 4699
h 5034
IC 4663
h 4973
NGC 6388
MT
ESO 281-9
ESO 281-18
ESO 281-8
ESO 281-11
ESO 281-31
I 112
ESO 281-14
ESO 281-5
ESO 280-6
Sa 193
Al J1758.0-4616
IC 1266
Wray 16-278
ESO 231-11
ESO 281-4
h 5031
ESO 231-2
PC 17
SV
ESO 230-7
ESO 231-9
h 4970
I 622
I 1350
Str 15
NGC 6352
See 331
ESO 230-9
W
ESO 231-1
ESO 230-3
He 2-248
AGCS 801
Sp 3
CapO 17
IC 4651
NGC 6584
ESO 229-8
IC 4761
U
V863
IC 4777
ESO 182-4
RY
NGC 6725
NGC 6708
NGC 6707
h 5041
Sa 1-6
19h 00m
18h 55m
18h 50m
18h 45m
18h 40m
18h 35m
18h 30m
18h 25m
18h 20m
18h 15m
18h 10m
18h 05m
18h 00m
17h 55m
17h 50m
17h 45m
17h 40m
17h 35m
17h 30m
17h 25m
17h 20m
–35°
–36°
–37°
–38°
–39°
–40°
–41°
–42°
–43°
–44°
–45°
–46°
–48°
–49°
–50°
–51°

Sgr
CrA
Ara
Tel
Ptolemy's Cluster
NGC 6396
ESO 393-12
79
vdB-Ha 223
NGC 6334
Cat's Paw Nebula
ASCC 88
SL 27
B 293
Tr 30
D5
Ru 127
H 16
Sa 2-215
NGC 6302
Bug Nebula
RT
NGC 6400
Shaula
λ
υ
Howe 88
M 3-21
V1647
Δ 219
NGC 6441
H 1-36
Silver Nugget Cluster
Cr 338
B 288
h 5000
B 290
Ru 123
NGC 6281
I 247
vdB-Ha 222
Howe 86
ESO 332-20
η
β 760
ESO 394-30
Al J1800.2-3724
NGC 6337
Cheerio Nebula
Sh 2-3
See 318
H 1-52
Ton 2
NGC 6354
Tr 25
Havlen-Moffat 1
Al 80A
Al 80B
NGC 6380
Howe 87
NGC 6318
NGC 6268
κ
SL 28-9
H 1-26
Teu 85
Fg 3
I 1013
H 1-37
IRAS 17245-3951
Walnut Nebula
IC 4628
Prawn Nebula
SDC 346.8-0.4
B 58
B 48
Lo 16
SL 26
V1079
CorO 222
ι₂
ι₁
Tr 29
Ru 125
vdB-Ha 217
SL 23
ESO 332-22
IC 4637
Ru 124
H 1-21
vdB-Ha 21
Hld 136
h 5023
Al J1750.1-4128
SDC 345.8-2.3
H 1-7
Baby
Teu 84
ESO 334-2
Al J1708.3-4301
ESO 335-5
Wray 16-385
B 263
NGC 6322
SDC 345.2-2.9
θ
SDC 345.2-3.6
He 2-306
Sa 195
RU
Δ 217
P 1-8
CorO 208
Fg 2
Cn 1-3
h 5014
NGC 6541
NGC 6496
NGC 6388
Sa 194
IC 4663
h 4973
Wray 16-278
V636
He 2-207
ESO 278-2
h 4949
σ
IC 1266
Δ 213
BrsO 13
IRAS 16594-4656
Water Lily Neb
Cn 1-4
PC 17
ε
IC 4699
h 5034
ESO 280-6
Sa 193
Al J1758.0-4616
α
δ₂
δ₁
Hrr 8
H 13
h 5031
281-8
281-5
ESO 281-4
Str 15
See 331
NGC 6352
See 316
h 4970
Sa 18
He 2-248
CorO 206
IC 4651
I 622
I 1350
W
ζ
RY
Δ 212
vdBH 81
CapO 17
V863
NGC 6326
He 2
Sp 3
U
μ
ESO 230-3
PC 14
AGCS 801
ESO 229-8
ε₂
ε₁
NGC 6584
ESO 182-4
Sa 1-6
102
υ₂
NGC 6397
He 3-1312
-35°
-36°
-37°
-38°
-39°
-40°
-41°
-42°
-43°
-44°
-45°
-46°
-48°
-49°
-50°
-51°
18h 40m
18h 35m
18h 30m
18h 25m
18h 20m
18h 15m
18h 10m
18h 05m
18h 00m
17h 55m
17h 50m
17h 45m
17h 40m
17h 35m
17h 30m
17h 25m
17h 20m
17h 15m
17h 10m
17h 05m
17h 00m

SL 27
B 233
B 231
NGC 6026
Magakian 634
B 228
79
NGC 6256
Δ 209
He 2-175
R 283
NGC 6072
ESO 389-5
Δ 192
h 4889
Slo 55
θ
Sco
μ2 μ1
IRAS 16342-3814
Water Fountain Nebula
Str 83
SL 11
Vd 1-6
Vd 1-4
Vd 1-1
NGC 6139
η
h
NGC 6242
B 232
SL 14
See 268
Δ 199
Rmk 21
KZ
NGC 5986
IC 4628
Prawn Nebula
Cr 316
Tr 24
V856
ESO 330-4
B 44a
NGC 6153
SL 16
ESO 329-12
B 48
ESO 332-8
Ru 122
NGC 6124
Lup
vdB-Ha 211
NGC 6227
Magakian 683
EX
h 4845
I 89
NGC 6231
Baby Scorpion
SL 9
SL 19
SL 10
StWr 4-10
SL 7
IC 4599
ζ2 ζ1
RCW 113
λ
NGC 6192
Ly 13
h 4786
Howe 79
SL 17
SL 6
I 99
vdB-Ha 200
Sa 181
B 235
μ
NGC 6259
NGC 6222
NGC 6169
ω
NGC 6249
SL 8
NGC 6216
Sa 187-8
Sa 189
RS
Ly 14
HdO 260
NGC 6178
δ
I 245
NGC 6250
We 1
vdB-Ha 197
Sa 191
Sa 192
Ru 121
Ly 11
Slo 53
g
Sa 190
Sa 179
h 4896
h 4890
h 4857
NGC 6204
Ho 22
Water Lily Nebula
2MASS-GC 3
Sa 180
h 4788
d
NGC 6200
See 254
ESO 275-1
h 4853
ε
SDC 338.0-2.0
Slr 12
θ
NGC 6188
NGC 6164-5
Nor
Δ 211
Ru 120
See 316
NGC 6193
Firebird Cluster
Sa 182
Ly 9
−45°
17h 00m
Δ 206
Wray 16-199
Sa 184
Ho 19
Pi 23
K 1-30
Sa 186
NGC 6134
CorO 197
Wray 16-189
Δ 187
NGC 6167
P 1-5
CorO 201
SDC 334.7-1.0
η
CorO 206
SDC 336.8-3.1
Cn 1-1
Sa 185
Sa 183
Ly 8
γ2 γ1
Al J1524.6-4828
Ly 12
Cr 307
ESO 226-6
RCW 103
R
He 2-186
Δ 195
Ru 119
Ru 176
P 1-4
vdB-Ha 176
RCW 104
Al J1616.2-5136
NGC 6115
Ru 117
Mz 3
Pi 22
Ru 116
Hld 124
Sa 176
NGC 5946
Ant Nebula
Ly 6
SDC 325.9+5.9
NGC 6253
NGC 6152
Ru 115
Sp 1
ε1
NGC 5927
330°
Johansson 1
Sa 175
He 2-164
He 2-161
Rss 30
Sa 178
Al 8
NGC 6208
102
He 2-128
He 3-1312
He 2-170
He 2-153
−35° −36° −37° −38° −39° −40° −41° −42° −43° −44° −45° −46° −47° −48° −49° −50° −51°
17h 00m 16h 55m 16h 50m 16h 45m 16h 40m 16h 35m 16h 30m 16h 25m 16h 20m 16h 15m 16h 10m 16h 05m 16h 00m 15h 55m 15h 50m 15h 45m 15h 40m 15h 35m 15h 30m 15h 25m 15h 20m

Lup
Sco
Nor
80
102
-45°
15h 00m
NGC 6072
ESO 389-5
NGC 5986
SL 11
KZ
Str 83
Rmk 21
ESO 330-4
ESO 329-12
ESO 329-7
ESO 328-50
ESO 328-35
NGC 5843
ESO 387-19
h 4755
ESO 387-26
ESO 387-12
ESO 387-16
CorO 179
CorO 271
NGC 5873
Howe 76
B 1274
ESO 328-25
ESO 328-6
ESO 386
SL 14
V856
Δ 199
See 268
I 89
ESO 328-37
IRAS 15032-4022
Str 28
MCG -7-31-9
ESO 329-2
ESO 328-19
O'Neal 2
EX
h 4786
h 4776
ESO 328-22
NGC 6124
SL 9
StWr 4-10
SL 7
Howe 79
ESO 328-30
IC 4527
SL 10
h 4845
Δ 184
He 2-118
IC 4529
SL 6
Δ 179
CapO 415
IC 4599
I 228
Sa 181
ESO 274-6
I 245
Δ 182
SL 8
Δ 178
h 4788
HV
NGC 5882
Slo 53
ESO 275-1
ESO 274-1
Sa 179
h 4728
See 254
CapO 62
Sa 180
K 1-30
Δ 187
h 4753
Slr 20
Δ 180
h 4857
AI 1524.6-4828
Δ 177
Wray 16-199
Wray 16-189
Cn 1-1
h 4853
NGC 6164-5
Ly 9
Ru 120
Pi 23
P 1-5
vdB-Ha 176
Sa 176
SDC 325.9+5.9
Sa 175
NGC 6188
Ho 19
Sa 182
CorO 197
NGC 6134
Δ 195
NGC 5946
NGC 5927
Hld 124
SDC 334.7-1.0
Ly 8
Al 8
He 2-128
NGC 6167
NGC 580
P 1-4
Sp 1
RCW 103
Ru 176
Johansson 1
ESO 226-6
AI 1616.2-5136
Ly 6
Rss 27
He 2-129
MGP 2
RCW 104
Pi 22
Cr 307
Mz 3
Ant Nebula
Ru 119
Ru 117
Ru 116
Ru 115
NGC 6115
Kro 7
330°
16h 40m
16h 35m
16h 30m
16h 25m
16h 20m
16h 15m
16h 10m
16h 05m
16h 00m
15h 55m
15h 50m
15h 45m
15h 40m
15h 35m
15h 30m
15h 25m
15h 20m
15h 15m
15h 10m
15h 05m
15h 00m
-35°
-36°
-37°
-38°
-39°
-40°
-41°
-42°
-43°
-44°
-45°
-46°
-48°
-49°
-50°
-51°

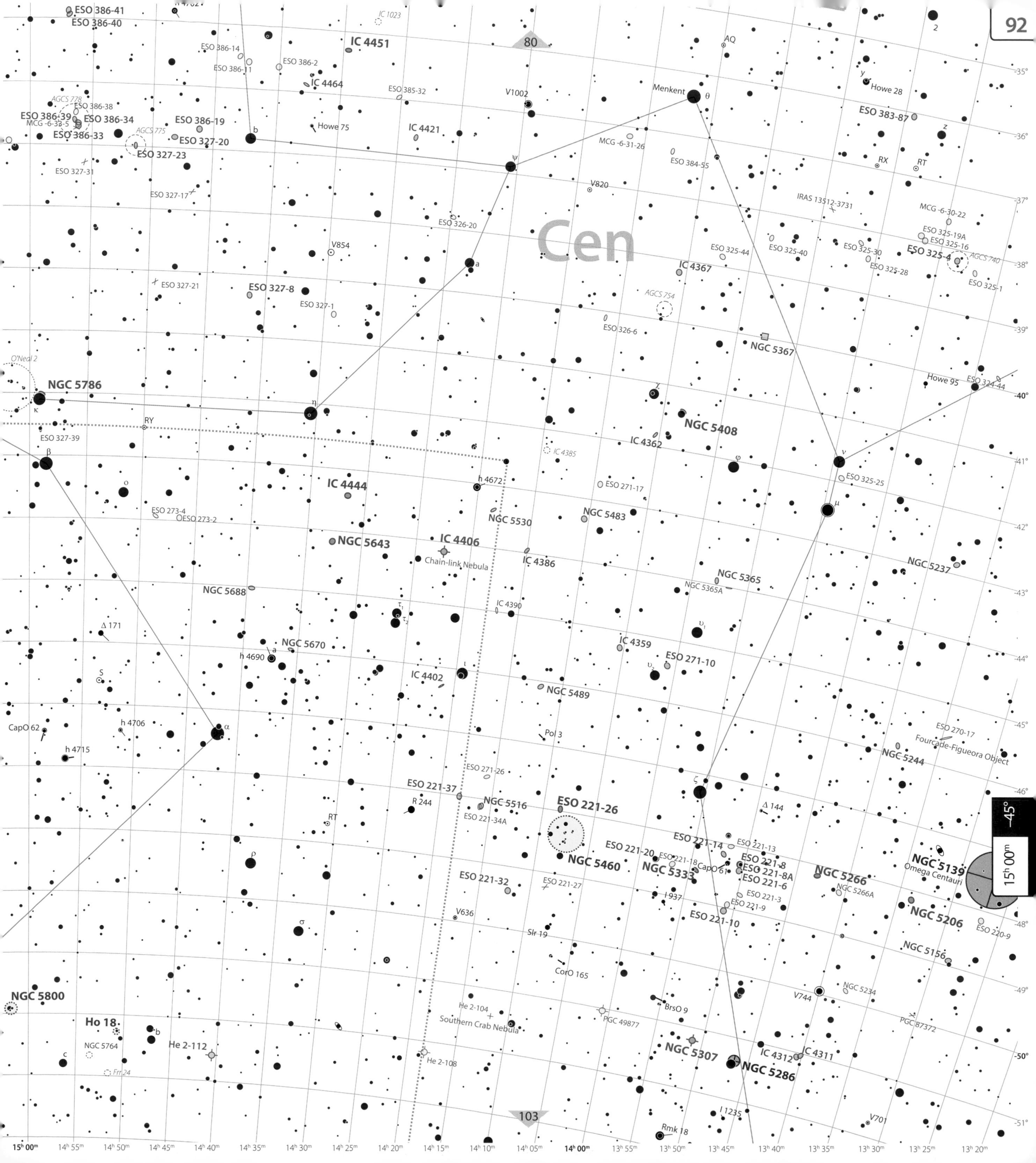
Cen
80
103
Menkent
ESO 386-41
ESO 386-40
IC 1023
ESO 386-14
ESO 386-11
ESO 386-2
IC 4451
IC 4464
ESO 385-32
AQ
Howe 28
ESO 383-87
AGCS 778
ESO 386-38
ESO 386-39
MCG -6-31-5
ESO 386-34
ESO 386-33
ESO 386-19
AGCS 775
ESO 327-20
ESO 327-23
Howe 75
IC 4421
V1002
MCG -6-31-26
ESO 384-55
RX
RT
ESO 327-31
ESO 327-17
V820
IRAS 13512-3731
MCG -6-30-22
ESO 325-19A
ESO 325-16
ESO 326-20
V854
ESO 325-44
ESO 325-40
ESO 325-30
ESO 325-4
AGCS 740
ESO 325-28
ESO 325-1
IC 4367
ESO 327-21
ESO 327-8
ESO 327-1
AGCS 754
ESO 326-6
NGC 5367
O'Neal 2
NGC 5786
Howe 95
ESO 324-44
RY
ESO 327-39
NGC 5408
IC 4362
IC 4385
h 4672
ESO 271-17
ESO 325-25
IC 4444
ESO 273-4
ESO 273-2
NGC 5530
NGC 5483
NGC 5643
IC 4406
Chain-link Nebula
IC 4386
NGC 5237
NGC 5688
NGC 5365
NGC 5365A
IC 4390
Δ 171
IC 4359
NGC 5670
h 4690
ESO 271-10
S
IC 4402
NGC 5489
h 4706
CapO 62
Pol 3
ESO 270-17
h 4715
Fourcade-Figueora Object
NGC 5244
ESO 271-26
ESO 221-37
R 244
NGC 5516
ESO 221-34A
ESO 221-26
Δ 144
RT
ESO 221-14
ESO 221-13
ESO 221-20
ESO 221-18
CapO 61
ESO 221-8
ESO 221-8A
ESO 221-6
NGC 5460
NGC 5333
NGC 5139
Omega Centauri
NGC 5266
NGC 5266A
ESO 221-32
ESO 221-27
I 937
ESO 221-3
ESO 221-9
V636
ESO 221-10
NGC 5206
ESO 220-9
Slr 19
NGC 5156
CorO 165
NGC 5234
NGC 5800
V744
He 2-104
Southern Crab Nebula
PGC 49877
BrsO 9
PGC 87372
Ho 18
NGC 5764
He 2-112
He 2-108
NGC 5307
IC 4312
IC 4311
NGC 5286
Frr 24
I 1235
V701
Rmk 18
-35°
-36°
-37°
-38°
-39°
-40°
-41°
-42°
-43°
-44°
-45°
-46°
-48°
-49°
-50°
-51°
-45°
15h 00m
15h 00m
14h 55m
14h 50m
14h 45m
14h 40m
14h 35m
14h 30m
14h 25m
14h 20m
14h 15m
14h 10m
14h 05m
14h 00m
13h 55m
13h 50m
13h 45m
13h 40m
13h 35m
13h 30m
13h 25m
13h 20m

MCG -6-31-29
PGC 84039
AGC 3564
MCG -6-29-29
Howe 28
81
ESO 383-87
ESO 383-47
NGC 5102
Iota's Ghost
ESO 382-16
AQ
ESO 382-67
ESO 383-20
MCG -6-29-34
ESO 382-34
ESO 382-23
MCG -6-29-20
Menkent
RX
RT
NGC 4953-1
ESO 381-32
NGC 5121
MCG -6-30-22
ESO 323-73
ESO 323-79
ESO 324-33
IRAS 13512-3731
ESO 325-19A
ESO 325-16
AGCS 740
V1002
MCG -6-31-26
ESO 384-55
ESO 325-4
ESO 325-1
ESO 325-30
ESO 325-28
ESO 325-40
V820
ESO 325-44
ESO 323-89
NGC 4832
Cen
ESO 323-92
IC 4367
ESO 324-44
Howe 95
ESO 323-77
AGCS 754
NGC 5367
ESO 323-85
ESO 323-66
ESO 326-6
NGC 4930
ESO 323-90
ESO 324-15
ESO 325-25
ESO 324-29
MCG -7-27-50
ESO 323-93
NGC 5408
ESO 323-99
NGC 4909
NGC 5128
Centaurus A
NGC 5026
NGC 5011
ESO 269-38
IC 4362
NGC 4988
NGC 5237
Arp 153
NGC 5011C
NGC 5011B
NGC 4950
ESO 270-7
MCG -7-27-51
ESO 269-70
IC 4385
NGC 5091
NGC 5090A
ESO 269-72
NGC 4946
NGC 5090
NGC 5082
ESO 271-17
NGC 5090B
NGC 5483
ESO 270-14
h 4672
NGC 5365
NGC 5365A
ESO 269-49
NGC 5530
IC 4386
ESO 270-17
IC 4406
Fourcade-Figueroa Object
ESO 270-6
ESO 269-74
I 917
Chain-link Nebula
IC 4359
ESO 271-10
IC 4390
NGC 5244
ESO 269-60
ESO 269-57
ESO 269-58
NGC 5489
ESO 269-90
ESO 269-80
ESO 269-85
NGC 4940
NGC 4937
IC 4402
NGC 5139
Omega Centauri
Δ 144
NGC 5064
Pol 3
Slr 18
NGC 5266
ESO 220-9
CapO 13
ESO 221-13
ESO 221-8
NGC 5266A
NGC 5206
ESO 221-8A
ESO 221-6
ESO 271-26
ESO 221-26
NGC 5460
ESO 221-14
ESO 221-18
CapO 61
NGC 5156
NGC 4945
Gold Dollar Galaxy
ESO 721-3
ESO 219-39
NGC 4976
ESO 221-37
NGC 5516
ESO 221-20
NGC 5333
ESO 221-9
ESO 219-41
ESO 221-34A
NGC 4945A
ESO 221-10
R 244
I 937
V744
NGC 5234
PGC 87372
ESO 221-27
ESO 219-21
ESO 221-32
RT
ESO 219
Lup
Slr 19
V636
IC 4311
CorO 165
BrsO 9
IC 4312
NGC 5286
NGC 5307
PGC 49877
V701
IC 4200
He 2-104
ESO 220-6
Southern Crab Nebula
I 1235
Rmk 18
He 2-108
103
-35°
-36°
-37°
-38°
-39°
-40°
-41°
-42°
-43°
-44°
-45°
-46°
-47°
-48°
-49°
-50°
-51°
-45°
13h 00m
14h 40m
14h 35m
14h 30m
14h 25m
14h 20m
14h 15m
14h 10m
14h 05m
14h 00m
13h 55m
13h 50m
13h 45m
13h 40m
13h 35m
13h 30m
13h 25m
13h 20m
13h 15m
13h 10m
13h 05m
13h 00m

Hya
Cen
-45°
13h 00m
81
103
D19
NGC 4574
XZ
ESO 380-6
ESO 380-1
ESO 380
MCG -6-27-31
ESO 381-29
ESO 381-9
IC 3639
Slr 10
ESO 379-26
PGC 88648
V919
ESO 381-32
ESO 379-19
ESO 323-15
ESO 323-25
MCG -6-27-23
u
ESO 321-26
IC 2977
NGC 3903
ESO 378-20
ESO 320-35
Howe 70
ESO 323-44
ESO 322-84
NGC 4679
ESO 322-5
NGC 4553
IC 3370
NGC 4373A
ESO 321-19
ESO 321-5
89
NGC 3783
NGC 4832
NGC 4767
NGC 4767B
n
AGC 3526
NGC 4507
NGC 4373
IC 3290
ESO 321-20
See 143
ESO 320-26
Δ 114
Shapley-Ames 3
NGC 4499
ESO 321-25
ESO 320-24
ESO 323-63
ESO 322-27
ESO 322-25
NGC 4575
ESO 321-21
ESO 321-1
NGC 4112
ESO 322-21
ESO 323-66
NGC 4709
NGC 4696B
NGC 4696
ESO 322-34
I 82
h 4518
h 4484
ESO 322-31
ESO 323-14
ESO 323-10
NGC 4909
NGC 4751
ESO 268-36
ESO 322-37
I 895
I 80
AGCS 707
ESO 269-13
ESO 268-23
NGC 4681
MCG -7-26-24
NGC 4444
PGC 87362
ESO 321-2
LoTr 4
ESO 269-22
NGC 4573
ESO 268-3
NGC 4219
MCG -7-24-5
MCG -7-24-4
K 1-23
ESO 267-11
ESO 269-25
ESO 269-8
MCG -7-26-6
h 4491
ESO 268-22
ESO 267-16
ESO 269-31
ESO 268-38
h 4507
V1129
ESO 268-5
ESO 266-22
RU
NGC 4835
Rmk 14
ESO 266-15
PGC 87352
PGC 87351
ESO 269-12
ESO 267-43
ESO 266-3
4937
I 83
ESO 268-47
ESO 268-4
ESO 267-30
ESO 267-29
CapO 13
NGC 4785
τ
w
γ
h 4539
e
945
ollar Galaxy
ESO 219-7
IRAS 12142-4841
NGC 3909
ESO 219-14
IC 3896A
IC 3896
9-21
σ
ESO 218-4
ESO 219-18
δ
Ru 106
ESO 217-14
ESO 216-24
ESO 216-28
BIDz 1
I 216
NGC 3778
ESO 216-10
h 4546
ρ
ESO 218-2
ESO 217-15
PGC 87350
Rst 570
IRAS 12447-5316
PKS 1209-52
V1084
Rss 16
ESO 171-8
-35°
-36°
-37°
-38°
-39°
-40°
-41°
-42°
-43°
-44°
-45°
-46°
-48°
-49°
-50°
-51°
13h 00m
12h 55m
12h 50m
12h 45m
12h 40m
12h 35m
12h 30m
12h 25m
12h 20m
12h 15m
12h 10m
12h 05m
12h 00m
11h 55m
11h 50m
11h 45m
11h 40m
11h 35m
11h 30m
11h 25m
11h 20m

Hya
Cen
82
104
ESO 379-35
Jc 17
V919
ESO 377-48
ESO 377-21
ESO 377-24
MCG -6-25-7
NGC 3706
MCG -6-25-12
NGC 3573
ESO 380-1
ESO 379-26
ESO 380-6
Slr 10
ESO 379-19
Howe 70
NGC 3568
NGC 3557B
NGC 3564
Klemola 18
NGC 3557
ESO 377-12
ESO 377-10
NGC 3903
ESO 378-20
NGC 3783
NGC 3742
IC 2977
Δ 114
ESO 319-19
ESO 320-7
ESO 320-35
ESO 320-5
ESO 320-26
ESO 320-24
ESO 319-25
89
ESO 321-5
See 143
ESO 321-26
ESO 321-1
ESO 321-19
I 78
ESO 319-18
ESO 321-20
NGC 4112
V361
ESO 319-14
h 4484
ESO 321-25
ESO 319-22
ESO 321-21
X
MCG -7-24-4
MCG -7-24-5
h 4409
I 895
I 80
BrsO 6
LoTr 4
h 4518
NGC 3680
ESO 265-29
See 126
ESO 321-2
ESO 265-35
PGC 87362
ESO 267-11
NGC 4219
ESO 266-22
ESO 266-15
ESO 265-1
NGC 4444
h 4491
PGC 87351
ESO 266-3
I 885
ESO 268-3
ESO 267-16
PGC 87352
h 4423
h 4507
ESO 265-31
NGC 3482
RU
MCG -7-26-6
ESO 265-7
ESO 268-5
Rmk 14
R 165
ESO 267-43
Lo 5
ESO 215-32
ESO 215-23
ESO 215
NGC 3909
ESO 216-3
ESO 267-30
ESO 267-29
ESO 215-39
ESO 268-4
ESO 216-24
ESO 216-28
IRAS 12142-4841
ESO 216-10
PGC 87346
ESO 21
ESO 217-14
NGC 3778
MW
BlDz 1
PGC 87350
V1084
δ
Lor 25
σ
ESO 218-4
ESO 217-15
I 216
He 2-63
Fg 1
Rst 570
Ru 106
ρ
-35°
-36°
-37°
-38°
-39°
-40°
-41°
-42°
-43°
-44°
-45°
-46°
-48°
-49°
-50°
-51°
–45°
11h 00m
12h 40m
12h 35m
12h 30m
12h 25m
12h 20m
12h 15m
12h 10m
12h 05m
12h 00m
11h 55m
11h 50m
11h 45m
11h 40m
11h 35m
11h 30m
11h 25m
11h 20m
11h 15m
11h 10m
11h 05m
11h 00m

D21
82
104
Ant
Vel
11h 00m
−45°
NGC 3354
NGC 3347
NGC 3358
NGC 3347A
Klemola 16
AGCS 636
ESO 374-46A
AB
AW
MCG -6-23-9
h 4249
η
ESO 375-69
NGC 3275
AV
MCG -6-22-9
ESO 376-7
Al J1058.3-3727
Al 4
ESO 375-7
MCG -6-22-4
ESO 318-4
h 4381
ESO 316-46
ESO 316-40
ESO 316-38
ESO 317-3
I 209
YY
ESO 316-33
ESO 316-32
ESO 316-47
ESO 317-23
ESO 317-42
ESO 317-15
ESO 318-17
NGC 3244
ESO 317-21
XX
NGC 3378
NGC 3278
NGC 3276
ESO 316-13
ESO 318-6
ESO 318-21
ESO 317-5
ESO 316-8
NGC 3250E
NGC 3250
ESO 316-44
ESO 316-34
NGC 3250B
ESO 317-14
ESO 316-31
V361
NGC 3132
Eight Burst Nebula
NGC 3318B
NGC 3318
ESO 316-26
ESO 317-20
ESO 316-25
Klemola 14
PGC 87382
h 4242
e 126
ESO 263-28
ESO 263-37
NGC 3366
NGC 3256C
NGC 3256
NGC 3262
ESO 263-33
NGC 3263
Klemola 11
Al J1032.5-4437
NGC 3256B
I 208
NGC 3446
NGC 3261
ESO 265-1
ESO 264-47
ESO 263-21
Pz 3
PKS 0959-443
NGC 2982
Ru 81
ESO 263-14
ESO 264-49
AGCS 639
ESO 264-31
ESO 264-24
ESO 263-35
Δ 81
NGC 3482
ESO 264-36
ESO 264-46
NGC 3283
NGC 3201
h 4284
u
h 4330
h 4245
S
SL 5
Sa 117
m
I 173
Ru 160
Al J0951.3-4634
ESO 215-8
Drilling 1
WW
Octopus Nebula
Teu 103
R 155
ESO 213-11
ESO 213-2
Pi 15
Gum 12
Part of Gum Nebula
ESO 215-7
He 2-37
vdB-Ha 85
PB 6
Δ 80
CF
h 4220
VZ
Ru 87
He 2-35
Cr 213
NGC 2972
Rst 4917
NGC 3228
V343
vdB-Ha 88
SAI 109
Ho 1
vdB-Ha 73
h 4283
Sa 121
CorO 103
h 4282
Sa 2-56
Sa 119
NGC 2866
Sa 120
vdB-Ha 67
HH
He 2-50
Ru 76
11h 00m
10h 55m
10h 50m
10h 45m
10h 40m
10h 35m
10h 30m
10h 25m
10h 20m
10h 15m
10h 10m
10h 05m
10h 00m
9h 55m
9h 50m
9h 45m
9h 40m
9h 35m
9h 30m
9h 25m
9h 20m
−35°
−36°
−37°
−38°
−39°
−40°
−41°
−42°
−43°
−44°
−45°
−46°
−47°
−48°
−49°
−50°
−51°

Ant
Pyx
Vel
83
104
-35°
-36°
-37°
-38°
-39°
-40°
-41°
-42°
-43°
-44°
-45°
-46°
-48°
-49°
-50°
-51°
–45°
9h 00m
MCG -6-23-21
IC 2552
ESO 374-46A
ESO 374-46
AB
η
MCG -6-23-9
MCG -6-22-9
MCG -6-22-4
ESO 373-5
ε
h 4218
ESO 373-3
Tu 5
T
ESO 373-2
ESO 373-10
NGC 2818
NGC 2818A
Ru 74
Pyxis GC
k
k1
ESO 315-3
NGC 2845
ESO 314-14
Al J0927.5-3810
l
Al 4
YY
XX
ESO 375-7
ESO 316-46
ESO 316-40
ESO 316-38
ESO 317-3
ESO 316-33
ESO 316-32
ESO 316-13
ESO 316-8
ESO 316-47
ESO 315-14
RR
ψ
Cop 1
NGC 2849
ESO 317-15
ESO 317-21
ESO 317-5
ESO 316-44
ESO 316-34
ESO 316-31
NGC 3132
Eight Burst Nebula
ESO 317-14
h 4242
ESO 316-26
NGC 2792
w
ESO 316-25
r
q
z
PT
λ
h 4188
y
ESO 317-20
NGC 2982
ESO 261-7
ESO 263-28
Ru 81
ESO 263-37
S
Pi 12
Sa 116
I 11
Sa 114
PB 5
PKS 0959-443
Sa 117
Sa 115
SL 5
NGC 2736
Pencil N
NGC 3256
ESO 263-33
Δ 81
NGC 3262
I 208
Klemola 11
NGC 3256B
ESO 260-17
u
h 4245
NGC 3261
ESO 263-21
ESO 263-14
Teu 103
ESO 261-3
c
h 4284
m
Al J0951.3-4634
Rst 393
ESO 263-35
Ru 160
Teu 102
NGC 3201
Pi 15
NGC 3283
I 173
ESO 213-2
Gum 12
Part of Gum Nebula
Gum 25
270°
Mrk 18
4330
He 2-37
h 4220
vdB-Ha 63
Δ 80
Pi 11
He 2-35
Rst 4917
vdB-Ha 73
vdB-Ha 85
ESO 211-9
ESO 213-11
NGC 2972
SAI 109
Lo 1
Sa 119
NGC 2866
Ru 73
PB 6
Cr 213
vdB-Ha 67
CV
CF
Sa 121
Ru 76
Ru 87
Sa 120
h 4165
vdB-Ha 88
Y
h 4283
Teu 66
h 4282
Teu 48
VZ
NGC 2910
vdB-Ha 72
He 2-18
Miller 1
NGC 3228
V343
P 2-4
NGC 2925
Kro 33
GL
Sa 2-56
Pi 16
vdB-Ha 79
See 115
Ru 78
ESO 166-4
10h 40m
10h 35m
10h 30m
10h 25m
10h 20m
10h 15m
10h 10m
10h 05m
10h 00m
9h 55m
9h 50m
9h 45m
9h 40m
9h 35m
9h 30m
9h 25m
9h 20m
9h 15m
9h 10m
9h 05m
9h 00m

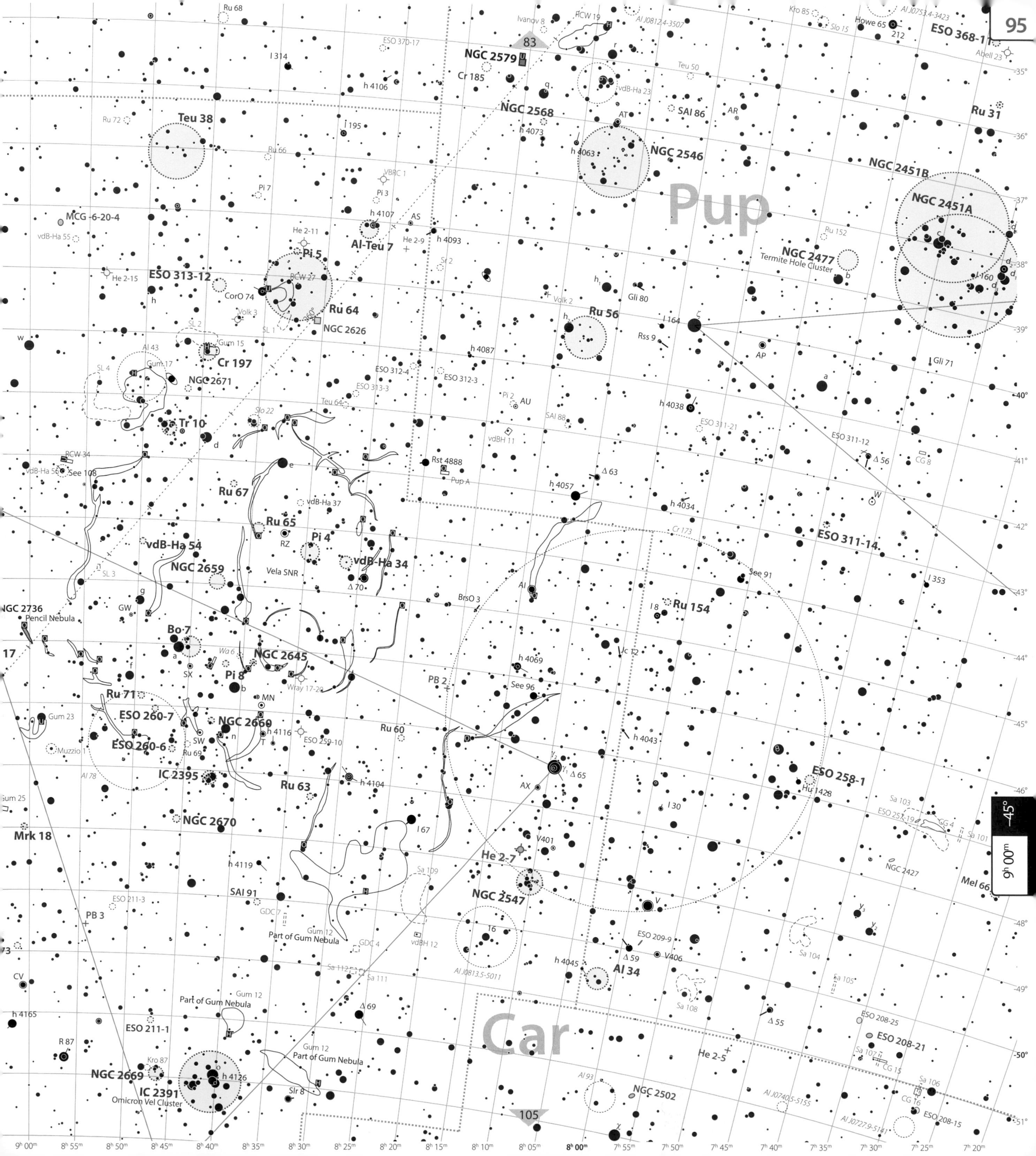
Pup
Car
83
105
NGC 2579
Cr 185
NGC 2568
NGC 2546
NGC 2451B
NGC 2451A
NGC 2477
Termite Hole Cluster
Ru 31
ESO 368-11
Teu 38
MCG -6-20-4
Pi 5
Al-Teu 7
ESO 313-12
Ru 64
NGC 2626
Ru 56
Cr 197
NGC 2671
Tr 10
Ru 67
Ru 65
Pi 4
vdB-Ha 34
vdB-Ha 54
NGC 2659
Vela SNR
NGC 2736
Pencil Nebula
Bo 7
NGC 2645
Pi 8
Ru 71
ESO 260-7
ESO 260-6
NGC 2660
IC 2395
Ru 63
Ru 60
NGC 2670
Mrk 18
Ru 154
ESO 311-14
ESO 258-1
He 2-7
NGC 2547
SAI 91
Part of Gum Nebula
Al 34
ESO 208-21
He 2-5
NGC 2669
IC 2391
Omicron Vel Cluster
NGC 2502
Mel 66
Rst 4888
Pup A
NGC 2427
9h 00m
-45°
9h 00m
8h 55m
8h 50m
8h 45m
8h 40m
8h 35m
8h 30m
8h 25m
8h 20m
8h 15m
8h 10m
8h 05m
8h 00m
7h 55m
7h 50m
7h 45m
7h 40m
7h 35m
7h 30m
7h 25m
7h 20m

Pup
Vel
Car
84
105
-45°
7h 00m
NGC 2451B
NGC 2451A
NGC 2477
Termite Hole Cluster
NGC 2546
NGC 2568
NGC 2547
NGC 2328
NGC 2427
NGC 2502
Cr 135
Ru 31
Ru 56
Ru 154
Ru 60
Ru 63
Ru 152
SAI 86
SAI 88
SAI 91
ESO 311-14
ESO 258-1
ESO 208-21
ESO 311-12
ESO 311-21
ESO 312-3
ESO 309-15
ESO 207-13
ESO 207-19
ESO 207-15
ESO 208-25
ESO 208-15
ESO 209-9
Al 3
Al 34
Lo 3
Mel 66
Al-Teu 3
He 2-7
He 2-5
M 4-2
Vela SNR
Part of Gum Nebula
Gum 12
RCW 19
Cr 173
Rst 4888
Pup A
vdBH 11
vdBH 12
vdBH 6
vdB-Ha 4
vdB-Ha 23
FSR 1363
Teu 50
Gli 71
Gli 80
Volk 2
Rss 9
BrsO 3
PB 2
Pi 2
DC 3
GDC 4
GDC 7
CG 1
CG 2
CG 4
CG 8
CG 15
CG 16
Sa 101
Sa 102
Sa 103
Sa 104
Sa 105
Sa 106
Sa 107
Sa 108
Sa 109
Sa 111
Sa 112
Hu 1428
See 91
See 96
Jc 12
Rmk 6
V364
V598
V366
V401
V406
β 757
Δ 38
Δ 45
Δ 51
Δ 55
Δ 56
Δ 59
Δ 63
Δ 65
Δ 69
Δ 70
h 3947
h 3956
h 3957
h 3958
h 3966
h 4034
h 4038
h 4043
h 4045
h 4057
h 4063
h 4069
h 4073
h 4087
h 4104
h 4119
L 2
I 7
I 8
I 30
I 67
I 160
I 164
I 353
Al J0721.8-3631
Al J0812.4-3507
Al J0813.5-5011
Al J0727.9-5141
Al J0740.5-5155
Al 93
Kro 85
Slo 15
-35°
-36°
-37°
-38°
-39°
-40°
-41°
-42°
-43°
-44°
-45°
-46°
-48°
-49°
-50°
-51°
8h 40m
8h 35m
8h 30m
8h 25m
8h 20m
8h 15m
8h 10m
8h 05m
8h 00m
7h 55m
7h 50m
7h 45m
7h 40m
7h 35m
7h 30m
7h 25m
7h 20m
7h 15m
7h 10m
7h 05m
7h 00m

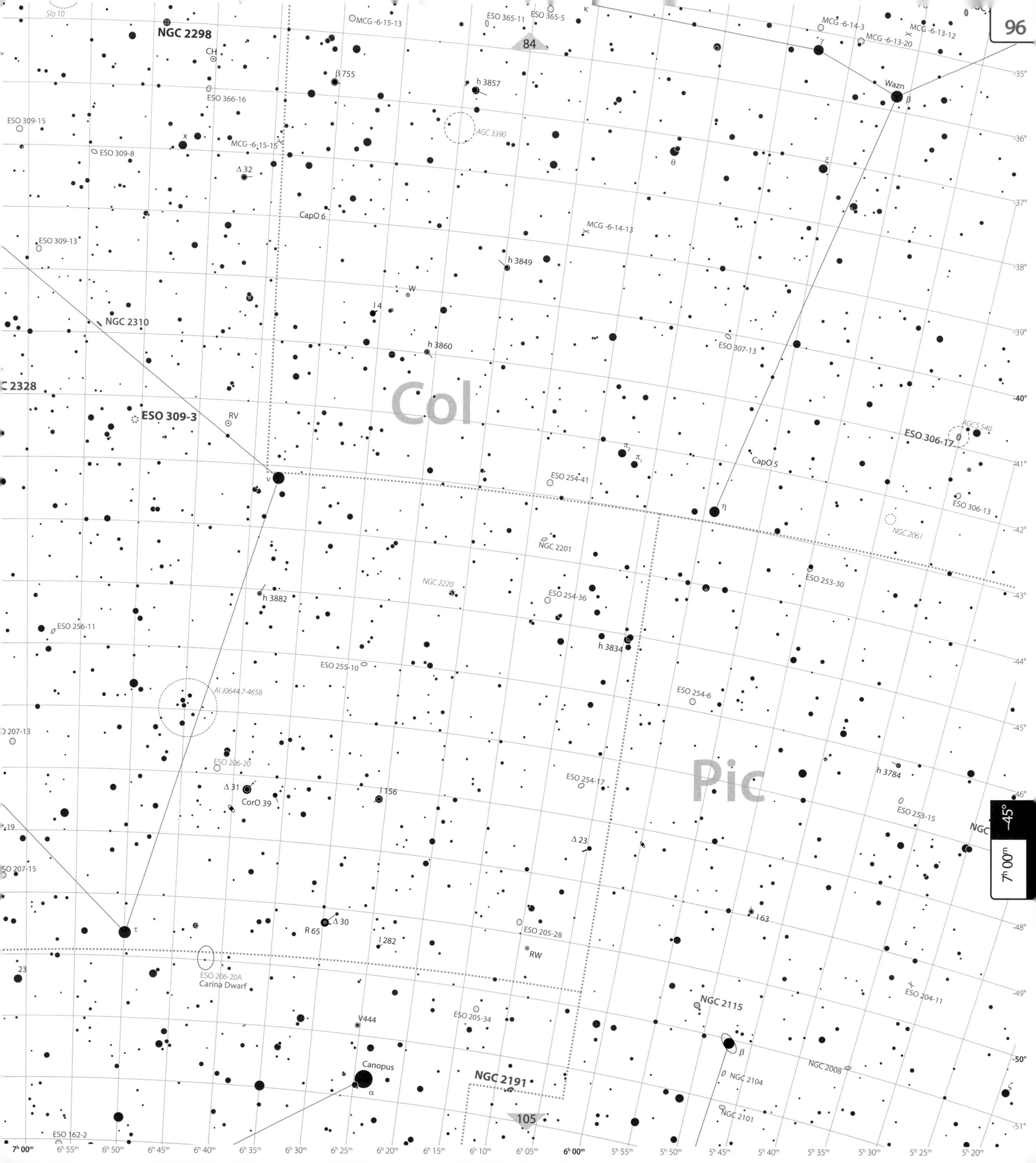
Slo 10
NGC 2298
MCG -6-15-13
ESO 365-11
ESO 365-5
84
MCG -6-14-3
MCG -6-13-12
MCG -6-13-20
CH
β 755
h 3857
ESO 366-16
Wazn
ESO 309-15
AGC 3390
x
MCG -6-15-15
ESO 309-8
θ
ξ
Δ 32
CapO 6
MCG -6-14-13
ESO 309-13
h 3849
W
I 4
NGC 2310
h 3860
ESO 307-13
C 2328
Col
ESO 309-3
RV
AGCS 540
ESO 306-17
CapO 5
ESO 254-41
η
ESO 306-13
NGC 2061
NGC 2201
NGC 2220
ESO 253-30
h 3882
ESO 254-36
ESO 256-11
h 3834
ESO 255-10
ESO 254-6
AI J0644.7-4658
207-13
ESO 206-20
ESO 254-17
Pic
h 3784
Δ 31
CorO 39
I 156
ESO 253-15
NGC
19
Δ 23
SO 207-15
I 63
Δ 30
R 65
I 282
ESO 205-28
RW
23
ESO 206-20A
Carina Dwarf
ESO 204-11
NGC 2115
V444
ESO 205-34
β
Canopus
α
NGC 2191
NGC 2104
NGC 2008
NGC 2101
105
ESO 162-2
7h 00m
-45°
-35°
-36°
-37°
-38°
-39°
-40°
-41°
-42°
-43°
-44°
-45°
-46°
-48°
-49°
-50°
-51°
6h 55m
6h 50m
6h 45m
6h 40m
6h 35m
6h 30m
6h 25m
6h 20m
6h 15m
6h 10m
6h 05m
6h 00m
5h 55m
5h 50m
5h 45m
5h 40m
5h 35m
5h 30m
5h 25m
5h 20m

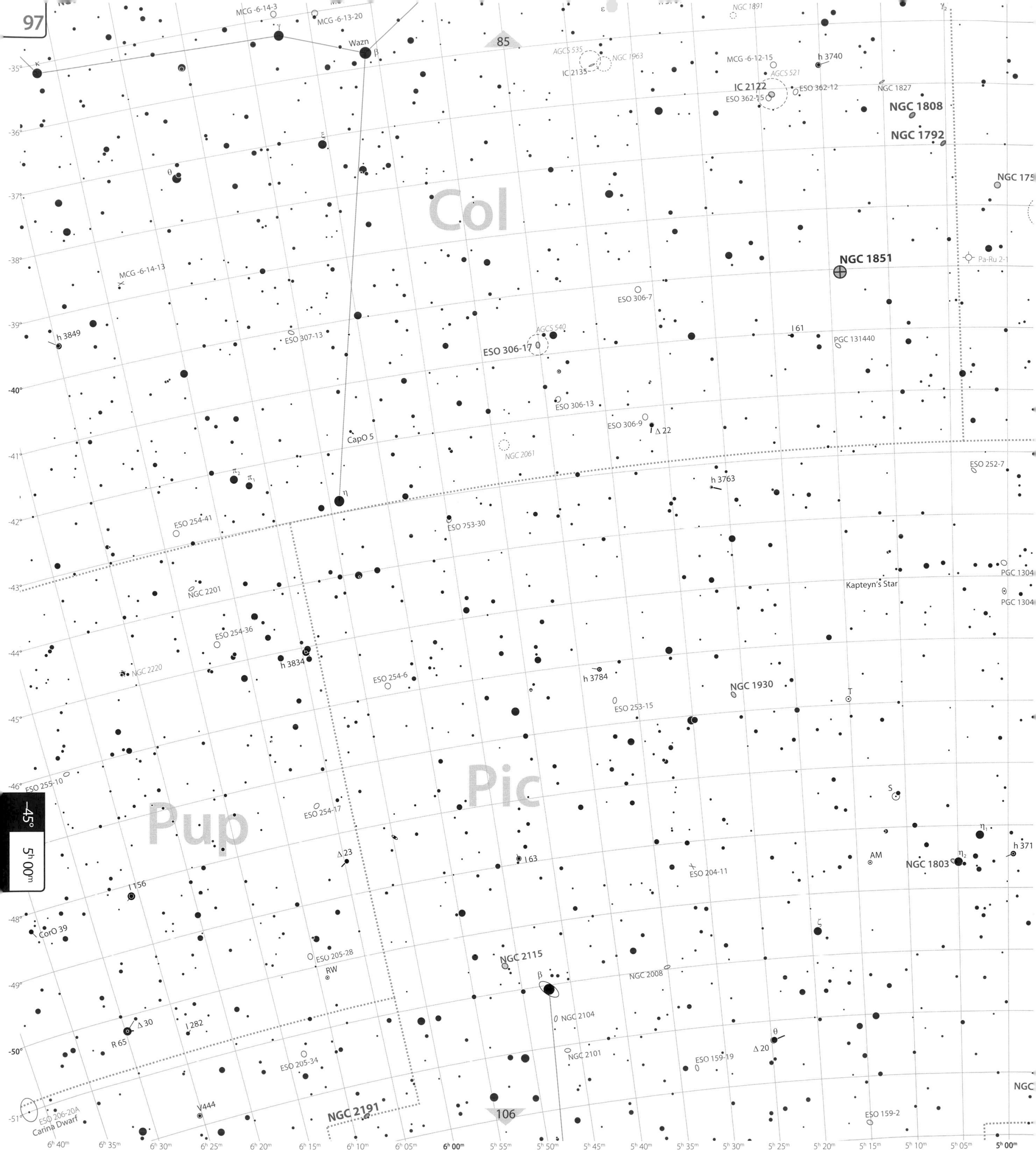
85
106
Col
Pic
Pup
Wazn
MCG -6-14-3
MCG -6-13-20
MCG -6-14-13
MCG -6-12-15
AGCS 535
NGC 1963
IC 2135
AGCS 521
IC 2122
ESO 362-15
ESO 362-12
NGC 1891
h 3740
NGC 1827
NGC 1808
NGC 1792
NGC 175
NGC 1851
Pa-Ru 2-1
ESO 306-7
AGCS 540
ESO 306-17
h 3849
ESO 307-13
I 61
PGC 131440
ESO 306-13
ESO 306-9
Δ 22
CapO 5
NGC 2061
ESO 252-7
h 3763
ESO 254-41
ESO 253-30
NGC 2201
PGC 1304
Kapteyn's Star
ESO 254-36
NGC 2220
h 3834
ESO 254-6
h 3784
NGC 1930
ESO 253-15
ESO 255-10
ESO 254-17
Δ 23
I 63
ESO 204-11
AM
NGC 1803
h 371
I 156
CorO 39
ESO 205-28
RW
NGC 2115
NGC 2008
NGC 2104
Δ 30
R 65
I 282
ESO 205-34
NGC 2101
ESO 159-19
Δ 20
ESO 206-20A
Carina Dwarf
V444
NGC 2191
ESO 159-2
NGC
-35°
-36°
-37°
-38°
-39°
-40°
-41°
-42°
-43°
-44°
-45°
-46°
-48°
-49°
-50°
-51°
6h 40m
6h 35m
6h 30m
6h 25m
6h 20m
6h 15m
6h 10m
6h 05m
6h 00m
5h 55m
5h 50m
5h 45m
5h 40m
5h 35m
5h 30m
5h 25m
5h 20m
5h 15m
5h 10m
5h 05m
5h 00m

-45°
5h 00m

Eri
Cae
Hor
Dor
85
106
D10
Fornax Galaxy Cluster
ESO 358-63
NGC 1492
I 152
h 3628
β 746
NGC 1427
IC 2006
ESO 359-2
ESO 358-59
ESO 303-21
MCG -6-10-7
Str 18
NGC 1484
NGC 1460
R
β 747
NGC 1759
Spano 2
Δ 16
ESO 304-6
Rss 5
CX
IC 2036
h 3650
ESO 303-20
NGC 1572
h 3611
PGC 131382
h 3589
Δ 15
ESO 304-21
NGC 1585
IC 2068
MCG -7-10-9
EU
NGC 1487
NGC 1616
NGC 1570
NGC 1512
NGC 1510
PGC 130281
ESO 251-32
NGC 1668
PGC 130497
PGC 130498
Slo 5
NGC 1558
NGC 1495
NGC 1476
ESO 249-8
NGC 1411
IC 1970
IC 2035
NGC 1457
IRAS 04098-4608
NGC 1493
NGC 1680
CorO 23
NGC 1598
NGC 1595
ESO 202-23
Carafe Galaxy
NGC 1567
NGC 1527
NGC 1483
NGC 1433
h 3715
h 3658
NGC 1494
IC 2000
AH
Slr 5
ESO 200-29
IC 1949
PGC 129660
ESO 202-56
AM 1
IC 2004
ESO 202-37
NGC 1556
ESO 202-7
NGC 1578
IC 1959
NGC 1356
IC 1947
IC 1935
IC 1989
NGC 1705
Δ 18
I 342
Slr 6
AGCS 463
IC 2086
IC 2081
IC 2082
NGC 1522
PGC 94977
AGCS 3193
NGC 1500
NGC 1506
WX
IC 1954
IC 1925
5h 00m
−45°
5h 00m
4h 55m
4h 50m
4h 45m
4h 40m
4h 35m
4h 30m
4h 25m
4h 20m
4h 15m
4h 10m
4h 05m
4h 00m
3h 55m
3h 50m
3h 45m
3h 40m
3h 35m
3h 30m
3h 25m
3h 20m
−35°
−36°
−37°
−38°
−39°
−40°
−41°
−42°
−43°
−44°
−45°
−46°
−48°
−49°
−50°
−51°

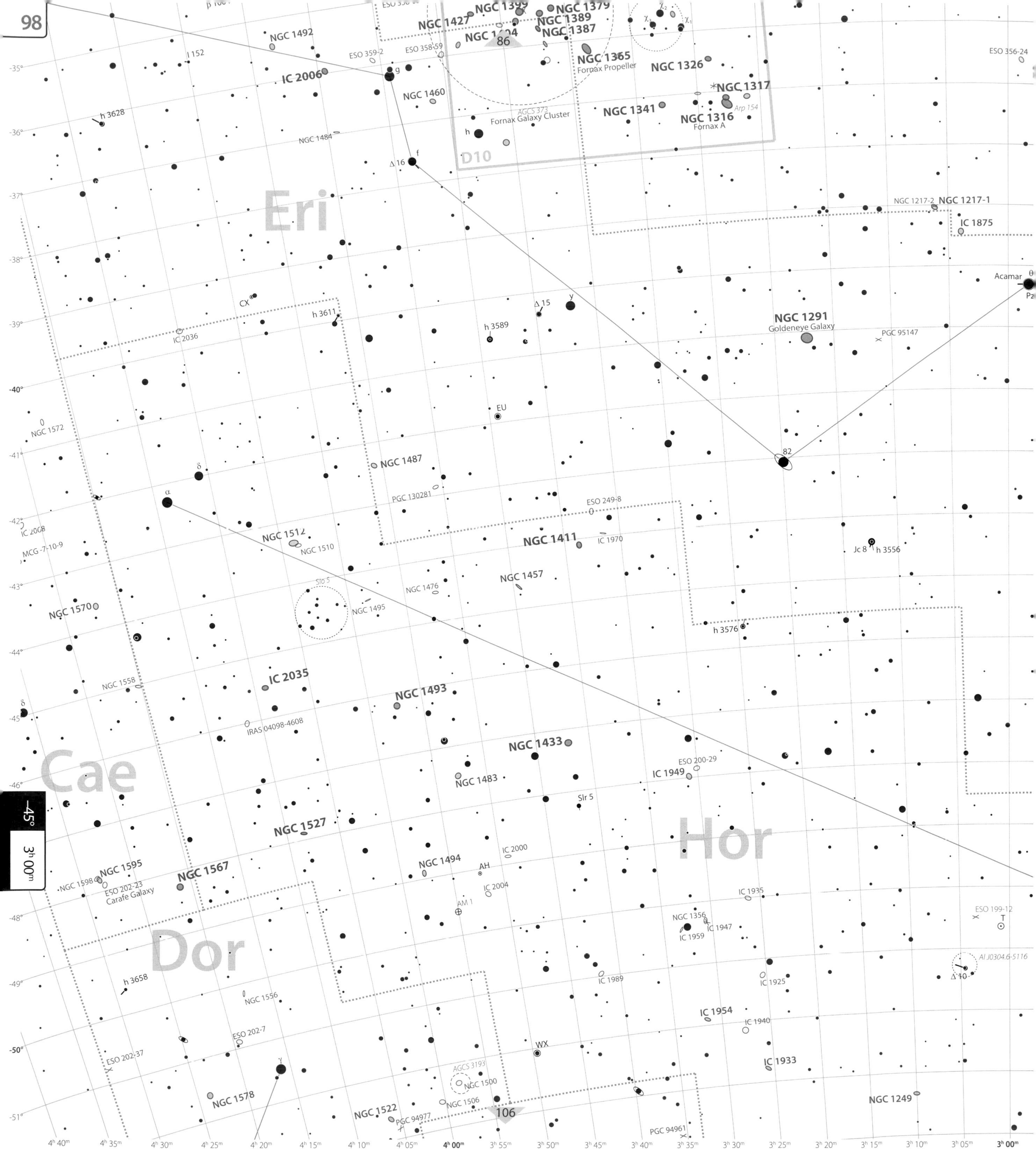

Eri
Cae
Dor
Hor
NGC 1399
NGC 1379
NGC 1427
NGC 1389
NGC 1387
NGC 1492
I 152
ESO 359-2
ESO 358-59
IC 2006
NGC 1365
Fornax Propeller
NGC 1326
NGC 1317
NGC 1460
NGC 1341
NGC 1316
Fornax A
Arp 154
Fornax Galaxy Cluster
AGCS 373
D10
86
ESO 356-24
h 3628
NGC 1484
Δ 16
NGC 1217-2
NGC 1217-1
IC 1875
Acamar
CX
h 3611
Δ 15
h 3589
NGC 1291
Goldeneye Galaxy
PGC 95147
IC 2036
EU
NGC 1572
NGC 1487
82
PGC 130281
ESO 249-8
IC 2008
NGC 1512
NGC 1510
NGC 1411
IC 1970
MCG -7-10-9
Jc 8
h 3556
Slo 5
NGC 1476
NGC 1457
NGC 1570
NGC 1495
h 3576
NGC 1558
IC 2035
NGC 1493
IRAS 04098-4608
NGC 1433
ESO 200-29
IC 1949
NGC 1483
Slr 5
NGC 1527
IC 2000
NGC 1595
NGC 1598
NGC 1567
ESO 202-23
Carafe Galaxy
NGC 1494
AH
IC 2004
AM 1
IC 1935
NGC 1356
IC 1947
IC 1959
ESO 199-12
h 3658
IC 1989
IC 1925
AI J0304.6-5116
Δ 10
NGC 1556
IC 1954
IC 1940
ESO 202-7
WX
ESO 202-37
IC 1933
AGCS 3193
NGC 1500
NGC 1578
NGC 1506
NGC 1249
NGC 1522
PGC 94977
106
PGC 94961
-35°
-36°
-37°
-38°
-39°
-40°
-41°
-42°
-43°
-44°
-45°
-46°
-48°
-49°
-50°
-51°
4h 40m
4h 35m
4h 30m
4h 25m
4h 20m
4h 15m
4h 10m
4h 05m
4h 00m
3h 55m
3h 50m
3h 45m
3h 40m
3h 35m
3h 30m
3h 25m
3h 20m
3h 15m
3h 10m
3h 05m
3h 00m

−45°
3h 00m

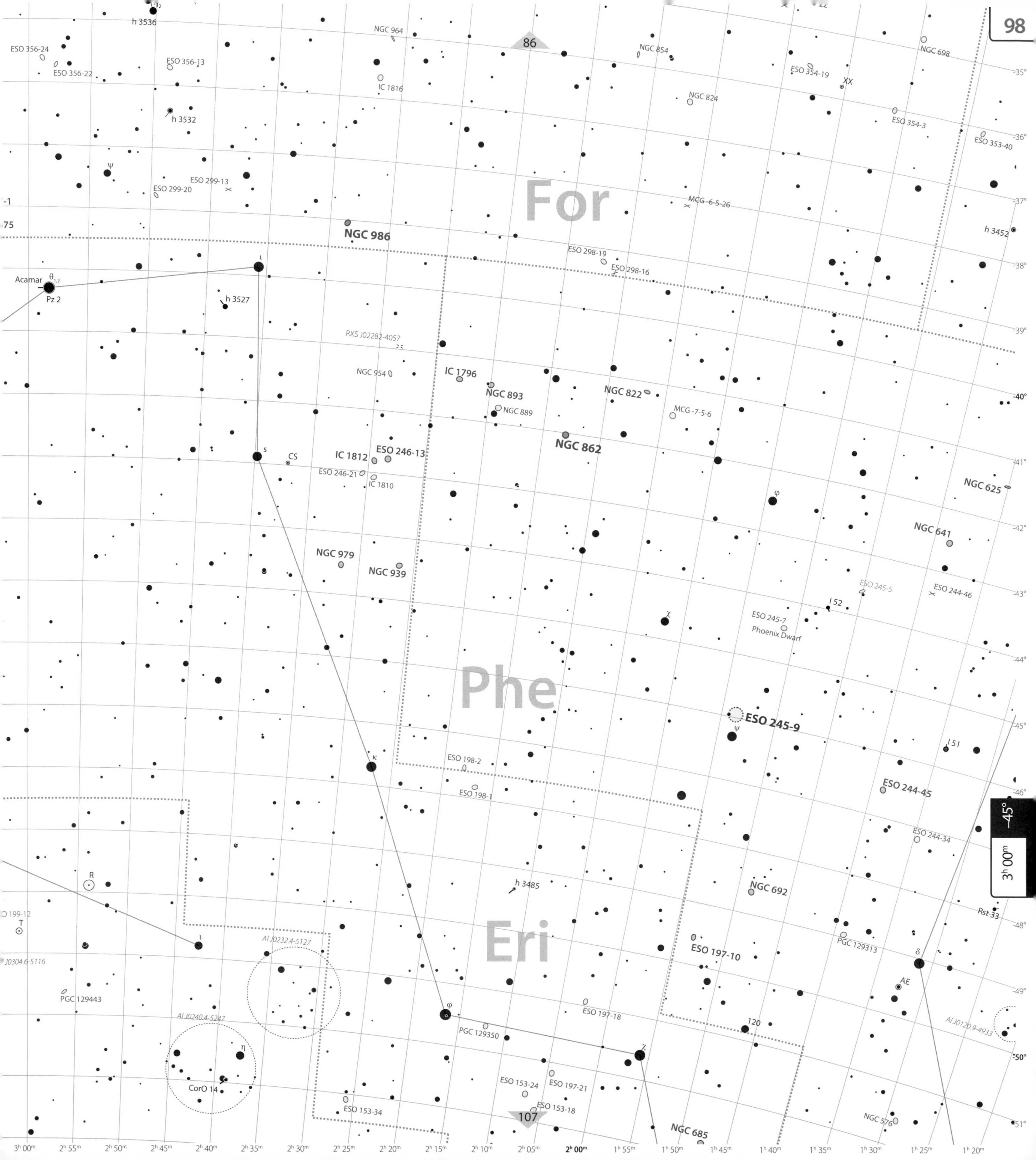

For
Phe
Eri
86
107
Acamar
Pz 2
h 3536
h 3532
h 3527
h 3485
h 3452
ESO 356-24
ESO 356-22
ESO 356-13
ESO 299-13
ESO 299-20
NGC 964
IC 1816
NGC 854
NGC 824
NGC 698
ESO 354-19
ESO 354-3
ESO 353-40
XX
MCG -6-5-26
NGC 986
ESO 298-19
ESO 298-16
RXS J02282-4057
NGC 954
IC 1796
NGC 893
NGC 889
NGC 822
MCG -7-5-6
NGC 862
IC 1812
ESO 246-13
ESO 246-21
IC 1810
CS
NGC 625
NGC 641
NGC 979
NGC 939
ESO 245-5
ESO 244-46
I 52
ESO 245-7
Phoenix Dwarf
ESO 245-9
I 51
ESO 198-2
ESO 198-1
ESO 244-45
ESO 244-34
NGC 692
Rst 33
PGC 129313
ESO 197-10
AE
120
ESO 197-18
PGC 129350
Al J0120.9-4933
Al J0232.4-5127
Al J0240.4-5247
CorO 14
PGC 129443
J0304.6-5116
199-12
ESO 153-24
ESO 197-21
ESO 153-18
ESO 153-34
NGC 685
NGC 576
R
T
-35°
-36°
-37°
-38°
-39°
-40°
-41°
-42°
-43°
-44°
-45°
-46°
-48°
-49°
-50°
-51°
3h 00m
2h 55m
2h 50m
2h 45m
2h 40m
2h 35m
2h 30m
2h 25m
2h 20m
2h 15m
2h 10m
2h 05m
2h 00m
1h 55m
1h 50m
1h 45m
1h 40m
1h 35m
1h 30m
1h 25m
1h 20m
3h 00m −45°

87
107
For
Phe
Eri
-45°
1h 00m
NGC 574
MCG -6-4-36
NGC 568
MCG -6-4-40
NGC 409
MCG -6-5-22
MCG -6-4-54
ESO 353-25
PGC 95212
ESO 354-19
XX
ESO 353-40
ESO 353-26
ESO 354-3
NGC 623
NGC 612
NGC 854
NGC 824
ESO 296-19
ESO 296-2
h 3452
NGC 633
NGC 438
ESO 297-7
NGC 544
NGC 424
NGC 534
ESO 296-38
ESO 297-3
MCG -6-5-26
NGC 626
NGC 630
ESO 297-8
PGC 131020
MCG -7-4-7
IC 16
ESO 298-19
ESO 298-16
h 3415
NGC 32
NGC 625
NGC 822
MCG -7-5-6
MCG -7-4-13
NGC 641
ESO 244-31
IC 1796
NGC 893
NGC 889
NGC 862
ESO 244-46
PGC 95431
NGC 368
NGC 322
ESO 245-5
ESO 244-21
I 52
MCG -7-3-19
ESO 245-7
Phoenix Dwarf
AGC 2877
ESO 243-45
I 51
ESO 243-51
IC 1633
AI
IC 1631
NGC 939
ESO 245-9
ESO 244-45
Slr 2
IC 1625
AGC 2870
ESO 243-35
ESO 244-34
Rst 33
ESO 198-2
NGC 692
PGC 129313
AI J0120.9-4933
ESO 198-1
AE
IC 1650
h 3485
ESO 197-10
120
IC 1615
NGC 576
AGCS 116
ESO 197-18
AI J0232.4-5127
PGC 129350
ESO 197-21
NGC 323
ESO 151-12
NGC 348
NGC 685
I 264
ESO 153-24
Δ 4
ESO 153-18
-35°
-36°
-37°
-38°
-39°
-40°
-41°
-42°
-43°
-44°
-45°
-46°
-48°
-49°
-50°
-51°
2h 40m
2h 35m
2h 30m
2h 25m
2h 20m
2h 15m
2h 10m
2h 05m
2h 00m
1h 55m
1h 50m
1h 45m
1h 40m
1h 35m
1h 30m
1h 25m
1h 20m
1h 15m
1h 10m
1h 05m
1h 00m

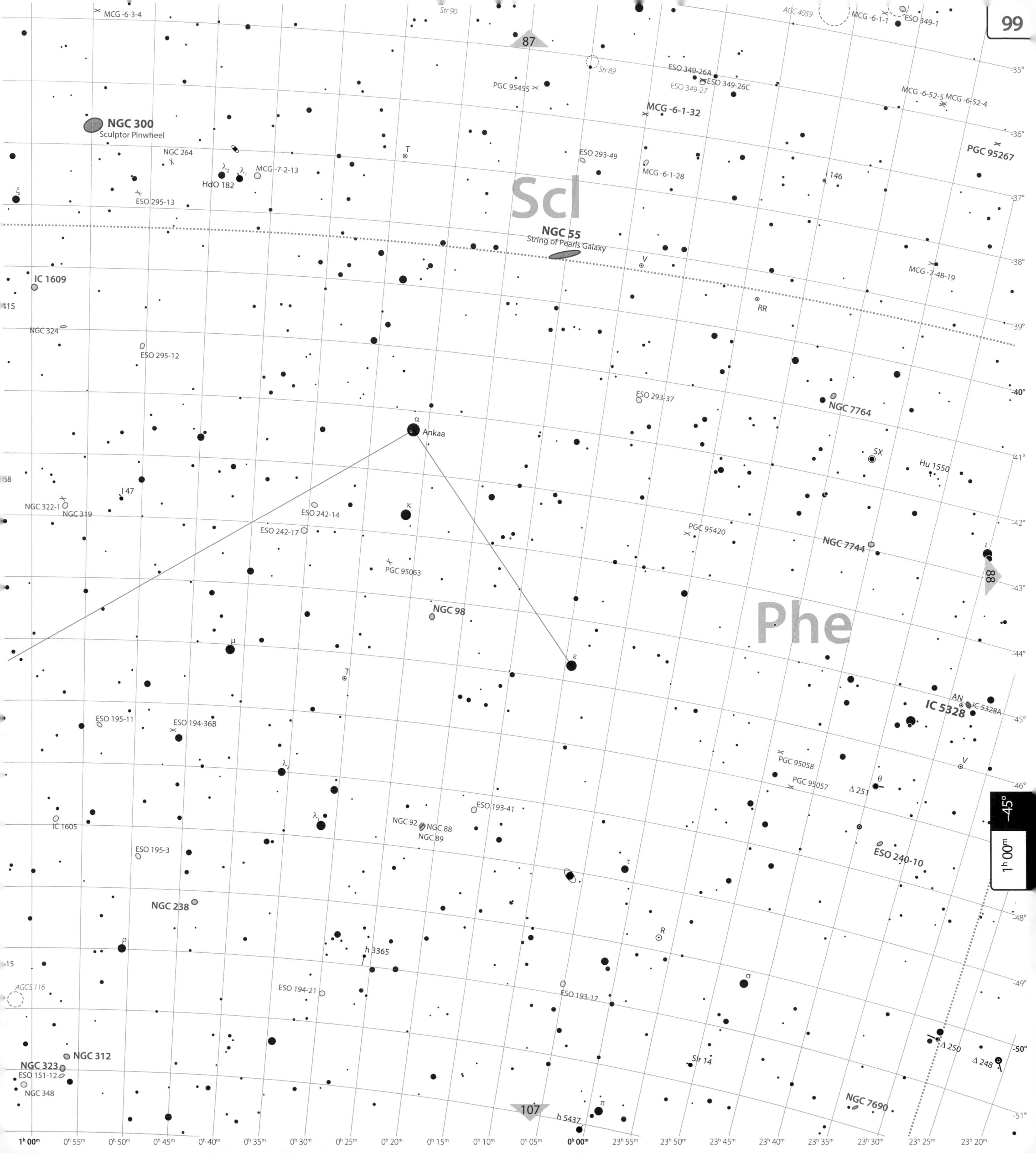
87
107
88
NGC 300
Sculptor Pinwheel
NGC 264
MCG -7-2-13
HdO 182
ESO 295-13
MCG -6-3-4
Str 90
Str 89
PGC 95455
ESO 349-26A
ESO 349-26C
ESO 349-27
MCG -6-1-32
AGC 4059
MCG -6-1-1
ESO 349-1
MCG -6-52-5
MCG -6-52-4
PGC 95267
ESO 293-49
MCG -6-1-28
I 146
Scl
NGC 55
String of Pearls Galaxy
MCG -7-48-19
IC 1609
NGC 324
ESO 295-12
RR
ESO 293-37
NGC 7764
Ankaa
SX
Hu 1550
I 47
NGC 322-1
NGC 319
ESO 242-14
ESO 242-17
PGC 95063
PGC 95420
NGC 7744
NGC 98
Phe
IC 5328
IC 5328A
AN
ESO 195-11
ESO 194-36B
PGC 95058
PGC 95057
Δ 251
ESO 193-41
NGC 92
NGC 88
NGC 89
IC 1605
ESO 195-3
ESO 240-10
NGC 238
h 3365
ESO 194-21
ESO 193-17
AGCS 116
NGC 312
NGC 323
ESO 151-12
NGC 348
Slr 14
Δ 250
Δ 248
NGC 7690
h 5437
1h 00m
−45°
1h 00m
0h 55m
0h 50m
0h 45m
0h 40m
0h 35m
0h 30m
0h 25m
0h 20m
0h 15m
0h 10m
0h 05m
0h 00m
23h 55m
23h 50m
23h 45m
23h 40m
23h 35m
23h 30m
23h 25m
23h 20m
-35°
-36°
-37°
-38°
-39°
-40°
-41°
-42°
-43°
-44°
-45°
-46°
-48°
-49°
-50°
-51°

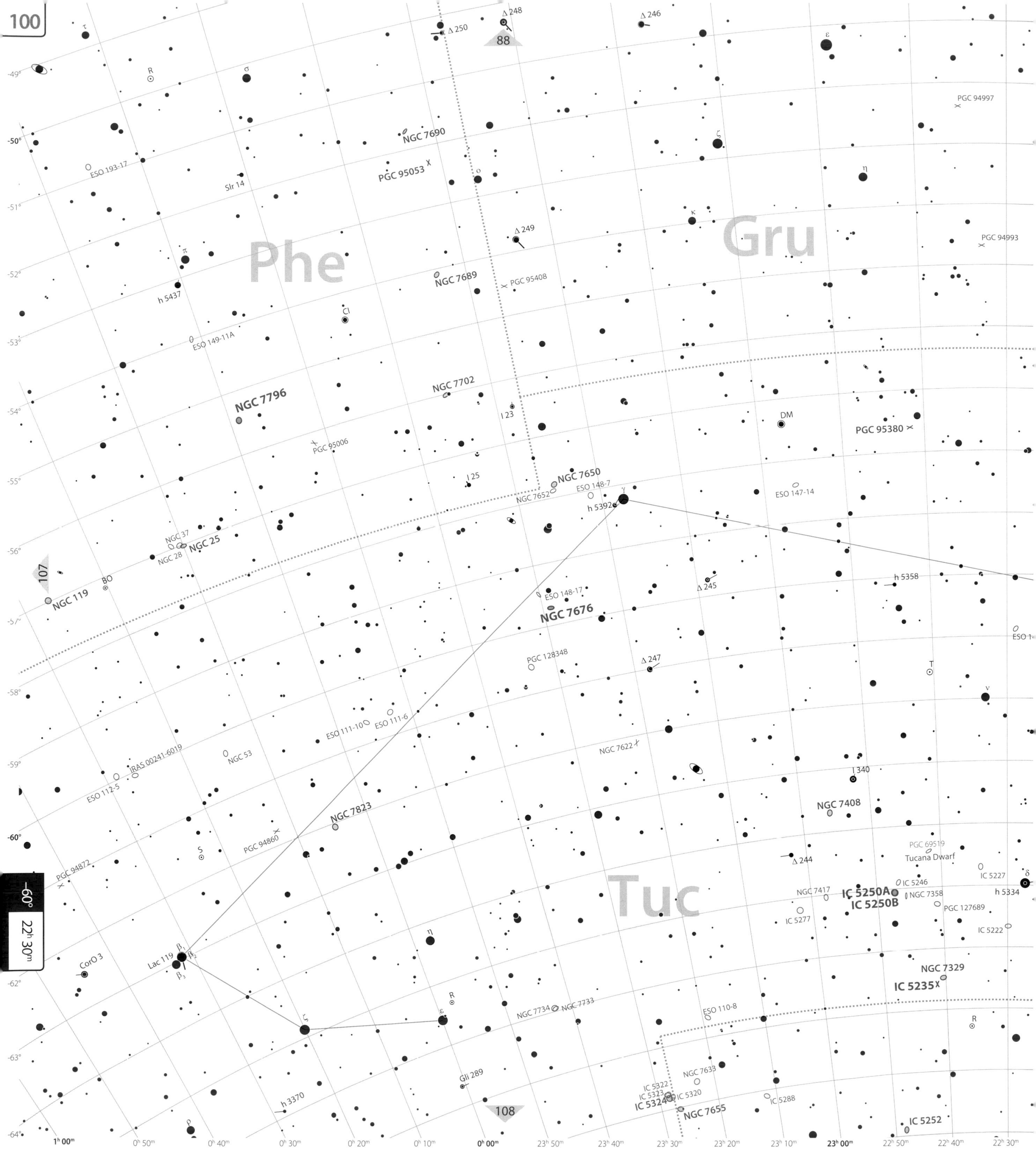
Phe
Gru
Tuc
88
107
108
-60°
22h 30m
τ
R
σ
Δ 250
Δ 248
Δ 246
ε
PGC 94997
NGC 7690
ζ
ESO 193-17
PGC 95053
ο
η
Slr 14
κ
Δ 249
PGC 94993
π
NGC 7689
PGC 95408
h 5437
Cl
ESO 149-11A
NGC 7702
I 23
DM
NGC 7796
PGC 95380
PGC 95006
I 25
NGC 7650
ESO 148-7
γ
NGC 7652
h 5392
ESO 147-14
NGC 37
NGC 25
NGC 28
Δ 245
h 5358
BO
NGC 119
ESO 148-17
NGC 7676
ESO 1
PGC 128348
Δ 247
T
ν
ESO 111-10
ESO 111-6
NGC 7622
IRAS 00241-6019
NGC 53
ESO 112-5
I 340
NGC 7823
NGC 7408
PGC 94860
S
PGC 69519
Tucana Dwarf
Δ 244
PGC 94872
IC 5246
IC 5227
NGC 7417
IC 5250A
IC 5250B
NGC 7358
δ
h 5334
IC 5277
PGC 127689
IC 5222
η
CorO 3
Lac 119
β1
β2
β3
NGC 7329
IC 5235
R
ε
NGC 7734
NGC 7733
ESO 110-8
R
ζ
NGC 7633
Gli 289
IC 5322
IC 5323
IC 5324
IC 5320
IC 5288
h 3370
NGC 7655
IC 5252
ρ
-49°
-50°
-51°
-52°
-53°
-54°
-55°
-56°
-57°
-58°
-59°
-60°
-62°
-63°
-64°
1h 00m
0h 50m
0h 40m
0h 30m
0h 20m
0h 10m
0h 00m
23h 50m
23h 40m
23h 30m
23h 20m
23h 10m
23h 00m
22h 50m
22h 40m
22h 30m

Ind
Pav
IC 5152
NGC 7168
NGC 7124
89
CH
NGC 7029
NGC 7022
NGC 6987
NGC 7002
NGC 7004
NGC 6970
RZ
4997
HdO 298
ESO 189-31
NGC 7106
IC 5125
ESO 236-7
I 132
NGC 7064
Hu 1626
ESO 235-51
NGC 6982
NGC 6984
NGC 7007
ESO 234-70
PGC 94993
NGC 7249
δ
AGCS 981
NGC 7140
NGC 7090
θ
h 5258
PGC 94982
γ
I 134
h 5246
μ
ε
DH
NGC 7205
NGC 6942
NGC 6990
π
PGC 128256
PGC 128167
IC 5027
κ₁
IC 5188
IC 5187
κ₂
IC 5141
BT
IC 5063
IC 5064
α
h 5323
ESO 146-28
NGC 7126
NGC 7125
IC 5110
NGC 7059
ESO 143-35
β
I 258
Str 66
I 129
Al J2053.8-5939
ν
I 20
PGC 128214
Str 38
φ₂
φ₁
NGC 7179
NGC 7192
ESO 107-44
NGC 7096
NGC 7083
Rmk 26
ρ
ESO 143-38
SU
NGC 7191
NGC 7199
NGC 7219
IC 5227
h 5334
IC 5096
IC 5084
IC 5074
U
ESO 108-16
ESO 108-21
IC 5222
IC 5185
I 19
Str 44
IC 5092
NGC 7021
ESO 108-10A
IC 5154
IC 5101
IC 5038
IC 5042
IC 5094
h 5167
h 5163
h 5171
NGC 7216
ESO 75-32
108
ESO 107-4
υ
-49°
-50°
-51°
-52°
-53°
-54°
-55°
-56°
-57°
-58°
-59°
-60°
-62°
-63°
-64°
22h 30m
22h 20m
22h 10m
22h 00m
21h 50m
21h 40m
21h 30m
21h 20m
21h 10m
21h 00m
20h 50m
20h 40m
20h 30m
20h 20m
20h 10m
20h 00m
22h 30m -60°

Tel
Ind
Pav
89
108
-60° 19h 30m
NGC 6987
NGC 7002
NGC 7004
RZ
NGC 6899
NGC 6935
NGC 6937
NGC 6984
NGC 6982
NGC 7007
NGC 6948
NGC 6942
NGC 6887
NGC 6889
NGC 6854
NGC 6850
NGC 6867
NGC 6812
NGC 6799
NGC 6848
NGC 6862
NGC 6855
NGC 6990
NGC 6810
NGC 6860
NGC 7059
NGC 6844
NGC 7021
NGC 7083
NGC 7096
NGC 6784A
NGC 6784
IC 4894
IC 4886
IC 4875
IC 4879
IC 4876
IC 4983
IC 4975
IC 4923
IC 4995
IC 4994
IC 4944
IC 4889
IC 4888
IC 4882
IC 4933
IC 4952
IC 4963
IC 4908
IC 4881
IC 5002
IC 5021
IC 5027
IC 4965
IC 4872
IC 4935
IC 4980
IC 5063
IC 5064
IC 4901
IC 4938
IC 4906
IC 4852
IC 4869
IC 4866
IC 4974-1
IC 4849
IC 5110
IC 5074
IC 5084
IC 5096
IC 5092
IC 5038
IC 5042
IC 5101
IC 5094
IC 5023
IC 5031
IC 5032
ESO 234-49
ESO 234-50
ESO 234-28
ESO 234-68
ESO 234-70
ESO 233-22
ESO 233-44
ESO 233-14
ESO 184-81
ESO 186-52
ESO 186-62
ESO 186-36
ESO 186-39
ESO 186-4
ESO 186-59
ESO 186-65
ESO 186-12
ESO 185-61A
ESO 185-25
ESO 185-43A
ESO 185-37
ESO 185-32
ESO 185-53
ESO 185-54
ESO 185-27
ESO 235-51
ESO 142-59
ESO 142-19
ESO 143-35
ESO 142-51
ESO 142-23
ESO 142-49
ESO 143-38
ESO 105-4
ESO 105-7
ESO 105-26
ESO 107-44
ESO 107-4
IRAS 20206-5138
V346
Y
I 17
I 664
Str 63
η
ι
ξ
CorO 238
Δ 227
ν
μ
Hu 1626
PGC 94982
h 5258
θ
h 5246
AGCS 840
α
Peacock
Rmk 25
ζ
I 119
I 121
I 117
β
SU
Str 66
I 129
AI J2053.8-5939
φ2
φ1
ρ
PGC 128167
BT
I 258
h 5163
Rmk 26
U
h 5167
h 5140
h 5171
PGC 128214
h 5132
δ
McLeish's Object
μ2
μ1
h 5109
Str 44
γ
υ
-49°
-50°
-51°
-52°
-53°
-54°
-55°
-56°
-58°
-59°
-60°
-62°
-63°
-64°
22h 00m
21h 50m
21h 40m
21h 30m
21h 20m
21h 10m
21h 00m
20h 50m
20h 40m
20h 30m
20h 20m
20h 10m
20h 00m
19h 50m
19h 40m
19h 30m

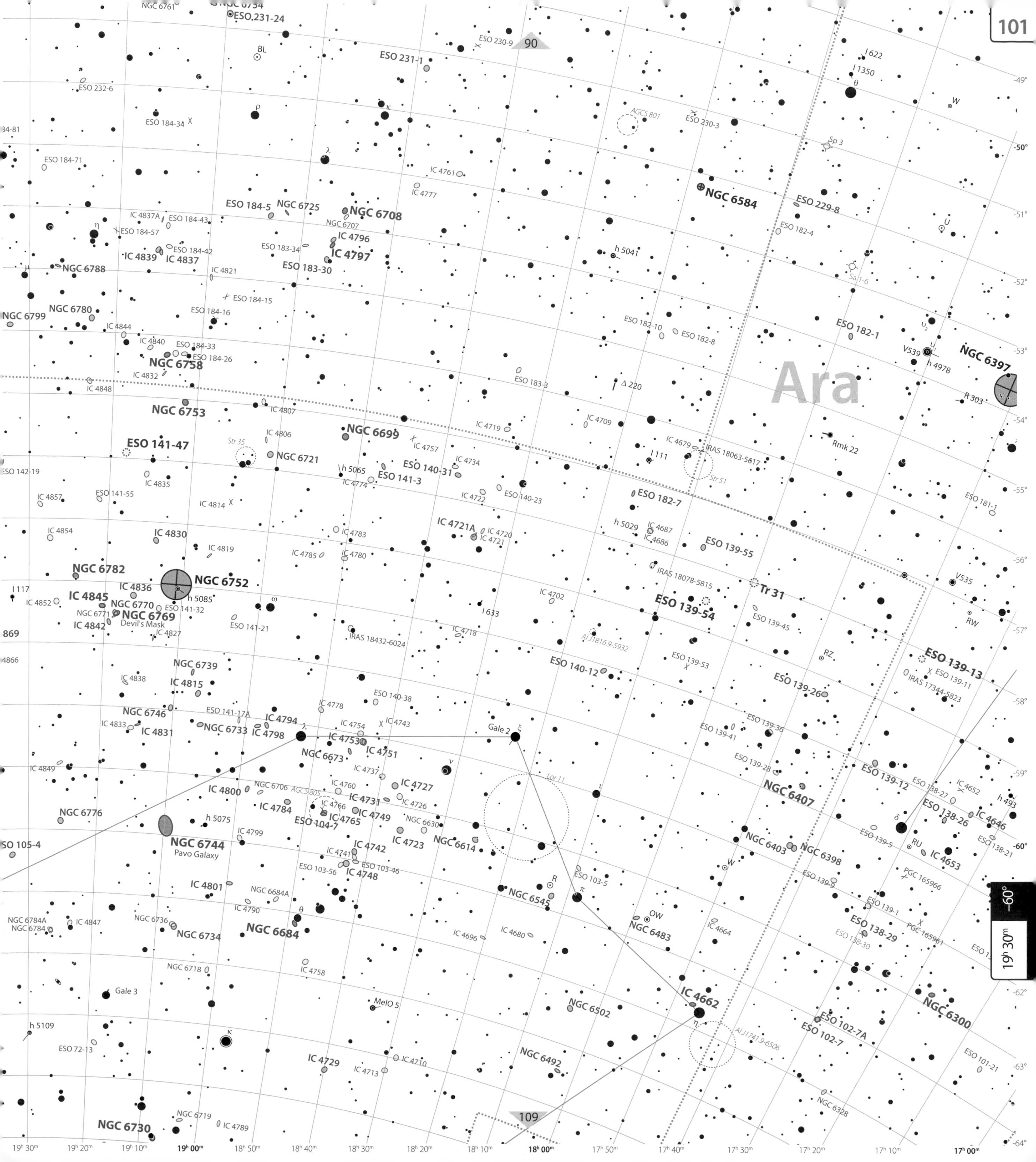
90
109
Ara
19h 30m
-60°
NGC 6761
ESO 231-24
BL
ESO 230-9
ESO 231-1
I 622
I 1350
ESO 232-6
ESO 184-34
AGCS 801
ESO 230-3
W
Sp 3
ESO 184-71
IC 4761
IC 4777
NGC 6584
ESO 229-8
ESO 184-5
NGC 6725
NGC 6708
NGC 6707
IC 4837A
ESO 184-43
ESO 184-57
IC 4796
ESO 182-4
U
ESO 183-34
IC 4797
IC 4839
ESO 184-42
IC 4837
h 5041
NGC 6788
IC 4821
ESO 183-30
Sa 1-6
ESO 184-15
NGC 6780
NGC 6799
ESO 184-16
ESO 182-10
ESO 182-8
ESO 182-1
IC 4844
IC 4840
ESO 184-33
ESO 184-26
V539
NGC 6397
NGC 6758
h 4978
IC 4832
ESO 183-3
Δ 220
IC 4848
R 303
IC 4807
NGC 6753
IC 4719
IC 4709
IC 4806
NGC 6699
ESO 141-47
Str 35
IC 4757
IC 4679
IRAS 18063-5617
Rmk 22
NGC 6721
I 111
ESO 142-19
h 5065
ESO 140-31
IC 4734
IC 4835
ESO 141-3
IC 4774
Str 51
ESO 141-55
IC 4722
ESO 140-23
ESO 182-7
ESO 181-1
IC 4857
IC 4814
IC 4854
IC 4783
IC 4721A
IC 4720
IC 4721
h 5029
IC 4687
IC 4686
ESO 139-55
IC 4830
IC 4819
IC 4785
IC 4780
NGC 6782
IRAS 18078-5815
Tr 31
V535
I 117
IC 4836
NGC 6752
IC 4702
IC 4845
NGC 6770
h 5085
IC 4852
ESO 141-32
I 633
ESO 139-54
NGC 6771
NGC 6769
Devil's Mask
IC 4842
ESO 141-21
ESO 139-45
RW
IC 4827
IC 4718
IRAS 18432-6024
AI J1816.9-5932
ESO 139-53
RZ
ESO 139-13
ESO 139-11
IRAS 17344-5823
ESO 140-12
NGC 6739
IC 4838
IC 4815
ESO 139-26
ESO 140-38
IC 4778
NGC 6746
ESO 141-17A
IC 4794
IC 4754
IC 4743
Gale 2
ESO 139-36
ESO 139-41
IC 4833
NGC 6733
IC 4798
IC 4831
IC 4753
IC 4751
NGC 6673
ESO 139-28
IC 4737
IC 4849
ESO 139-12
IC 4760
IC 4727
NGC 6407
ESO 138-27
IC 4652
IC 4800
NGC 6706
AGCS 805
Lor 11
h 493
IC 4784
IC 4766
IC 4731
IC 4726
ESO 138-26
IC 4646
NGC 6776
IC 4765
ESO 104-7
IC 4749
NGC 6630
h 5075
NGC 6614
ESO 139-5
IC 4799
IC 4723
NGC 6403
NGC 6398
RU
IC 4653
ESO 138-21
ESO 105-4
NGC 6744
Pavo Galaxy
IC 4742
IC 4741
ESO 103-46
ESO 103-56
IC 4748
ESO 139-9
PGC 165966
ESO 103-5
IC 4801
NGC 6684A
NGC 6545
IC 4790
ESO 139-1
OW
NGC 6784A
NGC 6784
IC 4847
NGC 6736
NGC 6734
NGC 6684
NGC 6483
IC 4664
ESO 138-29
PGC 165961
ESO 138-30
IC 4696
IC 4680
NGC 6718
IC 4758
Gale 3
Melo 5
NGC 6502
IC 4662
NGC 6300
ESO 102-7A
ESO 102-7
AI J1741.9-6506
h 5109
ESO 72-13
IC 4729
IC 4710
IC 4713
NGC 6492
ESO 101-21
NGC 6719
NGC 6328
NGC 6730
IC 4789
-49°
-50°
-51°
-52°
-53°
-54°
-55°
-56°
-57°
-58°
-59°
-60°
-62°
-63°
-64°
19h 30m
19h 20m
19h 10m
19h 00m
18h 50m
18h 40m
18h 30m
18h 20m
18h 10m
18h 00m
17h 50m
17h 40m
17h 30m
17h 20m
17h 10m
17h 00m

Ara
Tel
Pav
IC 4651
91
109
Ly 12
Cr 307
Ru 119
NGC 6152
NGC 6253
NGC 6208
He 2-186
He 2-164
He 2-170
He 3-1312
PC 14
PC 11
V842
NGC 6397
ESO 229-8
ESO 182-4
ESO 182-1
Sa 1-6
h 4978
V539
R 303
CapO 17
V863
NGC 6326
Δ 212
vdBH 81
IC 4642
Hld 131
He 3-1333
h 4866
ESO 137-34
ESO 181-1
Rmk 22
ESO 182-8
ESO 182-10
V535
RW
Δ 220
IRAS 18063-5617
IC 4679
Str 51
I 111
IC 4709
ESO 139-13
ESO 139-11
IRAS 17344-5823
I 997
IRAS 16483-5834
ESO 138-5
NGC 6215
h 4920
Al-Teu 12
V710
NGC 6215A
h 4901
NGC 6221
ESO 138-1
ESO 138-17
NGC 6305
He 2
ESO 182-7
ESO 139-55
Tr 31
RZ
ESO 139-45
IC 4687
IC 4686
h 5029
IRAS 18078-5815
ESO 139-54
ESO 139-26
IC 4652
h 4931
He 3-1357
Stingray Nebula
IC 4646
ESO 138-21
ESO 138-27
ESO 138-26
ESO 139-12
ESO 137-42
ESO 137-38
NGC 6156
ESO 138-10
ESO 137-45
V349
Δ 203
ESO 137-36
ESO 140-23
ESO 139-53
ESO 139-36
ESO 139-41
ESO 139-28
NGC 6407
RU
IC 4653
ESO 139-5
PGC 165966
V713
PGC 165950
PGC 165942
PGC 165940
ESO 137-35
ESO 137-29
ESO 137-44
ESO 137-43
IC 4720
IC 4721
IC 4721A
IC 4702
AI J1816.9-5932
I 336
ESO 140-12
NGC 6398
ESO 139-1
PGC 165961
ESO 138-16
ESO 138-11
ESO 101-14
ESO 101-20
PGC 165974
I 633
NGC 6403
ESO 139-9
ESO 138-29
ESO 138-30
NGC 6300
IRAS 16493-6254
IC 4718
W
ESO 101-21
Δ 201
Gale 2
Lor 11
He 2-182
IC 4664
ESO 102-7A
ESO 102-7
Kron 73
PGC 165993
ESO 140-38
IC 4743
OW
NGC 6483
ESO 103-5
PGC 165994
IC 4754
IC 4751
IC 4753
IC 4727
IC 4726
IC 4737
NGC 6630
NGC 6614
NGC 6545
IC 4662
AI J1741.9-6506
NGC 6328
ESO 101-18
NGC 6673
IC 4731
IC 4760
IC 4749
IC 4723
IC 4680
NGC 6502
ESO 101-24
PGC 165995
ESO 101-11
NGC 6706
IC 4784
IC 4766
IC 4765
ESO 104-7
AGCS 805
IC 4742
IC 4741
ESO 103-46
IC 4748
IC 4696
Δ 214
IC 4800
ESO 103-56
IC 4799
NGC 6492
NGC 6362
NGC 6684A
NGC 6684
-60°
16h 30m
19h 00m
18h 50m
18h 40m
18h 30m
18h 20m
18h 10m
18h 00m
17h 50m
17h 40m
17h 30m
17h 20m
17h 10m
17h 00m
16h 50m
16h 40m
16h 30m
-49°
-50°
-51°
-52°
-53°
-54°
-55°
-56°
-57°
-58°
-59°
-60°
-61°
-62°
-63°
-64°

ESO 226-6
RCW 103
Ru 176
P 1-4
Ru 119
RCW 104
Al J1616.2-5130
Ru 117
Mz 3
Pi 22
NGC 6115
Ru 116
Ant Nebula
Ru 115
Ly 6
Sp 1
Hld 124
92
vdB-Ha 176
NGC 5946
NGC 5927
Sa 176
SDC 325.9+5.9
Sa 175
Nor
Al 8
He 2-128
NGC 6152
Rss 30
Sa 178
Johansson 1
He 2-164
He 2-161
He 2-153
I 987
39
Tr 23
Gum 50
Teu 182
Rss 27
He 2-170
He 2-165
SDC 332.4-3.3
NGC 6067
NGC 6031
He 2-129
Kro 7
NGC 5800
He 2-159
Moffat 1
MGP 2
Sa 177
Teu 181
He 2-149
Mz 2
Gum 49
SY
Slo 51
Lup
Ho 18
NGC 5764
H 10
LY 7
Δ 193
He 2-143
He 2-123
Fr 24
Ly 4
NGC 5925
NGC 5822
NGC 5999
Ru 114
SDC 326.9-3.2
He 2-133
Ly 5
He 2-115
NGC 5823
He 2-120
He 2-117
NGC 5749
SDC 325.6-3.0
NGC 6005
Cr 292
h 4825
h 4777
O 137-34
He 2-158
NGC 6087
SDC 325.3-2.8
Δ 190
SDC 319.4+2.2
He 2-141
He 2-163
SDC 324.3-3.8
Δ 191
CapO 16
CL
He 2-132
Mz 1
Ru 113
Sa 174
Ly 3
Cir
NGC 5662
156
ESO 137-18
h 4813
V396
Pi 20
NGC 5715
ESO 137-19
ESO 137-7
Slo 54
h 4757
203
ESO 137-24
ESO 137-10
ESO 137-2
NGC 6025
Δ 194
Pi 21
Lo 2045
ESO 137-8
ESO 137-6
Slr 11
SDC 322.2-4.5
AGC 3627
ESO 137-12
ESO 134-12
Lo 1378
ESO 137-29
ESO 137-26
ESO 137-23
NGC 5979
h 4699
Sa 173
MN
I 336
Al J1608.5-6221
He 2-136
I 329
SDC 319.3-3.5
Teu 80
Slo 57
ESO 100-18
He 2-114
Ru 111
He 2-116
NGC 5606
PGC 165984
Sa 172
ESO 100-20
Rhd 1
Toliman
SDC 317.1-2.6
Lo 1409
He 2-111
NGC 5617
Δ 201
Ju 22
TrA
IC 4400
Pi 19
Tr 22
Ru 112
R 275
Sa 169
Ho 17
Ly 2
GC 165993
vdBH 65a
RCW 86
RCW 85
V339
Sa 171
Lo 1375
Lo 1373
Lo 1339
Lo
Sa 170
h 4714
ESO 99-6
Sa 166
Rmk 20
PGC 165986
NGC 5844
165995
IC 4585
He 2-138
PGC 165979
IC 4584
Bernes 145
ASCC 77
Rss 22
vdBH 63
Δ 166
NGC 5938
IC 4571
ESO 68-16A
ESO 69-1
h 4707
vdB-Ha 164
ESO 97-15
Cen
Circinus Galaxy
ESO 97-13
He 2-103
110
ESO 68-12
330°
-49°
-50°
-51°
-52°
-53°
-54°
-55°
-56°
-57°
-58°
-59°
-60°
-62°
-63°
-64°
-60°
16h 30m
16h 30m
16h 20m
16h 10m
16h 00m
15h 50m
15h 40m
15h 30m
15h 20m
15h 10m
15h 00m
14h 50m
14h 40m
14h 30m
14h 20m
14h 10m
14h 00m

92
110
Lup
Cen
Cir
TrA
CorO 165
BrsO 9
IC 4311
IC 4312
PGC 49877
NGC 5307
NGC 5286
V701
He 2-104
Southern Crab Nebula
I 1235
Rmk 18
He 2-108
He 2-112
NGC 5800
Ho 18
NGC 5764
Frr 24
Δ 155
R 227
Δ 141
V716
NGC 5593
He 2-109
Sa 167
NGC 5749
NGC 5822
MGP 2
Δ 151
RV
He 2-115
NGC 5823
He 2-117
He 2-120
SDC 319.4+2.2
CL
NGC 5662
ESO 175-6
Sa 164
V381
XX
Lo 1289
Lo 1171
Ru 108
Lo 1378
NGC 5715
SDC 312.5+3.0
NGC 5284
He 2-102
Lo 915
Δ 159
Δ 142
Ru 167
NGC 5381
Lo 1225
Lo 1010
SDC 308.0+2.1
NGC 5606
Cr 275
ESO 134-12
R
h 4699
Vou 31
Hadar
Lo 2045
Ru 111
IC 4400
NGC 5168
h 4777
CapO 16
Pi 20
NGC 5617
He 2-111
Pi 19
Tr 22
Ly 2
Lo 1256
He 2-96
vdB-Ha 151
Cr 272
Sa 174
Teu 80
Rhd 1
Toliman
RCW 85
V339
CorO 167
NGC 5316
Δ 143
Slo 45
Pi 21
Ho 17
Ly 1
IC 4291
Hrg 86
He 2-132
Mz 1
h 4757
He 2-114
Lo 1409
ASCC 75
V766
Tr 21
Lo 1339
ASCC 77
HDS 1966
NGC 5269
Δ 137
SDC 317.1-2.6
RCW 86
NGC 5281
SAI 118
vdB-Ha 150
Sa 173
SDC 319.3-3.3
I 329
He 2-116
Ru 112
Lo 1373
SDC 307.2-1.0
Rss 22
SDC 322.2-4.5
Sa 172
Lo 1375
Cr 271
Sa 169
ESO 97-15
NGC 5288
vdBH 65a
h 4714
He 2-103
5979
Sa 171
Sa 166
ESO 97-13
Circinus Galaxy
NGC 5189
Ju 22
Δ 166
Cr 277
Spiral Planetary Nebu
Bernes 145
He 2-136
Sa 170
vdBH 63
NGC 5844
NGC 5315
Δ 145
vdB-Ha 164
MyCn 18
Hourglass Nebula
ESO 99-6
Ru 110
LoTr 7
h 4707
h 45
-60°
13h 30m
-49°
-50°
-51°
-52°
-53°
-54°
-55°
-56°
-57°
-58°
-59°
-60°
-62°
-63°
-64°
16h 00m
15h 50m
15h 40m
15h 30m
15h 20m
15h 10m
15h 00m
14h 50m
14h 40m
14h 30m
14h 20m
14h 10m
14h 00m
13h 50m
13h 40m
13h 30m

Cen
Cru
Mus
93
110
D4
IC 3896
ESO 219-18
V701
IC 4200
ESO 220-6
Ru 106
ESO 218-4
h 4546
IRAS 12447-5316
ESO 218-2
I 216
ESO 217-14
BlDz 1
ESO 217-15
Rss 16
PKS 1209-52
ESO 171-8
Rst 570
GN 12.41.9
Boomerang Nebula
I 924
ESO 171-4
φ 64
Δ 127
V369
NGC 4230
h 4569
Hld 116
SDC 308.3+5.8
h 4576
Wray 16-122
h 4548
Ru 165
Sa 2-93
Δ 126
EP
He 2-88
Gacrux
BH
NGC 3960
Sa 163
Hld 114
Ru 108
ESO 131-9
NGC 5138
BrsO 8
NGC 4337
NGC 3882
Lo 821
I 424
R 213
NGC 4852
NGC 3918
Blue Planetary
SDC 308.0+2.1
Mimosa
DY
NGC 5043
WW
AG
PB 8
NGC 4755
Jewel Box
Lo 682
Ho 14
ESO 130-13
ESO 130-6
SDC 303.8+1.3
Tr 20
NGC 4439
St 15
Ho 16
Lo 694
Cr 257
He 2-82
Cr 272
Sa 162
Ru 104
He 2-90
Sa 155
Lo 372
Slo 45
Slo 44
Sa 161
RCW 71
Hrg 86
Bas 18
RCW 75
Sa 157
Ru 105
St 16
Sa 150
CapO 12
Tr 21
Lo 807
Danks 2
Danks 1
Al-Teu 8
NGC 5155
Coal Sack
NGC 4349
NGC 4103
ESO 129-32
Ced 122
Th 2-A
Lo 481
NGC 3699
NGC 5120
SDC 304.7-0.3
Ho 15
SDC 301.7-2.6
NGC 4609
Ru 95
Teu 79
MelO 3
NGC 5045
Acrux
Sa 144
Δ 252
256
h 4579
V1152
Lo 7
vdB-Ha 131
NGC 3766
UX
SDC 305.2-1.6
He 2-84
DuRe 1
Sa 142
He 2-85
RZ
NGC 4052
St 14
Ru 107
Al 82
vdB-Ha 132
Lo 757
Rmk 16
NGC 4815
NGC 4463
Cr 249
Sa 129
NGC 3603
Al 74
He 2-86
Gli 185
Sa 148
NGC 5189
Ru 98
Planetary Nebula
Sa 2-91
SDC 305.0-3.6
SDC 300.9-2.6
Slo 40
Cr 269
IC 2944/8
Running Chicken Nebula
Ru 94
Sa 126
Sa 137
Sa 136
IC 2714
H 8
Sa 140
Sa 130
Mel 105
Sa 139
vdB-Ha 140
h 4550
SDC 299.0-4.0
h 4586
Δ 131
IC 4191
vdB-Ha 111
SDC 298.3-4.5
Sa 124
BO
HdO 224
R 207
Sa 128
H 6
XY
-49°
-50°
-51°
-52°
-53°
-54°
-55°
-56°
-57°
-58°
-59°
-60°
-61°
-62°
-63°
-64°
13h 30m
13h 20m
13h 10m
13h 00m
12h 50m
12h 40m
12h 30m
12h 20m
12h 10m
12h 00m
11h 50m
11h 40m
11h 30m
11h 20m
11h 10m
11h 00m
-60°
13h 30m

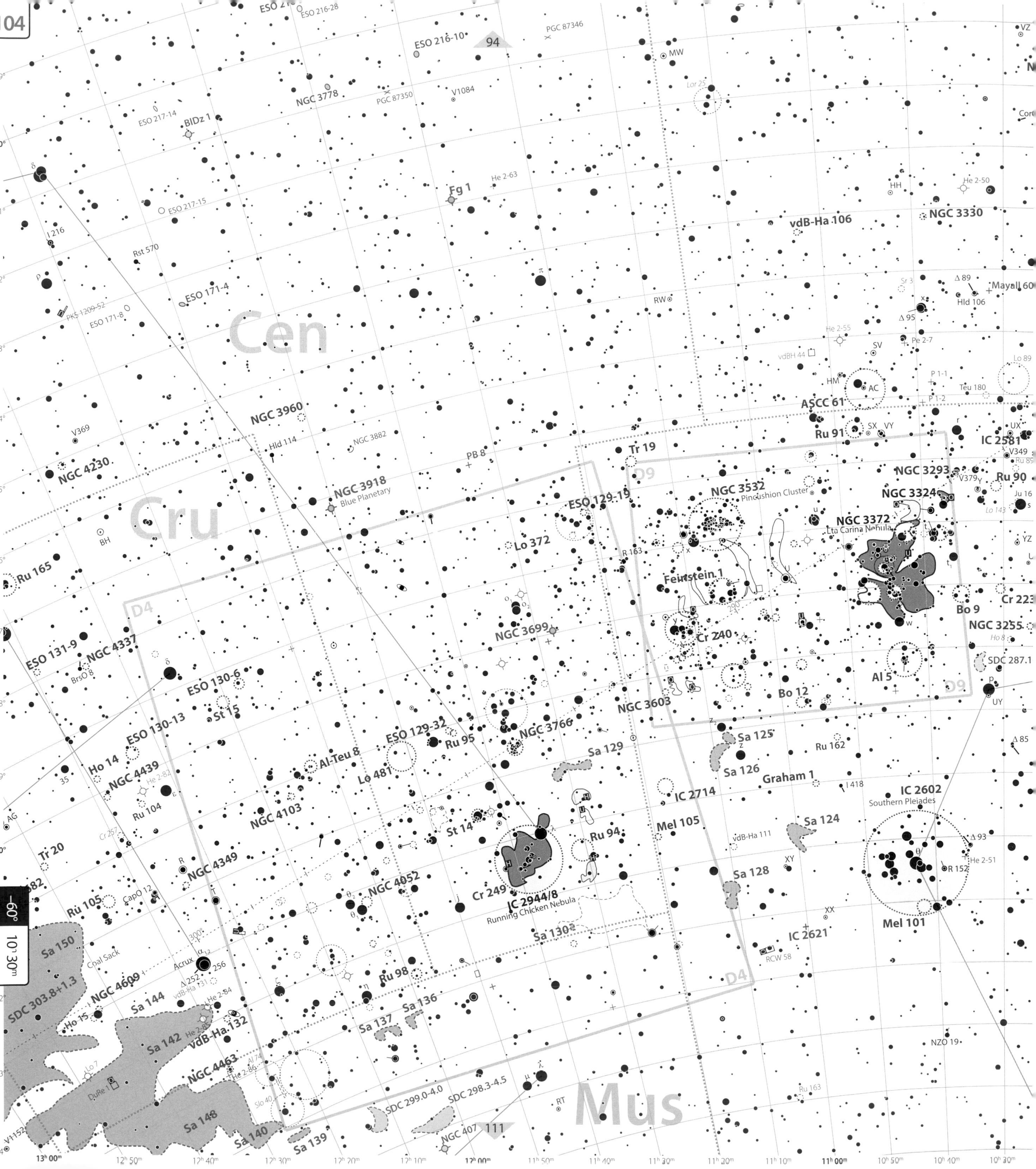

Cen
Cru
Mus
94
111
D4
D9
ESO 216-28
ESO 216-10
PGC 87346
NGC 3778
PGC 87350
V1084
MW
Lor 25
ESO 217-14
BlDz 1
Fg 1
He 2-63
He 2-50
HH
NGC 3330
ESO 217-15
I 216
Rst 570
vdB-Ha 106
ESO 171-4
PKS 1209-52
ESO 171-8
RW
Sr 3
Δ 89
Mayall 60
Hld 106
Δ 95
He 2-55
SV
Pe 2-7
vdBH 44
Lo 89
HM
AC
P 1-1
Teu 180
P 1-2
ASCC 61
NGC 3960
V369
Hld 114
NGC 3882
Ru 91
SX
VY
UX
IC 2581
V349
NGC 4230
PB 8
Tr 19
NGC 3293
V379
Ru 90
NGC 3918
Blue Planetary
NGC 3532
Pincushion Cluster
NGC 3324
Ju 16
Lo 143
ESO 129-19
NGC 3372
Eta Carina Nebula
BH
Lo 372
YZ
Ru 165
R 163
Feinstein 1
Cr 223
Bo 9
NGC 3255
Ho 8
NGC 3699
Cr 240
ESO 131-9
NGC 4337
BrsO 8
ESO 130-6
SDC 287.1
Al 5
Bo 12
ESO 130-13
St 15
NGC 3603
UY
NGC 3766
ESO 129-32
Ru 95
Al-Teu 8
Sa 125
Δ 85
Ru 162
Ho 14
Lo 481
Sa 129
NGC 4439
He 2-82
Sa 126
Graham 1
I 418
IC 2602
Southern Pleiades
IC 2714
Ru 104
NGC 4103
Sa 124
AG
Cr 257
St 14
Mel 105
Ru 94
vdB-Ha 111
Δ 93
Tr 20
NGC 4349
He 2-51
XY
R 152
NGC 4052
Sa 128
Cr 249
IC 2944/8
Running Chicken Nebula
Ru 105
CapO 12
XX
Mel 101
Sa 130
IC 2621
RCW 58
Sa 150
Coal Sack
Acrux
Δ 252
256
vdB-Ha 131
NGC 4609
Ru 98
Sa 136
SDC 303.8+1.3
Sa 144
He 2-84
Sa 137
Ho 15
Sa 142
He 2-85
vdB-Ha 132
NZO 19
Lo 7
NGC 4463
He 2-86
DuRe 1
Slo 40
SDC 299.0-4.0
SDC 298.3-4.5
RT
Ru 163
Sa 148
V1152
Sa 140
Sa 139
NGC 4071
-49°
-50°
-51°
-52°
-53°
-54°
-55°
-56°
-57°
-58°
-59°
-60°
-62°
-63°
-64°
13h 00m
12h 50m
12h 40m
12h 30m
12h 20m
12h 10m
12h 00m
11h 50m
11h 40m
11h 30m
11h 20m
11h 10m
11h 00m
10h 50m
10h 40m
10h 30m

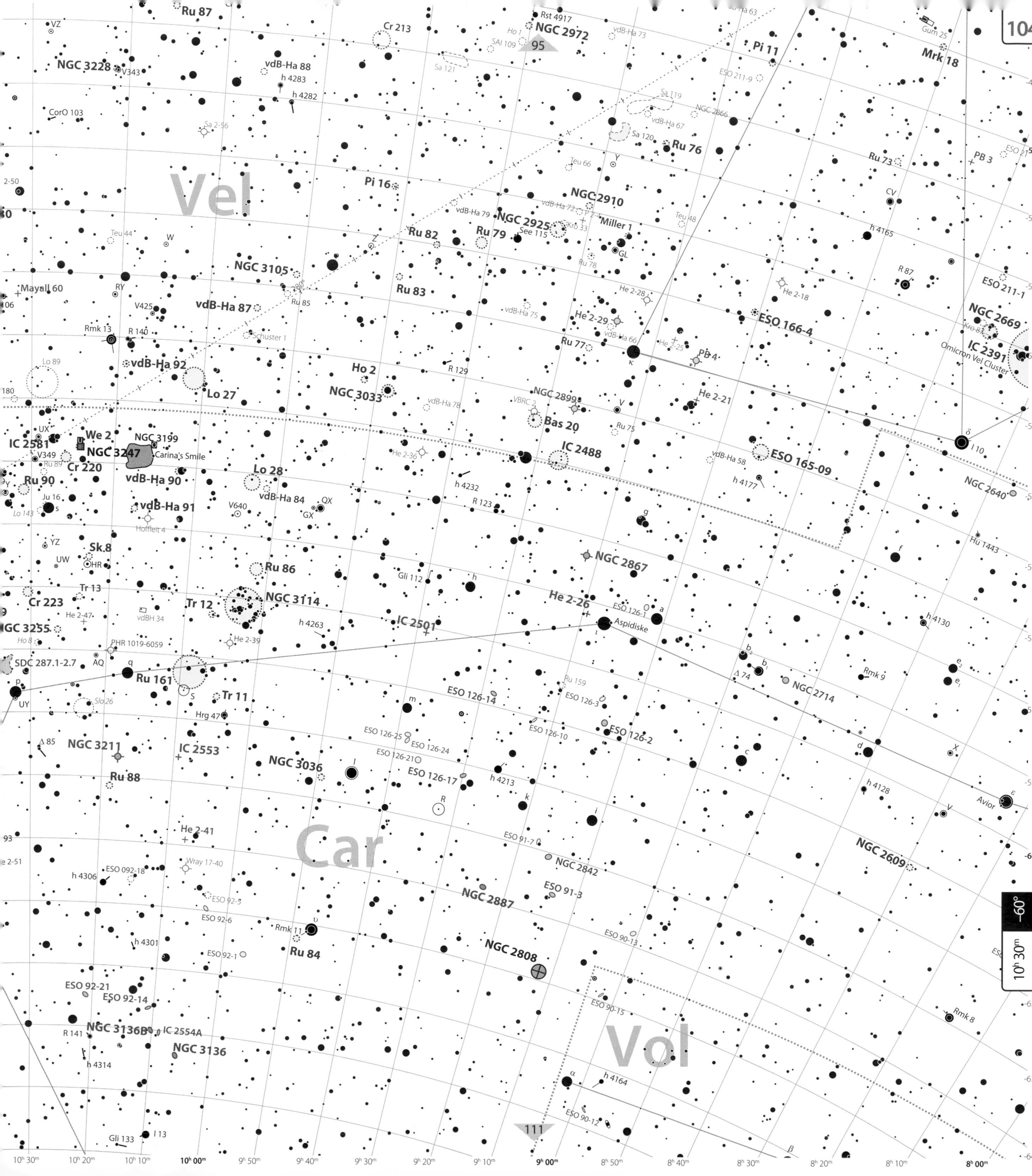

95

111

10h 30m −60°

Vel
Car
95
111
Mrk 18
Gum 25
h 4119
SAI 91
Part of Gum Nebula
GDC 7
GDC 4
Sa 109
vdBH 12
Sa 112
Sa 111
Al J0813.5-5011
h 4045
Al 34
Sa 108
CG 15
CG 16
He 2-5
Al J0740.5-5155
ESO 211-3
PB 3
Δ 69
NGC 2502
Al 93
Gum 12
Part of Gum Nebula
Ru 73
Al-Teu 3
χ
Gum 12
Part of Gum Nebula
ESO 211-1
Gli 77
CV
NGC 2669
o
h 4126
h 4165
Slr 8
R 87
IC 2391
Omicron Vel Cluster
Δ 60
CorO 60
NT
V608
He 2-18
δ
I 10
ESO 166-4
NGC 2640
ESO 163-14
Hu 1443
He 2-25
PB 4
κ
He 2-21
ESO 165-09
f
h 4130
Al J0814.5-5806
vdB-Ha 58
h 4177
e₂
V
Ru 75
IC 2220
V341
Toby Jug Nebula
NGC 2899
CorO 58
IC 2488
Rmk 9
X
g
ε
Avior
ESO 123-26
MelO 2
b₂
b₁
NGC 2714
d
V
NGC 2516
h 4031
NGC 2867
a
Δ 74
h 4128
R 123
ESO 126-1
Aspidiske
ι
c
NGC 2609
ESO 124-14
He 2-26
Str 7
Tiny Southern Cross
NGC 2417
h
ESO 126-3
Ru 159
ESO 126-2
Rmk 8
h 4014
IC 2501
ESO 126-10
ESO 126-14
i
m
h 4213
k
ESO 126-17
ESO 126-25
ESO 126-24
ESO 91-7
NGC 2842
ESO 90-13
ESO 126-21
ESO 91-3
R
l
ESO 90-15
NGC 3036
NGC 2887
NGC 2808
β
ESO 88-18
ESO 88-22
h 4164
α
ESO 89-9
ESO 89-17
ESO 89-16
ESO 89-15
ESO 90-12
NGC 2601
υ
Rmk 11
ESO 90-9
ESO 60-12
UU
Rmk 7
-49°
-50°
-51°
-52°
-53°
-54°
-55°
-56°
-57°
-58°
-59°
-60°
-62°
-63°
-64°
10h 00m
9h 50m
9h 40m
9h 30m
9h 20m
9h 10m
9h 00m
8h 50m
8h 40m
8h 30m
8h 20m
8h 10m
8h 00m
7h 50m
7h 40m
7h 30m
-60°
7h 30m

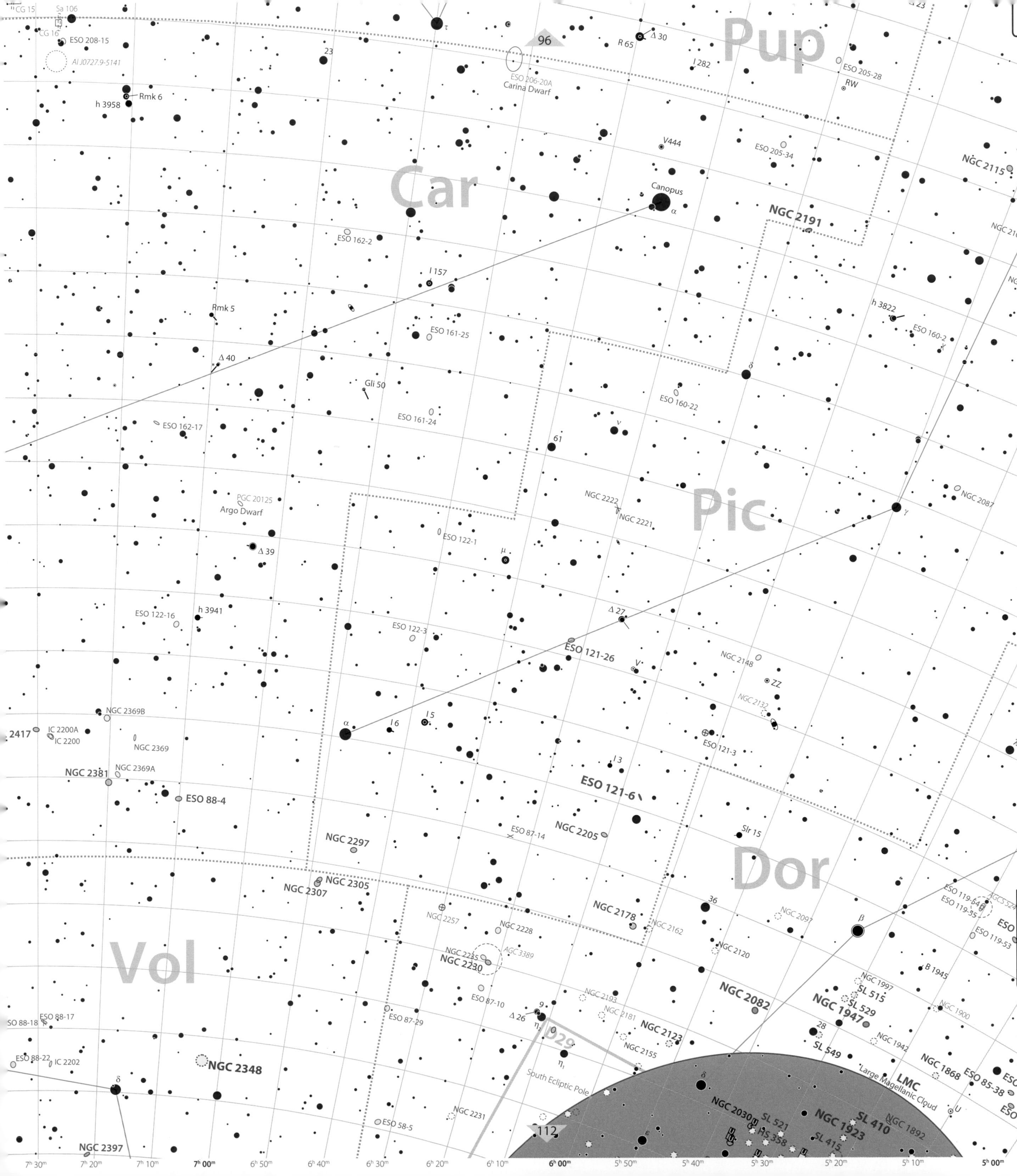

Pup
Car
Pic
Dor
Vol
96
112
Canopus
NGC 2191
NGC 2115
NGC 2104
NGC 2101
NGC 2087
ESO 206-20A
Carina Dwarf
ESO 208-15
AI J0727.9-5141
CG 15
CG 16
Sa 106
Rmk 6
h 3958
Δ 30
R 65
I 282
ESO 205-28
RW
V444
ESO 205-34
ESO 162-2
I 157
Rmk 5
ESO 161-25
Δ 40
Gli 50
ESO 161-24
ESO 162-17
h 3822
ESO 160-2
ESO 160-22
61
PGC 20125
Argo Dwarf
NGC 2222
NGC 2221
ESO 122-1
Δ 39
Δ 27
ESO 122-16
h 3941
ESO 122-3
ESO 121-26
NGC 2148
ZZ
NGC 2132
NGC 2369B
2417
IC 2200A
IC 2200
NGC 2369
I 6
I 5
ESO 121-3
I 3
NGC 2381
NGC 2369A
ESO 88-4
ESO 121-6
ESO 87-14
NGC 2205
Slr 15
NGC 2297
NGC 2305
NGC 2307
NGC 2178
36
NGC 2097
NGC 2162
NGC 2257
NGC 2228
NGC 2120
ESO 119-54
ESO 119-55
AGC 5324
ESO 119-53
ESO
NGC 2235
NGC 2230
AGC 3389
NGC 2082
B 1945
NGC 1997
SL 515
SL 529
NGC 1947
NGC 1900
ESO 87-10
ESO 87-29
NGC 2193
NGC 2181
Δ 26
9
D29
NGC 2123
28
NGC 1942
SL 549
NGC 2155
NGC 1868
ESO 85-38
ESO 85-30
LMC
Large Magellanic Cloud
ESO 85-34
South Ecliptic Pole
ESO 88-18
ESO 88-17
ESO 88-22
IC 2202
NGC 2348
NGC 2231
ESO 58-5
NGC 2030
SL 521
HS 358
NGC 1923
SL 410
NGC 1892
SL 415
NGC 2397
-49°
-50°
-51°
-52°
-53°
-54°
-55°
-56°
-57°
-58°
-59°
-60°
-62°
-63°
-64°
7h 30m
-60°
7h 30m
7h 20m
7h 10m
7h 00m
6h 50m
6h 40m
6h 30m
6h 20m
6h 10m
6h 00m
5h 50m
5h 40m
5h 30m
5h 20m
5h 10m
5h 00m

97
112

Dor
Pic
-49°
-50°
-51°
-52°
-53°
-54°
-55°
-56°
-57°
-58°
-59°
-60°
-62°
-63°
-64°
-60°
4h 30m
7h 00m
6h 50m
6h 40m
6h 30m
6h 20m
6h 10m
6h 00m
5h 50m
5h 40m
5h 30m
5h 20m
5h 10m
5h 00m
4h 50m
4h 40m
4h 30m
ESO 202-56
ESO 202-37
NGC 2115
NGC 2008
ESO 205-28
RW
NGC 2104
NGC 2101
ESO 159-19
Δ 20
NGC 1705
Δ 18
I 342
IC 2086
IC 2082
ESO 205-34
ESO 159-2
ESO 159-4
NGC 1617
NGC 1596
NGC 1602
NGC 2191
h 3822
ESO 160-2
SU
ESO 158-17
NGC 2087
ESO 158-3
ESO 159-12
NGC 1853
ESO 160-22
ESO 118-34
h 3683
Reticulum GC
ESO 119-25
NGC 1672
NGC 1703
NGC 1688
NGC 1824
61
NGC 2222
NGC 2221
NGC 2148
ZZ
NGC 2132
h 3686
NGC 1796
ESO 119-13
ESO 118-30
AGCS 524
ESO 119-54
ESO 119-48
ESO 119-55
ESO 119-53
Δ 27
NGC 1765
ESO 119-11
ESO 121-26
ESO 121-3
ESO 85-14A
ESO 84-28
h 3670
NGC 1706
Slr 15
B 1945
NGC 1900
ESO 85-5
ESO 85-30
NGC 2097
NGC 1997
SL 515
ESO 85-38
ESO 85-34
ESO 122-3
ESO 121-6
SL 529
NGC 1942
ESO 84-33
36
NGC 1947
NGC 1868
NGC 2205
NGC 2120
28
SL 549
NGC 1831
NGC 2162
NGC 2082
NGC 1892
ESO 87-14
NGC 2178
SL 410
NGC 1859
SL 168
ESO 84-22
NGC 1923
LMC-SMP 35
NGC 1787
NGC 1669
NGC 1866
h 3662
NGC 1925
BSDL 480
SL 415
NGC 1783
KMHK 723
SL 521
SL 485
Hen 49
NGC 2123
NGC 2228
NGC 2193
NGC 2181
NGC 2030
HS 358
NGC 2155
AGC 3389
NGC 2257
NGC 2297
NGC 2235
NGC 2230
Δ 26
D29
ESO 87-10
NGC 2305
NGC 2307
South Ecliptic Pole
NGC 1901
LMC
Large Magell

Hor
Ret
98
113
-60°
4h 30m
ESO 202-37
ESO 202-7
NGC 1578
IC 1935
NGC 1356
IC 1959
IC 1947
IC 1989
AGCS 3193
NGC 1500
WX
NGC 1522
PGC 94977
NGC 1506
IC 1925
IC 1954
ESO 199-12
R
T
Slr 6
AGCS 463
IC 2086
IC 2081
IC 2082
IC 1940
Δ 10
AI J0304.6-5116
IC 1933
NGC 1523
NGC 1515
IRAS 03467-5354
PGC 94961
UX
h 3592
PGC 129443
NGC 1596
NGC 1581
NGC 1602
NGC 1566
NGC 1249
AI J0240.4-5247
NGC 1549
NGC 1553
NGC 1546
IC 2039
NGC 1533
WX
PGC 94963
ESO 155-14
IC 2060
NGC 1536
Slo 4
Rmk 4
NGC 1574
NGC 1261
NGC 1136
NGC 1543
PGC 127996
NGC 1031
h 3520
NGC 1025
IRAS 03200-5724
ESO 154-13
IC 2049
ESO 116-12
NGC 1252
PGC 88253
Pol 2
IC 1997
IC 2056
IC 2010
NGC 1463
Δ 14
ESO 116-1
VW
IRAS 03178-5956
ESO 118-30
Jsp 48
AGCS 274
Dawson 1
ESO 115-8
ESO 118-12
VY
PGC 127971
h 3670
R
ESO 84-18
NGC 1559
ESO 84-9
NGC 1534
NGC 1529
PGC 127986
NGC 1096
Δ 7
ESO 115-25A
Rmk 3
PGC 127992
NGC 889
ESO 84-14
IRAS 02117-6158
ESO 84-22
Slo 8
h 3662
Δ 12
NGC 1526
NGC 1503
NGC 1490
NGC 1313
LMC
Large Magellanic Cloud
NGC 1511
NGC 1246
NGC 1473
PKS 0352-686
ϕ 333
-49°
-50°
-51°
-52°
-53°
-54°
-55°
-56°
-57°
-58°
-59°
-60°
-62°
-63°
-64°
4h 30m
4h 20m
4h 10m
4h 00m
3h 50m
3h 40m
3h 30m
3h 20m
3h 10m
3h 00m
2h 50m
2h 40m
2h 30m
2h 20m
2h 10m
2h 00m

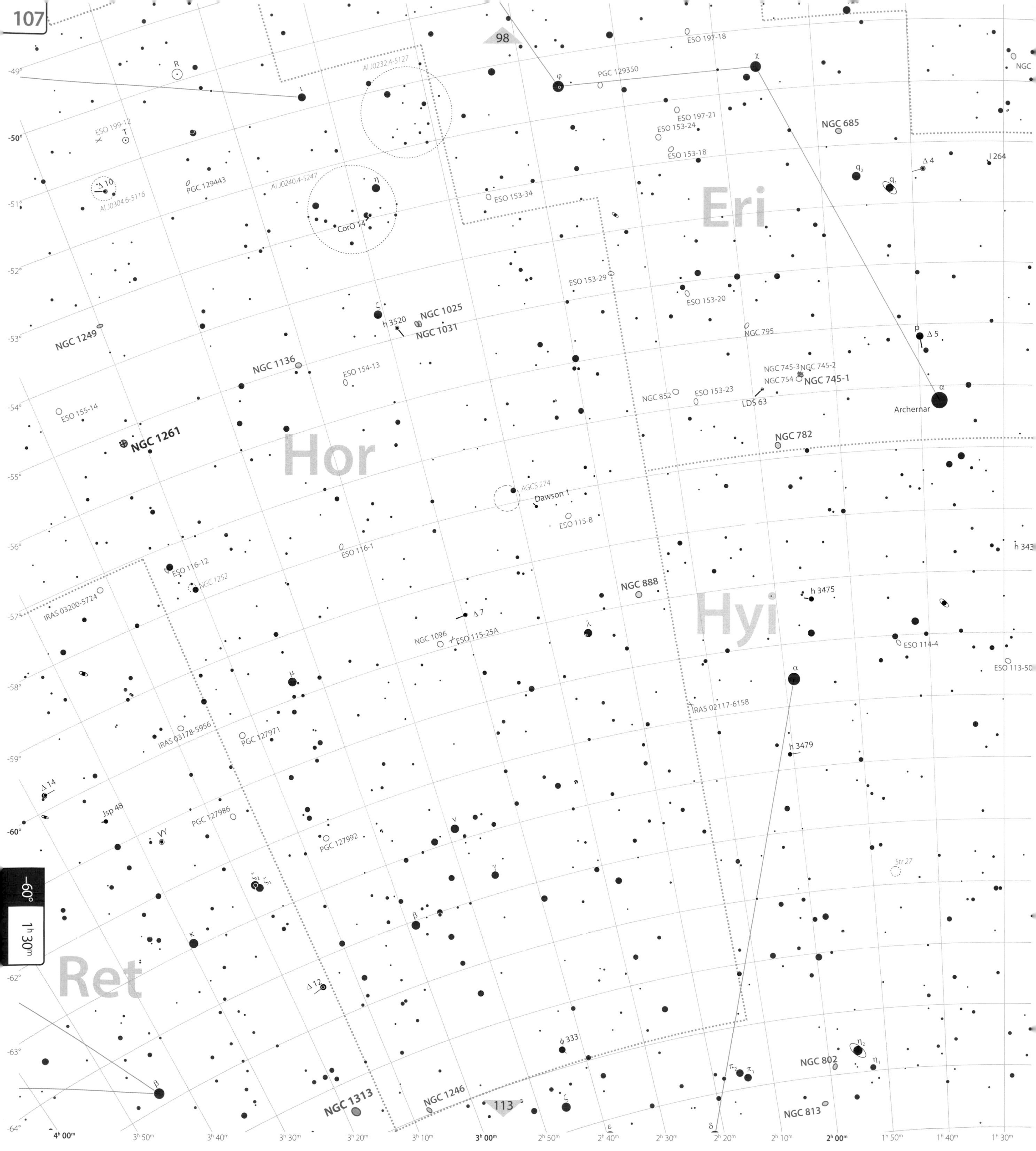
98
113
Eri
Hor
Hyi
Ret
ESO 197-18
PGC 129350
NGC
ESO 197-21
ESO 153-24
ESO 153-18
NGC 685
I 264
Δ 4
AI J0232.4-5127
ESO 199-12
T
R
Δ 10
AI J0304.6-5116
PGC 129443
AI J0240.4-5247
CorO 14
ESO 153-34
ESO 153-29
ESO 153-20
NGC 795
h 3520
NGC 1025
NGC 1031
NGC 1249
NGC 1136
ESO 154-13
NGC 745-3
NGC 745-2
NGC 754
NGC 745-1
Δ 5
NGC 852
ESO 153-23
LDS 63
Archernar
ESO 155-14
NGC 1261
NGC 782
AGCS 274
Dawson 1
ESO 115-8
ESO 116-1
h 343
ESO 116-12
NGC 1252
NGC 888
h 3475
IRAS 03200-5724
Δ 7
NGC 1096
ESO 115-25A
ESO 114-4
ESO 113-50
IRAS 02117-6158
IRAS 03178-5956
PGC 127971
h 3479
Δ 14
Jsp 48
PGC 127986
VY
PGC 127992
Str 27
Δ 12
ϕ 333
NGC 802
NGC 813
NGC 1313
NGC 1246
-49°
-50°
-51°
-52°
-53°
-54°
-55°
-56°
-57°
-58°
-59°
-60°
-62°
-63°
-64°
4h 00m
3h 50m
3h 40m
3h 30m
3h 20m
3h 10m
3h 00m
2h 50m
2h 40m
2h 30m
2h 20m
2h 10m
2h 00m
1h 50m
1h 40m
1h 30m
-60°
1h 30m

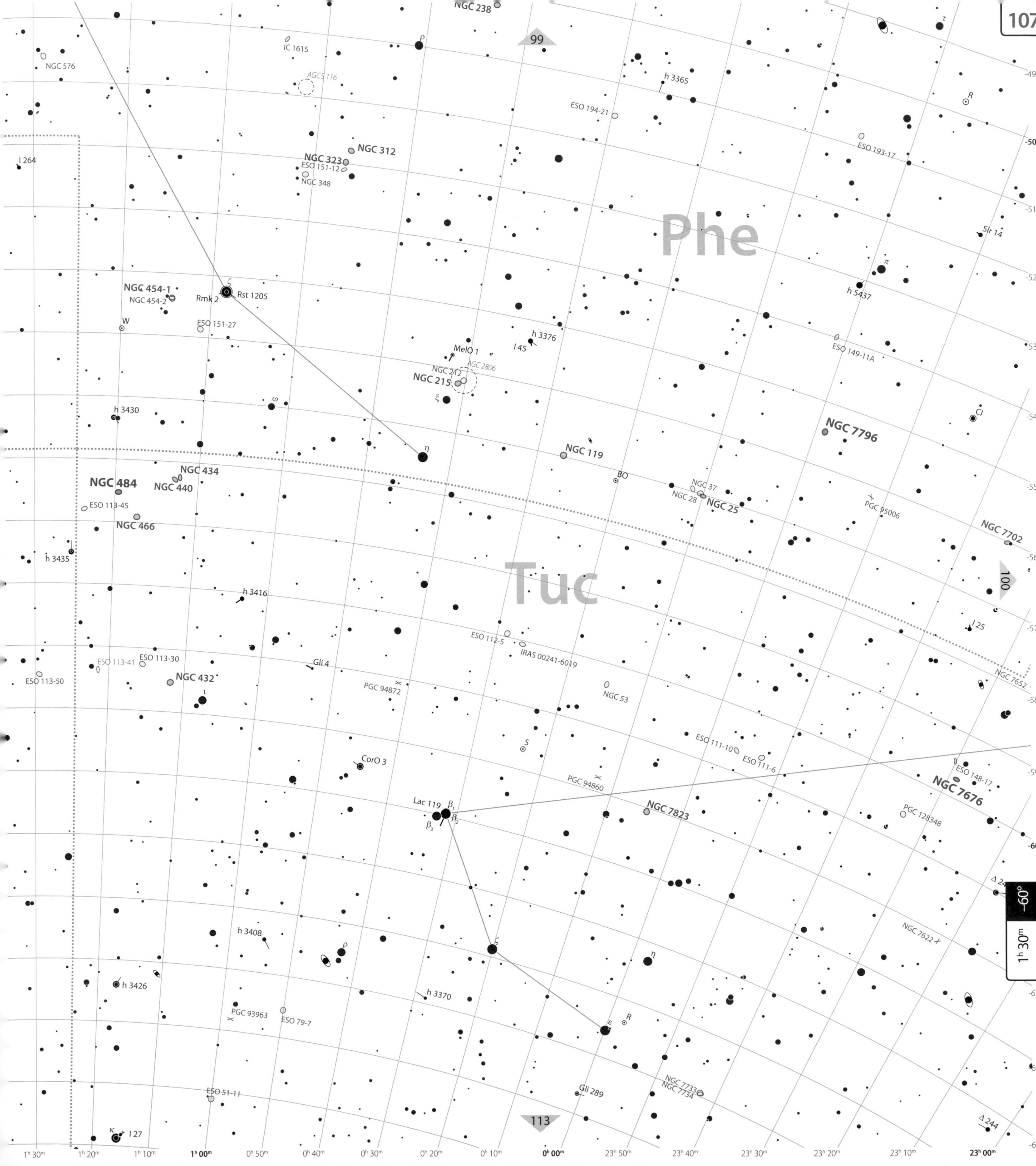
Phe
Tuc
99
100
113
NGC 238
NGC 576
IC 1615
AGCS 116
h 3365
ESO 194-21
ESO 193-17
I 264
NGC 312
NGC 323
ESO 151-12
NGC 348
Slr 14
NGC 454-1
NGC 454-2
Rmk 2
Rst 1205
h 5437
W
ESO 151-27
h 3376
I 45
Melo 1
ESO 149-11A
NGC 212
AGC 2806
NGC 215
h 3430
Cl
NGC 7796
NGC 119
BO
NGC 434
NGC 484
NGC 440
NGC 37
NGC 28
NGC 25
PGC 95006
ESO 113-45
NGC 466
NGC 7702
h 3435
h 3416
I 25
ESO 112-5
IRAS 00241-6019
ESO 113-41
ESO 113-30
Gli 4
ESO 113-50
NGC 432
PGC 94872
NGC 53
NGC 7652
S
ESO 111-10
ESO 111-6
CorO 3
ESO 148-17
PGC 94860
NGC 7676
Lac 119
NGC 7823
PGC 128348
Δ 24
h 3408
NGC 7622
h 3426
h 3370
PGC 93963
ESO 79-7
R
ESO 51-11
Gli 289
NGC 7733
NGC 7734
I 27
Δ 244
-49°
-50°
-51°
-52°
-53°
-54°
-55°
-56°
-57°
-58°
-59°
-60°
-62°
-63°
-64°
1h 30m
1h 20m
1h 10m
1h 00m
0h 50m
0h 40m
0h 30m
0h 20m
0h 10m
0h 00m
23h 50m
23h 40m
23h 30m
23h 20m
23h 10m
23h 00m
-60°
1h 30m

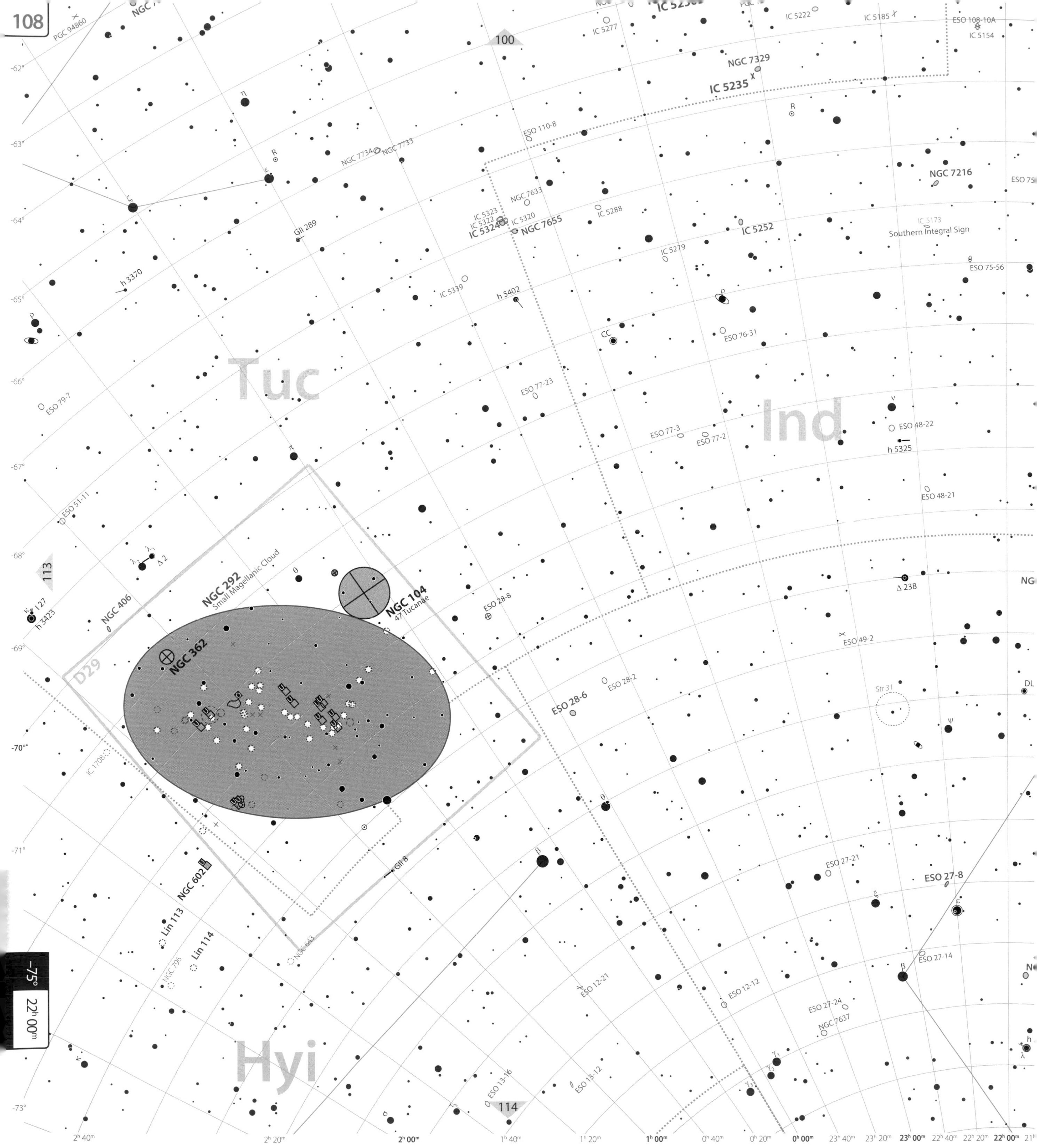
Tuc
Ind
Hyi
100
113
114
-75°
22h 00m
NGC 292
Small Magellanic Cloud
NGC 104
47 Tucanae
NGC 362
NGC 406
NGC 602
D29
IC 1708
NGC 796
Lin 113
Lin 114
Gli 8
Gli 289
h 3370
h 3423
h 5402
h 5325
Δ 2
Δ 238
I 27
PGC 94860
NGC 7734
NGC 7733
NGC 7633
NGC 7655
NGC 7329
NGC 7216
NGC 7637
IC 5235
IC 5252
IC 5277
IC 5222
IC 5185
IC 5154
IC 5323
IC 5322
IC 5324
IC 5320
IC 5288
IC 5279
IC 5339
IC 5173
Southern Integral Sign
ESO 108-10A
ESO 110-8
ESO 75-56
ESO 76-31
ESO 77-23
ESO 77-3
ESO 77-2
ESO 48-22
ESO 48-21
ESO 49-2
ESO 28-8
ESO 28-6
ESO 28-2
ESO 27-21
ESO 27-8
ESO 27-14
ESO 27-24
ESO 12-21
ESO 12-12
ESO 13-16
ESO 13-12
ESO 79-7
ESO 51-11
Str 31
CC
DL
-62°
-63°
-64°
-65°
-66°
-67°
-68°
-69°
-70°
-71°
-73°
2h 40m
2h 20m
2h 00m
1h 40m
1h 20m
1h 00m
0h 40m
0h 20m
0h 00m
23h 40m
23h 20m
23h 00m
22h 40m
22h 20m
22h 00m

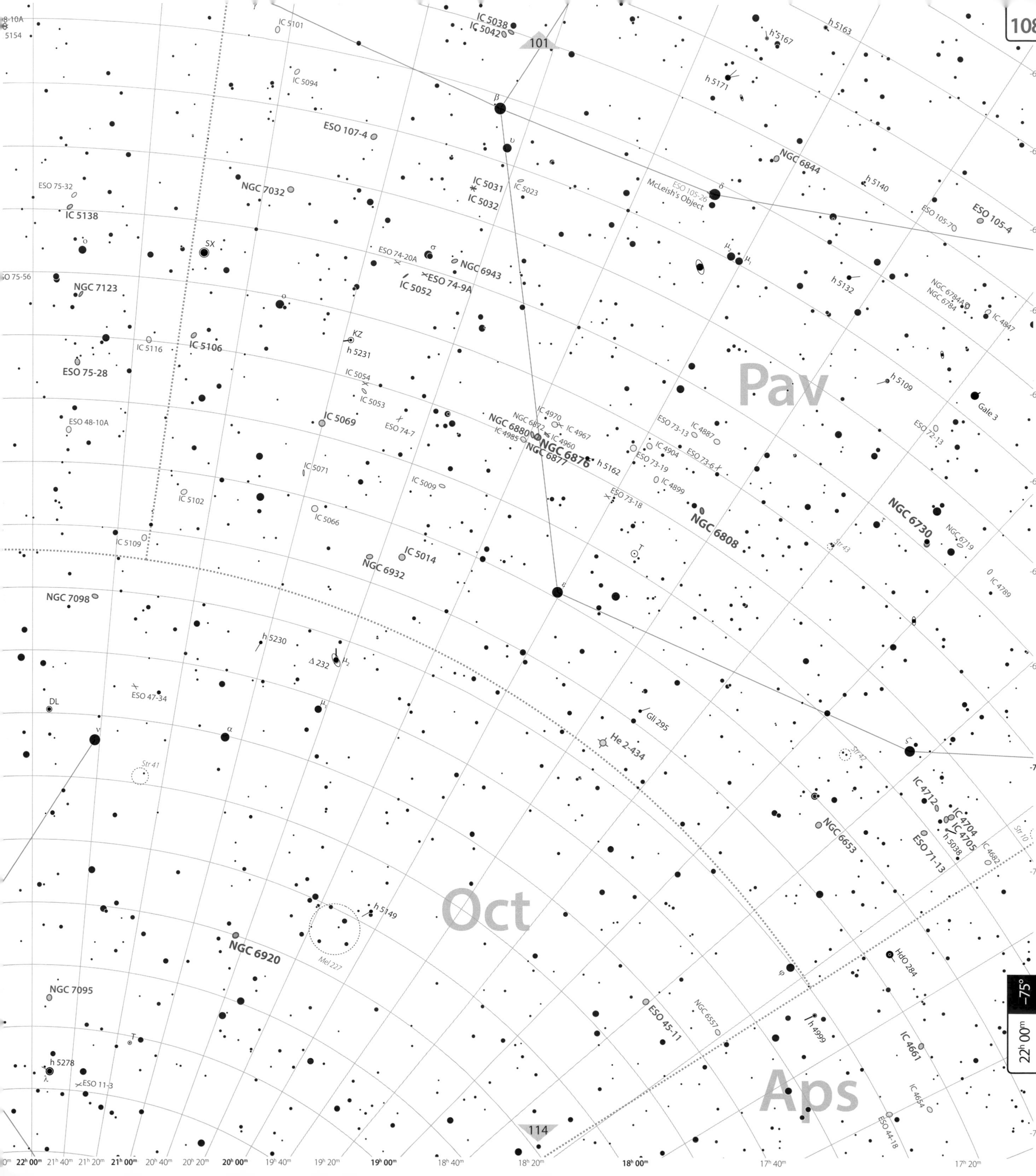
Pav
Oct
Aps
101
114
IC 5038
IC 5042
IC 5101
IC 5094
ESO 107-4
NGC 7032
IC 5031
IC 5032
IC 5023
ESO 75-32
IC 5138
SX
ESO 74-20A
NGC 6943
ESO 74-9A
IC 5052
NGC 7123
IC 5116
IC 5106
ESO 75-28
KZ
h 5231
IC 5054
IC 5053
ESO 48-10A
IC 5069
ESO 74-7
NGC 6880
NGC 6872
IC 4970
IC 4967
IC 4985
IC 4960
NGC 6876
NGC 6877
h 5162
IC 5071
IC 5009
IC 5102
IC 5066
IC 5109
IC 5014
NGC 6932
NGC 7098
h 5230
Δ 232
ESO 47-34
DL
Str 41
Gli 295
He 2-434
h 5149
Mel 227
NGC 6920
NGC 7095
h 5278
ESO 11-3
ESO 45-11
NGC 6557
h 4999
h 5163
h 5167
h 5171
NGC 6844
h 5140
ESO 105-26
McLeish's Object
ESO 105-7
ESO 105-4
h 5132
NGC 6784A
NGC 6784
IC 4847
h 5109
Gale 3
ESO 72-13
ESO 73-13
IC 4887
IC 4904
ESO 73-6
ESO 73-19
IC 4899
ESO 73-18
NGC 6808
NGC 6730
NGC 6719
Str 43
IC 4789
Str 42
IC 4712
IC 4704
IC 4705
h 5038
ESO 71-13
NGC 6653
IC 4682
Str 10
HdO 284
IC 4661
IC 4654
ESO 44-18
-62°
-63°
-64°
-65°
-66°
-67°
-68°
-69°
-70°
-71°
-73°
22h 00m
21h 40m
21h 20m
21h 00m
20h 40m
20h 20m
20h 00m
19h 40m
19h 20m
19h 00m
18h 40m
18h 20m
18h 00m
17h 40m
17h 20m

-75°
22h 00m

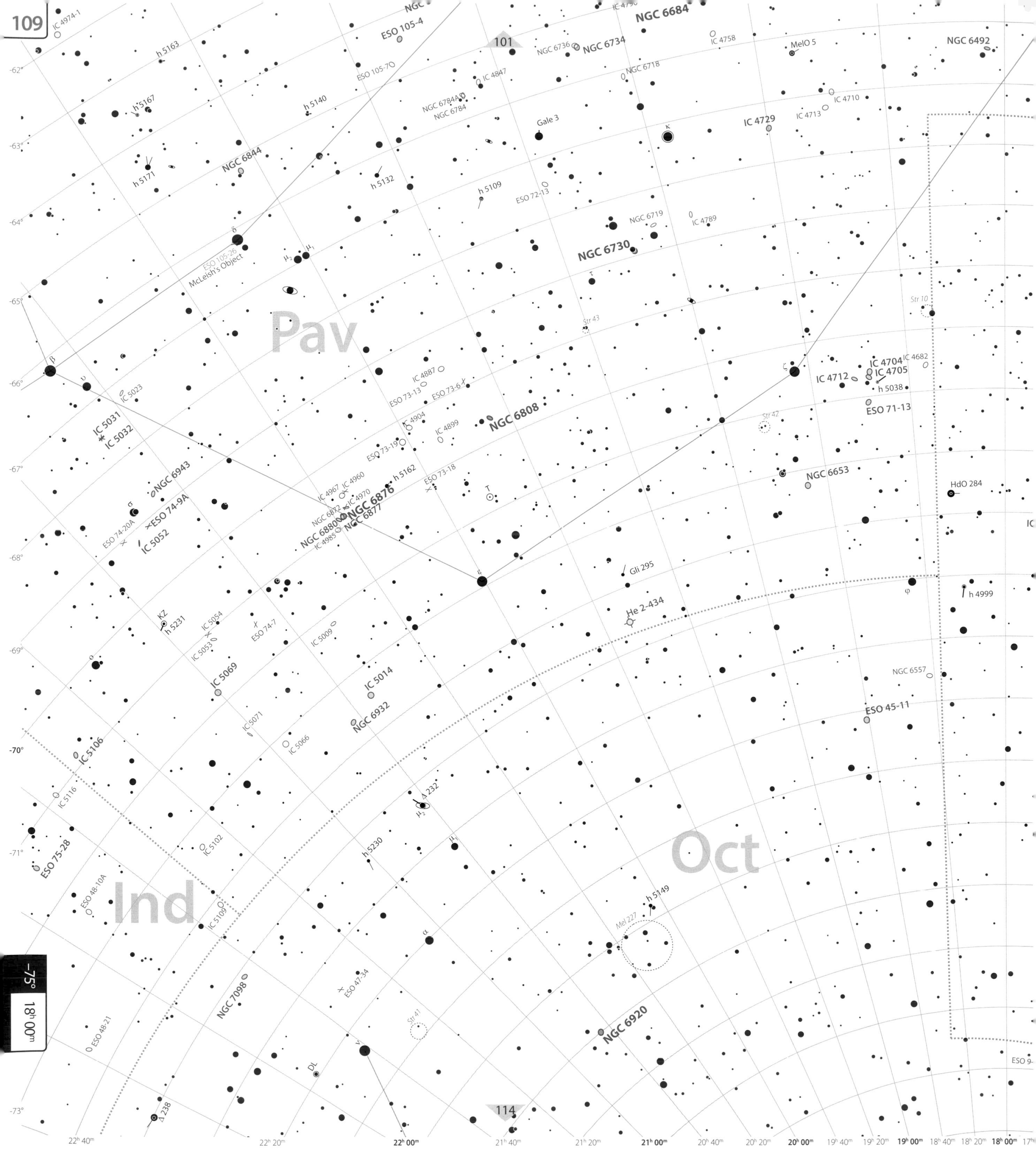
Pav
Oct
Ind
101
114
NGC 6684
ESO 105-4
NGC 6734
NGC 6736
NGC 6718
IC 4758
MelO 5
NGC 6492
IC 4974-1
h 5163
ESO 105-7
IC 4847
NGC 6784A
NGC 6784
h 5167
h 5140
Gale 3
IC 4729
IC 4710
IC 4713
NGC 6844
h 5171
h 5132
h 5109
ESO 72-13
NGC 6719
IC 4789
ESO 105-26
McLeish's Object
NGC 6730
Str 43
Str 10
IC 5023
IC 4887
ESO 73-13
ESO 73-6
IC 4704
IC 4682
IC 4712
IC 4705
h 5038
ESO 71-13
IC 5031
IC 5032
IC 4904
IC 4899
NGC 6808
Str 42
ESO 73-19
NGC 6943
IC 4967
IC 4960
IC 4970
h 5162
ESO 73-18
NGC 6653
HdO 284
ESO 74-20A
ESO 74-9A
NGC 6872
NGC 6876
NGC 6877
NGC 6880
IC 4985
IC 5052
Gli 295
h 4999
KZ
h 5231
IC 5054
IC 5053
ESO 74-7
IC 5009
He 2-434
IC 5069
IC 5014
NGC 6557
NGC 6932
ESO 45-11
IC 5071
IC 5066
IC 5106
IC 5116
Δ 232
IC 5102
ESO 75-28
h 5230
ESO 48-10A
IC 5109
h 5149
Mel 227
ESO 47-34
NGC 7098
Str 41
NGC 6920
ESO 48-21
DL
Δ 238
ESO 9-
-62°
-63°
-64°
-65°
-66°
-67°
-68°
-69°
-70°
-71°
-73°
22h 40m
22h 20m
22h 00m
21h 40m
21h 20m
21h 00m
20h 40m
20h 20m
20h 00m
19h 40m
19h 20m
19h 00m
18h 40m
18h 20m
18h 00m

-75°
18h 00m

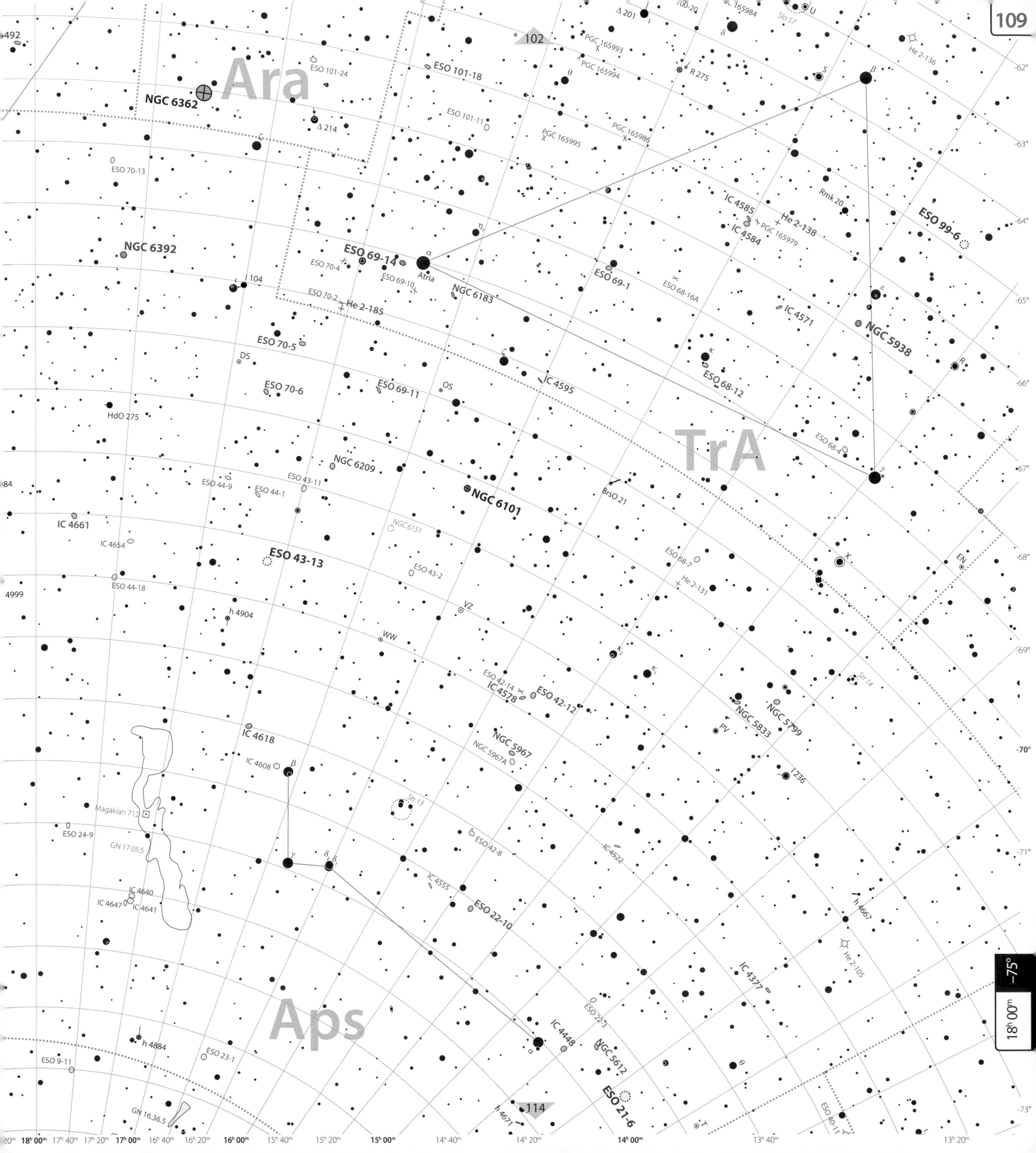
Ara
TrA
Aps
NGC 6362
NGC 6392
ESO 69-14
Atria
NGC 6183
ESO 69-1
IC 4585
IC 4584
He 2-138
ESO 99-6
IC 4571
NGC 5938
ESO 70-5
ESO 70-6
ESO 69-11
IC 4595
ESO 68-12
NGC 6209
NGC 6101
IC 4661
ESO 43-13
IC 4578
ESO 42-12
NGC 5833
NGC 5799
IC 4618
NGC 5967
NGC 5967A
ESO 22-10
IC 4377
IC 4448
NGC 5612
ESO 21-6
He 2-185
ESO 101-18
ESO 101-24
ESO 101-11
ESO 70-13
ESO 70-4
ESO 70-2
ESO 69-10
ESO 68-16A
ESO 68-4
ESO 68-7
He 2-131
He 2-136
He 2-105
PGC 165993
PGC 165994
PGC 165995
PGC 165986
PGC 165979
Rmk 20
R 275
Δ 201
Δ 214
I 104
HdO 275
DS
OS
VZ
WW
PV
EN
BrsO 21
ESO 44-9
ESO 44-1
ESO 43-11
NGC 6151
IC 4654
ESO 43-2
ESO 44-18
h 4904
ESO 42-14
Str 14
I 236
IC 4608
Str 13
ESO 42-8
IC 4522
IC 4555
h 4667
Magakian 712
ESO 24-9
GN 17.05.5
IC 4640
IC 4647
IC 4641
ESO 22-3
h 4884
ESO 23-1
ESO 9-11
GN 16.36.5
h 4671
ESO 40-11
Slo 57
102
114
18h 00m
-75°
-62°
-63°
-64°
-65°
-66°
-67°
-68°
-69°
-70°
-71°
-73°
18h 00m
17h 40m
17h 20m
17h 00m
16h 40m
16h 20m
16h 00m
15h 40m
15h 20m
15h 00m
14h 40m
14h 20m
14h 00m
13h 40m
13h 20m

TrA
Cir
Aps
102
114
NGC 5844
Bernes 145
vdBH 63
vdB-Ha 164
h 4707
NGC 5315
Ru 110
LoTr 7
ESO 99-6
Al J1608.5-6221
Slo 57
ESO 100-18
PGC 165984
ESO 100-20
Rmk 20
NGC 5938
R 275
Δ 201
He 2-138
PGC 165979
IC 4585
IC 4584
IC 4571
PGC 165993
PGC 165994
PGC 165986
ESO 68-4
EN
NGC 5359
ESO 68-16A
ESO 68-12
PGC 165995
ESO 69-1
Str 14
ESO 101-11
NGC 5799
ESO 68-7
He 2-131
BrsO 21
IC 4595
NGC 5833
I 236
h 4667
NGC 6183
Atria
PV
He 2-105
ESO 69-14
ESO 69-10
ESO 70-4
ESO 70-2
He 2-185
OS
NGC 6101
ESO 69-11
IC 4377
ESO 42-12
I 104
ESO 70-5
VZ
NGC 6151
ESO 43-2
ESO 42-14
IC 4578
IC 4522
ESO 70-6
NGC 6209
NGC 5967
NGC 5967A
DS
ESO 43-11
WW
ESO 44-1
ESO 22-3
NGC 5612
ESO 21-6
ESO 42-8
ESO 44-9
ESO 43-13
Str 13
ESO 22-10
IC 4448
IC 4555
HdO 275
h 4904
h 4671
IC 4618
IC 4608
IC 4661
IC 4654
ESO 44-18
HdO 284
GN 17.05.5
IC 4499
h 4999
Magakian 712
ESO 8-7
ESO 8-6
IC 4640
IC 4641
IC 4647
ESO 24-9
ESO 23-1
Al J1521.1-8333
-62°
-63°
-64°
-65°
-66°
-67°
-68°
-69°
-70°
-71°
-73°
-75°
14h 00m
18h 40m
18h 20m
18h 00m
17h 40m
17h 20m
17h 00m
16h 40m
16h 20m
16h 00m
15h 40m
15h 20m
15h 00m
14h 40m
14h 20m
14h 00m

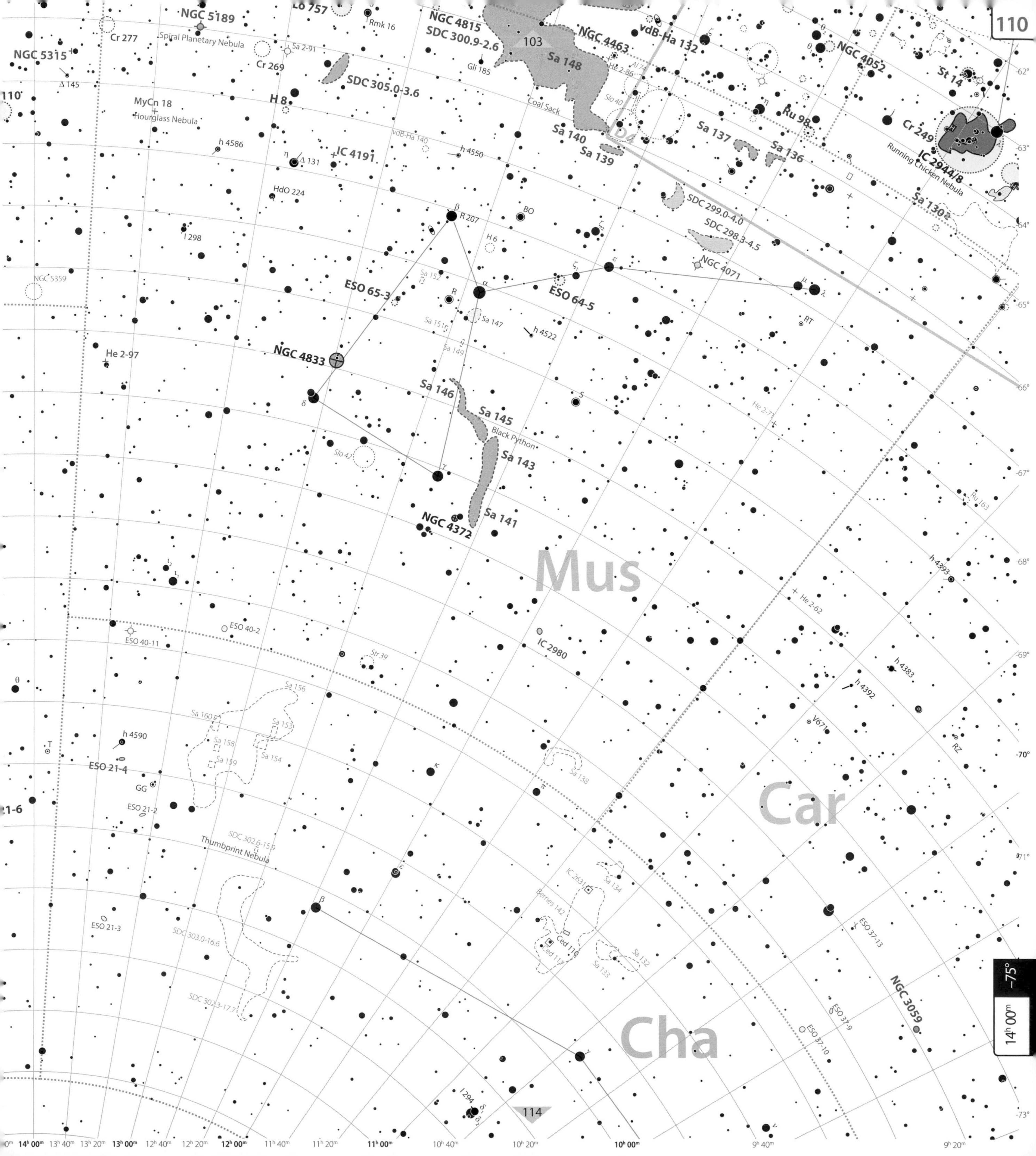
NGC 5189
Spiral Planetary Nebula
Cr 277
NGC 5315
Δ 145
Cr 269
Sa 2-91
Rmk 16
NGC 4815
SDC 300.9-2.6
103
Sa 148
NGC 4463
vdB-Ha 132
NGC 4052
St 14
Gli 185
SDC 305.0-3.6
Coal Sack
H 8
MyCn 18
Hourglass Nebula
Sa 140
Sa 139
Sa 137
Sa 136
Ru 98
Cr 249
IC 2944/8
Running Chicken Nebula
h 4586
vdB-Ha 140
h 4550
IC 4191
Δ 131
HdO 224
SDC 299.0-4.0
SDC 298.3-4.5
Sa 130
R 207
BO
I 298
H 6
NGC 4071
NGC 5359
Sa 152
ESO 65-3
ESO 64-5
RT
Sa 151
Sa 147
h 4522
Sa 149
He 2-97
NGC 4833
Sa 146
Sa 145
Black Python
Sa 143
He 2-71
Slo 42
Sa 141
NGC 4372
Ru 163
Mus
h 4393
He 2-62
ESO 40-2
ESO 40-11
IC 2980
Str 39
h 4383
h 4392
Sa 156
Sa 160
Sa 153
V671
h 4590
Sa 158
Sa 154
Sa 159
Sa 138
RZ
ESO 21-4
GG
ESO 21-2
Car
SDC 302.6-15.9
Thumbprint Nebula
IC 2631
Sa 134
Bernes 142
ESO 21-3
Ced 110
Ced 111
SDC 303.0-16.6
Sa 132
Sa 133
ESO 37-13
NGC 3059
SDC 302.3-17.7
ESO 37-9
ESO 37-10
Cha
I 294
114
14h 00m
–75°
-62°
-63°
-64°
-65°
-66°
-67°
-68°
-69°
-70°
-71°
-73°
14h 00m
13h 40m
13h 20m
13h 00m
12h 40m
12h 20m
12h 00m
11h 40m
11h 20m
11h 00m
10h 40m
10h 20m
10h 00m
9h 40m
9h 20m

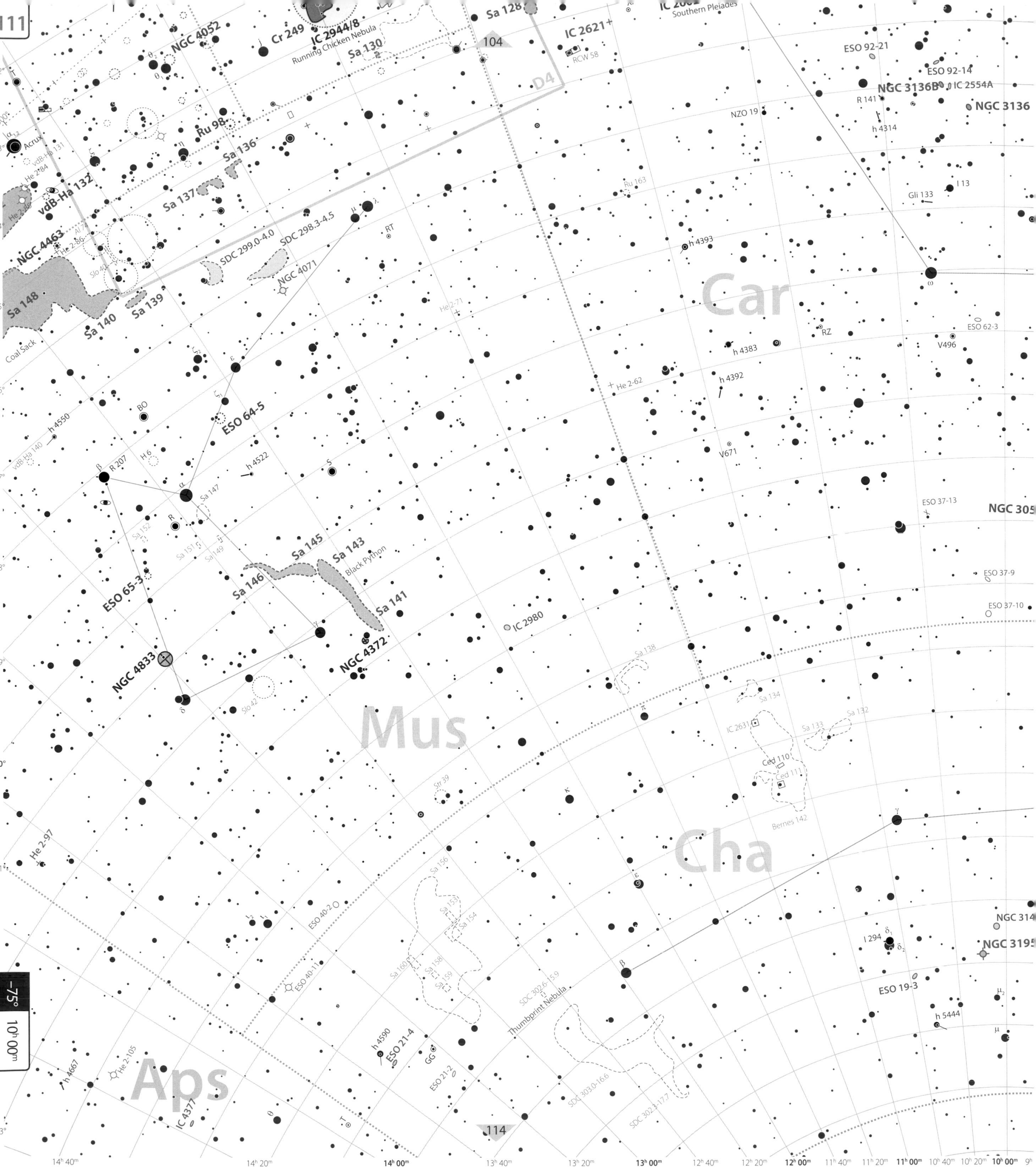
Car
Mus
Cha
Aps
NGC 4052
Cr 249
IC 2944/8
Running Chicken Nebula
Sa 128
Sa 130
104
IC 2621
RCW 58
D4
Southern Pleiades
ESO 92-21
ESO 92-14
NGC 3136B
IC 2554A
NGC 3136
R 141
h 4314
NZO 19
Acrux
vdB-Ha 131
Ru 98
Sa 136
He 2-84
vdB-Ha 132
Sa 137
Ru 163
I 13
Gli 133
SDC 298.3-4.5
SDC 299.0-4.0
NGC 4071
NGC 4463
Sa 148
Sa 139
Sa 140
Coal Sack
RT
h 4393
He 2-71
RZ
ESO 62-3
V496
h 4383
h 4392
He 2-62
ESO 64-5
BO
h 4550
vdB-Ha 140
H 6
R 207
h 4522
Sa 147
V671
ESO 37-13
NGC 305
Sa 152
Sa 151
Sa 149
Sa 145
Sa 143
Black Python
Sa 146
ESO 65-3
Sa 141
ESO 37-9
ESO 37-10
IC 2980
NGC 4833
NGC 4372
Sa 138
Slo 42
Sa 134
IC 2631
Sa 133
Sa 132
Ced 110
Ced 111
Str 39
Bernes 142
He 2-97
Sa 156
Sa 153
Sa 154
ESO 40-2
ESO 40-11
Sa 160
Sa 158
Sa 159
SDC 302.6-15.9
Thumbprint Nebula
NGC 314
I 294
NGC 3195
ESO 19-3
h 5444
h 4590
ESO 21-4
GG
ESO 21-2
h 4667
He 2-105
IC 4377
SDC 303.0-16.6
SDC 302.1-17.7
114
-62°
-63°
-64°
-65°
-66°
-67°
-68°
-69°
-70°
-71°
-73°
300°
14h 40m
14h 20m
14h 00m
13h 40m
13h 20m
13h 00m
12h 40m
12h 20m
12h 00m
11h 40m
11h 20m
11h 00m
10h 40m
10h 20m
10h 00m
-75°
10h 00m

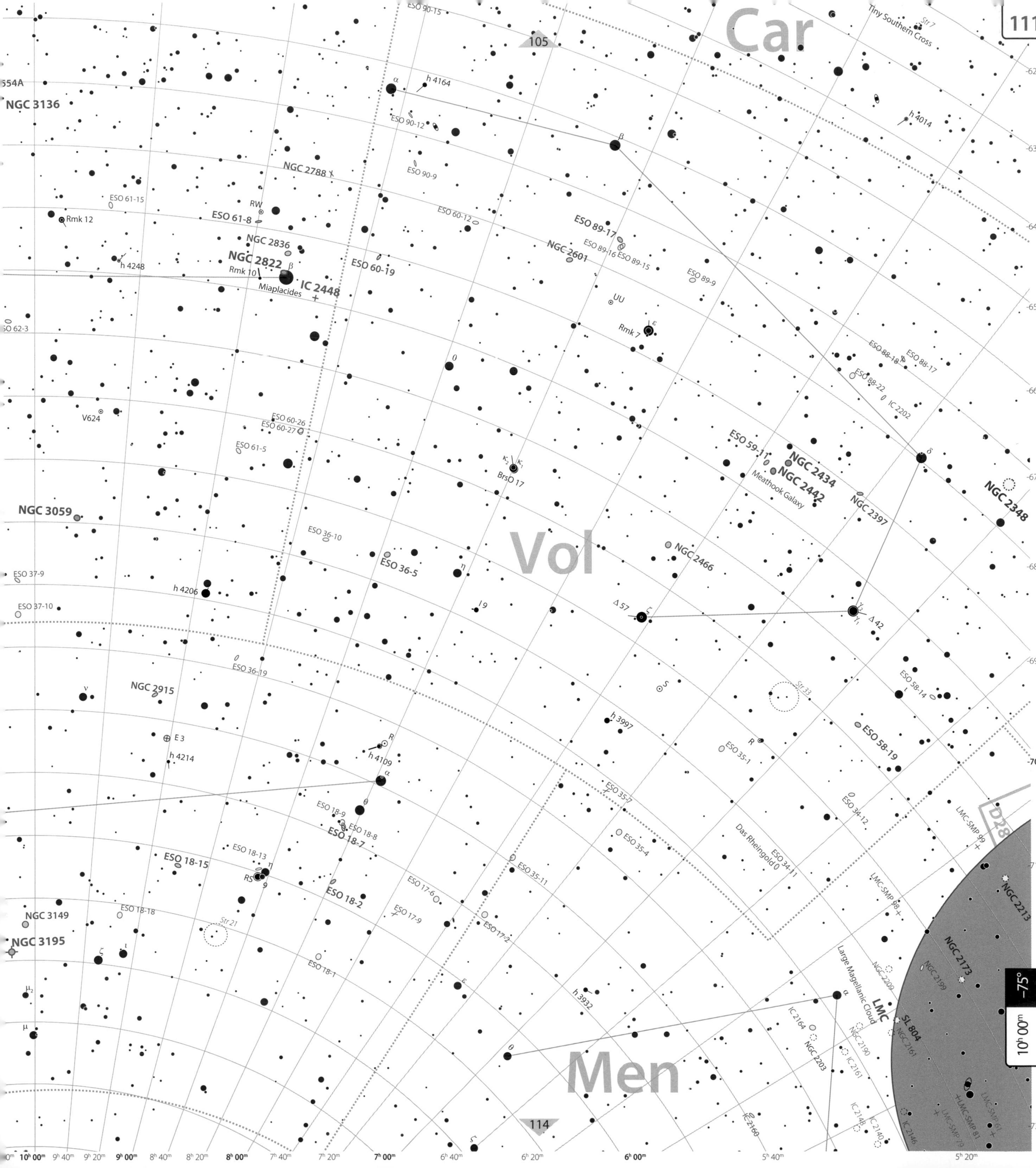
Car
Vol
Men
LMC
105
114
Tiny Southern Cross
Str 7
NGC 3136
NGC 2788
ESO 61-15
ESO 61-8
RW
Rmk 12
NGC 2836
NGC 2822
Rmk 10
IC 2448
Miaplacides
h 4248
h 4164
h 4014
ESO 90-15
ESO 90-12
ESO 90-9
ESO 60-12
ESO 60-19
ESO 89-17
ESO 89-16
ESO 89-15
NGC 2601
ESO 89-9
UU
Rmk 7
ESO 88-18
ESO 88-17
ESO 88-22
IC 2202
ESO 62-3
V624
ESO 60-26
ESO 60-27
ESO 61-5
ESO 59-11
NGC 2434
NGC 2442
Meathook Galaxy
NGC 2397
NGC 2348
Brs0 17
NGC 3059
ESO 36-10
ESO 36-5
NGC 2466
ESO 37-9
h 4206
ESO 37-10
I 9
Δ 57
Δ 42
ESO 36-19
NGC 2915
Str 33
ESO 58-14
E 3
h 4214
h 3997
h 4109
R
ESO 35-1
ESO 58-19
ESO 35-7
ESO 34-12
ESO 18-9
ESO 18-8
ESO 18-7
ESO 18-13
ESO 18-15
ESO 35-4
Das Rheingold 0
ESO 34-11
LMC-SMP 90
ESO 35-11
RS
ESO 18-2
ESO 17-6
ESO 17-9
ESO 17-2
LMC-SMP 98
NGC 2213
NGC 3149
ESO 18-18
Str 21
NGC 3195
ESO 18-1
NGC 2209
NGC 2173
NGC 2199
Large Magellanic Cloud
h 3932
SL 804
IC 2164
NGC 2203
NGC 2190
NGC 2161
IC 2161
IC 2160
IC 2148
IC 2140
IC 2146
LMC-SMP 81
LMC-SMP 79
LMC-SMP 61
D28
554A
-62°
-63°
-64°
-65°
-66°
-67°
-68°
-69°
-70°
-71°
-72°
-73°
10h 00m
9h 40m
9h 20m
9h 00m
8h 40m
8h 20m
8h 00m
7h 40m
7h 20m
7h 00m
6h 40m
6h 20m
6h 00m
5h 40m
5h 20m

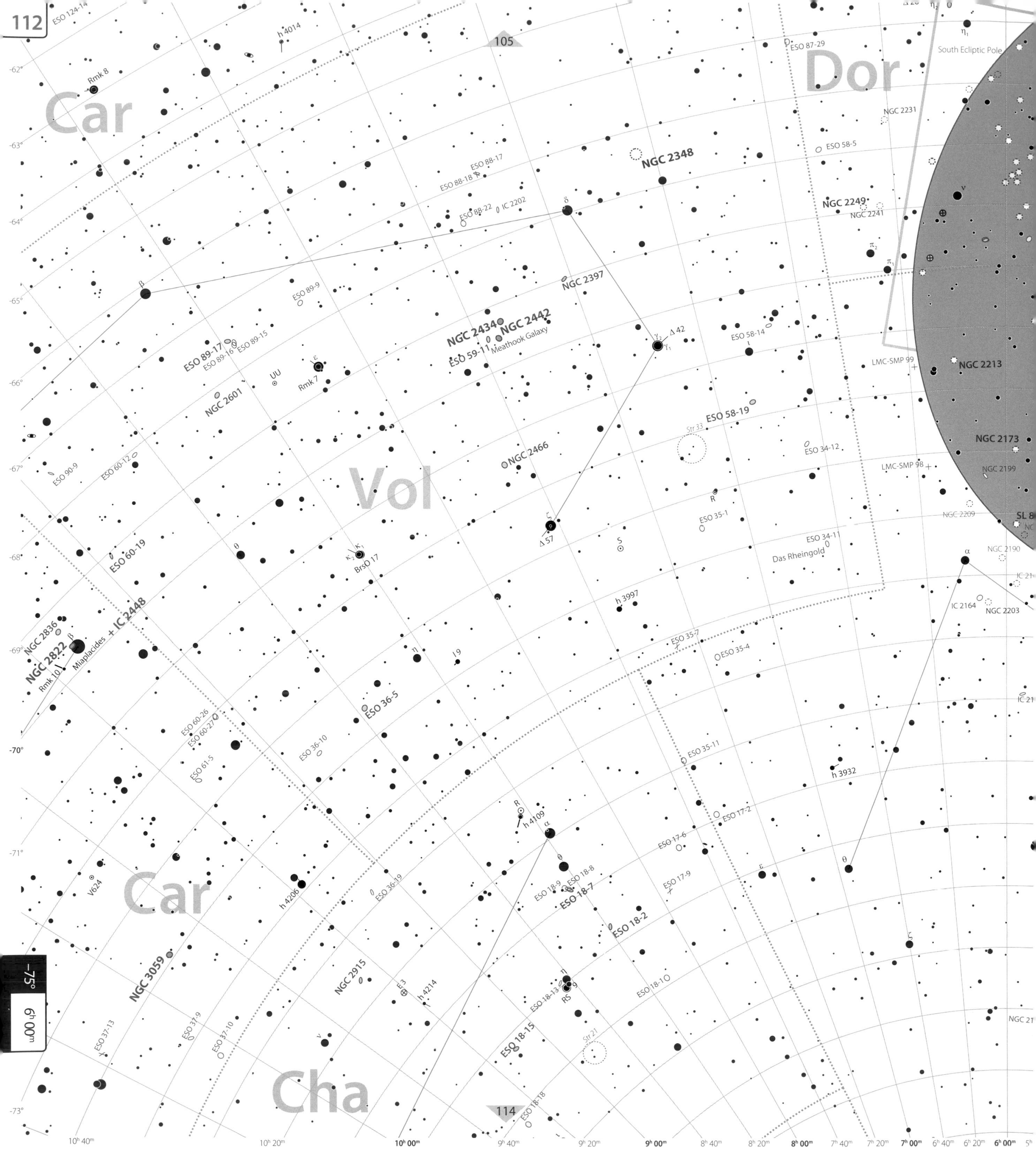
105
114
Car
Dor
Vol
Cha
-62°
-63°
-64°
-65°
-66°
-67°
-68°
-69°
-70°
-71°
-73°
-75°
6h 00m
10h 40m
10h 20m
10h 00m
9h 40m
9h 20m
9h 00m
8h 40m
8h 20m
8h 00m
7h 40m
7h 20m
7h 00m
6h 40m
6h 20m
6h 00m
South Ecliptic Pole
ESO 124-14
h 4014
Rmk 8
ESO 87-29
NGC 2231
ESO 58-5
NGC 2348
ESO 88-17
ESO 88-18
ESO 88-22
IC 2202
NGC 2249
NGC 2241
NGC 2397
ESO 89-9
NGC 2434
NGC 2442
Meathook Galaxy
ESO 59-11
ESO 89-17
ESO 89-16
ESO 89-15
UU
Rmk 7
Δ 42
ESO 58-14
LMC-SMP 99
NGC 2213
NGC 2601
ESO 58-19
Str 33
ESO 34-12
NGC 2173
NGC 2466
LMC-SMP 98
NGC 2199
ESO 90-9
ESO 60-12
R
ESO 35-1
NGC 2209
SL 8
Δ 57
S
ESO 34-11
Das Rheingold
NGC 2190
ESO 60-19
BrsO 17
IC 2448
h 3997
IC 2164
NGC 2203
NGC 2836
NGC 2822
Miaplacides
Rmk 10
ESO 35-7
ESO 35-4
I 9
ESO 36-5
ESO 60-26
ESO 60-27
ESO 36-10
ESO 35-11
ESO 61-5
h 3932
h 4109
ESO 17-2
ESO 17-6
V624
h 4206
ESO 36-19
ESO 18-8
ESO 18-9
ESO 18-7
ESO 17-9
ESO 18-2
NGC 3059
NGC 2915
E3
h 4214
ESO 18-13
RS
ESO 18-1
NGC 21
ESO 37-13
ESO 37-9
ESO 37-10
ESO 18-15
Str 21
ESO 18-18

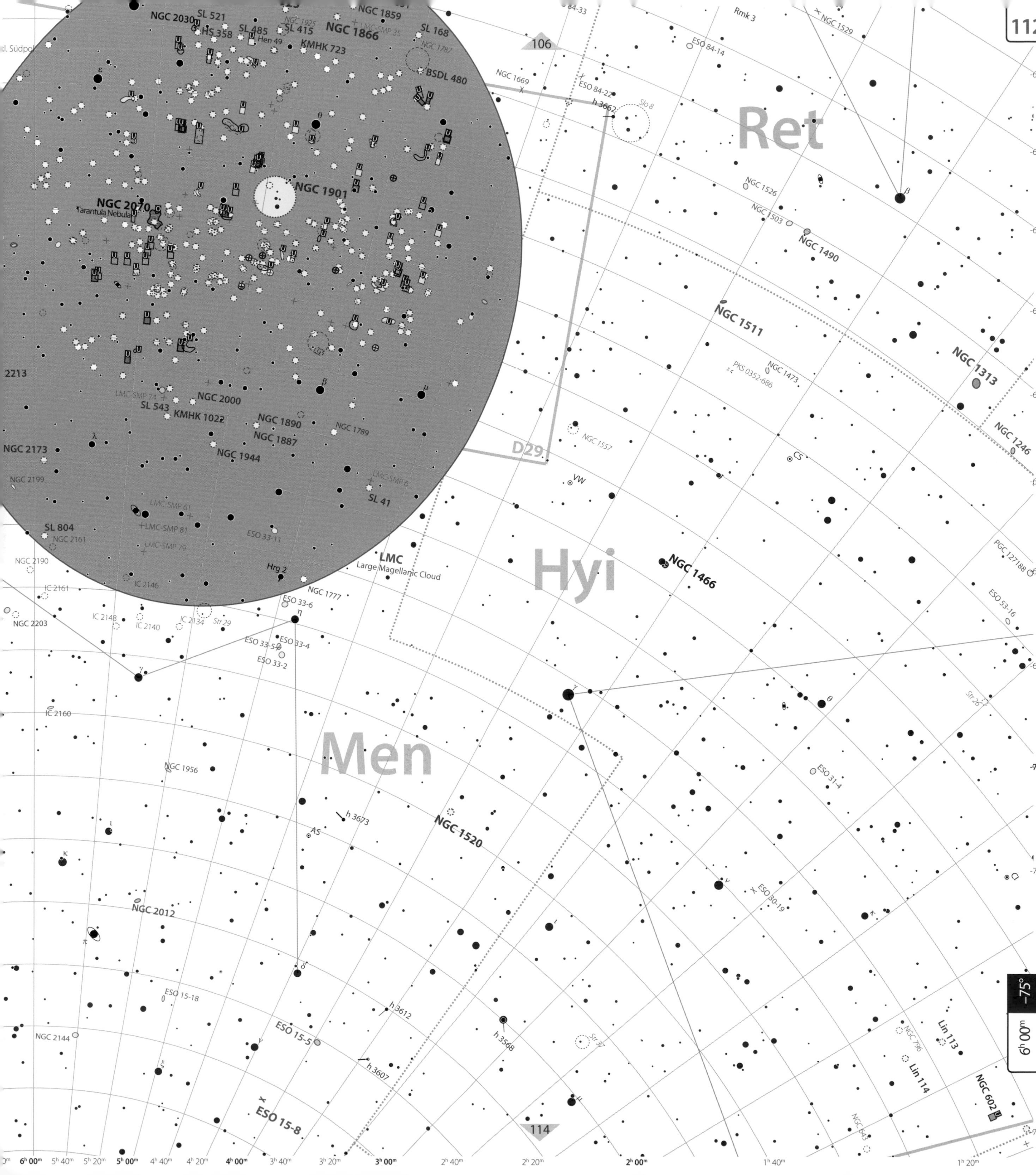

106
114
6h 00m –75°

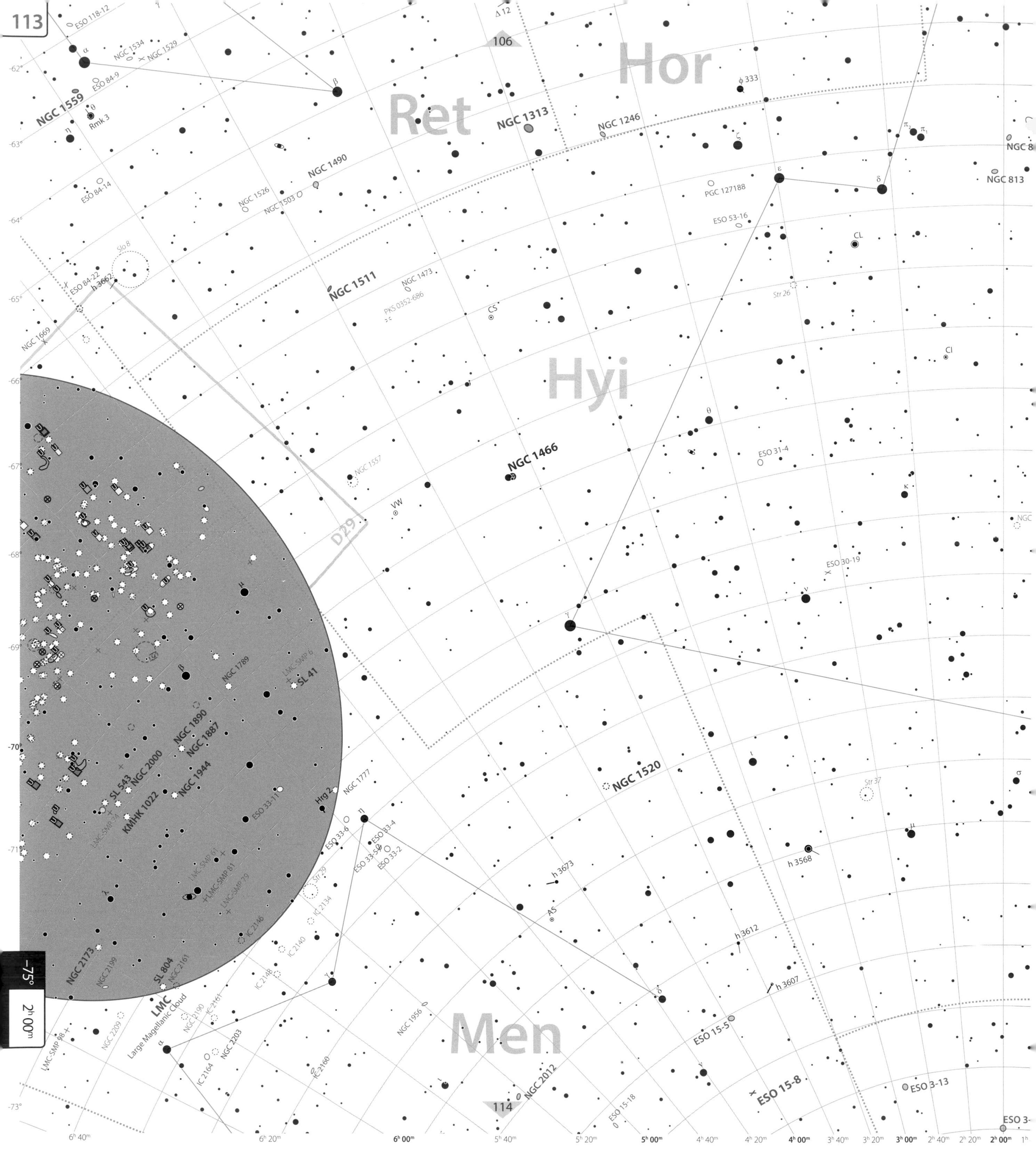
106
114
Hor
Ret
Hyi
Men
NGC 1559
NGC 1313
NGC 1246
NGC 1490
NGC 1511
NGC 1466
NGC 1520
NGC 1526
NGC 1503
NGC 1534
NGC 1529
NGC 1473
NGC 1669
NGC 1557
NGC 1777
NGC 1789
NGC 1890
NGC 1887
NGC 2000
NGC 1944
NGC 2173
NGC 2199
NGC 2161
NGC 2209
NGC 2190
NGC 2203
NGC 1956
NGC 2012
NGC 813
ESO 118-12
ESO 84-9
ESO 84-14
ESO 84-22
ESO 53-16
ESO 31-4
ESO 30-19
ESO 33-11
ESO 33-6
ESO 33-4
ESO 33-5
ESO 33-2
ESO 15-5
ESO 15-8
ESO 15-18
ESO 3-13
PGC 127188
PKS 0352-686
Rmk 3
Slo 8
h 3662
h 3673
h 3568
h 3612
h 3607
Str 26
Str 37
Str 29
Hrg 2
SL 41
SL 543
SL 804
KMHK 1022
LMC-SMP 6
LMC-SMP 74
LMC-SMP 61
LMC-SMP 81
LMC-SMP 79
LMC-SMP 98
IC 2134
IC 2140
IC 2146
IC 2148
IC 2161
IC 2164
IC 2160
LMC
Large Magellanic Cloud
D29
CS
CL
CI
VW
AS
φ 333
Δ 12
-62°
-63°
-64°
-65°
-66°
-67°
-68°
-69°
-70°
-71°
-73°
-75°
2h 00m
6h 40m
6h 20m
6h 00m
5h 40m
5h 20m
5h 00m
4h 40m
4h 20m
4h 00m
3h 40m
3h 20m
3h 00m
2h 40m
2h 20m
2h 00m

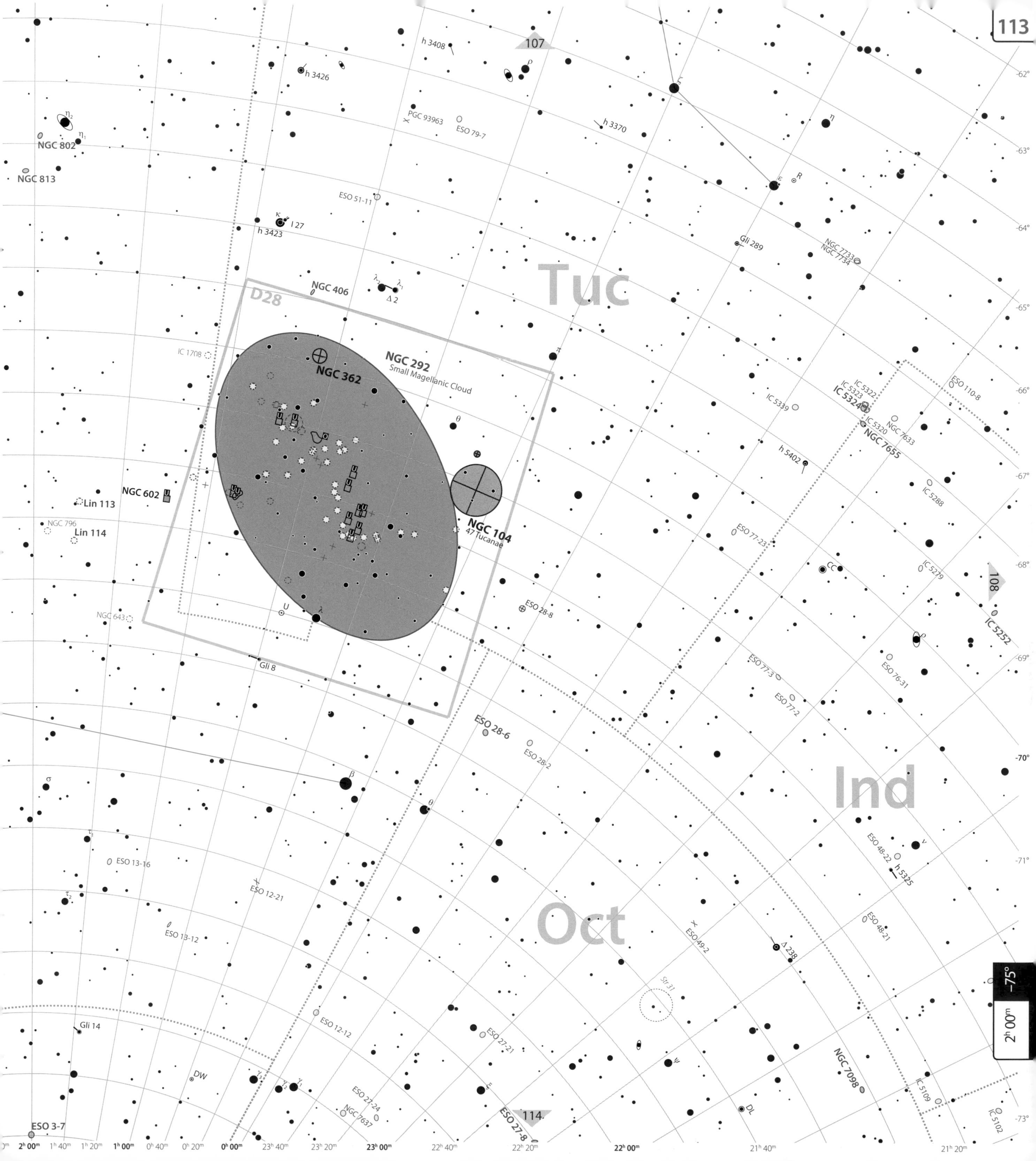
107
h 3408
h 3426
PGC 93963
ESO 79-7
h 3370
NGC 802
NGC 813
ESO 51-11
I 27
h 3423
Gli 289
NGC 7733
NGC 7734
Tuc
NGC 406
Δ 2
D28
IC 1708
NGC 292
Small Magellanic Cloud
NGC 362
IC 5322
IC 5323
IC 5324
IC 5339
IC 5320
NGC 7633
NGC 7655
ESO 110-8
h 5402
NGC 602
Lin 113
NGC 796
Lin 114
NGC 104
47 Tucanae
ESO 77-23
IC 5288
IC 5279
108
NGC 643
ESO 28-8
IC 5252
Gli 8
ESO 77-3
ESO 76-31
ESO 77-2
ESO 28-6
ESO 28-2
Ind
ESO 13-16
ESO 48-22
h 5325
ESO 12-21
ESO 13-12
Oct
ESO 49-2
ESO 48-21
Δ 238
Str 31
ESO 12-12
ESO 27-21
Gli 14
DW
ESO 27-24
NGC 7637
114
ESO 27-8
DL
NGC 7098
IC 5109
IC 5102
ESO 3-7
-62°
-63°
-64°
-65°
-66°
-67°
-68°
-69°
-70°
-71°
-73°
-75°
2h 00m

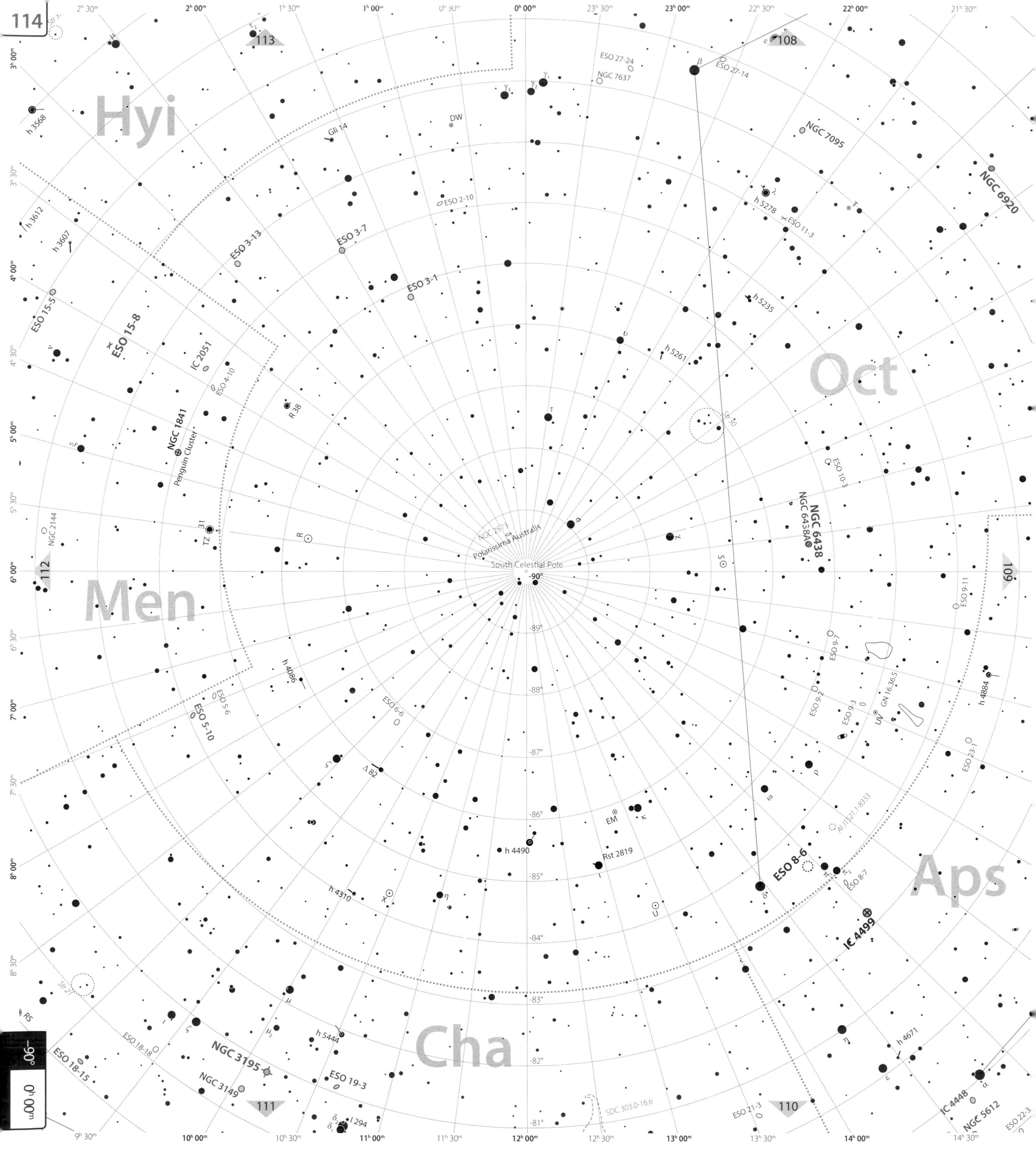
Hyi
Oct
Men
Aps
Cha
113
108
112
109
111
110
South Celestial Pole
Polarissima Australis
NGC 2573
-90°
-89°
-88°
-87°
-86°
-85°
-84°
-83°
-82°
-81°
0h 00m
23h 30m
23h 00m
22h 30m
22h 00m
21h 30m
0h 30m
1h 00m
1h 30m
2h 00m
2h 30m
3h 00m
3h 30m
4h 00m
4h 30m
5h 00m
5h 30m
6h 00m
6h 30m
7h 00m
7h 30m
8h 00m
8h 30m
9h 30m
10h 00m
10h 30m
11h 00m
11h 30m
12h 00m
12h 30m
13h 00m
13h 30m
14h 00m
14h 30m
ESO 27-24
NGC 7637
ESO 27-14
NGC 7095
NGC 6920
h 5278
ESO 11-3
h 5235
h 5261
Str 30
ESO 10-3
NGC 6438
NGC 6438A
ESO 9-11
ESO 9-7
ESO 9-2
ESO 9-3
GN 16.36.5
UV
h 4884
ESO 23-1
AL J1521.1-8333
ESO 8-6
ESO 8-7
IC 4499
h 4671
IC 4448
NGC 5612
ESO 22-3
ESO 21-3
SDC 303.0-16.6
Rst 2819
EM
h 4490
h 4310
h 5444
ESO 19-3
I 294
NGC 3195
NGC 3149
ESO 18-18
ESO 18-15
RS
Str 21
ESO 6-6
Δ 82
h 4086
ESO 5-6
ESO 5-10
TZ
31
NGC 2144
R
NGC 1841
Penguin Cluster
IC 2051
ESO 4-10
R 38
ESO 15-5
ESO 15-8
h 3607
h 3612
h 3568
ESO 3-13
ESO 3-7
ESO 3-1
ESO 2-10
Gli 14
DW
Str 5

-90° 0h 00m

D1 Cygnus Cloud

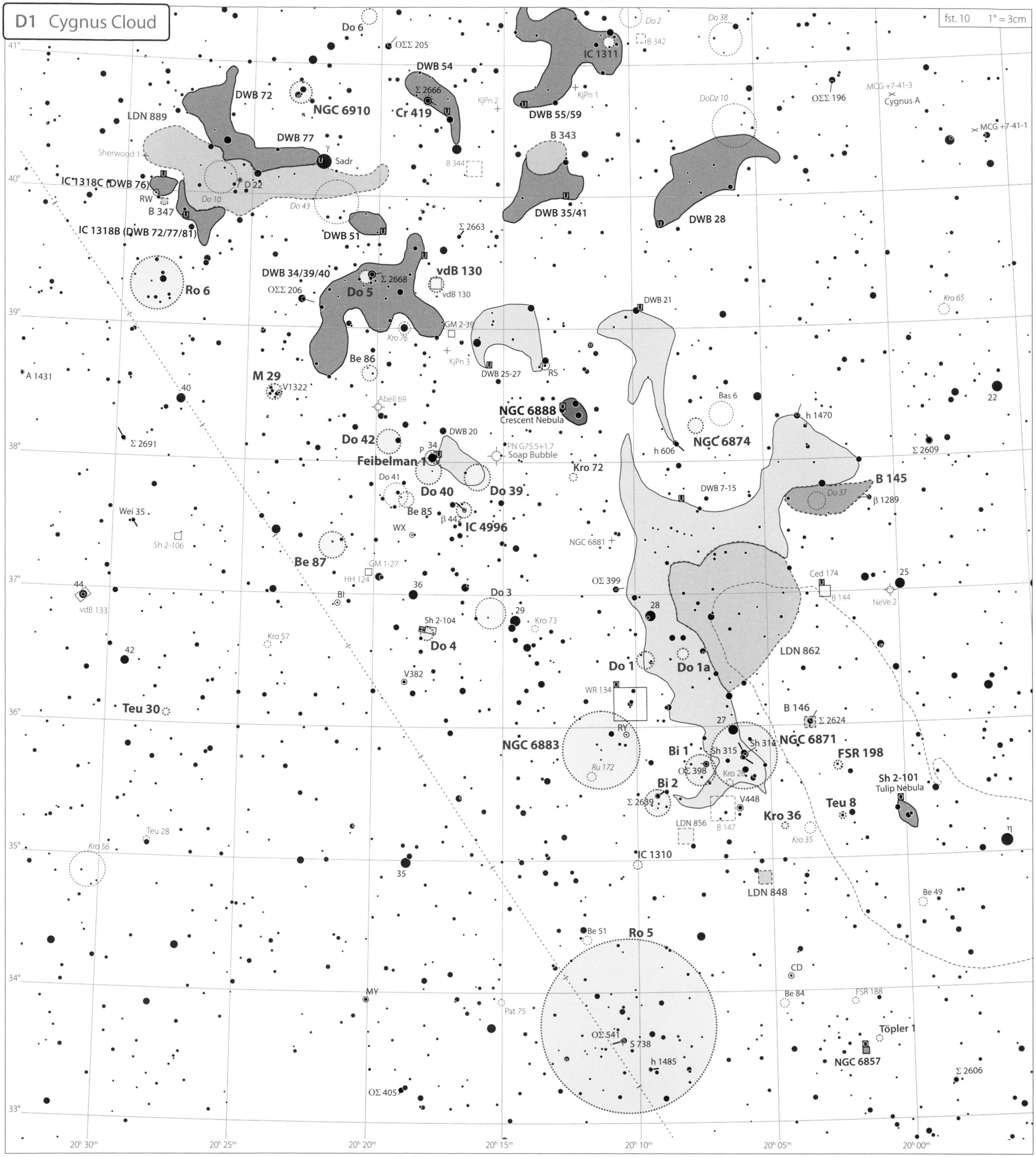

D2 Virgo Cluster North

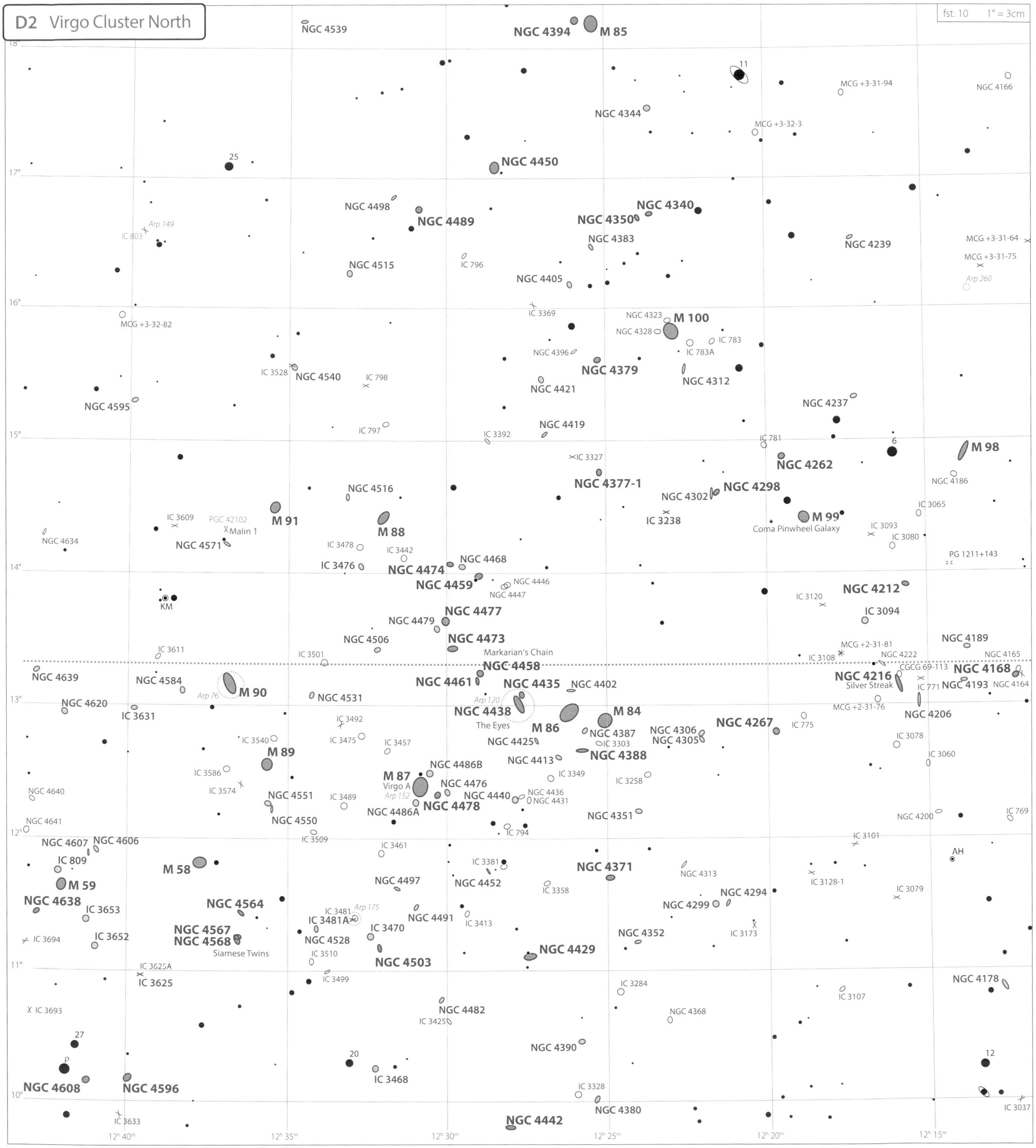

D3 Virgo Cluster South

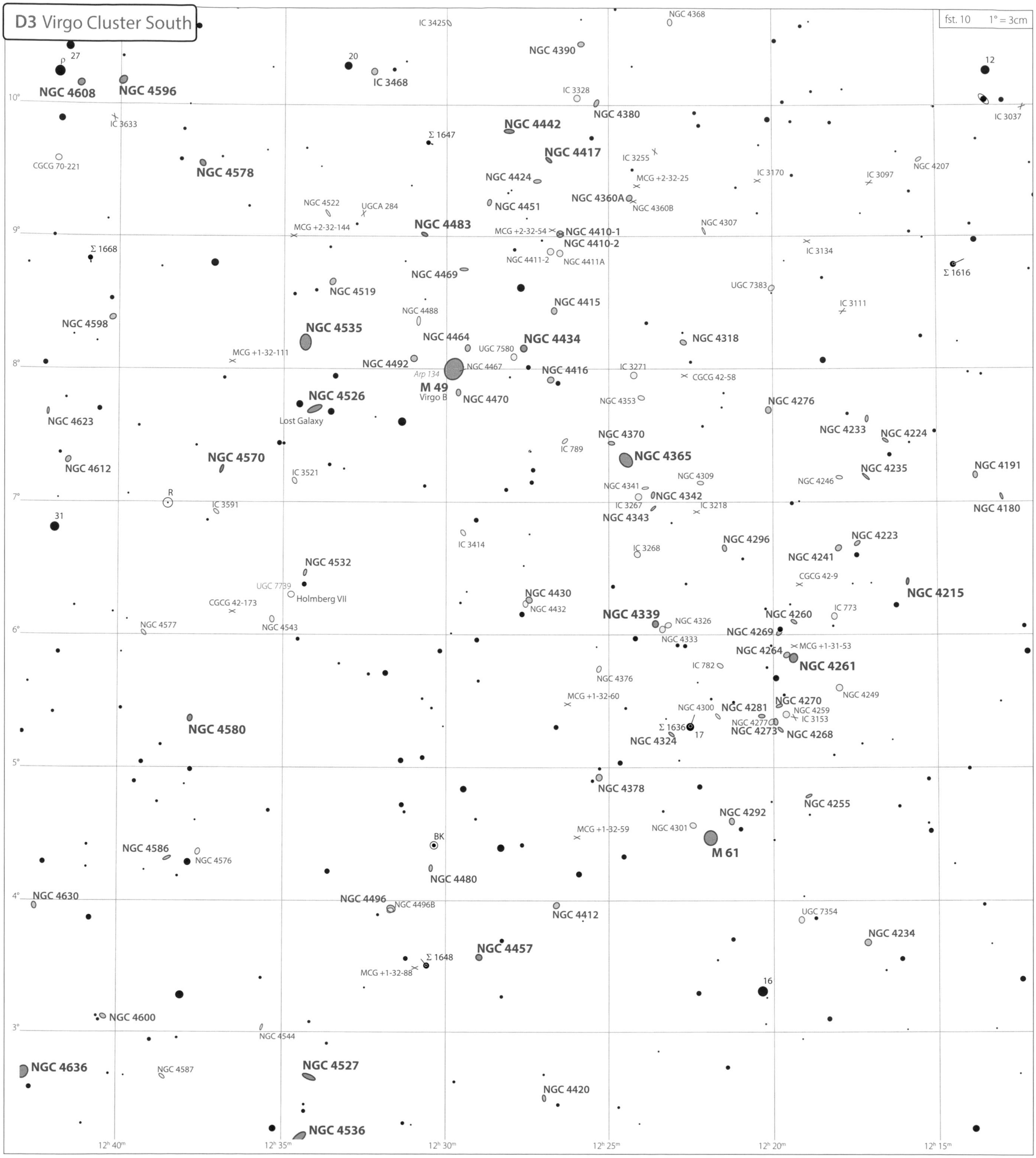

D4 Crux

fst. 10 1° = 3cm
h 4460
ESO 129-19
Ru 103
Lo 480
Sa 131
Slo 35
Lo 372
vdB-Ha 118
δ
KFR 1
Jelly Fish Nebula
ESO 130-6
W
Wray 16-93
St 15
NGC 3699
V1052
He 2-67
He 2-70
SV
Slo 37
Gli 165
Ru 164
AY
Al-Teu 8
Lo 481
ESO 129-32
Ru 95
HdO 212
Al J1121.8-6059
NGC 4103
NGC 3766
BrsO 5
Δ 117
Ru 96
V801
Sa 129
RS
SAl 116
St 14
He 2-72
Ly 15
CapO 11
SDC 295.8-0.3
Teu 77
Ru 100
BrsO 20
Gum 39
UZ
NGC 4184
Al 52
Ru 97
Cr 249
IC 2714
Ru 101
Pat 57
RCW 64
IC 2872
θ
NGC 4052
Al J1156.1-6314
Ru 94
LW
V772
BrsO 7
Sr 4
Al J1209.7-6352
j
Mel 105
IC 2944/8
Running Chicken Nebula
Ru 99
Gum 41
Ju 13
He 2-76
SDC 294.4-3.1
Ru 98
Gli 169
η
Sa 130
Ju 14
IC 2966
Rie 14
Sa 128
He 2-73
h 4432
Al 74
Al 73
Sa 137
Sa 136
ESO 93-8
SDC 300.1-2.7
V538
h 4498
TU
He 2-68
Slo 40
-58°
-59°
-60°
-61°
-62°
-63°
-64°
-65°
12h 25m
12h 20m
12h 15m
12h 10m
12h 05m
12h 00m
11h 55m
11h 50m
11h 45m
11h 40m
11h 35m
11h 30m
11h 25m
11h 20m
11h 15m
11h 10

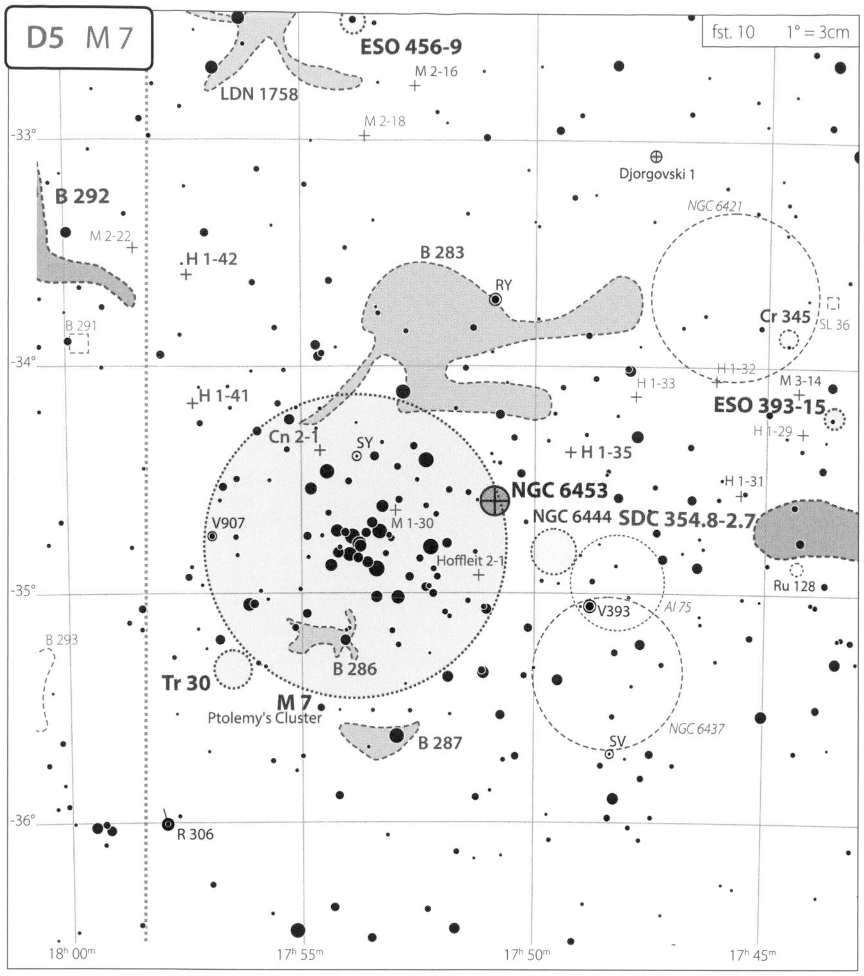
D5 M 7
fst. 10 1° = 3cm
ESO 456-9
LDN 1758
M 2-16
M 2-18
Djorgovski 1
NGC 6421
B 292
M 2-22
H 1-42
B 283
RY
Cr 345
SL 36
B 291
H 1-32
H 1-33
M 3-14
ESO 393-15
H 1-41
H 1-29
Cn 2-1
SY
H 1-35
H 1-31
NGC 6453
NGC 6444
SDC 354.8-2.7
V907
M 1-30
Hoffleit 2-1
Ru 128
V393
Al 75
B 293
Tr 30
B 286
M 7
Ptolemy's Cluster
B 287
SV
NGC 6437
R 306
-33°
-34°
-35°
-36°
18h 00m
17h 55m
17h 50m
17h 45m

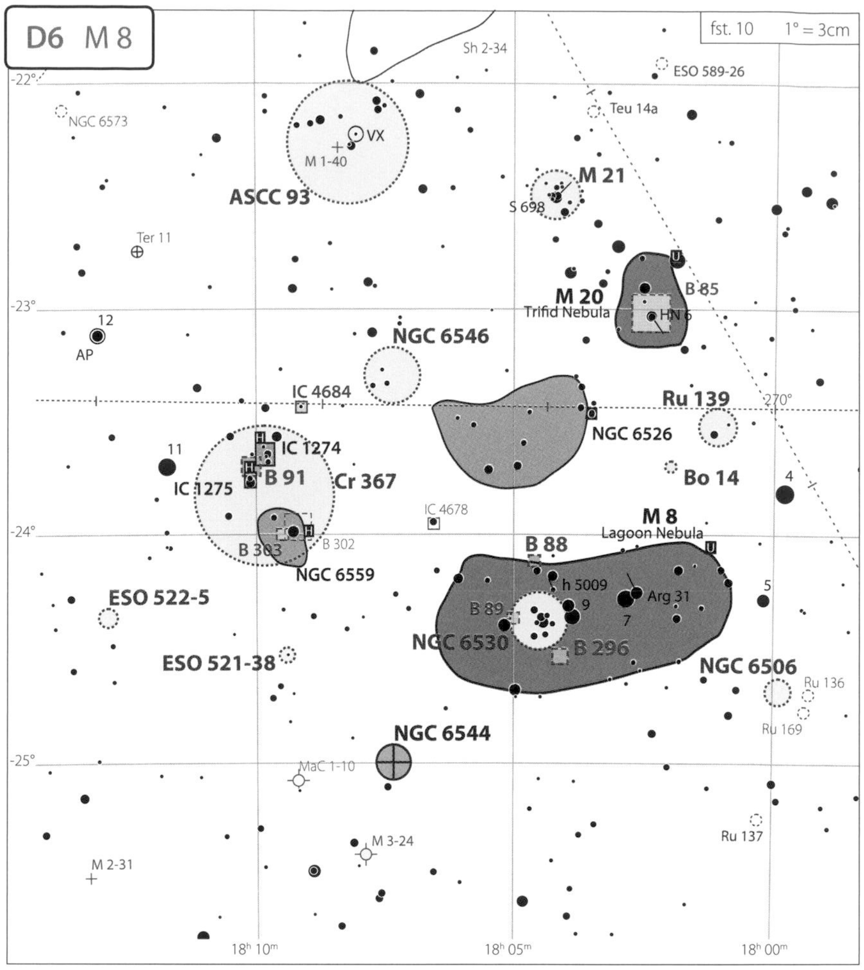
D6 M 8
fst. 10 1° = 3cm
Sh 2-34
ESO 589-26
NGC 6573
VX
M 1-40
Teu 14a
M 21
ASCC 93
S 698
Ter 11
M 20
Trifid Nebula
B 85
HN 6
12
AP
NGC 6546
IC 4684
Ru 139
270°
NGC 6526
IC 1274
11
B 91
Cr 367
IC 1275
Bo 14
4
IC 4678
M 8
Lagoon Nebula
B 302
B 303
B 88
NGC 6559
ESO 522-5
h 5009
Arg 31
B 89
9
7
5
NGC 6530
B 296
ESO 521-38
NGC 6506
Ru 136
Ru 169
NGC 6544
MaC 1-10
M 3-24
M 2-31
Ru 137
-22°
-23°
-24°
-25°
18h 10m
18h 05m
18h 00m

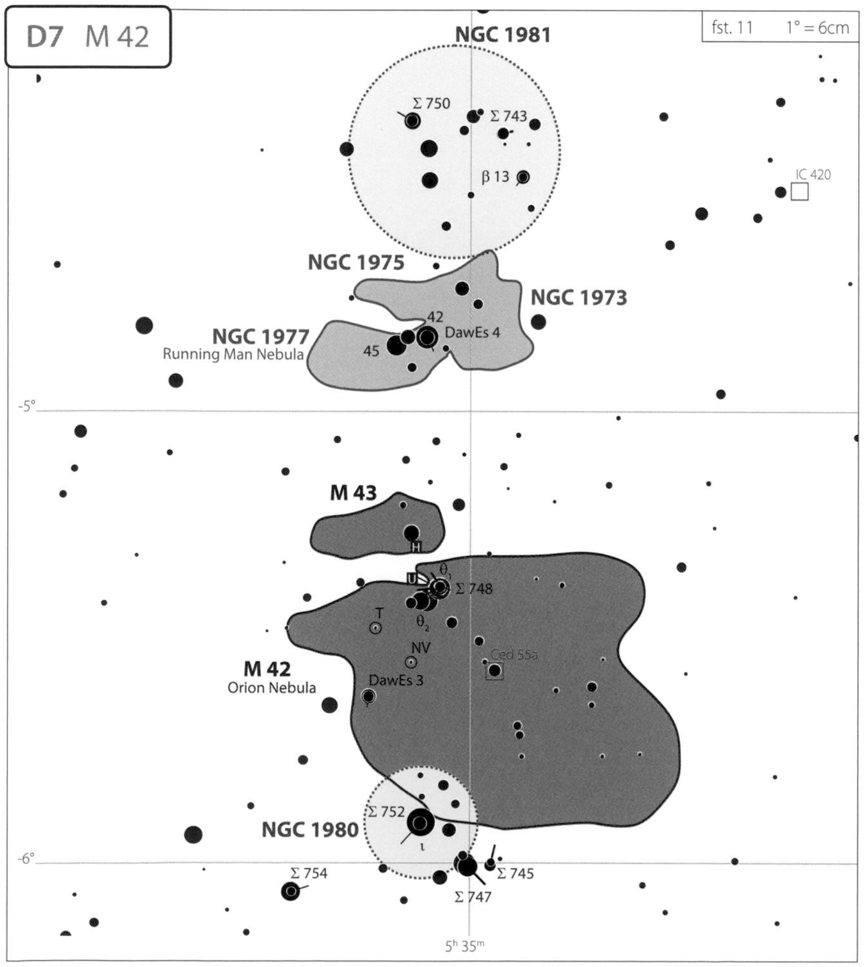
D7 M 42
fst. 11 1° = 6cm
NGC 1981
Σ 750
Σ 743
β 13
IC 420
NGC 1975
NGC 1973
42
NGC 1977
Running Man Nebula
45
DawEs 4
-5°
M 43
H
U
θ1
Σ 748
T
θ2
NV
Ced 55a
M 42
Orion Nebula
DawEs 3
Σ 752
NGC 1980
ι
Σ 754
Σ 745
Σ 747
-6°
5h 35m

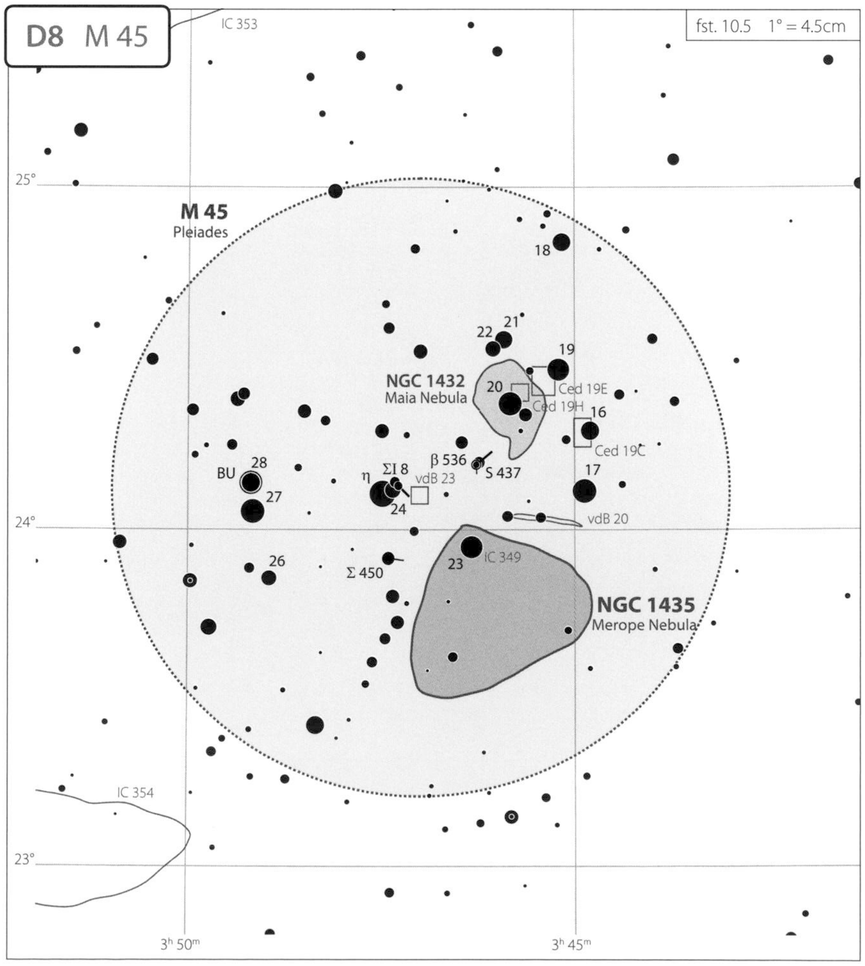
D8 M 45
fst. 10.5 1° = 4.5cm
IC 353
25°
M 45
Pleiades
18
22
21
19
NGC 1432
Maia Nebula
20
Ced 19E
Ced 19H
16
Ced 19C
β 536
S 437
BU
28
27
η
ΣI 8
vdB 23
24
17
vdB 20
24°
26
Σ 450
23
IC 349
NGC 1435
Merope Nebula
IC 354
23°
3h 50m
3h 45m

D9 NGC 3372

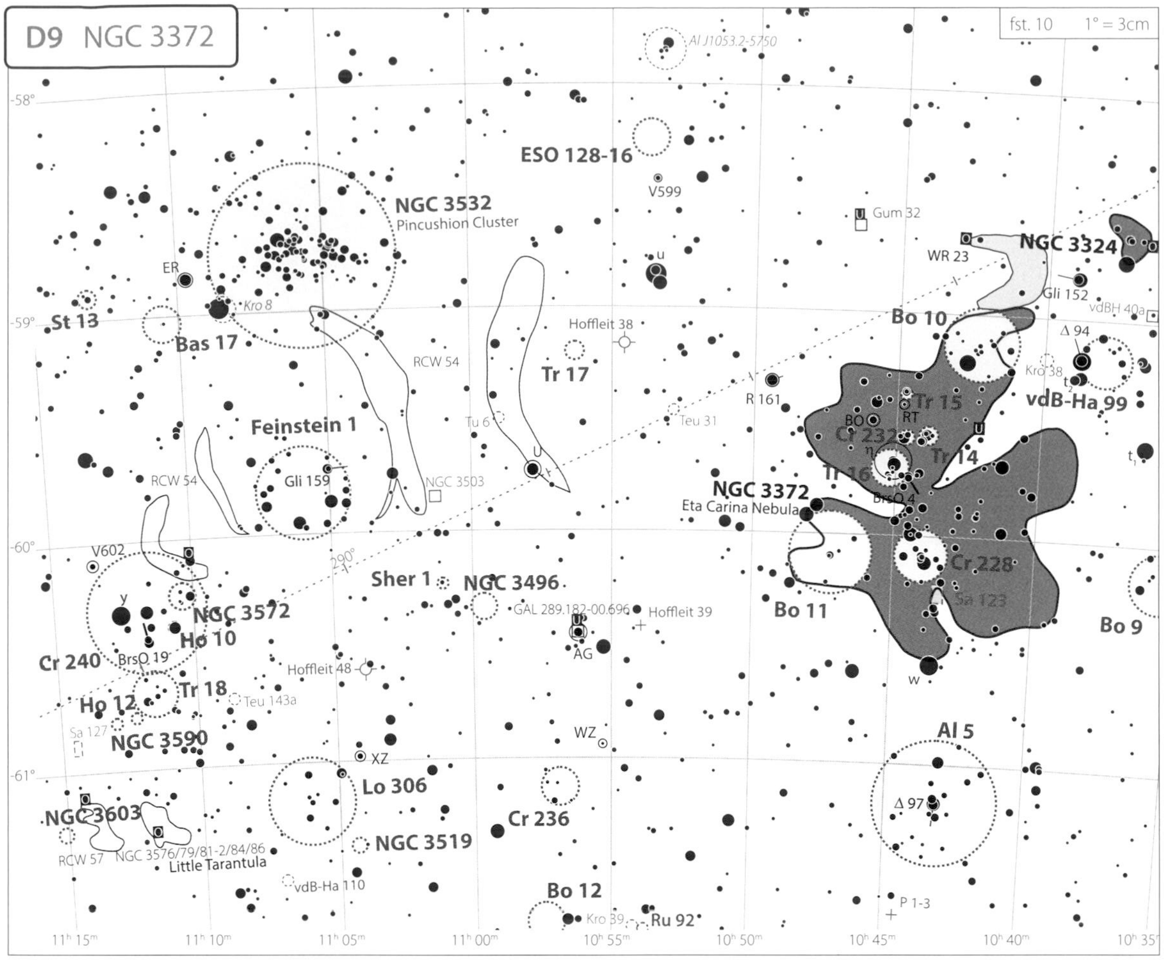

D10 Fornax Cluster

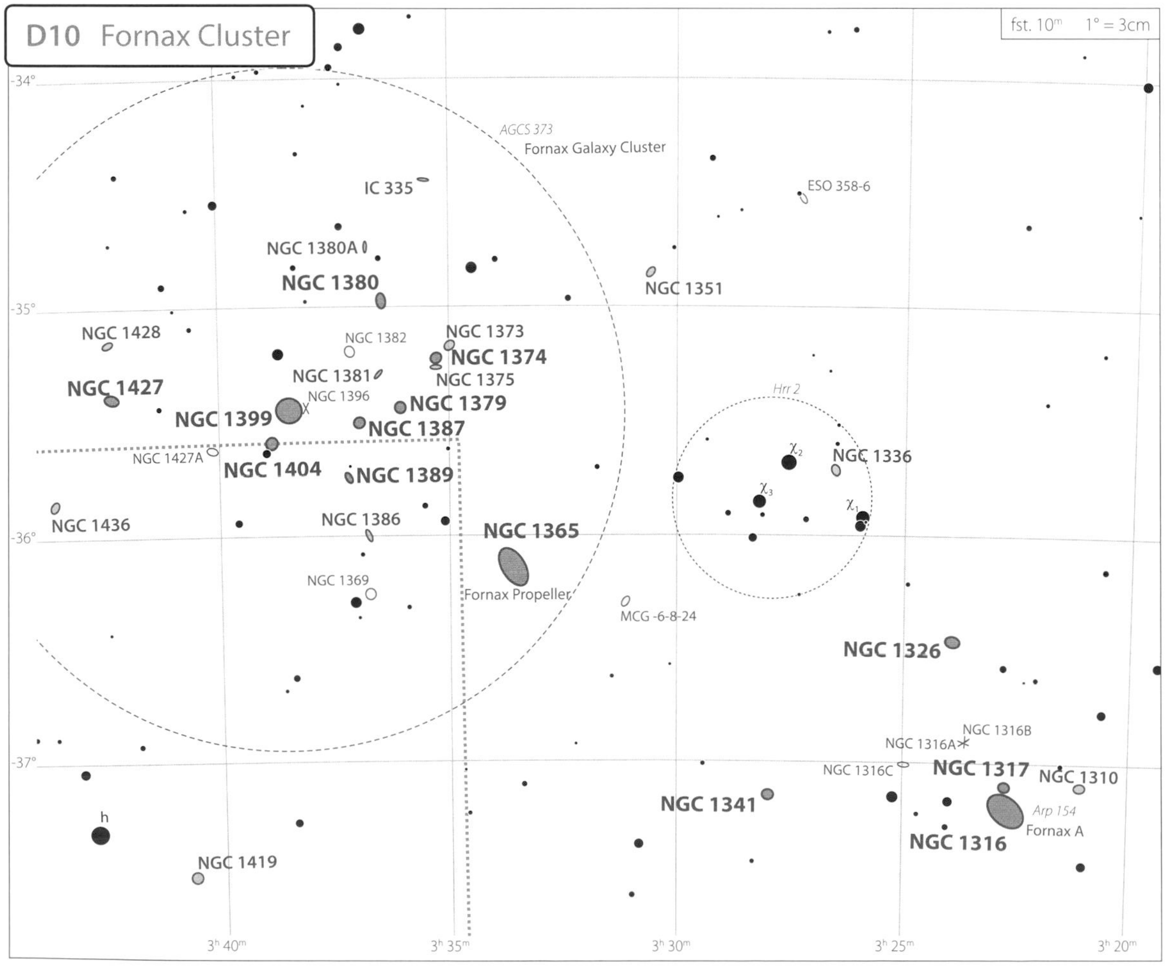

D11 NGC 382 Group

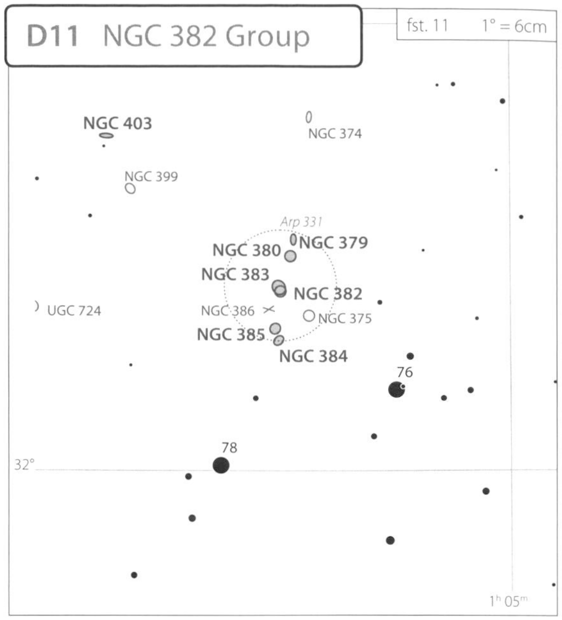

D12 NGC 5035 Group

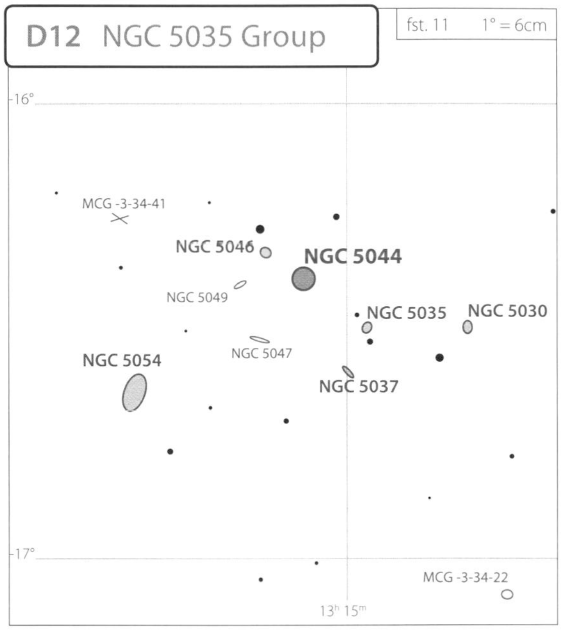

D13 Stephan's Quintet

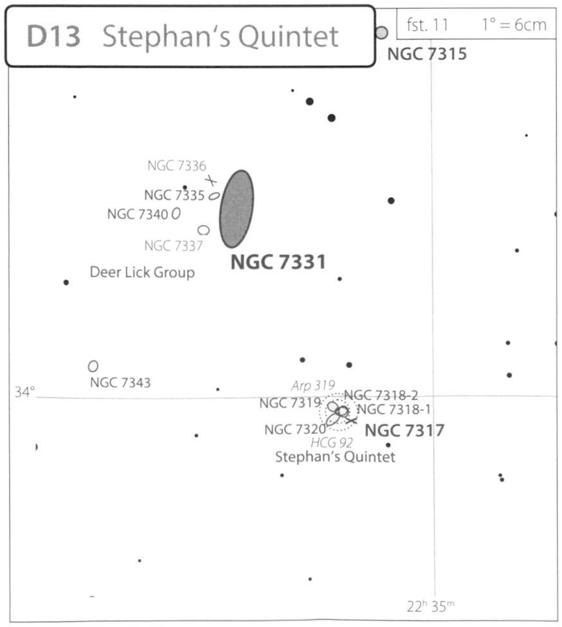

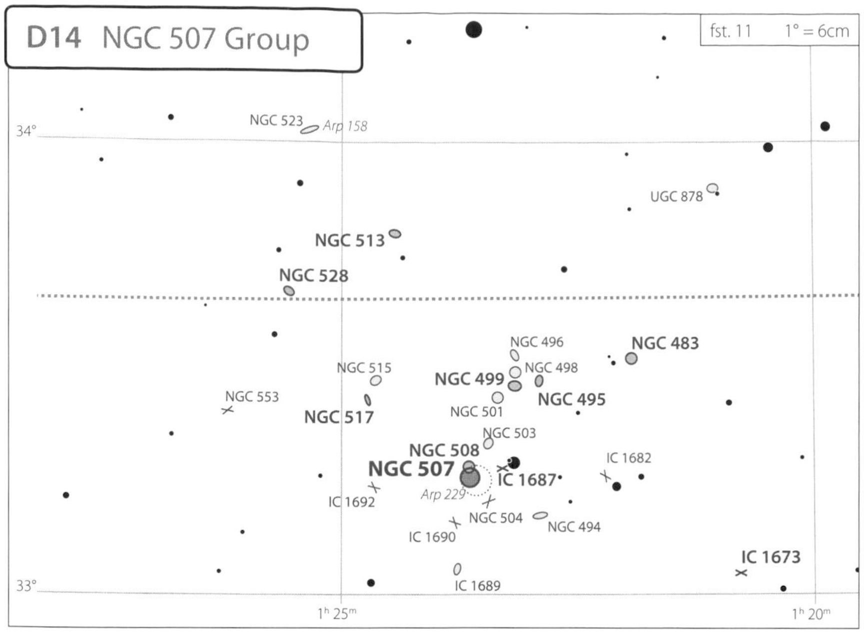
D14 NGC 507 Group
fst. 11 1° = 6cm
34°
33°
NGC 523
Arp 158
UGC 878
NGC 513
NGC 528
NGC 496
NGC 483
NGC 515
NGC 498
NGC 499
NGC 553
NGC 495
NGC 517
NGC 501
NGC 503
NGC 508
IC 1682
NGC 507
IC 1687
IC 1692
Arp 229
NGC 504
NGC 494
IC 1690
IC 1673
IC 1689
1h 25m
1h 20m

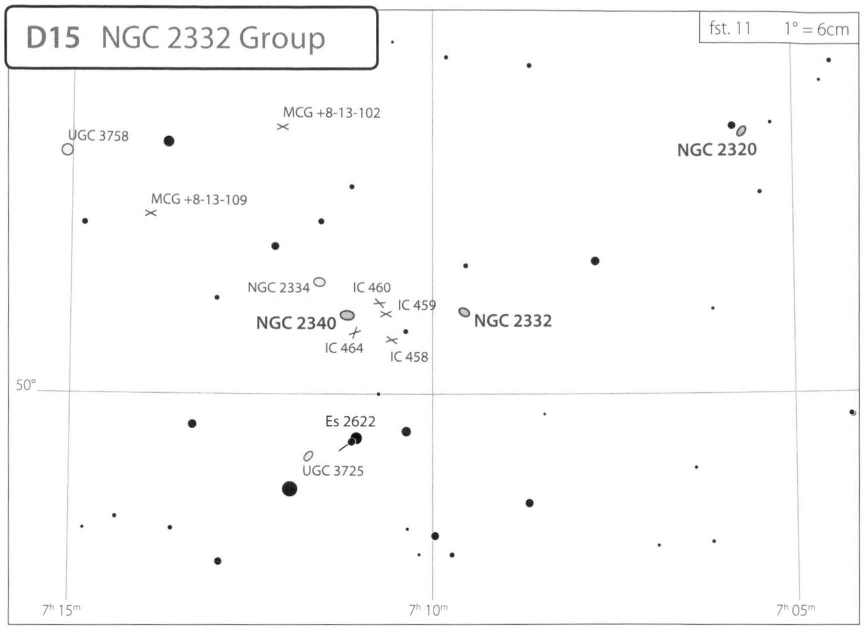
D15 NGC 2332 Group
fst. 11 1° = 6cm
MCG +8-13-102
UGC 3758
NGC 2320
MCG +8-13-109
NGC 2334
IC 460
IC 459
NGC 2340
NGC 2332
IC 464
IC 458
50°
Es 2622
UGC 3725
7h 15m
7h 10m
7h 05m

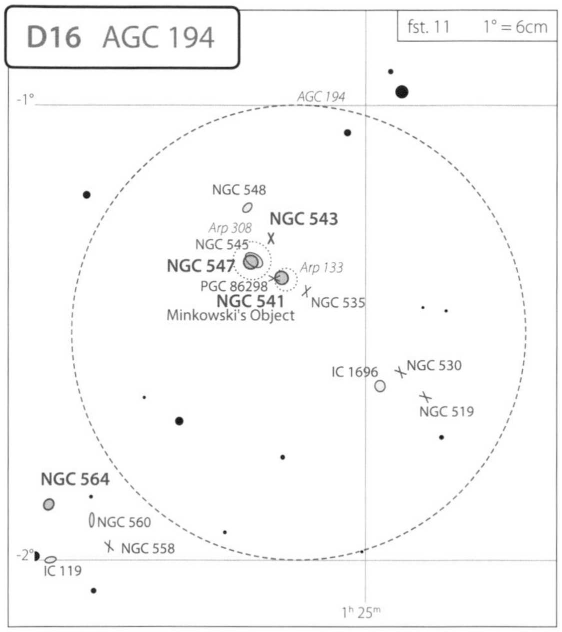
D16 AGC 194
fst. 11 1° = 6cm
-1°
AGC 194
NGC 548
Arp 308
NGC 543
NGC 545
NGC 547
Arp 133
PGC 86298
NGC 541
NGC 535
Minkowski's Object
IC 1696
NGC 530
NGC 519
NGC 564
NGC 560
NGC 558
-2°
IC 119
1h 25m

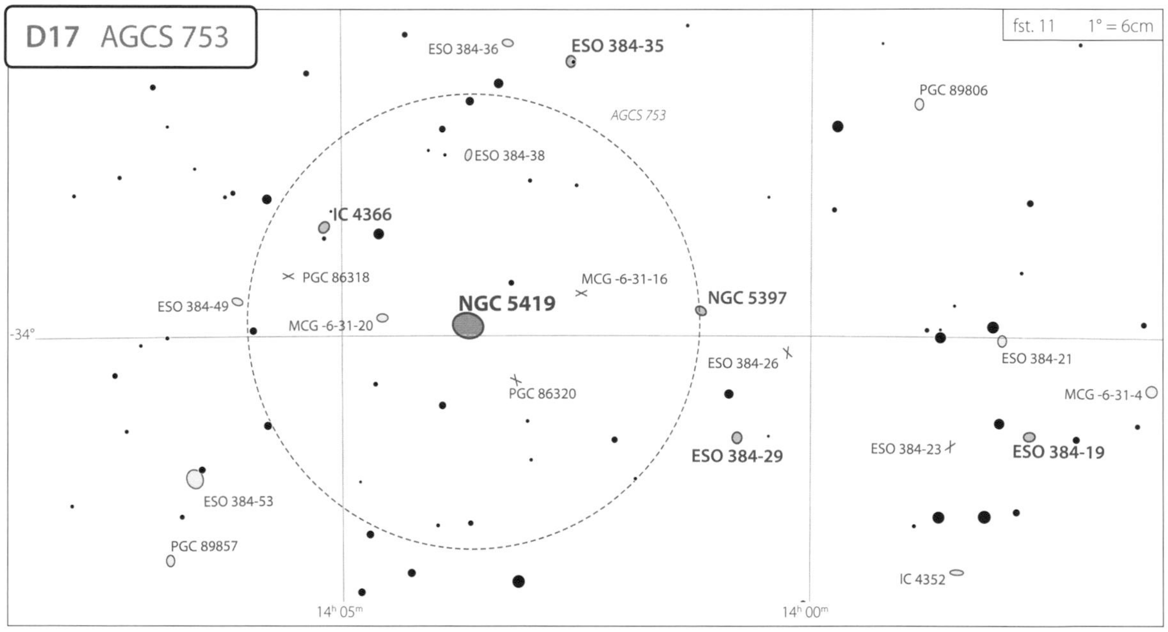
D17 AGCS 753
fst. 11 1° = 6cm
ESO 384-36
ESO 384-35
PGC 89806
AGCS 753
ESO 384-38
IC 4366
PGC 86318
MCG -6-31-16
ESO 384-49
NGC 5419
NGC 5397
MCG -6-31-20
-34°
ESO 384-26
ESO 384-21
PGC 86320
MCG -6-31-4
ESO 384-29
ESO 384-23
ESO 384-19
ESO 384-53
PGC 89857
IC 4352
14h 05m
14h 00m

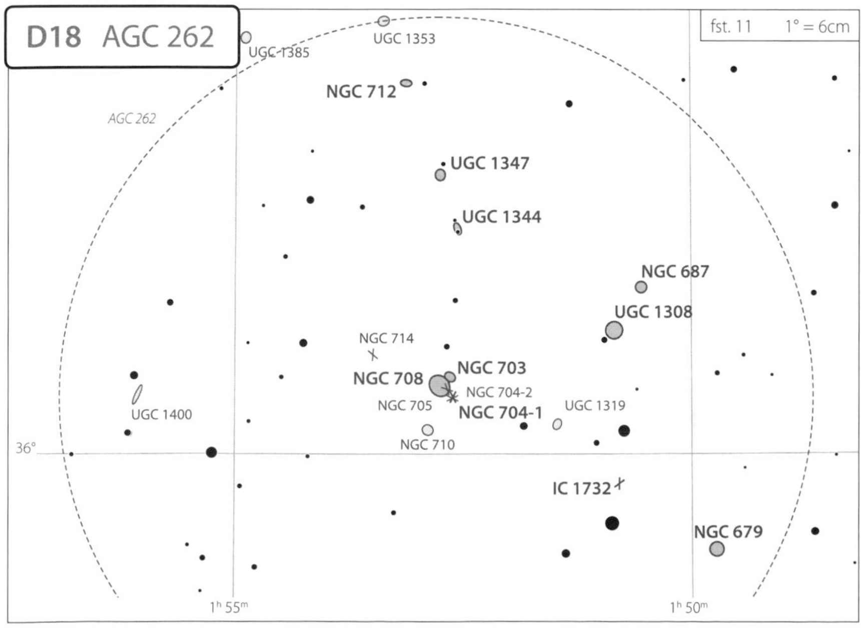
D18 AGC 262
fst. 11 1° = 6cm
UGC 1385
UGC 1353
NGC 712
AGC 262
UGC 1347
UGC 1344
NGC 687
UGC 1308
NGC 714
NGC 703
NGC 708
NGC 704-2
NGC 705
NGC 704-1
UGC 1319
UGC 1400
NGC 710
36°
IC 1732
NGC 679
1h 55m
1h 50m

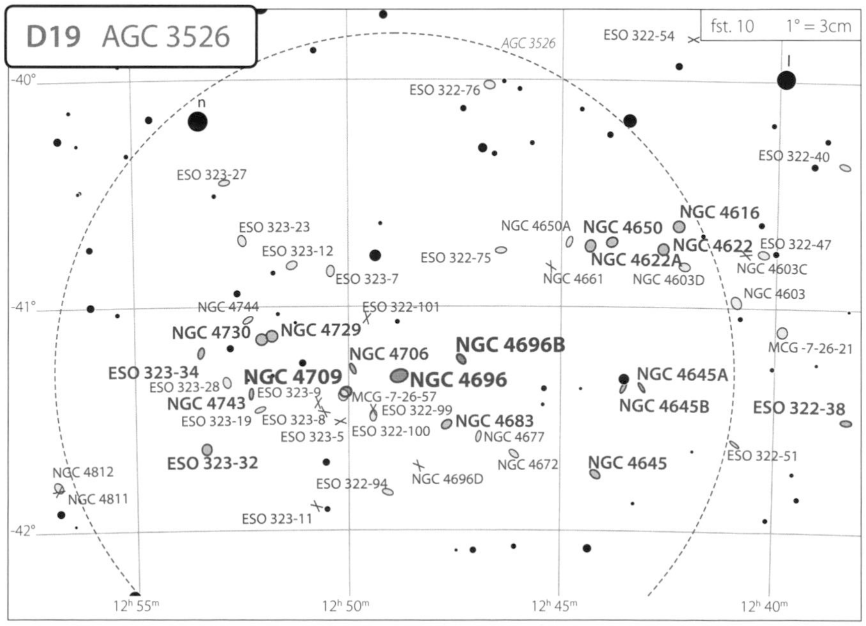
D19 AGC 3526
fst. 10 1° = 3cm
ESO 322-54
AGC 3526
-40°
ESO 322-76
n
l
ESO 322-40
ESO 323-27
NGC 4616
ESO 323-23
NGC 4650A
NGC 4650
NGC 4622
ESO 322-47
ESO 323-12
ESO 322-75
NGC 4622A
NGC 4603C
ESO 323-7
NGC 4661
NGC 4603D
-41°
NGC 4744
ESO 322-101
NGC 4603
NGC 4730
NGC 4729
MCG -7-26-21
NGC 4696B
NGC 4706
ESO 323-34
NGC 4645A
NGC 4709
NGC 4696
ESO 323-28
ESO 323-9
MCG -7-26-57
NGC 4645B
ESO 322-38
NGC 4743
ESO 322-99
NGC 4683
ESO 323-19
ESO 323-8
ESO 323-5
ESO 322-100
NGC 4677
ESO 322-51
ESO 323-32
NGC 4672
NGC 4645
NGC 4812
ESO 322-94
NGC 4696D
NGC 4811
ESO 323-11
-42°
12h 55m
12h 50m
12h 45m
12h 40m

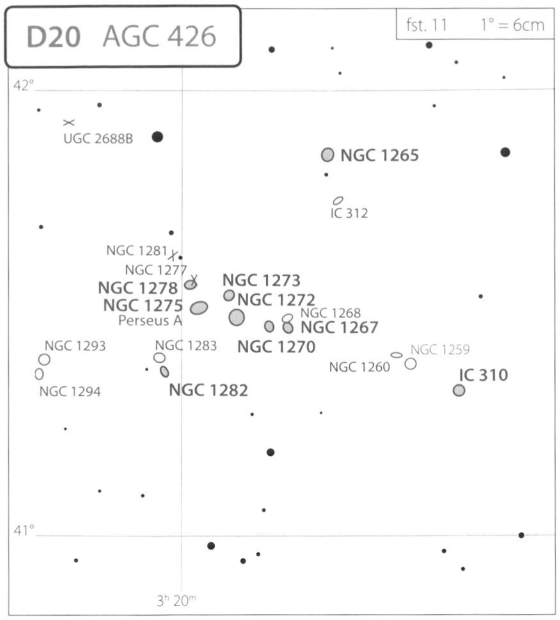
D20 AGC 426
fst. 11 1° = 6cm
42°
UGC 2688B
NGC 1265
IC 312
NGC 1281
NGC 1277
NGC 1278
NGC 1275
Perseus A
NGC 1273
NGC 1272
NGC 1268
NGC 1267
NGC 1270
NGC 1293
NGC 1283
NGC 1294
NGC 1282
NGC 1260
NGC 1259
IC 310
41°
3h 20m

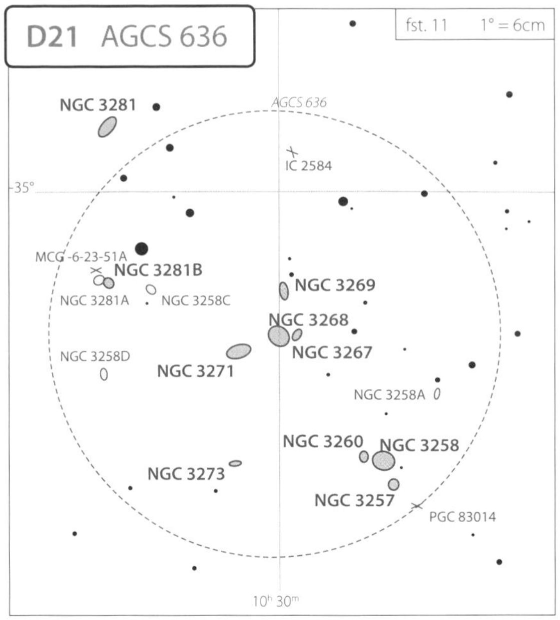
D21 AGCS 636
fst. 11 1° = 6cm
NGC 3281
AGCS 636
IC 2584
-35°
MCG -6-23-51A
NGC 3281B
NGC 3281A
NGC 3258C
NGC 3269
NGC 3268
NGC 3267
NGC 3258D
NGC 3271
NGC 3258A
NGC 3260
NGC 3258
NGC 3273
NGC 3257
PGC 83014
10h 30m

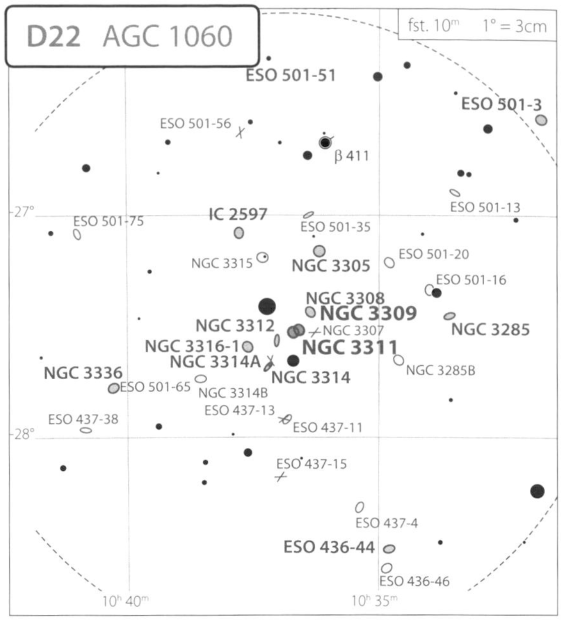
D22 AGC 1060
fst. 10m 1° = 3cm
ESO 501-51
ESO 501-3
ESO 501-56
β 411
ESO 501-13
-27°
ESO 501-75
IC 2597
ESO 501-35
NGC 3315
NGC 3305
ESO 501-20
ESO 501-16
NGC 3308
NGC 3309
NGC 3312
NGC 3307
NGC 3285
NGC 3316-1
NGC 3311
NGC 3314A
NGC 3336
NGC 3314
NGC 3285B
ESO 501-65
NGC 3314B
ESO 437-13
ESO 437-38
ESO 437-11
-28°
ESO 437-15
ESO 437-4
ESO 436-44
ESO 436-46
10h 40m
10h 35m

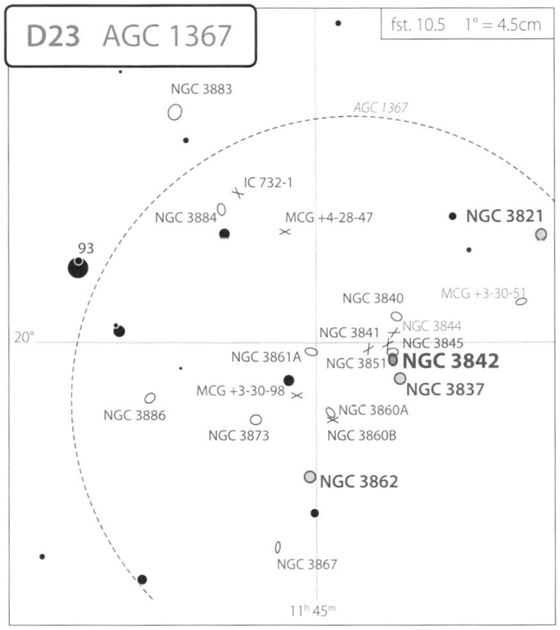
D23 AGC 1367
fst. 10.5 1° = 4.5cm
NGC 3883
AGC 1367
IC 732-1
NGC 3884
MCG +4-28-47
NGC 3821
93
NGC 3840
MCG +3-30-51
NGC 3841
NGC 3844
NGC 3845
20°
NGC 3861A
NGC 3851
NGC 3842
MCG +3-30-98
NGC 3837
NGC 3886
NGC 3860A
NGC 3873
NGC 3860B
NGC 3862
NGC 3867
11h 45m

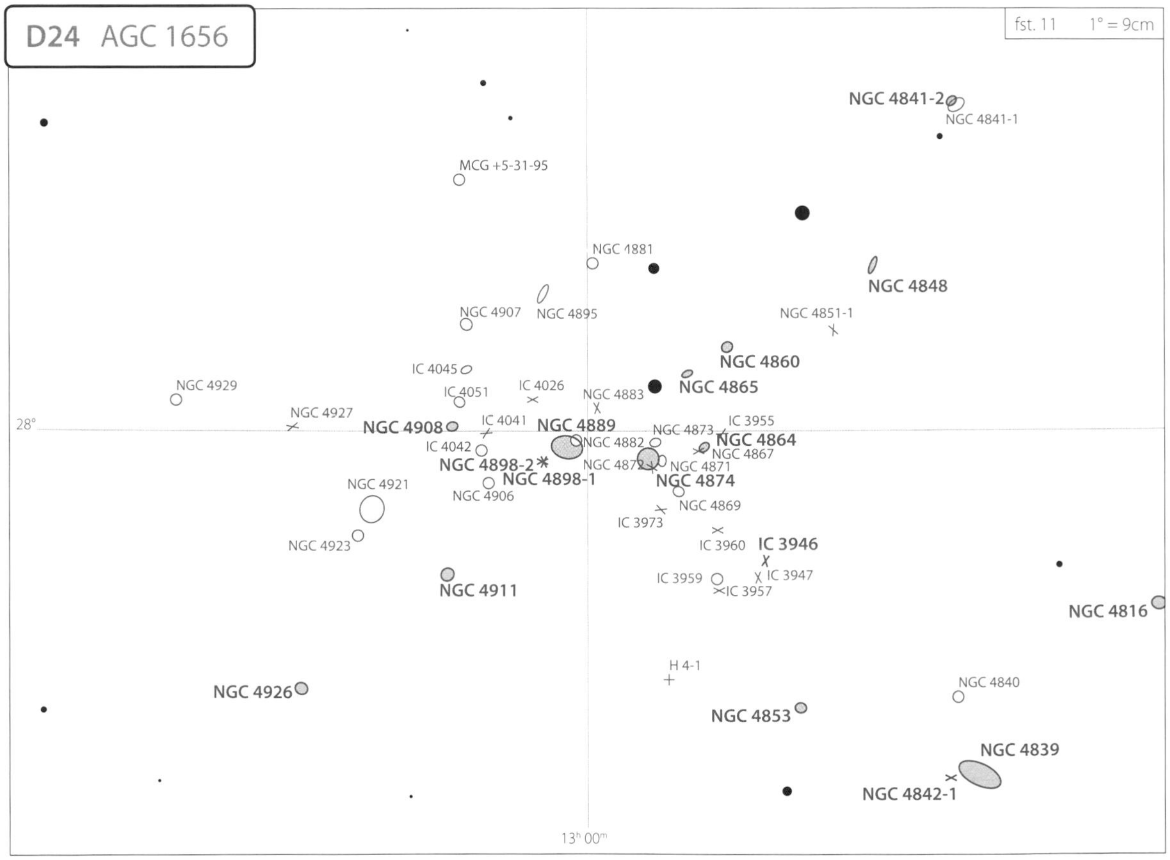
D24 AGC 1656
fst. 11 1° = 9cm
NGC 4841-2
NGC 4841-1
MCG +5-31-95
NGC 4881
NGC 4848
NGC 4907
NGC 4895
NGC 4851-1
NGC 4860
IC 4045
NGC 4929
IC 4051
IC 4026
NGC 4865
NGC 4883
NGC 4927
IC 4041
NGC 4908
NGC 4889
NGC 4873
IC 3955
28°
IC 4042
NGC 4882
NGC 4864
NGC 4867
NGC 4898-2
NGC 4872
NGC 4871
NGC 4898-1
NGC 4874
NGC 4921
NGC 4906
NGC 4869
IC 3973
NGC 4923
IC 3960
IC 3946
IC 3959
IC 3947
IC 3957
NGC 4911
NGC 4816
H 4-1
NGC 4926
NGC 4840
NGC 4853
NGC 4839
NGC 4842-1
13h 00m

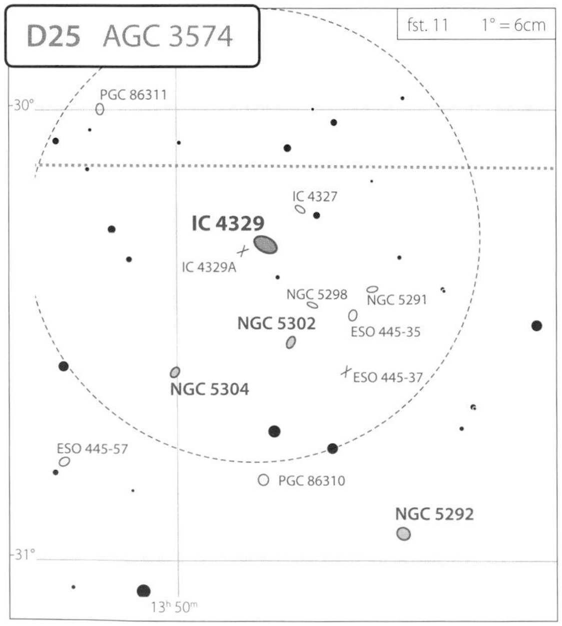
D25 AGC 3574
fst. 11 1° = 6cm
-30°
PGC 86311
IC 4327
IC 4329
IC 4329A
NGC 5298
NGC 5291
NGC 5302
ESO 445-35
ESO 445-37
NGC 5304
ESO 445-57
PGC 86310
NGC 5292
-31°
13h 50m

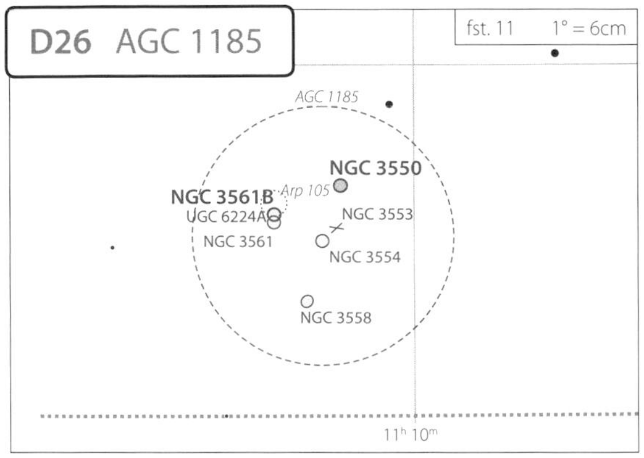
D26 AGC 1185
fst. 11 1° = 6cm
AGC 1185
NGC 3550
NGC 3561B
Arp 105
UGC 6224A
NGC 3553
NGC 3561
NGC 3554
NGC 3558
11h 10m

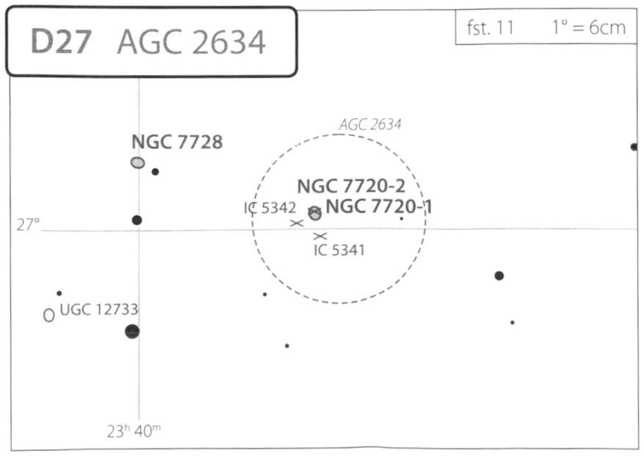
D27 AGC 2634
fst. 11 1° = 6cm
AGC 2634
NGC 7728
NGC 7720-2
IC 5342
NGC 7720-1
27°
IC 5341
UGC 12733
23h 40m

D28 SMC

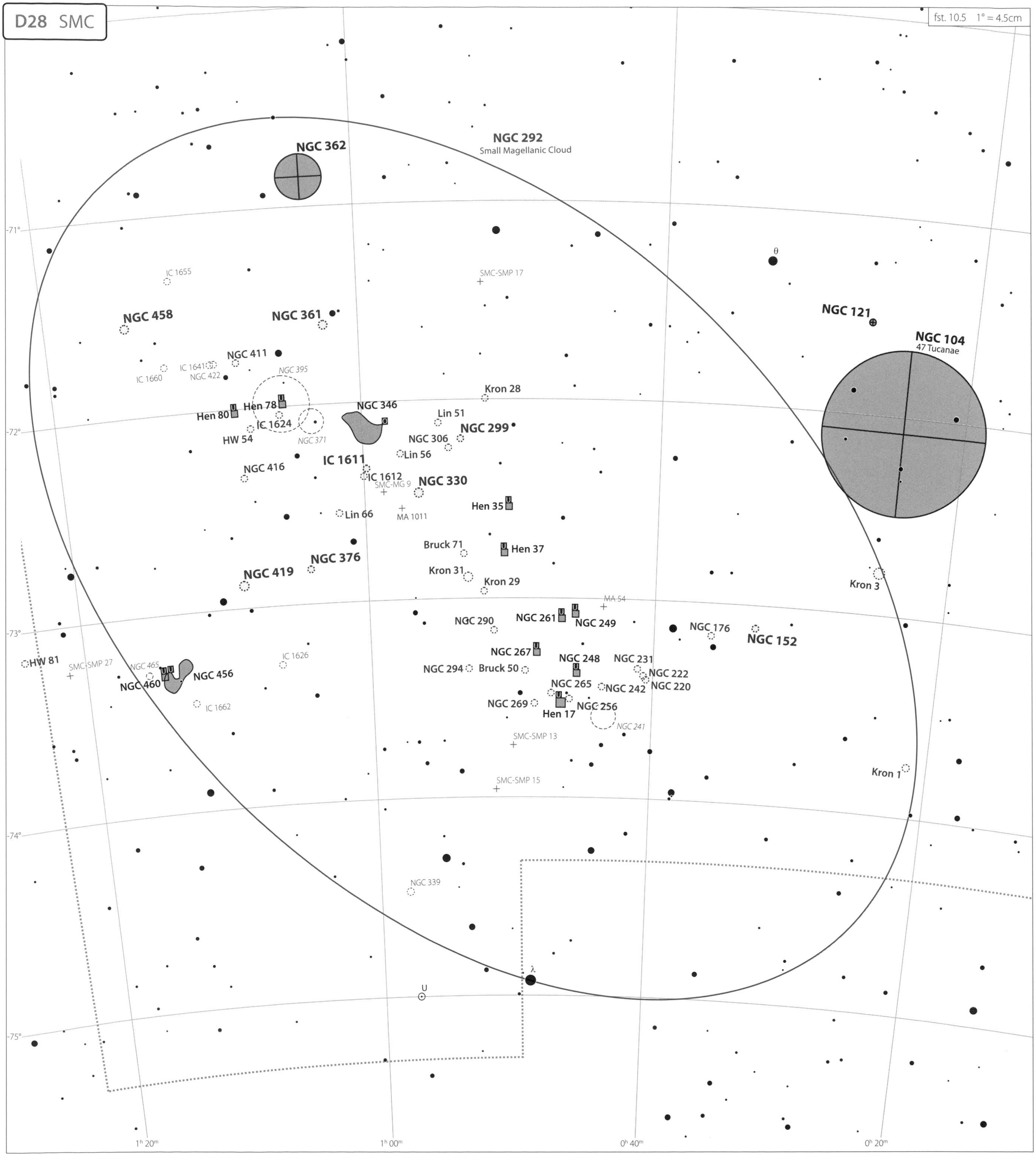
fst. 10.5 1° = 4.5cm
NGC 292
Small Magellanic Cloud
NGC 362
NGC 121
NGC 104
47 Tucanae
θ
IC 1655
SMC-SMP 17
NGC 458
NGC 361
NGC 411
IC 1641
IC 1660
NGC 422
NGC 395
Kron 28
Hen 78
Hen 80
NGC 346
Lin 51
IC 1624
NGC 299
HW 54
NGC 371
NGC 306
Lin 56
IC 1611
NGC 416
IC 1612
SMC-MG 9
NGC 330
Hen 35
Lin 66
MA 1011
Bruck 71
Hen 37
NGC 376
NGC 419
Kron 31
Kron 29
Kron 3
MA 54
NGC 290
NGC 261
NGC 249
NGC 176
NGC 152
NGC 267
NGC 248
NGC 231
HW 81
SMC-SMP 27
NGC 465
IC 1626
NGC 294
Bruck 50
NGC 222
NGC 460
NGC 456
NGC 265
NGC 242
NGC 220
NGC 269
Hen 17
NGC 256
IC 1662
NGC 241
SMC-SMP 13
Kron 1
SMC-SMP 15
NGC 339
λ
U
-71°
-72°
-73°
-74°
-75°
1h 20m
1h 00m
0h 40m
0h 20m

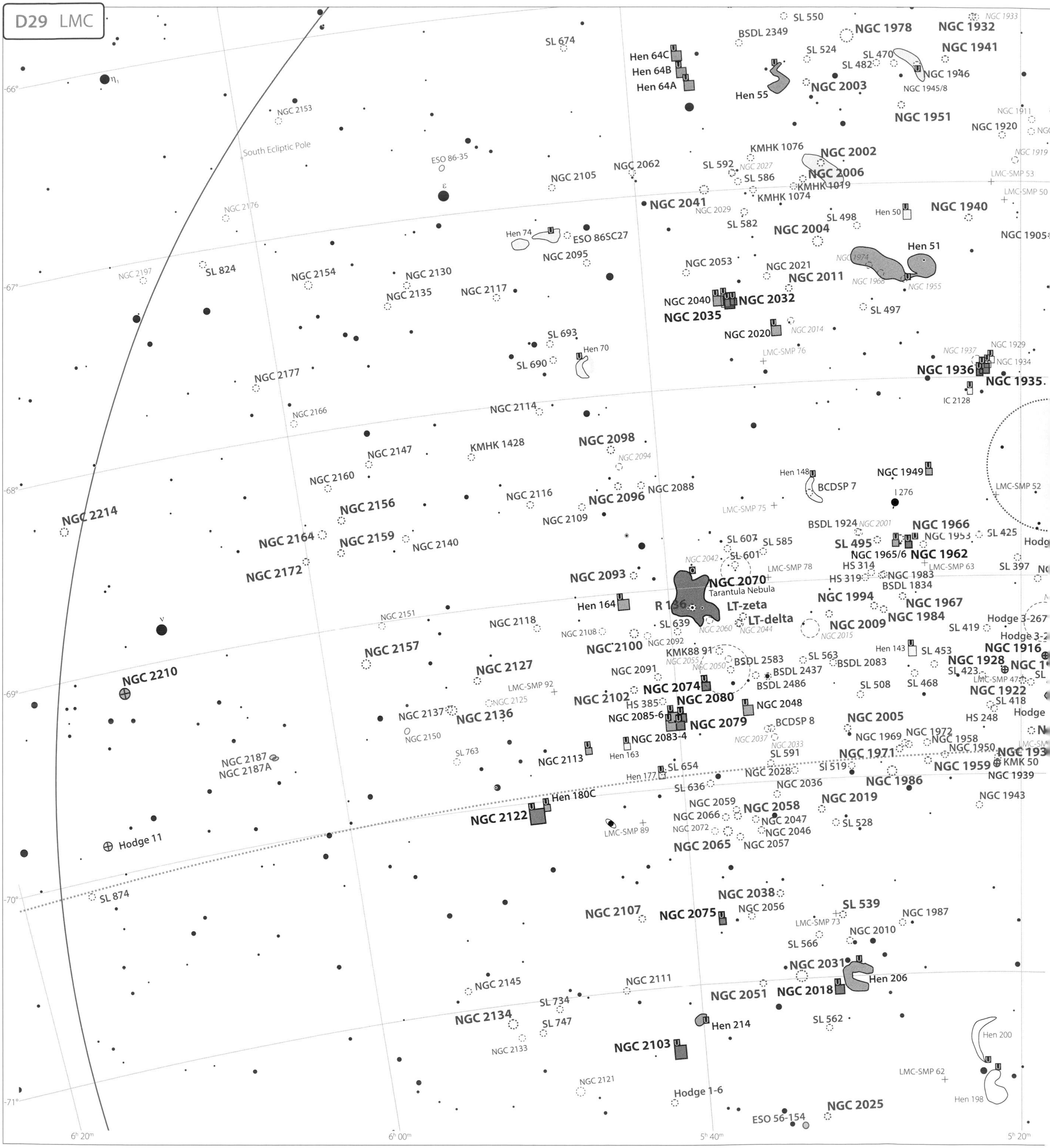

SL 550
NGC 1933
BSDL 2349
NGC 1978
NGC 1932
SL 674
Hen 64C
SL 524
SL 470
NGC 1941
Hen 64B
SL 482
NGC 1946
Hen 64A
NGC 2003
NGC 1945/8
Hen 55
NGC 1951
NGC 2153
NGC 1911
NGC 1920
South Ecliptic Pole
KMHK 1076
NGC 2002
NGC 1919
ESO 86-35
SL 592
NGC 2027
NGC 2006
LMC-SMP 53
NGC 2062
SL 586
KMHK 1019
NGC 2105
KMHK 1074
LMC-SMP 50
NGC 2176
NGC 2041
NGC 1940
NGC 2029
SL 498
Hen 50
SL 582
NGC 2004
Hen 74
ESO 86SC27
NGC 1905
NGC 2095
Hen 51
NGC 2053
NGC 1974
NGC 2021
SL 824
NGC 2154
NGC 2130
NGC 2197
NGC 2011
NGC 1968
NGC 1955
NGC 2117
NGC 2135
NGC 2040
NGC 2032
SL 497
NGC 2035
NGC 2020
NGC 2014
SL 693
NGC 1937
NGC 1929
Hen 70
LMC-SMP 76
SL 690
NGC 1934
NGC 1936
NGC 1935
NGC 2177
IC 2128
NGC 2114
NGC 2166
NGC 2098
KMHK 1428
NGC 2147
NGC 2094
NGC 1949
Hen 148
NGC 2160
BCDSP 7
NGC 2088
I 276
NGC 2116
NGC 2156
LMC-SMP 52
NGC 2096
LMC-SMP 75
NGC 2214
NGC 2109
BSDL 1924
NGC 2001
NGC 1966
NGC 2164
NGC 2159
SL 607
SL 585
SL 495
NGC 1953
SL 425
NGC 2140
NGC 1965/6
NGC 1962
SL 601
NGC 2042
LMC-SMP 78
HS 314
LMC-SMP 63
SL 397
NGC 2172
NGC 2093
HS 319
NGC 1983
NGC 2070
BSDL 1834
Tarantula Nebula
NGC 1994
NGC 1967
Hen 164
R 136
LT-zeta
NGC 2151
NGC 2118
SL 639
LT-delta
NGC 1984
Hodge 3-267
NGC 2060
NGC 2009
NGC 2044
SL 419
NGC 2108
NGC 2015
NGC 2092
NGC 2100
KMK88 91
Hen 143
SL 453
NGC 1916
NGC 2157
NGC 2055
BSDL 2583
SL 563
BSDL 2083
NGC 1928
NGC 2050
NGC 2127
NGC 2091
BSDL 2437
SL 423
NGC 2210
LMC-SMP 92
NGC 2074
BSDL 2486
SL 508
SL 468
NGC 1922
NGC 2125
NGC 2102
NGC 2080
NGC 2048
SL 418
HS 385
NGC 2137
NGC 2136
NGC 2085-6
NGC 2005
HS 248
Hodge
NGC 2079
BCDSP 8
NGC 2150
NGC 2083-4
NGC 1969
NGC 1972
NGC 1958
NGC 2037
NGC 2033
NGC 1950
NGC 2187
NGC 2187A
SL 763
NGC 2113
Hen 163
SL 591
NGC 1971
KMK 50
SL 654
NGC 2028
SL 519
NGC 1959
NGC 1939
Hen 177
SL 636
NGC 2036
NGC 1986
Hen 180C
NGC 2059
NGC 2058
NGC 2019
NGC 1943
NGC 2122
NGC 2066
NGC 2047
LMC-SMP 89
NGC 2072
NGC 2046
SL 528
Hodge 11
NGC 2065
NGC 2057
NGC 2038
SL 874
SL 539
NGC 2107
NGC 2075
NGC 2056
NGC 1987
LMC-SMP 73
NGC 2010
SL 566
NGC 2031
NGC 2111
Hen 206
NGC 2145
NGC 2018
NGC 2051
SL 734
NGC 2134
SL 747
Hen 214
SL 562
Hen 200
NGC 2133
NGC 2103
LMC-SMP 62
NGC 2121
Hodge 1-6
Hen 198
NGC 2025
ESO 56-154
-66°
-67°
-68°
-69°
-70°
-71°
6h 20m
6h 00m
5h 40m
5h 20m

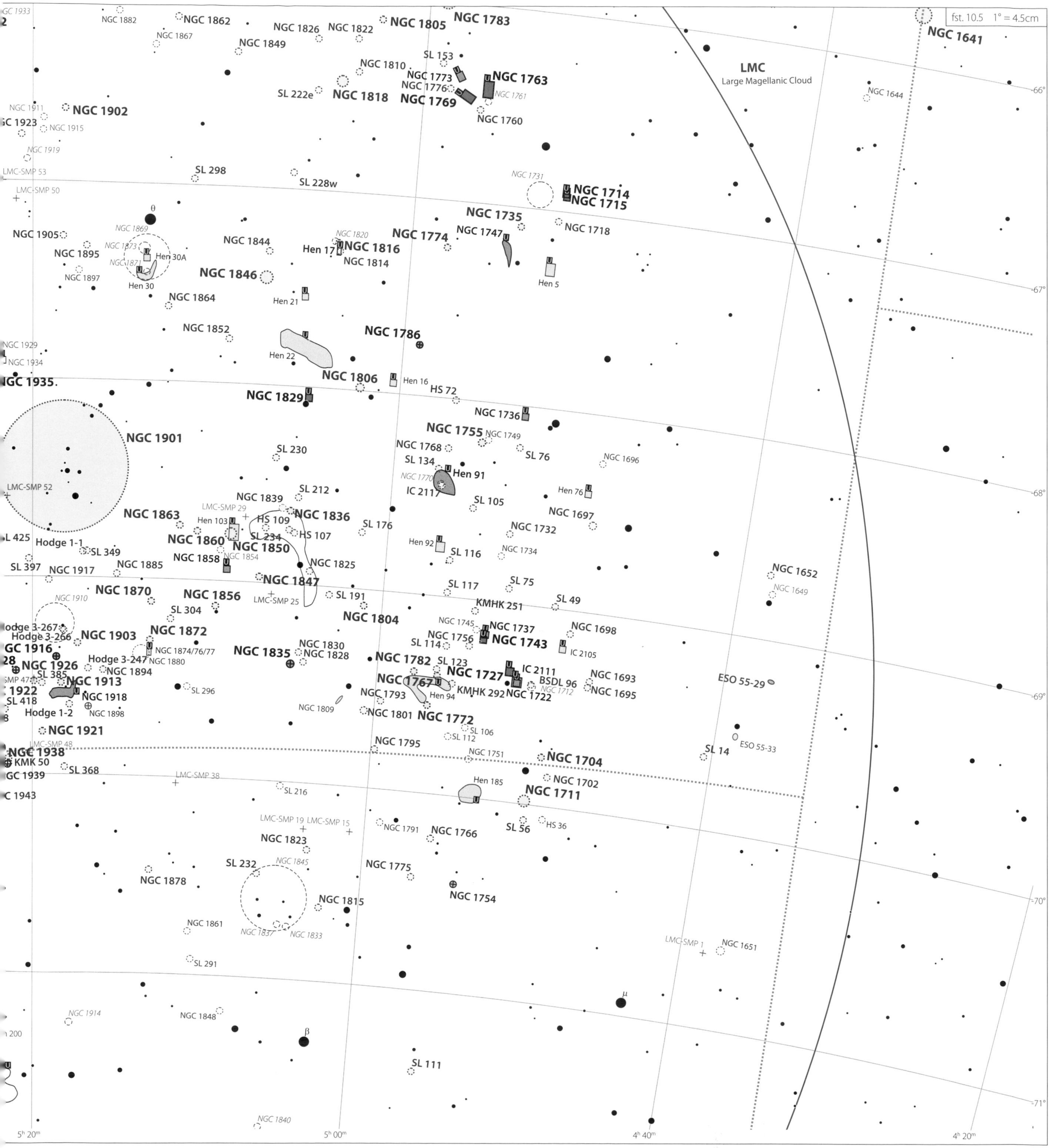
fst. 10.5 1° = 4.5cm
LMC
Large Magellanic Cloud
NGC 1882
NGC 1862
NGC 1867
NGC 1849
NGC 1826
NGC 1822
NGC 1805
NGC 1783
NGC 1641
SL 153
NGC 1810
NGC 1773
NGC 1776
NGC 1763
NGC 1761
NGC 1769
NGC 1818
SL 222e
NGC 1760
NGC 1644
NGC 1911
NGC 1902
NGC 1923
NGC 1915
NGC 1919
LMC-SMP 53
SL 298
SL 228w
NGC 1731
NGC 1714
NGC 1715
LMC-SMP 50
θ
NGC 1735
NGC 1718
NGC 1869
NGC 1820
NGC 1774
NGC 1747
NGC 1905
NGC 1844
Hen 17
NGC 1816
NGC 1873
NGC 1895
NGC 1871
Hen 30A
NGC 1814
Hen 5
NGC 1897
NGC 1846
Hen 30
NGC 1864
Hen 21
NGC 1852
NGC 1786
NGC 1929
Hen 22
NGC 1934
NGC 1806
Hen 16
NGC 1935
HS 72
NGC 1829
NGC 1736
NGC 1755
NGC 1749
NGC 1901
NGC 1768
SL 76
SL 230
NGC 1696
SL 134
Hen 91
NGC 1770
LMC-SMP 52
IC 2117
Hen 76
SL 212
NGC 1839
SL 105
NGC 1863
LMC-SMP 29
NGC 1697
HS 109
NGC 1836
Hen 103
SL 176
NGC 1732
SL 234
HS 107
SL 425
NGC 1860
Hen 92
Hodge 1-1
NGC 1850
SL 116
NGC 1734
SL 349
NGC 1854
NGC 1858
NGC 1825
SL 397
NGC 1917
NGC 1885
NGC 1652
NGC 1847
SL 117
SL 75
NGC 1649
NGC 1870
NGC 1856
SL 191
NGC 1910
LMC-SMP 25
KMHK 251
SL 49
SL 304
NGC 1804
Hodge 3-267
NGC 1745
NGC 1737
NGC 1698
Hodge 3-266
NGC 1903
NGC 1872
NGC 1756
NGC 1830
SL 114
NGC 1743
NGC 1916
NGC 1874/76/77
NGC 1835
NGC 1828
IC 2105
Hodge 3-247
NGC 1880
NGC 1782
SL 123
IC 2111
NGC 1926
NGC 1894
NGC 1727
NGC 1693
SL 385
NGC 1767
BSDL 96
ESO 55-29
NGC 1913
SL 296
NGC 1793
NGC 1712
NGC 1695
NGC 1922
KMHK 292
NGC 1722
SL 418
NGC 1918
Hen 94
NGC 1809
NGC 1801
NGC 1772
Hodge 1-2
NGC 1898
NGC 1921
SL 106
SL 112
ESO 55-33
NGC 1795
LMC-SMP 48
NGC 1938
SL 14
NGC 1751
NGC 1704
KMK 50
SL 368
NGC 1939
LMC-SMP 38
Hen 185
NGC 1702
SL 216
NGC 1711
NGC 1943
LMC-SMP 19
LMC-SMP 15
NGC 1791
NGC 1766
SL 56
HS 36
NGC 1823
SL 232
NGC 1845
NGC 1775
NGC 1878
NGC 1815
NGC 1754
NGC 1861
NGC 1837
NGC 1833
LMC-SMP 1
NGC 1651
SL 291
μ
NGC 1914
NGC 1848
β
SL 111
NGC 1840
66°
67°
68°
69°
70°
71°
5h 20m
5h 00m
4h 40m
4h 20m

Index of deep-sky objects

OC

Al 1 27
Al 2 14
Al 3 96
Al 5 104, D9
Al 8 91, 92, 102
Al 10 65, 66
Al 12 29, 41
Al 15 60
Al 16 60
Al 18 84
Al 20 8, 15
Al 21 60, 72
Al 22 16, 27, 28, 39
Al 31 67
Al 34 95, 96, 105
Al 37 16
Al 43 95
Al 44 54
Al 52 D4
Al 53 48, 60
Al 56 42
Al 57 42
Al 58 48
Al 59 60
Al 60 60
Al 62 30, 42
Al 64 73
Al 70 8
Al-Teu 1 15
Al-Teu 3 96, 105
Al-Teu 5 8
Al-Teu 7 95
Al-Teu 8 103, 104, D4
Al-Teu 9 38
Al-Teu 10 38
Al-Teu 11 9, 17, 18
Al-Teu 12 102
Alicante 1 14
AM 2 84
Archinal 1 54
ASCC 6 15
ASCC 8 14, 15
ASCC 9 14, 15
ASCC 11 25, 26
ASCC 13 25
ASCC 15 25, 37
ASCC 21 61
ASCC 23 24, 25
ASCC 31 60
ASCC 37 84
ASCC 40 72
ASCC 61 104
ASCC 75 103
ASCC 77 102, 103
ASCC 88 79, 91
ASCC 90 79
ASCC 93 66, 67, 78, 79, D6
ASCC 101 18, 30
ASCC 116 8
ASCC 117 8
ASCC 128 8, 16
Auner 1 72
Aveni-Hunter 1 16, 27
Bar 1 17
Bar 2 8, 16, 17
Bas 1 54, 66
Bas 4 36, 37
Bas 5 78, 79
Bas 6 D1
Bas 7 48, 60
Bas 8 48, 60
Bas 10 15
Bas 11A 72
Bas 11B 36, 37, 48, 49
Bas 12 17
Bas 13 17
Bas 14 17
Bas 15 17
Bas 17 D9
Bas 18 103
Bas 20 104
BCDSP 7 D29
BCDSP 8 D29
Be 1 8, 15
Be 2 8, 15
Be 4 8, 15
Be 5 15
Be 6 15
Be 7 15
Be 8 2, 6, 7
Be 9 14, 26
Be 10 6, 7, 14
Be 11 25, 26
Be 12 25
Be 13 14, 25
Be 14 25
Be 15 25
Be 17 37
Be 18 25
Be 19 37
Be 20 61
Be 21 37, 48, 49
Be 22 48, 49, 60, 61
Be 23 48
Be 24 60
Be 25 72
Be 29 48
Be 35 60
Be 36 72
Be 37 60
Be 39 60
Be 43 42
Be 44 42
Be 45 42
Be 47 42
Be 49 D1
Be 51 D1
Be 52 29
Be 53 8, 9, 17
Be 54 17
Be 55 8, 16, 17
Be 56 17
Be 58 8, 15
Be 59 2, 7, 8, 15
Be 60 8, 15
Be 61 2, 7, 15
Be 62 8, 15
Be 63 14, 15
Be 64 7, 14, 15
Be 65 14, 15
Be 66 14, 15
Be 67 25, 26
Be 68 25
Be 69 37
Be 70 25
Be 71 37
Be 72 37, 49
Be 73 60, 72
Be 75 72, 84
Be 76 72
Be 77 60
Be 78 60
Be 79 54
Be 80 54
Be 81 54
Be 82 42
Be 83 29, 30
Be 84 D1
Be 85 D1
Be 86 D1
Be 87 17, 29, D1
Be 88 17, 18
Be 89 17, 18
Be 90 17
Be 91 17
Be 92 8, 9
Be 93 8, 9
Be 94 8
Be 95 8
Be 96 8
Be 97 8
Be 98 8, 16
Be 99 2, 7
Be 100 8, 15
Be 101 2, 7, 8, 15
Be 102 8, 15
Be 103 8, 15
Be 104 2, 7, 8, 15
Bi 1 17, 18, 29, 30, D1
Bi 2 17, 18, 29, 30, D1
Bi 7 48, 60
Bi 8 48, 60
Bi 9 60
Bi 10 60
Bi 11 60
Bi 12 60
Bi 13 60
Bica 1 17, D1
Bica 2 17, D1
Bica 3 66
Blanco 1 76, 87
Bo 2 60
Bo 3 60
Bo 4 72
Bo 5 72
Bo 6 72
Bo 7 95
Bo 9 104, D9
Bo 10 D9
Bo 11 D9
Bo 12 104, D9
Bo 13 79, 91
Bo 14 78, 79, D6
Bo 15 84
Briceno 1 61
Bruck 50 D28
Bruck 71 D28
BSDL 96 D29
BSDL 1834 D29
BSDL 1924 D29
BSDL 2083 D29
BSDL 2349 D29
BSDL 2437 D29
BSDL 2486 D29
BSDL 2583 D29
C 2140+658 2, 8, 9
Cr 32 14, 15
Cr 33 14, 15
Cr 34 14, 15
Cr 69 49, 61
Cr 74 49, 61
Cr 89 36, 48
Cr 92 60
Cr 95 48
Cr 104 60
Cr 107 60
Cr 110 60
Cr 115 60
Cr 121 84
Cr 132 84
Cr 135 84, 96
Cr 140 84
Cr 185 83, 95
Cr 187 83
Cr 196 83
Cr 197 95
Cr 213 94, 95, 104
Cr 220 104
Cr 223 104
Cr 228 D9
Cr 232 D9
Cr 236 D9
Cr 240 104, D9
Cr 249 103, 104, 110, 111, D4
Cr 269 103, 110
Cr 271 103
Cr 272 103
Cr 275 103
Cr 277 103, 110
Cr 292 102
Cr 307 91, 92, 102
Cr 333 79
Cr 338 79, 91
Cr 345 D5
Cr 347 79
Cr 350 55
Cr 351 78, 79
Cr 367 78, 79, D6
Cr 371 66
Cr 394 66, 78
Cr 401 54
Cr 419 17, 18, D1
Cr 421 17, 18
Cr 427 2, 3
Cr 428 17
Cr 463 2, 7
Cr 465 72
Cr 466 72
Cr 469 66
Cr 470 16, 17
Cz 1 8, 15
Cz 2 8, 15
Cz 3 15
Cz 4 15
Cz 5 15
Cz 6 15
Cz 7 15
Cz 8 14, 15
Cz 9 14, 15
Cz 10 14, 15
Cz 11 14, 15
Cz 12 14, 15
Cz 13 14, 15
Cz 14 14, 15
Cz 15 14, 26
Cz 16 14, 26
Cz 17 14, 15
Cz 18 37
Cz 19 37
Cz 21 25, 37
Cz 23 36, 37
Cz 24 36, 37, 48, 49
Cz 25 48, 60
Cz 26 60
Cz 27 48, 60
Cz 29 72
Cz 30 72
Cz 31 72, 84
Cz 32 83, 84
Cz 37 78, 79
Cz 38 54
Cz 39 54
Cz 40 30, 42
Cz 41 29, 30
Cz 42 8
Cz 43 8, 15
Cz 44 8, 15
Cz 45 2, 7, 8, 15
Danks 1 103
Danks 2 103
DC 3 84, 96
DC 4 72
DC 8 36, 37
Dias 1 8, 15
Dias 2 60
Dias 3 60, 72
Dias 6 66
Do 1 17, 18, 29, 30, D1
Do 1a 17, 18, 29, 30, D1
Do 3 D1
Do 4 17, 18, 29, 30, D1
Do 5 17, 18, D1
Do 6 D1
Do 8 17, 18
Do 13 8, 15
Do 14 37, 38
Do 15 37
Do 16 37
Do 18 37
Do 22 60
Do 23a 60
Do 23b 60
Do 24 60
Do 25 60
Do 28 66
Do 30 54, 66
Do 31 54, 66
Do 32 54
Do 33 54
Do 39 17, 18, 29, 30, D1
Do 40 17, 18, 29, 30, D1
Do 41 D1
Do 42 17, 29, D1
Do 45 17, 29
Do 47 17, 29
Do 49 60
ESO 8-6 110, 114
ESO 21-6 109, 110
ESO 43-13 109, 110
ESO 64-5 110, 111
ESO 65-3 110, 111
ESO 86SC27 D29
ESO 92-5 104
ESO 92-18 104
ESO 93-8 D4
ESO 97-15 102, 103
ESO 99-6 102, 103, 109, 110
ESO 123-26 105
ESO 128-16 D9
ESO 129-19 104, D4
ESO 129-32 103, 104, D4
ESO 130-6 103, 104, D4
ESO 130-13 103, 104
ESO 131-9 103, 104
ESO 134-12 102, 103
ESO 137-23 102
ESO 137-43 102
ESO 139-13 101, 102
ESO 139-54 101, 102
ESO 141-47 101
ESO 165-09 104, 105
ESO 166-4 95, 104, 105
ESO 175-6 103
ESO 211-1 95, 104, 105
ESO 211-3 95, 105
ESO 211-9 95, 104
ESO 226-6 91, 92, 102
ESO 236-7 89, 100
ESO 245-9 98, 99
ESO 258-1 95, 96
ESO 260-6 95
ESO 260-7 95
ESO 260-17 95
ESO 261-3 95
ESO 261-7 95
ESO 265-1 94
ESO 275-1 91, 92
ESO 278-2 91
ESO 281-24 90
ESO 309-3 96
ESO 311-14 95, 96
ESO 311-21 95, 96
ESO 312-3 95, 96
ESO 312-4 95
ESO 313-3 95
ESO 313-12 95
ESO 314-14 83, 95
ESO 315-14 95
ESO 324-15 93
ESO 329-2 92
ESO 332-8 91
ESO 332-20 79, 91
ESO 332-22 91
ESO 334-2 90, 91
ESO 335-5 90, 91
ESO 337-23 78, 90
ESO 368-11 83, 84, 95
ESO 368-14 83, 84
ESO 370-17 83, 95
ESO 371-25 83, 95
ESO 389-5 79, 80, 91, 92
ESO 392-13 79
ESO 393-12 79, 91
ESO 393-15 79, D5
ESO 397-1 78
ESO 425 6 84, 85
ESO 425 15 84
ESO 426-26 84
ESO 427-32 84
ESO 429-2 84
ESO 429-5 84
ESO 429-13 84
ESO 430-9 83, 84
ESO 430-14 83, 84
ESO 430-18 83, 84
ESO 435-9 82, 83
ESO 435-17 82, 83
ESO 435-33 82, 83
ESO 435-48 82, 83
ESO 436-2 82
ESO 447-29 80
ESO 456-9 78, 79, D5
ESO 456-29 78, 79
ESO 489-1 84, 85
ESO 493-3 84
ESO 494-9 83, 84
ESO 518-3 79
ESO 521-38 78, D6
ESO 522-5 78, D6
ESO 522-16 78
ESO 524-1 78
ESO 525-8 66, 78
ESO 559-2 72
ESO 559-13 72, 84
ESO 561-5 71, 72, 83, 84
ESO 587-4 67
ESO 589-26 D6
Feibelman 1 17, 18, D1
Feinstein 1 104, D9
Frolov 1 8, 15
Frr 1 78
Frr 8 25, 26
Frr 10 60
Frr 11 60
FSR 31 66, 67, 78, 79
FSR 124 42
FSR 133 42
FSR 154 30, 42
FSR 158 30
FSR 162 29, 30
FSR 167 29, 30
FSR 188 D1
FSR 198 17, 18, 29, 30, D1
FSR 273 17
FSR 276 9, 17, 18
FSR 320 8, 17
FSR 333 8
FSR 342 8, 16, 17
FSR 354 8
FSR 357 8, 16
FSR 381 8
FSR 384 8
FSR 401 8
FSR 494 2, 8, 15
FSR 519 8, 15
FSR 537 15
FSR 667 14, 25, 26
FSR 716 25
FSR 733 25
FSR 735 25
FSR 756 37
FSR 761 25
FSR 812 37
FSR 821 37
FSR 850 37
FSR 852 36, 37
FSR 858 36, 37
FSR 866 36
FSR 883 36, 37, 48, 49
FSR 923 48
FSR 927 48
FSR 929 48
FSR 937 48
FSR 941 48
FSR 942 48
FSR 948 48
FSR 953 48
FSR 974 48
FSR 975 48
FSR 977 48
FSR 979 48
FSR 1025 48, 60
FSR 1029 48, 60
FSR 1031 60
FSR 1053 60
FSR 1083 60
FSR 1085 60
FSR 1113 60
FSR 1144 60, 72
FSR 1150 60, 72
FSR 1171 72
FSR 1183 72
FSR 1209 72
FSR 1294 72, 84
FSR 1363 83, 84, 96
Graham 1 104
H 6 103, 110, 111
H 8 103, 110
H 10 102
H 13 91
H 16 79, 91
H 20 41, 42
H 21 8, 15
Haf 4 72
Haf 6 72
Haf 7 84
Haf 8 72
Haf 9 72
Haf 10 72
Haf 11 84
Haf 13 84
Haf 14 84
Haf 15 83, 84
Haf 16 83, 84
Haf 17 83, 84
Haf 18 83, 84
Haf 19 83, 84
Haf 20 83, 84
Haf 21 83, 84
Haf 22 83, 84
Haf 23 72
Haf 26 83
Havlen-Moffat 1 79, 91
Herschel 1 60
Ho 2 104
Ho 10 D9
Ho 12 D9
Ho 14 103, 104
Ho 15 103, 104
Ho 16 103
Ho 17 102, 103
Ho 18 92, 102, 103
Ho 19 91, 92
Ho 22 91
Hodge 1-1 D29
Hodge 1-2 D29
Hodge 1-6 D29
Hodge 3-247 D29
Hodge 3-266 D29
Hodge 3-267 D29
HS 36 D29
HS 107 D29
HS 109 D29
HS 248 D29
HS 314 D29
HS 319 D29
HS 358 105, 106, 112
HS 385 D29
HW 54 D28
HW 81 D28
IC 166 15
IC 348 37, 38
IC 361 14
IC 1310 D1
IC 1311 D1
IC 1369 17
IC 1434 8, 16, 17
IC 1442 8, 16
IC 1590 15
IC 1611 D28
IC 1612 D28
IC 1624 D28
IC 1626 D28
IC 1641 D28
IC 1655 D28
IC 1660 D28
IC 1662 D28
IC 1708 108, 113
IC 2117 D29
IC 2134 112, 113
IC 2140 111, 112, 113
IC 2146 111, 112, 113
IC 2148 111, 112, 113
IC 2157 36, 37
IC 2161 111, 112, 113
IC 2391 95, 104, 105
IC 2395 95
IC 2488 104, 105
IC 2581 104
IC 2602 104, 111
IC 2714 103, 104, D4
IC 4291 103
IC 4651 90, 91, 102
IC 4665 43, 55
IC 4756 54
IC 4996 17, 18, 29, 30, D1
Ivanov 8 83, 95
Johansson 1 91, 92, 102
Ju 1 42
Ju 3 42, 54
Ju 7 72
Ju 9 14
Ju 11 14, 26
Ju 12 72, 84
Ju 13 D4
Ju 14 D4
Ju 16 104
Ju 18 48, 60
Ju 19 14, 25, 26
Ju 20 25, 26
Ju 21 8
Ju 22 102, 103
Ju 23 49
Juchert-Saloranta 1 8, 15
K 1 2, 7, 8, 15
K 2 15
K 4 14, 15
K 5 14, 15, 26
K 6 14, 15
K 7 14, 25, 26
K 8 36, 37
K 9 8
K 10 8
K 11 2, 7
K 12 8, 15
K 13 8, 15
K 14 8, 15
K 15 8, 15
K 16 8, 15
K 17 25, 37
K 18 8
K 19 8
K 20 8, 15
K 21 7, 8, 15
K 23 60
K 26 42
Kharchenko 2 66
Kharchenko 3 66
KMHK 251 D29
KMHK 292 D29
KMHK 723 106, 112
KMHK 1019 D29
KMHK 1022 112, 113
KMHK 1074 D29
KMHK 1076 D29
KMHK 1428 D29
KMK 50 D29
KMK88 91 D29
Kp 10 24, 25, 36, 37
Kp 12 24, 25, 36, 37
Kp 43 36, 37
Kp 53 36, 37
Kp 63 36, 37
Kro 1 37
Kro 4 30
Kro 12 36, 48
Kro 13 42
Kro 14 17
Kro 18 25, 37
Kro 23 8
Kro 25 66
Kro 28 D1
Kro 31 30
Kro 33 95, 104
Kro 36 17, 18, 29, 30, D1
Kro 38 D9
Kro 39 D9
Kro 52 29, 30
Kro 53 29, 30
Kro 54 29, 30
Kro 57 D1
Kro 68 29, 30
Kro 69 29, 30
Kro 72 D1
Kro 73 D1
Kro 79 42
Kro 80 8, 9, 17
Kro 81 8, 17
Kro 83 8, 9
Kro 84 8, 17
Kro 85 83, 84, 95, 96
Kro 86 71
Kro 87 95, 104, 105
Kron 1 D28
Kron 3 D28
Kron 28 D28
Kron 29 D28
Kron 31 D28
Kumar 21 8
Lin 51 D28
Lin 56 D28
Lin 66 D28
Lin 113 108, 112, 113
Lin 114 108, 112, 113
Lo 27 104
Lo 28 104
Lo 89 104
Lo 306 D9
Lo 372 103, 104, D4
Lo 481 103, 104, D4
Lo 682 103, 104
Lo 694 103
Lo 757 103, 110
Lo 807 103
Lo 821 103
Lo 915 103
Lo 1010 103
Lo 1171 103
Lo 1225 103
Lo 1256 102, 103
Lo 1289 103
Lo 1339 102, 103
Lo 1378 102, 103
Lo 1409 102, 103
Lo 2045 102, 103
Loiano 1 29, 3
LT-delta D29
LT-zeta D29
Ly 1 103
Ly 2 102, 103
Ly 3 102, 103
Ly 4 102
Ly 5 102
Ly 6 91, 92, 102
Ly 8 91, 92
Ly 9 91, 92
Ly 11 91
Ly 12 91, 102
Ly 13 91
Ly 14 91
Ly 15 D4
M 6 79
M 7 78, 79, 90, 91, D5
M 11 54, 66
M 16 66
M 18 66
M 21 66, 67, 78, 79, D6
M 23 66, 67
M 25 66
M 26 66
M 29 17, 29, D1
M 34 26
M 35 36, 37
M 36 37
M 37 36, 37
M 38 25, 37
M 39 16, 17
M 41 72, 84
M 44 47
M 45 37, 38, 50, D8
M 46 72
M 47 72
M 48 59, 71
M 50 60, 72
M 52 8, 15
M 67 47
M 93 72, 84
M 103 15
Mayer 1 8, 15
Mayer 2 14, 25
Mayer 3 72
Mel 15 14, 15
Mel 20 14, 25, 26
Mel 25 49
Mel 31 37
Mel 66 95, 96
Mel 71 72
Mel 72 72
Mel 101 104
Mel 105 103, 104, D4
Mel 111 33, 45
Miller 1 95, 104
Moffat 1 102
Mrk 18 95, 104, 105
Mrk 38 66
Mrk 50 8, 15
Muzzio 1 95
NGC 103 8, 15
NGC 110 2, 7
NGC 129 8, 15
NGC 133 8, 15
NGC 136 8, 15
NGC 146 8, 15
NGC 152 D28
NGC 176 D28
NGC 188 1
NGC 189 8, 15
NGC 220 D28
NGC 222 D28
NGC 225 8, 15
NGC 231 D28
NGC 242 D28
NGC 256 D28
NGC 265 D28
NGC 269 D28
NGC 290 D28
NGC 294 D28
NGC 299 D28
NGC 306 D28
NGC 330 D28
NGC 339 D28
NGC 361 D28
NGC 366 15
NGC 376 D28
NGC 381 15
NGC 411 D28
NGC 416 D28
NGC 419 D28
NGC 422 D28
NGC 433 15
NGC 436 15
NGC 457 15
NGC 458 D28
NGC 559 15
NGC 609 15
NGC 637 15
NGC 643 108, 112, 113
NGC 654 15
NGC 657 15
NGC 659 15
NGC 663 15
NGC 743 15
NGC 744 15
NGC 752 26, 27, 38, 39
NGC 796 108, 112, 113
NGC 869 15
NGC 884 15
NGC 886 14, 15
NGC 956 26
NGC 957 14, 15
NGC 1027 14, 15
NGC 1193 26
NGC 1220 14, 15, 26
NGC 1245 26
NGC 1342 26, 38
NGC 1348 14, 25, 26
NGC 1444 14, 25, 26
NGC 1496 14, 25, 26
NGC 1502 7, 14
NGC 1513 25, 26
NGC 1520 112, 113
NGC 1528 14, 25, 26
NGC 1545 25, 26
NGC 1605 25
NGC 1624 25, 26
NGC 1641 D29
NGC 1644 D29
NGC 1647 49
NGC 1649 D29
NGC 1651 D29
NGC 1652 D29
NGC 1662 49
NGC 1663 49
NGC 1664 25
NGC 1693 D29
NGC 1695 D29
NGC 1696 D29
NGC 1697 D29
NGC 1698 D29
NGC 1702 D29
NGC 1704 D29
NGC 1708 14, 25
NGC 1711 D29
NGC 1718 D29
NGC 1732 D29
NGC 1734 D29
NGC 1735 D29
NGC 1746 37, 49
NGC 1749 D29
NGC 1750 37, 49
NGC 1751 D29
NGC 1755 D29
NGC 1756 D29
NGC 1758 37, 49
NGC 1760 D29
NGC 1766 D29
NGC 1767 D29
NGC 1768 D29
NGC 1772 D29
NGC 1774 D29
NGC 1775 D29
NGC 1776 D29
NGC 1777 112, 113
NGC 1778 25, 37
NGC 1782 D29
NGC 1783 106, D29
NGC 1789 112, 113
NGC 1791 D29
NGC 1793 D29
NGC 1795 D29
NGC 1798 25
NGC 1801 D29
NGC 1804 D29
NGC 1805 D29
NGC 1806 D29
NGC 1810 D29
NGC 1814 D29
NGC 1815 D29
NGC 1816 D29
NGC 1817 49
NGC 1818 D29
NGC 1822 D29
NGC 1823 D29
NGC 1825 D29
NGC 1826 D29
NGC 1828 D29
NGC 1830 D29
NGC 1831 106, 112
NGC 1836 D29
NGC 1839 D29
NGC 1844 D29
NGC 1846 D29
NGC 1847 D29
NGC 1848 D29
NGC 1849 D29
NGC 1850 D29
NGC 1852 D29
NGC 1854 D29
NGC 1856 D29
NGC 1857 25, 37
NGC 1859 106, 112
NGC 1860 D29
NGC 1861 D29
NGC 1862 D29
NGC 1863 D29
NGC 1864 D29
NGC 1866 106, 112
NGC 1867 D29
NGC 1868 105, 106
NGC 1870 D29
NGC 1872 D29
NGC 1878 D29
NGC 1880 D29
NGC 1882 D29
NGC 1883 25
NGC 1885 D29
NGC 1887 112, 113
NGC 1890 112, 113
NGC 1893 37
NGC 1894 D29
NGC 1897 D29
NGC 1900 105, 106
NGC 1901 106, 112, D29
NGC 1902 D29
NGC 1903 D29
NGC 1905 D29
NGC 1907 37
NGC 1911 D29
NGC 1913 D29
NGC 1915 D29
NGC 1917 D29
NGC 1920 D29
NGC 1921 D29
NGC 1922 D29
NGC 1923 105, 106, 112
NGC 1926 D29
NGC 1932 D29
NGC 1938 D29
NGC 1940 D29
NGC 1941 D29
NGC 1942 105, 106
NGC 1943 D29
NGC 1944 112, 113
NGC 1946 D29
NGC 1950 D29
NGC 1951 D29
NGC 1953 D29
NGC 1958 D29
NGC 1959 D29
NGC 1966 D29
NGC 1967 D29
NGC 1969 D29
NGC 1971 D29
NGC 1972 D29
NGC 1978 D29
NGC 1980 61, 73, D7
NGC 1981 61, D7
NGC 1983 D29
NGC 1984 D29
NGC 1986 D29
NGC 1987 D29
NGC 1994 D29
NGC 1997 105, 106
NGC 2000 112, 113
NGC 2002 D29
NGC 2003 D29
NGC 2004 D29
NGC 2005 D29

NGC 2006 D29
NGC 2009 D29
NGC 2010 D29
NGC 2011 D29
NGC 2017 73
NGC 2019 D29
NGC 2021 D29
NGC 2025 D29
NGC 2026 49
NGC 2028 D29
NGC 2031 D29
NGC 2036 D29
NGC 2038 D29
NGC 2041 D29
NGC 2046 D29
NGC 2047 D29
NGC 2051 D29
NGC 2053 D29
NGC 2056 D29
NGC 2057 D29
NGC 2058 D29
NGC 2059 D29
NGC 2062 D29
NGC 2065 D29
NGC 2066 D29
NGC 2072 D29
NGC 2088 D29
NGC 2091 D29
NGC 2092 D29
NGC 2093 D29
NGC 2095 D29
NGC 2096 D29
NGC 2097 105, 106
NGC 2098 D29
NGC 2100 D29
NGC 2102 D29
NGC 2105 D29
NGC 2107 D29
NGC 2108 D29
NGC 2109 D29
NGC 2111 D29
NGC 2112 61
NGC 2114 D29
NGC 2116 D29
NGC 2117 D29
NGC 2118 D29
NGC 2120 105, 106
NGC 2121 D29
NGC 2123 105, 106
NGC 2125 D29
NGC 2126 13, 14, 24, 25
NGC 2129 36, 37, 48, 49
NGC 2130 D29
NGC 2133 D29
NGC 2134 D29
NGC 2135 D29
NGC 2136 D29
NGC 2137 D29
NGC 2138 D29
NGC 2140 D29
NGC 2141 48, 49
NGC 2145 D29
NGC 2147 D29
NGC 2151 D29
NGC 2153 D29
NGC 2154 D29
NGC 2155 105, 106, 112
NGC 2156 D29
NGC 2157 D29
NGC 2158 36, 37, 48
NGC 2159 D29
NGC 2160 D29
NGC 2161 111, 112, 113
NGC 2162 105, 106
NGC 2164 D29
NGC 2165 13, 14, 24, 25
NGC 2166 D29
NGC 2169 48
NGC 2171 D29
NGC 2172 D29
NGC 2173 111, 112, 113
NGC 2176 D29
NGC 2177 D29
NGC 2180 60
NGC 2181 105, 106
NGC 2184 60
NGC 2186 60
NGC 2190 111, 112, 113
NGC 2192 24, 25
NGC 2193 105, 106
NGC 2194 48
NGC 2197 D29
NGC 2202 48, 60
NGC 2203 111, 112, 113
NGC 2204 72
NGC 2209 111, 112, 113
NGC 2213 111, 112
NGC 2214 D29
NGC 2215 60, 72
NGC 2219 60
NGC 2225 72
NGC 2231 105, 112
NGC 2232 60
NGC 2236 48, 60
NGC 2241 112
NGC 2243 84
NGC 2244 60
NGC 2249 112
NGC 2250 60
NGC 2251 48, 60
NGC 2252 60
NGC 2254 48, 60
NGC 2259 48
NGC 2260 60
NGC 2262 60
NGC 2264 48
NGC 2265 48
NGC 2266 36
NGC 2269 60
NGC 2270 60
NGC 2281 24
NGC 2286 60
NGC 2301 60
NGC 2302 60, 72
NGC 2304 48
NGC 2306 60, 72
NGC 2309 60, 72
NGC 2311 60
NGC 2312 48
NGC 2319 60
NGC 2324 60
NGC 2331 36
NGC 2335 72
NGC 2338 60, 72
NGC 2343 72
NGC 2345 72
NGC 2348 105, 111, 112
NGC 2349 60, 72
NGC 2352 72, 84
NGC 2353 72
NGC 2354 84
NGC 2355 48
NGC 2358 72
NGC 2360 72
NGC 2362 84
NGC 2364 60, 72
NGC 2367 72, 84
NGC 2374 72
NGC 2383 72, 84
NGC 2384 72, 84
NGC 2394 48, 60
NGC 2395 48
NGC 2396 72
NGC 2401 72
NGC 2409 72
NGC 2414 72
NGC 2420 36, 48
NGC 2421 72, 84
NGC 2423 72
NGC 2425 72
NGC 2428 72
NGC 2430 72
NGC 2432 72
NGC 2439 84
NGC 2448 84
NGC 2451A 83, 84, 95, 96
NGC 2451B 83, 84, 95, 96
NGC 2453 84
NGC 2455 72, 84
NGC 2477 84, 95, 96
NGC 2479 71, 72
NGC 2482 83, 84
NGC 2483 83, 84
NGC 2489 83, 84
NGC 2506 71, 72
NGC 2509 71, 72
NGC 2516 105
NGC 2527 83, 84
NGC 2533 83, 84
NGC 2539 71
NGC 2546 83, 84, 95, 96
NGC 2547 95, 96
NGC 2567 83
NGC 2568 83, 84, 95, 96
NGC 2571 83
NGC 2580 83
NGC 2587 83
NGC 2588 83
NGC 2609 104, 105
NGC 2627 83
NGC 2635 83
NGC 2645 95
NGC 2658 83
NGC 2659 95
NGC 2660 95
NGC 2669 95, 104, 105
NGC 2670 95
NGC 2671 95
NGC 2818 83, 95
NGC 2849 95
NGC 2866 94, 95, 104
NGC 2910 95, 104
NGC 2925 95, 104
NGC 2972 94, 95, 104
NGC 2982 94, 95
NGC 3033 104
NGC 3036 104, 105
NGC 3105 104
NGC 3114 104
NGC 3228 94, 95, 104
NGC 3231 5, 12
NGC 3255 104
NGC 3293 104
NGC 3330 104
NGC 3446 94
NGC 3496 D9
NGC 3519 D9
NGC 3532 104, D9
NGC 3572 D9
NGC 3590 D9
NGC 3603 103, 104, D9
NGC 3680 94
NGC 3766 103, 104, D4
NGC 3909 93, 94
NGC 3960 103, 104
NGC 4052 103, 104, 110, 111, D4
NGC 4103 103, 104, D4
NGC 4184 D4
NGC 4230 103, 104
NGC 4337 103, 104
NGC 4349 103, 104
NGC 4439 103, 104
NGC 4463 103, 104, 110, 111
NGC 4609 103, 104
NGC 4755 103
NGC 4815 103, 110
NGC 4852 103
NGC 5043 103
NGC 5138 103
NGC 5168 103
NGC 5269 103
NGC 5281 103
NGC 5288 103
NGC 5316 103
NGC 5359 110
NGC 5381 103
NGC 5460 92, 93
NGC 5593 103
NGC 5606 102, 103
NGC 5617 102, 103
NGC 5662 102, 103
NGC 5715 102, 103
NGC 5749 102, 103
NGC 5764 92, 102, 103
NGC 5800 92, 102, 103
NGC 5822 102, 103
NGC 5823 102, 103
NGC 5925 102
NGC 5999 102
NGC 6005 102
NGC 6025 102
NGC 6031 102
NGC 6067 102
NGC 6087 102
NGC 6115 91, 92, 102
NGC 6124 91, 92
NGC 6134 91, 92
NGC 6152 91, 102
NGC 6167 91, 92
NGC 6169 91
NGC 6178 91
NGC 6192 91
NGC 6193 91
NGC 6200 91
NGC 6204 91
NGC 6208 91, 102
NGC 6216 91
NGC 6231 91
NGC 6242 91
NGC 6249 91
NGC 6250 91
NGC 6253 91, 102
NGC 6259 91
NGC 6268 91
NGC 6281 79, 91
NGC 6318 91
NGC 6322 91
NGC 6383 79
NGC 6396 79, 91
NGC 6400 78, 79, 91
NGC 6404 79
NGC 6416 78, 79
NGC 6425 79
NGC 6444 D5
NGC 6451 78, 79
NGC 6469 66, 67, 78, 79
NGC 6506 78, 79, D6
NGC 6507 66, 67
NGC 6520 78, 79
NGC 6525 42, 43
NGC 6530 78, 79, D6
NGC 6546 66, 67, 78, 79, D6
NGC 6554 66
NGC 6561 66
NGC 6568 66, 78
NGC 6573 D6
NGC 6583 66, 78
NGC 6596 66
NGC 6603 66
NGC 6604 66
NGC 6605 66
NGC 6625 66
NGC 6631 66
NGC 6633 42, 54
NGC 6639 66
NGC 6645 66
NGC 6649 66
NGC 6664 54, 66
NGC 6683 54, 66
NGC 6698 78
NGC 6704 54
NGC 6709 42
NGC 6716 66
NGC 6724 42
NGC 6728 54, 66
NGC 6735 54
NGC 6737 66
NGC 6738 42
NGC 6743 30
NGC 6755 54
NGC 6756 54
NGC 6773 54
NGC 6774 66
NGC 6775 54
NGC 6791 18, 30
NGC 6793 30, 42
NGC 6800 30
NGC 6802 42
NGC 6811 17, 18
NGC 6819 17, 18
NGC 6823 30, 42
NGC 6827 30, 42
NGC 6828 42, 54
NGC 6830 30, 41, 42
NGC 6832 9
NGC 6834 29, 30
NGC 6837 42
NGC 6840 41, 42
NGC 6843 41, 42
NGC 6846 29, 30
NGC 6856 9
NGC 6858 41, 42
NGC 6866 17, 18
NGC 6871 17, 18, 29, 30, D1
NGC 6874 17, 18, 29, 30, D1
NGC 6883 17, 18, 29, 30, D1
NGC 6885 29, 30
NGC 6910 17, 18, D1
NGC 6938 29, 41
NGC 6939 8, 9
NGC 6940 29
NGC 6950 41
NGC 6991-1 17
NGC 6991-2 17
NGC 6991a 17
NGC 6991b 17
NGC 6997 17
NGC 7011 17
NGC 7024 17
NGC 7031 8, 9, 17
NGC 7037 29
NGC 7039 17
NGC 7044 17
NGC 7055 8, 9
NGC 7058 8, 17
NGC 7062 17
NGC 7063 17, 29
NGC 7067 16, 17
NGC 7071 16, 17
NGC 7082 16, 17
NGC 7086 8, 16, 17
NGC 7093 16, 17
NGC 7127 8
NGC 7128 8, 17
NGC 7142 8, 9
NGC 7160 8, 9
NGC 7175 8
NGC 7209 16, 17
NGC 7226 8
NGC 7235 8
NGC 7243 16, 17
NGC 7245 8
NGC 7261 8
NGC 7281 8
NGC 7296 8, 16, 17
NGC 7380 8
NGC 7394 8, 16
NGC 7419 8
NGC 7423 8
NGC 7429 8
NGC 7438 8, 16
NGC 7510 8
NGC 7686 16, 27
NGC 7762 2, 7, 8
NGC 7772 40
NGC 7788 8, 15
NGC 7789 8, 15
NGC 7790 8, 15
NGC 7801 8, 15, 16, 27
NGC 7826 64, 75, 76, 87
Pat 3 25
Pat 48 29, 30
Pat 57 D4
Pat 65 17, 29
Pat 75 D1
Pat 78 2, 7, 8, 15
Pat 89 17, 18
Pat 90 60
Pat 103 9, 17
Pfl 1 7, 15
Pfl 3 8
Pfl 4 7, 8, 15
Pi 2 95, 96
Pi 3 83, 95
Pi 4 95
Pi 5 95
Pi 7 83, 95
Pi 8 95
Pi 11 95, 104
Pi 12 95
Pi 15 94, 95
Pi 16 95, 104
Pi 19 102, 103
Pi 20 102, 103
Pi 21 102, 103
Pi 22 91, 92, 102
Pi 23 91, 92
Pi 24 79
Pi 27 36, 48
Pismis-Moreno 1 8
Platais 1 16, 17
R 136 D29
Reiland 1 8
Rie 4 15
Rie 11 60
Rie 14 D4
Ro 1 42
Ro 2 30, 42
Ro 3 29, 30, 41, 42
Ro 4 29, 30
Ro 5 29, 30, D1
Ro 6 17, 29, D1
Ro 7 17, 29
Ru 1 72
Ru 2 84
Ru 3 84
Ru 4 72
Ru 5 72
Ru 6 72
Ru 7 72
Ru 8 72
Ru 10 72
Ru 11 72, 84
Ru 12 84
Ru 13 84
Ru 14 84
Ru 15 72
Ru 16 72
Ru 17 72, 84
Ru 18 84
Ru 19 72, 84
Ru 20 84
Ru 21 84
Ru 22 84
Ru 23 72, 84
Ru 24 72
Ru 25 72, 84
Ru 26 72
Ru 27 84
Ru 28 84
Ru 29 84
Ru 31 83, 84, 95, 96
Ru 32 84
Ru 33 72, 84
Ru 34 72, 84
Ru 35 83, 84
Ru 36 84
Ru 37 72
Ru 38 72, 84
Ru 39 71, 72, 83, 84
Ru 40 72, 84
Ru 41 83, 84
Ru 42 83, 84
Ru 43 83, 84
Ru 44 83, 84
Ru 45 71, 72
Ru 46 71, 72
Ru 47 83, 84
Ru 48 83, 84
Ru 49 83, 84
Ru 50 83, 84
Ru 51 83, 84
Ru 52 83, 84
Ru 53 83, 84
Ru 54 83, 84
Ru 55 83, 84
Ru 56 95, 96
Ru 57 83
Ru 58 83, 84
Ru 59 83
Ru 60 95, 96
Ru 61 83
Ru 62 71
Ru 63 95, 96
Ru 64 95
Ru 65 95
Ru 66 83, 95
Ru 67 95
Ru 68 83, 95
Ru 69 95
Ru 71 95
Ru 72 83, 95
Ru 73 95, 104, 105
Ru 74 83, 95
Ru 75 104, 105
Ru 76 94, 95, 104
Ru 77 104
Ru 78 95, 104
Ru 79 104
Ru 81 94, 95
Ru 82 104
Ru 83 104
Ru 84 104
Ru 85 104
Ru 86 104
Ru 87 94, 95, 104
Ru 88 104
Ru 89 104
Ru 90 104
Ru 91 104
Ru 92 D9
Ru 94 103, 104, D4
Ru 95 103, 104, D4
Ru 96 D4
Ru 97 D4
Ru 98 103, 104, 110, 111, D4
Ru 99 D4
Ru 100 D4
Ru 101 D4
Ru 104 103, 104
Ru 105 103, 104
Ru 107 103
Ru 108 103
Ru 110 103, 110
Ru 111 102, 103
Ru 112 102, 103
Ru 113 102
Ru 114 102
Ru 115 91, 92, 102
Ru 116 91, 92, 102
Ru 117 91, 92, 102
Ru 119 91, 92, 102
Ru 120 91, 92
Ru 121 91
Ru 122 91
Ru 123 79, 91
Ru 125 91
Ru 126 79
Ru 127 79, 91
Ru 128 D5
Ru 130 78, 79
Ru 131 79
Ru 133 78, 79
Ru 134 78, 79
Ru 135 66, 67
Ru 136 D6
Ru 137 D6
Ru 139 78, 79, D6
Ru 140 78
Ru 141 66
Ru 142 66
Ru 143 66
Ru 144 66
Ru 145 66
Ru 148 25
Ru 149 72, 84
Ru 150 84
Ru 151 72
Ru 152 84, 95, 96
Ru 153 83, 84
Ru 154 95, 96
Ru 155 83, 84
Ru 157 71
Ru 159 104, 105
Ru 160 94, 95
Ru 161 104
Ru 162 104
Ru 163 104, 110, 111
Ru 164 D4
Ru 165 103, 104
Ru 167 103
Ru 168 78, 79
Ru 169 D6
Ru 170 66
Ru 171 66
Ru 174 17, 29
Ru 175 29
Ru 176 91, 92, 102
SAI 1 8, 15, 16, 27
SAI 4 2, 8, 15
SAI 17 15
SAI 21 14, 15
SAI 36 25, 26
SAI 43 25
SAI 46 25, 37
SAI 47 25
SAI 48 37
SAI 49 14, 24, 25
SAI 69 72
SAI 72 60
SAI 81 83, 84
SAI 86 83, 84, 95, 96
SAI 88 95, 96
SAI 91 95, 96, 105
SAI 109 94, 95, 104
SAI 116 D4
SAI 118 103
SAI 132 29, 30
SAI 149 8, 15
Schuster 1 104
Sher 1 D9
Sk 1 2, 7, 15
Sk 2 25
Sk 3 37
Sk 4 48
Sk 5 48
Sk 6 17, 18, 30
Sk 7 8, 15
Sk 8 104
SL 14 D29
SL 28 112, 113
SL 41 112, 113
SL 49 D29
SL 56 D29
SL 75 D29
SL 76 D29
SL 105 D29
SL 106 D29
SL 111 D29
SL 112 D29
SL 114 D29
SL 116 D29
SL 117 D29
SL 123 D29
SL 134 D29
SL 153 D29
SL 168 106, 112
SL 176 D29
SL 191 D29
SL 212 D29
SL 216 D29
SL 222e D29
SL 228w D29
SL 230 D29
SL 232 D29
SL 234 D29
SL 291 D29
SL 296 D29
SL 298 D29
SL 349 D29
SL 368 D29
SL 383 D29
SL 385 D29
SL 397 D29
SL 410 105, 106, 112
SL 415 105, 106, 112
SL 418 D29
SL 419 D29
SL 423 D29
SL 425 D29
SL 453 D29
SL 470 D29
SL 482 D29
SL 485 106, 112
SL 486 D29
SL 495 D29
SL 497 D29
SL 498 D29
SL 502 D29
SL 508 D29
SL 515 105, 106
SL 521 105, 106, 112
SL 524 D29
SL 528 D29
SL 529 105, 106
SL 539 D29
SL 543 112, 113
SL 549 105, 106
SL 550 D29
SL 556 D29
SL 562 D29
SL 563 D29
SL 582 D29
SL 585 D29
SL 586 D29
SL 591 D29
SL 592 D29
SL 601 D29
SL 607 D29
SL 639 D29
SL 654 D29
SL 674 D29
SL 690 D29
SL 693 D29
SL 734 D29
SL 747 D29
SL 763 D29
SL 804 111, 112, 113
SL 824 D29
SL 874 D29
Sr 1 60
Sr 2 95
Sr 3 104
Sr 4 D4
Sr 5 30
Sr 6 29, 30
St 1 30
St 2 15
St 3 15
St 4 15
St 5 14, 15
St 7 14, 15
St 8 37
St 9 37
St 10 24, 25, 37
St 11 8
St 12 8, 16, 27
St 13 D9
St 14 103, 104, 110, D4
St 15 103, 104, D4
St 16 103
St 17 7, 8, 15
St 18 2, 7, 8, 15
St 19 8, 15
St 20 2, 8, 15
St 21 8, 15
St 23 14, 15
St 24 8, 15
Steph 1 18, 30
Stn 7 14, 15
Stn 30 42
Stn 31 42
Stn 32 41, 42
Stn 33 41, 42
Teu 1 37
Teu 2 24, 25
Teu 5 25, 37
Teu 7 30
Teu 8 17, 18, 29, 30, D1
Teu 9 37
Teu 10 37
Teu 11 48
Teu 12 48
Teu 13 60
Teu 14a D6
Teu 18 8, 16
Teu 19 25, 37
Teu 22 17
Teu 23 7, 8, 15
Teu 25 83, 84
Teu 27 42
Teu 28 D1
Teu 30 17, 29, D1
Teu 31 D9
Teu 35 18, 30
Teu 38 83, 95
Teu 39 16, 28
Teu 40 30, 42
Teu 42 42
Teu 43 30
Teu 44 104
Teu 48 95, 104
Teu 49 72
Teu 50 83, 84, 95, 96
Teu 51 36, 37
Teu 53 8
Teu 54 8
Teu 55 14, 15
Teu 59B 60
Teu 61 72
Teu 64 95
Teu 66 95, 104
Teu 74 8
Teu 77 D4
Teu 79 103
Teu 80 102, 103
Teu 84 91
Teu 85 91
Teu 89 37
Teu 102 95
Teu 103 94, 95
Teu 124 29
Teu 126 8
Teu 127 8
Teu 132 25, 37
Teu 143a D9
Teu 144 8, 16, 17
Teu 145 54
Teu 146 54
Teu 175 15
Teu 178 72, 84
Teu 180 104
Teu 181 102
Teu 182 102
Teu 183 66
Tom 1 72, 84
Tom 2 72, 84
Tom 4 14, 15
Tom 5 14
Töpler 1 D1
Tr 1 15
Tr 2 14, 15
Tr 3 14, 15
Tr 5 48, 60
Tr 6 84
Tr 7 84
Tr 9 83, 84
Tr 10 95
Tr 11 104
Tr 12 104
Tr 13 104
Tr 14 D9
Tr 15 D9
Tr 16 D9
Tr 17 D9
Tr 18 D9
Tr 19 104
Tr 20 103, 104
Tr 21 103
Tr 22 102, 103
Tr 23 102
Tr 25 91
Tr 26 79
Tr 27 79
Tr 28 79
Tr 29 90, 91
Tr 30 78, 79, 90, 91, D5
Tr 31 101, 102
Tr 32 66
Tr 33 66
Tr 34 54, 66
Tr 35 54
Tr 37 8
Tu 1 29, 30
Tu 3 66
Tu 5 83, 95
Tu 6 D9
Tu 8 30
vdB 1 60
vdB 80 72
vdB 113 66, 78
vdB 130 17, 18, D1
vdB-Ha 4 84, 96
vdB-Ha 19 83, 84
vdB-Ha 23 83, 84, 95, 96
vdB-Ha 34 95
vdB-Ha 37 95
vdB-Ha 54 95
vdB-Ha 55 95
vdB-Ha 56 95
vdB-Ha 58 104, 105
vdB-Ha 63 95, 104
vdB-Ha 66 104
vdB-Ha 67 94, 95, 104
vdB-Ha 72 95, 104
vdB-Ha 73 94, 95, 104
vdB-Ha 75 104
vdB-Ha 78 104
vdB-Ha 79 95, 104
vdB-Ha 84 104
vdB-Ha 85 94, 95
vdB-Ha 87 104
vdB-Ha 88 94, 95, 104
vdB-Ha 90 104
vdB-Ha 91 104
vdB-Ha 92 104
vdB-Ha 99 D9
vdB-Ha 106 104
vdB-Ha 110 D9
vdB-Ha 111 103, 104
vdB-Ha 118 D4
vdB-Ha 131 103, 104, 111
vdB-Ha 132 103, 104, 110, 111
vdB-Ha 140 103, 110, 111
vdB-Ha 150 103
vdB-Ha 151 103
vdB-Ha 164 102, 103, 110
vdB-Ha 197 91
vdB-Ha 200 91
vdB-Ha 211 91
vdB-Ha 217 91
vdB-Ha 221 79
vdB-Ha 222 79, 91
vdB-Ha 223 79, 91
vdB-Ha 231 79
vdB-Ha 245 79
Wa 3 83, 84
Wa 7 72
Wa 8 72
We 1 91
We 2 104

Ast

Al 4 82, 83, 94, 95
Al 11 41
Al 19 42
Al 39 36, 48
Al 42A 8, 16
Al 42B 8, 16
Al 48 60
Al 51 37, 49
Al 73 D4
Al 74 103, 104, 110, 111, D4
Al 75 D5
Al 78 95
Al 80A 79, 90, 91
Al 80B 79, 90, 91
Al 82 103
Al 93 95, 96, 105
Al 110 48, 60
Al 111 16, 17, 28
Al 115 42
Al J0022.7+5417 15
Al J0120.9-4933 98, 99
Al J0123.1-3329 87
Al J0232.4-5127 98, 99, 107
Al J0234.0+4002 26
Al J0240.4-5247 98, 106, 107
Al J0304.6-5116 98, 106, 107
Al J0343.5-2924 86
Al J0345.0-2749 86
Al J0404.5+7921 6, 7
Al J0615.1+4849 24, 25
Al J0624.3-3151 84
Al J0639.8-2349 72, 84
Al J0641.1+1647 48
Al J0644.7-4658 96
Al J0659.5-1027 72
Al J0700.4-2746 84
Al J0708.5+2159 36, 48
Al J0709.5-0557 60, 72
Al J0710.3-1826 72
Al J0712.6-0236 60
Al J0715.6-0727 60, 72
Al J0721.8-3631 84, 96
Al J0725.2-2717 84
Al J0727.9-5141 95, 96, 105
Al J0734.9+1154 48
Al J0740.5-5155 95, 96, 105
Al J0743.0-0005 60
Al J0753.2-1936 71, 72, 83
Al J0753.4-3423 83, 84, 95
Al J0800.4-0452 59, 60, 71, 72
Al J0812.4-3507 83, 84, 95, 96
Al J0813.5-5011 95, 96, 105
Al J0814.1-1432 71
Al J0814.5-5806 105
Al J0817.5-2521 83
Al J0838.5-2502 83
Al J0839.8-2629 83
Al J0927.5-3810 83, 95
Al J0951.3-4634 94, 95
Al J1032.5-4437 94
Al J1053.2-5750 D9
Al J1058.3-3727 82, 94
Al J1121.1-2957 82
Al J1121.8-6059 D4
Al J1156.1-6314 D4
Al J1209.7-6352 D4
Al J1309.4-2338 69, 81
Al J1412.3-2416 80
Al J1423.7-1256 68
Al J1424.6-1442 68
Al J1521.1-8333 110, 114
Al J1524.6-4828 91, 92
Al J1608.5-6221 102, 110
Al J1616.2-5136 91, 92, 102
Al J1636.3-3127 79
Al J1651.1-2653 79
Al J1706.8-3433 79
Al J1708.3-4301 91
Al J1741.9-6506 101, 102, 109
Al J1750.1-4128 90, 91
Al J1751.2-3033 78, 79
Al J1758.0-4616 90, 91
Al J1800.2-3724 78, 79, 90, 91
Al J1802.7-2922 78, 79
Al J1816.9-5932 101, 102
Al J1827.9-4810 90
Al J1847.9-1813 66
Al J1924.6-0512 54, 66
Al J1933.7+1147 42
Al J1956.3+2627 29, 30
Al J2005.2+4732 17, 18
Al J2053.8-5939 100, 101
Al J2100.5-0535 53, 65
Al J2108.8+0731 41, 53
Al J2142.5+1005 41
Al J2145.0+1647 41
Al J2231.2+6157 8
Al J2247.1+5742 8
Al J2340.6+0756 40, 52
Al J2344.7+5523 8, 15
Al J2350.5+4149 16, 27
Al-Teu 2 24, 25
Calvet 1 17
Canali 1 69
Cr 21 38, 39

Cr 62 25
Cr 91 60
Cr 96 60
Cr 97 48, 60
Cr 106 48, 60
Cr 173 95, 96
Cr 257 103, 104
Cr 302 67, 79
Cr 316 91
Cr 399 42
Cr 464 5, 6, 7
Cr 471 2, 3, 7
Crinklaw 1 54, 66
Do 2 D1
Do 9 17, 18
Do 10 D1
Do 11 17
Do 12 8, 15
Do 17 49, 61
Do 19 49, 61
Do 20 37
Do 21 49, 61
Do 26 48
Do 27 55, 67
Do 29 54, 66
Do 35 42
Do 36 17, 18
Do 37 D1
Do 38 D1
Do 43 D1
Do 44 17
Do 46 8
DoDz 1 50
DoDz 2 49
DoDz 3 37
DoDz 4 37
DoDz 5 19, 31
DoDz 6 19, 31
DoDz 7 43
DoDz 8 31, 43
DoDz 9 30, 31
DoDz 10 D1
DoDz 11 17, 29
Elo 1 49, 61
Elo 3 48
Elo 4 70
French 1 41
French 2 82, 83
French 3 30, 42
Frr 5 37
Frr 6 11
Frr 7 8, 15
Frr 18 36
Frr 24 92, 102, 103
Frr 25 76, 88
Frr 26 25, 26, 38
Frr 37 68
Haf 3 60, 72
Haf 5 72, 84
Haf 25 84
Ho 1 94, 95, 104
Ho 8 104
Hrr 1 1
Hrr 2 D10
Hrr 5 60, 72
Hrr 6 34, 35
Hrr 7 43
Hrr 8 90, 91
Hrr 11 8, 9
Hrr 12 8, 15
IC 419 37
IC 1023 80, 92
IC 1243 43
IC 1278 30, 31
IC 1285 30
IC 1293 9
IC 1872 26
IC 2091 61
IC 2156 36, 37
IC 2438 4, 5, 6
IC 3252 33
IC 3743 45
IC 4385 92, 93
IC 4392 68
IC 4400 102, 103
IC 5097 53
Isserstedt 690 66
Ju 4 15, 26, 27
Ju 5 6, 13, 14
Ju J1220.5-2908 81
K 25 42
Kar 4 26, 38
Kar 9 9
Kar 16 84
Kar 18 84
Kar 19 72
Kar 20 84
Kar 21 83, 84
Kar 22 83, 84
Kar 23 83, 84
Kemble 1 6, 7, 14, 15
Kemble 2 2, 3
Kro 2 66
Kro 5 30
Kro 7 92, 102
Kro 8 D9
Kro 17 63, 75
Kro 19 71, 83
Kro 20 66
Kro 22 53
Kro 32 36, 37
Kro 35 D1
Kro 42 17, 18
Kro 44 17, 18
Kro 45 9, 17, 18
Kro 56 D1
Kro 65 D1
Kro 76 D1
Kro 78 17, 29
Kro J0124.0+5612 15
Kro J0156.7+5358 15
Kro J0324.0+4714 26
Kro J0347.6+6635 6, 7, 14
Kro J0434.3+5436 14
Kro J0542.8+1917 49
Kro J0551.8+0614 49, 61
Kro J0604.2+0911 48, 49, 60, 61
Kro J0607.1+3212 36, 37
Kro J1948.4+4306 17, 18
Kro J2013.1+5934 9
Kro J2039.5+5034 9, 17, 18
Kro J2048.9+2312 29, 41
Kro J2109.6+5230 8, 9, 17
Kro J2149.6+4104 16, 17
Kro J2153.7+4518 16, 17
Kro J2233.8+6549 2, 8
Larard 1 8, 9
Le-Wa 1 17, 18, 29, 30
Le-Wa J2108.8+0621 41, 53
Le-Wa J2204.3+4508 16, 17
Le-Wa J2340.5+5619 8, 15
Lederman 1 26, 27
LeDrew 7 54
LeDrew 8 30, 31
Leiter 3 1, 6
Leiter 4 41, 42
Leiter 5 42
Leiter 9 17
Leiter 11 36
Ling 1 30
Ling 2 42
Llano 1 57
Lo 143 104
Lo 480 D4
Lo 1373 102, 103
Lo 1375 102, 103
Lor 1 37, 49
Lor 2 43
Lor 3 66, 78
Lor 4 41, 42
Lor 5 66
Lor 6 8
Lor 11 101, 102
Lor 15 72
Lor 23 58
Lor 25 94, 104
M 40 11, 12
M 73 65
Mandushev 1 30
Markov 1 30, 31
Mel 186 54, 55
Mel 227 108, 109
Monti 1 60, 72
Monti 2 27, 39
Monti 3 27
Monti 4 48
Monti 7 59, 71
Naillon 1 27
Naillon 3 16, 17
NGC 272 39
NGC 305 51
NGC 358 15
NGC 629 2, 6, 7
NGC 1146 26
NGC 1252 106, 107
NGC 1330 26
NGC 1523 106
NGC 1548 25, 37
NGC 1557 112, 113
NGC 1582 25
NGC 1707 49, 61
NGC 1785 D29
NGC 1790 14, 25
NGC 1802 37, 49
NGC 1807 49
NGC 1891 85, 97
NGC 1896 37
NGC 1933 D29
NGC 1963 85, 97
NGC 1996 37
NGC 2054 73
NGC 2061 96, 97
NGC 2132 105, 106
NGC 2143 48, 49, 60, 61
NGC 2218 48
NGC 2220 96, 97
NGC 2224 48
NGC 2234 48
NGC 2240 36
NGC 2318 72
NGC 2368 72
NGC 2413 72
NGC 2459 48
NGC 2664 47
NGC 2678 47
NGC 2879 71
NGC 2886 71, 83
NGC 4937 69
NGC 4982 69
NGC 5385 3, 4, 5
NGC 5571 32
NGC 5998 79, 80
NGC 6151 109, 11
NGC 6222 91
NGC 6354 79, 91
NGC 6413 43
NGC 6432 79
NGC 6465 78, 79
NGC 6481 55
NGC 6669 30, 42
NGC 6839 41, 42
NGC 6863 53
NGC 6904 29
NGC 6953 2, 3, 8, 9
NGC 6996 17
NGC 7050 17, 29
NGC 7084 41
NGC 7134 65
NGC 7150 16, 17
NGC 7186 16, 17, 28, 29
NGC 7193 40, 41
NGC 7295 9, 16
NGC 7352 8
NGC 7708 2, 7
NGC 7795 8, 15
NGC 7833 28, 39
O'Neal 1 53
O'Neal 2 92
O'Neal 3 53, 65
O'Neal 4 73
O'Neal 5 73
O'Neal 7 73
O'Neal 8 49
O'Neal 10 82
O'Neal 11 68, 80
O'Neal 13 42, 54
O'Neal 14 64
O'Neal 15 64, 76
O'Neal 16 64, 76
Pardanaud 1 59
Pat 1 15, 26, 27
Pat 2 26
Pat 10 8, 16, 17
Pat 11 15, 27
Pat 14 14, 15, 26
Pat 15 37, 38
Pat 29 30, 31, 42
Pat 40 64
Pat 43 25, 26
Pat 50 43, 55
Pat 83 41, 42
Pat 100 28, 40
Patchick-Wienerroither 1 50, 62
Persson 1 48
Picot 1 44
Picot 2 41
Polakis 1 66
Ponsot 1 42
Poskus 1 41
Pot 3 3, 4
Pot 4 8, 9
Pot 6 2, 8, 15
Pot 7 8, 15
Pot 8 6, 7
Pot 10 42
Pot 11 69
Pot 15 65
Pot 17 60
Pot 20 54
Ray 1 14, 15
Ray 2 34
Ray 3 47, 59
Ray 4 47, 59
Ray 5 47, 59
Ray 6 29, 30, 41, 42
Ray 8 52
Ray 11 41
Ray 15 42
Ray 16 54
Ray 18 42
Ren 5 30, 42
Ren 6 43
Ren 8 54, 66
Ren 9 54, 66
Ren 14 28
Ren 18 39
Ren 25 31, 32
Ren 27 24, 25
Ren 37 54
Ru 30 84
Ru 103 D4
Ru 124 91
Ru 129 78, 79
Ru 146 66, 78
Ru 172 D1
Ru 173 17, 29
Sachariassen 1 12
Sal 4 35, 36
Sal 8 18, 30
Sal 14 42, 43
Slo 4 106
Slo 5 97, 98
Slo 8 106, 112, 113
Slo 10 84, 96
Slo 11 84
Slo 15 83, 84, 95, 96
Slo 16 83, 84, 96
Slo 20 83
Slo 21 83
Slo 22 95
Slo 26 104
Slo 32 82
Slo 33 82
Slo 35 D4
Slo 37 D4
Slo 40 103, 104, 110, 111, D4
Slo 42 110, 111
Slo 44 103
Slo 45 103
Slo 50 102
Slo 51 102
Slo 53 91, 92
Slo 54 102
Slo 55 79, 80, 91, 92
Slo 56 79, 80
Slo 57 102, 109, 110
Sn 20 17, 18
Spano 1 51, 63
Spano 2 85, 97
Str 1 36
Str 2 36
Str 3 36
Str 5 15
Str 6 67
Str 7 105, 111
Str 10 108, 109
Str 11 82
Str 12 82
Str 13 109, 110
Str 14 109, 110
Str 15 90, 91
Str 17 85
Str 18 85, 97
Str 19 85
Str 21 111, 112, 114
Str 22 69
Str 23 69
Str 24 58, 70
Str 25 36
Str 26 112, 113
Str 27 107
Str 28 92
Str 29 112, 113
Str 30 114
Str 31 108, 113
Str 32 60
Str 33 111, 112
Str 35 101
Str 36 70
Str 37 112, 113
Str 38 100
Str 39 110, 111
Str 40 77
Str 41 108, 109
Str 42 108, 109
Str 43 108, 109
Str 44 100, 101
Str 45 71, 83
Str 47 71
Str 48 76, 87
Str 49 41, 42
Str 51 101, 102
Str 52 49
Str 54 48
Str 55 60
Str 56 61
Str 58 61, 73
Str 59 8, 16, 17
Str 60 8, 16, 17
Str 61 77
Str 62 77, 89
Str 63 89, 101
Str 64 43
Str 65 89
Str 66 100, 101
Str 67 41, 42
Str 71 90
Str 72 43, 55
Str 73 30
Str 76 81
Str 78 29, 30
Str 79 85
Str 80 72
Str 81 48
Str 83 79, 80, 91, 92
Str 88 76, 87
Str 89 76, 87, 88, 99
Str 90 87, 99
Str 91 85
Thompson 1 41
Töpler 2 36, 37
TPK 1 16, 27
Tr 24 91
Upgren1 21, 33
vdB 150 2, 3, 7
vdB 152 2
vdB-Ha 214 79, 91
Wa 6 95
Watson 2 9, 18
Webb 2 30, 31
Zannin 1 27, 39
Zannin 3 26
Zannin 5 6, 7, 14

StC

Cr 65 49
Cr 70 61
M 24 66
NGC 206 27
NGC 241 D28
NGC 371 D28
NGC 395 D28
NGC 465 D28
NGC 592 39
NGC 1712 D29
NGC 1731 D29
NGC 1761 D29
NGC 1770 D29
NGC 1787 106, 112
NGC 1820 D29
NGC 1833 D29
NGC 1837 D29
NGC 1840 D29
NGC 1845 D29
NGC 1869 D29
NGC 1871 D29
NGC 1873 D29
NGC 1910 D29
NGC 1914 D29
NGC 1919 D29
NGC 1925 106, 112
NGC 1937 D29
NGC 1955 D29
NGC 1968 D29
NGC 1974 D29
NGC 2001 D29
NGC 2013 13, 14
NGC 2014 D29
NGC 2015 D29
NGC 2027 D29
NGC 2033 D29
NGC 2037 D29
NGC 2039 49, 61
NGC 2042 D29
NGC 2044 D29
NGC 2050 D29
NGC 2055 D29
NGC 2060 D29
NGC 2063 49, 61
NGC 2094 D29
NGC 5045 103
NGC 5120 103
NGC 5155 103
NGC 5284 103
NGC 6227 91
NGC 6421 D5
NGC 6437 D5
NGC 6480 78, 79
NGC 6647 66
NGC 6682 54
NGC 6895 9, 17, 18
NGC 6989 17

GC

2MASS-GC 1 66
2MASS-GC 2 66, 78
2MASS-GC 3 91
AL 3 78
AM 1 97, 98
AM 4 80, 81
Arp 2 78
Balbinot 1 40
Crater GC 70
Djorgovski 1 D5
Djorgovski 2 78, 79
E 3 111, 112
Eridanus GC 73, 85
ESO 28-8 108, 113
ESO 121-3 105, 106
ESO 280-6 90, 91
ESO 452-11 79
Fornax 1 86
Fornax 2 86
Fornax 4 86
Fornax 5 86
Fornax 6 86
G 1 27
GLIMPSE-C01 54
GLIMPSE-C02 66
Hodge 11 D29
HP 1 79
IC 1257 55, 67
IC 1276 54, 66
IC 4499 110, 114
Koposov 1 45, 46
Koposov 2 35, 36
Liller 1 79
LY 7 102
M 2 53
M 3 33
M 4 79
M 5 56
M 9 67
M 10 55
M 12 55
M 13 19, 31
M 14 55
M 15 41
M 19 79
M 22 66, 78
M 28 78
M 30 65, 77
M 53 45
M 54 78
M 55 78
M 56 30
M 62 79
M 68 81
M 69 78
M 70 78
M 71 41, 42
M 72 65
M 75 65, 66, 77, 78
M 79 85
M 80 67, 79
M 92 19
M 107 67
NGC 104 108, 113, D28
NGC 121 D28
NGC 288 87
NGC 362 108, 113, D28
NGC 1049 86
NGC 1261 106, 107
NGC 1466 112, 113
NGC 1754 D29
NGC 1786 D29
NGC 1835 D29
NGC 1841 114
NGC 1851 97
NGC 1898 D29
NGC 1916 D29
NGC 1928 D29
NGC 1939 D29
NGC 2210 D29
NGC 2257 105, 106
NGC 2298 84, 96
NGC 2419 23, 24, 36
NGC 2808 104, 105
NGC 3201 94, 95
NGC 4147 45
NGC 4372 110, 111
NGC 4833 110, 111
NGC 5053 45
NGC 5139 92, 93
NGC 5286 92, 93, 103
NGC 5466 32, 33
NGC 5634 56, 68
NGC 5694 80
NGC 5824 80
NGC 5897 68, 80
NGC 5927 91, 92, 102
NGC 5946 91, 92, 102
NGC 5986 79, 80, 91, 92
NGC 6101 109, 110
NGC 6139 79, 91
NGC 6144 79
NGC 6229 19
NGC 6235 67, 79
NGC 6256 79, 91
NGC 6284 79
NGC 6287 67, 79
NGC 6293 79
NGC 6304 79
NGC 6316 79
NGC 6325 67, 79
NGC 6342 67
NGC 6352 90, 91
NGC 6355 79
NGC 6356 67
NGC 6362 102, 109
NGC 6366 55
NGC 6380 91
NGC 6388 90, 91
NGC 6397 91, 101, 102
NGC 6401 79
NGC 6426 55
NGC 6440 67, 79
NGC 6441 78, 79, 90, 91
NGC 6453 78, 79, 90, D5
NGC 6496 90, 91
NGC 6517 66, 67
NGC 6522 78, 79
NGC 6528 78, 79
NGC 6535 54, 55
NGC 6539 54, 66
NGC 6540 78, 79
NGC 6541 90, 91
NGC 6544 78, 79, D6
NGC 6553 78, 79
NGC 6558 78, 79
NGC 6569 78, 79
NGC 6584 90, 91, 101
NGC 6624 78
NGC 6638 78
NGC 6642 66, 78
NGC 6652 78
NGC 6712 54, 66
NGC 6717 66, 78
NGC 6723 78, 90
NGC 6749 54
NGC 6752 101
NGC 6760 54
NGC 6934 41, 53
NGC 7006 41
NGC 7492 64
Pal 1 6, 7
Pal 2 37
Pal 3 58
Pal 4 34
Pal 5 56
Pal 6 79
Pal 8 66
Pal 10 42
Pal 11 54, 66
Pal 12 65, 77
Pal 13 40
Pal 14 43
Pal 15 55
PWM 78 54, 55
Pyxis GC 83, 95
Reticulum GC 106
Ru 106 93, 94, 103
Ter 1 79
Ter 2 79
Ter 3 79, 91
Ter 4 79
Ter 5 79
Ter 6 78, 79
Ter 7 78
Ter 8 78
Ter 9 78, 79
Ter 10 78, 79
Ter 11 D6
Ton 2 79, 91
UKS 1 78, 79
vdB-Ha 176 91, 92, 102
Whiting 1 62, 63

GN

Abell 11 49, 61
BFS 15 8
BFS 17 8
Cas A 8, 15
Ced 19C D8
Ced 19E D8
Ced 19H D8
Ced 33 37
Ced 55a D7
Ced 59 49, 61
Ced 90 72
Ced 110 110, 111
Ced 111 110, 111
Ced 122 103
Ced 174 D1
Ced 211 64
Ced 214 2, 7, 8, 15
CG 1 96
CG 2 96
CG 4 95, 96
CG 8 95, 96
CG 15 95, 96, 105
CG 16 95, 96, 105
CG 22 83
CTB 1 7, 8, 15
CTB 41 67, 79
DG 169 8, 9, 17
DG 170 8, 9, 17
DG 181 8
DG 185 8
DG 187 16
DuRe 1 103, 104
DWB 7-15 D1
DWB 20 D1
DWB 21 D1
DWB 25-27 D1
DWB 28 D1
DWB 51 D1
DWB 54 D1
DWB 72 D1
DWB 77 D1
DWB 111 17, 18
DWB 114 17, 18
DWB 118 17, 18
DWB 129 17, 18
DWB 130 17
DWB 145-148 17, 18
DWB 165 17, 18
DWB 34/39/40 D1
DWB 35/41 D1
DWB 55/59 17, D1
GAL 289.182-00.696 D9
GM 1-3 2, 7
GM 1-27 D1
GM 1-29 2, 3, 9
GM 1-56 42
GM 1-66 25, 37
GM 1-73 48, 60
GM 2-39 D1
GM 3-13 8
GM 3-14 8
GN 5.11.2 37
GN 5.28.8 49
GN 12.41.9 103
GN 15.22.7 80
GN 16.36.5 109, 114
GN 17.05.5 109, 110
GN 18.46.6 54
GN 22.33.6 2, 8
Gum 12 94, 95
Gum 12 95, 105
Gum 12 95, 105
Gum 12 95, 96, 105
Gum 15 95
Gum 17 95
Gum 23 95
Gum 25 95, 104, 105
Gum 32 D9
Gum 39 D4
Gum 41 D4
Gum 49 102
Gum 50 102
Hen 5 D29
Hen 16 D29
Hen 17 D29
Hen 21 D29
Hen 22 D29
Hen 30 D29
Hen 30A D29
Hen 35 D28
Hen 37 D28
Hen 49 106, 112
Hen 50 D29
Hen 51 D29
Hen 55 D29
Hen 64A D29
Hen 64B D29
Hen 64C D29
Hen 70 D29
Hen 74 D29
Hen 76 D29
Hen 78 D28
Hen 80 D28
Hen 91 D29
Hen 92 D29
Hen 94 D29
Hen 103 D29
Hen 143 D29
Hen 148 D29
Hen 164 D29
Hen 177 D29
Hen 180C D29
Hen 185 D29
Hen 198 D29
Hen 200 D29
Hen 206 D29
Hen 214 D29
HH 1 61, 73
HH 2 61, 73
HH 25 61, 73
HH 124 D1
HH 162 8, 15
HH 164 8, 15
HH 222 61, 73
IC 59 15
IC 63 15
IC 341 38, 50
IC 349 D8
IC 353 37, 38, D8
IC 354 37, 38, 49, 50, D8
IC 405 37
IC 410 37
IC 417 37
IC 420 D7
IC 423 61
IC 424 61
IC 426 61
IC 430 61, 73
IC 431 61
IC 432 61
IC 434 61
IC 435 61
IC 443 36, 48
IC 444 36, 48
IC 446 48
IC 448 48, 60
IC 466 60
IC 1274 D6
IC 1275 D6
IC 1283 66
IC 1284 66
IC 1287 66
IC 1318A (DWB 82) 17, 18
IC 1318B (DWB 72/77/81) D1
IC 1318C (DWB 76) D1
IC 1340 29
IC 1396 8
IC 1470 8
IC 1795 14, 15
IC 1805 14, 15
IC 1848 14, 15
IC 1871 14, 15
IC 2067 37
IC 2087 37
IC 2105 D29
IC 2111 D29
IC 2128 D29
IC 2144 36, 37, 49
IC 2159 48
IC 2162 48
IC 2169 48
IC 2177 72
IC 2220 105
IC 2631 110, 111
IC 2872 D4
IC 2944/8 103, 104, 110, 111, D4
IC 2966 D4
IC 4592 67, 79
IC 4601 67
IC 4603 79
IC 4604 67, 79
IC 4605 79
IC 4628 91
IC 4678 D6
IC 4684 D6
IC 4703 66
IC 4706 66
IC 4812 78, 90
IC 4954 29, 30
IC 4955 29, 30
IC 5067/70 17
IC 5068 17
IC 5076 17
IC 5146 16, 17
LBN 30 55, 67
LBN 266 17, 29
LBN 289 17, 29
LBN 438 16, 28
LBN 640 15, 27
LBN 653 15
LBN 886 61
M 1 37, 49
M 8 78, 79, D6
M 17 66
M 20 66, 67, 78, 79, D6
M 42 61, 73, D7
M 43 61, D7
M 78 61
Magakian 82 25
Magakian 146 37
Magakian 165 48, 49
Magakian 634 79, 80, 91
Magakian 683 91
Magakian 712 109, 110
Magakian 714 79
Magakian 843 8, 9, 17
MOL 154 8
MWC 1080 8, 15
NGC 248 D28
NGC 249 D28
NGC 261 D28
NGC 267 D28
NGC 281 15
NGC 346 D28
NGC 456 D28
NGC 460 D28
NGC 588 39
NGC 595 39
NGC 602 108, 112, 113
NGC 604 39
NGC 896 14, 15
NGC 1333 38
NGC 1432 D8
NGC 1435 38, 50, D8
NGC 1491 14, 25, 26
NGC 1499 25, 26, 37, 38
NGC 1555 49
NGC 1579 37
NGC 1714 D29
NGC 1715 D29
NGC 1722 D29
NGC 1727 D29
NGC 1736 D29
NGC 1737 D29
NGC 1743 D29
NGC 1745 D29
NGC 1747 D29
NGC 1763 D29
NGC 1769 D29
NGC 1773 D29
NGC 1788 61
NGC 1829 D29
NGC 1858 D29
NGC 1874/76/77 D29
NGC 1895 D29
NGC 1909 (IC 2118) 61, 73
NGC 1918 D29
NGC 1929 D29
NGC 1931 37
NGC 1934 D29
NGC 1935 D29
NGC 1936 D29
NGC 1945/8 D29
NGC 1949 D29
NGC 1965/6 D29
NGC 1970 D29
NGC 1973 61, D7
NGC 1975 61, D7
NGC 1977 61, D7
NGC 1985 37
NGC 1999 61, 73
NGC 2018 D29
NGC 2020 D29
NGC 2023 61
NGC 2024 61
NGC 2029 D29
NGC 2030 105, 106, 112
NGC 2032 D29
NGC 2035 D29
NGC 2040 D29
NGC 2048 D29
NGC 2064 61
NGC 2067 61
NGC 2070 112, D29
NGC 2071 61
NGC 2074 D29
NGC 2075 D29
NGC 2077 D29
NGC 2078-9/83-4 D29
NGC 2080 D29
NGC 2085-6 D29
NGC 2103 D29
NGC 2113 D29
NGC 2122 D29
NGC 2149 72, 73
NGC 2163 48
NGC 2170 60, 72
NGC 2174 36, 48
NGC 2182 60, 72
NGC 2183 60, 72
NGC 2185 60, 72
NGC 2237-9/46 60
NGC 2245 48
NGC 2247 48
NGC 2261 48, 60
NGC 2282 60
NGC 2296 72
NGC 2313 60, 72
NGC 2316 60, 72
NGC 2327 72
NGC 2359 72
NGC 2467 83, 84
NGC 2579 83, 95
NGC 2626 95
NGC 2736 95
NGC 3199 104
NGC 3247 104
NGC 3324 104, D9
NGC 3372 104, D9
NGC 3503 D9
NGC 3576/79/81-2/84/86 D9
NGC 5367 92, 93
NGC 6164-5 91, 92
NGC 6188 91, 92
NGC 6334 79, 91
NGC 6357 79
NGC 6526 D6
NGC 6559 D6
NGC 6589/90 66
NGC 6595 66
NGC 6726-7 78, 90
NGC 6729 78, 90
NGC 6813 30
NGC 6820 30, 42
NGC 6857 D1
NGC 6888 17, 18, 29, D1

NGC 6914 17, 18
NGC 6960 29
NGC 6974/9 29
NGC 6995 29
NGC 7000 17
NGC 7023 2, 3
NGC 7129 2, 8
NGC 7538 8, 15
NGC 7635 8, 15
NGC 7822 2, 7
Parsamyan 21 42
PKS 1209-52 93, 103, 104
Pup A 95, 96
RCW 19 83, 84, 95, 96
RCW 27 95
RCW 34 95
RCW 54 D9
RCW 57 D9
RCW 58 104, 111
RCW 64 D4
RCW 71 103, 104
RCW 75 103
RCW 85 102, 103
RCW 86 102, 103
RCW 103 91, 92, 102
RCW 104 91, 92, 102
RCW 113 91
RCW 132 79
Sh 2-3 79, 91
Sh 2-9 79
Sh 2-27 55, 67
Sh 2-34 66, 67, 78, 79, D6
Sh 2-44 66
Sh 2-54 66
Sh 2-80 42
Sh 2-82 42
Sh 2-83 30, 42
Sh 2-84 42
Sh 2-88 30
Sh 2-90 30
Sh 2-91 30
Sh 2-92 30
Sh 2-93 29, 30
Sh 2-94 30
Sh 2-101 D1
Sh 2-102 29
Sh 2-104 D1
Sh 2-106 D1
Sh 2-107 17, 29
Sh 2-112 17
Sh 2-115 17, 18
Sh 2-119 17
Sh 2-124 8, 16, 17
Sh 2-126 16, 28
Sh 2-128 8
Sh 2-129 8, 9
Sh 2-132 8
Sh 2-135 8
Sh 2-140 8
Sh 2-142 8
Sh 2-147 8
Sh 2-148 8
Sh 2-152 8
Sh 2-155 8
Sh 2-157 8, 15
Sh 2-157a 8
Sh 2-163 8, 15
Sh 2-165 7, 8, 15
Sh 2-168 8, 15
Sh 2-170 2, 7, 8, 15
Sh 2-173 2, 8, 15
Sh 2-175 2, 7, 8, 15
Sh 2-201 14, 15
Sh 2-207 14, 25
Sh 2-208 14, 25
Sh 2-212 25, 26
Sh 2-224 25
Sh 2-226 25, 37
Sh 2-228 25, 37
Sh 2-230 25, 37
Sh 2-232 24, 25, 36, 37
Sh 2-235 24, 25, 36, 37
Sh 2-239 49
Sh 2-241 36, 37
Sh 2-242 36, 37
Sh 2-254 48
Sh 2-257 48
Sh 2-261 48
Sh 2-264 49, 61
Sh 2-266 48
Sh 2-269 48
Sh 2-270 48
Sh 2-273 48, 60
Sh 2-276 60, 61
Sh 2-280 60
Sh 2-282 60
Sh 2-284 60
Sh 2-291 60, 72
Sh 2-292 72
Sh 2-294 72
Sh 2-301 72
Sh 2-302 72
Sh 2-305 72
Sh 2-307 72
Sh 2-308 72, 84
Sh 2-310 84
Simeis 3-123 66
Simeis 3-210 29
Simeis 147 37
Simeis 159 48
V838 Mon 60
vdB 1 8, 15
vdB 2 2, 7, 8, 15
vdB 8 7, 15
vdB 10 14, 15
vdB 11 14, 15
vdB 16 38
vdB 20 D8
vdB 23 D8
vdB 24 25, 26, 38
vdB 27 67, 79
vdB 29 37
vdB 31 37
vdB 35 49
vdB 37 49
vdB 38 49, 61
vdB 40 49, 61
vdB 43 49, 61
vdB 45 37
vdB 48 61
vdB 54 61, 73
vdB 56 49
vdB 62 61
vdB 64 72, 73
vdB 65 36, 37
vdB 68 60, 72
vdB 69 60, 72
vdB 83 84
vdB 87 60, 72
vdB 92 72
vdB 95 72
vdB 96 72, 84
vdB 97 72
vdB 98 84
vdB 101 67
vdB 111 43, 55
vdB 123 54
vdB 126 30, 42
vdB 130 D1
vdB 131 17, 18
vdB 132 17, 18
vdB 133 D1
vdB 138 17
vdB 140 8, 9
vdB 141 2, 8
vdB 142 8
vdB 143 2, 8
vdB 147 16, 17
vdB 148 8
vdB 149 2, 3, 7
vdB 150 2, 3, 7
vdB 152 2
vdB 155 8
vdB 157 2, 7
vdB 158 16, 27
vdBH 6 83, 84, 96
vdBH 11 95, 96
vdBH 12 95, 96, 105
vdBH 34 104
vdBH 44 104
vdBH 63 102, 103, 110
vdBH 65a 102, 103
vdBH 81 91, 102
VMT 10 48, 60
WR 23 D9
WR 128 42
WR 134 D1

DN

B 1 38
B 2 38
B 3 38
B 4 37, 38
B 5 37, 38
B 6 14
B 7 37
B 8 14
B 9 14, 25
B 10 37
B 11 14
B 12 14, 25
B 13 14
B 14 37
B 15-17 25, 26
B 18 37, 49
B 19/22 37
B 20 14, 25, 26
B 21 37
B 23 37
B 24 37
B 25 25
B 26 37
B 27 37
B 28 37
B 29 37
B 30 49
B 31 49
B 32 49
B 33 61
B 34 36, 37
B 35 49, 61
B 36 49, 61
B 37/8 48
B 39 48
B 40 67
B 41 67
B 42 67, 79
B 43 67, 79
B 44 67, 79
B 44a 91
B 45 67, 79
B 46 67, 79
B 47 67, 79
B 48 91
B 49 79
B 50 79
B 51 67, 79
B 53 79
B 54 79
B 55 79
B 56 79
B 57 67, 79
B 58 91
B 59 79
B 60 67, 79
B 61 67, 79
B 62 67, 79
B 63 67, 79
B 64 67
B 65 79
B 66 79
B 67 79
B 67a 67, 79
B 68 67, 79
B 69 67, 79
B 70 79
B 71 79
B 72 67, 79
B 73 79
B 74 79
B 75 67, 79
B 76 79
B 77 79
B 78 79
B 79 67
B 80 67, 79
B 81 79
B 82 67, 79
B 83 79
B 83a 67
B 84 67, 79
B 84a 66, 67
B 85 D6
B 86 78, 79
B 87 78, 79
B 88 78, 79, D6
B 89 D6
B 90 78, 79
B 91 78, D6
B 92 66
B 93 66
B 94 66
B 95 66
B 96 66
B 97 66
B 98 78
B 99 66, 78
B 100 54, 66
B 101 54, 66
B 102 66
B 103 54, 66
B 104 54
B 105 54, 66
B 106 54
B 107 54
B 108 54, 66
B 109 54, 66
B 110 54
B 111 54, 66
B 112 54, 66
B 113 54
B 114 54, 66
B 115 54, 66
B 116 54, 66
B 117 54, 66
B 117a 54
B 118 54, 66
B 119 54
B 119a 54
B 120 54
B 121 54
B 122 54
B 123 54
B 124 54
B 125 54
B 126 54
B 127 54
B 128 54
B 128-131 54
B 129 54
B 130 54, 66
B 132 54
B 133 54, 66
B 134 54, 66
B 135 54
B 136 54
B 137/8 54
B 139 54
B 140 54
B 141 54
B 142 42
B 143 42
B 144 17, 29, 30, D1
B 145 17, 18, 29, 30, D1
B 146 D1
B 147 D1
B 148 8, 9
B 149 8, 9
B 150 8, 9
B 151 8, 9
B 152 8, 9
B 153 8, 9
B 154 8, 9
B 155 16, 17
B 156 16, 17
B 157 8
B 158 16, 17
B 159 16, 17
B 160 8
B 161 8
B 162 8
B 163 8
B 164 8, 16, 17
B 165 8
B 166 8
B 167 8
B 168 16, 17
B 169 8
B 170 8
B 171 8
B 173 8
B 174 8
B 175 2
B 201 15
B 202 38
B 203 38
B 204 38
B 205 38
B 206 38
B 207 37, 38
B 208 37, 38
B 209 37, 38
B 210 37
B 211 37
B 212 37
B 213 37
B 214 37
B 215 37
B 216 37
B 217 37
B 218 37
B 219 37
B 220 37
B 221 37
B 222 37
B 223 49, 61
B 224 49
B 225 49
B 226 37
B 227 48, 49
B 228 79, 80, 91
B 229 79
B 230 67
B 231 79, 91
B 232 91
B 233 79, 91
B 234 79
B 235 91
B 236/7 79
B 238 67, 79
B 239 79
B 240 79
B 241 79
B 242 79
B 243 79
B 244 79
B 245 79
B 246 67, 79
B 247 79
B 248 79
B 249 79
B 250 79
B 251 67
B 252 79
B 253 67, 79
B 254 79
B 255 67, 79
B 256 79
B 257 79, 91
B 258 79
B 259 67
B 260 79
B 261 67, 79
B 262 67, 79
B 263 91
B 264 79
B 265 79
B 266 67, 79
B 267 79
B 268 67, 79
B 269 67, 79
B 270 67
B 271 79, 91
B 272 67, 79
B 273 79
B 274 67, 79
B 275 79
B 276 67
B 277 67, 79
B 278 79
B 279 67, 79
B 280 67, 79
B 281 67, 79
B 282 67, 79
B 283 D5
B 284 67
B 285 67
B 286 D5
B 287 D5
B 288 78, 79, 90, 91
B 289 78, 79
B 290 78, 79, 90, 91
B 291 D5
B 292 78, 79, D5
B 293 78, 79, 90, 91, D5
B 294 78, 79
B 295 78, 79
B 296 78, 79, D6
B 297 66, 67
B 298 78, 79
B 299 78, 79
B 300 78, 79
B 301 66
B 302 D6
B 303 D6
B 304 66
B 305 78, 79
B 306 78
B 307 66
B 308 66, 78
B 309 78
B 310 66
B 311 66
B 312 66
B 313 66
B 314 66
B 315 66
B 316 54
B 317 66
B 318 54, 66
B 319 54
B 320 54, 66
B 321 66
B 322 54
B 323 54
B 324 54
B 325 54
B 326 54
B 327 54
B 328 54
B 329 54
B 330 42, 54
B 331 42, 54
B 332 42, 54
B 333 42
B 334 42
B 335 42, 54
B 336 42
B 337 42
B 338 42, 54
B 339 42, 54
B 340 42
B 341 29, 30
B 342 D1
B 343 D1
B 344 D1
B 345 17, 18
B 346 17, 18
B 347 D1
B 348 17
B 349 17
B 350 17
B 351 17
B 352 17
B 353 17
B 354 8, 9
B 355 17
B 356 17
B 357 8, 9
B 358 17
B 359 8, 9
B 360 8, 9
B 361 17
B 362 8, 16, 17
B 363 16, 17
B 364 8
B 365 8
B 366 8, 9
B 367 8
B 368 8
B 369 8
B 370 8
Bernes 142 110, 111
Bernes 145 102, 103, 110
GDC 4 95, 96, 105
GDC 7 95, 96, 105
LDN 582 54
LDN 669 42
LDN 673 42
LDN 676 42
LDN 684 42
LDN 688 42
LDN 720 42
LDN 778 30, 42
LDN 807 30
LDN 808 30
LDN 831 29, 30
LDN 848 D1
LDN 856 D1
LDN 862 D1
LDN 889 D1
LDN 961 17
LDN 962 9, 17
LDN 963 17
LDN 966 8, 9, 17
LDN 986 16, 17
LDN 1029 8, 9, 17
LDN 1604 48
LDN 1609 48
LDN 1613 48, 60
LDN 1719 67, 79
LDN 1758 78, 79, D5
LDN 1782 67
LDN 1788 78, 79
Sa 101 95, 96
Sa 102 96
Sa 103 95, 96
Sa 104 95, 96
Sa 105 95, 96
Sa 106 95, 96, 105
Sa 107 95, 96, 105
Sa 108 95, 96, 105
Sa 109 95, 96, 105
Sa 111 95, 96, 105
Sa 112 95, 96, 105
Sa 114 95
Sa 115 95
Sa 116 95
Sa 117 94, 95
Sa 119 94, 95, 104
Sa 120 94, 95, 104
Sa 121 94, 95, 104
Sa 123 D9
Sa 124 103, 104
Sa 125 104
Sa 126 103, 104
Sa 127 D9
Sa 128 103, 104, 111, D4
Sa 129 103, 104, D4
Sa 130 103, 104, 110, 111, D4
Sa 131 D4
Sa 132 110, 111
Sa 133 110, 111
Sa 134 110, 111
Sa 136 103, 104, 110, 111, D4
Sa 137 103, 104, 110, 111, D4
Sa 138 110, 111
Sa 139 103, 104, 110, 111
Sa 140 103, 104, 110, 111
Sa 141 110, 111
Sa 142 103, 104
Sa 143 110, 111
Sa 144 103, 104
Sa 145 110, 111
Sa 146 110, 111
Sa 147 110, 111
Sa 148 103, 104, 110, 111
Sa 149 110, 111
Sa 150 103, 104
Sa 151 110, 111
Sa 152 110, 111
Sa 153 110, 111
Sa 154 110, 111
Sa 155 103
Sa 156 110, 111
Sa 157 103
Sa 158 110, 111
Sa 159 110, 111
Sa 160 110, 111
Sa 161 103
Sa 162 103
Sa 163 103
Sa 164 103
Sa 166 102, 103
Sa 167 103
Sa 169 102, 103
Sa 170 102, 103, 110
Sa 171 102, 103
Sa 172 102, 103
Sa 173 102, 103
Sa 174 102, 103
Sa 175 91, 92, 102
Sa 176 91, 92, 102
Sa 177 102
Sa 178 91, 102
Sa 179 91, 92
Sa 180 91, 92
Sa 181 91, 92
Sa 182 91, 92
Sa 183 91, 102
Sa 184 91
Sa 185 91, 102
Sa 186 91
Sa 187-8 91
Sa 189 91
Sa 190 91
Sa 191 91
Sa 192 91
Sa 193 90, 91
Sa 194 90, 91
Sa 195 90, 91
SDC 287.1-2.7 104
SDC 294.4-3.1 D4
SDC 295.8-0.3 D4
SDC 298.3-4.5 103, 104, 110, 111
SDC 299.0-4.0 103, 104, 110, 111
SDC 300.1-2.7 D4
SDC 300.9-2.6 103, 110
SDC 301.7-2.6 103
SDC 302.3-17.7 110, 111
SDC 302.6-15.9 110, 111
SDC 303.0-16.6 110, 111, 114
SDC 303.8+1.3 103, 104
SDC 304.7-0.3 103
SDC 305.0-3.6 103, 110
SDC 305.2-1.6 103
SDC 307.2-1.0 103
SDC 308.0+2.1 103
SDC 308.3+5.8 103
SDC 312.5+3.0 103
SDC 317.1-2.6 102, 103
SDC 319.3-3.5 102, 103
SDC 319.4+2.2 102, 103
SDC 322.2-4.5 102, 103
SDC 324.3-3.8 102
SDC 325.3-2.8 102
SDC 325.6-3.0 102
SDC 325.9+5.9 91, 92, 102
SDC 326.9-3.2 102
SDC 332.4-3.3 102
SDC 334.7-1.0 91, 92
SDC 336.8-3.1 91
SDC 338.0-2.0 91
SDC 345.2-2.9 91
SDC 345.2-3.6 91
SDC 345.8-2.3 91
SDC 346.8-0.4 91
SDC 354.8-2.7 79, D5
SL 1 95
SL 2 95
SL 3 95
SL 4 95
SL 5 94, 95
SL 6 91, 92
SL 7 91, 92
SL 8 91, 92
SL 9 95
SL 10 91, 92
SL 11 79, 80, 91, 92
SL 12 79, 80
SL 13 79, 80, 91
SL 14 91, 92
SL 16 91
SL 17 91
SL 19 91
SL 21 79, 91
SL 23 91
SL 24 79
SL 26 91
SL 27 79, 91
SL 28-9 91
SL 35 79
SL 36 D5
SL 39-40 78, 90
SL 41 78, 90
SL 42 78, 90

PN

Abell 1 2, 7
Abell 2 15
Abell 3 14, 15
Abell 4 26
Abell 5 14, 15, 26
Abell 6 14, 15
Abell 7 73
Abell 8 25, 37
Abell 9 25, 37
Abell 10 49, 61
Abell 12 48, 49
Abell 13 60
Abell 14 48
Abell 15 84
Abell 16 13, 14
Abell 18 60
Abell 19 48
Abell 20 60
Abell 21 48
Abell 22 60
Abell 23 83, 84, 95
Abell 24 60
Abell 25 59
Abell 26 83, 84
Abell 27 83
Abell 28 12, 13
Abell 29 71, 83
Abell 30 47
Abell 31 47, 59
Abell 33 59
Abell 34 71
Abell 35 69, 81
Abell 36 69
Abell 38 79
Abell 39 31
Abell 40 67, 79
Abell 41 67
Abell 42 55, 67
Abell 43 43
Abell 44 66
Abell 45 66
Abell 46 30
Abell 47 54
Abell 48 54
Abell 49 54, 66
Abell 51 66
Abell 52 42
Abell 53 42, 54
Abell 54 30, 42
Abell 55 54
Abell 56 54
Abell 57 30
Abell 58 54
Abell 59 42
Abell 60 66
Abell 61 18
Abell 62 42
Abell 63 42
Abell 65 66, 78
Abell 66 65, 66, 77, 78
Abell 67 53, 54
Abell 68 29, 30, 41, 42
Abell 69 D1
Abell 70 53, 65
Abell 71 17, 18
Abell 72 41
Abell 73 8, 9
Abell 74 29, 41
Abell 78 29
Abell 79 8
Abell 80 8, 16
Abell 82 8, 15
Abell 83 8, 15
Abell 84 8, 15, 16, 27
Abell 86 2, 7
Alves 1 29
Ap 1-12 78, 79
Baade 1 49, 50
Blanco 3-10 78, 79
BlDz 1 93, 94, 103, 104
BoBn 1 75
BV 5-1 2, 8, 15
BV 5-2 8, 15
BV 5-3 15
CGMW 4-2085 78
Cn 1-1 91, 92
Cn 1-3 91
Cn 1-4 90, 91
Cn 1-5 78
Cn 2-1 D5
Cn 3-1 42
CRL 618 25, 37
CRL 915 72
CRL 1381 47
CRL 2688 17, 29
CRL 5237 72
CRL 5385 79
CRL 6815 79
CTSS 1 42
CTSS 3 42
DD 1 17, 18
DdDm 1 19, 31
DeHt 1 72, 73, 84, 85
DeHt 3 66
DeHt 5 2, 7
Drilling 1 94
EGB 1 2, 7
EGB 6 47
ESO 40-11 109, 110, 111
ESO 259-10 95, 96
Fg 1 94, 104
Fg 2 90, 91
Fg 3 90, 91
Fr 2-25 59, 71
GLMP 621 55, 67
GN 18.32.5 54
H 1-1 79, 80, 92
H 1-2 79, 91
H 1-4 79
H 1-7 91
H 1-11 67, 79
H 1-16 79
H 1-17 79
H 1-21 91
H 1-23 79
H 1-26 91
H 1-27 67, 79
H 1-29 D5
H 1-31 D5
H 1-32 D5
H 1-33 D5
H 1-35 D5
H 1-36 78, 79, 90, 91
H 1-37 90, 91
H 1-40 78, 79
H 1-41 D5
H 1-42 D5
H 1-45 78, 79
H 1-46 78, 79
H 1-50 78, 79
H 1-52 78, 79, 90, 91
H 1-54 78, 79
H 1-56 78, 79
H 1-59 78, 79
H 1-60 78
H 1-63 78
H 1-66 78
H 1-67 66, 78
H 2-1 79
H 2-39 78, 79
H 2-43 78
H 2-48 66, 78
H 3-75 49
H 4-1 D24
HaTr 10 54
HaWe 2 14, 15
HaWe 3 26
HaWe 4 26
HaWe 5 25, 26, 37, 38
HaWe 7 72
HaWe 8 36, 48
HaWe 9 84
HaWe 10 48
HaWe 12 78
HaWe 13 54
HaWe 14 77, 78
HaWe 15 16, 17
Hb 4 79
Hb 5 78, 79
Hb 7 78
Hb 8 78
Hb 12 8, 15
He 1-3 30, 42
He 1-4 29, 30
He 1-5 41
He 1-6 29
He 2-5 95, 96, 105
He 2-7 95, 96
He 2-9 95
He 2-11 95
He 2-15 95
He 2-18 95, 104, 105
He 2-21 104, 105
He 2-25 104, 105
He 2-26 104, 105
He 2-28 104
He 2-29 104
He 2-35 94, 95, 104
He 2-36 104
He 2-37 94, 95
He 2-39 104
He 2-41 104
He 2-47 104
He 2-50 94, 104
He 2-51 104
He 2-55 104
He 2-62 110, 111
He 2-63 94, 104
He 2-67 D4
He 2-68 D4
He 2-70 D4
He 2-71 110, 111
He 2-72 D4
He 2-73 D4
He 2-76 D4
He 2-82 103, 104
He 2-84 103, 104, 110, 111
He 2-85 103, 104, 110, 111
He 2-86 103, 104, 110, 111
He 2-88 103
He 2-90 103
He 2-96 103
He 2-97 110, 111
He 2-102 103
He 2-103 102, 103
He 2-104 92, 93, 103
He 2-105 109, 110, 111
He 2-108 92, 93, 103
He 2-109 103
He 2-111 102, 103
He 2-112 92, 103
He 2-114 102, 103
He 2-115 102, 103
He 2-116 102, 103
He 2-117 102, 103
He 2-118 92
He 2-120 102, 103
He 2-123 102
He 2-128 91, 92, 102
He 2-129 92, 102
He 2-131 109, 110
He 2-132 102, 103
He 2-133 102
He 2-136 102, 103, 109, 110
He 2-138 102, 109, 110
He 2-141 102
He 2-143 102
He 2-149 102
He 2-153 91, 102
He 2-158 102
He 2-159 102
He 2-161 91, 102
He 2-163 102
He 2-164 91, 102
He 2-165 102
He 2-170 91, 102
He 2-171 79
He 2-175 79, 91
He 2-182 102
He 2-185 109, 110
He 2-186 91, 102
He 2-207 91
He 2-248 90, 91, 102
He 2-306 90, 91
He 2-418 78
He 2-430 42
He 2-434 108, 109
He 2-436 78
He 2-438 30
He 3-1312 91, 102
He 3-1333 102
He 3-1357 102
He 3-1475 67
He 3-1863 89, 90
HFG 1 14, 15
HFG 2 84
HoCr 1 36, 48
Hoffleit 2-1 D5
Hoffleit 2-2 78
Hoffleit 4 104
Hoffleit 38 D9
Hoffleit 39 D9
Hoffleit 48 D9
Hu 1-1 15
Hu 1-2 17
Hu 2-1 42
HuBi 1 66, 67
HuDo 1 30
IC 289 14, 15
IC 351 25, 37, 38
IC 418 73
IC 972 68, 69
IC 1266 90, 91
IC 1295 54, 66
IC 1297 90
IC 1454 1, 2, 7
IC 1747 15
IC 2003 37, 38
IC 2149 24, 25
IC 2165 72
IC 2448 111, 112
IC 2501 104, 105
IC 2553 104
IC 2621 104, 111
IC 3568 1, 4, 5
IC 4191 103, 110
IC 4406 92, 93
IC 4593 43
IC 4599 91, 92
IC 4634 67, 79
IC 4637 91
IC 4642 102
IC 4663 90, 91
IC 4670 66, 67, 78, 79
IC 4673 78, 79
IC 4677 3, 9, 10
IC 4699 90, 91
IC 4732 66, 78
IC 4776 78

IC 4846 54, 66
IC 4997 41
IC 5117 16, 17
IC 5148-50 88, 89
IC 5217 8, 16, 17
IPHASX J194359.5+170901 42
IRAS 09371+1212 47
IRAS 16342-3814 79, 91
IRAS 16594-4656 91
IRAS 17106-3046 79
IRAS 17245-3951 91
IRAS 18059-3211 78, 79
IRAS 19477+2401 30
IsWe 1 25, 26
IsWe 2 2, 8
J 320 49
J 900 48
Jacoby 1 10, 20
Jn 1 28
JnEr 1 13, 23, 24
K 1-20 16, 27
K 1-22 82
K 1-23 93
K 1-30 91, 92
K 2-1 37
K 2-2 48
K 3-1 54
K 3-4 54
K 3-26 54
K 3-27 30
K 3-35 30, 42
K 3-36 42, 54
K 3-51 41, 42
K 3-66 37
K 3-67 25, 37
K 3-68 37
K 3-81 17, 29
K 3-82 8, 16, 17
K 3-84 16, 17
K 3-89 8, 15
K 4-5 54, 66
K 4-8 54, 66
K 4-10 42
KFR 1 D4
KjPn 1 D1
KjPn 2 D1
KjPn 3 D1
KjPn 6 2, 8
Kron 15 30
Kron 23 29
Kron 33 14
Kron 56 66
Kron 58 26, 27
Kron 59 9, 10
Kron 60 48
Kron 63 61
Kron 77 102
Kun 4 2, 3, 9
Le Dû 1 8, 9, 17
LMC-SMP 1 D29
LMC-SMP 6 112, 113
LMC-SMP 15 D29
LMC-SMP 19 D29
LMC-SMP 25 D29
LMC-SMP 29 D29
LMC-SMP 35 106, 112
LMC-SMP 38 D29
LMC-SMP 47 D29
LMC-SMP 48 D29
LMC-SMP 50 D29
LMC-SMP 52 D29
LMC-SMP 53 D29
LMC-SMP 61 111, 112, 113
LMC-SMP 62 D29
LMC-SMP 63 D29
LMC-SMP 73 D29
LMC-SMP 74 112, 113
LMC-SMP 75 D29
LMC-SMP 76 D29
LMC-SMP 78 D29
LMC-SMP 79 111, 112, 113
LMC-SMP 81 111, 112, 113
LMC-SMP 89 D29
LMC-SMP 92 D29
LMC-SMP 98 111, 112, 113
LMC-SMP 99 111, 112
Lo 3 96
Lo 5 94
Lo 7 103, 104
Lo 16 90, 91
LoTr 4 93, 94
LoTr 5 33
LoTr 7 103, 110
LSA 1 54, 66
M 1-1 26, 27
M 1-2 15, 26, 27
M 1-4 14, 25, 26
M 1-5 37
M 1-7 36, 48
M 1-8 60
M 1-9 60
M 1-13 72
M 1-14 72
M 1-16 72
M 1-17 72
M 1-18 72
M 1-19 79
M 1-20 67
M 1-22 67
M 1-23 67
M 1-24 67
M 1-25 67, 79
M 1-26 79
M 1-29 78, 79
M 1-30 D5
M 1-31 66
M 1-32 66, 67
M 1-33 66, 67
M 1-34 78, 79
M 1-35 78, 79
M 1-40 D6
M 1-42 78, 79
M 1-46 66
M 1-47 66, 78
M 1-50 66
M 1-52 66
M 1-53 66
M 1-54 66
M 1-56 66
M 1-57 66
M 1-58 66
M 1-59 66
M 1-60 66
M 1-61 66
M 1-62 66, 78
M 1-63 66
M 1-64 30
M 1-66 54
M 1-69 54
M 1-71 42
M 1-73 42
M 1-74 42
M 1-77 17
M 1-79 16, 17
M 1-80 8
M 1-92 30
M 2-2 14
M 2-4 79
M 2-6 79
M 2-8 79
M 2-9 67
M 2-11 79
M 2-12 79
M 2-13 67
M 2-15 67
M 2-16 D5
M 2-17 67
M 2-18 D5
M 2-20 78, 79
M 2-21 78, 79
M 2-22 D5
M 2-23 78, 79
M 2-24 78, 79, 91
M 2-25 78, 79
M 2-27 78, 79
M 2-28 78, 79
M 2-29 78, 79
M 2-30 78
M 2-31 D6
M 2-32 78, 79
M 2-33 78
M 2-35 78
M 2-36 78
M 2-38 78
M 2-39 78
M 2-41 78
M 2-42 78
M 2-44 54
M 2-47 54
M 2-48 29, 30
M 2-49 8, 16, 17
M 2-50 8, 16, 17
M 2-51 8
M 2-52 8
M 2-53 8
M 2-55 2, 7
M 3-1 84
M 3-3 60
M 3-4 83, 84
M 3-5 83, 84
M 3-6 83
M 3-7 90, 91
M 3-10 79
M 3-12 67, 79
M 3-14 D5
M 3-15 67, 79
M 3-16 78, 79
M 3-20 78, 79
M 3-21 78, 79, 90, 91
M 3-22 78, 79
M 3-23 78, 79
M 3-24 D6
M 3-25 66
M 3-26 78
M 3-27 42
M 3-29 78
M 3-30 66
M 3-32 78
M 3-33 78
M 3-34 54, 66
M 3-35 29
M 3-36 79
M 4-2 84, 96
M 4-3 79
M 4-9 54
M 4-10 66
M 4-11 66
M 4-14 42, 54
M 4-17 17, 18
M 27 29, 30, 41, 42
M 57 30
M 76 15, 26, 27
M 97 12
MA 54 D28
MA 1011 D28
MaC 1-10 D6
MaC 1-16 66
MaC 2-1 61, 73
Mayall 60 104
Me 1-1 42
Me 2-1 68, 80
Me 2-2 16, 17
MGP 2 92, 102, 103
MRMG 1 8
MWP 1 29
MyCn 18 103, 110
MyCn 26 79
Mz 1 102, 103
Mz 2 102
Mz 3 91, 92, 102
Nassau 1 55
Nassau 2 66
NeVe 2 D1
NGC 40 2, 7
NGC 246 75
NGC 1360 86
NGC 1501 14
NGC 1514 37, 38
NGC 1535 73
NGC 2022 49, 61
NGC 2242 24
NGC 2346 60
NGC 2371-2 36
NGC 2392 36, 48
NGC 2438 72
NGC 2440 72
NGC 2452 104
NGC 2610 71
NGC 2792 95
NGC 2818A 83, 95
NGC 2867 104, 105
NGC 2899 104, 105
NGC 3132 94, 95
NGC 3195 111, 114
NGC 3211 104
NGC 3242 70
NGC 3699 103, 104, D4
NGC 3918 103, 104
NGC 4071 104, 110, 111
NGC 4361 69
NGC 5189 103, 110
NGC 5307 92, 93, 103
NGC 5315 103, 110
NGC 5844 102, 103, 110
NGC 5873 80, 92
NGC 5882 92
NGC 5979 102, 103
NGC 6026 79, 80, 91, 92
NGC 6058 19, 20
NGC 6072 79, 80, 91, 92
NGC 6153 91
NGC 6210 31, 43
NGC 6302 79, 91
NGC 6309 67
NGC 6326 91, 102
NGC 6337 79, 91
NGC 6369 67, 79
NGC 6439 67
NGC 6445 67, 79
NGC 6537 66, 67, 78, 79
NGC 6543 3, 9, 10
NGC 6563 78, 79
NGC 6565 78, 79
NGC 6567 66
NGC 6572 42, 54
NGC 6578 66, 78
NGC 6620 78
NGC 6629 66, 78
NGC 6644 78
NGC 6741 54
NGC 6742 18
NGC 6751 54, 66
NGC 6765 30
NGC 6772 54
NGC 6778 54
NGC 6781 42, 54
NGC 6790 54
NGC 6803 42
NGC 6804 42, 54
NGC 6807 54
NGC 6818 66
NGC 6826 17, 18
NGC 6833 17, 18
NGC 6842 29, 30
NGC 6852 53, 54
NGC 6879 41
NGC 6881 D1
NGC 6884 17, 18
NGC 6886 41
NGC 6891 41
NGC 6894 29
NGC 6905 41
NGC 7008 8, 9, 17
NGC 7009 65
NGC 7026 17
NGC 7027 17
NGC 7048 17
NGC 7076 8, 9
NGC 7094 41
NGC 7139 8, 9
NGC 7293 64, 76
NGC 7354 8
NGC 7662 16
Outters 1 14, 25, 26
Outters 2 8, 15
Outters 3 30, 42
Outters 4 8, 9
P 1-1 104
P 1-2 104
P 1-3 D9
P 1-4 91, 92, 102
P 1-5 91, 92
P 1-8 91
P 1-13 66, 78
P 1-16 54, 66
P 1-18 54, 66
P 1-19 54, 66
P 2-4 95, 104
P 2-13 78
Pa-Ru 2-1 97
Patchick 1 29, 30
Patchick 15 29, 41
Patchick 23 41
Patchick 25 41
Patchick 26 41
PB 1 72
PB 2 95, 96
PB 3 95, 104, 105
PB 4 104, 105
PB 5 95
PB 6 94, 95
PB 8 103, 104
PB 9 42
PB 10 42
PBOZ 6 67, 79
PC 11 102
PC 12 67
PC 13 79
PC 14 91, 102
PC 17 90, 91
PC 19 54
PC 20 54
PC 21 66, 78
PC 22 42
PC 23 29, 30
PC 24 29
Pe 1-11 78, 79
Pe 1-17 66
Pe 2-7 104
Pease 1 41
PGC 49877 92, 93, 103
PHR 1019-6059 104
PM 1-295 42
PN G75.5+1.7 D1
PPA 1855-2328 66, 78
PuWe 1 13, 14
RCW 181 42, 54
Sa 1-6 90, 91, 101, 102
Sa 1-8 66
Sa 2-21 71
Sa 2-56 94, 95, 104
Sa 2-91 103, 110
Sa 2-93 103
Sa 2-215 79, 91
Sa 2-237 67
Sa 2-376 66, 78
Sa 3-96 66, 67
Sa 3-151 54
Sa 4-1 19
SaSt 2-3 72
SaWe 1 72, 84
SaWe 2 79
SB 20 66
Sh 1-89 17
Sh 2-68 54
Sh 2-71 54
Sh 2-174 1, 2, 7
Sh 2-176 8, 15
Sh 2-216 25
Shane 1 55
Sherwood 1 D1
ShWi 2-5 78, 79
Simeis 22 15
SMC-MG 9 D28
SMC-SMP 13 D28
SMC-SMP 15 D28
SMC-SMP 17 D28
SMC-SMP 27 D28
Sp 1 91, 92, 102
Sp 3 90, 91, 101, 102
Sp 4-1 18, 30
Steph 3-1 60
StWr 4-10 91, 92
SwSt 1 78
TDC 1 54
Te 11 61
TeJu 18 79
TeJu 21 79
Th 2-A 103
Th 3-1 79
Th 4-5 67
V-V 3-6 66
VBRC 1 83, 95
VBRC 2 104
Vd 1-1 79, 91
Vd 1-4 91
Vd 1-6 79, 91
Volk 2 95, 96
Volk 3 95
Vy 1-1 8, 15, 27
Vy 1-2 30, 31
Vy 1-4 54, 66
Vy 2-1 78
Vy 2-2 42
Vy 2-3 16
W 1-1 2, 7, 15
W 1-9 29, 30
WeBo 1 14, 15
WeDe 1 48, 49
WeSb 1 15
WeSb 5 41, 42
Wray 15-1537 79
Wray 15-1876 78
Wray 16-93 D4
Wray 16-122 103
Wray 16-189 91, 92
Wray 16-199 91, 92
Wray 16-278 90, 91
Wray 16-282 79
Wray 16-363 78, 79
Wray 16-385 90, 91
Wray 16-411 90
Wray 16-423 78
Wray 17-20 95
Wray 17-40 104
Wray 17-107 78, 79
Y-C 2-5 71, 83

Gx

2Sz 18 69
22w 123 53
Abell 64 54
Abell 76 53
And V 27
Boo Dwarf 44, 45
Cas I 7, 15
CGCG 4-8 59
CGCG 4-15 59
CGCG 4-40 59
CGCG 4-43 59
CGCG 4-53 59
CGCG 4-85 59
CGCG 4-107 59
CGCG 8-55 58
CGCG 12-53 58
CGCG 13-29 57, 58
CGCG 42-9 D3
CGCG 42-58 D3
CGCG 42-173 D3
CGCG 48-28 44, 56
CGCG 59-32 47, 48, 59, 60
CGCG 59-34 47, 48
CGCG 69-59 45
CGCG 69-113 D2
CGCG 70-221 D3
CGCG 77-25 44
CGCG 77-74 44
CGCG 105-46 44
CGCG 182-20 34, 35
CGCG 237-18 23
CGCG 240-29 22, 23
CGCG 241-60 22
CGCG 247-15 20, 21
CGCG 250-48 19, 20
CGCG 251-36 19, 20
CGCG 251-43 19
CGCG 253-18 10, 18, 19
CGCG 253-26 18, 19
CGCG 266-9 12, 22, 23
CGCG 266-31 12
CGCG 279-3 9, 10
CGCG 292-85 5, 11, 12
CGCG 300-14 9, 10
CGCG 320-35 10
CGCG 333-64 4, 5
CGCG 368-2 1, 3
CGCG 380-9 52
CGCG 395-16 61
CGCG 406-13 40, 52
CGCG 420-15 61
CGCG 421-27 61
CGCG 436-26 51
CGCG 454-71 40
CGCG 496-50 28
CGCG 500-74 39
CGCG 501-58 39
CGCG 524-54 26, 38
CVn I Dwarf 33
CVn II Dwarf 33
ESO 2-10 114
ESO 3-1 114
ESO 3-7 113, 114
ESO 3-13 113, 114
ESO 4-10 114
ESO 5-6 114
ESO 5-10 114
ESO 6-6 114
ESO 8-7 110, 114
ESO 9-2 114
ESO 9-3 114
ESO 9-7 114
ESO 9-11 109, 114
ESO 10-3 114
ESO 11-3 108, 114
ESO 12-12 108, 113
ESO 12-21 108, 113
ESO 13-12 108, 113
ESO 13-16 108, 113
ESO 15-5 112, 113, 114
ESO 15-8 112, 113, 114
ESO 15-18 112, 113
ESO 17-2 111, 112
ESO 17-6 111, 112
ESO 17-9 111, 112
ESO 18-1 111, 112
ESO 18-2 111, 112
ESO 18-7 111, 112
ESO 18-8 111, 112
ESO 18-9 111, 112
ESO 18-13 111, 112
ESO 18-15 111, 112, 114
ESO 18-18 111, 112, 114
ESO 19-3 111, 114
ESO 21-2 110, 111
ESO 21-3 110, 114
ESO 21-4 110, 111
ESO 22-3 109, 110, 114
ESO 22-10 109, 110
ESO 23-1 109, 110, 114
ESO 24-9 109, 110
ESO 27-8 108, 113, 114
ESO 27-14 108, 114
ESO 27-21 108, 113
ESO 27-24 108, 113, 114
ESO 28-2 108, 113
ESO 28-6 108, 113
ESO 30-19 112, 113
ESO 31-4 112, 113
ESO 33-2 112, 113
ESO 33-4 112, 113
ESO 33-5 112, 113
ESO 33-6 112, 113
ESO 33-11 112, 113
ESO 34-11 111, 112
ESO 34-12 111, 112
ESO 35-1 111, 112
ESO 35-4 111, 112
ESO 35-7 111, 112
ESO 35-11 111, 112
ESO 36-5 111, 112
ESO 36-10 111, 112
ESO 36-19 111, 112
ESO 37-9 110, 111, 112
ESO 37-10 110, 111, 112
ESO 37-13 110, 111, 112
ESO 40-2 110, 111
ESO 42-8 109, 110
ESO 42-12 109, 110
ESO 42-14 109, 110
ESO 43-2 109, 110
ESO 43-11 109, 110
ESO 44-1 109, 110
ESO 44-9 109, 110
ESO 44-18 108, 109, 110
ESO 45-11 108, 109
ESO 47-34 108, 109
ESO 48-10A 108, 109, 113
ESO 48-21 108, 109, 113
ESO 48-22 108, 113
ESO 49-2 108, 113
ESO 51-11 107, 108, 113
ESO 53-16 112, 113
ESO 55-29 D29
ESO 55-33 D29
ESO 56-154 D29
ESO 57-73 D29
ESO 58-5 105, 112
ESO 58-14 111, 112
ESO 58-19 111, 112
ESO 59-11 111, 112
ESO 60-12 105, 111, 112
ESO 60-19 111, 112
ESO 60-26 111, 112
ESO 60-27 111, 112
ESO 61-5 111, 112
ESO 61-8 111
ESO 61-15 111
ESO 62-3 111
ESO 68-4 109, 110
ESO 68-7 109, 110
ESO 68-12 102, 109, 110
ESO 68-16A 102, 109, 110
ESO 69-1 102, 109, 110
ESO 69-10 109, 110
ESO 69-11 109, 110
ESO 69-14 109, 110
ESO 70-2 109, 110
ESO 70-4 109, 110
ESO 70-5 109, 110
ESO 70-6 109, 110
ESO 70-13 109
ESO 71-13 108, 109
ESO 72-13 101, 108, 109
ESO 73-6 108, 109
ESO 73-13 108, 109
ESO 73-18 108, 109
ESO 73-19 108, 109
ESO 74-7 108, 109
ESO 74-9A 108, 109
ESO 74-20A 108, 109
ESO 75-28 108, 109
ESO 75-32 100, 108
ESO 75-56 108
ESO 76-31 108, 113
ESO 77-2 108, 113
ESO 77-3 108, 113
ESO 77-23 100, 113
ESO 79-7 107, 108, 113
ESO 84-9 106, 113
ESO 84-14 106, 112, 113
ESO 84-18 106
ESO 84-22 106, 112, 113
ESO 84-28 106
ESO 84-33 106, 112
ESO 85-5 106
ESO 85-14A 106
ESO 85-30 105, 106
ESO 85-34 105, 106
ESO 85-38 105, 106
ESO 86-62 D29
ESO 87-10 105, 106, 112
ESO 87-14 105, 106
ESO 87-29 105, 112
ESO 88-4 105
ESO 88-17 105, 111, 112
ESO 88-18 105, 111, 112
ESO 88-22 105, 111, 112
ESO 89-9 105, 111, 112
ESO 89-15 105, 111, 112
ESO 89-16 105, 111, 112
ESO 89-17 105, 111, 112
ESO 90-9 105, 111, 112
ESO 90-12 104, 105, 111
ESO 90-13 104, 105
ESO 90-15 104, 105, 111
ESO 91-3 104, 105
ESO 91-7 104, 105
ESO 92-1 104, 111
ESO 92-6 104
ESO 92-14 104, 111
ESO 92-21 104, 111
ESO 97-13 102, 103
ESO 100-18 102, 110
ESO 100-20 102, 109, 110
ESO 101-11 102, 109, 110
ESO 101-14 102
ESO 101-18 102, 109
ESO 101-20 102
ESO 101-21 102, 109
ESO 101-24 102, 109
ESO 102-7 101, 102
ESO 102-7A 101, 102
ESO 103-5 101, 102
ESO 103-46 101, 102
ESO 103-56 101, 102
ESO 104-7 101, 102
ESO 105-4 101, 108, 109
ESO 105-7 101, 108, 109
ESO 105-26 101, 108, 109
ESO 107-4 100, 101, 108
ESO 107-44 100, 101
ESO 108-10A 100, 108
ESO 108-16 100, 108
ESO 108-21 100, 108
ESO 110-8 100, 108, 113
ESO 111-6 100, 107
ESO 111-10 100, 107
ESO 112-5 100, 107
ESO 113-30 107
ESO 113-41 107
ESO 113-45 107
ESO 113-50 107
ESO 114-4 107
ESO 115-8 106, 107
ESO 115-25A 106, 107
ESO 116-1 106, 107
ESO 116-12 106, 107
ESO 118-12 106, 113
ESO 118-30 106
ESO 118-34 106
ESO 119-11 106
ESO 119-13 106
ESO 119-25 106
ESO 119-48 105, 106
ESO 119-53 105, 106
ESO 119-54 105, 106
ESO 119-55 105, 106
ESO 121-6 105, 106
ESO 121-26 105, 106
ESO 122-1 105
ESO 122-3 105, 106
ESO 122-16 105
ESO 124-14 104, 105, 112
ESO 126-1 104, 105
ESO 126-2 104, 105
ESO 126-3 104, 105
ESO 126-10 104, 105
ESO 126-14 104, 105
ESO 126-17 104, 105
ESO 126-21 104, 105
ESO 126-24 104, 105
ESO 126-25 104, 105
ESO 137-2 102
ESO 137-6 102
ESO 137-7 102
ESO 137-8 102
ESO 137-10 102
ESO 137-12 102, 110
ESO 137-18 102
ESO 137-19 102
ESO 137-24 102
ESO 137-26 102
ESO 137-29 102
ESO 137-34 102
ESO 137-35 102
ESO 137-36 102
ESO 137-38 102
ESO 137-42 102
ESO 137-44 102
ESO 137-45 102
ESO 138-1 102
ESO 138-5 102
ESO 138-10 102
ESO 138-11 102
ESO 138-16 101, 102
ESO 138-17 102
ESO 138-21 101, 102
ESO 138-26 101, 102
ESO 138-27 101, 102
ESO 138-29 101, 102
ESO 138-30 101, 102
ESO 139-1 101, 102
ESO 139-5 101, 102
ESO 139-9 101, 102
ESO 139-11 101, 102
ESO 139-12 101, 102
ESO 139-26 101, 102
ESO 139-28 101, 102
ESO 139-36 101, 102
ESO 139-41 101, 102
ESO 139-45 101, 102
ESO 139-53 101, 102
ESO 139-55 101, 102
ESO 140-12 101, 102
ESO 140-23 101, 102
ESO 140-31 101
ESO 140-38 101, 102
ESO 141-3 101
ESO 141-17A 101
ESO 141-21 101
ESO 141-32 101
ESO 141-55 101
ESO 142-19 101
ESO 142-23 101
ESO 142-49 101
ESO 142-51 101
ESO 142-59 101
ESO 143-35 100, 101
ESO 143-38 100, 101
ESO 146-28 100
ESO 147-14 100
ESO 148-7 100
ESO 148-17 100, 107
ESO 149-11A 100, 107
ESO 151-12 99, 107
ESO 151-27 107
ESO 153-18 98, 99, 107
ESO 153-20 107
ESO 153-23 107
ESO 153-24 98, 99, 107
ESO 153-29 107
ESO 153-34 98, 107
ESO 154-13 106, 107
ESO 155-14 106, 107
ESO 158-3 106
ESO 158-17 106
ESO 159-2 97, 106
ESO 159-4 106
ESO 159-12 106
ESO 159-19 97, 106
ESO 160-2 105, 106
ESO 160-22 105, 106
ESO 161-24 105
ESO 161-25 105
ESO 162-2 96, 105
ESO 162-17 105
ESO 163-14 105
ESO 171-4 103, 104
ESO 171-8 93, 103, 104
ESO 181-1 101, 102
ESO 182-1 101, 102
ESO 182-4 90, 91, 101, 102
ESO 182-7 101, 102
ESO 182-8 101, 102
ESO 182-10 101, 102
ESO 183-3 101
ESO 183-30 101
ESO 183-34 101
ESO 184-5 90, 101
ESO 184-15 101
ESO 184-16 101
ESO 184-26 101
ESO 184-33 101
ESO 184-34 90, 101
ESO 184-42 101
ESO 184-43 101
ESO 184-57 101
ESO 184-71 90, 101
ESO 184-81 90, 101
ESO 185-25 101
ESO 185-27 101
ESO 185-32 101
ESO 185-37 101
ESO 185-43A 101
ESO 185-53 101
ESO 185-54 101
ESO 185-61A 101
ESO 186-4 101
ESO 186-12 101
ESO 186-36 101
ESO 186-39 101
ESO 186-52 89, 101
ESO 186-58 89, 101
ESO 186-62 89, 101
ESO 186-65 101
ESO 189-31 100
ESO 193-17 88, 99, 100, 107
ESO 193-41 88, 99
ESO 194-21 88, 99, 107
ESO 194-36B 99
ESO 195-3 99
ESO 195-11 99
ESO 197-10 98, 99
ESO 197-18 98, 99, 107
ESO 197-21 98, 99, 107
ESO 198-1 98, 99
ESO 198-2 98, 99
ESO 199-12 98, 106, 107
ESO 200-29 97, 98
ESO 202-7 97, 98, 106
ESO 202-23 97, 98
ESO 202-37 97, 98, 106
ESO 202-56 97, 106
ESO 204-11 96, 97, 106
ESO 205-28 96, 97, 105, 106
ESO 205-34 96, 97, 105, 106
ESO 206-20 96
ESO 206-20A 96, 97, 105
ESO 207-13 96
ESO 207-15 96
ESO 207-19 96
ESO 208-15 95, 96, 105
ESO 208-21 95, 96
ESO 208-25 95, 96
ESO 209-9 95, 96
ESO 213-2 94, 95
ESO 213-11 94, 95
ESO 215-7 94, 104
ESO 215-8 94
ESO 215-23 94
ESO 215-32 94
ESO 215-39 94
ESO 216-3 94
ESO 216-10 93, 94, 104
ESO 216-24 93, 94, 104
ESO 216-28 93, 94, 104
ESO 217-14 93, 94, 103, 104
ESO 217-15 93, 94, 103, 104
ESO 218-2 93, 103
ESO 218-4 93, 94, 103
ESO 219-7 93
ESO 219-14 93
ESO 219-18 93, 103
ESO 219-21 93, 103
ESO 219-39 93
ESO 219-41 93
ESO 220-6 93, 103
ESO 220-9 92, 93
ESO 221-3 92, 93
ESO 221-6 92, 93
ESO 221-8 92, 93
ESO 221-8A 92, 93
ESO 221-9 92, 93
ESO 221-10 92, 93
ESO 221-13 92, 93
ESO 221-14 92, 93
ESO 221-18 92, 93
ESO 221-20 92, 93
ESO 221-26 92, 93
ESO 221-27 92, 93
ESO 221-32 92, 93
ESO 221-34A 92, 93
ESO 221-37 92, 93
ESO 229-8 90, 91, 101, 102
ESO 230-3 90, 91, 101
ESO 230-7 90
ESO 230-9 90, 101
ESO 231-1 90, 101
ESO 231-2 90
ESO 231-9 90
ESO 231-11 90
ESO 231-17 90
ESO 231-24 90, 101
ESO 232-6 90, 101
ESO 232-9 89, 90
ESO 233-14 89, 90, 101
ESO 233-22 89, 90, 101
ESO 233-27 89, 90
ESO 233-35 89, 90
ESO 233-44 89, 90, 101
ESO 233-49 89, 90
ESO 234-21 89, 90, 101
ESO 234-28 89, 90, 101
ESO 234-49 89, 90, 101
ESO 234-50 89, 90, 101
ESO 234-51 89, 90, 101
ESO 234-68 89, 101
ESO 234-70 89, 100, 101
ESO 235-42 89, 101
ESO 235-49 89, 101
ESO 235-51 89, 100, 101
ESO 235-55 89, 101
ESO 235-85 89
ESO 236-25 88, 89
ESO 236-26 88, 89
ESO 236-37 88, 89
ESO 237-35 88, 89
ESO 237-47 88, 89
ESO 238-2 88, 89
ESO 239-6 88
ESO 240-10 88, 99
ESO 242-14 99
ESO 242-17 99
ESO 243-35 99
ESO 243-45 99
ESO 243-51 99
ESO 244-21 99
ESO 244-31 99
ESO 244-34 98, 99
ESO 244-45 98, 99
ESO 244-46 98, 99
ESO 245-5 98, 99
ESO 245-7 98, 99
ESO 246-13 98
ESO 246-21 98
ESO 249-8 97, 98
ESO 251-32 97
ESO 252-7 97
ESO 253-15 96, 97
ESO 253-30 96, 97
ESO 254-6 96, 97
ESO 254-17 96, 97
ESO 254-36 96, 97
ESO 254-41 96, 97
ESO 255-10 96, 97
ESO 256-11 96
ESO 257-19 95, 96
ESO 263-14 94, 95
ESO 263-21 94, 95
ESO 263-28 94, 95
ESO 263-33 94, 95
ESO 263-35 94, 95
ESO 263-37 94, 95
ESO 264-24 94
ESO 264-31 94
ESO 264-36 94
ESO 264-46 94
ESO 264-47 94

ESO 264-49, 94
ESO 265-7, 94
ESO 265-29, 94
ESO 265-31, 94
ESO 265-35, 94
ESO 266-3, 93, 94
ESO 266-15, 93, 94
ESO 266-22, 93, 94
ESO 267-11, 93, 94
ESO 267-16, 93, 94
ESO 267-29, 93, 94
ESO 267-30, 93, 94
ESO 267-43, 93, 94
ESO 268-3, 93, 94
ESO 268-4, 93, 94
ESO 268-5, 93, 94
ESO 268-22, 93
ESO 268-23, 93
ESO 268-36, 93
ESO 268-38, 93
ESO 268-47, 93
ESO 269-8, 93
ESO 269-12, 93
ESO 269-13, 93
ESO 269-22, 93
ESO 269-25, 93
ESO 269-31, 93
ESO 269-38, 93
ESO 269-49, 93
ESO 269-57, 93
ESO 269-58, 93
ESO 269-60, 93
ESO 269-70, 93
ESO 269-72, 93
ESO 269-74, 93
ESO 269-80, 93
ESO 269-85, 93
ESO 269-90, 93
ESO 270-6, 93
ESO 270-7, 93
ESO 270-14, 93
ESO 270-17, 92, 93
ESO 271-10, 92, 93
ESO 271-17, 92, 93
ESO 271-26, 92, 93
ESO 273-2, 92
ESO 273-4, 92
ESO 274-1, 92
ESO 274-6, 92
ESO 281-4, 90, 91
ESO 281-5, 90, 91
ESO 281-8, 90, 91
ESO 281-9, 90, 91
ESO 281-11, 90
ESO 281-14, 90
ESO 281-15, 90
ESO 281-18, 90
ESO 281-27, 90
ESO 281-31, 90
ESO 281-33, 90
ESO 281-38, 90
ESO 282-10, 90
ESO 282-21, 90
ESO 282-24, 90
ESO 282-27, 90
ESO 282-28, 90
ESO 283-15, 89, 90
ESO 284-9, 89, 90
ESO 284-17, 89, 90
ESO 284-21, 89, 90
ESO 284-26, 89, 90
ESO 284-32, 89, 90
ESO 284-33, 89, 90
ESO 284-37, 89, 90
ESO 284-38, 89, 90
ESO 284-41, 89, 90
ESO 284-44, 89, 90
ESO 284-51, 89, 90
ESO 284-53, 89, 90
ESO 285-23, 89
ESO 285-24, 89
ESO 285-36, 89
ESO 285-48, 89
ESO 285-49, 89
ESO 285-52, 89
ESO 286-10, 89
ESO 286-50, 89
ESO 286-52, 89
ESO 286-59, 89
ESO 286-63, 89
ESO 287-4, 89
ESO 287-13, 89
ESO 287-16, 89
ESO 287-33, 88, 89
ESO 287-35, 88, 89
ESO 287-45, 88, 89
ESO 287-46, 88, 89
ESO 289-4, 88, 89
ESO 289-47, 88
ESO 290-6, 88
ESO 293-37, 88, 99
ESO 293-49, 76, 87, 88, 99
ESO 295-12, 99
ESO 295-13, 87, 99
ESO 296-2, 87, 99
ESO 296-19, 87, 99
ESO 296-38, 87, 99
ESO 297-3, 87, 99
ESO 297-7, 87, 99
ESO 297-8, 99
ESO 298-16, 98, 99
ESO 298-19, 98, 99
ESO 299-13, 86, 98
ESO 299-20, 86, 98
ESO 303-20, 97
ESO 303-21, 85, 97
ESO 304-6, 97
ESO 304-21, 97
ESO 306-7, 97
ESO 306-9, 97
ESO 306-13, 96, 97
ESO 306-17, 96, 97
ESO 307-13, 96, 97
ESO 309-8, 84, 96
ESO 309-13, 96
ESO 309-15, 84, 96
ESO 311-12, 95, 96
ESO 315-3, 83, 95
ESO 316-8, 94, 95
ESO 316-13, 94, 95
ESO 316-25, 94, 95
ESO 316-26, 94, 95
ESO 316-31, 94, 95
ESO 316-32, 94, 95
ESO 316-33, 82, 94, 95
ESO 316-34, 94, 95
ESO 316-38, 82, 94, 95
ESO 316-40, 82, 94, 95
ESO 316-44, 94, 95
ESO 316-46, 82, 94, 95
ESO 316-47, 94, 95
ESO 317-3, 82, 94, 95
ESO 317-5, 94, 95
ESO 317-14, 94, 95
ESO 317-15, 94, 95
ESO 317-20, 94, 95
ESO 317-21, 94, 95
ESO 317-23, 94
ESO 317-42, 94
ESO 318-4, 82, 94
ESO 318-6, 94
ESO 318-17, 94
ESO 318-21, 94
ESO 319-14, 94
ESO 319-18, 94
ESO 319-19, 82, 94
ESO 319-22, 94
ESO 319-25, 94
ESO 320-5, 82, 94
ESO 320-7, 82, 94
ESO 320-24, 93, 94
ESO 320-26, 93, 94
ESO 320-35, 82, 93, 94
ESO 321-1, 93, 94
ESO 321-2, 93, 94
ESO 321-5, 93, 94
ESO 321-19, 93, 94
ESO 321-20, 93, 94
ESO 321-21, 93, 94
ESO 321-25, 93, 94
ESO 321-26, 93, 94
ESO 322-5, 93
ESO 322-21, 93
ESO 322-25, 93
ESO 322-27, 93
ESO 322-31, 93
ESO 322-34, 93
ESO 322-37, 93
ESO 322-38, D19
ESO 322-40, D19
ESO 322-47, D19
ESO 322-51, D19
ESO 322-54, D19
ESO 322-75, D19
ESO 322-76, D19
ESO 322-84, 93
ESO 322-94, D19
ESO 322-99, D19
ESO 322-100, D19
ESO 322-101, D19
ESO 323-5, D19
ESO 323-7, D19
ESO 323-8, D19
ESO 323-9, D19
ESO 323-10, 93
ESO 323-11, D19
ESO 323-12, D19
ESO 323-14, 93
ESO 323-15, 81, 93
ESO 323-19, D19
ESO 323-23, D19
ESO 323-25, 81, 93
ESO 323-27, D19
ESO 323-28, D19
ESO 323-32, D19
ESO 323-34, D19
ESO 323-44, 93
ESO 323-63, 93
ESO 323-66, 93
ESO 323-73, 81, 93
ESO 323-77, 93
ESO 323-79, 81, 93
ESO 323-85, 93
ESO 323-89, 93
ESO 323-90, 93
ESO 323-92, 93
ESO 323-93, 93
ESO 323-99, 93
ESO 324-29, 93
ESO 324-33, 81, 93
ESO 324-44, 92, 93
ESO 325-1, 81, 92, 93
ESO 325-4, 81, 92, 93
ESO 325-16, 81, 92, 93
ESO 325-19A, 81, 92, 93
ESO 325-25, 92, 93
ESO 325-28, 81, 92, 93
ESO 325-30, 81, 92, 93
ESO 325-40, 92, 93
ESO 325-44, 92, 93
ESO 326-6, 92, 93
ESO 326-20, 92
ESO 327-1, 92
ESO 327-8, 92
ESO 327-17, 80, 92
ESO 327-20, 80, 92
ESO 327-21, 92
ESO 327-23, 80, 92
ESO 327-31, 80, 92
ESO 327-39, 92
ESO 328-6, 80, 92
ESO 328-19, 92
ESO 328-22, 92
ESO 328-25, 80, 92
ESO 328-30, 92
ESO 328-35, 92
ESO 328-37, 92
ESO 328-50, 92
ESO 329-7, 80, 92
ESO 329-12, 80, 91, 92
ESO 330-4, 91, 92
ESO 336-3, 90
ESO 336-4, 90
ESO 336-6, 78, 90
ESO 336-8, 90
ESO 336-9, 90
ESO 336-10, 90
ESO 336-14, 90
ESO 336-17, 90
ESO 336-21, 90
ESO 337-1, 90
ESO 337-2, 90
ESO 337-6, 90
ESO 337-8, 78, 90
ESO 337-9, 90
ESO 337-10, 90
ESO 337-16, 90
ESO 338-4, 90
ESO 339-1, 89, 90
ESO 339-3, 89, 90
ESO 339-12, 89, 90
ESO 339-17, 89, 90
ESO 339-20, 89, 90
ESO 339-21, 89, 90
ESO 339-25, 89, 90
ESO 339-34, 89, 90
ESO 340-3, 77, 89, 90
ESO 340-7, 77, 78, 89, 90
ESO 340-12, 89, 90
ESO 340-15, 89, 90
ESO 340-16, 89, 90
ESO 340-21, 89, 90
ESO 340-25, 89, 90
ESO 340-29, 89
ESO 340-32, 89
ESO 340-36, 89
ESO 340-43, 89
ESO 341-4, 77, 89
ESO 342-22, 77, 89
ESO 342-50, 77, 89
ESO 343-1, 89
ESO 343-13, 77, 89
ESO 344-7, 88, 89
ESO 344-10, 76, 77, 88, 89
ESO 344-12, 88, 89
ESO 344-16, 88, 89
ESO 346-3, 76, 88
ESO 347-3, 76, 88
ESO 349-1, 76, 87, 99
ESO 349-26A, 76, 87, 88, 99
ESO 349-26C, 76, 87, 88, 99
ESO 349-27, 76, 87, 88, 99
ESO 349-31, 76, 87, 88
ESO 349-38, 76, 87
ESO 350-40, 87
ESO 351-30, 87
ESO 352-41, 87
ESO 352-55, 87
ESO 352-69, 87
ESO 352-73, 87
ESO 353-7, 87
ESO 353-9, 87
ESO 353-25, 87, 99
ESO 353-26, 87, 99
ESO 353-40, 86, 87, 98, 99
ESO 354-3, 86, 87, 98, 99
ESO 354-19, 86, 87, 98, 99
ESO 354-25, 86, 87
ESO 354-26, 86, 87
ESO 354-29, 86, 87
ESO 354-33, 86, 87
ESO 355-30, 86
ESO 356-4, 86
ESO 356-9, 86
ESO 356-13, 86, 98
ESO 356-22, 86, 98
ESO 356-24, 86, 98
ESO 358-6, D10
ESO 358-22, 86
ESO 358-50, D10
ESO 358-59, 85, 86, 97, 98
ESO 358-63, 85, 86, 97, 98
ESO 359-2, 85, 86, 97, 98
ESO 362-8, 85
ESO 362-12, 85, 97
ESO 362-15, 85, 97
ESO 362-18, 85
ESO 363-18, 84, 85
ESO 363-27, 84, 85
ESO 364-6, 84, 85, 96
ESO 364-17, 84, 85
ESO 364-33, 84, 85
ESO 364-39, 84, 85
ESO 365-5, 84, 96
ESO 365-9, 84
ESO 365-11, 84, 96
ESO 366-16, 84, 96
ESO 367-8, 84
ESO 371-16, 83
ESO 372-12, 83, 95
ESO 373-2, 83, 95
ESO 373-3, 83, 95
ESO 373-5, 83, 95
ESO 373-10, 83, 95
ESO 373-19, 83
ESO 373-28, 82, 83
ESO 374-38, 82, 83
ESO 374-46, 82, 83, 95
ESO 374-46A, 82, 83, 94, 95
ESO 375-7, 82, 94, 95
ESO 375-69, 82, 94
ESO 376-7, 82, 94
ESO 376-9, 82
ESO 376-26, 82
ESO 377-10, 82, 94
ESO 377-12, 82, 94
ESO 377-21, 82, 94
ESO 377-24, 82, 94
ESO 377-29, 82
ESO 377-41, 82
ESO 377-46, 82, 94
ESO 377-48, 82, 94
ESO 378-20, 81, 82, 93, 94
ESO 379-19, 81, 82, 93, 94
ESO 379-22, 81, 82
ESO 379-26, 81, 82, 93, 94
ESO 379-31, 81, 82, 94
ESO 379-35, 81, 82, 94
ESO 380-1, 81, 82, 93, 94
ESO 380-6, 81, 82, 93, 94
ESO 380-19, 81, 93
ESO 380-30, 81
ESO 380-33, 81
ESO 381-9, 81, 93
ESO 381-12, 81
ESO 381-23, 81
ESO 381-29, 81, 93
ESO 381-32, 81, 93
ESO 381-42, 81
ESO 381-47, 81, 93
ESO 381-50, 81
ESO 382-2, 81
ESO 382-16, 81, 93
ESO 382-23, 81, 93
ESO 382-24, 81
ESO 382-25, 81
ESO 382-34, 81, 93
ESO 382-60, 81
ESO 382-67, 81, 93
ESO 383-20, 81, 93
ESO 383-25, 81
ESO 383-30, 81
ESO 383-35, 81
ESO 383-37, 81
ESO 383-38, 81
ESO 383-44, 81
ESO 383-45, 81
ESO 383-47, 81, 93
ESO 383-49, 81
ESO 383-50, 81, 93
ESO 383-60, 81
ESO 383-76, 80, 81
ESO 383-81, 80, 81
ESO 383-87, 80, 81, 92, 93
ESO 384-6, 80, 81, 92
ESO 384-12, 80, 81
ESO 384-13, 80, 81
ESO 384-19, D17
ESO 384-21, D17
ESO 384-23, D17
ESO 384-26, D17
ESO 384-29, D17
ESO 384-35, D17
ESO 384-36, D17
ESO 384-38, D17
ESO 384-49, D17
ESO 384-51, 80, 81
ESO 384-53, D17
ESO 384-55, 80, 81, 92, 93
ESO 385-15, 80
ESO 385-17, 80
ESO 385-28, 80
ESO 385-32, 80, 92
ESO 386-2, 80, 92
ESO 386-4, 80
ESO 386-9, 80
ESO 386-11, 80, 92
ESO 386-14, 80, 92
ESO 386-19, 80, 92
ESO 386-31, 80, 92
ESO 386-33, 80, 92
ESO 386-34, 80, 92
ESO 386-38, 80, 92
ESO 386-39, 80, 92
ESO 386-40, 80, 92
ESO 386-41, 80, 92
ESO 387-12, 80, 92
ESO 387-16, 80, 92
ESO 387-19, 80, 92
ESO 387-26, 80, 92
ESO 394-30, 78, 79, 90, 91
ESO 396-7, 78
ESO 396-9, 78
ESO 396-17, 78, 90
ESO 397-4, 78
ESO 397-6, 78
ESO 397-15, 78
ESO 397-17, 78
ESO 398-12, 78
ESO 398-22, 77, 78, 89, 90
ESO 399-10, 77, 78
ESO 399-18, 77, 78, 89, 90
ESO 399-23, 77, 78, 89, 90
ESO 400-4, 77, 78, 89, 90
ESO 400-28, 77
ESO 400-38, 77
ESO 400-43, 77, 89
ESO 402-8, 77, 89
ESO 402-10, 77
ESO 402-30, 77
ESO 404-12, 76, 77, 88, 89
ESO 404-27, 76, 77
ESO 406-10A, 76
ESO 406-35, 76
ESO 407-2, 76
ESO 407-14, 76
ESO 409-12, 76, 87
ESO 409-25, 87
ESO 411-34, 87
ESO 412-1, 87
ESO 413-5, 87
ESO 413-24, 87
ESO 414-1, 87
ESO 414-25, 86, 87
ESO 414-26, 86, 87
ESO 414-27, 86, 87
ESO 415-22, 86
ESO 416-32, 86
ESO 416-36, 86
ESO 417-3, 86
ESO 417-5, 86
ESO 417-6, 86
ESO 417-21, 86
ESO 418-6, 86
ESO 418-7A, 86
ESO 418-8, 86
ESO 418-9, 86
ESO 419-3, 86
ESO 420-5, 85, 86
ESO 420-13, 85, 86
ESO 422-16, 85
ESO 422-18, 85
ESO 422-23, 85
ESO 422-28, 85
ESO 422-29, 85
ESO 423-20, 85
ESO 423-24, 85
ESO 424-10, 85
ESO 424-12, 85
ESO 424-17, 85
ESO 425-4, 84, 85
ESO 425-10, 84, 85
ESO 425-14, 84
ESO 425-19, 84
ESO 426-7, 84
ESO 426-14, 84
ESO 427-6, 84
ESO 427-29, 84
ESO 428-2, 84
ESO 428-4, 84
ESO 428-11, 84
ESO 428-14, 84
ESO 428-23, 84
ESO 428-29, 84
ESO 428-32, 84
ESO 432-17, 83
ESO 433-7, 83
ESO 433-8, 83
ESO 433-18, 83
ESO 433-19, 83
ESO 434-9, 83
ESO 434-15, 83
ESO 434-18, 83
ESO 434-28, 83
ESO 434-40, 82, 83
ESO 435-1, 82, 83
ESO 435-16, 82, 83
ESO 435-20, 82, 83
ESO 435-49, 82, 83
ESO 436-27, 82
ESO 436-29, 82
ESO 436-44, D22
ESO 436-46, D22
ESO 437-4, D22
ESO 437-11, D22
ESO 437-13, D22
ESO 437-14, 82
ESO 437-15, D22
ESO 437-19, 82
ESO 437-21, 82
ESO 437-33, 82
ESO 437-38, D22
ESO 437-45, 82
ESO 437-50, 82
ESO 437-56, 82
ESO 437-67, 82
ESO 438-8, 82
ESO 438-12, 82
ESO 438-14, 82
ESO 438-15, 82
ESO 438-23, 82
ESO 439-18, 82
ESO 439-19, 82
ESO 440-25, 81, 82
ESO 440-32, 81, 82
ESO 440-37, 81, 82
ESO 440-38, 81, 82
ESO 441-17, 81, 82
ESO 441-20, 81, 82
ESO 442-3, 81
ESO 442-15, 81
ESO 443-4, 81
ESO 443-7, 81
ESO 443-15, 81
ESO 443-17, 81
ESO 443-24, 81
ESO 443-28, 81
ESO 443-33, 81
ESO 443-34, 81
ESO 443-39, 81
ESO 443-41, 81
ESO 443-43, 81
ESO 443-50, 81
ESO 443-53, 81
ESO 443-54, 81
ESO 443-55, 81
ESO 443-66, 81
ESO 443-80, 81
ESO 444-7, 81
ESO 444-10A, 81
ESO 444-12, 81
ESO 444-15, 81
ESO 444-18, 81
ESO 444-19, 81
ESO 444-26, 81
ESO 444-38, 81
ESO 444-55, 81
ESO 444-76, 81
ESO 444-87, 81
ESO 445-1, 81
ESO 445-2, 81
ESO 445-5, 81
ESO 445-14, 81
ESO 445-16, 81
ESO 445-28, D25
ESO 445-35, D25
ESO 445-36, 80, 81
ESO 445-37, D25
ESO 445-49, 80, 81
ESO 445-57, D25
ESO 445-58, 80, 81
ESO 445-59, 80, 81
ESO 445-59A, 80, 81
ESO 445-75, 80, 81
ESO 446-3, 80, 81
ESO 446-17, 80, 81
ESO 446-26, 80, 81
ESO 446-39, 80
ESO 446-49, 80
ESO 447-17, 80
ESO 447-30, 80
ESO 447-31, 80
ESO 448-9, 80
ESO 449-5, 80
ESO 449-10, 80
ESO 450-9, 80
ESO 451-4, 79, 80
ESO 459-6, 78
ESO 460-4, 78
ESO 460-9, 78
ESO 460-10, 78
ESO 461-2, 77, 78
ESO 461-5, 77, 78
ESO 461-7, 77, 78
ESO 461-13, 77, 78
ESO 461-19, 77, 78
ESO 461-31, 77, 78
ESO 461-35, 77, 78
ESO 461-42, 77, 78
ESO 462-15, 77
ESO 462-16, 77
ESO 462-20, 77
ESO 463-8, 77
ESO 466-7, 76, 77
ESO 466-18, 76, 77
ESO 466-21, 76, 77
ESO 466-24, 76, 77
ESO 466-26, 76, 77
ESO 466-50, 76, 77
ESO 467-26, 76
ESO 467-27, 76
ESO 467-28, 76
ESO 467-37, 76
ESO 467-43, 76
ESO 467-54, 76
ESO 468-27, 76
ESO 471-45, 76, 87
ESO 472-4, 76, 87
ESO 472-20, 87
ESO 473-18, 87
ESO 474-7, 87
ESO 474-27, 87
ESO 475-15, 87
ESO 475-16, 75, 87
ESO 476-4, 87
ESO 476-8, 75, 87
ESO 476-18, 87
ESO 477-8, 86, 87
ESO 478-5, 86, 87
ESO 478-6, 74, 86, 87
ESO 478-15, 86
ESO 479-9, 86
ESO 479-35, 86
ESO 481-29, 86
ESO 483-13, 73, 85
ESO 484-28, 85
ESO 485-3, 85
ESO 486-19, 73, 85
ESO 486-23, 73, 85
ESO 486-29, 73, 85
ESO 486-39A, 85
ESO 487-22, 85
ESO 488-1, 85
ESO 488-6, 85
ESO 488-7, 85
ESO 488-15, 85
ESO 488-19, 85
ESO 488-27, 85
ESO 488-33, 84, 85
ESO 488-59, 84, 85
ESO 489-2, 84, 85
ESO 489-6, 72, 84, 85
ESO 489-7, 84, 85
ESO 489-15, 72, 84
ESO 489-20, 84
ESO 489-35, 84
ESO 489-37, 84
ESO 489-57, 84
ESO 490-6, 84
ESO 490-12, 84
ESO 490-14, 84
ESO 490-26, 84
ESO 490-35, 84
ESO 490-37, 84
ESO 491-6, 84
ESO 491-20, 84
ESO 491-21, 84
ESO 492-2, 84
ESO 494-19, 71, 72, 83, 84
ESO 494-25, 83, 84
ESO 494-31, 71, 83
ESO 494-35, 83
ESO 494-36, 71, 83
ESO 494-39, 71, 83
ESO 495-5, 83
ESO 495-6, 83
ESO 495-11, 83
ESO 495-13, 83
ESO 495-16, 83
ESO 495-21, 83
ESO 496-3, 71, 83
ESO 497-22, 83
ESO 497-27, 83
ESO 497-39, 83
ESO 498-4, 83
ESO 498-5, 83
ESO 498-6, 83
ESO 499-7, 82, 83
ESO 499-9, 71, 83
ESO 499-13, 82, 83
ESO 499-23, 82, 83
ESO 499-28, 82, 83
ESO 499-32, 82, 83
ESO 499-41, 70, 71, 82, 83
ESO 500-41, 82
ESO 501-1, 82
ESO 501-3, D22
ESO 501-13, D22
ESO 501-16, D22
ESO 501-20, D22
ESO 501-24, 82
ESO 501-32, 82
ESO 501-35, D22
ESO 501-51, D22
ESO 501-56, D22
ESO 501-65, D22
ESO 501-75, D22
ESO 501-84, 82
ESO 501-86, 82
ESO 501-88, 70, 82
ESO 501-89, 82
ESO 501-102, 70, 82
ESO 502-5, 82
ESO 502-8, 82
ESO 503-5, 82
ESO 504-1, 82
ESO 504-3, 82
ESO 504-17, 81, 82
ESO 504-28, 81, 82
ESO 505-14, 81, 82
ESO 505-32, 81
ESO 506-4, 81
ESO 506-15, 81
ESO 506-19, 81
ESO 506-29, 81
ESO 506-32, 69, 81
ESO 506-33, 81
ESO 507-14, 81
ESO 507-17, 69, 81
ESO 507-21, 81
ESO 507-24, 81
ESO 507-25, 81
ESO 507-27, 81
ESO 507-28, 81
ESO 507-32, 81
ESO 507-35, 81
ESO 507-42, 81
ESO 507-43, 81
ESO 507-45, 81
ESO 507-46, 81
ESO 507-62, 81
ESO 508-8, 81
ESO 508-33, 81
ESO 508-45, 81
ESO 508-56, 81
ESO 508-63, 69, 81
ESO 509-8, 81
ESO 509-33, 81
ESO 509-53, 69, 81
ESO 509-64, 69, 81
ESO 509-71, 81
ESO 509-87, 81
ESO 509-97, 81
ESO 509-98, 81
ESO 509-108, 81
ESO 510-9, 80, 81
ESO 510-10, 80, 81
ESO 510-13, 80, 81
ESO 510-33, 80, 81
ESO 510-44, 80, 81
ESO 510-53, 80, 81
ESO 510-54, 80, 81
ESO 510-56, 80, 81
ESO 510-60, 80, 81
ESO 510-63, 80, 81
ESO 510-65, 80, 81
ESO 510-66, 80, 81
ESO 510-71, 80, 81
ESO 511-8, 80
ESO 511-21, 80
ESO 511-23, 80
ESO 511-26, 80
ESO 511-31, 80
ESO 511-32, 80
ESO 511-34, 80
ESO 511-50, 80
ESO 512-9, 80
ESO 512-18, 80
ESO 512-19, 80
ESO 512-20, 68, 80
ESO 512-23, 80
ESO 513-11B, 80
ESO 514-3, 80
ESO 515-3, 68, 80
ESO 515-4, 80
ESO 524-10, 78
ESO 525-4, 78
ESO 526-4, 78
ESO 526-8, 66, 78
ESO 526-10, 66, 77, 78
ESO 526-16, 65, 66, 77, 78
ESO 526-17, 77, 78
ESO 527-1, 65, 66, 77, 78
ESO 527-2, 77, 78
ESO 527-5, 77, 78
ESO 527-6, 77, 78
ESO 527-7, 77, 78
ESO 527-11, 77, 78
ESO 527-19, 77
ESO 528-8, 65, 77
ESO 528-19, 65, 77
ESO 528-36, 77
ESO 529-1, 65, 77
ESO 529-2, 65, 77
ESO 529-3, 77
ESO 529-5, 77
ESO 530-6, 77
ESO 531-11, 65, 77
ESO 531-27, 77
ESO 532-34, 64, 76
ESO 533-6, 76
ESO 533-7, 76
ESO 533-14, 76
ESO 533-24, 76
ESO 533-25, 76
ESO 533-28, 76
ESO 534-2, 76
ESO 534-10, 76
ESO 534-24, 64, 76
ESO 534-31, 64, 76
ESO 535-1, 76
ESO 535-14, 76
ESO 535-15, 64, 76
ESO 535-17, 64, 76
ESO 536-2, 64, 76
ESO 539-5, 75
ESO 540-1, 75, 87
ESO 540-3, 75
ESO 540-23, 75
ESO 541-1, 75
ESO 541-8, 75
ESO 541-15, 75, 87
ESO 542-3, 75
ESO 542-15, 75, 87
ESO 542-30, 75
ESO 543-12, 75
ESO 544-30, 74, 86
ESO 545-13, 74
ESO 545-40, 74
ESO 546-3, 74, 86
ESO 547-2, 74, 86
ESO 547-15, 74
ESO 548-28, 74
ESO 548-35, 74
ESO 548-36, 74, 86
ESO 548-44, 74
ESO 548-68, 74
ESO 548-81, 74, 86
ESO 549-23, 74, 86
ESO 549-40, 73, 74
ESO 549-49, 73, 74
ESO 549-50, 73, 74, 85, 86
ESO 552-5, 73
ESO 552-14, 73
ESO 552-23, 73
ESO 552-52, 73, 85
ESO 552-57, 73
ESO 552-59, 73
ESO 553-2, 73
ESO 553-12, 73
ESO 553-20, 73
ESO 554-5, 73, 85
ESO 554-27, 73, 85
ESO 554-35, 73
ESO 554-38, 73
ESO 555-4, 73
ESO 555-13, 72, 73, 84
ESO 555-18, 72, 73, 84, 85
ESO 555-22, 72, 73, 84, 85
ESO 561-33, 71, 83
ESO 562-2, 71, 83
ESO 562-7, 71, 83
ESO 562-10, 71
ESO 562-14, 71
ESO 562-15, 71
ESO 562-16, 71
ESO 562-20, 71, 83
ESO 562-22, 71
ESO 562-23, 71, 83
ESO 563-3, 71, 83
ESO 563-11, 71
ESO 563-14, 71
ESO 563-17, 71
ESO 563-24, 71
ESO 563-31, 71
ESO 563-33, 71, 83
ESO 563-34, 71, 83
ESO 563-36, 71, 83
ESO 564-11, 71, 83
ESO 564-15, 71
ESO 564-19, 71
ESO 565-6, 71
ESO 565-7, 71
ESO 565-8, 71
ESO 565-11, 71, 83
ESO 565-19, 71, 83
ESO 565-30, 71, 83
ESO 566-7, 71
ESO 566-20, 70, 71, 82, 83
ESO 566-24, 70, 71, 82
ESO 566-40, 70, 71, 82, 83
ESO 567-25, 70, 82
ESO 567-33, 70, 82
ESO 567-37, 70, 82
ESO 567-51, 70, 82
ESO 567-52, 70, 82
ESO 568-8, 70, 82
ESO 568-21, 70, 82
ESO 569-12, 70
ESO 569-24, 70
ESO 569-27, 70
ESO 571-3, 70, 82
ESO 571-4, 70, 82
ESO 571-12, 70
ESO 572-18, 69, 70
ESO 572-23, 69, 70, 81, 82
ESO 572-34, 69, 70
ESO 572-54, 69, 70, 82
ESO 573-2, 69
ESO 573-10, 69
ESO 574-12, 69
ESO 574-29, 69, 81
ESO 574-33, 69, 81
ESO 575-6, 69
ESO 575-13, 69, 81
ESO 575-21, 69
ESO 575-32, 69, 81
ESO 575-33, 69, 81
ESO 575-34, 69, 81
ESO 575-43, 69, 81
ESO 575-44, 69, 81
ESO 575-44A, 69, 81
ESO 575-47, 69
ESO 576-27, 69
ESO 576-30, 69
ESO 576-51, 69
ESO 576-66, 69, 81
ESO 576-67, 69, 81
ESO 576-76, 69, 81
ESO 577-9, 69, 81
ESO 578-11, 68, 69
ESO 578-19, 68, 69, 80, 81
ESO 579-21, 68
ESO 580-27, 68, 80
ESO 580-43, 68
ESO 581-16, 68
ESO 592-9, 66
ESO 592-10, 66
ESO 593-1, 66
ESO 593-5, 66
ESO 593-11, 66, 78
ESO 594-1, 66, 78
ESO 594-4, 66
ESO 594-5, 66
ESO 595-14, 65, 66, 77, 78
ESO 596-48, 65
ESO 596-49, 65
ESO 597-6, 65
ESO 597-23, 65
ESO 597-26, 65, 77
ESO 597-27, 65, 77
ESO 597-41, 65
ESO 598-20, 65, 77
ESO 602-10, 64
ESO 602-25, 64
ESO 602-30, 64
ESO 604-10, 64, 76
ESO 605-16, 64, 76
ESO 606-11, 64
GR 8, 45
IC 3, 63
IC 4, 51
IC 5, 75
IC 6, 63
IC 7, 51
IC 10, 8, 15
IC 19, 75
IC 20, 75
IC 23, 75
IC 34, 51, 63

IC 38 75
IC 41 75
IC 43 39
IC 46 39
IC 48 63, 75
IC 50 75
IC 51 75
IC 53 51
IC 65 27
IC 69 39
IC 80A 75
IC 81 63
IC 82 75
IC 90 63, 75
IC 93 75
IC 96 39
IC 107 51
IC 109 63
IC 112 51
IC 115 51
IC 116 63
IC 119 D16
IC 121 63
IC 123 63
IC 141 75
IC 159 63, 75
IC 161 51
IC 163 39, 51
IC 164 63
IC 167 39, 51
IC 169 50, 51
IC 170 63, 75
IC 171 26, 27, 38, 39
IC 172 63
IC 174 62, 63
IC 175 62, 63
IC 177 62, 63
IC 178 26, 27, 38, 39
IC 179 26, 27, 38, 39
IC 182 50, 51, 62, 63
IC 186-2 62, 63
IC 187-1 38, 39
IC 187-2 38, 39
IC 189 38, 39, 50, 51
IC 192 50, 51
IC 195 50, 51
IC 197 62
IC 200 38, 39
IC 204 62
IC 205 62
IC 208 50, 62
IC 209 62, 74
IC 214 62
IC 216 62
IC 219 62, 74
IC 221 38
IC 223 74, 86
IC 224 74
IC 225 62
IC 231 62
IC 232 62
IC 233 62
IC 235 50
IC 238 50
IC 239 26, 38
IC 241 62
IC 248 50
IC 251 74
IC 253 74
IC 257 26
IC 263 62
IC 267 50
IC 270 74
IC 271 74
IC 276 74
IC 277 62
IC 278 26, 38
IC 279 50
IC 284 26
IC 292 26
IC 293 26
IC 301 26
IC 302 62
IC 309 26
IC 310 D20
IC 312 D20
IC 315 62
IC 317 74
IC 328 74
IC 331 62
IC 332 62
IC 334 6, 7
IC 335 D10
IC 338 62
IC 342 6, 7, 14
IC 343 74
IC 345 74
IC 346 74
IC 347 62
IC 356 6, 7
IC 357 37, 38, 49, 50
IC 362 73
IC 363 61
IC 364 61
IC 366 61
IC 367 73
IC 368 73
IC 369 73
IC 375 73
IC 377 73
IC 381 6, 7
IC 382 73
IC 385 61, 73
IC 387 61, 73
IC 389 61, 73
IC 391 6, 7
IC 392 61
IC 393 73
IC 396 6, 7, 14
IC 401 73
IC 408 85
IC 409 61
IC 411 85
IC 413 61
IC 414 61
IC 421 61
IC 422 73
IC 433 73
IC 438 72, 73
IC 440 5, 6
IC 442 1, 6
IC 445 6, 13
IC 449 5, 6
IC 450 5, 6
IC 454 48
IC 455 1
IC 456 84
IC 458 D15
IC 459 D15
IC 460 D15
IC 464 D15
IC 467 5, 6
IC 469 1
IC 471 23, 24
IC 486 35, 36
IC 493 35, 36
IC 494 59
IC 495 47, 59
IC 498 59
IC 500 71
IC 501-1 35
IC 501-2 35
IC 502 47, 59
IC 503 59
IC 504 59
IC 506 59
IC 508 35
IC 509 35, 47
IC 512 1
IC 513 71
IC 514 59
IC 517 59
IC 519 59
IC 520 5, 6
IC 522 12, 13
IC 523 47, 59
IC 527 23, 35
IC 529 4, 5, 6
IC 535 59
IC 537 71
IC 539 59
IC 545 35
IC 546 71
IC 550 59, 71
IC 551 47, 59
IC 552 47
IC 553 59, 71
IC 554 47
IC 558 35
IC 560 59
IC 561 59
IC 566 59
IC 569 47
IC 575 59, 71
IC 576 46, 47
IC 577 46, 47
IC 582 46, 47
IC 584 46, 47
IC 585 46, 47
IC 586 58, 59, 70, 71
IC 587 58, 59
IC 588 58, 59
IC 590-1 58
IC 590-2 58
IC 591 46
IC 592 58
IC 593 58
IC 595 46
IC 598 22, 23
IC 600 58
IC 602 46, 58
IC 603 58, 70
IC 605 58
IC 607 46
IC 609 58
IC 616-1 46
IC 621 58
IC 627 58
IC 628 58
IC 630 58, 70
IC 632 58
IC 633 58
IC 642 46
IC 648-1 46
IC 648-2 46
IC 649-2 58
IC 651 58
IC 653 58
IC 656 46
IC 658 46, 58
IC 664 46
IC 666 46
IC 667 46
IC 669 46, 58
IC 670 46, 58
IC 671 58
IC 676 46, 58
IC 677 46
IC 678 46, 58
IC 680 58
IC 683 58
IC 691 11, 12
IC 692 46
IC 696 46, 58
IC 697 58
IC 698 46, 58
IC 700 46
IC 701 46
IC 707 34, 46
IC 708 21, 22
IC 709 21, 22
IC 711 21, 22
IC 712 21, 22
IC 719 46, 58
IC 723 58, 70
IC 724 46, 58
IC 725 58
IC 732-1 D23
IC 738 58
IC 741 58
IC 745 58
IC 746 81
IC 748 45, 46, 57, 58
IC 749 21, 22
IC 750 21, 22
IC 752 21, 22
IC 753 57, 58
IC 754 57, 58
IC 760 81, 82
IC 767 45
IC 769 D2
IC 771 D2
IC 773 D3
IC 775 D2
IC 777 33
IC 780 33
IC 781 D2
IC 782 D3
IC 783 D2
IC 783A D2
IC 784 57
IC 786 69
IC 789 D3
IC 791 33, 45
IC 794 D2
IC 796 D2
IC 797 D2
IC 798 D2
IC 801 11, 21, 22
IC 803 D2
IC 804 57
IC 807 69
IC 809 D2
IC 812 57
IC 813 33, 45
IC 815 45
IC 816 45
IC 817 45
IC 821 33
IC 824-2 57
IC 826 33
IC 829 69
IC 830 11, 21
IC 832 33
IC 833 57, 69
IC 834 33
IC 835 33
IC 840 45
IC 843 33
IC 844 81
IC 845 45
IC 847 11, 21
IC 849 57
IC 855 57
IC 857 45
IC 858 45
IC 862 45
IC 863 69
IC 868-1 45
IC 873 57
IC 874 81
IC 875 11
IC 879 81
IC 882 45
IC 883 33
IC 885 33, 45
IC 889 45
IC 891 57
IC 892 57
IC 899 57, 69
IC 900 45, 57
IC 905 33, 45
IC 908 57
IC 909 33
IC 910 33, 45
IC 911 33, 45
IC 912 33, 45
IC 915 69
IC 920 69
IC 933 33, 45
IC 939 57
IC 943 57
IC 946 45
IC 947 57
IC 948 45
IC 951 11, 20, 21
IC 954 4, 5
IC 956-1 32, 33, 44, 45
IC 959 44, 45
IC 962 44, 45
IC 964 44, 45
IC 966 56, 57
IC 967 44, 45
IC 968-1 56, 57
IC 971 68, 69
IC 975 44
IC 976 56
IC 979 44
IC 980 56, 68
IC 981 56
IC 982 44
IC 983 44
IC 985 56
IC 986 56
IC 988 56
IC 989 56
IC 991 68
IC 994 44
IC 997-1 56
IC 997-2 56
IC 999 44
IC 1000 44
IC 1007 56
IC 1008A 32
IC 1011 56
IC 1014 44
IC 1019 32
IC 1024 56
IC 1029 20
IC 1035 44, 56
IC 1038 44
IC 1040 44, 56
IC 1042 56
IC 1048 56
IC 1049 10, 11
IC 1051 44
IC 1053 44
IC 1055 68
IC 1059 56
IC 1060 56, 68
IC 1061 44
IC 1062 44
IC 1065 10, 11
IC 1066 56
IC 1067 56
IC 1068 56
IC 1071 56
IC 1072 56
IC 1073 56
IC 1076 44
IC 1077 68
IC 1078 44, 56
IC 1084 56, 68
IC 1085 44
IC 1089 44, 56
IC 1091 68
IC 1092 44, 56
IC 1095-1 44
IC 1105 56
IC 1107 56
IC 1109 56
IC 1116 44, 56
IC 1121 44, 56
IC 1124 32, 44
IC 1127 32
IC 1129 3, 4, 10
IC 1131 44
IC 1132 32, 44
IC 1134-1 44
IC 1136 56
IC 1137 44, 56
IC 1141 44
IC 1143 1, 3, 4
IC 1144 19, 20
IC 1146 3, 4
IC 1149 43, 44
IC 1151 43, 44
IC 1152 19, 20
IC 1153 19, 20
IC 1154 3, 4
IC 1156 43, 44
IC 1161 43, 44
IC 1163 43, 44
IC 1167 43, 44
IC 1169 43, 44
IC 1174 43, 44
IC 1205 43
IC 1211 10, 19, 20
IC 1212 3, 4, 10
IC 1215 3, 4, 10
IC 1220 43, 55
IC 1222 19
IC 1226 19
IC 1231 10
IC 1235 10
IC 1236 43
IC 1241 9, 10
IC 1242 55
IC 1244 19, 31
IC 1248 10
IC 1249 31
IC 1255 43
IC 1258 9, 10
IC 1259-1 10
IC 1259-2 10
IC 1260 9, 10
IC 1265 18, 19
IC 1267 9, 10
IC 1269 30, 31, 42, 43
IC 1288 18
IC 1291 18, 19
IC 1301 17, 18
IC 1302 18, 30
IC 1317 53
IC 1319 65
IC 1320 53
IC 1327 53
IC 1332 65
IC 1337 65
IC 1339 65
IC 1341 65
IC 1342 65
IC 1345 65
IC 1355 65
IC 1362 53
IC 1364 53
IC 1365 53
IC 1367 53
IC 1368 53
IC 1371 53
IC 1373 53
IC 1375 53
IC 1377 53
IC 1379 53
IC 1380 53
IC 1386 65, 77
IC 1387 53
IC 1388 53
IC 1391 53
IC 1392 29
IC 1393 65, 77
IC 1395 53
IC 1399 53
IC 1404 65
IC 1405 53
IC 1406 53
IC 1407-1 53
IC 1411 53
IC 1412 64, 65
IC 1414 40, 41, 52, 53
IC 1420 40, 41
IC 1425 52
IC 1428 52, 53
IC 1435 64, 76
IC 1437 52
IC 1438 64, 76
IC 1443 64, 76
IC 1444 52
IC 1445 64
IC 1447 52
IC 1451 64
IC 1455 52
IC 1459 76, 88
IC 1460 52
IC 1461 40
IC 1466 52
IC 1471 64
IC 1473 28
IC 1479 64
IC 1481 40, 52
IC 1489 64
IC 1491 64
IC 1492 52
IC 1495 64
IC 1503 52
IC 1505 52
IC 1515 52
IC 1516 52
IC 1517 52, 63
IC 1518 40, 51
IC 1520 64, 75
IC 1525 16, 27
IC 1526 40, 51
IC 1528 63, 75
IC 1529 75
IC 1531 76, 87
IC 1542 39, 51
IC 1543 39, 51
IC 1549 51, 63
IC 1553 87
IC 1558 87
IC 1559 39, 51
IC 1562 87
IC 1565 51, 63
IC 1567 51, 63
IC 1569 51, 63
IC 1575A 63
IC 1575B 63
IC 1586 39, 51
IC 1601 87
IC 1605 99
IC 1607 63
IC 1608 87
IC 1609 99
IC 1610 75
IC 1613 63
IC 1615 99, 107
IC 1616 87
IC 1620 51
IC 1622 75
IC 1623-1 75
IC 1625 99
IC 1628 87
IC 1629 63
IC 1631 99
IC 1633 99
IC 1634 51
IC 1635 51
IC 1636 39
IC 1637 87
IC 1638 39
IC 1639 63
IC 1640 63
IC 1646 51
IC 1648 39
IC 1650 99, 107
IC 1654 39
IC 1657 87
IC 1659 39
IC 1666 39
IC 1667 75
IC 1672 39
IC 1673 D14
IC 1675 39
IC 1678 63
IC 1682 D14
IC 1683 39
IC 1687 D14
IC 1689 D14
IC 1690 D14
IC 1692 D14
IC 1694 63
IC 1695 51, 63
IC 1696 D16
IC 1697 63
IC 1698 51
IC 1702 51
IC 1704 51
IC 1705 63
IC 1715 51
IC 1718 39
IC 1719 87
IC 1720 87
IC 1721 51, 63
IC 1724 86, 87, 98
IC 1725 39, 51
IC 1726 63
IC 1727 39
IC 1728 86, 87
IC 1729 87
IC 1731 38, 39
IC 1732 D18
IC 1733 38, 39
IC 1734 86, 87
IC 1739 86, 87
IC 1748 50, 51
IC 1749 50, 51, 62, 63
IC 1753 38, 39
IC 1759 86, 87
IC 1763 86, 87
IC 1764 38, 39
IC 1768 86, 87
IC 1770 50, 51
IC 1771 50, 51
IC 1772 50, 51, 62, 63
IC 1776 50, 62
IC 1779 62
IC 1781 62
IC 1783 86, 87
IC 1784 38
IC 1786 62
IC 1788 86
IC 1791 50
IC 1796 98, 99
IC 1801 50
IC 1802 38, 50
IC 1804-1 38, 50
IC 1804-2 38, 50
IC 1807 38, 50
IC 1810 98
IC 1811 86
IC 1812 98
IC 1813 86
IC 1815 38
IC 1816 86, 98
IC 1818 74
IC 1821-1 50
IC 1826 86
IC 1833 86
IC 1835-1 50
IC 1843 62
IC 1845 86
IC 1847 50
IC 1854 50
IC 1856 62
IC 1858 86
IC 1859 86
IC 1860 86
IC 1861 38
IC 1863 50, 62
IC 1864 86
IC 1870 62
IC 1874 26, 38
IC 1875 98
IC 1876 86
IC 1880 74
IC 1892 74, 86
IC 1895 86
IC 1897 74
IC 1899 86
IC 1900 26, 38
IC 1902 26, 38
IC 1918 62
IC 1919 86
IC 1925 97, 98, 106
IC 1933 98, 106
IC 1935 97, 98, 106
IC 1940 98, 106
IC 1947 97, 98, 106
IC 1949 97, 98
IC 1952 74, 86
IC 1953 74, 86
IC 1954 97, 98, 106
IC 1959 97, 98, 106
IC 1970 97, 98
IC 1975 74
IC 1989 97, 98, 106
IC 1993 85, 86
IC 1997 106
IC 2000 97, 98
IC 2004 97, 98
IC 2006 85, 86, 97, 98
IC 2007 85, 86
IC 2010 106
IC 2019-2 49, 50, 61, 62
IC 2027 25, 26, 37, 38
IC 2035 97, 98
IC 2036 97, 98
IC 2039 106
IC 2040 85, 86
IC 2041 85, 86
IC 2045 73
IC 2049 106
IC 2051 114
IC 2056 106
IC 2059 85
IC 2060 106
IC 2063 73
IC 2068 97, 98
IC 2081 97, 106
IC 2082 97, 106
IC 2086 97, 106
IC 2106 85
IC 2122 85, 97
IC 2125 85
IC 2130 73, 85
IC 2135 85, 97
IC 2138 73, 85
IC 2143 73
IC 2151 73
IC 2152 72, 73, 84, 85
IC 2153 84, 85
IC 2158 84, 85
IC 2160 111, 112, 113
IC 2163 72, 84
IC 2164 111, 112, 113
IC 2166 13, 14
IC 2173 36
IC 2174 5, 6
IC 2179 6, 13
IC 2184 5, 6
IC 2187 36, 48
IC 2193 36
IC 2196 36
IC 2198 36, 48
IC 2199 36
IC 2200 105
IC 2200A 105
IC 2202 105, 111, 112
IC 2203 36
IC 2205 36
IC 2209 13
IC 2211 35, 36
IC 2212 35, 36
IC 2214 35, 36
IC 2217 35, 36
IC 2223 23, 24, 35, 36
IC 2224 23, 24, 35, 36
IC 2225 23, 24, 35, 36
IC 2226 47
IC 2227 23, 24, 35, 36
IC 2230 35
IC 2231 59
IC 2233 23, 24
IC 2239 35, 47
IC 2253 35, 47
IC 2254 35
IC 2268 35
IC 2271 35
IC 2282 35
IC 2290 47
IC 2311 83
IC 2327 59
IC 2338 35, 47
IC 2340 47
IC 2363 47
IC 2365 35
IC 2367 71
IC 2375 71
IC 2377 71
IC 2378 35
IC 2379 71
IC 2380 35
IC 2382 35, 47
IC 2383 35
IC 2389 5, 6
IC 2392 47
IC 2393 35
IC 2404 35
IC 2406 47
IC 2409 47
IC 2414 47
IC 2420 59
IC 2422 47
IC 2423 47
IC 2429 35
IC 2430 35
IC 2431 47
IC 2435 35
IC 2437 71
IC 2441-1 35, 47
IC 2441-2 35, 47
IC 2442 35, 47
IC 2443 35
IC 2444 35
IC 2450 35
IC 2451 35, 47
IC 2454 47
IC 2463 35, 47
IC 2467 23, 35
IC 2469 83
IC 2471 59, 71
IC 2476 35
IC 2481 59
IC 2482 71
IC 2493 23, 35
IC 2495 35
IC 2507 83
IC 2510 82, 83
IC 2511 82, 83
IC 2513 82, 83
IC 2517 82, 83
IC 2519 34, 35
IC 2520 34, 35
IC 2522 82, 83
IC 2523 82, 83
IC 2524 34, 35
IC 2525 22, 23, 34, 35
IC 2526 82, 83
IC 2527 22, 23, 34, 35
IC 2530 22, 23, 34, 35
IC 2532 82, 83
IC 2533 82, 83
IC 2534 82, 83
IC 2535 22, 23, 34, 35
IC 2537 82, 83
IC 2544 34, 35
IC 2550 34, 35
IC 2551 34
IC 2552 82, 83, 95
IC 2554A 104, 111
IC 2560 82, 83
IC 2565 34
IC 2566 22, 34
IC 2569 34
IC 2574 5, 12
IC 2576 82
IC 2580 82
IC 2582 82
IC 2584 D21
IC 2586 82
IC 2587 D21
IC 2588 82
IC 2589 82
IC 2594 82
IC 2597 D22
IC 2598 34
IC 2623 70
IC 2627 70, 82
IC 2637 46
IC 2648 46
IC 2649-2 46
IC 2666 46
IC 2681 46
IC 2694-1 46
IC 2694-2 46
IC 2698 46
IC 2708 46
IC 2744 34
IC 2753 46
IC 2757 46, 58
IC 2759 34, 46
IC 2764 82
IC 2769 46
IC 2826 46
IC 2828 46, 58
IC 2829 46
IC 2830 46, 58
IC 2843 46
IC 2853 46, 58
IC 2856 70
IC 2858 46
IC 2867 46, 58
IC 2913 82
IC 2928 34
IC 2936 46
IC 2938-1 46
IC 2941 46
IC 2943 11, 12
IC 2945 46
IC 2946 34
IC 2947 34
IC 2950 21, 22, 33, 34
IC 2961 33, 34
IC 2967 33, 34
IC 2969 58
IC 2977 81, 82, 93, 94
IC 2979 33, 34
IC 2980 110, 111
IC 2981 33, 34
IC 2986 33, 34
IC 2992 33, 34
IC 2993 33, 34
IC 2994 45
IC 2995 81, 82
IC 3005 81, 82
IC 3007 33, 34
IC 3010 81, 82
IC 3014 21, 22, 33
IC 3015 81, 82
IC 3019 45
IC 3032 45
IC 3037 D2, D3
IC 3060 D2
IC 3065 D2
IC 3078 D2
IC 3079 D2
IC 3080 D2
IC 3093 D2
IC 3094 D2
IC 3097 D3
IC 3101 D2
IC 3107 D2
IC 3108 D2
IC 3111 D3
IC 3119 33
IC 3120 D2
IC 3128-1 D2
IC 3134 D3
IC 3152 81
IC 3153 D3
IC 3170 D3
IC 3171 33
IC 3173 D2
IC 3205 33
IC 3210 33
IC 3218 D3
IC 3238 D2
IC 3253 81
IC 3255 D3
IC 3258 D2
IC 3263 33
IC 3267 D3
IC 3268 D3
IC 3271 D3
IC 3284 D2
IC 3289 81
IC 3290 93
IC 3296 33
IC 3303 D2
IC 3327 D2
IC 3328 D2, D3
IC 3349 D2
IC 3358 D2
IC 3369 D2
IC 3370 93
IC 3376 33
IC 3381 D2
IC 3391 45
IC 3392 D2
IC 3407 33
IC 3410 45
IC 3413 D2
IC 3414 D3
IC 3425 D2, D3
IC 3436 45
IC 3442 D2
IC 3457 D2
IC 3461 D2
IC 3468 D2, D3
IC 3470 D2
IC 3475 D2
IC 3476 D2
IC 3478 D2
IC 3481 D2
IC 3481A D2
IC 3489 D2
IC 3492 D2
IC 3499 D2
IC 3501 D2
IC 3509 D2
IC 3510 D2
IC 3521 D3
IC 3528 D2
IC 3540 D2
IC 3574 D2
IC 3585 33
IC 3586 D2
IC 3591 D3
IC 3609 D2
IC 3611 D2
IC 3618 33
IC 3625 D2
IC 3625A D2
IC 3631 D2
IC 3633 D2, D3
IC 3639 81, 93
IC 3642 33
IC 3651 33
IC 3652 D2
IC 3653 D2
IC 3662 33, 45
IC 3689 33, 45
IC 3692 33, 45
IC 3693 D2
IC 3694 D2
IC 3698 45
IC 3702 45
IC 3705-1 45
IC 3709 45, 57
IC 3721 45
IC 3727-1 45
IC 3727-2 45
IC 3730 33, 45
IC 3735 45
IC 3742 45
IC 3745 45
IC 3746 21, 33
IC 3758 21
IC 3760 45
IC 3773 45
IC 3778 21
IC 3813 81
IC 3820 21, 33
IC 3826 69
IC 3827 69
IC 3831 69
IC 3834 69
IC 3859 69
IC 3862 21, 33
IC 3881 45
IC 3883 57, 69
IC 3896 93, 103
IC 3896A 93
IC 3900 33
IC 3927 69, 81
IC 3946 D24
IC 3947 D24
IC 3955 D24
IC 3957 D24

IC 3959 D24
IC 3960 D24
IC 3973 D24
IC 3986 81
IC 3987 21, 33
IC 3993 21
IC 4014 33, 45
IC 4026 D24
IC 4032 33
IC 4034 21, 33
IC 4041 D24
IC 4042 D24
IC 4045 D24
IC 4051 D24
IC 4062 21
IC 4070 45
IC 4071 57, 69
IC 4115 21, 33
IC 4122 45
IC 4133 33
IC 4169 21, 33
IC 4171 21, 33
IC 4180 69, 81
IC 4182 21, 33
IC 4184 21, 33
IC 4187 21, 33
IC 4189 21, 33
IC 4197 69, 81
IC 4200 93, 103
IC 4214 81
IC 4219 81
IC 4220 69
IC 4221 69
IC 4226 33
IC 4229 57
IC 4234 33
IC 4237 69, 81
IC 4241 33
IC 4243 81
IC 4244 33
IC 4248 81
IC 4250-1 33
IC 4251 81
IC 4252 81
IC 4255 81
IC 4258 33
IC 4261 81
IC 4270 81
IC 4271-1 21, 33
IC 4271-2 21, 33
IC 4275 81
IC 4280 81
IC 4289 81
IC 4292 81
IC 4293 81
IC 4296 81
IC 4298 81
IC 4299 81
IC 4300 33
IC 4305 33
IC 4307 33
IC 4310 81
IC 4311 92, 93, 103
IC 4312 92, 93, 103
IC 4313 33
IC 4314 33
IC 4320 81
IC 4321 81
IC 4324 81
IC 4326 80, 81
IC 4327 D25
IC 4329 80, 81, D25
IC 4329A D25
IC 4334 32, 33
IC 4339 20, 21, 32, 33
IC 4350 80, 81
IC 4351 80, 81
IC 4352 D17
IC 4359 92, 93
IC 4362 92, 93
IC 4366 D17
IC 4367 92, 93
IC 4373 32, 33
IC 4374 80, 81
IC 4377 109, 110, 111
IC 4378 80, 81, 93
IC 4380 20, 21, 32, 33
IC 4386 92, 93
IC 4388 80
IC 4390 92, 93
IC 4391 80
IC 4397 32
IC 4398 32
IC 4402 92, 93
IC 4405 32
IC 4413 20, 32
IC 4414 32
IC 4416 32
IC 4418 32
IC 4421 80, 92
IC 4425 32
IC 4426 44
IC 4429 44
IC 4430 80
IC 4435 20, 32
IC 4436 32
IC 4444 92
IC 4447 32
IC 4448 109, 110, 114
IC 4451 80, 92
IC 4452 32
IC 4453 80
IC 4463 44
IC 4464 80, 92
IC 4475 32, 44
IC 4476 68
IC 4478 44
IC 4480 44
IC 4486 44
IC 4492 20, 32
IC 4494 44
IC 4497 32
IC 4498 32
IC 4500 20, 32
IC 4501 68, 80
IC 4503 44
IC 4504 32
IC 4506 32
IC 4508-1 32
IC 4516 44
IC 4522 109, 110
IC 4527 92
IC 4529 92
IC 4533 32
IC 4537 56
IC 4538 68, 80
IC 4555 109, 110
IC 4556 32
IC 4558 32
IC 4559 32
IC 4561 32
IC 4562 19, 20
IC 4562A 19, 20
IC 4566 19, 20
IC 4567 19, 20
IC 4571 102, 109, 110
IC 4576 32, 44
IC 4578 109, 110
IC 4584 102, 110
IC 4585 102, 109, 110
IC 4587 31, 32
IC 4590 31, 32
IC 4595 109, 110
IC 4597 79
IC 4608 109, 110
IC 4612 19, 31
IC 4617 19, 31
IC 4618 109, 110
IC 4619 43
IC 4621 43, 55
IC 4630 31
IC 4640 109, 110
IC 4641 109, 110
IC 4646 101, 102
IC 4647 109, 110
IC 4652 101, 102
IC 4653 101, 102
IC 4654 108, 109, 110
IC 4661 108, 109, 110
IC 4662 101, 102
IC 4664 101, 102
IC 4676 42, 43
IC 4679 101, 102
IC 4680 101, 102
IC 4682 108, 109
IC 4686 101, 102
IC 4687 101, 102
IC 4696 101, 102
IC 4702 101, 102
IC 4704 108, 109
IC 4705 108, 109
IC 4708 9, 10
IC 4709 101, 102
IC 4710 101, 109
IC 4712 108, 109
IC 4713 101, 109
IC 4718 101, 102
IC 4719 101
IC 4720 101, 102
IC 4721 101, 102
IC 4721A 101, 102
IC 4722 101
IC 4723 101, 102
IC 4726 101, 102
IC 4727 101, 102
IC 4729 101, 109
IC 4731 101, 102
IC 4734 101
IC 4737 101, 102
IC 4741 101, 102
IC 4742 101, 102
IC 4743 101, 102
IC 4748 101, 102
IC 4749 101, 102
IC 4751 101, 102
IC 4753 101, 102
IC 4754 101, 102
IC 4757 101
IC 4758 101, 109
IC 4760 101, 102
IC 4761 90, 101
IC 4763 3, 9
IC 4765 101, 102
IC 4766 101, 102
IC 4772 18
IC 4774 101
IC 4777 90, 101
IC 4778 101, 102
IC 4780 101
IC 4783 101
IC 4784 101, 102
IC 4785 101
IC 4789 101, 108, 109
IC 4790 101, 109
IC 4794 101
IC 4796 101
IC 4797 101
IC 4798 101
IC 4799 101, 102
IC 4800 101, 102
IC 4801 101
IC 4806 101
IC 4807 101
IC 4808 90
IC 4814 101
IC 4815 101
IC 4819 101
IC 4821 101
IC 4827 101
IC 4830 101
IC 4831 101
IC 4832 101
IC 4833 101
IC 4835 101
IC 4836 101
IC 4837 101
IC 4837A 101
IC 4838 101
IC 4839 101
IC 4840 101
IC 4842 101
IC 4844 101
IC 4845 101
IC 4847 101, 108, 109
IC 4848 101
IC 4849 101
IC 4852 101
IC 4854 101
IC 4857 101
IC 4866 101
IC 4869 101
IC 4872 101
IC 4875 89, 90, 101
IC 4876 90, 101
IC 4879 89, 90, 101
IC 4881 101
IC 4882 101
IC 4886 89, 90, 101
IC 4887 108, 109
IC 4888 101
IC 4889 101
IC 4894 89, 90, 101
IC 4899 108, 109
IC 4901 101
IC 4904 108, 109
IC 4906 101
IC 4908 101
IC 4909 89, 90
IC 4913 77, 78, 89, 90
IC 4916 89, 90, 101
IC 4923 89, 90, 101
IC 4926 89, 90
IC 4931 89, 90
IC 4933 101
IC 4935 101
IC 4938 101
IC 4943 89, 90
IC 4944 101
IC 4946 89, 90
IC 4952 101
IC 4956 89, 90
IC 4960 108, 109
IC 4963 101
IC 4965 101
IC 4967 108, 109
IC 4970 108, 109
IC 4974-1 100, 101, 109
IC 4975 89, 90, 101
IC 4980 101
IC 4983 89, 90, 101
IC 4985 108, 109
IC 4994 89, 101
IC 4995 89, 101
IC 4999 77
IC 5002 101
IC 5005 77
IC 5009 108, 109
IC 5011 77, 89
IC 5013 77, 89
IC 5014 108, 109
IC 5020 77
IC 5021 101
IC 5023 101, 108, 109
IC 5027 100, 101
IC 5031 101, 108, 109
IC 5032 101, 108, 109
IC 5038 100, 101, 108
IC 5039 77
IC 5041 77
IC 5042 100, 101, 108
IC 5049-1 77, 89
IC 5049-2 77, 89
IC 5050 53, 65
IC 5052 108, 109
IC 5053 108, 109
IC 5054 108, 109
IC 5056 89
IC 5063 100, 101
IC 5064 100, 101
IC 5065 77
IC 5066 108, 109
IC 5069 108, 109
IC 5071 108, 109
IC 5074 100, 101
IC 5078 65
IC 5080 41
IC 5081 41
IC 5083 41
IC 5084 100, 101
IC 5086 77
IC 5088 65, 77
IC 5090 53
IC 5092 100, 101
IC 5094 100, 101, 108
IC 5096 100, 101
IC 5101 100, 101, 108
IC 5102 108, 109, 113
IC 5105 89
IC 5105A 89
IC 5105B 89
IC 5106 108, 109
IC 5109 108, 109, 113
IC 5110 100, 101
IC 5116 108, 109
IC 5125 89, 100
IC 5128 88, 89
IC 5131 76, 77, 88
IC 5138 108
IC 5139 76, 77
IC 5141 100
IC 5149 76, 77
IC 5151 52, 53
IC 5152 88, 89, 100
IC 5154 100, 108
IC 5156 76, 77
IC 5157 76, 77, 88, 89
IC 5161 40
IC 5169 76, 77, 88, 89
IC 5170 88, 89
IC 5171 88, 89
IC 5173 108
IC 5178 64, 76
IC 5179 76, 77, 88, 89
IC 5180 16, 17, 28
IC 5181 88, 89
IC 5185 100, 108
IC 5186 76, 77, 88, 89
IC 5187 100
IC 5188 100
IC 5193 16, 17, 28, 29
IC 5201 88, 89
IC 5210 64
IC 5212 76, 88
IC 5222 100, 108
IC 5227 100
IC 5233 28
IC 5235 100, 108
IC 5240 88
IC 5242 28, 40
IC 5243 28, 40
IC 5246 100
IC 5250A 100
IC 5250B 100, 108
IC 5252 100, 108, 113
IC 5258 28, 40
IC 5261 64
IC 5262-1 76
IC 5262-2 76
IC 5264 76, 88
IC 5267 88
IC 5267A 88
IC 5267B 88
IC 5269 76, 88
IC 5269A 76, 88
IC 5270 76, 88
IC 5271 76
IC 5273 76, 88
IC 5274 40
IC 5277 100, 108
IC 5279 108, 113
IC 5283 40
IC 5285 28, 40
IC 5288 100, 108, 113
IC 5289 76
IC 5291 40, 52
IC 5297 28
IC 5298 28
IC 5304 64
IC 5305 40
IC 5312 40
IC 5315 28
IC 5320 100, 108, 113
IC 5321 64
IC 5322 100, 108, 113
IC 5323 100, 108, 113
IC 5324 100, 108, 113
IC 5325 88
IC 5328 88, 99
IC 5328A 88, 99
IC 5332 76, 88
IC 5339 108, 113
IC 5341 D27
IC 5342 D27
IC 5345 64, 76
IC 5346 28
IC 5347 28
IC 5350 76
IC 5351 52
IC 5353 76, 87
IC 5354-1 76
IC 5355 28, 39
IC 5356 52
IC 5357 52
IC 5358-1 76
IC 5362 76, 87
IC 5364-1 76, 87
IC 5370 28, 39
IC 5372 28, 39
IC 5378-1 40, 51
IC 5378-2 40, 51
IRAS 00160-0719 63, 75
IRAS 00241-6019 100, 107
IRAS 02117-6158 106, 107
IRAS 03178-5956 106, 107
IRAS 03200-5724 106, 107
IRAS 03467-5354 106
IRAS 04098-4608 97, 98
IRAS 04114-1737 73
IRAS 04257-0432 61
IRAS 07327+3529 36
IRAS 08175-1433 71
IRAS 11212-0425 58
IRAS 11551-0953 69, 70
IRAS 12018-0501 57, 69
IRAS 12142-4841 93, 94, 103
IRAS 12447-5316 93, 103
IRAS 13299+1121 45
IRAS 13304-2317 69, 81
IRAS 13512-3731 80, 81, 92, 93
IRAS 14059-3001 80, 81
IRAS 14164-1915 68
IRAS 15032-4022 92
IRAS 16483-5834 102
IRAS 16493-6254 102
IRAS 17344-5823 101, 102
IRAS 18063-5617 101, 102
IRAS 18078-5815 101, 102
IRAS 18432-6024 101
IRAS 19348-0619 54, 66
IRAS 20087-0757 53, 65
IRAS 20168-0528 53, 65
IRAS 20206-5138 89, 90, 101
IRAS 20440-0232 53
KKH 21 14, 15
KKH 41 6, 7
KKH 44 6, 7, 14
KKH 99 28, 39
KUG 1134+157 46
LMC 105, 106, 111, 112, 113, D29
M 31 27
M 32 27
M 33 39
M 49 45, 57, D3
M 51 20, 21
M 58 45, D2
M 59 45, D2
M 60 45
M 61 57, D3
M 63 21
M 64 33, 45
M 65 46
M 66 46
M 74 51
M 77 62
M 81 5, 12
M 82 5
M 83 81
M 84 45, D2
M 85 45, D2
M 86 45, D2
M 87 45, D2
M 88 45, D2
M 89 45, D2
M 90 45, D2
M 91 45, D2
M 94 21
M 95 46
M 96 46
M 98 45, D2
M 99 45, D2
M 100 45, D2
M 101 11
M 102 10, 11
M 104 69
M 105 46
M 106 21, 22
M 108 12
M 109 11, 12, 21, 22
M 110 27
MB 1 14, 15
MCG -7-2-13 87, 99
MCG -7-3-19 99
MCG -7-4-7 99
MCG -7-4-13 99
MCG -7-5-6 98, 99
MCG -7-10-9 97, 98
MCG -7-24-4 93, 94
MCG -7-24-5 93, 94
MCG -7-26-6 93, 94
MCG -7-26-21 D19
MCG -7-26-24 93
MCG -7-26-57 D19
MCG -7-27-50 93
MCG -7-27-51 93
MCG -7-31-9 92
MCG -7-40-5 89, 90
MCG -7-40-6 89, 90
MCG -7-40-8 89, 90
MCG -7-41-1 89, 90
MCG -7-41-5 89, 90
MCG -7-41-22 89, 90
MCG -7-41-27 89, 90
MCG -7-42-14 89
MCG -7-42-17 89
MCG -7-43-1 89
MCG -7-44-13 89
MCG -7-46-5 88
MCG -7-47-17 88
MCG -7-47-31 88
MCG -7-47-32 88
MCG -7-48-19 76, 88, 99
MCG -6-1-1 76, 87, 99
MCG -6-1-2 76, 87
MCG -6-1-5 76, 87
MCG -6-1-28 76, 87, 88, 99
MCG -6-1-32 76, 87, 88, 99
MCG -6-2-22 87
MCG -6-3-4 87, 99
MCG -6-4-36 87, 99
MCG -6-4-40 87, 99
MCG -6-4-54 87, 99
MCG -6-4-60 87
MCG -6-4-65 87
MCG -6-5-22 86, 87, 98, 99
MCG -6-5-26 86, 98, 99
MCG -6-6-6 86
MCG -6-6-12 86
MCG -6-7-7 86
MCG -6-8-24 D10
MCG -6-10-7 85, 97
MCG -6-12-9 85
MCG -6-12-15 85, 97
MCG -6-13-12 84, 85, 96, 97
MCG -6-13-20 84, 85, 96, 97
MCG -6-14-3 84, 85, 96, 97
MCG -6-14-5 84, 85
MCG -6-14-12 84, 85
MCG -6-14-13 96, 97
MCG -6-15-6 84
MCG -6-15-12 84
MCG -6-15-13 84, 96
MCG -6-15-15 84, 96
MCG -6-16-2 84
MCG -6-20-4 95
MCG -6-22-2 82, 83
MCG -6-22-4 82, 83, 94, 95
MCG -6-22-9 82, 83, 94, 95
MCG -6-23-9 82, 83, 94, 95
MCG -6-23-21 82, 83, 95
MCG -6-23-51A D21
MCG -6-24-11 82, 94
MCG -6-25-7 82, 94
MCG -6-25-12 82, 94
MCG -6-27-23 81, 93
MCG -6-27-31 81, 93
MCG -6-28-10 81
MCG -6-28-16 81
MCG -6-29-8 81
MCG -6-29-20 81, 93
MCG -6-29-29 81, 93
MCG -6-29-34 81, 93
MCG -6-30-22 80, 81, 92, 93
MCG -6-31-4 D17
MCG -6-31-16 D17
MCG -6-31-20 D17
MCG -6-31-26 80, 81, 92, 93
MCG -6-31-29 80, 81, 93
MCG -6-33-5 80, 92
MCG -6-40-2 78, 90
MCG -6-43-4 77, 78, 89, 90
MCG -6-43-8 78, 89, 90
MCG -6-43-9 77, 78, 89, 90
MCG -6-43-10 77, 78, 89, 90
MCG -6-43-11 77, 78
MCG -6-44-4 89, 90
MCG -6-44-6 77, 78, 89, 90
MCG -6-44-12 77, 78
MCG -6-45-10 77
MCG -6-46-4 77
MCG -6-46-6 77
MCG -6-47-10 77, 89
MCG -6-47-13 76, 77, 88, 89
MCG -6-48-4 76, 77, 88
MCG -6-48-6 76, 77, 88, 89
MCG -6-48-13 76, 77, 88, 89
MCG -6-48-23 76, 77, 88, 89
MCG -6-49-14 76
MCG -6-50-4 76, 88
MCG -6-50-7 76, 88
MCG -6-50-11 76
MCG -6-50-22 76
MCG -6-50-25 76
MCG -6-51-2 76, 88
MCG -6-51-4 76, 88
MCG -6-51-7 76
MCG -6-51-9 76
MCG -6-51-15 76, 88
MCG -6-52-4 76, 87, 88, 99
MCG -6-52-5 76, 87, 88, 99
MCG -5-1-16 76, 87
MCG -5-6-2 86, 87
MCG -5-7-6 86
MCG -5-11-13 85
MCG -5-11-15 85
MCG -5-14-19 84, 85
MCG -5-14-20 84, 85
MCG -5-22-6 83
MCG -5-28-13 81, 82
MCG -5-29-4 81, 82
MCG -5-29-11 81, 82
MCG -5-32-74 81
MCG -5-45-5 78
MCG -5-46-4 78
MCG -5-47-3 77, 78
MCG -5-51-15 76, 77
MCG -5-52-35 76, 77
MCG -4-2-39 75, 87
MCG -4-3-52 75, 87
MCG -4-7-3 74, 86
MCG -4-7-15 86
MCG -4-8-34 86
MCG -4-8-55 86
MCG -4-15-16 84
MCG -4-16-6 84
MCG -4-23-4 83
MCG -4-31-13 81
MCG -4-31-24 81
MCG -4-31-42 81
MCG -4-32-35 81
MCG -4-33-1 81
MCG -4-33-37 68, 69, 80, 81
MCG -4-33-51 80, 81
MCG -4-35-14 80
MCG -4-48-12 77
MCG -4-52-34 76
MCG -3-1-9 64, 75
MCG -3-2-39 75
MCG -3-2-40 75
MCG -3-3-6 75
MCG -3-4-14 75
MCG -3-4-38 75
MCG -3-5-7 75
MCG -3-5-18 75
MCG -3-7-20 74
MCG -3-7-32 74
MCG -3-7-52 74
MCG -3-8-25 74
MCG -3-8-57 74
MCG -3-9-20 74
MCG -3-9-44 74
MCG -3-10-42 74
MCG -3-10-45 74
MCG -3-11-16 73
MCG -3-12-8 73
MCG -3-12-11 73
MCG -3-13-4 73
MCG -3-13-10 73
MCG -3-13-26 73
MCG -3-13-27 73
MCG -3-13-42 73
MCG -3-13-51 73
MCG -3-13-52 73
MCG -3-13-53 73
MCG -3-13-56 73
MCG -3-13-63 73
MCG -3-14-11 73
MCG -3-15-6 73
MCG -3-16-1 72, 73
MCG -3-16-4 72, 73
MCG -3-16-7 72, 73, 84, 85
MCG -3-16-14 72, 73
MCG -3-16-18 72
MCG -3-17-5 72
MCG -3-23-9 71
MCG -3-25-10 71
MCG -3-25-16 71
MCG -3-25-25 71
MCG -3-26-6 70, 71
MCG -3-26-30 70
MCG -3-27-10 70
MCG -3-27-14 70
MCG -3-27-17 70
MCG -3-28-17 70
MCG -3-28-24 70
MCG -3-29-2 70
MCG -3-29-6 70
MCG -3-30-7 70
MCG -3-31-23 69
MCG -3-32-3 69
MCG -3-32-16 69
MCG -3-33-18 69, 81
MCG -3-33-23 69
MCG -3-34-14 69
MCG -3-34-22 D12
MCG -3-34-41 D12
MCG -3-34-44 69
MCG -3-34-48 69
MCG -3-34-51 69
MCG -3-34-55 69
MCG -3-34-57 69
MCG -3-34-60 69
MCG -3-34-72 69, 81
MCG -3-34-81 69, 81
MCG -3-34-82 69
MCG -3-35-5 69
MCG -3-35-7 69
MCG -3-35-9 69
MCG -3-35-19 69
MCG -3-38-10 68, 80
MCG -3-40-3 68
MCG -3-50-1 66
MCG -3-52-5 65
MCG -3-53-25 65
MCG -3-56-11 64
MCG -3-57-16 64
MCG -3-57-19 64
MCG -3-57-24 64
MCG -3-58-6 64
MCG -3-58-13 64
MCG -3-60-17 64
MCG -2-1-36 63, 75
MCG -2-1-52 75
MCG -2-2-30 75
MCG -2-2-38 75
MCG -2-2-40 75
MCG -2-2-46 75
MCG -2-2-73 75
MCG -2-2-80 75
MCG -2-2-82 75
MCG -2-3-18 75
MCG -2-3-19 75
MCG -2-3-22 75
MCG -2-3-52 63, 75
MCG -2-3-63 75
MCG -2-3-68 75
MCG -2-4-32 75
MCG -2-4-46 75
MCG -2-4-56 75
MCG -2-4-61 75
MCG -2-4-64 75
MCG -2-5-6 75
MCG -2-5-8 75
MCG -2-5-17 75
MCG -2-5-20 75
MCG -2-5-27 75
MCG -2-5-40 75
MCG -2-5-46 75
MCG -2-5-50 75
MCG -2-5-64 63, 75
MCG -2-6-52 74
MCG -2-7-2 74
MCG -2-7-6 74
MCG -2-7-12 74
MCG -2-7-25 74
MCG -2-7-41 74
MCG -2-7-69 74
MCG -2-7-73 74
MCG -2-8-18 62, 74
MCG -2-9-2 74
MCG -2-9-3 74
MCG -2-11-20 73
MCG -2-11-28 73
MCG -2-11-32 73
MCG -2-11-39 73
MCG -2-12-6 73
MCG -2-12-18 73
MCG -2-12-21 73
MCG -2-12-23 73
MCG -2-12-26 73
MCG -2-12-30 73
MCG -2-12-45 73
MCG -2-12-47 73
MCG -2-12-48 73
MCG -2-12-52 61, 73
MCG -2-12-54 61, 73
MCG -2-13-6 73
MCG -2-13-9 73
MCG -2-13-10 73
MCG -2-13-12 73
MCG -2-13-32 73
MCG -2-13-40A 73
MCG -2-22-1 71
MCG -2-22-3 71
MCG -2-22-7 71
MCG -2-22-8 71
MCG -2-22-13 71
MCG -2-22-18 71
MCG -2-22-23 71
MCG -2-22-25 71
MCG -2-22-27 71
MCG -2-23-7 71
MCG -2-24-5 71
MCG -2-24-7 71
MCG -2-24-9 71
MCG -2-24-13 71
MCG -2-24-27 71
MCG -2-24-28 71
MCG -2-25-2 71
MCG -2-25-3 71
MCG -2-25-6 71
MCG -2-25-11 71
MCG -2-25-17 71
MCG -2-25-23 71
MCG -2-25-24 71
MCG -2-25-25 71
MCG -2-26-3 70, 71
MCG -2-26-8 70, 71
MCG -2-26-10 70, 71
MCG -2-26-14 70, 71
MCG -2-26-27 70, 71
MCG -2-26-29 70, 71
MCG -2-26-31 70
MCG -2-26-40 70
MCG -2-28-20 70
MCG -2-28-29 70
MCG -2-28-40 70
MCG -2-28-45 70
MCG -2-29-5 70
MCG -2-29-27 70
MCG -2-29-39 70
MCG -2-30-7 70
MCG -2-30-19 70
MCG -2-30-28 70
MCG -2-30-31 70
MCG -2-30-38 70
MCG -2-31-13 69, 70
MCG -2-31-19 69
MCG -2-31-19A 69
MCG -2-32-26 69
MCG -2-33-3 69
MCG -2-33-15 69
MCG -2-33-17 69
MCG -2-33-25 69
MCG -2-33-28 69
MCG -2-33-33 69
MCG -2-33-35 69
MCG -2-33-54 69
MCG -2-33-63 69
MCG -2-33-75 69
MCG -2-33-93 69
MCG -2-34-1 69
MCG -2-34-29 69
MCG -2-34-31 69
MCG -2-34-32 69
MCG -2-34-47 69
MCG -2-34-52 69
MCG -2-34-54 69
MCG -2-34-60 69
MCG -2-35-2 69
MCG -2-35-5 69
MCG -2-35-8 69
MCG -2-35-10 69
MCG -2-35-11 69
MCG -2-35-18 69
MCG -2-35-19 69
MCG -2-36-11 68, 69
MCG -2-36-17 68
MCG -2-38-29 68
MCG -2-38-30 68
MCG -2-39-8 68
MCG -2-39-21 68
MCG -2-41-1 67
MCG -2-51-2 65
MCG -2-51-3 65
MCG -2-51-4 65
MCG -2-51-5 65
MCG -2-51-6 65
MCG -2-51-8 65
MCG -2-52-6 65
MCG -2-52-19 65
MCG -2-53-3 65
MCG -2-53-8 65
MCG -2-53-17 65
MCG -2-53-23 65
MCG -2-56-1 64, 65
MCG -2-56-10 64, 65
MCG -2-57-2 64
MCG -2-57-8 52, 64
MCG -2-58-23 64
MCG -2-58-24 64
MCG -2-59-20 52, 64
MCG -2-60-16 52, 64
MCG -1-1-8 52, 63
MCG -1-1-11 52, 63
MCG -1-1-18 52, 63, 64, 75
MCG -1-1-27 52, 63, 64, 75
MCG -1-1-30 63, 75
MCG -1-1-41 63, 75
MCG -1-1-44 63, 75
MCG -1-1-52 63
MCG -1-1-71 63, 75
MCG -1-2-34 63, 75
MCG -1-2-40 63
MCG -1-2-47 63, 75
MCG -1-3-10 63, 75
MCG -1-3-18 63, 75
MCG -1-3-27 63
MCG -1-3-49 63, 75
MCG -1-3-51 63
MCG -1-3-84 63
MCG -1-3-85 63, 75
MCG -1-4-9 63, 75
MCG -1-4-16 63, 75
MCG -1-4-40 63
MCG -1-4-51 63, 75
MCG -1-4-58 63
MCG -1-5-29 63
MCG -1-5-31 63
MCG -1-6-12 62, 63, 74, 75
MCG -1-6-18 62, 63, 74, 75
MCG -1-6-22 62, 63, 74, 75
MCG -1-7-6 62, 74
MCG -1-7-16 62
MCG -1-7-22 62, 74
MCG -1-7-29 62
MCG -1-8-25 62
MCG -1-9-15 62
MCG -1-9-22 62
MCG -1-9-24 62, 74
MCG -1-9-27 62, 74
MCG -1-9-31 62, 74
MCG -1-9-39 62, 74
MCG -1-9-43 62
MCG -1-9-45 62
MCG -1-10-1 62
MCG -1-10-6 62
MCG -1-11-5 61, 73
MCG -1-12-15 61
MCG -1-13-8 61
MCG -1-13-17 61
MCG -1-13-30 61
MCG -1-13-34 61
MCG -1-14-12 61, 73
MCG -1-22-2 59, 71
MCG -1-22-13 59, 71
MCG -1-22-15 59, 71
MCG -1-22-16 59
MCG -1-22-18 59
MCG -1-22-20 59
MCG -1-22-25 59
MCG -1-22-29 59, 71
MCG -1-22-34 59
MCG -1-23-2 59, 71
MCG -1-23-5 59, 71
MCG -1-23-8 59, 71
MCG -1-23-19 59, 71
MCG -1-23-21 59, 71
MCG -1-24-4 71
MCG -1-24-10 59, 71
MCG -1-24-14 59, 71
MCG -1-25-2 59, 71
MCG -1-25-3 59, 71
MCG -1-25-5 59, 71
MCG -1-25-9 59
MCG -1-25-15 59, 71
MCG -1-25-18 71
MCG -1-25-19 59
MCG -1-25-41 59, 71
MCG -1-25-48 71
MCG -1-26-10 58, 59, 70, 71
MCG -1-26-16 58, 70
MCG -1-26-21 58, 70
MCG -1-26-35 58, 70
MCG -1-27-31 58, 70
MCG -1-28-6 58, 70
MCG -1-29-2 58
MCG -1-29-4 58
MCG -1-29-6 58, 70
MCG -1-29-10 58, 70
MCG -1-29-13 58, 70
MCG -1-29-15 58, 70

MCG -1-29-17 58
MCG -1-29-18 58
MCG -1-29-19 70
MCG -1-30-11 58, 70
MCG -1-30-12 70
MCG -1-30-25 58, 70
MCG -1-30-33 58
MCG -1-30-41 58, 70
MCG -1-31-1 57, 58
MCG -1-31-3 57
MCG -1-31-4 57
MCG -1-32-7 57, 69
MCG -1-32-17 57, 69
MCG -1-32-18 57, 69
MCG -1-32-26 57
MCG -1-32-33 57
MCG -1-32-35 69
MCG -1-33-6 69
MCG -1-33-7 57, 69
MCG -1-33-31 69
MCG -1-33-34 69
MCG -1-33-48 57, 69
MCG -1-33-59 57
MCG -1-34-8 57, 69
MCG -1-34-17 57, 69
MCG -1-35-5 57, 69
MCG -1-35-7 57, 69
MCG -1-35-8 57, 69
MCG -1-35-10 57, 69
MCG -1-35-12 57, 69
MCG -1-36-5 56, 68
MCG -1-36-10 68
MCG -1-37-6 56, 68
MCG -1-37-11 56, 68
MCG -1-39-5 56
MCG -1-40-8 56, 68
MCG -1-41-5 55
MCG -1-42-4 55
MCG -1-52-7 53
MCG -1-52-17 53, 65
MCG -1-53-2 53
MCG -1-53-4 53
MCG -1-53-6 53
MCG -1-53-8 53
MCG -1-53-13 53, 65
MCG -1-53-18 53
MCG -1-53-20 53, 65
MCG -1-56-3 52
MCG -1-56-5 52
MCG -1-57-4 52
MCG -1-57-16 52
MCG -1-58-9 52
MCG -1-58-15 52, 64
MCG -1-60-12 52
MCG -1-60-14 52
MCG -1-60-21 52
MCG -1-60-26 52, 64
MCG +0-1-39 63
MCG +0-4-167 63
MCG +0-5-46 63
MCG +0-6-10 62, 63
MCG +0-6-15 62, 63
MCG +0-8-37 62
MCG +0-8-75 62
MCG +0-8-91 62
MCG +0-8-95 62
MCG +0-9-1 62
MCG +0-9-22 62
MCG +0-9-26 62
MCG +0-10-21 62
MCG +0-10-22 62
MCG +0-11-47 61
MCG +0-12-51 61
MCG +0-12-53 61
MCG +0-12-54 61
MCG +0-12-58 61
MCG +0-12-65 61
MCG +0-13-35 61
MCG +0-14-20 61
MCG +0-23-20 59
MCG +0-25-5 59
MCG +0-25-9 59
MCG +0-27-2 58
MCG +0-27-4 58
MCG +0-27-5 58
MCG +0-27-22 58
MCG +0-27-27 58
MCG +0-30-3 58
MCG +0-30-27 58
MCG +0-31-23 57, 58
MCG +0-31-41 57
MCG +0-32-18 57
MCG +0-32-29 57
MCG +0-33-3 57
MCG +0-33-23 57
MCG +0-34-5 57
MCG +0-34-28 57
MCG +0-34-35 57
MCG +0-34-37 57
MCG +0-35-18 57
MCG +0-36-3 56, 57
MCG +0-36-14 56, 57
MCG +0-37-9 56
MCG +0-37-13 56
MCG +0-37-17 56
MCG +0-39-4 56
MCG +0-42-5 55
MCG +0-43-3 55
MCG +0-52-16 53
MCG +0-52-40 53
MCG +0-55-14 53
MCG +0-58-22 52
MCG +0-59-18 52
MCG +0-60-32 52
MCG +1-2-18 51, 63
MCG +1-6-13 62, 63
MCG +1-8-27 50, 62
MCG +1-11-1 49, 50, 61, 62
MCG +1-14-7 49, 61
MCG +1-21-5 47, 48, 59, 60
MCG +1-21-14 59
MCG +1-22-15 47, 59
MCG +1-24-8 47, 59
MCG +1-24-11 47, 59
MCG +1-24-15 59
MCG +1-24-23 59
MCG +1-25-26 59
MCG +1-25-29 59
MCG +1-26-1 58, 59
MCG +1-26-15 58
MCG +1-26-16 58
MCG +1-26-17 58
MCG +1-27-5 58
MCG +1-27-20 46, 58
MCG +1-28-20 58
MCG +1-29-17 58
MCG +1-30-5 58
MCG +1-30-6 58
MCG +1-30-18 46, 58
MCG +1-31-9 45, 46, 57, 58
MCG +1-31-53 D3
MCG +1-32-59 D3
MCG +1-32-60 D3
MCG +1-32-88 D3
MCG +1-32-111 D3
MCG +1-34-13 45, 57
MCG +1-35-5 57
MCG +1-35-14 57
MCG +1-35-28 57
MCG +1-35-37 45, 57
MCG +1-36-5 44, 45, 56, 57
MCG +1-36-24 44, 56
MCG +1-37-33 44, 56
MCG +1-37-41 56
MCG +1-37-43 56
MCG +1-39-18 56
MCG +1-39-24 56
MCG +1-41-4 55, 56
MCG +1-42-8 55
MCG +1-43-6 55
MCG +1-45-2 43, 55
MCG +1-53-11 41, 53
MCG +1-55-5 41, 53
MCG +1-56-4 40, 41, 52, 53
MCG +1-58-22 40
MCG +1-59-59 40, 52
MCG +1-60-39 40, 52
MCG +2-7-10 50
MCG +2-18-3 48
MCG +2-18-4 48
MCG +2-25-14 47
MCG +2-25-23 47
MCG +2-25-34 47
MCG +2-25-35 47, 59
MCG +2-25-39 47, 59
MCG +2-25-42 47, 59
MCG +2-26-8 46, 47
MCG +2-27-4 46
MCG +2-27-9 46
MCG +2-28-10 46
MCG +2-28-26 46
MCG +2-29-4 46
MCG +2-31-7 45, 46
MCG +2-31-76 D2
MCG +2-31-81 D2
MCG +2-32-25 D3
MCG +2-32-54 D3
MCG +2-32-144 D3
MCG +2-33-12 45, 57
MCG +2-35-18 45, 57
MCG +2-35-22 45
MCG +2-36-10 44, 45, 56, 57
MCG +2-36-30 44, 45
MCG +2-36-35 44, 45
MCG +2-36-45 44, 56
MCG +2-37-8 44
MCG +2-38-34 44
MCG +2-39-6 44
MCG +2-39-20 44, 56
MCG +2-40-9 44
MCG +2-40-10 44
MCG +2-41-3 43, 44
MCG +2-41-10 43
MCG +2-45-5 43
MCG +2-52-25 41
MCG +2-54-12 41
MCG +2-56-6 40, 41
MCG +2-56-26 40
MCG +2-60-17 40
MCG +3-1-5 40, 51
MCG +3-6-8 50, 51
MCG +3-20-11 48
MCG +3-21-2 47, 48
MCG +3-23-13 47
MCG +3-23-22 47
MCG +3-24-2 47
MCG +3-24-24 47
MCG +3-25-7 47
MCG +3-27-2 46
MCG +3-28-2 46
MCG +3-28-26 46
MCG +3-28-29 46
MCG +3-30-7 46
MCG +3-30-14 46
MCG +3-30-33 46
MCG +3-30-38 46
MCG +3-30-51 D23
MCG +3-30-98 D23
MCG +3-31-25 45, 46
MCG +3-31-26 45, 46
MCG +3-31-29 45, 46
MCG +3-31-30 45, 46
MCG +3-31-49 45
MCG +3-31-64 D2
MCG +3-31-75 D2
MCG +3-31-94 D2
MCG +3-32-3 D2
MCG +3-32-82 D2
MCG +3-33-22 45
MCG +3-34-12 45
MCG +3-35-33 45
MCG +3-36-47 44, 45
MCG +3-36-50 44
MCG +3-38-57 44
MCG +3-40-9 44
MCG +3-41-4 31, 43, 44
MCG +3-41-33 43, 44
MCG +3-41-61 43, 44
MCG +3-41-63 43, 44
MCG +3-41-71 43, 44
MCG +3-41-108 43, 44
MCG +3-42-26 43
MCG +3-43-5 43
MCG +3-47-8 42
MCG +3-47-10 42
MCG +3-60-22 40
MCG +4-5-36 38, 39
MCG +4-6-49 38
MCG +4-7-8 38, 50
MCG +4-7-17 38
MCG +4-17-1 36, 48
MCG +4-18-7 36, 48
MCG +4-20-69 35, 47
MCG +4-25-34 34, 46
MCG +4-28-47 D23
MCG +4-28-54 34, 46
MCG +4-28-122 33, 34, 45, 46
MCG +4-32-2 33, 45
MCG +4-32-7 33, 45
MCG +4-35-17 32
MCG +4-37-4 32, 44
MCG +4-37-14 32, 44
MCG +4-37-55 31, 32, 43, 44
MCG +4-38-14 31, 32, 43, 44
MCG +4-38-45 31, 43
MCG +4-41-18 31
MCG +4-42-17 30, 31, 42, 43
MCG +4-42-22 30, 31
MCG +4-43-31 30, 42
MCG +4-55-2 28
MCG +5-1-63 39
MCG +5-5-11 38, 39
MCG +5-5-29 38, 39
MCG +5-7-18 38
MCG +5-17-12 36
MCG +5-18-11 36
MCG +5-19-4 36
MCG +5-20-7 35
MCG +5-22-25 35
MCG +5-22-34 35
MCG +5-25-9 34
MCG +5-25-31 34
MCG +5-26-3 34
MCG +5-26-47 34
MCG +5-27-47 34
MCG +5-27-52 34
MCG +5-29-35 33, 34
MCG +5-30-64 33
MCG +5-30-116 33
MCG +5-31-45 33
MCG +5-31-67 33
MCG +5-31-95 D24
MCG +5-31-135 33
MCG +5-31-167 33
MCG +5-32-1 33
MCG +5-32-49 33
MCG +5-33-28 32, 33
MCG +5-34-23 32
MCG +5-37-17 32
MCG +5-38-19 31, 32
MCG +5-40-2 31
MCG +5-40-38 31
MCG +5-43-16 30
MCG +5-44-2 30
MCG +5-54-3 28
MCG +5-54-41 28
MCG +5-55-10 28
MCG +6-1-12 16, 27, 28, 39
MCG +6-1-26 39
MCG +6-1-30 16, 27, 39
MCG +6-4-9 27, 39
MCG +6-4-55 39
MCG +6-5-5 26, 38, 39
MCG +6-5-73 26, 27, 38, 39
MCG +6-16-1 36
MCG +6-16-4 36
MCG +6-16-12 36
MCG +6-18-2 35, 36
MCG +6-19-20 35
MCG +6-21-51 35
MCG +6-22-9 22, 34, 35
MCG +6-22-38 22, 23, 34, 35
MCG +6-22-44 22, 23, 34, 35
MCG +6-23-10 22, 34
MCG +6-23-23 22, 34
MCG +6-25-6 22, 34
MCG +6-26-10 34
MCG +6-26-39 21, 22, 33, 34
MCG +6-26-65 33, 34
MCG +6-27-46 21, 33
MCG +6-27-54 21, 33
MCG +6-28-13 33
MCG +6-28-42 33
MCG +6-29-56 33
MCG +6-29-67 21, 33
MCG +6-30-3 33
MCG +6-30-73 20, 21, 32, 33
MCG +6-30-89 20, 21, 32, 33
MCG +6-31-84 21, 32, 33
MCG +6-32-57 32
MCG +6-32-70 32
MCG +6-33-20 20, 32
MCG +6-38-5 10, 31
MCG +6-40-6 18, 19, 30, 31
MCG +6-41-6 18, 30
MCG +6-49-60 28
MCG +6-49-72 28
MCG +6-50-25 16, 28
MCG +7-2-18 27
MCG +7-2-19 27
MCG +7-3-31 27
MCG +7-6-6 26, 27
MCG +7-6-20 26, 38
MCG +7-6-74 26
MCG +7-7-1 26
MCG +7-7-8 26
MCG +7-16-15 23, 24
MCG +7-18-6 23, 35
MCG +7-18-55 23
MCG +7-19-2 23
MCG +7-19-3 23
MCG +7-20-68 22, 23
MCG +7-21-2 22, 23
MCG +7-21-49 22, 34
MCG +7-22-1 22, 23
MCG +7-22-54 22, 34
MCG +7-23-18 22
MCG +7-23-19 22
MCG +7-23-41 22, 34
MCG +7-25-7 21, 22
MCG +7-25-15 21, 22
MCG +7-25-61 21, 22
MCG +7-26-2 21, 22
MCG +7-26-34 21, 33
MCG +7-29-37 20, 21, 32
MCG +7-31-10 20
MCG +7-32-44 19, 20
MCG +7-33-11 19, 20
MCG +7-33-25 19, 20
MCG +7-33-27 19, 20
MCG +7-33-40 19, 20
MCG +7-33-51 19, 20
MCG +7-34-15 19, 31
MCG +7-34-19 19
MCG +7-34-35 19
MCG +7-34-36 19, 31
MCG +7-34-105 19
MCG +7-34-130 19, 31
MCG +7-35-15 19
MCG +7-35-55 19
MCG +7-36-1 19, 31
MCG +7-36-30 18, 19
MCG +7-41-1 D1
MCG +7-41-3 D1
MCG +7-47-3 16
MCG +8-13-61 24
MCG +8-13-102 D15
MCG +8-13-109 D15
MCG +8-14-34 23, 24
MCG +8-15-8 23, 24
MCG +8-20-28 22
MCG +8-20-40 22
MCG +8-20-83 22
MCG +8-21-16 22
MCG +8-22-21 21, 22
MCG +8-23-26 21, 22
MCG +8-23-32 21, 22
MCG +8-23-40 21, 22
MCG +8-23-52 21, 22
MCG +8-24-86 21
MCG +8-27-18 20
MCG +8-27-60 11, 20
MCG +8-27-62 10, 11, 20
MCG +8-30-16 19, 20
MCG +8-30-24 19, 20
MCG +8-30-28 19, 20
MCG +8-31-4 19
MCG +8-31-19 19
MCG +8-36-3 17, 18
MCG +9-12-4 13
MCG +9-13-1 13, 24
MCG +9-13-99 13
MCG +9-14-31 13
MCG +9-14-50 13
MCG +9-14-61 13
MCG +9-14-80 13, 23
MCG +9-15-11 12, 13
MCG +9-16-42 12
MCG +9-18-14 12, 22
MCG +9-19-14 12
MCG +9-19-49 12, 22
MCG +9-19-73 12
MCG +9-19-97 12, 21, 22
MCG +9-19-112 12
MCG +9-20-97 11, 12, 21
MCG +9-20-116 11, 21, 22
MCG +9-22-20 11, 21
MCG +9-22-94 11
MCG +9-25-3 10, 11, 20
MCG +9-25-54 10
MCG +9-27-91 10, 19
MCG +10-10-21 13
MCG +10-12-103 13
MCG +10-17-19 11, 12
MCG +10-17-64 4, 11, 12
MCG +10-18-51 11, 12
MCG +10-19-71 11
MCG +10-23-14 10
MCG +10-23-51 4, 10
MCG +10-23-55 10
MCG +10-24-52 10
MCG +10-24-80 10
MCG +10-25-34 9, 10
MCG +10-25-116 9, 10
MCG +11-8-12 13, 14
MCG +11-12-10 12, 13
MCG +11-14-33 11, 12
MCG +11-18-4 4, 10, 11
MCG +11-18-27 4, 10, 11
MCG +12-14-4 4
MCG +13-6-23 5, 6
MCG +13-7-22 5, 6
MCG +13-11-12 3, 4
MCG +13-12-3 3, 4
Mrk 335 28, 40, 51
Mrk 360 51
Mrk 421 22, 34
Mrk 757 33, 34
NGC 1 28, 39
NGC 2 28, 39
NGC 3 51, 63
NGC 9 28, 39, 51
NGC 10 76, 87
NGC 12 63
NGC 14 51
NGC 16 28, 39
NGC 19 28, 39
NGC 20 28, 39
NGC 23 28, 39
NGC 24 76, 87
NGC 25 100, 107
NGC 26 28, 39
NGC 28 100, 107
NGC 29 28, 39
NGC 35 75
NGC 37 100, 107
NGC 38 63, 75
NGC 39 28, 39
NGC 41 39, 51
NGC 43 28, 39
NGC 45 75, 87
NGC 50 63, 75
NGC 51 16, 27
NGC 53 100, 107
NGC 55 88, 99
NGC 57 51
NGC 59 75, 87
NGC 61-1 63, 75
NGC 62 75
NGC 63 51
NGC 64 63, 75
NGC 65 75, 87
NGC 66 75, 87
NGC 68 39
NGC 70 39
NGC 71 39
NGC 72 39
NGC 72A 39
NGC 75 51, 63
NGC 76 39
NGC 77 75, 87
NGC 78 63
NGC 78A 63
NGC 79 39, 51
NGC 80 39, 51
NGC 83 39, 51
NGC 85A 39, 51
NGC 88 88, 99
NGC 89 88, 99
NGC 90 39, 51
NGC 92 88, 99
NGC 93 39, 51
NGC 95 51
NGC 97 39
NGC 98 88, 99
NGC 99 51
NGC 100 51
NGC 101 87
NGC 102 75
NGC 105 51
NGC 106 63
NGC 108 39
NGC 112 39
NGC 113 63
NGC 114 63
NGC 115 87
NGC 118 63
NGC 119 100, 107
NGC 124 63
NGC 125 63
NGC 128 63
NGC 131 87
NGC 132 63
NGC 134 87
NGC 137 51
NGC 140 39
NGC 144 75, 87
NGC 145 63
NGC 147 16, 27
NGC 148 87
NGC 150 87
NGC 151 75
NGC 157 63, 75
NGC 160 39, 51
NGC 161 63
NGC 163 75
NGC 165 75
NGC 167 75, 87
NGC 169 39, 51
NGC 170 63
NGC 171 75
NGC 173 63
NGC 174 87
NGC 178 75
NGC 179 75
NGC 180 51, 63
NGC 182 63
NGC 183 39
NGC 185 27
NGC 187 75
NGC 190 51, 63
NGC 190-2 51, 63
NGC 191 75
NGC 191A 63, 75
NGC 192 63
NGC 193 63
NGC 194 63
NGC 195 75
NGC 196 63
NGC 197 63
NGC 198 63
NGC 199 63
NGC 200 63
NGC 201 63
NGC 204 63
NGC 207 75
NGC 209 75
NGC 210 75
NGC 212 107
NGC 214 39
NGC 215 107
NGC 216 75, 87
NGC 217 75
NGC 219 63
NGC 223 63
NGC 226 39
NGC 227 63
NGC 232 75, 87
NGC 233 39
NGC 234 51
NGC 235A 75, 87
NGC 235B 75, 87
NGC 236 63
NGC 237 63
NGC 238 99, 107
NGC 240 51, 63
NGC 243 39
NGC 244 75
NGC 245 63
NGC 247 75, 87
NGC 252 39
NGC 253 87
NGC 254 87
NGC 255 75
NGC 257 51, 63
NGC 258 39
NGC 260 39
NGC 262 39
NGC 264 87, 99
NGC 266 39
NGC 268 63
NGC 270 63, 75
NGC 271 63
NGC 273 63, 75
NGC 274 63, 75
NGC 275 63, 75
NGC 278 27
NGC 279 63
NGC 282 39
NGC 284 75
NGC 287 39
NGC 289 87
NGC 292 108, 113, D28
NGC 295 39
NGC 296 39
NGC 300 87, 99
NGC 304 39, 51
NGC 307 63
NGC 309 75
NGC 311 39
NGC 312 99, 107
NGC 314 87
NGC 315 39
NGC 317 27
NGC 317A 27
NGC 318 39
NGC 319 99
NGC 320 75, 87
NGC 322-1 99
NGC 323 99, 107
NGC 324 99
NGC 326 39
NGC 332 51, 63
NGC 333B 75
NGC 337 63, 75
NGC 338 39
NGC 340 63, 75
NGC 341 75
NGC 348 99, 107
NGC 349 63, 75
NGC 351 63
NGC 352 63
NGC 354 39, 51
NGC 356 63, 75
NGC 357 63, 75
NGC 359 63
NGC 364 63
NGC 365 87
NGC 368 99
NGC 369 75
NGC 374 D11
NGC 375 D11
NGC 378 87
NGC 379 D11
NGC 380 D11
NGC 382 D11
NGC 383 D11
NGC 384 D11
NGC 385 D11
NGC 386 D11
NGC 391 63
NGC 392 39
NGC 393 27
NGC 394 39
NGC 399 D11
NGC 403 D11
NGC 404 39
NGC 406 108, 113
NGC 407 39
NGC 409 87, 99
NGC 410 39
NGC 414 39
NGC 417 75
NGC 418 87
NGC 420 39
NGC 423 87
NGC 424 87, 99
NGC 425 27, 39
NGC 426 63
NGC 428 63
NGC 430 63
NGC 431 39
NGC 432 107
NGC 434 107
NGC 437 51, 63
NGC 438 87, 99
NGC 439 87
NGC 440 107
NGC 441 87
NGC 442 63
NGC 443 39
NGC 445 63
NGC 446 63
NGC 448 63
NGC 450 63
NGC 451 39
NGC 454-1 107
NGC 454-2 107
NGC 455 63
NGC 461 87
NGC 462 63
NGC 466 107
NGC 467 63
NGC 470 63
NGC 471 51
NGC 472 39
NGC 473 51
NGC 474 63
NGC 476 51
NGC 477 27
NGC 478 75, 87
NGC 479 63
NGC 481 75
NGC 483 D14
NGC 484 107
NGC 485 51, 63
NGC 486 63
NGC 487 75
NGC 488 63
NGC 489 51, 63
NGC 491 87
NGC 493 63
NGC 494 D14
NGC 495 D14
NGC 496 D14
NGC 497 63
NGC 498 D14
NGC 499 D14
NGC 501 D14
NGC 502 51, 63
NGC 503 D14
NGC 504 D14
NGC 505 51, 63
NGC 507 39, D14
NGC 508 D14
NGC 513 D14
NGC 514 51
NGC 515 D14
NGC 516 51
NGC 517 D14
NGC 519 D16
NGC 520 63
NGC 521 63
NGC 523 D14
NGC 524 51
NGC 525 51
NGC 526A 87
NGC 526B 87
NGC 528 D14
NGC 529 39
NGC 530 D16
NGC 533 63
NGC 534 87, 99
NGC 535 D16
NGC 536 39
NGC 537 D14
NGC 541 D16
NGC 543 D16
NGC 544 87, 99
NGC 545 D16
NGC 547 D16
NGC 548 D16
NGC 550 63
NGC 551 27, 39
NGC 553 D14
NGC 554A 75, 87
NGC 554B 75, 87
NGC 558 D16
NGC 560 D16
NGC 561 39
NGC 562 26, 27
NGC 564 D16
NGC 568 87, 99
NGC 570 63
NGC 573 27
NGC 574 87, 99
NGC 575 39, 51
NGC 576 98, 99, 107
NGC 577 63
NGC 578 75, 87
NGC 579 39
NGC 582 39
NGC 583 75
NGC 584 63, 75
NGC 586 63, 75
NGC 587 39
NGC 591 27, 39
NGC 594 75
NGC 596 63, 75
NGC 597 87
NGC 599 75
NGC 600 63, 75
NGC 605 26, 27
NGC 606 39, 51
NGC 612 87, 99
NGC 613 87
NGC 614 39
NGC 615 63, 75
NGC 617 75
NGC 620 26, 27
NGC 621 27, 39
NGC 622 63
NGC 623 87, 99
NGC 624 75
NGC 625 98, 99
NGC 626 99
NGC 630 99
NGC 632 51, 63
NGC 633 87, 99
NGC 634 39
NGC 635 75, 87
NGC 636 63, 75
NGC 638 51, 63
NGC 641 98, 99
NGC 642 87
NGC 645 63
NGC 652 51, 63
NGC 656 39
NGC 658 51
NGC 660 51
NGC 661 39
NGC 662 26, 27, 38, 39
NGC 664 63
NGC 665 51
NGC 666 26, 38, 39
NGC 667 75, 87
NGC 668 26, 27, 38, 39
NGC 669 26, 27, 38, 39
NGC 670 39
NGC 671 51
NGC 672 38, 39
NGC 673 51
NGC 676 51, 63
NGC 677 51
NGC 678 39, 51
NGC 679 D18
NGC 680 39, 51
NGC 681 75
NGC 682 75
NGC 683 51
NGC 684 38, 39
NGC 685 98, 99, 107
NGC 686 87
NGC 687 D18
NGC 688 26, 27, 38, 39
NGC 689 86, 87
NGC 691 39, 51
NGC 692 98, 99
NGC 693 51, 63
NGC 694 39, 51
NGC 695 38, 39, 50, 51
NGC 697 38, 39, 50, 51
NGC 698 86, 87, 98, 99
NGC 701 75
NGC 702 63
NGC 703 D18
NGC 704-1 D18
NGC 704-2 D18
NGC 705 D18
NGC 706 51, 63
NGC 707-1 63, 75
NGC 707-2 63, 75
NGC 708 D18
NGC 710 D18
NGC 711 51
NGC 712 D18
NGC 714 D18
NGC 715 75
NGC 716 51
NGC 718 63
NGC 719 50, 51
NGC 720 75
NGC 721 26, 27
NGC 723 86, 87
NGC 731 75
NGC 736 38, 39
NGC 741 50, 51, 62, 63
NGC 742 51, 62, 63
NGC 745-1 107
NGC 745-2 107
NGC 745-3 107
NGC 746 26, 27
NGC 748 62, 63
NGC 749 86, 87
NGC 750 38, 39
NGC 751 38, 39
NGC 753 26, 27, 38, 39
NGC 754 107
NGC 755 74, 75
NGC 759 26, 27, 38, 39
NGC 762 62, 63, 74, 75
NGC 766 50, 51, 62, 63
NGC 768 62, 63
NGC 769 38, 39
NGC 770 50, 51
NGC 772 50, 51
NGC 773 74, 75
NGC 774 50, 51
NGC 775 86, 87
NGC 776 38, 39, 50, 51
NGC 777 38, 39
NGC 778 38, 39
NGC 779 62, 63, 74, 75
NGC 781 50, 51
NGC 782 107
NGC 783 38, 39
NGC 784 38, 39
NGC 785 38, 39
NGC 786 50, 51
NGC 788 62, 63, 74, 75
NGC 789 38, 39
NGC 790 62, 63, 74, 75
NGC 791 50, 51, 62, 63
NGC 792 50, 51
NGC 794 50, 51
NGC 795 107
NGC 797 26, 27, 38, 39
NGC 798 38, 39
NGC 800 62, 63
NGC 802 107, 113
NGC 803 50, 51
NGC 807 38, 39
NGC 808 74, 75, 86, 87
NGC 811 74, 75
NGC 812 26, 27
NGC 813 107, 113
NGC 816 38, 39
NGC 817 50
NGC 818 26, 27, 38
NGC 819 38, 39
NGC 820 50
NGC 821 50
NGC 822 98, 99
NGC 823 86, 87
NGC 824 86, 87, 98, 99
NGC 827 50, 62
NGC 828 26, 27
NGC 829 62, 74
NGC 830 62, 74
NGC 831 50, 62
NGC 833 74
NGC 834 26, 27, 38, 39
NGC 835 74
NGC 836 74, 86
NGC 838 74
NGC 839 74
NGC 841 26, 27, 38, 39
NGC 842 62, 74
NGC 844 50, 62
NGC 845 26, 27, 38, 39
NGC 846 26, 27
NGC 848 74
NGC 850 62
NGC 851 62
NGC 852 107
NGC 853 74
NGC 854 86, 87, 98, 99
NGC 855 38
NGC 857 86, 87
NGC 858-1 74, 86
NGC 859 62
NGC 860 38
NGC 862 98, 99
NGC 863 62
NGC 864 50, 62
NGC 865 38
NGC 867 62
NGC 871 50
NGC 873 74
NGC 877 50
NGC 878 74, 86
NGC 880 62
NGC 881 62, 74
NGC 883 62, 74
NGC 887 74
NGC 888 106, 107
NGC 889 98, 99
NGC 890 38
NGC 891 26, 27
NGC 893 98, 99
NGC 895 62, 74
NGC 897 86
NGC 898 26, 27
NGC 899 74, 86
NGC 902 74
NGC 906 26, 27
NGC 907 74, 86
NGC 908 74, 86
NGC 909 26, 27
NGC 910 26, 27

NGC 911 26
NGC 914 26
NGC 915 38
NGC 918 50
NGC 922 86
NGC 923 26
NGC 924 50
NGC 925 38
NGC 926 62
NGC 927 50
NGC 928 38
NGC 932 50
NGC 934 62
NGC 935 50
NGC 936 62
NGC 938 50
NGC 939 98, 99
NGC 940 38
NGC 941 62
NGC 945 74
NGC 947 74
NGC 949 26, 38
NGC 953 38
NGC 954 98
NGC 955 62
NGC 958 62
NGC 959 38
NGC 962 38
NGC 963 62
NGC 964 86, 98
NGC 966 74
NGC 967 74
NGC 968 38
NGC 969 38
NGC 972 38
NGC 974 38
NGC 975 50
NGC 976 38, 50
NGC 978 38
NGC 979 98
NGC 980 26
NGC 982 26
NGC 985 62, 74
NGC 986 98
NGC 987 38
NGC 988 74
NGC 989 74
NGC 990 50
NGC 991 62, 74
NGC 993 62
NGC 995 26
NGC 996 26
NGC 997 50, 62
NGC 999 26
NGC 1002 38
NGC 1003 26
NGC 1004 62
NGC 1005 26
NGC 1008 26
NGC 1010 74
NGC 1011 74
NGC 1012 38
NGC 1013 74
NGC 1015 62
NGC 1016 62
NGC 1019 62
NGC 1022 62, 74
NGC 1023 26, 38
NGC 1023A 26, 38
NGC 1024 50
NGC 1025 106, 107
NGC 1026 50, 62
NGC 1029 50
NGC 1031 106, 107
NGC 1032 62
NGC 1034 74
NGC 1035 62, 74
NGC 1036 50
NGC 1038 62
NGC 1040-1 26
NGC 1041 62, 74
NGC 1042 62, 74
NGC 1044 50, 62
NGC 1045 74
NGC 1046 50, 62
NGC 1047 62, 74
NGC 1050 38
NGC 1051 62, 74
NGC 1052 62, 74
NGC 1053-1 26
NGC 1054 50
NGC 1055 62
NGC 1056 38
NGC 1058 26, 38
NGC 1060 38
NGC 1065 74
NGC 1067 38
NGC 1070 62
NGC 1072 62
NGC 1073 62
NGC 1076 74
NGC 1077-1 26
NGC 1079 86
NGC 1080 62
NGC 1081 74
NGC 1082-1 62, 74
NGC 1084 62, 74
NGC 1085 62
NGC 1086 26
NGC 1087 62
NGC 1088 50
NGC 1089 74
NGC 1090 62
NGC 1092 74
NGC 1093 38
NGC 1094 62
NGC 1095 62
NGC 1096 106, 107
NGC 1097 86
NGC 1097A 86
NGC 1098 74
NGC 1099 74
NGC 1100 74
NGC 1101 62
NGC 1103 74
NGC 1104 62
NGC 1105 74
NGC 1106 26
NGC 1107 50, 62
NGC 1108 62, 74
NGC 1109 50
NGC 1114 74
NGC 1117A 50
NGC 1119 74
NGC 1120 74
NGC 1121 62
NGC 1123 26
NGC 1125 74
NGC 1128-1 50, 62
NGC 1128-2 50, 62
NGC 1129 26
NGC 1131 26
NGC 1132 62
NGC 1133 62, 74
NGC 1134 50
NGC 1136 106, 107
NGC 1137 62
NGC 1138 26
NGC 1140 74
NGC 1141 62
NGC 1142 62
NGC 1149 62
NGC 1153 62
NGC 1154 74
NGC 1155 74
NGC 1156 38
NGC 1159 26
NGC 1160 26
NGC 1161 26
NGC 1162 74
NGC 1164 26
NGC 1165 86
NGC 1167 38
NGC 1169 26
NGC 1171 26
NGC 1172 74
NGC 1175 26
NGC 1177 26
NGC 1179 74
NGC 1184 1, 6, 7
NGC 1186 26
NGC 1187 74, 86
NGC 1188 74
NGC 1191 74
NGC 1194 62
NGC 1196 74
NGC 1198 26
NGC 1199 74
NGC 1200 74
NGC 1201 86
NGC 1203-1 74
NGC 1204 74
NGC 1206 62, 74
NGC 1207 26, 38
NGC 1208 74
NGC 1209 74
NGC 1210 86
NGC 1211 62
NGC 1217-1 86, 98
NGC 1217-2 86, 98
NGC 1218 62
NGC 1219 62
NGC 1222 62
NGC 1226 38
NGC 1232 74, 86
NGC 1233 26, 38
NGC 1238 74
NGC 1239 62
NGC 1241 62, 74
NGC 1246 106, 107, 112, 113
NGC 1248 62
NGC 1249 98, 106, 107
NGC 1250 26
NGC 1253 62
NGC 1255 86
NGC 1256 74, 86
NGC 1258 74, 86
NGC 1259 D20
NGC 1260 D20
NGC 1263 74
NGC 1265 D20
NGC 1266 62
NGC 1267 D20
NGC 1268 D20
NGC 1270 D20
NGC 1272 D20
NGC 1273 D20
NGC 1275 D20
NGC 1277 D20
NGC 1278 D20
NGC 1280 62
NGC 1281 D20
NGC 1282 D20
NGC 1283 D20
NGC 1285 62, 74
NGC 1286 62, 74
NGC 1287 62
NGC 1288 86
NGC 1289 62
NGC 1291 98
NGC 1292 86
NGC 1293 D20
NGC 1294 D20
NGC 1297 74
NGC 1298 62
NGC 1299 62, 74
NGC 1300 74
NGC 1302 86
NGC 1303 62, 74
NGC 1304 62
NGC 1305 62
NGC 1306 86
NGC 1308 62
NGC 1309 74
NGC 1310 D10
NGC 1313 106, 107, 112, 113
NGC 1315 74, 86
NGC 1316 86, 98, D10
NGC 1316A D10
NGC 1316B D10
NGC 1316C D10
NGC 1317 86, 98, D10
NGC 1319 74, 86
NGC 1320 62
NGC 1321 62
NGC 1322 62
NGC 1324 62, 74
NGC 1325 74, 86
NGC 1325A 74, 86
NGC 1326 86, 98, D10
NGC 1329 74
NGC 1331 74, 86
NGC 1332 74, 86
NGC 1336 D10
NGC 1337 62, 74
NGC 1338 74
NGC 1339 86
NGC 1341 86, 98, D10
NGC 1343 6, 7
NGC 1344 86
NGC 1346 62, 74
NGC 1347-1 74, 86
NGC 1347-2 74, 86
NGC 1349 62
NGC 1350 86
NGC 1351 D10
NGC 1352 74
NGC 1353 74, 86
NGC 1354 74
NGC 1355 62
NGC 1356 97, 98, 106
NGC 1357 74
NGC 1358 62
NGC 1359 74
NGC 1362 74, 86
NGC 1363 74
NGC 1365 86, 98, D10
NGC 1366 86
NGC 1369 D10
NGC 1370 74, 86
NGC 1371 86
NGC 1372 74
NGC 1373 D10
NGC 1374 86, D10
NGC 1375 D10
NGC 1376 62
NGC 1377 74, 86
NGC 1379 86, 98, D10
NGC 1380 86, D10
NGC 1380A D10
NGC 1381 D10
NGC 1382 D10
NGC 1383 74
NGC 1385 86
NGC 1386 D10
NGC 1387 86, 98, D10
NGC 1388 74
NGC 1389 86, 98, D10
NGC 1391 74
NGC 1393 74
NGC 1394 74
NGC 1395 74, 86
NGC 1396 D10
NGC 1398 86
NGC 1399 86, 98, D10
NGC 1400 74
NGC 1401 74, 86
NGC 1402 74
NGC 1403 74, 86
NGC 1404 86, 98, D10
NGC 1406 86
NGC 1407 74
NGC 1409 62
NGC 1410 62
NGC 1411 97, 98
NGC 1412 86
NGC 1415 74, 86
NGC 1416 74, 86
NGC 1417 62
NGC 1418 62
NGC 1419 D10
NGC 1421 74
NGC 1425 86
NGC 1426 74, 86
NGC 1427 85, 86, 97, 98, D10
NGC 1427A D10
NGC 1428 D10
NGC 1433 97, 98
NGC 1436 D10
NGC 1438 74, 86
NGC 1439 74, 86
NGC 1440 74
NGC 1441 62
NGC 1449 62
NGC 1450-1 74
NGC 1450-2 74
NGC 1451 62
NGC 1452 74
NGC 1453 62
NGC 1457 97, 98
NGC 1459 86
NGC 1460 85, 86, 97, 98
NGC 1461 74
NGC 1463 106
NGC 1469 6, 7, 14
NGC 1473 106, 112, 113
NGC 1476 97, 98
NGC 1477 62, 74
NGC 1481 73, 74, 85, 86
NGC 1482 73, 74, 85, 86
NGC 1483 97, 98
NGC 1484 85, 86, 97, 98
NGC 1485 6, 7
NGC 1487 97, 98
NGC 1490 106, 112, 113
NGC 1492 85, 86, 97, 98
NGC 1493 97, 98
NGC 1494 97, 98
NGC 1495 97, 98
NGC 1497 37, 38, 49, 50
NGC 1500 97, 98, 106
NGC 1503 106, 112, 113
NGC 1505 73, 74
NGC 1506 97, 98, 106
NGC 1507 61
NGC 1509 73, 74
NGC 1510 97, 98
NGC 1511 106, 112, 113
NGC 1512 97, 98
NGC 1515 106
NGC 1516-1 61, 73
NGC 1517 49, 61
NGC 1518 73, 74, 85, 86
NGC 1519 73
NGC 1521 73, 85
NGC 1522 97, 98, 106
NGC 1525 61, 73
NGC 1526 106, 112, 113
NGC 1527 97, 98
NGC 1529 106, 112, 113
NGC 1530 6, 7
NGC 1531 85, 86
NGC 1532 85, 86
NGC 1533 106
NGC 1534 106, 113
NGC 1536 106
NGC 1537 85, 86
NGC 1539-1 37
NGC 1540A 85
NGC 1543 106
NGC 1544 1
NGC 1546 106
NGC 1547 73
NGC 1549 106
NGC 1551 61
NGC 1552 61
NGC 1553 106
NGC 1556 97, 98
NGC 1558 97, 98
NGC 1559 106, 113
NGC 1560 6, 7
NGC 1562 73
NGC 1565 73
NGC 1566 106
NGC 1567 97, 98
NGC 1569 6, 7, 14
NGC 1570 97, 98
NGC 1572 97, 98
NGC 1573 6, 7
NGC 1574 106
NGC 1576 61
NGC 1577 73
NGC 1578 97, 98, 106
NGC 1580 61
NGC 1581 106
NGC 1583 73
NGC 1584 73
NGC 1585 97
NGC 1586 61
NGC 1587 61
NGC 1588 61
NGC 1589 61
NGC 1590 49, 61
NGC 1591 85
NGC 1594 61, 73
NGC 1595 97, 98
NGC 1596 106
NGC 1597 73
NGC 1598 97, 98
NGC 1599 61
NGC 1600 61
NGC 1601 61
NGC 1602 106
NGC 1603 61
NGC 1604 61
NGC 1607 61
NGC 1609 61
NGC 1612 61
NGC 1613 61
NGC 1614 61, 73
NGC 1615 49
NGC 1616 97
NGC 1617 106
NGC 1618 61
NGC 1620 61
NGC 1622 61
NGC 1625 61
NGC 1627 61
NGC 1631 73, 85
NGC 1633 49, 61
NGC 1634 49, 61
NGC 1635 61
NGC 1636 61, 73
NGC 1637 61
NGC 1638 61
NGC 1640 73, 85
NGC 1642 61
NGC 1643 61
NGC 1645 61, 73
NGC 1646-1 61, 73
NGC 1650 73
NGC 1653 61
NGC 1654 61
NGC 1656 61
NGC 1659 61
NGC 1661 61
NGC 1665 61
NGC 1666 61, 73
NGC 1667 61, 73
NGC 1668 97
NGC 1669 106, 112, 113
NGC 1670 61
NGC 1671 61
NGC 1672 106
NGC 1678 61
NGC 1679 85
NGC 1680 97
NGC 1681 61, 73
NGC 1682 61
NGC 1684 61
NGC 1688 106
NGC 1691 61
NGC 1692 73, 85
NGC 1699 61
NGC 1700 61
NGC 1701 85
NGC 1703 106
NGC 1705 97, 106
NGC 1706 106
NGC 1710 73
NGC 1713 61
NGC 1716 73
NGC 1720 61, 73
NGC 1721 73
NGC 1723 73
NGC 1725 73
NGC 1726 61, 73
NGC 1728 73
NGC 1729 61
NGC 1730 73
NGC 1738 73
NGC 1739 73
NGC 1740 61
NGC 1741A 61
NGC 1744 85
NGC 1752 61, 73
NGC 1759 85, 97
NGC 1762 61
NGC 1765 106
NGC 1779 73
NGC 1780 73
NGC 1781 73
NGC 1784 73
NGC 1792 85, 97
NGC 1796 106
NGC 1799 61, 73
NGC 1800 85
NGC 1803 97
NGC 1808 85, 97
NGC 1809 D29
NGC 1812 85
NGC 1819 61
NGC 1824 106
NGC 1827 85, 97
NGC 1832 73
NGC 1843 73
NGC 1853 106
NGC 1875 49, 61
NGC 1879 85
NGC 1888 73
NGC 1889 73
NGC 1892 105, 106
NGC 1924 61
NGC 1930 96, 97
NGC 1947 105, 106
NGC 1954 73
NGC 1956 112, 113
NGC 1961 6
NGC 1964 73, 85
NGC 1979 73, 85
NGC 1989 85
NGC 1992 85
NGC 1993 85
NGC 2008 96, 97, 106
NGC 2012 112, 113
NGC 2049 85
NGC 2073 73, 85
NGC 2076 73
NGC 2082 105, 106
NGC 2087 105, 106
NGC 2089 73
NGC 2090 84, 85, 96
NGC 2101 96, 97, 105, 106
NGC 2104 96, 97, 105, 106
NGC 2106 73, 85
NGC 2110 61, 73
NGC 2115 96, 97, 105, 106
NGC 2119 48, 49
NGC 2124 72, 73, 84, 85
NGC 2128 13, 14
NGC 2139 84, 85
NGC 2144 112, 114
NGC 2146 5, 6
NGC 2148 105, 106
NGC 2150 D29
NGC 2178 105, 106
NGC 2179 72, 73, 84, 85
NGC 2187 D29
NGC 2187A D29
NGC 2188 84, 85, 97
NGC 2191 96, 97, 105, 106
NGC 2196 72, 84
NGC 2199 111, 112, 113
NGC 2201 96, 97
NGC 2205 105, 106
NGC 2206 84
NGC 2207 72, 84
NGC 2208 13, 24, 25
NGC 2211 72
NGC 2216 72, 84
NGC 2217 84
NGC 2221 105, 106
NGC 2222 105, 106
NGC 2223 72, 84
NGC 2227 72, 84
NGC 2228 105, 106
NGC 2230 105, 106
NGC 2235 105, 106
NGC 2253 6, 13, 14
NGC 2256 5, 6
NGC 2258 5, 6
NGC 2263 84
NGC 2267 84
NGC 2268 1
NGC 2271 72, 84
NGC 2272 84
NGC 2273 13
NGC 2273A 13, 14
NGC 2273B 13
NGC 2274 36
NGC 2275 36
NGC 2276 1
NGC 2280 84
NGC 2283 72
NGC 2288 36
NGC 2289 36
NGC 2290 36
NGC 2291 36
NGC 2292 84
NGC 2293 84
NGC 2294 36
NGC 2295 84
NGC 2297 105, 106
NGC 2300 1
NGC 2303 36
NGC 2305 105, 106
NGC 2307 105, 106
NGC 2310 96
NGC 2314 5, 6
NGC 2320 D15
NGC 2325 84
NGC 2328 96
NGC 2329 24
NGC 2332 D15
NGC 2333 36
NGC 2334 D15
NGC 2336 5, 6
NGC 2337 24
NGC 2339 48
NGC 2340 D15
NGC 2341 48
NGC 2342 48
NGC 2344 24
NGC 2347 6, 13
NGC 2350 48
NGC 2365 36, 48
NGC 2366 5, 6, 13
NGC 2369 105
NGC 2369A 105
NGC 2369B 105
NGC 2370 36, 48
NGC 2373 36
NGC 2376 36, 48
NGC 2377 72
NGC 2379 36
NGC 2381 105
NGC 2382 84
NGC 2389 36
NGC 2397 105, 111, 112
NGC 2398-1 36
NGC 2402-1 48
NGC 2403 5, 6, 13
NGC 2405-1 36
NGC 2405-2 36
NGC 2406 48
NGC 2407 48
NGC 2411 48
NGC 2415 36
NGC 2416 48
NGC 2417 105
NGC 2418 48
NGC 2426 13, 23, 24
NGC 2427 95, 96
NGC 2431 13, 23, 24
NGC 2434 111, 112
NGC 2435 36
NGC 2441 5, 6
NGC 2442 111, 112
NGC 2444 23, 24
NGC 2445 23, 24, 36
NGC 2446 13
NGC 2449 36
NGC 2456 13
NGC 2458 13
NGC 2460 13
NGC 2462 13
NGC 2463 13
NGC 2466 111, 112
NGC 2468 13
NGC 2470 60
NGC 2474 13, 23, 24
NGC 2475 13, 23, 24
NGC 2476 23, 24
NGC 2481 35, 36, 47, 48
NGC 2484 23, 24, 35, 36
NGC 2485 47, 48, 59, 60
NGC 2486 35, 36
NGC 2487 35, 36
NGC 2488 13
NGC 2492 35, 36
NGC 2493 23, 24
NGC 2494 59, 60
NGC 2496 47, 48, 59, 60
NGC 2497 13
NGC 2498 35, 36
NGC 2499 47, 48, 59, 60
NGC 2500 13, 23, 24
NGC 2501 71, 72
NGC 2502 95, 96, 105
NGC 2504 47, 48, 59, 60
NGC 2505 13, 23
NGC 2507 47, 48
NGC 2508 47, 48, 59, 60
NGC 2510 47, 48
NGC 2512 35, 36, 47, 48
NGC 2513 47, 48
NGC 2514 47, 48
NGC 2517 71, 72
NGC 2518 13, 23, 24
NGC 2521 13
NGC 2522 47, 48
NGC 2523 5, 6
NGC 2523A 5, 6
NGC 2523C 5, 6
NGC 2524 23, 24
NGC 2525 71
NGC 2528 23, 24
NGC 2532 35, 36
NGC 2534 13
NGC 2535 35
NGC 2536
NGC 2537 23, 24
NGC 2538 59
NGC 2541 23, 24
NGC 2543 23, 24, 35, 36
NGC 2544 5, 6
NGC 2545 35, 47
NGC 2549 13
NGC 2550 5, 6
NGC 2550A 5, 6
NGC 2551 5, 6
NGC 2552 23, 24
NGC 2554 35, 47
NGC 2555 59
NGC 2556 35, 47
NGC 2557 35, 47
NGC 2558 47
NGC 2559 83
NGC 2561 59
NGC 2562 35, 47
NGC 2563 35, 47
NGC 2564 71, 83
NGC 2565 35, 47
NGC 2566 83
NGC 2569 35, 47
NGC 2573 114
NGC 2574 59, 71
NGC 2575 35, 47
NGC 2577 35, 47
NGC 2578 71
NGC 2581 47
NGC 2582 47
NGC 2583 59
NGC 2591 5, 6
NGC 2592 35
NGC 2594 35
NGC 2595 35, 47
NGC 2596 47
NGC 2599 35, 47
NGC 2601 105, 111, 112
NGC 2602 13, 23
NGC 2604A 35
NGC 2607 35
NGC 2608 35
NGC 2612 71
NGC 2613 71, 83
NGC 2614 5, 6
NGC 2615 59
NGC 2616 59
NGC 2617 59
NGC 2618 59
NGC 2619 35
NGC 2623 35
NGC 2624 47
NGC 2628 35, 47
NGC 2629 5, 6
NGC 2633 5, 6
NGC 2634 5, 6
NGC 2636 5, 6
NGC 2638 23, 35
NGC 2639 13, 23
NGC 2640 104, 105
NGC 2642 59
NGC 2644 59
NGC 2646 5, 6
NGC 2647 47
NGC 2648 47
NGC 2649 35
NGC 2650 5, 6
NGC 2654 12, 13
NGC 2655 5, 6
NGC 2656 12, 13, 23
NGC 2657 47
NGC 2661 47
NGC 2662 71
NGC 2663 83
NGC 2665 71
NGC 2667B 47
NGC 2672 47
NGC 2673 47
NGC 2675 12, 13, 23
NGC 2676 23
NGC 2679 35
NGC 2680 35
NGC 2681 12, 13, 23
NGC 2683 35
NGC 2684 12, 13, 23
NGC 2685 12, 13
NGC 2691 23, 35
NGC 2692 12, 13, 23
NGC 2693 12, 13, 23
NGC 2695 59
NGC 2696 59
NGC 2697 59
NGC 2698 59
NGC 2699 59
NGC 2701 12, 13, 23
NGC 2704 23, 35
NGC 2706 59
NGC 2708 59
NGC 2709 59
NGC 2710 12, 13
NGC 2711 47
NGC 2712 23
NGC 2713 59
NGC 2714 104, 105
NGC 2715 1, 5, 6
NGC 2716 59
NGC 2717 83
NGC 2718 47, 59
NGC 2719 35
NGC 2719A 35
NGC 2720 47
NGC 2721 59
NGC 2722 59
NGC 2723 59
NGC 2725 47
NGC 2726 12, 13
NGC 2728 47
NGC 2729 59
NGC 2730 47
NGC 2731 47, 59
NGC 2732 1, 5, 6
NGC 2735 35
NGC 2738 35, 47
NGC 2742 12, 13
NGC 2742A 12, 13
NGC 2743 35
NGC 2744 47
NGC 2745 47
NGC 2746 35
NGC 2748 5, 6
NGC 2749 47
NGC 2750 35
NGC 2753-2 35
NGC 2755 23
NGC 2756 12, 13, 23
NGC 2759 23, 35
NGC 2761 47
NGC 2763 71
NGC 2764 35, 47
NGC 2765 59
NGC 2767 12, 13, 23
NGC 2768 12, 13
NGC 2769 12, 13, 23
NGC 2770 35
NGC 2771 12, 13, 23
NGC 2772 71, 83
NGC 2773 47, 59
NGC 2774 47
NGC 2775 47, 59
NGC 2776 23
NGC 2777 47, 59
NGC 2778 35
NGC 2780 35
NGC 2781 71
NGC 2782 23
NGC 2783 35
NGC 2784 83
NGC 2786 47
NGC 2787 5, 6
NGC 2788 111
NGC 2789 35
NGC 2793 35
NGC 2794 47
NGC 2795 47
NGC 2796 35
NGC 2797 47
NGC 2798 23
NGC 2799 23
NGC 2800 12, 23
NGC 2804 47
NGC 2805 12, 13
NGC 2809 47
NGC 2810 5, 6
NGC 2811 71
NGC 2814 12, 13
NGC 2815 71, 83
NGC 2817 59
NGC 2819 47
NGC 2820 12, 13
NGC 2821 83
NGC 2822 111, 112
NGC 2824 35
NGC 2826 35
NGC 2829 35
NGC 2831 35
NGC 2832 35
NGC 2835 71, 83
NGC 2836 111, 112
NGC 2838 23, 35
NGC 2840 35
NGC 2841 12, 22, 23
NGC 2842 104, 105
NGC 2844 23
NGC 2845 83, 95
NGC 2848 71
NGC 2851 71
NGC 2852 23
NGC 2853 23
NGC 2854 22, 23
NGC 2855 71
NGC 2856 22, 23
NGC 2857 22, 23
NGC 2858 59
NGC 2859 35
NGC 2861 59
NGC 2863 71
NGC 2865 71, 83
NGC 2868 71
NGC 2872 47
NGC 2874 47
NGC 2876 59, 71
NGC 2878 59
NGC 2880 12, 13
NGC 2881-1 71
NGC 2881-2 71
NGC 2882 47, 59
NGC 2884 71
NGC 2885 35, 47
NGC 2887 104, 105
NGC 2888 83
NGC 2889 71
NGC 2891 83
NGC 2892 5, 12
NGC 2893 35
NGC 2894 47, 59
NGC 2895 12, 13
NGC 2896 35, 47
NGC 2898 59
NGC 2900 59
NGC 2902 71
NGC 2903 35, 47
NGC 2904 83
NGC 2906 47, 59
NGC 2907 71
NGC 2908 1, 5, 6
NGC 2911 47
NGC 2913 47
NGC 2914 47
NGC 2915 111, 112
NGC 2916 35, 47
NGC 2918 35
NGC 2919 47
NGC 2920 71, 83
NGC 2921 71, 83
NGC 2923 47
NGC 2924 71
NGC 2926 35
NGC 2927 35, 47
NGC 2935 71, 83
NGC 2936 59
NGC 2937 59
NGC 2939 47
NGC 2940 47
NGC 2942 35
NGC 2943 47
NGC 2944-1 35
NGC 2945 71, 83
NGC 2947 71
NGC 2948 47, 59
NGC 2949-2 47
NGC 2950 12
NGC 2951-2 59
NGC 2954 47
NGC 2955 22, 23, 34, 35
NGC 2958 47
NGC 2959 5, 12
NGC 2960 59
NGC 2961 5, 12
NGC 2962 59
NGC 2963 4, 5, 6
NGC 2964 35
NGC 2965 22, 23, 34, 35
NGC 2966 59
NGC 2967 59
NGC 2968 35
NGC 2969 59, 71
NGC 2970 35
NGC 2974 59
NGC 2976 5, 12
NGC 2977 4, 5, 6
NGC 2978 71
NGC 2979 71
NGC 2980 71
NGC 2983 71, 83
NGC 2984 47
NGC 2985 4, 5, 6
NGC 2986 71, 83
NGC 2987 59

NGC 2989 71
NGC 2990 47, 59
NGC 2991 35, 47
NGC 2992 71
NGC 2993 71
NGC 2994 35, 47
NGC 2996 71, 83
NGC 2997 82, 83
NGC 2998 22, 23
NGC 3001 82, 83
NGC 3003 34, 35
NGC 3009 22, 23
NGC 3011 34, 35
NGC 3012 22, 34, 35
NGC 3015 59
NGC 3016 47
NGC 3017 59
NGC 3018 59
NGC 3020 47
NGC 3021 34, 35
NGC 3022 59
NGC 3023-1 59
NGC 3023-2 59
NGC 3024 47
NGC 3025 71, 83
NGC 3027 4, 5, 6
NGC 3028 71
NGC 3030 71
NGC 3032 34, 35
NGC 3035 59, 71
NGC 3037 82, 83
NGC 3038 82, 83
NGC 3039 59
NGC 3040A 46, 47
NGC 3041 47
NGC 3042 59
NGC 3043 12
NGC 3044 59
NGC 3045 70, 71
NGC 3047 59
NGC 3047A 59
NGC 3048-1 47
NGC 3049 47, 59
NGC 3051 82, 83
NGC 3052 70, 71
NGC 3053 46, 47
NGC 3054 82, 83
NGC 3055 59
NGC 3056 82, 83
NGC 3057 1, 5
NGC 3058 71
NGC 3059 110, 111, 112
NGC 3060 46, 47
NGC 3061 4, 5, 6
NGC 3065 4, 5, 6
NGC 3066 4, 5, 6
NGC 3067 34, 35
NGC 3070 46, 47
NGC 3072 70, 71
NGC 3073 12
NGC 3074 22, 23, 34, 35
NGC 3075 46, 47
NGC 3076 70, 71
NGC 3077 5, 12
NGC 3078 82, 83
NGC 3079 12
NGC 3080 46, 47
NGC 3081 70, 71, 82, 83
NGC 3082 82, 83
NGC 3084 82, 83
NGC 3085 70, 71
NGC 3087 82, 83
NGC 3088 34, 35, 46, 47
NGC 3089 82, 83
NGC 3090 58, 59
NGC 3091 70, 71
NGC 3092 58, 59
NGC 3094 46, 47
NGC 3095 82, 83
NGC 3096 70, 71, 83
NGC 3098 34, 35
NGC 3099A 34, 35
NGC 3099B 34, 35
NGC 3100 82, 83
NGC 3102 12
NGC 3104 22, 23
NGC 3106 34, 35
NGC 3107 46, 47
NGC 3108 82, 83
NGC 3109 82, 83
NGC 3111 22, 23
NGC 3113 82, 83
NGC 3115 58, 70
NGC 3116 34, 35
NGC 3117 58
NGC 3119 46
NGC 3120 82, 83, 95
NGC 3121 46
NGC 3122 58, 70
NGC 3124 70, 71
NGC 3125 82, 83
NGC 3126 34, 35
NGC 3130 46
NGC 3135 22, 23
NGC 3136 104, 111
NGC 3136B 104, 111
NGC 3137 82, 83
NGC 3142 58, 70
NGC 3145 70
NGC 3146 70, 82
NGC 3147 4, 5, 6
NGC 3149 111, 114
NGC 3153 46
NGC 3154 46
NGC 3155 4, 5, 6
NGC 3156 58
NGC 3158 22, 23, 34
NGC 3159 22, 23, 34
NGC 3162 34, 46
NGC 3163 22, 23, 34
NGC 3164 12
NGC 3166 58
NGC 3168 12
NGC 3169 58
NGC 3171 70, 82
NGC 3172 1
NGC 3173 82
NGC 3174 4, 5, 6
NGC 3175 82
NGC 3176 70, 82
NGC 3177 34, 46
NGC 3178 70
NGC 3179 22, 23
NGC 3182 12
NGC 3183 4, 5, 6
NGC 3184 22, 23
NGC 3185 34, 46
NGC 3186-1 46, 58
NGC 3187 34, 46
NGC 3188 12
NGC 3190 34, 46
NGC 3192 22, 23
NGC 3193 34, 46
NGC 3197 4, 5, 6
NGC 3198 22, 23
NGC 3200 70
NGC 3202 22, 23
NGC 3203 82
NGC 3205 22, 23
NGC 3206 12
NGC 3208 82
NGC 3209 34
NGC 3212 4, 5
NGC 3213 46
NGC 3215 4, 5
NGC 3218 4, 5, 6
NGC 3219 22, 34
NGC 3220 12
NGC 3222 46
NGC 3223 82
NGC 3224 82
NGC 3225 12
NGC 3226 46
NGC 3227 46
NGC 3233 70, 82
NGC 3234 34
NGC 3237 22
NGC 3238 12
NGC 3239 46
NGC 3240 70, 82
NGC 3241 82
NGC 3243 58
NGC 3244 94
NGC 3245 34
NGC 3246 58
NGC 3248 34, 46
NGC 3249 82
NGC 3250 94
NGC 3250B 94
NGC 3250E 94
NGC 3253 46
NGC 3254 34
NGC 3256 94, 95
NGC 3256B 94, 95
NGC 3256C 94
NGC 3257 D21
NGC 3258 D21
NGC 3258A D21
NGC 3258C D21
NGC 3258D D21
NGC 3259 12
NGC 3260 D21
NGC 3261 94, 95
NGC 3262 94, 95
NGC 3263 94
NGC 3264 12
NGC 3265 34
NGC 3266 12
NGC 3267 D21
NGC 3268 D21
NGC 3269 D21
NGC 3271 D21
NGC 3273 D21
NGC 3274 34
NGC 3275 82, 94
NGC 3276 94
NGC 3277 34
NGC 3278 94
NGC 3281 D21
NGC 3281A D21
NGC 3281B D21
NGC 3282 70, 82
NGC 3283 94, 95
NGC 3284 12
NGC 3285 D22
NGC 3285B D22
NGC 3287 34, 46
NGC 3289 82, 94
NGC 3290 70
NGC 3294 22, 34
NGC 3296 70
NGC 3298 22, 23
NGC 3300 46
NGC 3301 34, 46
NGC 3302 82
NGC 3303 46
NGC 3305 D22
NGC 3306 46
NGC 3307 D22
NGC 3308 D22
NGC 3309 82, D22
NGC 3310 12, 22
NGC 3311 82, D22
NGC 3312 D22
NGC 3313 82
NGC 3314 D22
NGC 3314A D22
NGC 3314B D22
NGC 3315 D22
NGC 3316-1 D22
NGC 3318 94
NGC 3318B 94
NGC 3319 22
NGC 3320 22
NGC 3323 34
NGC 3325 58
NGC 3326 58
NGC 3327 34, 46
NGC 3329 4, 5
NGC 3331 70, 82
NGC 3334 22, 34
NGC 3335 70, 82
NGC 3336 D22
NGC 3337 58
NGC 3338 46
NGC 3340 58
NGC 3342 46, 58
NGC 3343 4, 5, 6
NGC 3344 34
NGC 3346 46
NGC 3347 82, 94
NGC 3347A 82, 94
NGC 3348 4, 5
NGC 3349-1 46, 58
NGC 3349-2 46, 58
NGC 3352 34, 46
NGC 3353 12
NGC 3354 82, 94
NGC 3356 46, 58
NGC 3357 46
NGC 3358 82, 94
NGC 3359 12
NGC 3360 70
NGC 3361 70
NGC 3362 46, 58
NGC 3364 4, 5
NGC 3366 94
NGC 3367 46
NGC 3370 46
NGC 3375 70
NGC 3376 46, 58
NGC 3377 46
NGC 3378 94
NGC 3380 34
NGC 3381 34
NGC 3383 82
NGC 3384 46
NGC 3385 58
NGC 3386 58
NGC 3389 46
NGC 3390 82
NGC 3391 46
NGC 3392 5, 12
NGC 3393 82
NGC 3394 5, 12
NGC 3395 34
NGC 3396 34
NGC 3397 4, 5
NGC 3398 12
NGC 3399 46
NGC 3400 34
NGC 3403 4, 5
NGC 3405-2 46
NGC 3406-1 12, 22
NGC 3406-2 12, 22
NGC 3408 12
NGC 3411 70
NGC 3412 46
NGC 3413 34
NGC 3414 34
NGC 3415 22
NGC 3418 34
NGC 3419 46
NGC 3423 58
NGC 3424 34
NGC 3425 46, 58
NGC 3426 46
NGC 3427 46, 58
NGC 3428 46, 58
NGC 3430 34
NGC 3432 22, 34
NGC 3433 46
NGC 3434 58
NGC 3435 12
NGC 3436 46, 58
NGC 3437 34, 46
NGC 3438 46
NGC 3439 46, 58
NGC 3441 46, 58
NGC 3442 34
NGC 3445 12
NGC 3447A 46
NGC 3448 12, 22
NGC 3449 82
NGC 3450 70, 82
NGC 3451 34
NGC 3453 70, 82
NGC 3455 46
NGC 3456 70
NGC 3457 46
NGC 3458 12
NGC 3461 46
NGC 3462 46, 58
NGC 3463 82
NGC 3464 70, 82
NGC 3465 4, 5
NGC 3466 46
NGC 3467 46
NGC 3468 22
NGC 3469 70
NGC 3470 12
NGC 3471 12
NGC 3473 46
NGC 3474 46
NGC 3476 46, 58
NGC 3478 22
NGC 3479 70
NGC 3481 58, 7
NGC 3482 94
NGC 3483 82
NGC 3485 46
NGC 3486 34
NGC 3487 46
NGC 3488 12
NGC 3489 46
NGC 3490 46, 58
NGC 3491 46
NGC 3492-1 46
NGC 3495 58
NGC 3497 70
NGC 3499 12
NGC 3501 46
NGC 3504 34
NGC 3506 46
NGC 3507 46
NGC 3508 70
NGC 3509 58
NGC 3510 34
NGC 3511 70, 82
NGC 3512 34
NGC 3513 70, 82
NGC 3514 70
NGC 3515 34
NGC 3516 4, 5
NGC 3517-1 12
NGC 3520 70
NGC 3521 58
NGC 3522 46
NGC 3523 4, 5
NGC 3524 46
NGC 3529 70
NGC 3530 12
NGC 3537-1 70
NGC 3537-2 70
NGC 3545 22, 34
NGC 3545B 22, 34
NGC 3546 70
NGC 3547 46
NGC 3549 12, 22
NGC 3550 D26
NGC 3553 D26
NGC 3554 D26
NGC 3557 82, 94
NGC 3557B 82, 94
NGC 3558 D26
NGC 3559 46
NGC 3561 D26
NGC 3561B D26
NGC 3562 4, 5
NGC 3563 34
NGC 3563B 34
NGC 3564 82, 94
NGC 3567-1 58
NGC 3567-2 58
NGC 3568 82, 94
NGC 3569 34
NGC 3570 34
NGC 3571 70
NGC 3573 82, 94
NGC 3577 22
NGC 3583 22
NGC 3585 82
NGC 3588-1 46
NGC 3591 70
NGC 3593 46
NGC 3595 22
NGC 3596 46
NGC 3597 70, 82
NGC 3598 46
NGC 3599 46
NGC 3600 22
NGC 3601 58
NGC 3605 46
NGC 3606 82
NGC 3607 46
NGC 3608 46
NGC 3609 34
NGC 3610 12
NGC 3611 58
NGC 3613 12
NGC 3614 22
NGC 3615 34, 46
NGC 3617 82
NGC 3618 34, 46
NGC 3619 12
NGC 3621 82
NGC 3622 4, 5, 12
NGC 3624 46, 58
NGC 3625 12
NGC 3626 46
NGC 3628 46
NGC 3629 34
NGC 3630 58
NGC 3631 12, 22
NGC 3633 58
NGC 3636 70
NGC 3637 70
NGC 3639 46
NGC 3640 58
NGC 3641 58
NGC 3642 11, 12
NGC 3646 46
NGC 3647 58
NGC 3648 22
NGC 3651-1 34, 46
NGC 3652 22, 34
NGC 3653 34, 46
NGC 3654 4, 5
NGC 3655 46
NGC 3656 12, 22
NGC 3657 12, 22
NGC 3658 22, 34
NGC 3659 46
NGC 3660 58, 70
NGC 3661 70
NGC 3662 58
NGC 3663 70
NGC 3664 58
NGC 3665 22, 34
NGC 3666 46
NGC 3667 70
NGC 3667B 70
NGC 3668 11, 12
NGC 3669 12
NGC 3670 34, 46
NGC 3672 70
NGC 3673 82
NGC 3674 12
NGC 3675 22
NGC 3676 70
NGC 3677 21, 22
NGC 3678 34
NGC 3679 58, 70
NGC 3681 46
NGC 3682 4, 5, 11, 12
NGC 3683 12
NGC 3683A 11, 12
NGC 3684 46
NGC 3685 58
NGC 3686 46
NGC 3687 34
NGC 3689 34
NGC 3690A 11, 12
NGC 3690B 11, 12
NGC 3691 46
NGC 3692 46, 58
NGC 3694 34
NGC 3695 34
NGC 3697C 34, 46
NGC 3701 34, 46
NGC 3702 58, 70
NGC 3704 70
NGC 3705 46, 58
NGC 3706 82, 94
NGC 3710 34, 46
NGC 3712 34
NGC 3713 34
NGC 3714 34
NGC 3715 70
NGC 3716 58
NGC 3717 82
NGC 3718 12, 22
NGC 3719 58
NGC 3720 58
NGC 3723 70
NGC 3725 11, 12
NGC 3726 21, 22
NGC 3729 12, 22
NGC 3730 70
NGC 3731 46
NGC 3732 70
NGC 3733 12
NGC 3735 4, 5
NGC 3737 12
NGC 3738 12
NGC 3742 82, 94
NGC 3743 34, 46
NGC 3745 34, 46
NGC 3750 34, 46
NGC 3752 4, 5
NGC 3754 34, 46
NGC 3756 12
NGC 3757 11, 12
NGC 3758 34, 46
NGC 3759 11, 12
NGC 3759A 11, 12
NGC 3762 11, 12
NGC 3763 70
NGC 3767 46
NGC 3768 46
NGC 3769 21, 22
NGC 3770 11, 12
NGC 3771 70
NGC 3772 34, 46
NGC 3773 46
NGC 3774 58, 70
NGC 3776 58
NGC 3777 70
NGC 3778 93, 94, 104
NGC 3780 11, 12
NGC 3781 34
NGC 3782 21, 22
NGC 3783 82, 93, 94
NGC 3786 34
NGC 3787 46
NGC 3788 34
NGC 3789 70
NGC 3791 70
NGC 3794 11, 12
NGC 3795B 11, 12
NGC 3796 11, 12
NGC 3798 34
NGC 3799 46
NGC 3800 46
NGC 3801 46
NGC 3805 46
NGC 3808 34, 46
NGC 3808A 34, 46
NGC 3809 11, 12
NGC 3810 46
NGC 3811 21, 22
NGC 3812 34
NGC 3813 21, 22, 33, 34
NGC 3815 34
NGC 3816 46
NGC 3817 46
NGC 3818 58, 70
NGC 3819 46
NGC 3821 D23
NGC 3823-1 70
NGC 3823-2 70
NGC 3824 11, 12, 21, 22
NGC 3826 34
NGC 3827 46
NGC 3831 70
NGC 3832 34, 46
NGC 3835 11, 12
NGC 3835A 11, 12
NGC 3836 70
NGC 3837 D23
NGC 3838 11, 12
NGC 3839 46
NGC 3840 D23
NGC 3841 D23
NGC 3842 46, D23
NGC 3843 46, 58
NGC 3844 D23
NGC 3845 D23
NGC 3846 11, 12
NGC 3847 33, 34
NGC 3848 46
NGC 3849 58
NGC 3851 D23
NGC 3852 46
NGC 3853 46
NGC 3860A D23
NGC 3860B D23
NGC 3861A D23
NGC 3862 D23
NGC 3865 70
NGC 3866 70
NGC 3867 D23
NGC 3869 46
NGC 3870 12, 21, 22
NGC 3872 46
NGC 3873 D23
NGC 3876 46, 58
NGC 3877 21, 22
NGC 3878 33, 34
NGC 3880 33, 34
NGC 3882 103, 104
NGC 3883 D23
NGC 3884 D23
NGC 3885 82
NGC 3886 D23
NGC 3887 70
NGC 3888 11, 12
NGC 3890 4, 5
NGC 3891 33, 34
NGC 3892 70
NGC 3893 21, 22
NGC 3894 11, 12
NGC 3895 11, 12
NGC 3896 21, 22
NGC 3897 21, 33, 34
NGC 3898 11, 12
NGC 3900 33, 34
NGC 3902 33, 34
NGC 3903 81, 82, 93, 94
NGC 3904 81, 82
NGC 3905 70
NGC 3906 21, 22
NGC 3907A 58
NGC 3910 34, 46
NGC 3912 33, 34
NGC 3914 46, 58
NGC 3917 11, 12, 21, 22
NGC 3919 46
NGC 3920 34
NGC 3921 11, 12
NGC 3922 11, 12, 21, 22
NGC 3923 81, 82
NGC 3926-1 33, 34, 45, 46
NGC 3928 21, 22
NGC 3929 34, 46
NGC 3930 21, 22, 33, 34
NGC 3933 46
NGC 3935 33, 34
NGC 3936 81, 82
NGC 3937 34, 46
NGC 3938 21, 22
NGC 3940 33, 34, 45, 46
NGC 3941 21, 22, 33, 34
NGC 3943 33, 34, 45, 46
NGC 3944 33, 34
NGC 3945 11, 12
NGC 3947 33, 34, 45, 46
NGC 3949 21, 22
NGC 3951 33, 34, 45, 46
NGC 3952 58
NGC 3953 11, 12, 21, 22
NGC 3954 33, 34, 45, 46
NGC 3955 69, 70, 81, 82
NGC 3956 69, 70, 81, 82
NGC 3957 69, 70, 81
NGC 3958 11, 12
NGC 3959 58, 70
NGC 3961 4, 5
NGC 3962 69, 70
NGC 3963 11, 12
NGC 3967 58, 70
NGC 3968 45, 46
NGC 3969 69, 70
NGC 3970 69, 70
NGC 3971 33, 34
NGC 3972 11, 12
NGC 3974 69, 70
NGC 3976 46, 58
NGC 3978 11, 12
NGC 3979 58
NGC 3981 69, 70, 81, 82
NGC 3982 11, 12
NGC 3985 11, 21, 22
NGC 3988 33, 34
NGC 3990 11, 12
NGC 3991 33, 34
NGC 3994 33, 34
NGC 3995 33, 34
NGC 3996 45, 46
NGC 3997 33, 34
NGC 3998 11, 12
NGC 4004A 33, 34
NGC 4004B 33, 34
NGC 4006 57, 58
NGC 4007 33, 34
NGC 4008 33, 34
NGC 4010 21, 22
NGC 4013 21, 22
NGC 4015A 33, 34
NGC 4015B 33, 34
NGC 4016 33, 34
NGC 4017 33, 34
NGC 4020 33, 34
NGC 4022 33, 34
NGC 4023 33, 34
NGC 4024 69, 70
NGC 4026 11, 12, 21, 22
NGC 4027 69, 70
NGC 4028 45, 46
NGC 4029 45, 46, 57, 58
NGC 4030 57, 58
NGC 4032 45, 46
NGC 4033 69, 70
NGC 4035 69, 70
NGC 4036 11, 12
NGC 4037 45, 46
NGC 4038 69, 70
NGC 4039 69, 70
NGC 4041 11, 12
NGC 4043 57, 58
NGC 4044 57, 58
NGC 4045 57, 58
NGC 4047 12, 21, 22
NGC 4048 45, 46
NGC 4049 45, 46
NGC 4050 69, 70
NGC 4051 21, 22
NGC 4054-1 11, 12
NGC 4058 57, 58
NGC 4061 34, 45, 46
NGC 4062 33, 34
NGC 4064 45, 46
NGC 4065 34, 45, 46
NGC 4066 33, 34, 45, 46
NGC 4067 45, 46
NGC 4068 11, 12, 21, 22
NGC 4070 33, 34, 45, 46
NGC 4073 57
NGC 4076 34, 45, 46
NGC 4077 57
NGC 4079 57
NGC 4080 33, 34
NGC 4081 4, 5, 11, 12
NGC 4085 11, 12, 21, 22
NGC 4087 81, 82
NGC 4088 11, 12, 21, 22
NGC 4089 33, 34, 45, 46
NGC 4092 33, 34, 45, 46
NGC 4094 69, 70
NGC 4095 33, 45
NGC 4096 21, 22
NGC 4097 21, 22, 33, 34
NGC 4098-1 33, 45
NGC 4100 11, 12, 21, 22
NGC 4101 33, 34
NGC 4102 11, 12, 21, 22
NGC 4104 33, 34
NGC 4105 81, 82
NGC 4106 81, 82
NGC 4107 45, 46
NGC 4108 4, 5, 11, 12
NGC 4109 21, 22
NGC 4111 21, 22
NGC 4112 93, 94
NGC 4114 69
NGC 4116 57
NGC 4117 21, 22
NGC 4121 4, 5, 11, 12
NGC 4123 57
NGC 4124 45
NGC 4125 4, 5, 11, 12
NGC 4126 45
NGC 4127 69
NGC 4128 4, 5
NGC 4129 69
NGC 4131 33, 34
NGC 4133 4, 5
NGC 4134 33, 34
NGC 4136 33, 34
NGC 4138 21, 22
NGC 4139 57
NGC 4143 21, 22
NGC 4144 21, 22
NGC 4145 21, 22
NGC 4146 33, 34
NGC 4148 21, 22, 33, 34
NGC 4149 11, 12
NGC 4150 33, 34
NGC 4151 21, 22
NGC 4152 45
NGC 4155 45
NGC 4156 21, 22
NGC 4157 11, 12, 21, 22
NGC 4158 45
NGC 4159 4, 5
NGC 4161 11, 12
NGC 4162 33, 45
NGC 4164 D2
NGC 4165 D2
NGC 4166 D2
NGC 4168 45, D2
NGC 4169 33
NGC 4172 11, 12
NGC 4173 33
NGC 4174 33
NGC 4175 33
NGC 4177 69
NGC 4178 D2
NGC 4179 57
NGC 4180 D3
NGC 4181 11, 12, 21, 22
NGC 4183 21, 22
NGC 4185 33
NGC 4186 D2
NGC 4187 11, 21, 22
NGC 4188 69
NGC 4189 D2
NGC 4190 21, 22, 33, 34
NGC 4191 D3
NGC 4193 D2
NGC 4194 11, 12
NGC 4196 33
NGC 4198 11, 12
NGC 4200 D2
NGC 4201 69
NGC 4202 57
NGC 4203 33, 34
NGC 4205 4, 5, 11, 12
NGC 4206 D2
NGC 4207 D3
NGC 4210 4, 5, 11, 12
NGC 4211 33
NGC 4211B 33
NGC 4212 45, D2
NGC 4213 33, 45
NGC 4214 21, 22, 33, 34
NGC 4215 45, 57, D3
NGC 4216 45, D2
NGC 4217 21, 22
NGC 4218 21, 22
NGC 4219 93, 94
NGC 4220 21, 22
NGC 4221 4, 5, 11, 12
NGC 4222 D2
NGC 4223 D3
NGC 4224 D3
NGC 4225 69
NGC 4226 21, 22
NGC 4227 33, 34
NGC 4229 33, 34
NGC 4231 21, 22
NGC 4233 D3
NGC 4234 D3
NGC 4235 D3
NGC 4236 4, 5
NGC 4237 D2
NGC 4239 D2
NGC 4240 69
NGC 4241 D3
NGC 4242 21, 22
NGC 4244 21, 22, 33, 34
NGC 4245 33
NGC 4246 D3
NGC 4248 21, 22
NGC 4249 D3
NGC 4250 4, 5
NGC 4251 33
NGC 4253 33
NGC 4255 D3
NGC 4256 4, 5, 11, 12
NGC 4259 D3
NGC 4260 D3
NGC 4261 45, 57, D3
NGC 4262 45, D2
NGC 4263 69
NGC 4264 D3
NGC 4267 45, D2
NGC 4268 D3
NGC 4269 D3
NGC 4270 D3
NGC 4271 11, 12
NGC 4272 33
NGC 4273 D3
NGC 4274 33
NGC 4275 33
NGC 4276 D3
NGC 4277 D3
NGC 4278 33
NGC 4279 69
NGC 4281 D3
NGC 4283 33
NGC 4286 33
NGC 4288 21, 22
NGC 4288A 21, 22
NGC 4290 11, 12
NGC 4291 4, 5
NGC 4292 D3
NGC 4293 45
NGC 4294 D2
NGC 4295 33
NGC 4296 D3
NGC 4298 45, D2
NGC 4299 D2
NGC 4300 D3
NGC 4301 D3
NGC 4302 D2
NGC 4304 81
NGC 4305 D2
NGC 4306 D3
NGC 4307 D3
NGC 4308 33
NGC 4309 D3
NGC 4310 33
NGC 4312 D2
NGC 4313 D2
NGC 4314 33
NGC 4318 D3
NGC 4319 4, 5
NGC 4323 D2
NGC 4324 D3
NGC 4326 D3
NGC 4328 D2
NGC 4329 69
NGC 4332 4, 5, 11, 12
NGC 4333 D3
NGC 4335 11, 12
NGC 4336 45
NGC 4339 45, 57, D3
NGC 4340 45, D2
NGC 4341 D3
NGC 4342 D3
NGC 4343 D3
NGC 4344 D2
NGC 4346 21, 22
NGC 4348 57
NGC 4350 45, D2
NGC 4351 D2
NGC 4352 D2
NGC 4353 D3
NGC 4358 11, 12
NGC 4360A D3
NGC 4360B D3
NGC 4365 45, 57, D3
NGC 4368 D2, D3
NGC 4369 21
NGC 4370 D2
NGC 4371 45, D2
NGC 4373 93
NGC 4373A 93
NGC 4375 33
NGC 4376 D3
NGC 4377-1 45, D2
NGC 4378 D3
NGC 4379 45, D2
NGC 4380 D2, D3
NGC 4381 21, 22
NGC 4383 D2
NGC 4384 11
NGC 4385 57
NGC 4386 4, 5
NGC 4387 D2
NGC 4388 45, D2
NGC 4389 21, 22
NGC 4390 D2, D3
NGC 4391 4, 5, 11, 12
NGC 4392 21, 22
NGC 4394 45, D2
NGC 4395 33
NGC 4396 D2
NGC 4402 D2
NGC 4403 57, 69
NGC 4404 57, 69
NGC 4405 D2
NGC 4408 33
NGC 4410-1 D3
NGC 4410-2 D3
NGC 4411-2 D3
NGC 4411A D3
NGC 4412 D3
NGC 4413 D2
NGC 4414 33
NGC 4415 D3
NGC 4416 D3
NGC 4417 45, D3
NGC 4418 57
NGC 4419 D2
NGC 4420 D3
NGC 4421 D2
NGC 4424 D3
NGC 4425 D2
NGC 4428-1 57, 69
NGC 4429 45, D2
NGC 4430 D3
NGC 4431 D2
NGC 4432 D3
NGC 4433 57, 69
NGC 4434 45, 57, D3
NGC 4435 45, D2
NGC 4436 D2
NGC 4438 45, D2

NGC 4440 D2
NGC 4441 4, 5, 11, 12
NGC 4442 45, D2, D3
NGC 4444 93, 94
NGC 4446 D2
NGC 4447 D2
NGC 4448 33
NGC 4449 21, 22
NGC 4450 45, D2
NGC 4451 D3
NGC 4452 D2
NGC 4454 57
NGC 4455 33, 45
NGC 4456 81
NGC 4457 57, D3
NGC 4458 45, D2
NGC 4459 45, D2
NGC 4460 21, 22
NGC 4461 45, D2
NGC 4462 69, 81
NGC 4464 D3
NGC 4467 D3
NGC 4468 D2
NGC 4469 D3
NGC 4470 D3
NGC 4473 45, D2
NGC 4474 45, D2
NGC 4476 D2
NGC 4477 45, D2
NGC 4478 45, D2
NGC 4479 D2
NGC 4480 D3
NGC 4482 D2
NGC 4483 45, 57, D3
NGC 4485 21
NGC 4486A D2
NGC 4486B D2
NGC 4487 57, 69
NGC 4488 D3
NGC 4489 45, D2
NGC 4490 21
NGC 4491 D2
NGC 4492 D3
NGC 4494 33
NGC 4495 33
NGC 4496 D3
NGC 4496B D3
NGC 4497 D2
NGC 4498 D2
NGC 4499 93
NGC 4500 11, 12
NGC 4503 45, D2
NGC 4504 57, 69
NGC 4506 D2
NGC 4507 93
NGC 4509 33
NGC 4510 4, 5, 11, 12
NGC 4513 4, 5, 11, 12
NGC 4514 33
NGC 4515 D2
NGC 4516 D2
NGC 4517 57
NGC 4517A 57
NGC 4519 D3
NGC 4521 5, 11, 12
NGC 4522 D3
NGC 4525 33
NGC 4526 45, 57, D3
NGC 4527 57, D3
NGC 4528 D2
NGC 4531 D2
NGC 4532 D3
NGC 4534 33
NGC 4535 45, 57, D3
NGC 4536 57, D3
NGC 4539 D2
NGC 4540 D2
NGC 4541 57
NGC 4543 D3
NGC 4544 D3
NGC 4545 11, 12
NGC 4546 57
NGC 4547 11, 12
NGC 4550 D2
NGC 4551 D2
NGC 4553 93
NGC 4555 33
NGC 4556 33
NGC 4559 33
NGC 4561 45
NGC 4564 45, D2
NGC 4565 33
NGC 4566 11, 21
NGC 4567 45, D2
NGC 4568 45, D2
NGC 4570 45, 57, D3
NGC 4571 D2
NGC 4573 93
NGC 4574 81, 93
NGC 4575 93
NGC 4576 D3
NGC 4577 D3
NGC 4578 45, D3
NGC 4580 57, D3
NGC 4581 57
NGC 4583 33
NGC 4584 D2
NGC 4585 33
NGC 4586 D3
NGC 4587 D3
NGC 4589 4, 5
NGC 4592 57
NGC 4593 57
NGC 4595 D2
NGC 4596 45, D2, D3
NGC 4597 57, 69
NGC 4598 D3
NGC 4599 57
NGC 4600 D3
NGC 4602 57
NGC 4603 D19
NGC 4603C D19
NGC 4603D D19
NGC 4605 11, 12
NGC 4606 D2
NGC 4607 D2
NGC 4608 45, D2, D3
NGC 4612 D3
NGC 4613 33
NGC 4614 33
NGC 4615 33
NGC 4616 D19
NGC 4618 21
NGC 4619 33
NGC 4620 D2
NGC 4622 D19
NGC 4622A D19
NGC 4623 D3
NGC 4625 21
NGC 4626 57, 69
NGC 4627 33
NGC 4629 57
NGC 4630 D3
NGC 4631 33
NGC 4632 57
NGC 4634 D2
NGC 4635 45
NGC 4636 57, D3
NGC 4638 45, D2
NGC 4639 D2
NGC 4640 D2
NGC 4641 D2
NGC 4642 57
NGC 4643 57
NGC 4645 D19
NGC 4645A D19
NGC 4645B D19
NGC 4646 11
NGC 4647 45
NGC 4648 4, 5
NGC 4650 D19
NGC 4650A D19
NGC 4651 45
NGC 4653 57
NGC 4654 45
NGC 4656 33
NGC 4657 33
NGC 4658 69
NGC 4659 45
NGC 4660 45
NGC 4661 D19
NGC 4662 21, 33
NGC 4663 69
NGC 4664 57
NGC 4666 57
NGC 4668 57
NGC 4670 33
NGC 4671 57, 69
NGC 4672 D19
NGC 4673 33
NGC 4674 57, 69
NGC 4676-1 33
NGC 4677 D19
NGC 4678-2 57
NGC 4679 93
NGC 4680 69
NGC 4681 93
NGC 4682 69
NGC 4683 D19
NGC 4684 57
NGC 4685 45
NGC 4686 11
NGC 4687 33
NGC 4688 57
NGC 4689 45
NGC 4690 57
NGC 4691 57
NGC 4692 33
NGC 4694 45
NGC 4695 11, 21
NGC 4696 93, D19
NGC 4696B 93, D19
NGC 4696D D19
NGC 4697 57, 69
NGC 4698 45, 57
NGC 4699 57, 69
NGC 4700 69
NGC 4701 57
NGC 4704 21
NGC 4706 D19
NGC 4709 93, D19
NGC 4710 45
NGC 4711 33
NGC 4712 33
NGC 4713 57
NGC 4714 69
NGC 4716 69
NGC 4719 33
NGC 4720 57
NGC 4722 69
NGC 4724 69
NGC 4725 33
NGC 4727 69
NGC 4729 D19
NGC 4730 D19
NGC 4731 57, 69
NGC 4731A 57, 69
NGC 4733 45
NGC 4734 57
NGC 4739 57, 69
NGC 4742 69
NGC 4743 D19
NGC 4744 D19
NGC 4746 45
NGC 4747 33
NGC 4748 69
NGC 4750 4, 5
NGC 4751 93
NGC 4753 57
NGC 4754 45
NGC 4756 69
NGC 4759A 69
NGC 4760 69
NGC 4761 57, 69
NGC 4762 45
NGC 4763 69
NGC 4765 57
NGC 4767 93
NGC 4767B 93
NGC 4770 69
NGC 4771 57
NGC 4772 57
NGC 4774 21, 33
NGC 4775 57, 69
NGC 4778 69
NGC 4779 45
NGC 4781 69
NGC 4782 69
NGC 4783 69
NGC 4785 93
NGC 4786 57, 69
NGC 4789 33
NGC 4790 69
NGC 4793 33
NGC 4795 45, 57
NGC 4796 45, 57
NGC 4798 33
NGC 4799 57
NGC 4800 21
NGC 4803 45, 57
NGC 4804 69
NGC 4806 81
NGC 4807 33
NGC 4808 57
NGC 4811 D19
NGC 4812 D19
NGC 4813 57, 69
NGC 4814 11
NGC 4816 D24
NGC 4818 57, 69
NGC 4819 33
NGC 4822 69
NGC 4825 69
NGC 4827 33
NGC 4830 69
NGC 4831 81
NGC 4832 93
NGC 4835 93
NGC 4836 69
NGC 4837-1 21
NGC 4838 69
NGC 4839 D24
NGC 4840 D24
NGC 4841-1 D24
NGC 4841-2 D24
NGC 4842-1 D24
NGC 4845 57
NGC 4847 69
NGC 4848 D24
NGC 4849 33
NGC 4851-1 D24
NGC 4853 D24
NGC 4855 69
NGC 4856 69
NGC 4860 D24
NGC 4861 33
NGC 4864 D24
NGC 4865 D24
NGC 4866 45
NGC 4867 D24
NGC 4868 21, 33
NGC 4869 D24
NGC 4871 D24
NGC 4872 D24
NGC 4873 D24
NGC 4874 D24
NGC 4877 69
NGC 4878 57, 69
NGC 4880 45
NGC 4881 D24
NGC 4882 D24
NGC 4883 D24
NGC 4885 57, 69
NGC 4887 69
NGC 4888 57, 69
NGC 4889 D24
NGC 4890 57
NGC 4893 21, 33
NGC 4895 D24
NGC 4897 69
NGC 4898-1 D24
NGC 4898-2 D24
NGC 4899 69
NGC 4900 57
NGC 4902 69
NGC 4903 81
NGC 4904 57
NGC 4906 D24
NGC 4907 D24
NGC 4908 D24
NGC 4909 93
NGC 4911 D24
NGC 4914 21, 33
NGC 4915 57
NGC 4920 69
NGC 4921 D24
NGC 4922-1 33
NGC 4922-2 33
NGC 4923 D24
NGC 4924 69
NGC 4925 57, 69
NGC 4926 D24
NGC 4927 D24
NGC 4928 57, 69
NGC 4929 D24
NGC 4930 93
NGC 4933A 69
NGC 4933B 69
NGC 4935 45
NGC 4936 81
NGC 4939 69
NGC 4940 93
NGC 4941 57, 69
NGC 4942 57, 69
NGC 4944 33
NGC 4945 93
NGC 4945A 93
NGC 4946 93
NGC 4947 81
NGC 4948A 57, 69
NGC 4950 93
NGC 4951 57, 69
NGC 4953-1 81, 93
NGC 4955 81
NGC 4956 33
NGC 4957 33
NGC 4958 57, 69
NGC 4961 33
NGC 4962 33
NGC 4963 21
NGC 4964 11
NGC 4965 81
NGC 4966 33
NGC 4967 11, 21
NGC 4968 69, 81
NGC 4969-1 45
NGC 4969-2 45
NGC 4970 69, 81
NGC 4972 4, 5
NGC 4973 11, 21
NGC 4974 11, 21
NGC 4976 93
NGC 4978 45
NGC 4980 81
NGC 4981 57, 69
NGC 4984 69
NGC 4986 33
NGC 4987 11, 21
NGC 4988 93
NGC 4989 57
NGC 4990 57
NGC 4992 45
NGC 4993 69, 81
NGC 4995 57, 69
NGC 4996 57
NGC 4997 69
NGC 4999 57
NGC 5000 33
NGC 5004A 33
NGC 5005 21, 33
NGC 5006 69
NGC 5007 11
NGC 5008 32
NGC 5010 69
NGC 5011 93
NGC 5011B 93
NGC 5011C 93
NGC 5012 33, 45
NGC 5014 21, 33
NGC 5015 57
NGC 5016 33, 45
NGC 5017 69
NGC 5018 69
NGC 5019 57
NGC 5020 45
NGC 5021 21
NGC 5026 93
NGC 5027 45, 57
NGC 5028 69
NGC 5029 21
NGC 5030 D12
NGC 5032A 33
NGC 5033 21, 33
NGC 5034 4, 5
NGC 5035 D12
NGC 5037 D12
NGC 5042 69, 81
NGC 5044 69, D12
NGC 5046 D12
NGC 5047 D12
NGC 5048 81
NGC 5049 D12
NGC 5051 81
NGC 5052 33
NGC 5054 D12
NGC 5056 33
NGC 5057 33
NGC 5058 45
NGC 5060 45, 57
NGC 5061 81
NGC 5062-1 81, 93
NGC 5062-2 81, 93
NGC 5063 81
NGC 5064 93
NGC 5065 33
NGC 5066 69
NGC 5068 69, 81
NGC 5072 69
NGC 5074 33
NGC 5075 45, 57
NGC 5076 69
NGC 5077 69
NGC 5078 81
NGC 5079 69
NGC 5080 45, 57
NGC 5082 93
NGC 5084 69, 81
NGC 5085 81
NGC 5087 69, 81
NGC 5088 69
NGC 5090 93
NGC 5090A 93
NGC 5090B 93
NGC 5091 93
NGC 5092 33, 45
NGC 5094 69
NGC 5096 33
NGC 5098A 33
NGC 5099 69
NGC 5101 81
NGC 5102 81, 93
NGC 5103 21
NGC 5105 69
NGC 5106-2 45, 57
NGC 5107 21, 33
NGC 5112 21, 33
NGC 5113 11
NGC 5114 81
NGC 5116 33
NGC 5118 45, 57
NGC 5119 69
NGC 5121 81, 93
NGC 5122 69
NGC 5123 21
NGC 5124 81
NGC 5125 45
NGC 5126 81
NGC 5127 33
NGC 5128 93
NGC 5129 45
NGC 5130 69
NGC 5132 45
NGC 5133 57
NGC 5134 69, 81
NGC 5135 81
NGC 5136 45
NGC 5140 81
NGC 5141 21, 33
NGC 5142 21, 33
NGC 5144A 4, 5
NGC 5144B 4, 5
NGC 5145 21
NGC 5146 69
NGC 5147 57
NGC 5149 21, 33
NGC 5150 81
NGC 5151 45
NGC 5152 81
NGC 5153 81
NGC 5156 92, 93
NGC 5157 33
NGC 5158 45
NGC 5161 81
NGC 5164 11
NGC 5165 45
NGC 5167 45
NGC 5169 20, 21
NGC 5170 69
NGC 5171 45
NGC 5172 45
NGC 5173 20, 21
NGC 5174 45
NGC 5176 45
NGC 5180 45
NGC 5181 45
NGC 5182 81
NGC 5183 57
NGC 5184 57
NGC 5188 81
NGC 5190 45
NGC 5192 57
NGC 5193 81
NGC 5193A 81
NGC 5195 20, 21
NGC 5198 20, 21
NGC 5199 33
NGC 5201 11, 21
NGC 5203 57, 69
NGC 5204 11
NGC 5205 11
NGC 5206 92, 93
NGC 5209 45, 57
NGC 5210 45, 57
NGC 5211 57
NGC 5212 45, 57
NGC 5213 57
NGC 5214 21
NGC 5215A 81
NGC 5215B 81
NGC 5216 11
NGC 5216A 11
NGC 5217 45
NGC 5218 11
NGC 5220 81
NGC 5221 45
NGC 5222-1 45
NGC 5223 33
NGC 5224 45, 57
NGC 5225 11, 20, 21
NGC 5227 57
NGC 5228 33
NGC 5230 45
NGC 5231 57
NGC 5232 57, 69
NGC 5234 92, 93
NGC 5237 92, 93
NGC 5240 21, 33
NGC 5243 21, 33
NGC 5244 92, 93
NGC 5246 57
NGC 5247 69
NGC 5248 45, 57
NGC 5249 45
NGC 5250 11, 20, 21
NGC 5251 33
NGC 5252 57
NGC 5253 81
NGC 5254 69
NGC 5256 20, 21
NGC 5257 57
NGC 5258 57
NGC 5260 81
NGC 5264 81
NGC 5265 20, 21, 32, 33
NGC 5266 92, 93
NGC 5266A 92, 93
NGC 5270 57
NGC 5273 20, 21, 32, 33
NGC 5274 33
NGC 5275 33
NGC 5276 20, 21, 32, 33
NGC 5278 11
NGC 5279 11
NGC 5280 33
NGC 5282 33
NGC 5283 4, 11
NGC 5289 20, 21
NGC 5290 20, 21
NGC 5291 D25
NGC 5292 D25
NGC 5293 45
NGC 5294 11
NGC 5295 4, 5
NGC 5297 20, 21
NGC 5298 D25
NGC 5300 57
NGC 5301 20, 21
NGC 5302 D25
NGC 5303A 20, 21, 33
NGC 5304 D25
NGC 5306 57, 69
NGC 5308 11
NGC 5311 20, 21
NGC 5312 32, 33
NGC 5313 20, 21
NGC 5318 32, 33
NGC 5320 20, 21
NGC 5322 11
NGC 5324 57, 69
NGC 5326 20, 21
NGC 5327 57
NGC 5328 80, 81
NGC 5329 57
NGC 5330 80, 81
NGC 5331-1 57
NGC 5331-2 57
NGC 5332 45
NGC 5333 92, 93
NGC 5334 57
NGC 5336 20, 21
NGC 5337 20, 21
NGC 5338 57
NGC 5342 11
NGC 5343 57, 69
NGC 5345 57
NGC 5347 32, 33
NGC 5350 20, 21
NGC 5351 20, 21, 32, 33
NGC 5352 20, 21, 32, 33
NGC 5353 20, 21
NGC 5354 20, 21
NGC 5355 20, 21
NGC 5357 80, 81
NGC 5358 20, 21
NGC 5361 20, 21, 32, 33
NGC 5362 20, 21
NGC 5363 57
NGC 5364 56, 57
NGC 5365 92, 93
NGC 5365A 92, 93
NGC 5366 56, 57
NGC 5368 11
NGC 5369 56, 57, 68, 69
NGC 5370 11
NGC 5371 20, 21
NGC 5372 11
NGC 5373 56, 57
NGC 5374 44, 45, 56, 57
NGC 5376 11
NGC 5377 20, 21
NGC 5378 20, 21, 32, 33
NGC 5379 11
NGC 5380 20, 21, 32, 33
NGC 5382 44, 45, 56, 57
NGC 5383 20, 21
NGC 5384 44, 45, 56, 57
NGC 5386 44, 45, 56, 57
NGC 5389 11
NGC 5393 80, 81
NGC 5394 20, 21, 32, 33
NGC 5395 20, 21, 32, 33
NGC 5396 32, 33
NGC 5397 D17
NGC 5398 80, 81
NGC 5400 56, 57
NGC 5405 44, 45, 56, 57
NGC 5406 20, 21
NGC 5407 20, 21
NGC 5408 92, 93
NGC 5409 44, 45
NGC 5410 20, 21
NGC 5411 44, 45, 56, 57
NGC 5413 11
NGC 5414 44, 45
NGC 5416 44, 45
NGC 5417 44, 45, 56, 57
NGC 5418 44, 45, 56, 57
NGC 5419 80, 81, D17
NGC 5420 68, 69
NGC 5421A 32, 33
NGC 5421B 32, 33
NGC 5422 11
NGC 5423 44, 45, 56
NGC 5424 44, 45
NGC 5426 56, 57, 68, 69
NGC 5427 56, 57, 68, 69
NGC 5430 11
NGC 5434A 44
NGC 5434B 44
NGC 5440 21, 32, 33
NGC 5443 11
NGC 5444 20, 21, 32, 33
NGC 5445 20, 21, 32, 33
NGC 5446 44, 45
NGC 5448 20, 21
NGC 5454 44, 45
NGC 5456 44, 45
NGC 5459 44, 45
NGC 5463 44, 56
NGC 5464 80, 81
NGC 5468 56, 68
NGC 5469 44, 56
NGC 5473 11
NGC 5474 11, 20
NGC 5475 11
NGC 5476 56, 68
NGC 5478 56
NGC 5480 11, 20, 21
NGC 5481 11, 20, 21
NGC 5482 44, 56
NGC 5483 92, 93
NGC 5485 11
NGC 5486 11
NGC 5488 80, 81
NGC 5489 92, 93
NGC 5490A 44
NGC 5490C 44
NGC 5491A 44, 56
NGC 5492 44
NGC 5493 56
NGC 5494 80, 81
NGC 5495 80
NGC 5496 56
NGC 5498 32
NGC 5499 20, 21, 32, 33
NGC 5500 20, 21
NGC 5501 56
NGC 5504A 44
NGC 5505 44
NGC 5506 56
NGC 5507 56
NGC 5508 32
NGC 5510 68
NGC 5511A 44, 56
NGC 5512 32, 33
NGC 5513 32, 44
NGC 5514 44, 56
NGC 5514A 44, 56
NGC 5515 20, 21
NGC 5516 92, 93
NGC 5517 20, 21, 32, 33
NGC 5518 32, 44
NGC 5520 20, 21
NGC 5521 56
NGC 5523 32
NGC 5525 44
NGC 5529 20, 21, 32, 33
NGC 5530 92, 93
NGC 5531 44
NGC 5532 44
NGC 5533 20, 21, 32, 33
NGC 5534 56, 68
NGC 5536 20, 21
NGC 5539 44, 56
NGC 5540 11
NGC 5541-1 20, 21
NGC 5542 44, 56
NGC 5544 20, 21, 32, 33
NGC 5545 20, 21, 32, 33
NGC 5546 44, 56
NGC 5547 3, 4
NGC 5548 32
NGC 5549 44, 56
NGC 5550 44
NGC 5551 56
NGC 5556 80
NGC 5557 20, 21, 32, 33
NGC 5560 56
NGC 5561 11
NGC 5562 44
NGC 5566 56
NGC 5570 44, 56
NGC 5574 56
NGC 5575 44, 56
NGC 5576 56
NGC 5577 56
NGC 5581 32, 44
NGC 5582 20, 21
NGC 5583 44
NGC 5584 56
NGC 5585 11
NGC 5589 32
NGC 5590 32
NGC 5591-1 44
NGC 5592 80
NGC 5595 68
NGC 5596 20, 32
NGC 5597 68
NGC 5598 20, 21
NGC 5600 44
NGC 5602 11, 20, 21
NGC 5603A 20, 21
NGC 5604 56
NGC 5605 68
NGC 5607 3, 4
NGC 5608 20
NGC 5611 32
NGC 5612 109, 110, 114
NGC 5613 32
NGC 5614 32
NGC 5615 32
NGC 5619A 56
NGC 5620 4
NGC 5622 20, 21
NGC 5623 32
NGC 5624 11, 20, 21
NGC 5625-1 20
NGC 5626 80
NGC 5627 44
NGC 5628 44
NGC 5629 32
NGC 5630 20
NGC 5631 11
NGC 5633 20, 21
NGC 5635 32
NGC 5637 32, 44
NGC 5638 56
NGC 5641 32
NGC 5642 32
NGC 5643 92
NGC 5644 44
NGC 5645 44, 56
NGC 5649 44
NGC 5652 44, 56
NGC 5653 32
NGC 5654 20, 32
NGC 5655 44
NGC 5656 32
NGC 5660 20, 21
NGC 5661 44, 56
NGC 5665 44, 56
NGC 5665A 44, 56
NGC 5666 44
NGC 5667 10, 11
NGC 5668 56
NGC 5669 44
NGC 5670 92
NGC 5672 32
NGC 5673 11, 20, 21
NGC 5674 56
NGC 5676 20, 21
NGC 5677 32
NGC 5678 10, 11
NGC 5679 56
NGC 5679A 56
NGC 5681 44, 56
NGC 5684 20, 32
NGC 5685 32
NGC 5686 20, 32
NGC 5687 11
NGC 5688 92
NGC 5689 20, 21
NGC 5690 56
NGC 5691 56
NGC 5692 56
NGC 5695 20, 32
NGC 5696 20
NGC 5698 20, 32
NGC 5701 56
NGC 5702 44
NGC 5704 20
NGC 5707-1 11, 20, 21
NGC 5710 44
NGC 5713 56
NGC 5716 68
NGC 5718 56
NGC 5719 56
NGC 5722 20
NGC 5725 56
NGC 5726 68
NGC 5728 68
NGC 5729 56, 68
NGC 5732 20, 32
NGC 5734 68, 80
NGC 5735 32
NGC 5739 20
NGC 5740 56
NGC 5741 68
NGC 5742 68
NGC 5743 68, 80
NGC 5744 68
NGC 5745-2 68
NGC 5746 56
NGC 5747 44
NGC 5750 56
NGC 5751 10, 11, 20
NGC 5752 20, 32
NGC 5755 20, 32
NGC 5756 68
NGC 5757 68
NGC 5759 44
NGC 5760 44
NGC 5761 68
NGC 5762 44
NGC 5763 44
NGC 5766 68, 80
NGC 5768 56
NGC 5769 44, 56
NGC 5770 56
NGC 5771 32
NGC 5772 20
NGC 5773 32
NGC 5774 56
NGC 5775 56
NGC 5782 44
NGC 5783 10, 11
NGC 5784 20
NGC 5786 92
NGC 5787 20
NGC 5789 32
NGC 5790 44, 56
NGC 5791 68
NGC 5792 56
NGC 5793 68
NGC 5794 10, 11, 20
NGC 5795 20
NGC 5796 68
NGC 5797 10, 11, 20
NGC 5798 32
NGC 5799 109, 110
NGC 5804 10, 11, 20
NGC 5806 56
NGC 5807 10, 11
NGC 5808 3, 4
NGC 5810 68
NGC 5812 56, 68
NGC 5813 56
NGC 5814 56
NGC 5820 10, 11,
NGC 5827 32
NGC 5828 10, 11, 20
NGC 5829 32, 44
NGC 5831 56
NGC 5832 3, 4
NGC 5833 109, 110
NGC 5837 44
NGC 5838 56
NGC 5839 56
NGC 5842 32, 44
NGC 5843 80, 92
NGC 5845 56
NGC 5846 56
NGC 5846A 56
NGC 5849 68
NGC 5850 56
NGC 5852 44
NGC 5854 56
NGC 5855 56
NGC 5857 44
NGC 5858 68
NGC 5859 44
NGC 5860 20
NGC 5861 68
NGC 5863 68
NGC 5864 56
NGC 5865 56
NGC 5869 56
NGC 5874 10, 11
NGC 5875 10, 11, 20
NGC 5875A 10, 11, 20
NGC 5876 10, 11, 20
NGC 5878 68
NGC 5879 10, 11
NGC 5881 10, 11
NGC 5883 68
NGC 5885 68
NGC 5888 20
NGC 5890 68
NGC 5892 68
NGC 5893 20
NGC 5898 80
NGC 5899 20
NGC 5900 20
NGC 5902 10, 20
NGC 5903 80
NGC 5905 10, 11
NGC 5907 10, 11
NGC 5908 10, 11
NGC 5910-1 32, 44
NGC 5911 56
NGC 5915 68
NGC 5916 68
NGC 5917 56, 68
NGC 5918 20
NGC 5920 44, 56
NGC 5921 56
NGC 5923 20
NGC 5926 44
NGC 5928 44
NGC 5929 20
NGC 5930 20
NGC 5936 44
NGC 5937 56
NGC 5938 102, 109, 110
NGC 5939 3, 4, 10
NGC 5940 44, 56
NGC 5941 44, 56
NGC 5942 44, 56
NGC 5947 20
NGC 5949 3, 4, 10, 11

NGC 5951 44
NGC 5952 56
NGC 5953 44
NGC 5954 44
NGC 5956 44
NGC 5957 44
NGC 5958 32
NGC 5961 32
NGC 5962 44
NGC 5963 10
NGC 5965-1 10
NGC 5966 20
NGC 5967 109, 110
NGC 5967A 109, 110
NGC 5968 80
NGC 5970 44
NGC 5972 44
NGC 5974 32
NGC 5978 68
NGC 5980 44
NGC 5981 10, 11
NGC 5982 10, 11
NGC 5983 44, 56
NGC 5984 44
NGC 5985 10, 11
NGC 5987 10
NGC 5989 10, 11
NGC 5990 56
NGC 5992 19, 20
NGC 5993 19, 20
NGC 5995 68
NGC 5996 44
NGC 5997 44, 56
NGC 6000 79, 80
NGC 6001 31, 32
NGC 6003 44
NGC 6004 44
NGC 6006 44
NGC 6007 44
NGC 6008A 31, 32, 43, 44
NGC 6010 56
NGC 6011 3, 4,
NGC 6012 43, 44
NGC 6014 44, 56
NGC 6015 3, 10, 11
NGC 6017 43, 44, 55, 56
NGC 6018 43, 44
NGC 6019 3, 4, 10, 11
NGC 6020 31, 32, 43, 44
NGC 6021 43, 44
NGC 6023 43, 44
NGC 6027A 31, 32, 43, 44
NGC 6027B 31, 32, 43, 44
NGC 6027E 31, 32, 43, 44
NGC 6030 43, 44
NGC 6034 43, 44
NGC 6035 31, 32, 43, 44
NGC 6036 55
NGC 6037 55
NGC 6038 19, 20, 31, 32
NGC 6041A 43, 44
NGC 6042 43, 44
NGC 6044 43, 44
NGC 6046 43, 44
NGC 6047 43
NGC 6048 3, 4
NGC 6051 31, 32, 43
NGC 6052-1 31, 32, 43, 44
NGC 6052-2 31, 32, 43, 44
NGC 6061 43, 44
NGC 6062 43, 44
NGC 6063 43, 55
NGC 6065 43
NGC 6066 43
NGC 6068 3, 4
NGC 6070 55
NGC 6073 43
NGC 6074-1 43
NGC 6076-1 31, 32
NGC 6076-2 31
NGC 6079 3, 4
NGC 6080 55
NGC 6086 31, 32
NGC 6089-2 31, 32
NGC 6095 10
NGC 6098 43
NGC 6103 31
NGC 6104 19, 20, 31, 32
NGC 6106 43, 55
NGC 6107 31, 32
NGC 6109 20, 31, 32
NGC 6111 4, 10
NGC 6117 19, 20, 31, 32
NGC 6117B 19, 20, 31, 32
NGC 6118 55
NGC 6120 19, 20, 31, 32
NGC 6123 4, 10
NGC 6125 10
NGC 6126 19, 31
NGC 6129 19, 31
NGC 6130 10
NGC 6131 19, 20, 31
NGC 6137A 19, 31
NGC 6138 19
NGC 6140 3, 4, 10
NGC 6141 19, 20
NGC 6143 10
NGC 6146 19, 20
NGC 6149 43
NGC 6154 19, 20
NGC 6155 19, 20
NGC 6156 102
NGC 6158 19
NGC 6160 19
NGC 6162 31
NGC 6166 19
NGC 6166C 19
NGC 6170 10
NGC 6172 55
NGC 6173 19
NGC 6174 19
NGC 6175-2 19
NGC 6181 43
NGC 6183 109, 110
NGC 6185 31
NGC 6186 31, 43
NGC 6187 10
NGC 6189 10
NGC 6190 10
NGC 6194 19, 31
NGC 6195 19, 31
NGC 6196 19, 31
NGC 6198 10
NGC 6201 31, 43
NGC 6203 31, 43
NGC 6206 10
NGC 6207 19, 31
NGC 6209 109, 110
NGC 6211 10
NGC 6212 19
NGC 6214 3, 4, 10
NGC 6215 102
NGC 6215A 102
NGC 6217 3, 4
NGC 6219 43, 55
NGC 6221 102
NGC 6223 10
NGC 6224 43, 55
NGC 6225 43, 55
NGC 6226 10
NGC 6232 3, 4
NGC 6234 55
NGC 6236 3, 4
NGC 6238 10
NGC 6239 19
NGC 6240 55
NGC 6247 10
NGC 6251 1, 3, 4
NGC 6255 19, 31
NGC 6258 10
NGC 6260 10
NGC 6262 10
NGC 6267 31, 43
NGC 6269 31
NGC 6270 31
NGC 6274-1 31
NGC 6275 10
NGC 6276 31, 43
NGC 6278 31, 43
NGC 6280-2 43, 55
NGC 6283 19
NGC 6285 10
NGC 6286 10
NGC 6290 10
NGC 6291 10
NGC 6296 55
NGC 6297 10
NGC 6299 9, 10
NGC 6300 101, 102
NGC 6305 102
NGC 6307 10
NGC 6308 31, 43
NGC 6311 19
NGC 6314 31, 43
NGC 6315 31, 43
NGC 6319 9, 10
NGC 6321 43
NGC 6324 3, 4
NGC 6328 101, 102
NGC 6329 19
NGC 6336 19
NGC 6338 10
NGC 6340 3, 4
NGC 6343 19
NGC 6347 43
NGC 6350 19
NGC 6359 9, 10
NGC 6361 9, 10
NGC 6364 31
NGC 6365 9, 10
NGC 6365A 9, 10
NGC 6370 10
NGC 6372 31
NGC 6373 9, 10
NGC 6375 43
NGC 6379 43
NGC 6381 9, 10
NGC 6384 43, 55
NGC 6385 9, 10
NGC 6389 43
NGC 6392 109
NGC 6395 3, 4
NGC 6398 101, 102
NGC 6403 101, 102
NGC 6407 101, 102
NGC 6408 43
NGC 6409 10, 18, 19
NGC 6411 9, 10
NGC 6412 2, 3, 4
NGC 6417 31, 43
NGC 6418 9, 10
NGC 6434 3, 4
NGC 6435 9, 10
NGC 6438 114
NGC 6438A 114
NGC 6447 18, 19, 30, 31
NGC 6449 9, 10
NGC 6452 31, 43
NGC 6454 9, 10
NGC 6462 9, 10
NGC 6463 3, 10
NGC 6466 9, 10, 18, 19
NGC 6478 9, 10, 18, 19
NGC 6479 9, 10
NGC 6482 30, 31, 42, 43
NGC 6483 101, 102
NGC 6484 30, 31
NGC 6485 30, 31
NGC 6487 30, 31
NGC 6490 42, 43
NGC 6492 101, 102, 109
NGC 6495 42, 43
NGC 6497 9, 10
NGC 6500 42, 43
NGC 6501 42, 43
NGC 6502 101, 102
NGC 6503 3
NGC 6504 30, 31
NGC 6508 3, 4
NGC 6509 42, 43, 54, 55
NGC 6511 9, 10
NGC 6512 9, 10
NGC 6513 30, 31
NGC 6515 9, 10, 18, 19
NGC 6518 30, 31
NGC 6521 9, 10
NGC 6524 18, 19
NGC 6536 9, 10
NGC 6538 2, 3, 4
NGC 6542 9, 10
NGC 6545 101, 102
NGC 6547 30, 31
NGC 6548 42, 43
NGC 6552 3, 9, 10
NGC 6555 42
NGC 6557 108, 109
NGC 6560 18, 19
NGC 6562 9, 10
NGC 6570 42
NGC 6571 30, 42
NGC 6574 42
NGC 6575 30, 31
NGC 6577 30, 42
NGC 6579 30, 42
NGC 6580 30, 42
NGC 6581 30
NGC 6582-1 9, 18, 19
NGC 6585 18, 19
NGC 6586 30, 42
NGC 6587 42
NGC 6598 3
NGC 6600 30
NGC 6602 30
NGC 6606 18, 19
NGC 6614 101, 102
NGC 6615 42
NGC 6619 30, 42
NGC 6623-1 30, 42
NGC 6623-2 30, 42
NGC 6627 42
NGC 6630 101, 102
NGC 6632 30
NGC 6635 42
NGC 6640 30
NGC 6641 30, 42
NGC 6643 2, 3, 4
NGC 6646 18
NGC 6650 3, 9
NGC 6651 2, 3
NGC 6653 108, 109
NGC 6654 2, 3, 4
NGC 6657 30
NGC 6658 30, 42
NGC 6661 30, 42
NGC 6663 18
NGC 6667 3, 9
NGC 6671 30
NGC 6672 18
NGC 6673 101, 102
NGC 6674 30
NGC 6675 18
NGC 6677 3, 9
NGC 6684 101, 102, 109
NGC 6684A 101, 102
NGC 6685 18
NGC 6688 18, 30
NGC 6689 2, 3
NGC 6691 9
NGC 6692 30
NGC 6695 18
NGC 6697 30
NGC 6699 101
NGC 6700 30
NGC 6701 9, 10
NGC 6702 18
NGC 6703 18
NGC 6706 101, 102
NGC 6707 90, 101
NGC 6708 90, 101
NGC 6710 30
NGC 6711 18
NGC 6713 30
NGC 6718 101, 109
NGC 6719 101, 108, 109
NGC 6721 101
NGC 6725 90, 101
NGC 6730 101, 108, 109
NGC 6732-1 9, 18
NGC 6732-2 9, 18
NGC 6733 101
NGC 6734 101, 109
NGC 6736 101, 109
NGC 6739 101
NGC 6744 101
NGC 6745-2 18
NGC 6746 101
NGC 6747 2, 3
NGC 6750 9
NGC 6753 101
NGC 6754 90, 101
NGC 6757 9
NGC 6758 101
NGC 6761 90, 101
NGC 6764 9, 18
NGC 6768-1 90
NGC 6768-2 90
NGC 6769 101
NGC 6770 101
NGC 6771 101
NGC 6776 101, 109
NGC 6780 101
NGC 6782 101
NGC 6783 18
NGC 6784 101, 108, 109
NGC 6784A 101, 108, 109
NGC 6786 2, 3
NGC 6788 101
NGC 6789 9
NGC 6792 18
NGC 6794 78, 90
NGC 6796 9
NGC 6798 9, 18
NGC 6799 101
NGC 6805 78, 90
NGC 6806 89, 90
NGC 6808 108, 109
NGC 6810 101
NGC 6812 101
NGC 6814 66
NGC 6816 78
NGC 6821 54, 66
NGC 6822 66
NGC 6824 9
NGC 6825 2, 3, 9
NGC 6831 9
NGC 6835 66
NGC 6836 65, 66
NGC 6841 77, 78
NGC 6844 101, 108, 109
NGC 6845 89, 90
NGC 6848 101
NGC 6849 89, 90
NGC 6850 101
NGC 6851 89, 90
NGC 6854 101
NGC 6855 101
NGC 6860 101
NGC 6861 89, 90
NGC 6861D 89, 90
NGC 6862 101
NGC 6867 101
NGC 6868 89, 90
NGC 6869 2, 3, 9
NGC 6870 89, 90
NGC 6872 108, 109
NGC 6875 89, 90
NGC 6876 108, 109
NGC 6877 108, 109
NGC 6878 89, 90
NGC 6878A 89, 90
NGC 6880 108, 109
NGC 6887 89, 101
NGC 6889 101
NGC 6890 89, 90
NGC 6893 89, 90
NGC 6898 65
NGC 6899 89, 90, 101
NGC 6900 53
NGC 6902 89, 90
NGC 6902B 89, 90
NGC 6903 65
NGC 6906 41, 53
NGC 6907 77
NGC 6909 89, 90
NGC 6912 65
NGC 6915 53
NGC 6917 41, 53
NGC 6918 89, 90
NGC 6919 89
NGC 6920 108, 109, 114
NGC 6921 29
NGC 6922 53
NGC 6923 77
NGC 6924 77
NGC 6925 77
NGC 6926 53
NGC 6928 41
NGC 6929 53
NGC 6930 41
NGC 6931 65
NGC 6932 108, 109
NGC 6935 89, 101
NGC 6936 77
NGC 6937 89, 101
NGC 6941 53
NGC 6942 100, 101
NGC 6943 108, 109
NGC 6944 41, 53
NGC 6944A 41, 53
NGC 6945 53
NGC 6946 8, 9
NGC 6948 89, 100, 101
NGC 6949 2, 3, 8, 9
NGC 6951 2, 3, 8, 9
NGC 6954 53
NGC 6956 41
NGC 6957 53
NGC 6958 77, 89
NGC 6959 53
NGC 6961 53
NGC 6962 53
NGC 6964 53
NGC 6965 53
NGC 6967 53
NGC 6968 53, 65
NGC 6970 89, 100, 101
NGC 6971 41, 53
NGC 6972 41
NGC 6976 53, 65
NGC 6977 53, 65
NGC 6978 53, 65
NGC 6982 89, 100, 101
NGC 6983 89
NGC 6984 89, 100, 101
NGC 6986 65
NGC 6987 89, 100, 101
NGC 6988 41
NGC 6990 100, 101
NGC 6993 77
NGC 6998 77
NGC 6999 77
NGC 7001 53
NGC 7002 89, 100, 101
NGC 7003 41
NGC 7004 89, 100, 101
NGC 7007 89, 100, 101
NGC 7010 65
NGC 7012 89
NGC 7013 29
NGC 7014 89
NGC 7015 41
NGC 7016 77
NGC 7017 77
NGC 7018 77
NGC 7019 77
NGC 7021 100, 101
NGC 7022 89, 100
NGC 7025 41
NGC 7029 89, 100
NGC 7030 65, 77
NGC 7032 108
NGC 7038 89
NGC 7040 41, 53
NGC 7041 89
NGC 7042 41
NGC 7046 53
NGC 7047 53
NGC 7049 89
NGC 7051 53, 65
NGC 7052 29
NGC 7053 29, 41
NGC 7056 41
NGC 7057 89
NGC 7059 100, 101
NGC 7060 89
NGC 7061 88, 89
NGC 7064 89, 100
NGC 7065 53, 65
NGC 7065A 53, 65
NGC 7068 41
NGC 7069 53
NGC 7070 89
NGC 7070A 89
NGC 7072 89
NGC 7072A 89
NGC 7073 65
NGC 7075 77, 89
NGC 7077 53
NGC 7079 88, 89
NGC 7080 29
NGC 7081 53
NGC 7083 100, 101
NGC 7087 89
NGC 7090 100
NGC 7091 77, 89
NGC 7095 108, 114
NGC 7096 100, 101
NGC 7097 88, 89
NGC 7097A 88, 89
NGC 7098 108, 109, 113
NGC 7101 41, 53
NGC 7102 41, 53
NGC 7103 65, 77
NGC 7104 65, 77
NGC 7105 65
NGC 7106 89, 100
NGC 7107 88, 89
NGC 7109 77
NGC 7110 77
NGC 7115 77
NGC 7116 29
NGC 7117 88, 89
NGC 7118 88, 89
NGC 7119-1 88, 89
NGC 7119-2 88, 89
NGC 7123 108
NGC 7124 88, 89, 100
NGC 7125 100
NGC 7126 100
NGC 7130 76, 77, 88, 89
NGC 7135 76, 77, 88, 89
NGC 7137 29, 41
NGC 7140 100
NGC 7144 88, 89
NGC 7145 88, 89
NGC 7147 53
NGC 7149 53
NGC 7152 76, 77
NGC 7154 76, 77, 88, 89
NGC 7155 88, 89
NGC 7156 53
NGC 7159 40, 41
NGC 7162 88, 89
NGC 7162A 88, 89
NGC 7163 76, 77
NGC 7165 64, 65
NGC 7166 88, 89
NGC 7167 76, 77
NGC 7168 88, 89, 100
NGC 7169 88, 89
NGC 7170 52, 53, 64, 65
NGC 7171 64, 65
NGC 7172 76, 77
NGC 7173 76, 77
NGC 7176 76, 77
NGC 7177 40, 41
NGC 7179 100
NGC 7180 64, 65, 76, 77
NGC 7183 64, 65
NGC 7184 64, 65, 76, 77
NGC 7185 64, 65, 76, 77
NGC 7187 76, 77
NGC 7188 64, 65, 76, 77
NGC 7189 52, 53
NGC 7190 40, 41
NGC 7191 100
NGC 7192 100
NGC 7194 40, 41
NGC 7196 88, 89
NGC 7197 16, 17
NGC 7199 100
NGC 7200 88, 89
NGC 7201 76, 77
NGC 7203 76, 77
NGC 7205 100
NGC 7206 40, 41
NGC 7208 76, 77
NGC 7213 88, 89
NGC 7214 76, 77
NGC 7216 100, 108
NGC 7217 28, 29
NGC 7218 64
NGC 7219 100
NGC 7220 64, 76
NGC 7221 76, 77
NGC 7223 16, 17
NGC 7225 76
NGC 7229 76
NGC 7231 16, 17
NGC 7232 88, 89
NGC 7232B 88, 89
NGC 7233 88, 89
NGC 7236 40
NGC 7237 40
NGC 7240 16, 17, 28, 29
NGC 7242 16, 17, 28, 29
NGC 7244 40
NGC 7247 64, 76
NGC 7248 16, 17
NGC 7249 100
NGC 7250 16, 17
NGC 7251 64
NGC 7252 76
NGC 7256 64, 76
NGC 7257 52
NGC 7258 76
NGC 7259 76
NGC 7262 76
NGC 7265 16, 28
NGC 7266 52
NGC 7267 76
NGC 7268 76
NGC 7269 64
NGC 7272 40
NGC 7273 16, 28
NGC 7274 16, 28
NGC 7276 16, 28
NGC 7277 76
NGC 7279 76
NGC 7280 40
NGC 7284 76
NGC 7285 76
NGC 7286 28
NGC 7289 76, 88
NGC 7290 40
NGC 7292 28
NGC 7294 76
NGC 7297 76, 88
NGC 7298 64
NGC 7299 76, 88
NGC 7300 64
NGC 7301 64
NGC 7302 64
NGC 7303 28
NGC 7305 40
NGC 7306 76
NGC 7307 88
NGC 7308 64
NGC 7309 64
NGC 7310 64, 76
NGC 7311 52
NGC 7313 76
NGC 7314 76
NGC 7315 28, D13
NGC 7316 40
NGC 7317 D13
NGC 7318-1 D13
NGC 7318-2 D13
NGC 7319 D13
NGC 7320 D13
NGC 7321 28, 40
NGC 7322 76, 88
NGC 7323 40
NGC 7329 100, 108
NGC 7330 16, 28
NGC 7331 28, D13
NGC 7332 28, 40
NGC 7335 D13
NGC 7336 D13
NGC 7337 D13
NGC 7339 28, 40
NGC 7340 D13
NGC 7341 64, 76
NGC 7343 D13
NGC 7351 52
NGC 7358 100, 108
NGC 7359 64, 76
NGC 7360 52
NGC 7361 76
NGC 7362 40, 52
NGC 7363 28
NGC 7364 52
NGC 7365 64
NGC 7366 40
NGC 7368 88
NGC 7371 64
NGC 7372 40
NGC 7374A 40
NGC 7375 28, 40
NGC 7377 64, 76
NGC 7378 64
NGC 7379 16
NGC 7383 40
NGC 7385 40
NGC 7386 40
NGC 7391 52
NGC 7392 64, 76
NGC 7393 52, 64
NGC 7398 52
NGC 7399 64
NGC 7404 88
NGC 7408 100
NGC 7410 88
NGC 7411 40
NGC 7412 88
NGC 7416 52, 64
NGC 7417 100, 108
NGC 7418 76, 88
NGC 7421 76, 88
NGC 7422 52
NGC 7424 88
NGC 7426 16, 28
NGC 7428 52
NGC 7436 28
NGC 7440 28
NGC 7442 40
NGC 7443 64
NGC 7444 64
NGC 7448 40
NGC 7450 64
NGC 7454 40
NGC 7456 88
NGC 7457 28
NGC 7458 52
NGC 7460 52
NGC 7461 40
NGC 7462 88
NGC 7463 40
NGC 7464 40
NGC 7465 40
NGC 7467 40
NGC 7468 40
NGC 7469 40, 52
NGC 7470 88, 100
NGC 7473 28
NGC 7474 40
NGC 7476 88
NGC 7479 40
NGC 7482 52
NGC 7483 52
NGC 7484 76, 88
NGC 7485 28
NGC 7488 52
NGC 7490 28
NGC 7491 52, 64
NGC 7495 40
NGC 7496 88
NGC 7499 40, 52
NGC 7501 40, 52
NGC 7503 40, 52
NGC 7506 52
NGC 7507 76
NGC 7509 40
NGC 7512 28
NGC 7513 76
NGC 7514 28
NGC 7515 40
NGC 7516 40
NGC 7518 40, 52
NGC 7520 64, 76
NGC 7521 52
NGC 7525-1 40
NGC 7527 28
NGC 7529 40, 52
NGC 7531 88
NGC 7534 52
NGC 7537 52
NGC 7539 28, 40
NGC 7541 52
NGC 7543 28
NGC 7545 76, 88
NGC 7547 40
NGC 7548 28
NGC 7550 40
NGC 7552 88
NGC 7553 40
NGC 7556 52
NGC 7557 40, 52
NGC 7559-1 40
NGC 7562 40, 52
NGC 7563 40
NGC 7569 40, 52
NGC 7570 40
NGC 7573 64, 76
NGC 7574 28
NGC 7575 52
NGC 7576 52
NGC 7578-1 40
NGC 7578-2 40
NGC 7579 40, 52
NGC 7580 40
NGC 7582 88
NGC 7583 40, 52
NGC 7584 40, 52
NGC 7585 52
NGC 7590 88
NGC 7591 40, 52
NGC 7592 52
NGC 7593 40
NGC 7597 40
NGC 7599 88
NGC 7600 52, 64
NGC 7601 40, 52
NGC 7602 40
NGC 7603 52
NGC 7604 40, 52
NGC 7606 52, 64
NGC 7609 40
NGC 7610 40
NGC 7611 40, 52
NGC 7612 40, 52
NGC 7617 40, 52
NGC 7618 16
NGC 7619 40, 52
NGC 7620 28, 40
NGC 7622 100, 107
NGC 7623 40, 52
NGC 7624 28
NGC 7625 40
NGC 7626 40, 52
NGC 7628 28
NGC 7629 52
NGC 7631 40, 52
NGC 7632 88
NGC 7633 100, 108, 113
NGC 7634 40, 52
NGC 7636 76
NGC 7637 108, 113, 114
NGC 7640 16
NGC 7642 52
NGC 7643 40
NGC 7645 76
NGC 7646 64
NGC 7648 40
NGC 7650 100
NGC 7652 100, 107
NGC 7653 40
NGC 7655 100, 108, 113
NGC 7656 64
NGC 7658-2 88
NGC 7660 28
NGC 7664 28
NGC 7665 64
NGC 7671 40
NGC 7672 40
NGC 7673 28, 40
NGC 7674 40, 52
NGC 7674A 40, 52
NGC 7676 100, 107
NGC 7677 28, 40
NGC 7678 28, 40
NGC 7679 52
NGC 7680-1 28
NGC 7680-2 28
NGC 7682 52
NGC 7683 40
NGC 7687 52
NGC 7688 28, 40
NGC 7689 100
NGC 7690 88, 99, 100
NGC 7691 40
NGC 7693 52
NGC 7694 52
NGC 7698 28
NGC 7702 100, 107
NGC 7704 52
NGC 7705 52
NGC 7706 52
NGC 7707 16, 27
NGC 7709 64
NGC 7711 40
NGC 7712 28, 40
NGC 7713 76, 88
NGC 7713A 76, 88
NGC 7714 52
NGC 7716 52
NGC 7717 64
NGC 7720-1 D27
NGC 7720-2 D27
NGC 7721 52, 64
NGC 7722 40
NGC 7723 64
NGC 7724 64
NGC 7725 52
NGC 7727 64
NGC 7728 D27
NGC 7730 64, 76
NGC 7731 52
NGC 7732 52
NGC 7733 100, 107, 108, 113
NGC 7734 100, 107, 108, 113
NGC 7736 64
NGC 7737 28
NGC 7740 28
NGC 7741 28
NGC 7742 40
NGC 7743 40
NGC 7744 88, 99
NGC 7745 28
NGC 7746 52
NGC 7749 76
NGC 7750 52
NGC 7751 40, 52
NGC 7752 28, 39
NGC 7753 28, 39
NGC 7755 76, 87
NGC 7757 52
NGC 7759 64
NGC 7760 28, 39
NGC 7761 64
NGC 7764 88, 99
NGC 7768 28, 39
NGC 7769 40
NGC 7770 40
NGC 7771 40
NGC 7773 28, 39
NGC 7774 40
NGC 7775 28, 39
NGC 7777 28, 39
NGC 7778 40, 52
NGC 7779 40, 52
NGC 7782 40, 52
NGC 7783A 52
NGC 7783B 52
NGC 7784 28, 39, 40, 51
NGC 7785 40, 52
NGC 7786 28, 39, 40, 51
NGC 7793 76, 87
NGC 7794 40, 51
NGC 7796 100, 107
NGC 7797 52, 63
NGC 7798 28, 39, 40, 51
NGC 7800 40, 51
NGC 7802 40, 51, 52, 63
NGC 7803 40, 51
NGC 7805 28, 39
NGC 7806 28, 39
NGC 7808 64, 75
NGC 7810 40, 51
NGC 7811 52, 63
NGC 7812 76, 87
NGC 7814 40, 51
NGC 7816 40, 51, 52, 63
NGC 7817 28, 39, 40, 51
NGC 7819 28, 39
NGC 7820 63
NGC 7821 64, 75
NGC 7823 100, 107, 108
NGC 7825 63
NGC 7829 75
NGC 7831 28, 39
NGC 7832 63
NGC 7836 28, 39
NPM1G-04.01.34 62
NPM1G+26.0311 33
Per I 15
Per II 14, 15
PGC 2121 27, 39
PGC 2544 27
PGC 2666 27, 39
PGC 3792 39, 51
PGC 4601 39
PGC 4728 51
PGC 6101 63, 75
PGC 16573 61
PGC 20125 105
PGC 29194 82, 83
PGC 35345 11, 12
PGC 42102 D2
PGC 53047 44, 56
PGC 54559 32, 44
PGC 69519 100
PGC 74824 74
PGC 83014 D21
PGC 84039 81, 93
PGC 85232 76
PGC 86298 D16
PGC 86310 D25
PGC 86311 D25
PGC 86312 80, 81
PGC 86318 D17
PGC 86320 D17
PGC 87324 64
PGC 87346 94, 104
PGC 87350 93, 94, 104
PGC 87351 93, 94
PGC 87352 93, 94
PGC 87362 93, 94
PGC 87372 92, 93
PGC 87382 94
PGC 87416 74
PGC 87671 33
PGC 87900 75
PGC 88253 106
PGC 88648 81, 93
PGC 88961 80, 81
PGC 89806 D17
PGC 89857 D17
PGC 93407 73
PGC 93845 46

PGC 93963 ... 107, 113
PGC 94045 ... 33
PGC 94053 ... 33
PGC 94064 ... 63
PGC 94648 ... 32, 33
PGC 94860 ... 100, 107, 108
PGC 94872 ... 100, 107
PGC 94961 ... 98, 106
PGC 94963 ... 106
PGC 94977 ... 97, 98, 106
PGC 94982 ... 89, 100, 101
PGC 94993 ... 100
PGC 94997 ... 88, 100
PGC 95006 ... 100, 107
PGC 95053 ... 88, 100
PGC 95057 ... 88, 99
PGC 95058 ... 88, 99
PGC 95063 ... 88, 99
PGC 95147 ... 98
PGC 95212 ... 87, 99
PGC 95261 ... 76
PGC 95264 ... 76
PGC 95267 ... 76, 87, 88, 99
PGC 95318 ... 76, 77
PGC 95380 ... 100
PGC 95408 ... 100
PGC 95420 ... 88, 99
PGC 95431 ... 99
PGC 95455 ... 76, 87, 88, 99
PGC 95464 ... 87
PGC 95470 ... 86, 87
PGC 95495 ... 76, 77
PGC 100170 ... 14, 15
PGC 101218 ... 88, 89
PGC 101304 ... 14, 15
PGC 127188 ... 112, 113
PGC 127689 ... 100, 108
PGC 127971 ... 106, 107
PGC 127986 ... 106, 107
PGC 127992 ... 106, 107
PGC 127996 ... 106
PGC 128167 ... 100, 101
PGC 128214 ... 100, 101
PGC 128256 ... 100
PGC 128348 ... 100, 107
PGC 129313 ... 98, 99
PGC 129350 ... 98, 99, 107
PGC 129443 ... 98, 106, 107
PGC 129660 ... 97, 106
PGC 130281 ... 97, 98
PGC 130497 ... 97
PGC 130498 ... 97
PGC 130643 ... 88, 89
PGC 130710 ... 88, 89
PGC 131020 ... 99
PGC 131382 ... 97
PGC 131440 ... 97
PGC 132071 ... 86
PGC 132293 ... 85
PGC 132357 ... 77
PGC 132388 ... 77, 89
PGC 132499 ... 76, 77, 88, 89
PGC 132788 ... 87
PGC 132822 ... 87
PGC 132827 ... 87
PGC 132862 ... 87
PGC 132875 ... 87
PGC 134188 ... 85
PGC 134548 ... 76
PGC 134589 ... 76
PGC 134702 ... 75, 87
PGC 134803 ... 75
PGC 143000 ... 32
PGC 154807 ... 58, 70
PGC 157225 ... 69, 70, 81, 82
PGC 165940 ... 102
PGC 165942 ... 102
PGC 165950 ... 102
PGC 165961 ... 101, 102
PGC 165966 ... 101, 102
PGC 165974 ... 102
PGC 165979 ... 102, 109, 110
PGC 165984 ... 102, 109, 110
PGC 165986 ... 102, 109, 110
PGC 165993 ... 102, 109, 110
PGC 165994 ... 102, 109, 110
PGC 165995 ... 102, 109, 110
PGC 1762846 ... 33
PGC 2807155 ... 8, 16, 27
PGC 3097691 ... 75
UGC 46 ... 40, 51
UGC 68 ... 28, 39
UGC 130 ... 28, 39
UGC 148 ... 51
UGC 183 ... 16, 27
UGC 212 ... 63
UGC 215 ... 39
UGC 221 ... 39
UGC 224A ... 63
UGC 224B ... 63
UGC 233 ... 51
UGC 242 ... 51
UGC 248A ... 39
UGC 260 ... 51
UGC 295 ... 63
UGC 312 ... 51, 63
UGC 364 ... 39, 51
UGC 375 ... 39
UGC 411 ... 39
UGC 425 ... 39, 51
UGC 439 ... 63
UGC 444 ... 27, 39
UGC 480 ... 27, 39
UGC 486 ... 15, 27
UGC 492 ... 63
UGC 496 ... 63
UGC 540 ... 39
UGC 545 ... 51
UGC 579 ... 63
UGC 583 ... 63
UGC 588 ... 63
UGC 599 ... 63
UGC 612 ... 39, 51
UGC 615 ... 51
UGC 622 ... 27
UGC 644 ... 51
UGC 717 ... 51
UGC 724 ... 39, D11
UGC 838 ... 51
UGC 849 ... 51
UGC 878 ... D14
UGC 901 ... 39
UGC 913 ... 39
UGC 937 ... 39
UGC 959 ... 39
UGC 1032 ... 51
UGC 1041 ... 51
UGC 1062 ... 63
UGC 1068 ... 26, 27
UGC 1095 ... 39
UGC 1125 ... 39
UGC 1154 ... 39
UGC 1155 ... 63
UGC 1166 ... 39
UGC 1169 ... 63
UGC 1212 ... 26, 38, 39
UGC 1219 ... 51
UGC 1272 ... 26, 38, 39
UGC 1281 ... 38, 39
UGC 1308 ... D18
UGC 1319 ... D18
UGC 1344 ... D18
UGC 1347 ... D18
UGC 1353 ... D18
UGC 1359 ... 38, 39
UGC 1385 ... D18
UGC 1400 ... D18
UGC 1418 ... 26, 27
UGC 1422 ... 38, 39
UGC 1427 ... 50, 51, 62, 63
UGC 1432 ... 50, 51
UGC 1451 ... 38, 39
UGC 1478 ... 38, 39
UGC 1490 ... 38, 39, 50, 51
UGC 1493A ... 26, 27
UGC 1503 ... 38, 39
UGC 1510 ... 38, 39
UGC 1518 ... 50, 51
UGC 1546 ... 50, 51
UGC 1552 ... 26, 27
UGC 1577 ... 38, 39
UGC 1590 ... 38, 39
UGC 1617 ... 62
UGC 1618 ... 62
UGC 1620 ... 62
UGC 1624 ... 62
UGC 1630 ... 50
UGC 1648 ... 38, 39
UGC 1669 ... 50, 62
UGC 1716 ... 62
UGC 1735 ... 26, 27, 38, 39
UGC 1757 ... 26, 27, 38
UGC 1767 ... 26, 27, 38
UGC 1769 ... 26, 27, 38, 39
UGC 1772 ... 26, 27, 38, 39
UGC 1775 ... 50, 62
UGC 1810 ... 26, 27
UGC 1813 ... 26, 27
UGC 1840 ... 26, 27
UGC 1841 ... 26, 27
UGC 1862 ... 62
UGC 1881 ... 38
UGC 1980 ... 38
UGC 2010 ... 62
UGC 2019 ... 62
UGC 2023 ... 38
UGC 2024 ... 62
UGC 2082 ... 38
UGC 2122 ... 38
UGC 2140 ... 50
UGC 2143 ... 26, 38
UGC 2180 ... 26
UGC 2255 ... 50, 62
UGC 2259 ... 26, 38
UGC 2292 ... 62
UGC 2295 ... 62
UGC 2296 ... 50
UGC 2311 ... 62
UGC 2324 ... 62
UGC 2328 ... 26, 38
UGC 2430 ... 50
UGC 2441 ... 62
UGC 2446 ... 62
UGC 2456 ... 26, 38
UGC 2486 ... 50
UGC 2494 ... 26, 38
UGC 2585 ... 62
UGC 2594 ... 62
UGC 2608 ... 26
UGC 2688B ... D20
UGC 2692 ... 62
UGC 2698 ... 26
UGC 2704 ... 62
UGC 2783 ... 26
UGC 2812 ... 62
UGC 2818 ... 25, 26
UGC 2836 ... 25, 26
UGC 2883 ... 62
UGC 2998 ... 61
UGC 3008 ... 61
UGC 3014 ... 61
UGC 3053 ... 37, 49
UGC 3070 ... 61
UGC 3087 ... 61
UGC 3134 ... 61
UGC 3137 ... 6, 7
UGC 3192 ... 61
UGC 3223 ... 61
UGC 3230 ... 6, 7
UGC 3253 ... 1, 6
UGC 3258 ... 61
UGC 3271 ... 61
UGC 3302 ... 6, 7
UGC 3307 ... 13, 14
UGC 3349 ... 6
UGC 3373 ... 5, 6, 7
UGC 3374 ... 24, 25
UGC 3379 ... 6
UGC 3386 ... 13, 14
UGC 3414 ... 13, 14
UGC 3426 ... 5, 6
UGC 3431 ... 5, 6, 7
UGC 3445 ... 13, 14
UGC 3446 ... 13, 14
UGC 3471 ... 5, 6, 7
UGC 3478 ... 13, 14
UGC 3506 ... 24, 25
UGC 3511 ... 13, 14
UGC 3528A ... 1
UGC 3536 ... 36
UGC 3549 ... 5, 6
UGC 3554 ... 24
UGC 3561 ... 24
UGC 3567 ... 24
UGC 3580 ... 5, 6
UGC 3581 ... 5, 6
UGC 3596 ... 24
UGC 3599 ... 36, 48
UGC 3601 ... 24
UGC 3604 ... 5, 6
UGC 3608 ... 24
UGC 3612 ... 24, 36
UGC 3634 ... 48
UGC 3638 ... 24
UGC 3642 ... 13, 14
UGC 3655 ... 24
UGC 3660 ... 13
UGC 3683 ... 24
UGC 3691 ... 48
UGC 3696 ... 24
UGC 3697 ... 5, 6
UGC 3706B ... 24
UGC 3714 ... 5, 6
UGC 3725 ... D15
UGC 3730 ... 5, 6
UGC 3752 ... 36
UGC 3758 ... D15
UGC 3764 ... 5, 6, 13
UGC 3765 ... 13
UGC 3789 ... 13
UGC 3793 ... 13
UGC 3804 ... 5, 6
UGC 3812 ... 23, 24
UGC 3816 ... 13
UGC 3824 ... 36, 48
UGC 3828 ... 13
UGC 3829 ... 36
UGC 3831 ... 23, 24
UGC 3840 ... 48
UGC 3841 ... 36
UGC 3844 ... 24
UGC 3845 ... 23, 24
UGC 3849 ... 24, 36
UGC 3850 ... 13
UGC 3858 ... 5, 6
UGC 3859 ... 5, 6
UGC 3863 ... 23, 24
UGC 3885 ... 13
UGC 3894 ... 5, 6, 13
UGC 3897 ... 13
UGC 3905 ... 5, 13
UGC 3933 ... 23, 24
UGC 3936 ... 48
UGC 3957 ... 13
UGC 3972 ... 5, 6
UGC 3973 ... 23, 24
UGC 3981 ... 13
UGC 3993 ... 1
UGC 3995 ... 36
UGC 4001 ... 5, 13
UGC 4013 ... 13
UGC 4028 ... 5, 6
UGC 4030 ... 35, 36
UGC 4035 ... 13
UGC 4041 ... 5, 6
UGC 4050 ... 5, 6
UGC 4051 ... 23, 24
UGC 4052 ... 23, 24
UGC 4057 ... 5, 6
UGC 4060 ... 48
UGC 4074 ... 13
UGC 4079 ... 13
UGC 4080 ... 5, 6
UGC 4085 ... 13, 23, 24
UGC 4090 ... 47, 48
UGC 4095 ... 5, 6, 13
UGC 4107 ... 23, 24
UGC 4128 ... 13
UGC 4132 ... 35, 36
UGC 4145 ... 47, 48
UGC 4151 ... 5, 6
UGC 4159 ... 13
UGC 4169 ... 13
UGC 4170 ... 47, 48
UGC 4200 ... 23, 24
UGC 4203 ... 59
UGC 4228 ... 59
UGC 4229 ... 23, 24
UGC 4238 ... 5, 6
UGC 4263 ... 5, 6
UGC 4267 ... 13
UGC 4289 ... 13
UGC 4292 ... 5, 6
UGC 4305 ... 5, 6
UGC 4308 ... 35, 47
UGC 4326 ... 5, 6, 13
UGC 4346 ... 35
UGC 4375 ... 35, 47
UGC 4393 ... 23, 24
UGC 4414 ... 35, 47
UGC 4417 ... 13
UGC 4438 ... 13, 23
UGC 4448 ... 5, 6
UGC 4457 ... 47
UGC 4468 ... 23
UGC 4480A ... 59
UGC 4480B ... 59
UGC 4499 ... 13, 23, 24
UGC 4508 ... 59
UGC 4514 ... 13, 23
UGC 4539 ... 5, 6, 12, 13
UGC 4549 ... 12, 13
UGC 4551 ... 13, 23
UGC 4572 ... 23, 35
UGC 4580 ... 23
UGC 4587 ... 13, 23
UGC 4593 ... 5, 6
UGC 4614 ... 23, 35
UGC 4621 ... 35
UGC 4638B ... 59
UGC 4642 ... 23
UGC 4649 ... 23
UGC 4653 ... 35
UGC 4671 ... 12, 13, 23
UGC 4685 ... 47
UGC 4699 ... 23, 35
UGC 4703 ... 47, 59
UGC 4709 ... 23
UGC 4713 ... 12, 13, 23
UGC 4714 ... 1, 5, 6
UGC 4729 ... 47
UGC 4730 ... 12, 13
UGC 4749 ... 12, 13, 23
UGC 4761 ... 47
UGC 4765 ... 23
UGC 4767 ... 23, 35
UGC 4775 ... 5, 12, 13
UGC 4778 ... 12, 13, 23
UGC 4807 ... 12, 13
UGC 4829 ... 23
UGC 4841 ... 5, 6
UGC 4851 ... 12, 13, 23
UGC 4870 ... 23
UGC 4873 ... 47
UGC 4879 ... 12, 13, 23
UGC 4881 ... 23
UGC 4883 ... 4, 5, 6
UGC 4884 ... 47
UGC 4912 ... 35
UGC 4927 ... 12, 23
UGC 4940 ... 35
UGC 4950 ... 23, 35
UGC 4956 ... 59
UGC 4972 ... 35
UGC 4974 ... 35
UGC 4982 ... 23
UGC 4991A ... 35, 47
UGC 5023 ... 47
UGC 5026 ... 23
UGC 5028 ... 5, 12
UGC 5045 ... 23
UGC 5046 ... 47
UGC 5050 ... 5, 6
UGC 5055 ... 12
UGC 5068 ... 1, 5
UGC 5097 ... 59
UGC 5119 ... 23, 35
UGC 5123 ... 47
UGC 5139 ... 5, 6
UGC 5146A ... 35
UGC 5146B ... 35
UGC 5151 ... 22, 23
UGC 5187 ... 22, 23
UGC 5188 ... 5, 12, 13
UGC 5189A ... 47
UGC 5204 ... 47
UGC 5213 ... 47
UGC 5225 ... 22, 23
UGC 5232 ... 47
UGC 5270 ... 47, 59
UGC 5273A ... 22, 23
UGC 5273C ... 22, 23
UGC 5288 ... 47, 59
UGC 5336 ... 5, 12
UGC 5339A ... 34, 35, 46, 47
UGC 5342 ... 46, 47
UGC 5364 ... 34, 35
UGC 5373 ... 58, 59
UGC 5378 ... 58, 59
UGC 5382 ... 22, 23, 34, 35
UGC 5383 ... 58, 59
UGC 5400 ... 46, 47
UGC 5408 ... 12
UGC 5420 ... 34, 35, 46, 47
UGC 5423 ... 5
UGC 5435 ... 12
UGC 5436 ... 46, 47
UGC 5460 ... 12, 22, 23
UGC 5467 ... 46
UGC 5470 ... 46
UGC 5476 ... 22, 23
UGC 5477 ... 46
UGC 5501 ... 58
UGC 5515 ... 58
UGC 5545 ... 22, 23
UGC 5576 ... 12
UGC 5588 ... 34
UGC 5600 ... 4, 5
UGC 5612 ... 4, 5
UGC 5615A ... 12, 22
UGC 5615B ... 12, 22
UGC 5667A ... 58
UGC 5690 ... 46
UGC 5715 ... 58
UGC 5720 ... 12
UGC 5735 ... 46
UGC 5738 ... 34
UGC 5739 ... 46
UGC 5744 ... 22
UGC 5745 ... 58
UGC 5746 ... 22
UGC 5749 ... 34
UGC 5764 ... 34
UGC 5776 ... 12
UGC 5814 ... 4, 5
UGC 5829 ... 34
UGC 5832 ... 46
UGC 5835 ... 4, 5
UGC 5838 ... 22
UGC 5870 ... 34
UGC 5884 ... 34
UGC 5892 ... 46, 58
UGC 5893 ... 22, 34
UGC 5912 ... 34
UGC 5913 ... 58
UGC 5923 ... 46, 58
UGC 5926 ... 4, 5
UGC 5936 ... 22, 34
UGC 5941 ... 22
UGC 5943 ... 58
UGC 5946A ... 4, 5
UGC 5953 ... 22
UGC 5984 ... 34
UGC 5984A ... 34
UGC 5991 ... 22
UGC 6003 ... 58
UGC 6013 ... 22
UGC 6062 ... 46, 58
UGC 6070 ... 34
UGC 6071 ... 22
UGC 6073 ... 46
UGC 6074 ... 12, 22
UGC 6100 ... 22
UGC 6103 ... 22
UGC 6107 ... 22, 34
UGC 6117 ... 22
UGC 6119 ... 58
UGC 6127 ... 22
UGC 6135 ... 22
UGC 6137 ... 46
UGC 6142 ... 58
UGC 6142A ... 58
UGC 6160 ... 34
UGC 6173 ... 34, 46
UGC 6175A ... 46
UGC 6175B ... 46
UGC 6182 ... 12, 22
UGC 6187 ... 22
UGC 6198 ... 34
UGC 6201 ... 22
UGC 6204 ... 34, 46
UGC 6206 ... 46
UGC 6212 ... 58
UGC 6224A ... D26
UGC 6227 ... 22
UGC 6233 ... 46, 58
UGC 6253 ... 34, 46
UGC 6255 ... 22
UGC 6274 ... 34
UGC 6289 ... 58
UGC 6296 ... 46
UGC 6309 ... 12, 21, 22
UGC 6316 ... 4, 11, 12
UGC 6320 ... 46
UGC 6332 ... 34, 46
UGC 6388A ... 34, 46
UGC 6393 ... 34
UGC 6394 ... 34
UGC 6452 ... 11, 12
UGC 6465 ... 34, 46
UGC 6469 ... 58
UGC 6479 ... 34, 46
UGC 6496 ... 34
UGC 6510 ... 58
UGC 6514A ... 4, 5
UGC 6514C ... 4, 5
UGC 6517 ... 22, 34
UGC 6520 ... 11, 12
UGC 6527 ... 12, 22
UGC 6527B ... 12, 22
UGC 6528 ... 11, 12
UGC 6534 ... 4, 11, 12
UGC 6552 ... 4, 5
UGC 6568 ... 58
UGC 6570 ... 34
UGC 6583 ... 46
UGC 6593 ... 34
UGC 6617 ... 46
UGC 6631 ... 46
UGC 6637 ... 34
UGC 6655 ... 46
UGC 6665 ... 58
UGC 6666 ... 46
UGC 6678 ... 34
UGC 6711 ... 4, 5
UGC 6728 ... 4, 5
UGC 6732 ... 11, 12
UGC 6758 ... 46
UGC 6854 ... 58
UGC 6861 ... 33, 34
UGC 6865 ... 21, 22
UGC 6871 ... 46
UGC 6876 ... 33, 34, 45, 46
UGC 6886 ... 46, 58
UGC 6887 ... 33, 34, 45, 46
UGC 6901 ... 21, 22
UGC 6927 ... 33, 34
UGC 6930 ... 11, 12, 21, 22
UGC 6939 ... 11, 12
UGC 6959 ... 57, 58
UGC 7000 ... 57, 58
UGC 7032 ... 45, 46
UGC 7064 ... 33, 34
UGC 7073 ... 45, 46
UGC 7115 ... 33, 34
UGC 7129 ... 21, 22
UGC 7132 ... 33, 34
UGC 7144 ... 11, 12
UGC 7157 ... 33, 34
UGC 7170 ... 45
UGC 7179 ... 4, 5, 11, 12
UGC 7187 ... 21, 22, 33, 34
UGC 7190 ... 33, 34
UGC 7257 ... 21, 22, 33, 34
UGC 7321 ... 33, 45
UGC 7340 ... 21, 22
UGC 7354 ... D3
UGC 7367 ... 11, 21, 22
UGC 7383 ... D3
UGC 7395 ... 33
UGC 7406 ... 11, 12
UGC 7416 ... 21, 22
UGC 7487 ... 57
UGC 7577 ... 21, 22
UGC 7580 ... D3
UGC 7593A ... 21, 22
UGC 7593B ... 21, 22
UGC 7635 ... 11
UGC 7678 ... 21
UGC 7690 ... 21
UGC 7691 ... 11, 12
UGC 7739 ... D3
UGC 7755A ... 57
UGC 7761 ... 4, 5
UGC 7767 ... 4, 5
UGC 7798 ... 57
UGC 7812 ... 33
UGC 7813 ... 57
UGC 7841 ... 57
UGC 7890 ... 33
UGC 7905B ... 11
UGC 7909B ... 57
UGC 7912 ... 57
UGC 7934 ... 33
UGC 8012 ... 11, 21
UGC 8041 ... 57
UGC 8069 ... 33
UGC 8111B ... 21, 33
UGC 8225 ... 21
UGC 8234 ... 11
UGC 8237 ... 11
UGC 8255 ... 45
UGC 8262 ... 57
UGC 8303 ... 21, 33
UGC 8323 ... 33
UGC 8327A ... 21
UGC 8335 ... 11
UGC 8335A ... 11
UGC 8397 ... 33
UGC 8399 ... 33
UGC 8452 ... 45
UGC 8454 ... 1
UGC 8498 ... 33
UGC 8521 ... 57
UGC 8526 ... 57
UGC 8548 ... 33
UGC 8560 ... 33
UGC 8561 ... 33
UGC 8610 ... 45, 57
UGC 8613 ... 45, 57
UGC 8658 ... 11
UGC 8663 ... 57
UGC 8671 ... 11
UGC 8685 ... 33
UGC 8714 ... 11
UGC 8715 ... 32, 33
UGC 8718 ... 32, 33
UGC 8736 ... 20, 21
UGC 8740 ... 57
UGC 8754 ... 20, 32, 33
UGC 8788 ... 32, 33
UGC 8817 ... 32, 33
UGC 8823 ... 4, 11
UGC 8825 ... 32, 33
UGC 8827 ... 44, 45
UGC 8837 ... 11
UGC 8850 ... 44, 45
UGC 8872 ... 44, 45
UGC 8876 ... 20, 21
UGC 8878 ... 44, 45
UGC 8883 ... 44, 45
UGC 8975 ... 20, 21, 32, 33
UGC 8980 ... 20, 21
UGC 8984 ... 20, 21, 32, 33
UGC 9044 ... 44
UGC 9081 ... 20, 21
UGC 9084 ... 44, 56
UGC 9087 ... 44
UGC 9098B ... 20, 21
UGC 9104 ... 44
UGC 9128 ... 32, 44
UGC 9130 ... 32, 44
UGC 9169 ... 44, 56
UGC 9203 ... 20, 21
UGC 9206 ... 44
UGC 9215 ... 56
UGC 9216 ... 20, 21
UGC 9221 ... 32
UGC 9229 ... 56
UGC 9240 ... 20, 21
UGC 9241 ... 32
UGC 9295 ... 4
UGC 9371 ... 56
UGC 9412 ... 10, 11
UGC 9425 ... 32
UGC 9476 ... 20
UGC 9518 ... 32
UGC 9519 ... 32
UGC 9521 ... 44
UGC 9523 ... 44
UGC 9532A ... 44
UGC 9532F ... 44
UGC 9560 ... 32
UGC 9562 ... 32
UGC 9603A ... 32
UGC 9618A ... 32
UGC 9623 ... 20, 32
UGC 9640 ... 44
UGC 9650 ... 1, 4
UGC 9660 ... 20
UGC 9668 ... 1, 4
UGC 9696 ... 44, 56
UGC 9705 ... 32
UGC 9737 ... 10, 11
UGC 9749 ... 3, 4, 10, 11
UGC 9761 ... 20
UGC 9796 ... 20
UGC 9837 ... 10, 11
UGC 9874 ... 3, 4
UGC 9896 ... 3, 4, 10
UGC 9897 ... 44
UGC 9924 ... 19, 20
UGC 9945 ... 56
UGC 9959 ... 19, 20
UGC 9977 ... 56
UGC 9999 ... 32
UGC 10012 ... 19, 20, 31, 32
UGC 10046 ... 56
UGC 10053 ... 3, 4
UGC 10054 ... 1, 3, 4
UGC 10115 ... 3, 4, 10, 11
UGC 10144 ... 43, 44
UGC 10151 ... 31, 32
UGC 10152B ... 19, 20
UGC 10187A ... 43, 44
UGC 10200 ... 19, 20
UGC 10204 ... 43
UGC 10214 ... 10
UGC 10285A ... 31, 32
UGC 10287 ... 43
UGC 10288 ... 55
UGC 10310 ... 19, 20
UGC 10325 ... 19, 20
UGC 10339 ... 55
UGC 10367 ... 19, 20
UGC 10396 ... 10, 19, 20
UGC 10407 ... 19
UGC 10418 ... 3, 4
UGC 10445 ... 31
UGC 10486 ... 19, 20
UGC 10491A ... 19
UGC 10493 ... 10
UGC 10510 ... 10
UGC 10528 ... 31, 43
UGC 10566 ... 19, 31
UGC 10567 ... 19, 31
UGC 10579 ... 10, 19
UGC 10590 ... 10
UGC 10602 ... 19
UGC 10639 ... 31
UGC 10644 ... 10
UGC 10677 ... 19, 31
UGC 10693 ... 19
UGC 10695 ... 19
UGC 10699 ... 43
UGC 10731 ... 9, 10
UGC 10759 ... 19
UGC 10770 ... 10
UGC 10778 ... 43, 55
UGC 10787 ... 31, 43
UGC 10803 ... 2, 3, 4
UGC 10813 ... 31, 43
UGC 10814 ... 19
UGC 10820 ... 19
UGC 10822 ... 10
UGC 10845 ... 19
UGC 10864 ... 43
UGC 10869B ... 9, 10
UGC 10879 ... 31
UGC 10919 ... 43
UGC 10976 ... 30, 31
UGC 10985 ... 43
UGC 10987 ... 43
UGC 11025 ... 30, 31
UGC 11035 ... 30, 31
UGC 11041 ... 18, 30, 31
UGC 11046 ... 30, 31
UGC 11055 ... 42, 43
UGC 11058 ... 30, 31
UGC 11064 ... 30, 31
UGC 11082 ... 30, 31
UGC 11087 ... 30, 31
UGC 11093 ... 42, 43, 54, 55
UGC 11149 ... 9, 18, 19
UGC 11172 ... 3
UGC 11186 ... 18, 19
UGC 11195 ... 30
UGC 11202 ... 9, 18, 19
UGC 11217 ... 18, 19
UGC 11228 ... 18, 19
UGC 11265 ... 30
UGC 11292 ... 9, 18
UGC 11294 ... 42
UGC 11298 ... 9, 18, 19
UGC 11376 ... 18
UGC 11380 ... 18, 30
UGC 11397 ... 30
UGC 11404 ... 30
UGC 11411 ... 2, 3
UGC 11426 ... 30
UGC 11428 ... 30
UGC 11453 ... 9, 18
UGC 11455 ... 2, 3
UGC 11460 ... 17, 18
UGC 11465 ... 17, 18
UGC 11503 ... 17, 18
UGC 11512 ... 41, 42
UGC 11524 ... 41, 53
UGC 11566 ... 53
UGC 11639 ... 41, 53
UGC 11657 ... 53
UGC 11658 ... 53
UGC 11671 ... 41
UGC 11680B ... 53
UGC 11698 ... 41
UGC 11700 ... 41
UGC 11761 ... 29
UGC 11762 ... 29
UGC 11775 ... 29
UGC 11781 ... 17, 29
UGC 11814 ... 53
UGC 11834 ... 28, 29
UGC 11865 ... 40, 41
UGC 11892 ... 16, 17, 28, 29
UGC 11908 ... 40
UGC 11909 ... 16, 17
UGC 11920 ... 16, 17
UGC 11929 ... 16, 17
UGC 11946 ... 16, 17
UGC 11950 ... 16, 17, 28
UGC 12009 ... 16, 28
UGC 12011B ... 28
UGC 12016 ... 16, 17
UGC 12066A ... 40
UGC 12074 ... 40, 52
UGC 12127 ... 28
UGC 12137 ... 16, 28
UGC 12138 ... 40, 52
UGC 12163 ... 28
UGC 12173 ... 16, 28
UGC 12178 ... 40, 52
UGC 12179 ... 28
UGC 12181 ... 16, 28
UGC 12188 ... 16
UGC 12200 ... 40
UGC 12214 ... 28
UGC 12234 ... 28
UGC 12238 ... 28
UGC 12242 ... 28
UGC 12265 ... 40
UGC 12310 ... 28
UGC 12342 ... 40
UGC 12348 ... 52
UGC 12363 ... 52
UGC 12372 ... 28
UGC 12376 ... 40
UGC 12394 ... 28
UGC 12423 ... 40, 52
UGC 12444 ... 28
UGC 12446 ... 52
UGC 12474 ... 28
UGC 12476 ... 28
UGC 12482 ... 28
UGC 12490 ... 28
UGC 12508 ... 52
UGC 12515 ... 28
UGC 12525 ... 52
UGC 12570 ... 28
UGC 12573 ... 16
UGC 12584A ... 52
UGC 12588 ... 16
UGC 12591 ... 28
UGC 12613 ... 40
UGC 12632 ... 16
UGC 12655 ... 28, 40
UGC 12665 ... 28
UGC 12667 ... 28
UGC 12711 ... 28
UGC 12733 ... D27
UGC 12739 ... 52
UGC 12749 ... 40, 52
UGC 12774 ... 52
UGC 12835 ... 28, 39
UGC 12840 ... 28, 39
UGC 12843 ... 40, 51
UGC 12854 ... 40, 51
UGC 12856 ... 40, 51
UGC 12889 ... 16, 27
UGC 12896 ... 28, 39
UGC 12899 ... 28, 39
UGC 12914 ... 28, 39, 40, 51
UGC 12915 ... 28, 39, 40, 51
UGCA 32 ... 86
UGCA 34 ... 14, 15
UGCA 39 ... 14, 15
UGCA 86 ... 6, 7, 14
UGCA 90 ... 73, 85
UGCA 92 ... 7, 14
UGCA 102 ... 61
UGCA 104 ... 73
UGCA 105 ... 13, 14
UGCA 112 ... 73, 85
UGCA 114 ... 73
UGCA 128 ... 72
UGCA 150 ... 59, 71
UGCA 154 ... 12, 13, 23
UGCA 167 ... 71
UGCA 173 ... 59, 71
UGCA 175 ... 59, 71
UGCA 196 ... 82, 83
UGCA 201 ... 34, 35
UGCA 205 ... 58
UGCA 208 ... 22, 23
UGCA 241 ... 70
UGCA 244 ... 21, 22, 33, 34
UGCA 247 ... 81, 82
UGCA 272 ... 4, 5, 11, 12
UGCA 281 ... 21, 22
UGCA 284 ... D3
UGCA 290 ... 21, 33
UGCA 294 ... 33
UGCA 296 ... 4, 5
UGCA 320 ... 69
UGCA 324 ... 81
UGCA 332 ... 69
UGCA 334 ... 81
UGCA 348 ... 69, 81
UGCA 378 ... 80, 81
UGCA 382 ... 80, 81
UGCA 410 ... 10
UGCA 412 ... 10, 19, 20
UGCA 432 ... 52, 64
UGCA 441 ... 28
UGCA 444 ... 64, 75
Willman 1 ... 12, 22

GxG

8Zw 388 ... 56
Arp 1 ... 22, 23
Arp 2 ... 19, 20
Arp 3 ... 52
Arp 4 ... 75
Arp 5 ... 58
Arp 6 ... 23, 24
Arp 7 ... 71
Arp 8 ... 63
Arp 9 ... 5, 6
Arp 10 ... 62
Arp 11 ... 51
Arp 12 ... 35
Arp 13 ... 40
Arp 14 ... 76
Arp 15 ... 52, 64
Arp 16 ... 46
Arp 17 ... 5, 6
Arp 18 ... 11, 12, 21, 22
Arp 19 ... 63
Arp 20 ... 61
Arp 21 ... 34
Arp 22 ... 69, 70
Arp 23 ... 21
Arp 24 ... 12
Arp 25 ... 1
Arp 26 ... 11
Arp 27 ... 12, 22
Arp 28 ... 28, 40
Arp 29 ... 8, 9
Arp 30 ... 9, 10
Arp 31 ... 39, 51
Arp 32 ... 10
Arp 33 ... 45, 57
Arp 34 ... 33
Arp 35 ... 63
Arp 36 ... 33
Arp 37 ... 62
Arp 38 ... 2, 3, 4
Arp 39 ... 74, 86
Arp 40 ... 21, 33
Arp 41 ... 74, 86
Arp 42 ... 32, 44
Arp 43 ... 46
Arp 44 ... 58
Arp 45 ... 11, 20, 21
Arp 46 ... 28
Arp 47 ... 44
Arp 48 ... 51
Arp 49 ... 44, 56
Arp 50 ... 64, 75
Arp 51 ... 75
Arp 52 ... 61
Arp 53 ... 70
Arp 54 ... 62
Arp 55 ... 23
Arp 56 ... 50, 51
Arp 57 ... 45
Arp 58 ... 47
Arp 59 ... 75
Arp 60 ... 33

Arp 61 61
Arp 62 21, 22
Arp 63 35
Arp 64 44
Arp 65 39, 51
Arp 66 10, 19, 20
Arp 67 63
Arp 68 52
Arp 69 32
Arp 70 39
Arp 71 43, 44
Arp 72 44
Arp 73 19
Arp 74 26, 27
Arp 75 63
Arp 76 45, D2
Arp 77 86
Arp 78 50, 51
Arp 79 44
Arp 80 5, 6
Arp 81 3, 9
Arp 82 35
Arp 83 46
Arp 84 20, 21, 32, 33
Arp 85 20, 21
Arp 86 28, 39
Arp 87 34, 46
Arp 88 51
Arp 89 47
Arp 90 20
Arp 91 44
Arp 92 52
Arp 93 76
Arp 94 46
Arp 95 32
Arp 96 1
Arp 97 33, 34
Arp 98 39
Arp 99 40
Arp 100 75
Arp 101 43, 44
Arp 102 19
Arp 103 19
Arp 104 11
Arp 105 34, D26
Arp 106 33
Arp 107 34
Arp 108 74, 86
Arp 109 3, 4
Arp 110 64
Arp 111 32, 33
Arp 112 28, 39
Arp 113 39
Arp 114 1
Arp 115 34
Arp 116 45
Arp 117 44
Arp 118 62
Arp 119 51
Arp 120 45, D2
Arp 121 63
Arp 122 31, 32
Arp 123 73
Arp 124 9, 10
Arp 125 19
Arp 126 62, 63
Arp 127 63, 75
Arp 128 51
Arp 129 35
Arp 130 40, 51
Arp 131 74
Arp 132 58
Arp 133 D16
Arp 134 45, 57, D3
Arp 135 26, 38
Arp 136 10, 11, 20
Arp 137 47
Arp 138 33, 34
Arp 139 33
Arp 140 63, 75
Arp 141 5, 6
Arp 142 59
Arp 143 23, 24
Arp 144 75
Arp 145 26, 27
Arp 146 63, 75
Arp 147 62
Arp 148 22
Arp 149 45, D2
Arp 150 40
Arp 151 12
Arp 152 45, D2
Arp 153 93
Arp 154 86, 98, D10
Arp 155 12, 22
Arp 156 4, 5
Arp 157 63
Arp 158 39, D14
Arp 159 33
Arp 160 11, 12
Arp 161 58
Arp 162 34
Arp 163 33
Arp 164 63
Arp 165 48
Arp 166 38, 39
Arp 167 47
Arp 168 27
Arp 169 40
Arp 170 40
Arp 171 56
Arp 172 43
Arp 173 44, 56
Arp 174 34, 35
Arp 175 45, D2
Arp 176 69
Arp 177 32
Arp 178 32
Arp 179 62
Arp 180 61
Arp 181 4, 5
Arp 182 40, 52
Arp 183 33
Arp 184 6
Arp 185 3, 4
Arp 186 61, 73
Arp 187 73
Arp 188 10
Arp 189 45
Arp 190 50
Arp 191 46
Arp 192 46
Arp 193 33
Arp 194 21, 22, 33, 34
Arp 195 35
Arp 196 33
Arp 197 46
Arp 198 46
Arp 199 20, 21, 32, 33
Arp 200 50
Arp 201 63
Arp 202 35
Arp 203 34
Arp 204 1
Arp 205 12, 22
Arp 206 22, 34
Arp 207 5, 6
Arp 208 19
Arp 209 31, 32, 43, 44
Arp 210 6, 7, 14
Arp 211 21, 33
Arp 212 40
Arp 213 6, 7
Arp 214 12, 22
Arp 215 23
Arp 216 52
Arp 217 12, 22
Arp 218 43, 44
Arp 219 62
Arp 220 32
Arp 221 71
Arp 222 64
Arp 223 52
Arp 224 11, 12
Arp 225 5, 6
Arp 226 76
Arp 227 63
Arp 228 51
Arp 229 39, D14
Arp 230 75
Arp 231 63
Arp 232 47
Arp 233 12
Arp 234 12
Arp 235 51
Arp 236 75
Arp 237 47
Arp 238 11
Arp 239 11
Arp 240 57
Arp 241 32
Arp 242 33
Arp 243 35
Arp 244 69, 70
Arp 245 71
Arp 246 51, 63
Arp 247 35, 47
Arp 248 58
Arp 249 28, 39, 40, 51
Arp 250 36
Arp 251 75
Arp 252 71
Arp 253 59, 71
Arp 254 56, 68
Arp 255 47, 59
Arp 256 75
Arp 257 59
Arp 258 50
Arp 259 61
Arp 260 45, D2
Arp 261 68
Arp 262 40, 51
Arp 263 46
Arp 264 22, 23
Arp 265 21, 33
Arp 266 33
Arp 267 34
Arp 268 5, 6
Arp 269 21
Arp 270 34
Arp 271 56, 57, 68, 69
Arp 272 43, 44
Arp 273 26, 27
Arp 274 56
Arp 275 71
Arp 276 50
Arp 277 57
Arp 278 28
Arp 279 62
Arp 280 21, 22
Arp 281 33
Arp 282 39, 51
Arp 283 23
Arp 284 52
Arp 285 22, 23
Arp 286 56
Arp 287 35
Arp 288 45
Arp 289 69, 70, 81, 82
Arp 290 50, 51
Arp 291 46
Arp 292 59, 71
Arp 293 10
Arp 294 34
Arp 295 52
Arp 296 11, 12
Arp 297 20, 32
Arp 298 40, 52
Arp 299 11, 12
Arp 300 5, 12
Arp 301 34, 46
Arp 302 32
Arp 303 59
Arp 304 62, 74
Arp 305 33, 34
Arp 306 63
Arp 307 47
Arp 308 63, D16
Arp 309 74
Arp 310 9, 10
Arp 311 9, 10
Arp 312 19
Arp 313 33, 34
Arp 314 52
Arp 315 35
Arp 316 34, 46
Arp 317 46
Arp 318 74
Arp 319 28, D13
Arp 320 34, 46
Arp 321 59
Arp 322 12, 22
Arp 323 52
Arp 324 43, 44
Arp 325 64, 65, 76, 77
Arp 326 45, 57
Arp 327 49, 61
Arp 328 44
Arp 329 4, 5
Arp 330 10, 19
Arp 331 39, D11
Arp 332 74, 86
Arp 333 50
Arp 334 33
Arp 335 58
Arp 336 12, 13
Arp 337 5
Arp 338 58, 70
HCG 1 39
HCG 2 51, 63
HCG 3 63, 75
HCG 4 75, 87
HCG 5 51, 63
HCG 6 63, 75
HCG 7 63
HCG 8 39, 51
HCG 9 75, 87
HCG 10 39
HCG 11 75, 87
HCG 12 63
HCG 13 63, 75
HCG 14 62, 63, 74, 75
HCG 15 62
HCG 16 74
HCG 17 50
HCG 18 50
HCG 19 74
HCG 20 38
HCG 21 74
HCG 22 74
HCG 23 74
HCG 24 74
HCG 25 62
HCG 26 74
HCG 27 73
HCG 28 73
HCG 29 85
HCG 30 61
HCG 31 61
HCG 32 73
HCG 33 49
HCG 34 49, 61
HCG 35 23
HCG 36 47
HCG 37 35
HCG 38 47
HCG 39 59
HCG 40 59
HCG 41 22, 23
HCG 42 70, 71, 83
HCG 43 58
HCG 44 34, 46
HCG 45 12
HCG 46 46
HCG 47 46
HCG 48 82
HCG 49 5, 12
HCG 50 12
HCG 51 34, 46
HCG 52 34, 46
HCG 53 34, 46
HCG 54 46
HCG 55 4, 5
HCG 56 12, 22
HCG 57 34, 46
HCG 58 46
HCG 59 46
HCG 60 11, 12, 21, 22
HCG 61 33, 34
HCG 62 69
HCG 63 81
HCG 64 57
HCG 65 81
HCG 66 11
HCG 67 57, 69
HCG 68 20, 21
HCG 69 32, 33
HCG 70 32, 33
HCG 71 32
HCG 72 44
HCG 73 32, 44
HCG 74 32, 44
HCG 75 32, 44
HCG 76 44, 56
HCG 77 32, 44
HCG 78 3, 4, 10
HCG 79 31, 32, 43, 44
HCG 80 3, 4, 10
HCG 81 43
HCG 82 31
HCG 83 43, 55
HCG 84 3, 4
HCG 85 2, 3
HCG 86 77, 78
HCG 87 65
HCG 88 53, 65
HCG 89 53
HCG 90 76, 77
HCG 91 76, 77
HCG 92 28, D13
HCG 93 40
HCG 94 40
HCG 95 40, 52
HCG 96 40, 52
HCG 97 52
HCG 98 52
HCG 99 28, 39
HCG 100 40, 51
Klemola 3 86
Klemola 9 85
Klemola 10 83
Klemola 11 94, 95
Klemola 14 94
Klemola 16 82, 94
Klemola 18 82, 94
Klemola 26 69, 81
Klemola 28 80, 81
Klemola 30 89, 90
Klemola 31 77, 89
Klemola 34 76, 77
Klemola 36 76, 77
Klemola 37 76, 77
Shk 1 22
Shk 2 12, 21, 22
Shk 3 12, 22
Shk 4 4, 10
Shk 6 12, 21, 22
Shk 7 22
Shk 9 45
Shk 11 20, 21
Shk 14 20, 21
Shk 15 20, 21
Shk 16 10, 19
Shk 17 5, 6
Shk 18 1, 5, 6
Shk 19 45
Shk 20 10
Shk 21 52
Shk 22 10
Shk 26 22
Shk 27 52
Shk 32 63
Shk 34 51, 63
Shk 35 63
Shk 38 51, 63
Shk 39 51
Shk 43 51, 63
Shk 44 63
Shk 49 22, 23, 34
Shk 50 22, 23
Shk 51 22, 34
Shk 54 22
Shk 60 22
Shk 63 22
Shk 66 21, 22, 34
Shk 67 21, 22
Shk 78 20
Shk 82 52
Shk 83 52
Shk 84 40, 52
Shk 90 13
Shk 95 13, 23, 24
Shk 98 12, 13, 23
Shk 105 12, 13
Shk 111 34
Shk 113 12
Shk 120 34
Shk 123 11, 12
Shk 124 11, 12
Shk 131 10, 11
Shk 135 3, 4, 10
Shk 138 9, 10
Shk 154 58
Shk 202 33
Shk 317 62, 74
Shk 322 58

GxC

AGC 71 39
AGC 76 51, 63
AGC 147 63
AGC 151 75
AGC 189 63
AGC 193 51, 63
AGC 194 63, D16
AGC 195 51
AGC 260 38, 39
AGC 262 26, 27, 38, 39, D18
AGC 347 26, 27
AGC 397 50
AGC 400 50, 62
AGC 407 26, 38
AGC 426 26
AGC 539 49, 61
AGC 548 85
AGC 568 36
AGC 569 24
AGC 576 13
AGC 671 35
AGC 779 35
AGC 1060 82, D22
AGC 1185 34, D26
AGC 1213 34
AGC 1228 34
AGC 1314 21, 22
AGC 1367 34, 46, D23
AGC 1656 33
AGC 1736 81
AGC 2065 32
AGC 2079 32
AGC 2147 43, 44
AGC 2149 10
AGC 2151 43, 44
AGC 2152 43, 44
AGC 2162 31, 32
AGC 2197 19, 20
AGC 2199 19
AGC 2247 1, 3, 4
AGC 2256 3, 4
AGC 2572 40
AGC 2589 40
AGC 2593 40
AGC 2626 28, 40
AGC 2634 28, D27
AGC 2657 40, 52
AGC 2666 28, 39
AGC 2806 107
AGC 2870 99
AGC 2877 99
AGC 3341 85
AGC 3354 85
AGC 3381 84, 85
AGC 3389 105, 106
AGC 3390 84, 96
AGC 3526 93, D19
AGC 3537 81
AGC 3556 81
AGC 3558 81
AGC 3560 81
AGC 3564 81, 93
AGC 3565 81
AGC 3571 80, 81
AGC 3574 80, 81, D25
AGC 3581 80, 81
AGC 3627 102, 110
AGC 3656 77, 78, 89, 90
AGC 3698 77
AGC 3744 77
AGC 3747 89
AGC 4038 76, 87
AGC 4049 76, 87
AGC 4059 76, 87, 88, 99
AGCS 6 76, 87
AGCS 116 99, 107
AGCS 141 87
AGCS 274 106, 107
AGCS 301 86
AGCS 373 85, 86, 97, 98, D10
AGCS 463 97, 98, 106
AGCS 465 85
AGCS 521 85, 97
AGCS 524 105, 106
AGCS 535 85, 97
AGCS 536 85
AGCS 540 96, 97
AGCS 591 84
AGCS 617 71, 83
AGCS 636 82, 94, D21
AGCS 639 94
AGCS 707 93
AGCS 714 81
AGCS 740 81, 92, 93
AGCS 753 80, 81, 93, D17
AGCS 754 92, 93
AGCS 761 80
AGCS 775 80, 92
AGCS 778 80, 92
AGCS 801 90, 91, 101
AGCS 805 101, 102
AGCS 836 77, 78
AGCS 840 101
AGCS 851 89, 90
AGCS 866 89, 90, 101
AGCS 897 77, 89
AGCS 900 77, 89
AGCS 919 89
AGCS 924 89
AGCS 971 88, 89
AGCS 981 100
AGCS 997 76, 77, 88, 89
AGCS 1157 76, 87, 99
AGCS 1171 76, 87
AGCS 3193 97, 98, 106
Klemola 42 76
Snow 6 87
Snow 9 75, 87
Snow 20 85

Qs

1ES 0806+524 13, 23, 24
1ES 1959+650 2, 3, 9
1ES 2344+514 8, 15, 16, 27
1RXS J055229.5+592842 13, 14
1WGA J0816.0-0736 59, 71
2MASSi J1516+1900 44
3C 48 39
3C 66A 26, 27
3C 110 61, 73
3C 273 57
3C 279 57, 69
3C 351 10
3C 371 3
3C 382 30
5Zw 331 26
7Zw 118 13
87GB 01540+4105 26, 27
8C 0149+710 2, 7
8C 1803+784 2, 3, 4
AO 0235+164 50
AP Lib 80
B2 0017+257 39
B2 0912+29 35
BL Lac 16, 17
FBS 0732+396 24
FBS 0959+685 5, 12
GQ Com 33, 34
H 1413+117 46
HE 1029-1401 70
HE 1106-2321 70, 82
HS 0624+6907 6
HS 1046+8027 4, 5
HS 2154+2228 28, 29, 40, 41
IO And 27
IRAS 04505-2958 85
IRAS 13349+2438 33
IRAS 17490+2659 30, 31
IRAS 17500+5046 9, 10, 18, 19
IRAS 19130+6005 9
KUG 1226+285 33
KUV 18217+6419 9, 10
MCG +0-1-36 63
MG 0509+0541 61
MR 2251-178 64
Mrk 180 4, 5
Mrk 205 4, 5
Mrk 304 40
Mrk 478 32
Mrk 501 19
Mrk 509 65
Mrk 586 62
Mrk 668 32, 33
Mrk 813 44
Mrk 876 3, 4, 10
Mrk 1014 62, 63
Mrk 1383 56
MS 03180-1937 74
MS 07007+6338 13
MS 07546+3928 23, 24
NPM1G -09.0688 64
NPM1G +27.0587 30
NPM1G +40.0388 20
NPM1G +42.0131 24
OF +038 (PKS 0422+004) 61
OF -109 (PKS 0405-123) 73
OJ 131 (PKS 0818-128) 71
OJ 287 47
PC 0013+0213 63
PDS 456 67
PG 0026+129 51
PG 0052+251 39
PG 0804+761 5, 6
PG 0953+415 22, 23
PG 1114+445 22
PG 1116+215 34, 46
PG 1211+143 D2
PG 1247+268 33
PG 1259+533 11
PG 1302-102 69
PG 1351+640 11
PG 1402+261 32, 33
PG 1411+442 20, 21
PG 1448+273 32
PG 1553+11 43, 44
PG 1630+377 19, 31
PG 1634+706 3, 4
PG 1700+518 10, 19
PG 1718+481 19
PG 2130+099 41
PGC 20607 24
PGC 61965 2, 3, 4
PHL 1811 65
PHL 2525 64, 75
PHL 3953 86, 87
PKS 0352-686 106, 112, 113
PKS 0548-322 84, 85
PKS 0735+17 48
PKS 0754+100 47, 48
PKS 0829+046 59
PKS 0959-443 94, 95
PKS 1004+13 46
PKS 1424+240 32, 44
PKS 2005-489 89, 90
PKS 2155-304 76, 77
Q0957+561 12
Q2237+0305 52
RX J12308+0115 57
RX J23273+1524 40
RXS J00066+4342 16, 27
RXS J02282-4057 98
S2 0109+224 39, 51
S5 0716+71 5, 6
S5 2043+749 2, 3
S5 2116+81 1, 2
SDSS J150807.25-000940.0 56
TON 599 33, 34
TON 951 35
TON S210 (HE 0119-2836) 87
UGC 842 63
US 1329 23
W Com 33
WAS 26 34, 46

List of constellations

And	Andromeda
Ant	Antlia
Aps	Apus
Aqr	Aquarius
Aql	Aquila
Ara	Ara
Ari	Aries
Aur	Auriga
Boo	Bootes
Cae	Caelum
Cam	Camelopardalis
Cnc	Cancer
CVn	Canes Venatici
CMa	Canis Major
CMi	Canis Minor
Cap	Capricornus
Car	Carina
Cas	Cassiopeia
Cen	Centaurus
Cep	Cepheus
Cet	Cetus
Cha	Chamaeleon
Cir	Circinus
Col	Columba
Com	Coma Berenices
CrA	Corona Australis
CrB	Corona Borealis
Crv	Corvus
Crt	Crater
Cru	Crux
Cyg	Cygnus
Del	Delphinus
Dor	Dorado
Dra	Draco
Equ	Equuleus
Eri	Eridanus
For	Fornax
Gem	Gemini
Gru	Grus
Her	Hercules
Hor	Horologium
Hya	Hydra
Hyi	Hydrus
Ind	Indus
Lac	Lacerta
Leo	Leo
LMi	Leo Minor
Lep	Lepus
Lib	Libra
Lup	Lupus
Lyn	Lynx
Lyr	Lyra
Men	Mensa
Mic	Microscopium
Mon	Monoceros
Mus	Musca
Nor	Norma
Oct	Octans
Oph	Ophiuchus
Ori	Orion
Pav	Pavo
Peg	Pegasus
Per	Perseus
Phe	Phoenix
Pic	Pictor
Psc	Pisces
PsA	Piscis Austrinus
Pup	Puppis
Pyx	Pyxis
Ret	Reticulum
Sge	Sagitta
Sgr	Sagittarius
Sco	Scorpius
Scl	Sculptor
Sct	Scutum
Ser	Serpens
Sex	Sextans
Tau	Taurus
Tel	Telescopium
Tri	Triangulum
TrA	Triangulum Australe
Tuc	Tucana
UMa	Ursa Major
UMi	Ursa Minor
Vel	Vela
Vir	Virgo
Vol	Volans
Vul	Vulpecula